"十三五"国家重点出版物出版规划项目

面向可持续发展的土建类工程教育丛书

市政工程规划

主　编　邵宗义

参　编　郑小兵　岳云涛　杨　光　刘建伟

主　审　潘一玲　张大玉

机械工业出版社

本书全面叙述了市政工程规划设计的相关内容。全书共 15 章，系统介绍了城市给水系统、排水系统、环境卫生设施、综合防灾系统、防洪系统、通信系统、电力系统、燃气系统、供热系统、管线综合与管廊系统、城市消防系统、抗震防灾系统、人防系统等工程的专业规划知识和相关指标参数，并介绍了市政工程规划的编制方法和工程实例。内容翔实，深入浅出，可操作性强。

本书可作为高等院校城乡规划专业的教材，也可供建筑学、风景园林、给排水科学与工程、建筑环境与能源应用工程等专业师生和市政工程、城乡规划、减灾防灾、城乡规划管理等工程技术人员和管理人员学习参考。

本书配有 PPT 电子课件，免费提供给选用本书作为授课教材的教师，需要者请登录机械工业出版社教育服务网（www.cmpedu.com）注册，免费下载。

图书在版编目（CIP）数据

市政工程规划/邵宗义主编. —北京：机械工业出版社，2022.5
（2024.7 重印）

"十三五"国家重点出版物出版规划项目
（面向可持续发展的土建类工程教育丛书）

ISBN 978-7-111-70284-9

Ⅰ.①市… Ⅱ.①邵… Ⅲ.①市政工程-城市规划-高等学校-教材 Ⅳ.
①TU99

中国版本图书馆 CIP 数据核字（2022）第 036306 号

机械工业出版社（北京市百万庄大街 22 号 邮政编码 100037）
策划编辑：刘 涛 责任编辑：刘 涛 于伟蓉
责任校对：樊钟英 张 薇
责任印制：张 博
北京建宏印刷有限公司印刷
2024 年 7 月第 1 版第 2 次印刷
184mm×260mm · 26 印张 · 1 插页 · 677 千字
标准书号：ISBN 978-7-111-70284-9
定价：79.80 元

电话服务　　　　　　　　　　网络服务
客服电话：010-88361066　　机　工　官　网：www.cmpbook.com
　　　　　010-88379833　　机　工　官　博：weibo.com/cmp1952
　　　　　010-68326294　　金　书　网：www.golden-book.com
封底无防伪标均为盗版　　　　机工教育服务网：www.cmpedu.com

前　言

　　城市的形成与发展是人类社会发展的重要历程。我国近年来的城市化进程较快，作为区域政治、文化、经济和信息中心的城市，必须有相应完善的基础设施与之配套，从而产生一定的聚集效应和辐射能力，促进区域社会文明的进步和经济的壮大。城市基础设施的完备程度和运转状况已经成为城市经济发展水平和文明程度的标志。

　　市政工程是城市基础设施和公共服务设施工程，它是城市的生命线工程，在城市的运转过程中发挥着重要作用。

　　市政工程规划是城市规划中的组成部分，其内容涉及知识面宽、涵盖面广，涉及的专业领域多，相对复杂，且在不同发展时期社会对规划重点的要求有所不同。本书系统解决了专业关联的架构问题。鉴于市政工程专业跨度大，需协调的部门多，相关政策及规范标准变化大等具体情况，能让使用者在短时间内掌握一定的专业基础知识、行业知识、法规规范知识以及设计、工程知识是本书作者的心愿，也是本书编写的主要难点。作者在总结近年来课程教学经验的基础上，重点研究了相关的政策法规，梳理了有关资料和文献，参考新颁发的规范编写了本书。本书对于完善从事城市规划工作的工程技术人员的知识结构，培养工程思维能力，满足我国城市化进程中对城市规划人才培养的需要，实现市政工程规划的系统化、规范化、科学化有一定的帮助。

　　本书作者由有课程教学经验的一线专业教师和有实践工作经验的工程技术人员以及城市规划的高级管理人员组成。

　　本书共分15章，由邵宗义主编，郑小兵、岳云涛、杨光、刘建伟参编，邵宗义、郑小兵统稿。本书由北京市城市规划设计研究院潘一玲教授级高级工程师和北京建筑大学张大玉教授主审。

　　本书的编写得到了北京建筑大学、北京市城市规划设计研究院等单位的大力支持。在编写过程中，也参考了一些教材、文章等文献资料，在此对这些文献的作者表示衷心的感谢！

　　由于市政工程规划横跨专业多、涉及知识广，在有限的篇幅内的论述难免有疏漏，再加上编写人员的专业水平有限，书中难免会存在疏漏之处，敬请读者批评指正！

编　者

目 录

第一章
绪　论

第一节　概　述

《中华人民共和国国民经济和社会发展第十四个五年规划和 2035 年远景目标纲要》于 2021 年 3 月颁布，我国将坚持走中国特色新型城镇化道路，深入推进以人为核心的新型城镇化战略。党的十九大报告中对生态文明建设提出了一系列的新思想、新目标、新要求和新部署，把美丽中国作为建设社会主义现代化强国的重要目标。在美丽中国目标的指引下，美丽城市已成为推进我国新型城镇化、现代化建设的内在要求。基础设施作为城市生态文明的重要载体，是建设美丽城市坚实的物质基础，也是城镇化进程中提供公共服务的重要组成部分，更是社会进步、财富增值、城市竞争力提升的重要驱动。新时代的城市规划，应立足百年大计、千年大计，注重城市发展的宽度、厚度和"暖"度，将高水平的市政设施发展理念，融入城市建设中，在共享中不断提升人民群众的幸福感和获得感。

在资源和社会转型的双重压力下，城镇化模式面临着重大的改革。随着城市转型步伐的加快，基础设施建设如何与城市发展均衡协调，也成为当前面临的重大课题。无论是基于未来城市规模、功能和空间的均衡，还是在新的标准、技术和系统下与原有体系的协调，或是在不同发展阶段、不同外界环境下的适应能力，都是保障城市基础设施规划的科学性、有效性和前瞻性的重要手段。基础设施已成为一个城市发展的必要基础和支撑，城市基础设施的完善程度，也成为体现一个城市现代化程度的重要标志。

一、基础设施与市政工程的概念与分类

在我国，一般的基础设施多指城市工程性基础设施，又称为市政公用工程设施或市政基础设施，它是为社会生产和居民生活提供公共服务、保证国家或地区经济活动正常进行的公共服务系统。在城市规划设计领域，简称为市政工程。

关于基础设施的分类，至今国内外学术界尚未形成共识，一般根据基础设施的服务对象、地域范围等不同，将其大致分为国民经济基础设施和城市基础设施。前者的服务对象是整个国家或地区的国民经济范围，后者的服务对象是城市区域的生产和生活范围。从这个意义上讲，为国家或地区整个国民经济服务的基础设施是基础设施的总体，属于较高的层次，它包括大型能源动力、交通运输、邮电通信等的基础设施。城市基础设施则是区域基础设施在城市市区内的具体化，是地区或区域基础设施的组成部分。它包括为城市服务的供水、排水、供电、集中供热、城市交通、综合防灾等分布于城市地区并直接为城市生产生活服务的基础设施。一些经济学家认为，基础设施应分为生产性基础设施和社会性基础设施两大类。生产性基础设施是为物质生产过程服务的有关成分的综合，为物质生产过程直接创造必要的物质技术条件。社会性基础设施是为居民的生活和文化服务的设施，是通过保证劳动力生产的物质文化和生活，而间接影响再

生产的过程。

在城市建设中，城市内的道路（轻轨和地铁）交通、供水、排水、燃气、集中供热、电力、防灾减灾以及城市的综合治理、生态修复、环保节能等基础设施的建设，通常由所在城市的政府职能部门管辖，并行使组织规划、设计、施工以及后期的管理的责任和义务。为居民提供有偿或无偿的公共产品和服务的各种建筑物、构筑物、设备设施，被称为城市市政公用设施或城市基础设施，简称为市政工程。铁路、火车站、航空港、港口、码头、城市间的道路等，虽然有些也在城市区域内，但不属于市政府的管辖范围，因此也不叫作城市市政设施或城市市政工程，而是属于国民经济的基础设施范围。

我国通常把基础设施分为广义城市基础设施与狭义城市基础设施（或称为常规城市基础设施）两类。广义城市基础设施是指同时为物质生产和为人民生活提供一般条件的公共设施，是城市赖以生存和发展的物质基础，又可分为城市技术性基础设施和城市社会性基础设施两大类。城市技术性基础设施包含能源系统、水资源与给水排水系统、交通系统、通信系统、环境系统、防灾系统等。城市社会性基础设施包含行政管理、金融保险、商业服务、文化娱乐、体育运动、医疗卫生、教育、科研、宗教、社会福利、公众住宅等。狭义城市基础设施，指城市中为城市人民提供生产和生活所需的最基本的基础设施，即以城市技术性基础设施为主体，含有给水、排水、能源、通信、环境卫生、防灾等六大系统，具有很强的工程性、技术性特点。这种狭义城市基础设施也称城市市政工程基础设施或市政工程，如图 1-1 所示。

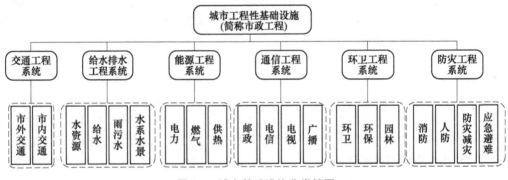

图 1-1　城市基础设施分类简图

随着经济的发展和社会的进步，人们对城市工作环境质量和住区物质文化水平的要求逐步提高，现代城市既要满足人们生产和生活的基本需要、满足城市的现代生活和社会发展的需要，又要提供卫生、安全和舒适的生活和工作环境，这些都需要相应的设施来支持。城市社会经济发展和建设的现代化，只有依赖于城市市政工程的完善与强化，才能产生城市的辐射能力和聚集效应。因此，城市市政工程的完备程度和运转情况，能够显示城市经济活动的强弱、开发潜力的大小，这也成为衡量一个城市社会经济发展水平和文明程度的重要标志。

在城市产生、发展的过程中，市政工程基础设施与整个社会生产力的发展紧密联系，为社会生产再生产活动提供最基本的条件。社会生产力还处于不发达时期，为社会生产活动服务的市政工程基础设施是作为生产活动服务的一部分，随着社会生产力及科学技术发展进步，那些为生产活动服务的设施逐渐从生产活动的内部分离出来，成为新的、独立的物质生产行业或部门，不再单独为生产企业自己服务，而是为整个社会的生产、生活提供服务，成为社会再生产的基本条件。

社会经济的发展与城市（镇）化的推进，生产社会化程度的提高和专业化协作的发展，使得市政工程在国民经济发展中越来越重要，城市市政工程对城市的发展的影响越来越大。市政工程承担的任务和功能在不断提升，其内涵和外延不断拓展，市政工程基础设施的含义也由国民经济体系中为社会生产和再生产提供一般条件的部门和行业，发展成为一个区域或城市社会经济发展的支持系统和先行行业，也成为城市实现社会生产、分配、交换和消费的重要物质条件。

人类更加重视人与自然的关系，强调人与自然和谐，注重城市环境的营造与建设，以实现城市的协调、稳定和持续发展，因此，社会对城市规划中市政工程规划及建设管理的工程技术人员提出了更高的要求。不仅要求他们更加深入、拓宽专业知识，还要求掌握相邻学科的知识，不但要有获取知识的能力，还要有应用知识、创新知识的能力，从而锻炼成为与时代相称、掌握多种技能的复合型工程技术人才。同时，信息化、知识经济的迅猛发展，也迫使城市规划与建设的工程技术人员要不断获取新知识、新技能，不断改善知识结构，以满足时代的需要。

二、市政工程的特性

市政工程具有系统性、整体性、基础性、先行性、共享性、两重性、独立性、统一性、复杂性和长期性。

（1）系统性　市政工程是城市的一个庞大的系统，也可称为市政工程设施体系。其中包括若干个子系统，分别承担着相关领域的市政功能，并在城区内构成网络，形成群体结构，从而产生并发挥群体功能效应，以支撑城市的正常运转。大多数市政工程无法改变被服务物质的形态和性能，也不能改变物质的使用价值，但通过它的服务，可增加物质对象的附加价值。

（2）整体性　市政工程是面向整个城市，直接为整个城市的生产、生活和城市发展服务的，是整个城市所共有的。城市市政工程的建设必须以整个城市的发展规划和总体规划布局为目标，制定城市市政工程的整体规划，并以此为依据，确定具体设施的工程项目，彰显整体性特征。

（3）基础性和先行性　市政工程就是城市的基础设施，是城市发展和生存的必备前置条件，具有基础性。从城市建设的顺序而言，只有供水、排水、电力、供气、道路等设施竣工并投入使用后，即通常所说的"五通一平"或"七通一平"完成后，才能完成建筑物的建设并交付使用。市政工程是整个城市建设的基础和前提，是各种社会经济活动的条件，因此，城市要建设发展，市政工程建设必须先行。

（4）共享性和两重性　市政工程属于城市公共服务设施体系，涉及生活、学习、服务各领域和各类人群，具有共享性。同时，市政工程既服务于生产，又服务于生活，具有两重性。

（5）独立性和统一性　市政工程还包含众多的子工程，每个子工程都是一个独立的体系，具有各自的特点和功能，同时相互之间又有一定的关联。各子系统共同构成大系统，共同实现城市功能，体现出独立性和统一性。

（6）复杂性和长期性　市政工程规划必须满足城市整体的功能要求、运行要求和安全防护要求，必须服从和服务于城市的规划。受到规划区域空间、建设时序、建设周期、建设投资以及施工难度等因素影响，各独立的系统可能会分期、分区或分部进行建设，但必须实现已建设系统的使用功能以及各系统之间的协调。这就是市政工程的复杂性和长期性。

城市的发展离不开市政工程，因此，市政工程规划也成为城市规划的组成部分。除必须服从和服务于城市总体规划外，市政工程规划还要与规划区的目标、规模、年限相一致、与规划区的功能和职能相协调。现代化城市（镇、乡）和有关区域，必须具有完善、高效、便捷的基础设施与之配套，从而达到与社会经济发展相适应的目的。

三、市政工程的内容

市政工程的内容十分广泛，因此，又有广义与狭义之分。广义市政工程包括给水工程、排水工程、污水处理工程、内外交通工程、道路桥梁工程、电力工程、电信工程、燃气工程、集中供热工程、消防工程、防洪工程、抗震防灾工程、园林绿化工程、环境卫生以及垃圾处理工程等。狭义的市政工程主要指城市及规划区域范围内的给水工程、排水工程、电力工程、电信工程、燃气工程、供热工程、环卫工程等，它们是城市市政工程最主要、最基本的内容。它们既是工业生产的物质基础，又是人民生活必不可少的物质条件。这里，狭义的市政工程，就是本书所讲的城市市政工程。

市政工程是社会生产和专业化协作的产物，它随着社会生产力水平的提高、科学技术的进步，以及城市社会经济社会发展的需要而不断变化，其内容不是一成不变的。市政工程的实施与管理的分工也越来越细，出现了许多新的职能部门。

我国正处在城市化加速发展阶段，大中城市不断扩张，新兴城市（镇）不断涌现，市政设施与城市发展的矛盾将更加突出，许多"城市病"绝大多数是由于基础设施不足或不够完善造成的。

城市的建设与发展，必须重视市政工程的基础作用，要贯彻基础设施先行的原则。搞好城市规划，就成为搞好城市建设的基本任务。城市功能的实现必须倚仗基础设施，因此，在城市规划中，市政工程的规划占据着重要的地位。

本书所指的市政工程的规划范围包括城市给水、排水、电力、通信、燃气、供热、环境卫生、防灾等领域，其工程包括以下八大类：

1）城市给水工程。

2）城市排水工程。

3）城市电力工程。

4）城市通信工程。

5）城市燃气工程。

6）城市供热工程。

7）城市环境卫生工程。

8）城市综合防灾工程。

市政工程作为城市建设不可缺少的组成部分，在城市建设中常常被视为是基础性生命线工程。如何合理地进行市政工程的规划设计，不仅与城镇建设中的建筑、结构等专业的规划、设计、施工有密切的关系，而且直接决定人民生产、生活的质量。

作为城市规划重要内容的市政工程规划，必须以城市规划为依据，并将城市规划进行延伸和深化，并用更加详细和深入的内容充实、补充城市规划，使城市规划更加完善，更具可操作性、实用性，更加有利于城市的全面建设。

市政工程规划，必然要求与其他专业之间的规划设计相互协调。只有综合的规划设计，才能提高城市规划设计质量，避免相互掣肘，从而提高城市综合防灾能力，高效地发挥城市建设为生产和生活服务的作用。

第二节　市政工程规划内容

一、市政工程规划的任务

市政工程规划的总体任务是根据城市社会经济发展目标，结合具体城市（镇）的实际情况，合理确定规划期内城市区域内各项市政工程的规模、容量，科学布局各项设施，制定相应的建设策略和措施。市政工程规划是一个由各个专项工程规划组成的系统规划和综合规划，各专项市政工程规划则是在城市经济社会发展总体目标下，根据本专项规划的任务目标，结合城市实际，依照国家规章规范，按照本项规划的理论、程序、方法以及要求进行的规划。

各专项市政工程规划的主要任务如下：

（1）给水工程规划 根据城市和区域水资源的状况，最大限度地保护和合理利用水资源，合理选择水源，进行城市水源规划和水资源利用平衡；确定城市自来水厂等设施的规模、容量；布置给水设施和各级供水管网系统，以满足用户对水质、水量、水压等要求；制定水源和水资源的保护措施。

（2）排水工程规划 根据城市用水状况和自然环境条件，确定规划期内污水处理量，污水处理设施的规模与容量，降雨排放设施的规模与容量；布置污水处理厂（站）等各种污水收集与处理设施、排涝泵站等雨水排放设施以及各级污水管网系统，制定水环境保护、污水利用等对策与措施。

（3）电力工程规划 根据城市和区域电力资源状况，合理确定规划期内的城市用电量、用电负荷，进行城市电源规划；确定城市输配电设施的规模、容量以及电压等级；布置变电所（站）等变电设施和输配电网络；制定各类供电设施和电力线路的保护措施。

（4）通信工程规划 根据城市通信实况和发展趋势，确定规划期内城市通信发展目标，预测通信需求；确定邮政、电信、广播、电视等各种通信设施和通信线路；制定通信设施综合利用对策与措施，以及通信设施保护措施。

（5）燃气工程规划 根据城市和区域燃料资源状况，选择城市燃气气源，合理确定规划期内各种燃气的用量，进行城市燃气气源规划；确定各种供气设施的规模、容量；选择确定城市燃气管网系统；科学布置气源厂、气化站等产、供气设施和输配气管网；制定燃气设施和管道的保护措施。

（6）供热工程规划 根据当地气候条件，结合生活与生产需要，确定城市集中供热对象、供热标准、供热方式；确定城市供热量和供热负荷，并进行城市热源规划，确定城市热电厂、热力站等供热设施的数量和容量；布置各种供热设施和供热管网；制定节能保温的对策与措施，以及供热设施的防护措施。

（7）城市环境卫生设施规划 根据城市发展目标和城市布局，确定城市环境卫生设施配置标准和垃圾集运、处理方式；确定主要环境卫生设施的数量、规模；布置垃圾处理场等各种环境卫生设施，制定环境卫生设施的隔离与防护措施；提出垃圾回收利用的对策与措施。

（8）防灾工程规划 根据城市自然环境、灾害区划和城市地位，确定城市各项防灾标准，合理确定各项防灾设施的等级、规模；科学布局各项防灾措施；充分考虑防灾设施与城市常用设施的有机结合，制定防灾设施的统筹建设、综合利用、防护管理等对策与措施。

（9）城市工程管线综合规划 根据城市规划布局和各专项城市市政工程规划，检验各专业工程管线分布的合理程度，提出对专业工程管线规划的修正建议，调整并确定各种工程管线在城市道路上水平排列位置和竖向标高，确认或调整城市道路横断面，提出各种工程管线埋设深度和覆土厚度要求。

二、各规划层次的内容与深度要求

市政工程规划是城市规划的重要组成部分，为全面、有效地实现城市经济、社会发展的总目标，必须同步编制市政工程规划，同时做好协调，既要使城市各项工程设施在城市用地和空间布局上得到保证，又要使城市规划的各项建设在技术上得到落实。

城市规划一般分为城市总体规划、分区规划、详细规划三个层次或层面，市政工程规划则在城市规划的不同层次同步进行相对应的规划，形成与城市规划一致的三个层面：城市总体规划层次的市政工程总体规划、分区规划层次的市政工程规划和详细规划层次的市政工程规划。市政工程规划可横向展开或纵向深入。横向展开就是与各层次的城市规划同步进行，在不同层面上与各层次的城市规划融为一体，形成不同层次的各项市政工程规划。纵向深入，就是依据城市发展的总体目标，从确定本系统的发展目标、主体设施格局与网络的总体布局，到具体的工程设施与管网的建设规划，形成纵向的市政工程规划体系。

1. 总体规划层次的市政工程规划

市政工程总体规划是与城市总体规划层面相匹配的规划，解决的主要问题有以下几方面：

1）从城市各市政工程的现状资源条件和发展趋势等方面分析论证城市经济社会发展目标的可行性、城市总体规划布局的可行性和合理性，从本工程系统（行业或专业）方面提出对城市发展目标规模和总体布局的调整意见和建议。

2）根据确定的城市发展目标、总体布局以及本系统上级主管部门的发展规划，确立发展目标，合理布局重大关键性设施和网络系统，制定主要的技术政策、规定和实施措施。

3）综合协调并确定城市给水、排水、防洪、防灾、供电、通信、燃气、供热、消防、环卫等系统和设施的总体布局。

在总体规划层次的工程规划图中，应标明给水、排水、热力、燃气、电力、电信等主要管线走向，水源、水厂、污水处理厂、热电厂或集中锅炉房、气源、调压站、电厂、变电站、电信中心或邮电局、电台等主要构筑物位置，有些城市的工程规划图上还应标明城市防洪的工程设施及构筑物的位置。

2. 分区规划层次的市政工程规划

市政工程分区规划是与城市分区规划相匹配的规划层面，需解决的主要问题有以下几方面：

1）在总体规划基础上，根据本分区（区域）的现状条件，对市政工程规划进行完善、充实，或提出相应的调整建议。

2）依据市政工程总体规划，结合本分区（区域）的现状条件，分析论证分区规划布局的可行性、合理性，从市政工程方面对城市分区规划布局提出调整、完善等意见和建议。

3）根据确定的城市市政工程总体规划和分区规划布局，布置市政工程在分区内的主体设施，并进行工程管网布局，制定针对分区的技术规定和实施措施。

4）依据城市总体规划和分区规划，对本区的城市土地利用、人口分布和公共设施、城市基础设施的配置做进一步统筹安排，以便与详细规划更好地进行衔接。

此阶段城市工程规划的内容应包括：确定工程干管的位置、走向、管径、服务范围以及主要工程设施的位置和用地范围。

3. 详细规划层次的市政工程规划

市政工程详细规划是与城市详细规划层面相匹配的规划，所解决的主要问题有以下几方面：

1）以总体规划或分区规划为依据，结合详细规划范围内的各种现实状况、条件，从市政工程方面对城市详细规划的布局提出相应的完善或调整意见。

2）根据市政工程分区规划、城市详细规划布局，具体布置本详细规划范围内所有的室外工程设施和工程管线，提出相应的工程建设技术和实施措施。

3）详细规定建设用地的各项控制指标和其他规划管理要求。

详细规划分为控制性详细规划和修建性详细规划两个层次。在控制性详细规划中，需要确定各级支路的红线位置、控制点坐标和标高；根据规划容量，确定工程管线的走向、管径和工程设施的用地界限。控制性详细规划的图纸比例一般为 1：2000～1：1000。修建性详细规划，对于当前要进行建设的地段或地区是必须进行的，内容包括各种工程管线规划设计、竖向规划设计，估算工程量、拆迁量和总造价，分析投资效益，用以指导各项建筑和工程设施的设计与施工。

规划图纸包括：规划现状图、规划总平面图、各项专业规划图、竖向规划图、反映规划设计意图的轴测图或透视图等。

三、市政工程规划的程序

市政工程规划是围绕着城市的发展总目标展开的，与区域市政工程发展规划在专业系统方面有着紧密的联系，尤其是城市各项市政工程之间有着相互配合、相互制约、彼此反馈的关系。城市市政工程规划一般要通过规划工作总程序（包括各项市政工程在内）来进行城市各项市政工程的规划，使得各项市政工程规划更加科学、合理、可行。

城市市政工程规划的总程序分为如下四个阶段：

（1）拟定市政工程规划建设目标　应立足于城市发展目标和市政工程的现状基础，依据城市发展目标和城市各市政工程的上级主管部门制定的区域市政工程发展规划或行业发展规划，拟定市政工程规划建设目标，使市政工程有自己的发展总目标，作为进行市政工程总体规划的依据。

（2）编制城市市政工程总体规划　在市政工程总体规划阶段，基于市政工程现状调查研究结果，依据拟定的市政工程规划建设目标、各项市政工程的区域发展规划或计划，以及城市规划总体布局，进行各项市政工程总体规划，预测各项市政工程的规划期限的负荷，布置各项市政工程关键性设施和网络系统，提出各项市政工程的技术政策措施，以及关键性设施的保护措施等。在各项市政工程总体布局基本确定后，进行各项市政工程的技术政策措施规划，而后进行各项市政工程的工程管线综合总体规划，检验和协调各项市政工程主要设施和主要工程管线的分布，由此，反馈、调整有关市政工程规划布局。最后，各项市政工程将本系统总体规划布局反馈给城市总体规划布局，同时，提出所发现的与城市规划总体布局的矛盾及其协调解决的建议，进一步协调和完善城市规划总体布局。此外，通过城市各项市政工程总体规划，落实区域市政工程发展规划的布局，同时，反馈所发现的城市系统与区域市政工程发展规划之间的矛盾，协调解决问题，理顺区域市政工程规划布局。

（3）编制城市市政工程分区规划　市政工程分区规划阶段要对规划分区范围内的市政工程现状进行充分调研，依据城市市政工程总体规划所确定的技术标准和主要工程设施布局，以及城市分区规划布局，估算分区的市政工程负荷，布置分区内的工程设施和管网系统，提出分区工程设施的保护措施。在分区市政工程设施和管网布局基本确定后，进行城市工程管线综合分区规划，检验和协调各市政工程设施和管网的分布，若发现矛盾，及时调整本区有关市政工程规划布局。然后，将本区各项市政工程规划反馈给城市分区规划布局，提出所发现的与分区规划布局的矛盾及其协调解决建议，从而进一步协调和完善城市分区规划布局。与此同时，通过城市各项市政工程分区规划进一步具体落实基本市政工程总体规划，并反馈所发现的问题，以便协调、完善全部市政工程的总体规划。

（4）编制城市市政工程详细规划　首先要对详细规划范围内的市政工程设施、管线的现状进行调查、核实，依据详细规划布局、市政工程总体规划所确定的技术标准和工程设施、管线布局，计算详细规划范围内工程设施的负荷或需求量，布置工程设施和工程管线，提出有关工程设施、管线布置和敷设方式，以及防护规定。在基本确定工程设施和工程管线后，进行详细规划范围内的工程管线综合规划，检验和协调各工程管线的布置。若发现问题，及时反馈给各工程管线规划人员，进行管线布置的调整。在编制市政工程规划过程中，及时发现详细规划布局的问题，提出调整或协调详细规划的建议，完善详细规划布局。通过市政工程的详细规划，进一步反馈、落实和解决市政工程总体规划、分区规划中的相关问题，以便及时修改和完善总体规划以及分区规划。

第二章
给水工程规划

第一节 概 论

人类生活、生产离不开水，水的获取、供应、使用和处理自古是城市、乡镇首要的基础条件。位于中国杭州地区的良渚文化早在公元前3500年—公元前2300年已经大规模兴修堤坝、渠道、水闸等调水工程。古罗马时期为城市取水所修建的高架引水渠道沿用至近代。

给水工程是城市基础性的市政工程。给水工程规划的科学合理性直接影响城市发展。北京、天津等北方大型城市长期缺水和超采地下水直接威胁了国计民生。21世纪国家建设的南水北调工程，作为国家层面综合性给水工程规划的成果，缓解了中国北方地区给水紧张的情况。本书主要从一城一镇范围介绍给水工程规划的内容和方法。

一、给水工程系统的组成及形式

1. 给水工程系统的组成

给水工程按照其工艺过程分为三部分：取水工程、净水工程和输配水工程。

取水工程主要是指合适的天然水源的选择和进行取水、集水、处理水的市政工程设施。城市给水水源根据来源不同主要分为地表水和地下水。地表水及地下水取用系统的一般组成如图2-1、图2-2所示。

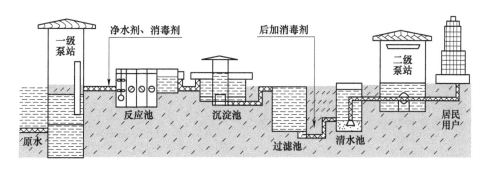

图 2-1　城市地表水源给水系统示意图

净水工程是针对不同原水水质和不同用户对于用水水质需求的差异，所采用的水处理方法和为此而建设的水处理市政工程设施。

输配水工程是将水由净水工程输送至用户的管道、沟渠及相应的泵站、阀门、调节构筑物等市政工程设施。输水工程要确保安全、可靠和经济。输水工程的建设费用一般会占城市给水工程总投资的50%~80%。

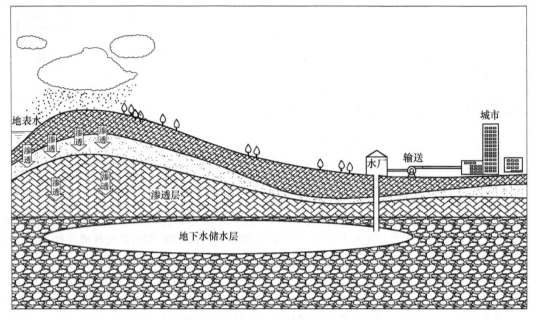

图 2-2　城市地下水源给水系统示意图

2. 给水系统的形式

城市规划中，根据城市总体规划、水源情况和当地自然条件、水质要求等，给水系统有如下几种形式：

（1）统一给水形式　城市生活、生产、消防等所有用水统一按照生活饮用水水质标准处理，给水管网统一供给不同用户的给水形式。这种形式适用于用户较为集中，一般不需长距离转输水量，各用户对水质、水压要求相差不大，地形起伏变化不大的情况。

（2）分质给水形式　从水源地取水后，按照不同水质标准进行净化处理，用不同的管网分别将不同水质的水供给各用户的给水形式。此形式适用于城市不同水质差别较大，而对于不同水质的需求量较为接近的情况。此形式便于采用不同水质水源，节省净水设施投资，可节约大量高品质水。但管网系统相应增多，建设投资增加，管理较复杂。分质给水形式如图 2-3 所示。

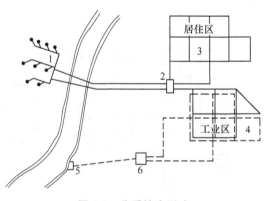

图 2-3　分质给水形式
1—管井　2—泵站　3—生活用水管网　4—生产用水管网
5—地面水取水构筑物　6—工业用水处理构筑物

（3）分区给水形式　城市因地形限制或分区要求，给水系统分为独立的数个区域，每个子区域均相对独立建立管网、调压设施，分别服务于不同的城市区域的给水形式。当城市用水量较大，城市面积辽阔或延伸很长，或城市被河流山川等自然地形分成若干部分，或需要单独计量，或为功能分区比较明确的大中型城市时，可采用分区给水形式。出于保证供水安全和调度的灵活性考虑，有时各子系统间保持适当联系。这种系统的优点是可节约动力运行费用和管网投资，但缺点是管理比较分散，不利于应急性调度。分区给水形式如图 2-4 所示。

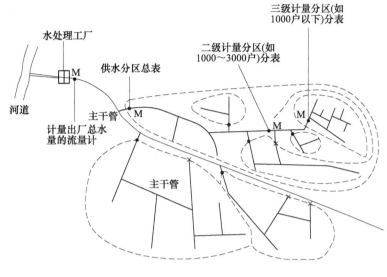

图 2-4 分区给水形式

（4）分压给水形式 城市因地形限制高程差别较大，需要采取数个调压设施在不同高程地区分别保持不同水头的供水形式。这种形式适用于山区或丘陵地区的城市。这种形式的优点是减少因采用高压管道和设备所需的初投资，并且各分区间可以分期建设；能减少动力费用，降低相对低洼区域管网压力，增加供水安全性。主要缺点是所需管理人员和设备比较多。分压给水形式如图 2-5 所示。

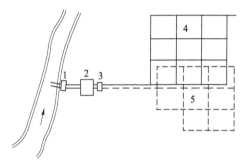

图 2-5 分压给水形式
1—取水构筑物 2—水处理构筑物
3—泵站 4—高压管网 5—低压管网

（5）中水给水形式 城市工业、园林绿化、市政等用户对水质要求较低。某些相对洁净的生产、生活废水，经过简易处理或不经处理，可以供其使用，这种给水形式称为中水给水。它是城市节约用水有效途径之一，如图 2-6 所示。缺点是需要增加水处理设施和单独的管网系统。

（6）循环给水形式 工业区某些工业废水如冷却水等使用后水质变化不大，而经冷却降温或其他简单处理后，能够再次循环用于生产，这种给水系统称为循环给水形式，如图 2-7 所示。循环给水系统主要供水设施的作用是补充循环过程中所损失的水量，其供水量约为循环用水总量的 3%~8%。

（7）复用给水形式 根据不同的用水品质要求，通过对上一级高品质用水弃水进行简单处理后，作为下一级低品质的用水，形成梯次重复用水，从而达到节水的目的。

（8）区域给水形式 随着社会发展，城市规模逐渐扩展，传统农乡逐步城市化，城市间分割和界限逐渐消失，城市间距离越来越小。在这种情况下，主要采用地表水，尤其是采用河流作为水源的城市，很难分清水源地与排污口的上下游问题。因此，需要区域统筹将水源设在一系列城市或工业区的上游，统一取水，然后分配给沿河各城市或工业区使用；或者区

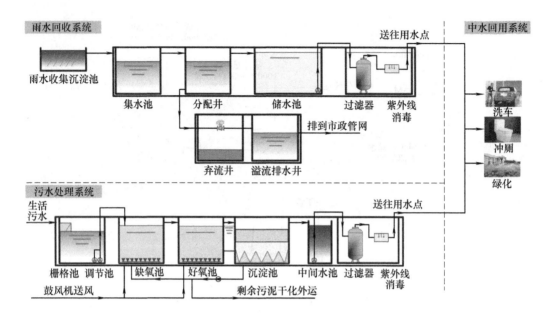

图 2-6　中水给水形式

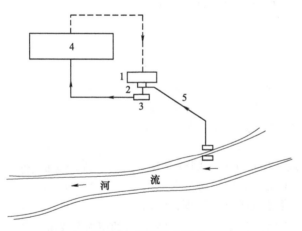

图 2-7　循环给水形式

1—冷却塔　2—吸水井　3—泵站　4—车间　5—新鲜补充水

域整体规划布局水源地和污水排放地。这种从区域统一的角度考虑建设的给水系统称为区域给水形式。

二、给水工程规划的主要内容与深度

1. 给水工程系统总体规划内容

（1）给水工程系统总体规划的主要内容　确定用水量标准，预测城市总用水量；平衡供需水量，选择水源，确定取水方式和位置；确定给水系统的形式、水厂供水能力和厂址，选择处理工艺；布局输配水干管、输水管网和供水重要设施，估算干管管径；确定水源地卫生防护措施。设置应急水源和备用水源。

（2）给水工程系统总体规划成果　城市给水系统现状图。主要反映城市给水设施的布局和干线管网布局的情况；城市给水系统规划图。主要反映规划期末城市给水水源、给水设施的位置、规模，输配水干线管网布置、管径。

2. 给水工程系统分区规划内容

（1）给水工程系统分区规划的主要内容　估算分区用水量；进一步确定供水设施规模，确定主要设施位置和用地范围；落实或修正补充总体规划中供水管网的走向、位置、线路，估算控制管径。

（2）给水工程系统分区规划成果　分区给水系统现状图；分区给水系统规划图；必要的附图。

3. 给水工程系统详细规划内容

（1）给水工程系统详细规划的主要内容　计算用水量，提出对水质水压要求；布局给水设施和给水管网；计算输配水管管径，校核配水管网水量及水压；选择管材；进行造价估算。

（2）给水工程系统详细规划成果　给水系统规划图。图中标明给水设施位置、规模、用地，给水管道的平面位置、管径、主要控制点标高；必要的附图。

三、给水工程规划的步骤及要求

根据《给水工程规划规范》（GB 50282），给水工程规划的内容包括：确定用水量标准，预测与计算城市总用水量，进行区域水资源与城市用水量之间的供需平衡分析；研究各种用户对水量和水质的要求，合理地选择水源，提出水源保护及其开源节流的要求和措施；确定水厂位置和净化方法；确定给水系统组成；布置城市输水管道及给水管网；给水系统方案比较，论证各方案的优缺点，估算工程造价和年运营费，选定规划方案。

给水工程规划通常按下列步骤进行：

1）明确规划任务的内容、范围。收集主管部门项目任务书，有关方针政策性文件；大型给水工程应有"水资源报告书"，环境影响评价报告书及批复文件，其他依据法律法规出具的批复文件或评价报告等文件；与其他部门分工协议等。

2）搜集调查基础资料和现场踏勘。基础资料主要有：城市总体规划文件、城市分区规划和详细规划，新近地形图，城市近远期发展规划，人口分布；建筑高度和卫生设备标准，现有给水设备概况资料，用水人数、用水量、现有设备、供水状况等；工程勘察报告、气象、水文及水文地质、工程地质资料；城市对水量、水质、水压的要求，采用的主要规范和标准等。

制定给水工程规划设计方案。拟定几个方案，绘制给水系统规划方案图，估算工程造价，对几个方案进行技术经济比较，从中选出最佳方案。

3）撰写给水工程规划说明书，绘制城市给水系统规划图。规划图应包括给水水源和取水位置、水厂厂址、泵站位置，以及输水管（渠）和管网的布置等。说明书内容应包括规划项目的性质、建设规模、方案构思的优缺点、设计依据、工程造价、所需主要设备材料及能源消耗等。

第二节　城市总用水量

城市总用水量包括居民生活用水量、城市工业用水量、城市公共建筑用水量、市政用水量、消防等应急用水量和生态用水量等。

城市用水量预测方法有多种，常用的有城市综合用水量指标法、综合生活用水比例相关法、不同类别用地用水量指标法、城市建设用地综合用水量指标法、年增长率法、分类用水加和法、规划估算法、数学模型法、不同类别用地单位建筑面积用水量指标法等。

城市综合用水量指标法和综合生活用水比例相关法、城市建设用地综合用水量指标法、年增长率法、分类用水加和法、规划估算法及数学模型法适用于总体规划中的给水工程规划和给水工程专项规划。不同类别用地用水量指标法适用于总体规划中的给水工程规划、给水工程专项规划和控制性详细规划。

一、城市用水分类

预测城市总用水量时，根据用水目的不同，对水质、水量和水压的不同要求，将城市用水分为以下几类：

（1）生活用水 包括居住区居民生活用水、工业企业职工生活用水、服务业用水以及全市性公共建筑用水等。生活用水水质应无色、无味，不含致病菌或病毒和有害健康的物质，符合《生活饮用水卫生标准》（GB 5749）。生活用水管网上的最小水头应根据城市多数建筑层数确定，一般应符合《室外给水设计规范》（GB 50013）的规定。

（2）生产用水 主要是指工业的生产用水，包括冷却用水，例如高炉和炼钢炉、机器设备、润滑油和空气的冷却用水；生产蒸汽和冷凝用水，例如锅炉和冷凝器的用水；生产过程用水，例如纺织厂和造纸厂的洗涤、净化、印染等用水；食品工业加工食品用水；交通运输用水，如机车和船舶用水等。由于生产工艺过程的多样性和复杂性，生产用水对水质和水量要求的标准并不一致。在确定生产用水的各项指标时，应收集工业工艺资料，以确定其对水量、水质、水压的要求。

（3）市政用水 市政用水包括市政清洁、环保用水和景观绿化用水等。

（4）应急用水 以消防用水为主，是市政道路消火栓和室内消火栓用水。因应急用水非经常性特点，系统一般可与生活用水系统合并，以减少投资和管理运行成本。

（5）管网渗漏用水量 给水管网运行时渗漏消耗的水量。

（6）水厂自身用水量 净水厂运行消耗的水量。

（7）不可预见水量 在规划设计时难以预见的用水量。

二、用水量指标

用水量指标是城市规划期内不同用水者单位人口或单位用地面积或单位产值或单位产品等，在单位时间内所消耗的水量。它是给水工程规划设计中的一项基本数据，是计算城市用水量的基础。

城市用水量指标应根据城市的地理位置、水资源状况、城市性质和规模、产业结构、国民经济发展和居民生活水平、工业用水重复利用率等因素，在一定时期用水量和现状用水量调查基础上，结合节水要求，综合分析确定。当缺少资料时可以采用表2-1～表2-7中的数据。

1. 单位人口用水量指标

单位人口用水量指标是根据城市总体规划所确定的人口规模，而采用的万人每天平均用水量标准，它分为城市综合用水量指标和人均用水量指标。

（1）城市综合用水量指标 城市综合用水量指标主要根据不同地区及其城市等级来确定，用于总体规划阶段。其指标可按表2-1选用，是最高日用水量指标。

表 2-1　城市综合用水量指标　　　　　［单位：万 m³/（万人·d）］

区域	城市规模						
	超大城市（$P \geqslant 1000$）	特大城市（$500 \leqslant P < 1000$）	大城市		中等城市（$50 < P < 100$）	小城市	
			Ⅰ型（$300 \leqslant P < 500$）	Ⅱ型（$100 \leqslant P < 300$）		Ⅰ型（$20 \leqslant P < 50$）	Ⅱ型（$P < 20$）
一区	0.50~0.80	0.50~0.75	0.45~0.75	0.40~0.70	0.35~0.65	0.30~0.60	0.25~0.55
二区	0.40~0.60	0.40~0.60	0.35~0.55	0.30~0.55	0.25~0.50	0.20~0.45	0.15~0.40
三区	—	—	—	0.30~0.50	0.25~0.45	0.20~0.40	0.15~0.35

注：1. 一区包括：湖北、湖南、江西、浙江、福建、广东、广西、海南、上海、江苏、安徽。

2. 二区包括：重庆、四川、贵州、云南、黑龙江、吉林、辽宁、北京、天津、河北、山西、河南、山东、宁夏、陕西、内蒙古河套以东和甘肃黄河以东地区。

3. 三区包括：新疆、青海、西藏、内蒙古河套以西和甘肃黄河以西地区。

2. 本指标已包括管网漏失水量。

3. P 为城区常住人口（单位：万人）。

（2）人均用水量指标

1）综合生活用水量指标是单位人口每天用水量，该指标涵盖了城市居民生活用水与公共设施用水，属于单位人口用水量定额，是最高日用水量指标。该指标根据城市的气候、生活习惯和房屋卫生设备等因素确定。各个城市的生活用水量指标可以不同，同一城市的不同地区因房屋卫生设备水平的差异也可不同。进行给水工程规划时，综合生活用水量指标宜采用表 2-2 中的数值，并结合当地自然条件、城市规模、公共设施水平、居住水平和居民的生活水平等来选择指标值。

城市用水量中工业用水占有一定比重，而工业用水量因工业的产业结构、规模、工艺的先进程度等因素，各城市不尽相同，但同一城市的工业用水量与综合生活用水量之间往往有相对稳定的比例，因此可采用"综合生活用水量指标"结合两者之间的比例预测城市生活与工业用水量。

表 2-2　综合生活用水量指标（GB 50282—2016）　　　［单位：L/（人·d）］

区域	城市规模						
	超大城市（$P \geqslant 1000$）	特大城市（$500 \leqslant P < 1000$）	大城市		中等城市（$50 \leqslant P < 100$）	小城市	
			Ⅰ型（$300 \leqslant P < 500$）	Ⅱ型（$100 \leqslant P < 300$）		Ⅰ型（$20 \leqslant P < 50$）	Ⅱ型（$P < 20$）
一区	250~480	240~450	230~420	220~400	200~380	190~350	180~320
二区	200~300	170~280	160~270	150~260	130~240	120~230	110~220
三区	—	—	—	150~250	130~230	120~220	110~210

注：综合生活用水为城市居民生活用水与公共设施用水之和，不包括市政用水和管网漏失水量。

2）工业企业内职工生活用水量和淋浴用水量指标可参照表 2-3 估算。淋浴人数占总人数的比率大致范围如下：轻纺、食品、一般机械加工为 10%~25%，化工、化肥等为 30%~40%，铸造、冶金、水泥等为 50%~60%。随着职工生活质量的提高以及个人卫生条件的改善，淋浴人数比率则在大幅度增加。

表 2-3　工业企业内职工生活用水量和淋浴用水量指标

用水种类	车间性质	用水量/[L/（人·d）]	时变化系数 K_h
生活用水	一般车间	25	3.0
	热车间	35	2.5
淋浴用水	不太脏污身体的车间	40	每班淋浴时间以 45min 计算，时变化系数等于 1
	非常脏污身体的车间	60	

2. 单位面积用水量指标

单位建设用地面积用水量指标是根据用地性质不同而确定的相应日用水量指标（表 2-4），是最高日用水量指标。

表 2-4　不同类别用地用水量指标　　　　　[单位：m³/（hm²·d）]

类别代码	类别名称		用水量指标
R	居住用地		50~130
A	公共管理与公共服务设施用地	行政办公用地	50~100
		文化设施用地	50~100
		教育科研用地	40~100
		体育用地	30~50
		医疗卫生用地	70~130
B	商业服务业设施用地	商业用地	50~200
		商务用地	50~120
M	工业用地		30~150
W	物流仓储用地		20~50
S	道路与交通设施用地	道路用地	20~30
		交通设施用地	50~80
U	公用设施用地		25~50
G	绿地与广场用地		10~30

注：1. 类别代码引自现行国家标准《城市用地分类与规划建设用地标准》（GB 50137—2011）。

　　2. 本指标包括管网漏失水量。

　　3. 超出本表的其他各类建设用地的用水量指标可根据所在城市具体情况确定。

在城市分区规划、详细规划阶段，采用不同用地性质的用水量指标分项指标，具有较好的适应性。不同用地性质的用水量指标是通用性指标。

3. 单位产品、单位设备、万元产值用水量指标

单位产品、单位设备、万元产值用水量指标主要适用于工业企业，由于生产门类、生产性质、生产设备和工艺、管理水平等的不同，工业生产用水量的差异很大。在一般情况下，工业生产用水量指标应由工业企业提供。

在缺乏具体资料时，可参照有关同类型工业、企业的技术经济指标或参考进行估算，也可参考表 2-5 部分工业企业单位产品用水量指标进行估算。

表 2-5　工业生产用水量指标

工业分类	用水性质	单位产品用水量/(m³/t)	
		国内资料	国外资料
水力发电	冷却、水力、锅炉	直流 140~470	直流 160~800
		循环 7.6~33	循环 1.7~17
洗煤	工艺、冲洗、水力	0.3~4	0.5~0.8
石油加工	冷却、锅炉、工艺、冲洗	1.6~93	1~120
钢铁	冷却、锅炉、工艺、冲洗	42~386	4.8~765
机械	冷却、锅炉、工艺、冲洗	1.5~107	10~185
硫酸	冷却、锅炉、工艺、冲洗	30~200	2.0~70
制碱	冷却、锅炉、工艺、冲洗	10~300	50~434
氮肥	冷却、锅炉、工艺、冲洗	35~1000	50~1200
塑料	冷却、锅炉、工艺、冲洗	14~4230	50~90
合成纤维	冷却、工艺、锅炉、冲洗、空调	36~7500	375~4000
制药	工艺、冷却、冲洗、空调、锅炉	140~40000	—
水泥	冷却、工艺	0.7~7	2.5~4.2
玻璃	冷却、锅炉、工艺、冲洗	12~320	0.45~68
木材	冷却、锅炉、工艺、水力	0.1~61	—
造纸	工艺、水力、锅炉、冲洗、冷却	1000~1760	11~500
棉纺织	空调、锅炉、工艺、冷却	7~44m³/km（布）	28~50m³/km（布）
印染	工艺、空调、冲洗、锅炉、冷却	15~75m³/km（布）	19~50m³/km（布）
皮革	工艺、冲洗、冷却、锅炉	100~200	30~180
制糖	冲洗、冷却、工艺、水力	18~121	40~100
肉类加工	冲洗、工艺、冷却、锅炉	6~59	0.2~35
乳制品	冷却、锅炉、工艺、冲洗	35~239	9~200
罐头	原料、冷却、锅炉、工艺、冲洗	9~64	0.4~0.7
酒、饮料	原料、冷却、锅炉、工艺、冲洗	2.6~120	3.5~30

4. 消防用水量指标

消防用水量是按城镇中同一时间发生的火灾起数及一起火灾灭火的用水量确定。其用水量指标主要取决于城市规模、建筑物耐火等级、火灾危险性类别等因素。消防用水量应参照《消防给水及消火栓系统技术规范》（GB 50974）的有关规定执行，可参见表 2-6、表 2-7。

表 2-6　城镇同一时间内的火灾起数和一起火灾灭火设计流量（GB 50974—2014）

人数 N（万人）	同一时间内的火灾起数（起）	一起火灾灭火设计流量/(L/s)
$N \leqslant 1.0$	1	15
$1.0 < N \leqslant 2.5$		20
$2.5 < N \leqslant 5.0$		30
$5.0 < N \leqslant 10.0$	2	35
$10.0 < N \leqslant 20.0$		45
$20.0 < N \leqslant 30.0$		60
$30.0 < N \leqslant 40.0$		75
$40.0 < N \leqslant 50.0$		75
$50.0 < N \leqslant 70.0$	3	90
$N > 70.0$		100

表2-7　建筑物室外消火栓设计流量（GB 50974—2014）

耐火等级	建筑物名称及类别			建筑体积 V/m^3					
				$V \leqslant 1500$	$1500 < V \leqslant 3000$	$3000 < V \leqslant 5000$	$5000 < V \leqslant 20000$	$20000 < V \leqslant 50000$	$V > 50000$
一、二级	工业建筑	厂房	甲、乙	15	20	25	30	35	
			丙	15	20	25	30	40	
			丁、戊	15				20	
		仓库	甲、乙	15		25		—	
			丙	15		25		35	45
			丁、戊	15				20	
	民用建筑	住宅		15					
		公共建筑	单层及多层	15			25	30	40
			高层	—			25	30	40
	地下建筑（包括地铁）、平战结合的人防工程			15			20	25	30
三级	工业建筑	乙、丙		15	20	30	40	45	—
		丁、戊		15			20	25	35
	单层及多层民用建筑			15		20	25	30	
四级	丁、戊类工业建筑			15		20	25	—	
	单层及多层民用建筑			15		20	25	—	

注：1. 成组布置的建筑物应按消火栓设计流量较大的相邻两座建筑物的体积之和确定。

2. 火车站、码头和机场的中转库房，其室外消火栓设计流量应按相应耐火等级的丙类物品库房确定。

3. 国家级文物保护单位的重点砖木、木结构的建筑物室外消火栓设计流量，按三级耐火等级民用建筑物消火栓设计流量确定。

4. 当单座建筑的总建筑面积大于500000m²时，建筑物室外消火栓设计流量应按本表规定的最大值增加一倍。

5. 不可预见用水量估算

根据《室外给水设计标准》（GB 50013）规定，城镇配水管网渗漏损失水量宜按综合生活用水量（包括居民生活用水和公共建筑用水）、工业企业用水量和市政用水量之和的10%计算，当单位管长供水量小或供水压力高时可适当增加。不可预见用水量应根据水量预测时难以预见因素的程度确定，宜采用综合生活用水量（包括居民生活用水和公共建筑用水）、工业企业用水量、市政用水量和管网漏损水量之和的8%~12%计算。

三、城市用水量预测

城市用水量预测与计算是根据现有的城市用水资料，测算城市未来限定时段内的可能用水量。一般以城市总体规划为基础，以现有的城市用水资料为依据，以今后用水趋势、经济发展、人口变化、水资源情况、政策导向等为条件，综合考虑各种影响因素，利用一定方法求出未来一定期限的用水量。因影响因素多样性，各种预测计算方法各有侧重，因此预测结果可能与城市发展实际存在一定差距。实际工作中将多种方法所得结果相互校核，以提高预测的准确性。

城市用水量预测的时限一般与规划年限相一致，有近期（5年左右）和中远期（15~20年）

之分。在可能的情况下，应提出远景规划设想，对未来城市用水量做出预测，以便对城市发展规划、产业结构、水资源利用与开发、城市基础设施建设等提出要求。

1. 城市总体规划用水量预测

（1）城市综合用水量指标法

$$Q = Nqk \tag{2-1}$$

式中　Q——城市用水量（万 m^3/d）；

N——规划期末城市总人口（万人）；

q——规划期内城市综合用水量指标［万 $m^3/$（万人·d）］；

k——规划期使用统一供水用户普及率（%）。

（2）综合生活用水比例相关法

$$Q = 10^{-7} q_2 P (1 + s)(1 + m) \tag{2-2}$$

式中　Q——城市用水量（万 m^3/d）；

q_2——综合生活用水量指标［L/（人·d）］；

P——用水人口（万人）；

s——工业用水量与综合生活用水量比值；

m——其他用水（市政用水及管网漏损）系数，当缺乏资料时可取 0.1~0.15。

（3）不同类别用地用水量指标法

$$Q = 10^{-4} \sum q_i a_i \tag{2-3}$$

式中　Q——城市用水量（万 m^3/d）；

q_i——不同性质用地的用水量指标［$m^3/$（hm^2·d）］；

a_i——不同性质用地面积（hm^2）。

（4）年递增率法

$$Q = Q_0 (1 + \gamma)^n \tag{2-4}$$

式中　Q——规划期末城市总用水量；

Q_0——规划基准年（起始年）实际城市总用水量；

γ——规划时段内城市总用水量的平均增长率；

n——预测年限。

（5）分类求和法

$$Q = \sum Q_i \tag{2-5}$$

式中　Q_i——城市各类用水量预测值。

（6）规划估算法　依据城市总体规划，按照不同使用性质、用水量指标分别计算，然后累加，预测和估算总用水量的方法。规划估算法层次清楚，简单易行，为规划界目前常用的方法。但需要较为完善的城市总体规划，较全面的生活用水量、生产用水量和市政用水量的基础资料。该方法步骤如下：

1）生活用水量估算：根据国家规范、城市气候、生活习惯、经济发展水平确定近远期用水量指标，将该指标乘以城市规划的人口数就得出估算结果。

2）工业生产用水量估算：根据城市总体规划确定的城市近远期定位、经济结构、产业特点和发展态势，结合现状和规划资料，确定工业单位用水量指标，再将该指标乘以工业总产值或产品数量或工业设施总量，即得估算结果。也可运用年递增率法（即复利公式法）计算。

3）市政用水量估算：按 1）、2）两项总和的百分数估算，根据实际情况确定取值，一般取

5%~10%。

4）公共建筑用水量：按1）、2）两项总和的百分数估算，根据实际情况确定取值，一般取10%~15%。

5）城镇配水管网渗漏损失水量：按1）~4）项之和的10%计算，当单位管长供水量小或供水压力高时可适当增加。

6）不可预见用水量：应根据水量预测时难以预见因素的程度确定，一般按1）~5）项之和的8%~12%计算。

7）自来水厂自用水量：按1）~6）五项总和的百分数估算，一般可取5%~10%。

8）城市总用水量则为1）~7）七项之和。

城市供水规模应根据城市最高日用水量确定。进行城市水资源供需平衡分析时，规划水资源总供水量，等于城市最高日用水量除以日变化系数，乘上供水天数。城市的日变化系数应根据城市性质和规模、产业结构、居民生活水平及气候等因素分析确定，在缺乏资料时可采用1.1~1.5。

工业企业自备水源供水的公共设施用水量应计算在城市用水量中，由给水工程规划进行统筹。城市江河湖泊环境用水和航道用水量应由水务部门提供，纳入城市给水工程规划。城市中尚存的少量农业用水、农村居民和乡镇企业用水等的水量，应由有关部门汇总纳入城市用水量中。

当城市给水水源地在城市规划区以外时，水源地和输水管线应纳入给水工程规划的范围内。当输水管线途经的城市需由同一水源供水时，应进行统一的区域给水工程规划。

2. 城市详细规划中用水量计算

城市用水量随季节和昼夜更替，总是在不断变化的，用水量指标是一个平均值，据此计算的城市用水总量不是城市给水系统的设计水量。在详细规划设计中，为了准确进行取水工程、水处理厂和管网系统的规划设计，城市给水系统的设计水量必须考虑用水量逐日、逐时的变化情况。这样计算出来的城市用水量的变化规律用日变化系数和时变化曲线来表示。

（1）变化系数和变化曲线

1）日变化系数。全年中每日用水量，由于气候及生活习惯等不同而有所变化，例如，用水量夏季多，冬季少，节假日生活用水量较平日多等。日变化系数 K_d 可表示为

$$K_d = \frac{年最高日用水量}{年平均日用水量}$$

缺乏资料时，日变化系数 K_d 宜取1.3~1.6，小城镇可适当加大。

2）时变化系数。时变化系数是指一天24h分时用水量变化系数。时变化系数 K_h 可表示为

$$K_h = \frac{日最高时用水量}{日平均时用水量}$$

缺乏资料时，时变化系数可取1.3~1.6，小城镇可适当加大。

3）用水量时变化曲线。用水量时变化曲线是一天内以每小时为计量间隔绘制的城市用水量变化曲线。纵坐标表示逐时用水量，按全日用水量的百分数计，横坐标表示全日小时数。平均时用水量、最高时用水量，一目了然，以此为据进行规划可使给水系统更合理地适应城市用水量变化的需要。

为城市给水管网设计、水厂二级泵站水泵工作级数选择，以及水塔或清水池容积的计算提供了依据。具体设计需按城市各种用水量求出城市最高日最高时用水量和逐时用水量变化，以便使设计的给水系统能较合理地适应城市用水量变化的需要。城市用水量时变化曲线如图2-8所示。

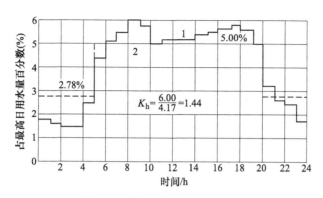

图 2-8　城市用水量时变化曲线

4）工业企业用水量时变化系数。工业企业生活用水量的时变化系数，可按照冷车间 3.0、热车间 2.5 选取。工人淋浴用水量，假定在每班下班后 1h 计算。工业生产用水量的逐时变化，有的均匀，有的不均匀，随生产性质和生产工艺过程而定。

（2）用水量计算

1）城市最高日用水量。

① 居住区最高日生活日用水量 $Q_1(\mathrm{m^3/d})$ 为

$$Q_1 = \frac{N_1 q_1}{1000} \tag{2-6}$$

式中　N_1——设计期限内规划人口数；

　　　q_1——采用的最高日用水量标准 [L/（人·d）]。

② 公共建筑生活用水量 $Q_2(\mathrm{m^3/d})$ 为

$$Q_2 = \sum \frac{N_2 q_2}{1000} \tag{2-7}$$

式中　N_2——某类公共建筑生活用水单位的数量；

　　　q_2——某类公共建筑生活用水量标准 （L/d）。

③ 工业企业职工日生活用水量 $Q_3(\mathrm{m^3/d})$ 为

$$Q_3 = \sum \frac{n N_3 q_3}{1000} \tag{2-8}$$

式中　n——每日班制；

　　N_3——每班职工人数 （人）；

　　q_3——工业企业生活用水量标准 [L/（人·班）]。

④ 工业企业职工每日淋浴用水量 $Q_4(\mathrm{m^3/d})$ 为

$$Q_4 = \sum \frac{n N_4 q_4}{1000} \tag{2-9}$$

式中　N_4——每班职工淋浴人数 （人）；

　　　q_4——工业企业职工淋浴用水量标准 [L/（人·班）]。

⑤ 工业企业生产用水量 Q_5，等于同时使用的各类工业企业或各车间生产用水量之和。

⑥ 市政用水量 $Q_6(\mathrm{m^3/d})$ 为

$$Q_6 = \frac{n_6 S_6 q_6}{1000} + \frac{S_6' q_6'}{1000} \tag{2-10}$$

式中 q_6、q'_6——街道洒水和绿地浇水用水量的计算标准 [L/(m²·次)] 和 [L/(m²·d)]；

S_6、S'_6——街道洒水面积和绿地浇水面积（m²）；

n_6——每日街道洒水次数。

⑦ 城市配水管网渗漏损失水量按综合生活用水量（包括居民生活用水和公共建筑用水）、工业企业用水量和市政用水量之和的10%计算，当单位管长供水量小或供水压力高时可适当增加。

⑧ 不可预见用水量应根据水量预测时难以预见因素的程度确定，宜采用综合生活用水量（包括居民生活用水和公共建筑用水）、工业企业用水量、市政用水量和管网漏损水量之和的8%~12%计算。

⑨ 城市最高日用水量 Q（m³/d）为

$$Q = KK_1(Q_1 + Q_2 + Q_3 + Q_4 + Q_5 + Q_6) \tag{2-11}$$

式中 K——未预见水量系数，采用1.08~1.12；

K_1——配水管网渗漏损失水量系数，采用1.1~1.12。

2）城市最高日平均时用水量 Q_c（m³/h）为

$$Q_c = Q/24 \tag{2-12}$$

城市取水构筑物的取水量和水厂的设计水量，应以最高日用水量再加上自身用水量计算，并校核消防补充水量。水厂自身用水量，一般采用最高日用水量的5%~10%。因此，取水构筑物的设计取水量和水厂的设计水量 Q_p（m³/h）应为

$$Q_p = (1.05 \sim 1.10)Q/24 \tag{2-13}$$

3）城市最高日最高时用水量 Q_{max}（m³/h）为

$$Q_{max} = K_h Q/24 \tag{2-14}$$

式中 K_h——城市用水量时变化系数。

设计城市给水管网时，按最高时设计秒流量 q_{max}（L/s）计算，即

$$q_{max} = \frac{Q_{max} \times 1000}{3600} \tag{2-15}$$

给水工程规划设计中，各管道的输送水量计算时，应分别按照各类用水量指标计算各类用水量，再按照各管道进行汇总，然后进行综合规划设计。

【例2-1】 某二区大城市规划一个高新产业区，第一期规划人口为50万人，居住区生活用水量的时变化情况见表2-8第2项。区内工业企业有100000名工人，两班制，每班50000人，无热车间，每班有20000人淋浴，车间生产轻度污染身体，生产用水量每日耗用10000m³，漏失水量占总用水量的10%，不可预见水量占总用水量的10%。求该规划区最高日用水量，最高日逐时用水量，水厂设计水量及管网设计最高日最高时流量和最高时秒流量（本例暂不计算消防流量）。

表2-8 逐时用水量计算表

时段	居住区生活用水		工业企业				逐时用水量总计		
	日用水量的（%）	用水量/m³	车间生活用水		淋浴用水量/m³	生产用水量/m³	居住区和工业企业用水量/m³	第8项乘以1.1×1.1系数	占总用水量的（%）
			一般车间变化系数	用水量/m³					
1	2	3	4	5	6	7	8	9	10
0~1	1.1	990	3	394.74	800		2184.74	2643.53	2.10
1~2	0.7	630		0.00			630.00	762.30	0.61

（续）

时段	居住区生活用水		工业企业				逐时用水量总计		
	日用水量的（%）	用水量/m³	车间生活用水		淋浴用水量/m³	生产用水量/m³	居住区和工业企业用水量/m³	第8项乘以1.1×1.1系数	占总用水量的（%）
			一般车间变化系数	用水量/m³					
2~3	0.9	810		0.00			810.00	980.10	0.78
3~4	0.95	855		0.00			855.00	1034.55	0.82
4~5	1.3	1170		0.00			1170.00	1415.70	1.12
5~6	2.3	2070		0.00			2070.00	2504.70	1.99
6~7	6.61	5949		0.00			5949.00	7198.29	5.71
7~8	5.7	5130		0.00			5130.00	6207.30	4.93
8~9	5.6	5040		0.00		625	5665.00	6854.65	5.44
9~10	5.2	4680	0.5	65.79		625	5370.79	6498.66	5.16
10~11	6.5	5850	1	131.58		625	6606.58	7993.96	6.35
11~12	7.31	6579	1	131.58		625	7335.58	8876.05	7.05
12~13	6.62	5958	1.5	197.37		625	6780.37	8204.25	6.51
13~14	5.23	4707	0.5	65.79		625	5397.79	6531.33	5.19
14~15	3.59	3231	1	131.58		625	3987.58	4824.97	3.83
15~16	4.76	4284	1	131.58		625	5040.58	6099.10	4.84
16~17	3.5	3150	3	394.74	800	625	4969.74	6013.38	4.77
17~18	4.8	4320	0.5	65.79		625	5010.79	6063.06	4.81
18~19	6.97	6273	1	131.58		625	7029.58	8505.79	6.75
19~20	5.66	5094	1	131.58		625	5850.58	7079.20	5.62
20~21	5.2	4680	1.5	197.37		625	5502.37	6657.87	5.29
21~22	4.5	4050	0.5	65.79		625	4740.79	5736.36	4.55
22~23	3.5	3150	1	131.58		625	3906.58	4726.96	3.75
23~24	1.5	1350	1	131.58		625	2106.58	2548.96	2.02
Σ	100	90000	19	2500	1600	10000	104100	125961	100

【解】　综合生活用水量，按表2-2采用最高生活用水量为180L/（人·d），则该区生活用水量为

$$Q_1 = \frac{N_1 q_1}{1000} = \frac{500000 \times 180}{1000} \mathrm{m^3/d} = 90000 \mathrm{m^3/d}$$

工业企业生活用水量，按照表2-3选择工业企业生活用水量指标为25L/（人·d），按式（2-8）计算，得

$$Q_3 = \sum \frac{nN_3 q_3}{1000} = \frac{2 \times 50000 \times 25}{1000} \mathrm{m^3/d} = 2500 \mathrm{m^3/d}$$

工人淋浴用水量，按照表2-3选择工业企业淋浴用水指标为40L/（人·d），按式（2-9）计算，得

$$Q_4 = \sum \frac{nN_4 q_4}{1000} = \frac{2 \times 20000 \times 40}{1000} \mathrm{m^3/d} = 1600 \mathrm{m^3/d}$$

淋浴时间在下班后1h内。

工业企业生产用水量 $Q_5 = 10000\text{m}^3/\text{d}$，按两班制计算，平均小时用水量为 $625\text{m}^3/\text{h}$。

管网漏损量系数采用1.1，不可预见水量系数采用1.1，则该产业区最高日用水量为

$$Q = KK_1(Q_1 + Q_3 + Q_4 + Q_5) = 1.1 \times 1.1 \times (90000 + 2500 + 1600 + 10000)\text{m}^3/\text{d} = 125961\text{m}^3/\text{d}$$

此区最高日平均时用水量为

$$Q_c = Q/24 = 125961/24\text{m}^3/\text{h} = 5248.38\text{m}^3/\text{h}$$

设水厂自身用水量为该区最高日平均时用水量的5%，则水厂的设计水量为

$$Q_p = 1.05Q_c = 1.05 \times 5248.38\text{m}^3/\text{h} = 5510.8\text{m}^3/\text{h}$$

由表2-8可得出城市最高日最高时用水量为 $Q_{max} = 8876.05\text{m}^3/\text{h}$

给水管网最高日最高时的设计秒流量为

$$q_{max} = \frac{8876.05 \times 1000}{3600}\text{L/s} = 2465.57\text{L/s}$$

该产业区的时用水量变化曲线如图2-9所示。

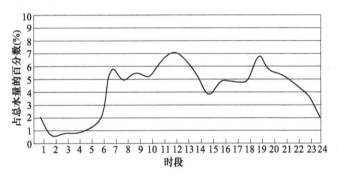

图 2-9 产业区时用水量变化曲线

第三节 给 水 水 源

一、水源的选择

城市给水水源分为地表水源和地下水源。

地表水源包括：江河水、湖泊水、水库水以及海水等。地表水受各种地面因素的影响较大，通常表现出与地下水相反的特点，例如，地表水的浑浊度与水温变化幅度都较大，水易受到污染，但矿化度、硬度较低，含铁量及其他物质较少，径流量一般较大，季节变化性较强。

地下水源有深层、浅层两种，包括上层滞水、潜水、承压水等。一般说来，地下水经过地层过滤且受地面气候及其他因素的影响较小，因此，它具有无杂质、无色、水温变化幅度小、不易受到污染等优点。但是，由于受到埋藏与补给条件，地表蒸发及流经地层的岩性等因素的影响，通常比地表水径流量小，水的矿化度和硬度较高。

随着环境变化、人类活动的扩展，传统的水质稳定的地下水也会受到各种污染威胁（图2-10）。城市给水工程规划时，必须对备选水源进行调研，进行水资源勘测和水质分析，进行水源地经济技术综合评价。

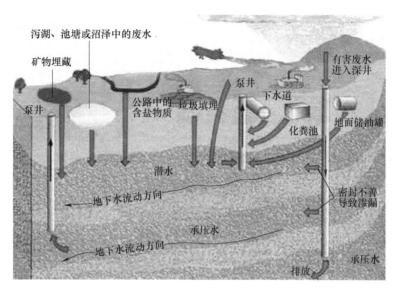

图 2-10 地下水受污染示意图

1. 水源可用水量

（1）地表水源

1）首先需要获取备选地表水源地水源资料，包括：

① 水文资料，一般为 10~15 年以上的实测资料，包括流量、水位、波浪、流速等。

② 水质资料，包括历年逐月的物理、化学、微生物、细菌等的化验分析及影响水质的因素和污染来源；水生植物、浮游生物情况；洪水期杂物和平时漂浮物情况；泥沙含量及输沙情况。

③ 冰冻及断流情况。

④ 河床资料。

⑤ 工程地质资料。

⑥ 其他情况，包括河流整体开发情况；桥梁等河道构筑物情况；河流整体规划及航运情况等。

2）地表水体最枯流量的确定。河流的最枯流量按设计枯水流量保证率 90%~97% 考虑，视城市规模和工业用水所占比例而定。

3）取水量确定。一般在有利的情况下，例如河流窄而深，下游有浅滩、潜堰，在枯水期形成壅水时，或取水河段为一深潭时，可取水量 Q_k 应小于设计枯水流量 Q_s，取水量应小于可取水量，即

$$Q_p \leqslant 3600Q_k \leqslant 3600(0.3 \sim 0.5)Q_s \qquad (2\text{-}16)$$

式中 Q_p——取水量（m^3/h）；

Q_k——可取水量（m^3/s）；

Q_s——设计枯水流量（m^3/s）。

取水设计需要根据实测水文资料求取河流水位或流量频率，可以使用经验频率曲线法进行计算，即

$$P = \frac{m}{n+1} \times 100\% \qquad (2\text{-}17)$$

式中　　P——频率；

　　　　m——各流量值或水位标高（m）；

　　　　n——观测的流量或水位总个数（或年数）。

（2）地下水源　以地下水为水源时，应进行地下水水量评价。根据《供水水文地质勘察规范》（GB 50027—2001）规定，应根据蓄水量要求，结合堪察区水文地质条件，计算地下水的补给量和允许开采量，必要时应计算储存量。计算步骤：根据初步估算的地下水量和拟定的开采方案，计算取水构筑物的开采能力和区域动水位；确定开采条件下能够取得的补给量，包括补给量的增量、蒸发和溢出的减量；根据需水量和水源地类型（常年型、季节型或非稳定型），论证整个开采期内的开采和补给的平衡；确定允许开采量。

1）补给量计算。可以采取多种方法计算补给量。

各种入渗水量汇总法应计算由地下水径流流入、降水渗入、地表水渗入、越层补给和其他途径渗入的水量。应按照自然状态和开采条件两种状态进行计算。

地下水径流量计算公式为

$$Q = KIBM \tag{2-18}$$

式中　　Q——地下水径流量（m^3/d）；

　　　　K——渗透系数（m/d）；

　　　　I——自然状态或开采条件下地下水水力坡降；

　　　　B——计算断面的宽度（m）；

　　　　M——承压含水层的厚度（m）。

降水入渗的补给量，入渗系数公式为

$$Q = F\alpha X/365 \tag{2-19}$$

式中　　Q——日平均降水入渗补给量（m^3/d）；

　　　　F——降水入渗面积（m^2）；

　　　　α——年平均降水入渗系数；

　　　　X——年降水量（m）。

在地下水径流条件较差，以垂直补给为主的潜水分布区，可采用下式计算：

$$Q = \mu F \sum \Delta h/365 \tag{2-20}$$

式中　　Q——日平均降水入渗补给量（m^3/d）；

　　　　μ——潜水含水层的给水度；

　　　　F——降水入渗面积（m^2）；

　　$\sum \Delta h$——一年内每次降水后，地下水位升幅之和（m）。

农业灌溉水和人工漫灌水入渗补给量，可根据灌入量、排放量减去蒸发量及其他消耗量进行计算；河流等地表水入渗补给量，可根据上下游断面流量差计算。

地下水补给量总核算法，可根据水源地上游地下水最小径流量与水源地影响范围内潜水最低、最高水位之间的储存量之和确定。

2）储存量的计算。

① 潜水含水层储存量计算公式为

$$W = \mu V \tag{2-21}$$

式中　　W——地下水的储存量（m^3）；

　　　　μ——潜水含水层的给水度；

　　　　V——潜水含水层的体积（m^3）。

② 承压水含水层的弹性储存量计算公式为

$$W = FSh \tag{2-22}$$

式中　W——地下水的储存量（m^3）；

　　　F——含水层面积（m^2）；

　　　S——弹性释水系数；

　　　h——承压水含水层自顶板算起的压力水头高度（m）。

3）允许开采量的确定。允许开采量的确定应符合如下要求：取水方案技术可行，经济合理；整个开采期内动水位不超过设计值，出水量不会减少；水质、水温变化不超过允许范围；不发生危害性环境地质现象和影响已建水源地的正常生产。

2. 水源水质

当城市有多种天然水源时，应首先考虑将水质较好，净化简易的水源作为给水水源，或者考虑多水源分质供水。

生活饮用水水源水质分为两级，其质量应符合《生活饮用水水源水质标准》（CJ 3020）的规定，其标准见表2-9。

表 2-9　生活饮用水水源水质标准（CJ 3020—1993）

项目			标准限值	
			一级	二级
色			色度不超过15度，并不得呈现其他异色	不应有明显的其他异色
浑浊度			≤3	≤3
pH 值			6.5~8.5	6.5~8.5
各物质的质量浓度	mg/L	总硬度（以碳酸钙计）	≤350	≤450
		溶解铁	≤0.3	≤0.5
		锰	≤0.1	≤1.0
		铜	≤1.0	≤1.0
		锌	≤1.0	≤1.0
		挥发酚（以苯酚计）	≤0.002	≤0.004
		阴离子合成洗涤剂	<0.3	<0.3
		硫酸盐	<250	<250
		氯化物	<250	<250
		溶解性总固体	≤1000	≤1000
		氟化物	≤1.0	≤1.0
		氰化物	≤0.05	≤0.05
		砷	≤0.05	≤0.05
		硒	≤0.01	≤0.01
		汞	≤0.001	≤0.001
		镉	≤0.01	≤0.01
		铬（六价）	≤0.05	≤0.05

（续）

项目			标准限值	
			一级	二级
各物质的质量浓度	mg/L	铅	≤0.05	≤0.07
		银	≤0.05	≤0.05
		铍	≤0.0002	≤0.0002
		氨氮（以氮计）	≤0.5	≤0.5
		硝酸盐（以氮计）	≤10	≤20
		耗氧量（$KMnO_4$ 法）	≤3	≤6
	μg/L	苯并α芘	≤0.01	≤0.01
		滴滴涕	≤1	≤1
		六六六	≤5	≤5
	mg/L	百菌清	≤0.01	≤0.01
总大肠菌群（个/L）			≤1000	≤10000
总α放射性（Bq/L）			≤0.1	≤0.1
总β放射性（Bq/L）			≤1	≤1

一级水源：水质良好，地下水只需消毒处理，地表水经简易净化处理（如过滤）、消毒后即可供生活饮用。

二级水源：水质受到轻度污染，经常规净化处理（如絮凝、沉淀、过滤、消毒等），其水质可达到《生活饮用水卫生标准》（GB 5749）的规定，可供生活饮用。

水质污染浓度超过二级标准值的水源水，不宜作为生活饮用水水源。若限于条件需要加以利用，应采用相应的净化工艺进行处理。处理后的水质应符合《生活饮用水卫生标准》（GB 5749）的规定，并取得省、市、自治区卫生厅（局）及主管部门批准。

3. 供水安全

为了获取足够的水量，并满足水质要求，确保供水安全，选择水源及其水源地时应遵循以下原则：

1）选用地表水源位置时，水源地应位于水体功能区划规定的取水地段或水质符合相应标准的河段，饮水水源地应设在城市和工业区的上游。选用地下水源时，水源地应设在不易受污染的富水地段。当水源为高浊度江河时，水源地应选在浊度相对较低的河段或有条件设置避砂峰调蓄设施的河段，并应符合现行行业标准《高浊度水给水设计规范》（CJJ 40）的规定。当水源为咸潮江河时，水源地应选在氯离子含量符合国家现行有关标准规定的河段，或有条件设置避咸潮调蓄设施的河段。当水源为湖泊或水库时，水源地应选在藻类含量较低、有足够水深和水域开阔的位置，并应符合现行行业标准《含藻水给水处理设计规范》（CJJ 32）的规定。

2）当城市有多个水源时，也可以根据不同情况设立几个水源，应尽量取用具有良好水质的水源。首先考虑地下水，然后是泉水、河水或湖水。地下水一般情况下不易遭受污染，水质较好，净化处理较为简单。采用地下水水源还可以实行分区供水、分期实施。但地下水过量抽用，易导致地面沉陷，必须进行技术经济综合评定，同时还应考虑到工业用水和农业用水之间可能发生的矛盾，全面研究，合理分配用水。

3）布局要紧凑。地形较好的城市，可选择一个或几个水源集中供水，这样便于统一管理，并尽量采用重力输配水系统。如果城市的地形复杂，布局分散，宜采取分区供水，或分区供水与集中供水相结合的形式。分区供水便于分期建设。

4）注意在解决城市近期供水问题的同时，还应考虑如何满足城市远期对水量、水质的要求。

5）取水、输水设施设置方便，施工、运转、管理、维护安全经济。

6）取水构筑物应设在河岸及河床稳定的地段，并避开易于发生滑坡、泥石流、塌陷等不良地质区及洪水淹没和低洼内涝地区。工程设施的防洪及排涝等级不应低于所在城市设防的相应等级。

7）为了保证安全供水，大中城市应考虑多水源分区供水；小城市也应有远期备用水源。无多水源时，结合远期发展，应设两个以上的取水口。

8）水源地确定时，应同时明确卫生防护要求和安全保障措施。

二、取水工程

取水工程是给水工程系统的重要组成部分。取水构筑物的作用是从水源获取、收集所需要的水量。在城市规划中，要根据水源条件确定取水构筑物的位置、取水量，并考虑取水构筑物可能采用的形式等。

1. 地下水取水构筑物

地下水取水构筑物的位置选择与水文地质条件、用水需求、规划期限、城市布局等都有关系。在选择时应考虑以下因素：

取水点要求水量充沛、水质良好，应设于补给条件好、渗透性强、卫生环境良好的地段；取水点的布置与给水系统的总体布局相统一，力求降低取、输水电耗和取水井及输水管的造价；取水点有良好的水文、工程地质、卫生防护条件，以便于开发、施工和管理；取水点应设在城镇和工矿企业的地下径流上游，取水井尽可能垂直于地下水流向布置；尽可能靠近主要的用水地区；尽量避开地震区、地质灾害区和矿产采空区。

由于地下水的埋藏深度、含水层性质不同，开采和取集地下水的方法和取水构筑物形式也不相同。主要有管井、大口井、辐射井、渗渠及复合井、引泉构筑物等，其中管井和大口井最为常见。地下水取水构筑物的形式及适用范围见表2-10。

表2-10　地下水取水构筑物形式及适用范围

| 形式 | 尺寸 | 深度 | 水文地质条件 | | | 出水量 |
			地下水埋深	含水层厚度	水文地质特征	
管井	井径为50~1000mm，常用为150~600mm	井深为8~1000m，常用为300m以内	在抽水设备能解决情况下不受限制	厚度一般在4m以上或有几层含水层	适于任何砂卵石地层	单井出水量一般为500~6000m³/d，最大为2000~30000m³/d
大口井	井径为2~12m，常用为4~8m	井深为15m以内，常用为6~15m	埋藏较浅，一般在12m以内	厚度一般在5m左右	补给条件良好，渗透性较好，渗透系数最好在20m/d以上，适于任何砂砾地区	单井出水量一般为500~10000m³/d，最大为20000~30000m³/d
辐射井	同大口井	同大口井	同大口井。能有效地开采水量丰富、含水层较薄的地下水和河床下渗透水	补给条件良好，含水层最好为中粗砂或砾石层并不含漂石	单井出水量一般为5000~50000m³/d
渗渠	管径为0.45~1.5m，常用为0.6~1.0m	埋深为6m以内，常用为4~6m	埋藏较浅，一般在2m以内	厚度较薄，一般约为小于5m	补给条件良好，渗透性较好，适用于中砂、粗砂、砾石或卵石层	一般为15~30m³/(d·m)，最大为50~100m³/(d·m)

地下水取水构筑物的形式应根据含水层的埋藏深度、含水层厚度、水文地质特征和施工条件通过技术经济比较后确定。

2. 地表水取水构筑物

地表水取水构筑物位置的选择对取水的水质、水量、取水的安全可靠性、投资、施工、运行管理及河流的综合利用都有影响。所以,选择地表水取水构筑物位置时,应根据地表水源的水文、地质、地形、卫生、水力等条件综合考虑,并符合以下基本要求:

1) 选择在水量充沛、水质较好的地点,宜位于城市和工业的上游清洁河段,避开河流中回流区和死水区。潮汐河道取水口应避免海水倒灌的影响;水库的取水口应在水库淤积范围以外,靠近大坝;湖泊取水口应选在近湖泊出口处,离开支流汇入口,且须避开藻类集中滋生区;海水取水口应设在海湾内风浪较小的地区,注意防止风浪和泥沙淤积。

2) 具有稳定的河床和河岸,靠近主流,有足够的水源、水深一般不小于 $2.5 \sim 3.0\text{m}$。弯曲河段上,宜设在河流的凹岸,避开凹岸主流的顶冲点;顺直的河段上,宜设在河床稳定、水深流急、主流靠岸的窄河段处。取水口不宜放在入海的河口地段和支流与主流的汇入口处。

3) 具有良好的地质、地形及施工条件。取水构筑物应建造在地质条件好、承载力大的地基上,避开断层、滑坡、冲积层、流沙、风化严重和岩溶发育地段。考虑施工时的交通运输和施工场地条件。

4) 应与城市规划和工业布局相适应,全面考虑整个给水排水系统的合理布置。应尽可能靠近主要用水地区,以减少投资。输水管的敷设应尽量减少穿过天然(河流、谷地等)或人工(铁路、公路等)障碍物。

5) 应与河流的综合利用相适应。取水构筑物不应妨碍航运和排洪,并且符合灌溉、水力发电、航运、排洪、河湖整治等部门的要求。

6) 取水构筑物的设计最高水位应按 100 年一遇频率确定。

地表水取水构筑物,按建筑形式可分为固定式和活动式。选择时,应在保证取水安全可靠的前提下,根据取水量和水质要求,结合河床地形、水流情况、施工条件等,进行技术经济比较确定。

江河取水构筑物的防洪标准不应低于城市防洪标准,其设计洪水重现期不得低于 100 年。水库取水构筑物的防洪标准应与水库大坝等主要建筑物的防洪标准相同,并应采用设计和校核两级标准。

3. 取水构筑物用地指标

取水构筑物用地指标应按室外给排水工程技术经济指标选取,见表 2-11。

表 2-11　取水构筑物用地指标

设计规模/(万 m³/d)	1m³/d 水量取水构筑物用地指标/m²			
	地表水		地下水	
	简单取水工程	复杂取水工程	深层取水工程	浅层取水工程
I 类:>10	0.02~0.04	0.03~0.05	0.10~0.12	0.35~0.40
II 类:2~10	0.04~0.06	0.05~0.07	0.11~0.14	0.40~0.45
III 类:1~2	0.06~0.09	0.06~0.10	0.13~0.15	0.42~0.55
<1	0.09~0.12	0.10~0.14	0.14~0.17	0.71~1.95

三、水源保护

城市的供水水源一旦遭到破坏，很难在短期内恢复。所以在开发利用水源时，应做到利用与保护结合，城市规划中必须明确保护措施。

为了更好地保护水环境，应根据不同水质的使用功能，划分水体功能区，从而实施不同的水污染控制标准和保护指标。城市规划必须结合水体功能分区进行城市布局。

《地表水环境质量标准》（GB 3838）将水体分为五类，见表2-12。每类水体均必须符合相应的排放标准和水污染控制区。

表 2-12　地表水域功能分类与水污染防治控制区及污水综合排放标准

地表水环境质量标准中水域功能分类		水污染防治控制区	污水综合排放标准的分级
Ⅰ类	源头水、国家自然保护区	特殊控制区	禁止排放污水区
Ⅱ类	集中式生活饮用水水源地一级保护区、珍贵水生生物栖息地、鱼虾产卵场、仔稚幼鱼的饵料场等	特殊控制区	禁止排放污水区
Ⅲ类	集中式生活饮用水水源地二级保护区、鱼虾类越冬场、洄游通道、水产养殖区等渔业水域及游泳区	重点控制区	执行一级标准
Ⅳ类	工业用水区、人体非直接接触的娱乐用水区	一般控制区	执行二级标准或三级标准（排入城镇生物处理污水处理厂的污水）
Ⅴ类	农业用水区、一般景观要求水域	一般控制区	

根据《地下水质量标准》（GB/T 14848），地下水体分为五类。

Ⅰ类：地下水化学组分含量低，适用于各种用途。

Ⅱ类：地下水化学组分含量较低，适用于各种用途。

Ⅲ类：地下水化学组分含量中等，以《生活饮用水卫生标准》（GB 5749）为依据，主要适用于集中式生活饮用水水源及工农业用水。

Ⅳ类：地下水化学组分含量较高，以农业和工业用水质量要求以及一定水平的人体健康风险为依据，适用于农业和部分工业用水，适当处理后可作生活饮用水。

Ⅴ类：地下水化学组分含量高，不宜作为生活饮用水水源，其他用水可根据使用目的选用。

我国有关法规对给水水源的卫生防护提出了具体要求，给水工程规划应予以执行。

1. 地表水源卫生防护

在饮用水地表水源取水口附近，划定一定水域或陆域作为饮用水地表水源一级保护区。水质标准不低于《地表水环境质量标准》（GB 3838）的Ⅱ类标准。在一级保护区外划定一定的水域或陆域为二级保护区，其水质不低于Ⅲ类标准。根据需要，可在二级保护区外划定一定的水域或陆域为准保护区。依照《饮用水水源保护区污染防治管理规定》，各级保护区的卫生防护规定如下：

1）一级保护区内禁止新建、扩建与供水设施和保护水源无关的建设项目；禁止向水域排放污水，已设置的排污口必须拆除；不得设置与供水需要无关的码头，禁止停靠船舶；禁止堆置和存放工业废渣、城市垃圾、粪便和其他废弃物；禁止设置油库；禁止从事种植、放养禽畜和网箱养殖活动；禁止可能污染水源的旅游活动和其他活动。

2）二级保护区内禁止新建、改建、扩建排放污染物的建设项目；原有排污口依法拆除或者关闭；禁止设立装卸垃圾、粪便、油类和有毒物品的码头。

3）准保护区内禁止新建、扩建对水体污染严重的建设项目；改建建设项目，不得增加排污量。

4）排放污水时应符合《污水综合排放标准》（GB 8978）、《地表水环境质量标准》（GB 3838）的有关要求，以保证取水点的水质符合饮用水水源水质要求。

5）水厂生产区的范围应明确划定，并设立明显标志，在生产区外围不小于10m 范围内不得设立生活居住区和修建禽畜饲养场、渗水厕所、渗水坑；不得堆放垃圾、粪便、废渣或铺设污水渠道；应保持良好的卫生状况，并充分绿化。

单独设立的泵站、沉淀池和清水池外围不小于10m 范围内，其卫生要求与水厂生产区相同。

2. 地下水源的卫生防护

地下水源的卫生防护范围与取水构筑物的形式及其影响半径或影响区域有密切关系。不同岩层种类，影响半径不同。单井或井群的影响半径范围见表2-13。当取水层在水井影响半径内不露出地面或取水层与地面水没有相互补充关系时，可根据具体情况设置较小的防护范围。根据经验，多井时井的最小间距见表2-14。

表 2-13　井的影响半径 R 值

岩层种类	岩层	颗粒	影响半径/m
	粒径/mm	质量分数（%）	
粉砂	0.05~0.10	70 以下	25~50
细砂	0.10~0.25	>70	50~100
中砂	0.25~0.50	>50	100~300
粗砂	0.50~1.00	>50	300~400
极粗砂	1~2	>50	400~500
小砾石	2~3	—	500~600
中砾石	3~5	—	600~1500
粗砾石	5~10	—	1500~3000

表 2-14　多井时最小间距　　　　　　　　　（单位：m）

岩层种类	单井出水量		
	$100~300m^3/h$	$20~100m^3/h$	$20m^3/h$ 以下
裂缝岩层	200~300	100~150	50
松散岩层	150~200	50~100	50

根据《饮用水水源保护区污染防治管理规定》，饮水地下水源保护区分为三级。一级保护区位于开采井的周围，其作用是保证集水有一定滞后时间，以防止一般病原菌的污染。直接影响开采井水质的补给区地段，必要时也可划为一级保护区。二级保护区位于一级保护区外，以保证集水有足够的滞后时间，以防止病原菌以外的其他污染。准保护区位于二级保护区外的主要补给区，以保护水源地的补给水量和水质。各级保护区的卫生防护规定如下：

（1）水源保护区统一规定　饮用水地下水源各级保护区及准保护区内均禁止利用渗坑、渗井、裂隙、溶洞等排放污水和其他有害废弃物；禁止利用透水层孔隙、裂隙、溶洞及废弃矿坑储存石油、天然气、放射性物质、有毒有害化工原料、农药等。实行人工回灌地下水时不得污染当地地下水源。

（2）一级保护区内　禁止建设与取水设施无关的建筑物；禁止从事农牧业活动；禁止倾倒、堆放工业废渣及城市垃圾、粪便和其他有害废弃物；禁止输送污水的渠道、管道及输油管道通过本区；禁止建设油库；禁止建立墓地。

（3）二级保护区内

1）对于潜水含水层地下水水源地，禁止建设化工、电镀、皮革、造纸、制浆、冶炼、放射性、印染、染料、炼焦、炼油及其他有严重污染的企业，已建成的要限期治理，转产或搬迁；禁止设置城市垃圾、粪便和易溶、有毒有害废弃物堆放场和转运站，已有的上述场站要限期搬迁；禁止利用未经净化的污水灌溉农田，已有的污灌农田要限期改用清水灌溉；化工原料、矿物油类及有毒有害矿产品的堆放场所必须有防雨、防渗措施。

2）对于承压含水层地下水水源地，禁止承压水和潜水的混合开采，做好潜水的止水措施。

（4）准保护区　准保护区内禁止建设城市垃圾、粪便和易溶、有毒有害废弃物的堆放场站，因特殊需要设立转运站的，必须经有关部门批准，并采取防渗漏措施；当补给源为地表水体时，该地表水体水质不应低于《地表水环境质量标准》（GB 3838）Ⅲ类标准；不得使用不符合《农田灌溉水质标准》（GB 5084）的污水进行灌溉，合理使用化肥；保护水源林，禁止毁林开荒，禁止非更新砍伐水源林。

（5）水厂生产区　在水厂生产区的范围内，应按地下水厂生产区的要求执行。

分布式给水水源的卫生防护带，以地下水为水源时参照地下水各级保护区卫生防护规定的第（1）和第（2）项。

第四节　净水工程规划

城市给水系统的净水工程是指包括混凝、沉淀、过滤等功能在内的自来水厂及其有关设施。净水工程的目的是通过一系列的净水构筑物和净水处理工艺流程去除原水中的悬浮物质、胶体物质、细菌、藻类等物质。在特殊情况下，还要增加消毒、生物接触氧化、臭氧、活性炭、除铁、除锰、除氟等处理过程，使净化后的水质满足城市生活、生产用水对水质的要求。自来水厂是城市重要的公用设施，必须对其选址及其用地进行认真规划。

一、城市自来水厂址选择与用地要求

城市自来水厂厂址的选择应根据城市总体规划的要求，并通过技术经济比较后确定。一般应遵循以下原则：

1）厂址应选在工程地质条件较好，不受洪水威胁，地下水位低，地基承载能力较大，湿陷性等级不高的地方。水厂的防洪标准不应低于城市防洪标准，并应留有适当的安全裕度。

2）水厂尽量设置在交通方便，输配电线路短的地段。

3）当水厂远离城市时，一般设置水源厂和净水厂分开。当源水浑浊度经常大于1000NTU时，水源厂可设置预沉池或建造停留水库，尽量向净水厂输送含泥沙量低的水体。

4）有条件的地方，应尽量采用重力输水。例如，某城市水库水源在山间较高位置，距城市用水区15km，净水厂应建在距用水区2km的高地上，并在水源至净水厂间加设串联增压泵房。平时，从水源到净水厂至城区管网全部重力供水，用水高峰时，视净水厂清水库水位，不定期启

用串联水泵。

5）水厂的位置，一般应尽可能地接近用水区，特别是最大用水区。当取水点距离用水区较远时，更应如此。有时，也可将水厂设在取水构筑物附近，在靠近用水地区另设配水厂，进行消毒、加压。当取水地点距用水区较近时，亦可设在取水构筑物的附近。

6）水厂应该位于河道主流的城市上游，取水口尤其应设于居住区和工业区排水出口的上游，并不受洪水威胁。水厂厂址应选在工程地质条件较好的地段，以降低工程造价。取用地下水的水厂，可设在井群附近，亦可分开布置。井群应按地下水流向布置在城市的上游。

不同规模水厂的用地指标，根据室外给水排水工程技术经济指标和《城市给水工程规划规范》（GB 50282—2016）确定，见表2-15、表2-16。当净水站生产率超过80万 m^3/d 时，占地面积根据计算确定。水厂厂区周围要求设置宽度不应小于10m的绿化带。

表2-15　1 m^3/d 水量用地指标 （单位：m^2）

水厂设计规模	地面水沉淀净化工程用地综合指标	地面水过滤净化工程用地综合指标
Ⅰ类（水量10万 m^3/d 以上）	0.2~0.3	0.2~0.4
Ⅱ类（水量2万~10万 m^3/d）	0.3~0.7	0.4~0.8
Ⅲ类（水量2万 m^3/d 以下）	0.7~1.2	
（水量1万~2万 m^3/d）		0.8~1.4
（水量5000~10000 m^3/d）		1.4~2
（水量5000 m^3/d 以下）		1.7~2.5

表2-16　水厂用地控制指标

给水规模 /（万 m^3/d）	地表水水厂用地控制指标/[m^2/（m^3/d）]		地下水水厂用地控制指标/[m^2/（m^3/d）]
	常规处理工艺	预处理+常规处理+深度处理工艺	
5~10	0.50~0.40	0.70~0.60	0.40~0.30
10~30	0.40~0.30	0.60~0.45	0.30~0.20
30~50	0.30~0.20	0.45~0.30	0.20~0.12

二、城市自来水厂系统布置

城市自来水厂系统布置主要根据用水对象对水质的要求及其相应采用的水处理工艺流程决定，同时也应结合地形条件进行。

1. 水质标准

水的用途广泛，生活饮用水、工业用水、农业用水、渔业用水，或是航运、旅游或水能利用等，都有一定的水质标准要求。

生活饮用水直接关系到人的健康，因此，供给居民饮用的水要求无色、无臭、无味、不浑浊、无有害物质，特别是不含传染病菌是最基本的饮用水卫生条件之一。为此，国家卫生部和国家标准化管理委员会2006年修订了《生活饮用水卫生标准》（GB 5749—2006），其具体指标见表2-17~表2-19。

表 2-17 水质常规指标及限值

指标		限值
名称	单位	
1. 微生物指标①		
总大肠菌群	MPN/100mL 或 CFU/100mL	不得检出
耐热大肠菌群	MPN/100mL 或 CFU/100mL	不得检出
大肠埃希氏菌	MPN/100mL 或 CFU/100mL	不得检出
菌落总数	CFU/100mL	100
2. 毒理指标		
砷	mg/L	0.01
镉	mg/L	0.005
铬（六价）	mg/L	0.05
铅	mg/L	0.01
汞	mg/L	0.001
硒	mg/L	0.01
氰化物	mg/L	0.05
氟化物	mg/L	1.0
硝酸盐（以 N 计）	mg/L	10 地下水源限制时为 20
三氯甲烷	mg/L	0.06
四氯化碳	mg/L	0.002
溴酸盐（使用臭氧时）	mg/L	0.01
甲醛（使用臭氧时）	mg/L	0.9
亚氯酸盐（使用二氧化氯消毒时）	mg/L	0.7
氯酸盐（使用二氧化氯消毒时）	mg/L	0.7
3. 感官性状和一般化学指标		
色度（铂钴色度单位）		15
浑浊度（散射浑浊度单位）	NTU	1 水源与净水技术条件限制时为 3
臭和味		无异臭、异味
肉眼可见物		无
pH		不小于 6.5 且不大于 8.5
铝	mg/L	0.2
铁	mg/L	0.3
锰	mg/L	0.1
铜	mg/L	1.0
锌	mg/L	1.0
氯化物	mg/L	250

（续）

指标		限值
名称	单位	
硫酸盐	mg/L	250
溶解性总固体	mg/L	1000
总硬度（以 $CaCO_3$ 计）	mg/L	450
耗氧量（COD_{Mn}法，以 O_2 计）	mg/L	3 水源限制，原水耗氧量>6mg/L 时为 5
挥发酚类（以苯酚计）	mg/L	0.002
阴离子合成洗涤剂	mg/L	0.3
4. 放射性指标[②]		指导值
总 α 放射性	Bq/L	0.5
总 β 放射性	Bq/L	1

① MPN 表示最可能数；CFU 表示菌落形成单位。当水样检出总大肠菌群时，应进一步检验大肠埃希氏菌或耐热大肠菌群；水样未检出总大肠菌群，不必检验大肠埃希氏菌或耐热大肠菌群。

② 放射性指标超过指导值，应进行核素分析和评价，判定能否饮用。

表 2-18　饮用水中消毒剂常规指标及要求

消毒剂名称	与水接触时间	出厂水中限值 /（mg/L）	出厂水中余量 /（mg/L）	管网末梢水中余量 /（mg/L）
氯气及游离氯制剂 （游离氯）	≥30min	4	≥0.3	≥0.05
一氯胺（总氯）	≥120min	3	≥0.5	≥0.05
臭氧（O_3）	≥12min	0.3	—	0.02 如加氯，总氯≥0.05
二氧化氯（ClO_2）	≥30min	0.8	≥0.1	≥0.02

表 2-19　水质非常规指标及限值

指标		限值
名称	单位	
1. 微生物指标		
贾第鞭毛虫	个/10L	<1
隐孢子虫	个/10L	<1
2. 毒理指标		
锑	mg/L	0.005
钡	mg/L	0.7
铍	mg/L	0.002
硼	mg/L	0.5
钼	mg/L	0.07
镍	mg/L	0.02

（续）

指标			限值
名称		单位	
银		mg/L	0.05
铊		mg/L	0.0001
氯化氢（以 CN⁻计）		mg/L	0.07
一氯二溴甲烷		mg/L	0.1
二氯一溴甲烷		mg/L	0.06
二氯乙酸		mg/L	0.05
1，2-二氯乙烷		mg/L	0.03
二氯甲烷		mg/L	0.02
三卤甲烷（三氯甲烷、一氯二溴甲烷、二氯一溴甲烷、三溴甲烷的总和）		mg/L	该类化合物中各种化合物的实测浓度与其各自限值的比值之和不超过1
1，1，1-三氯乙烷		mg/L	2
三氯乙酸		mg/L	0.1
三氯乙醛		mg/L	0.01
2，4，6-三氯酚		mg/L	0.2
三溴甲烷		mg/L	0.1
七氯		mg/L	0.0004
马拉硫磷		mg/L	0.25
五氯酚		mg/L	0.009
六六六（总量）		mg/L	0.005
六氯苯		mg/L	0.001
乐果		mg/L	0.08
对硫磷		mg/L	0.003
灭草松		mg/L	0.3
甲基对硫磷		mg/L	0.02
百菌清		mg/L	0.01
呋喃丹		mg/L	0.007
林丹		mg/L	0.002
毒死蜱		mg/L	0.03
草甘膦		mg/L	0.7
敌敌畏		mg/L	0.001
莠去津		mg/L	0.002

（续）

指标		限值
名称	单位	
溴氰菊酯	mg/L	0.02
2, 4-滴	mg/L	0.03
滴滴涕	mg/L	0.001
乙苯	mg/L	0.3
二甲苯（总量）	mg/L	0.5
1, 1-二氯乙烯	mg/L	0.03
1, 2-二氯乙烯	mg/L	0.05
1, 2-二氯苯	mg/L	1
1, 4-二氯苯	mg/L	0.3
三氯乙烯	mg/L	0.07
三氯苯（总量）	mg/L	0.02
六氯丁二烯	mg/L	0.0006
丙烯酰胺	mg/L	0.0005
四氯乙烯	mg/L	0.04
甲苯	mg/L	0.7
邻苯二甲酸二（2-乙基己基）酯	mg/L	0.008
环氧氯丙烷	mg/L	0.0004
苯	mg/L	0.01
苯乙烯	mg/L	0.02
苯并（a）芘	mg/L	0.00001
氯乙烯	mg/L	0.005
氯苯	mg/L	0.3
微囊藻毒素-LR	mg/L	0.001
3. 感官性状和一般化学指标		
氨氮（以 N 计）	mg/L	0.5
硫化物	mg/L	0.02
钠	mg/L	200

2. 水处理工艺流程

由于从城市水源获取原水水质各异，必须根据城市用水对水质的要求来选择净水工艺流程。不同的工艺流程，其系统布置、适用条件和设计要求，参见表 2-20。

表 2-20　城市自来水厂系统布置、适用条件和设计要求

序号	净水工艺流程	适用条件和设计要求
1	原水→混凝沉淀或澄清→过滤→消毒	原水浊度不大于 2000～3000NTU，短时间允许达 5000～10000NTU
2	原水→接触过滤→消毒	原水浊度不大于 25NTU，水质较稳定且无藻类繁殖
3	原水→混凝沉淀→过滤→消毒（洪水期） 原水→自然预沉→接触过滤→消毒（平时）	山溪河流，水质经常清晰，洪水时含沙量较高
4	原水→混凝→气浮→过滤→消毒	经常浊度较低，短时间<100NTU
5	原水→（调蓄预沉或自然预沉或混凝预沉）→混凝沉淀或澄清→过滤→消毒	高浊度水二级沉淀（澄清）工艺，适用于含沙量大、沙峰持续时间较长的原水
6	原水→混凝→气浮/沉淀→过滤→消毒	经常浊度较低，采用气浮澄清，洪水期浊度较高时，采用沉淀工艺

　　常用的净水工艺包括自然沉淀、混凝沉淀和澄清、过滤、消毒等，每种净水工艺又有多种形式。例如，过滤工艺包括砂滤、碳滤和膜过滤等不同形式，膜过滤一般包括微滤、超滤等不同方法。这些设施都设在水厂中。

　　水厂总体布置主要是达到合理组织生产工艺，节约附属用房的目的。水厂一般由生产构筑物、辅助建筑物、各类管道和其他设施构成。

　　生产构筑物，直接与生产有关，是水厂的核心。生产构筑物的占地面积，应根据生产水量、各构筑物的能力以及净水工艺流程考虑，并通过水厂总平面设计来安排。

　　辅助构筑物一般包括化验室、修理室、仓库、办公室、车库、职工宿舍、食堂、浴室等。

　　各类管道是连接生产构筑物的生产管道、自用水管道、排污管道、雨水管道、消防管道、电缆等。

　　其他设施包括厂区道路、绿化、围墙等。

　　自来水厂厂区布局如图 2-11 所示。

图 2-11　自来水厂厂区布局图

第五节　给水管网的布置

给水管网是将水从净水厂或取水构筑物输送到用户的管道系统，包括输水管和配水管。输水管是将水由净水设施输送至城市的管段，一般没有中间配水管线。配水管是将水配送至受水用户的管段。

一、给水管网规划布置的基本要求

1）管网技术要求。管网应布置在整个给水区域内，保证用户充足的水量和稳定的水压。

2）管网运行安全要求。正常工作或在局部管网发生故障时，应保证不中断供水。给水管网输水管不宜少于两根，当其中一根管线发生事故时，另一根管线的事故给水量不应小于正常给水量的70%。

3）投资运行经济性要求。定线时应选用短捷的线路，并便于施工与管理。

二、给水管网配水管的布置形式

给水管网配水管的布置形式，根据城市规划、用户分布及对用水要求等，分为树枝状管网和环状管网，也可根据不同情况混合布置。

（1）树枝状管网　干管与支管的布置采取支状布置。优点是投资少，施工运行简单。缺点是管路中间故障会导致下游各段全部断水；支管终端由于流动量小，易造成"死水"，导致水质恶化。

用水量不大、用户分散的地区适合采用树枝状管网布置形式，或在城市建设初期先用树枝状管网，再根据城市发展规划逐渐建设形成环状管网。

一般的居民小区或街坊，由街道中的配水干管引入给水接口。街坊内部的管网布置，通常根据建筑群的布置组成树枝状，如图2-12所示。

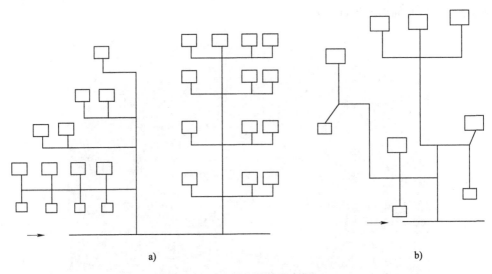

a)　　　　　　　　　　　　　b)

图2-12　树枝状管网布置

a）区域树枝状管网　b）街坊树枝状管网

（2）环状管网 供水干管间用联络管互相连通起来，形成许多闭合的环，如图 2-13 所示。优点是环状管网中每条管都有两个方向来水，因此供水安全可靠。一般大中城市的给水系统安全性要求较高，因此都采用环状管网。环状管网还可降低管网中的水头损失，节省动力，减小管径。另外，环状管网还能减轻管内水锤的威胁，有利管网的安全。

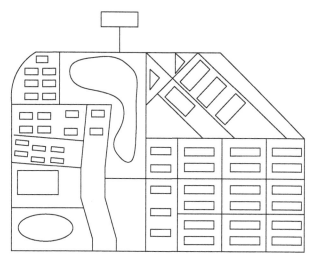

图 2-13 城市环状给水管网布置图

环网的缺点是管线较长，投资较大。实际工作中，为了发挥给水管网的输配水能力，在考虑给水管网一定安全保证率的同时，兼顾经济性，通常采用树枝状与环状相结合的管网。例如，主要城区采用环状管网，周边偏远区域采用树枝状管网。

三、给水管网的布置原则

在给水管网中，由于各管线所起的作用不同，其可分为干管、支管、配水管和接户管等。

干管的主要作用是输水至城市各用水地区，直径一般在 100mm 以上，在大城市为 200mm 以上。城市给水网的布置和计算，通常只限于干管。

支管是把干管输送来的水量送到分配管网的管道，适用于面积大、供水管网层次多的城区。

配水管是把干管或支管输送来的水量送到接户管和消火栓的管道。配水管的管径由消防流量决定，一般不进行计算。为保证在火灾抢救时水压稳定，配水管最小管径：环状给水管网为150mm，树枝状管网为 200mm。

接户管又称进水管，是连接配水管与用户的管道。

干管的布置通常按下列原则进行：

1）干管布置的主要方向应按供水主要流向延伸，而供水流向取决于最大用水户或泵站等调节构筑物的位置，因此，干管的布置要使水流沿最短的路径到达用水量大的主要用户。

2）为保证供水可靠性，按照主要流向布置几条平行的干管，并用连通管连接干管。干管间距视供水区的大小、供水情况而不同，一般为 500~800m。

3）沿规划道路布置，但尽量避免在重要道路下敷设。管线在道路下的平面位置和高程，应符合《城市工程管线综合规划规范》（GB 50289）的规定。

4）应尽可能布置在高程相对较高的区域，以保证配水管中有足够的压力满足用户需要。

5）干管的布置应考虑城市发展和分期建设的要求，留有余地。

6）配水管网管径宜按近期、远期给水规模进行管网平差计算确定。

7）自备水源或非常规水源给水系统严禁与公共给水系统连接。

四、管网的自由水头

自由水头是指配水管中的压力相对于室外地面的水柱高度。为了保证无加压设备的建筑物的最高用水点的供水量和供取水龙头的放水压力，管网要具有一定的自由水头。

管网自由水头的数值取决于建筑物的高度，在生活饮用水管网中一般规定：一层建筑为10m；二层建筑为12m；三层以上每增加一层增加4m计算。城市高层建筑物，需要自设加压设备，管网压力不予考虑。

为求算管网起点所需的水压，须在管网内选择最不利的一点（称为控制点），该点一般位于地面较高、离水厂（或泵站）较远或建筑物层数较多的地区，只要控制点的自由水头合乎要求，则整个管网的水压均合乎要求。由控制点沿管线倒推计算管网起点所需的水压，则得到供水泵站的压力值，从而可以选取相应的水泵等设施。

第六节　管段计算流量与管径的确定

一、管网各管段的计算流量

给水规划在确定了管网形式和布置之后需要确定管径。首先需要确定各管段的计算流量，再进行管道管径及阻力损失的计算。各管段总流量包括沿线流量和转输流量。

1. 沿线流量

在供水管网计算时，一般优先考虑干管，然后再考虑配水管。干管或配水管沿线配送的水量，可分为集中流量和分散配水两部分。例如，干管上的配水管流量或工业企业、公共建筑及学校等大用户的流量都属于集中流量这一类，数量较少，用水流量容易计算；再如干管上的小用户和配水管上沿线的居民生活用水都属于用水量比较分散的配水流量，这一类用水量的变化波动较大，准确计算比较复杂。

分析干管的任一管段，如图 2-14 所示。在该段沿线输出的流量，有分布较多的小用水量 q_1'、q_2'、$\cdots$、q_n'，也有大流量的少数集中流量 Q_1、Q_2、$\cdots$、Q_n。对于这样复杂的情况，管网计算难度很大，因此，通常采用简化的方法。

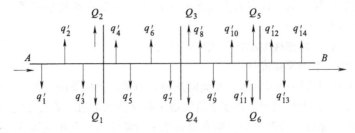

图 2-14　干管配水情况

通常采用的简化方法是比流量法。比流量分为长度比流量和面积比流量。长度比流量，是假定量 q_1'、q_2'、$\cdots$、q_n 均匀分布在整个管线上的情况下，单位长度管段上的配水流量。

长度比流量 q_{cb} 的计算式为

$$q_{cb} = \frac{Q - \sum Q_i}{\sum L} \qquad (2\text{-}23)$$

式中　Q——管网供水的总流量（L/s）；

$\sum Q_i$——工业企业及其他大用水户的集中流量之和（L/s）；

$\sum L$——干管网的总计算长度（m）（不配水的管段不计；只有一侧配水的管段折半计）。

面积比流量是在假定水量 q_1'、q_2'、…、q_n' 均匀分布在整个供水面积的情况下，单位供水面积上的流量。因为供水面积大，用水量多，所以用面积比流量来进行管网计算更接近实际。

面积比流量 q_{mb} 的计算式为

$$q_{mb} = \frac{Q - \sum Q_i}{\sum \omega} \qquad (2\text{-}24)$$

式中　$\sum \omega$——供水面积的总和（m²）。

其余符号同前。

求出比流量 q_{cb} 或 q_{mb} 后，就可以计算某一管段的沿线流量 Q_y，即

$$Q_y = q_{cb}L + \sum Q_i \qquad (2\text{-}25)$$

式中　L——某管段的计算长度（m）。

或

$$Q_y = q_{mb}\omega + \sum Q_i \qquad (2\text{-}26)$$

式中　ω——某管段的供水面积（m²）。

2. 节点流量

在一条管段中，转输流量是通过管段的不变流量，但沿线流量从管段始端逐渐减少，至末端为零。管段输配水情况如图 2-15 所示。图中 AB 管段起点 A 处的流量是转输流量 Q_{zs} 与沿线流量 Q_y 之和，而管段终点 B 的流量仅为 Q_{zs}。按比流量计算的假定，沿线流量成直线变化。但这样变化的流量，难于计算管径和水头损失。为了计算方便，还须进一步简化。简化的方法是引用一个不变的流量，称为计算流量（Q_j），如图 2-15b 所示，使它产生的水头损失和图 2-15a 的变流量所产生的水头损失完全一样。

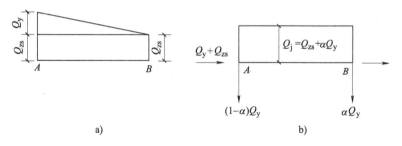

图 2-15　管段输配水情况

管段计算流量 Q_j 可用表示为

$$Q_j = Q_{zs} + \alpha Q_y \qquad (2\text{-}27)$$

式中　α——折减系数。

对于沿线配水较均匀的管段，可按各 1/2 分散流量之和，分配到管段两端的节点上，即 α 值取 0.5。而沿程流量中的集中流量折减系数 α 计算公式为

$$\alpha = -\frac{Q_{zs}}{Q_i} + \sqrt{\left(\frac{Q_{zs}}{Q_i}\right)^2 + \left(2\frac{Q_{zs}}{Q_i} + 1\right)X} \tag{2-28}$$

式中　α——折减系数；

$\quad Q_{zs}$——转输水量（L/s）；

$\quad Q_i$——管段中集中流量（L/s）；

$\quad X$——集中流量的位置。

图 2-16 所示为有分散流量的管段沿线流量简化为节点流量的分配图。

两端节点流量为

$$Q_n = \frac{1}{2}Q_y \tag{2-29}$$

把沿线流量简化成节点流量，可以简化管网的计算工作。管网中每个节点流量就等于该节点所有连接管段的沿线流量总和之半，即

$$Q_n = \frac{1}{2}\sum Q_y \tag{2-30}$$

求得管网各节点流量后，将其标注在管网图上，这时，管网计算图上便只有集中于节点的流量。

以图 2-17 为例，节点 6 的节点流量

$$q_6 = \frac{1}{2}(Q_{y6-10} + Q_{y5-6} + Q_{y2-6} + Q_{y6-7}) \tag{2-31}$$

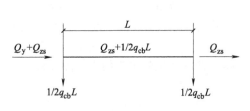

图 2-16　节点流量分配图

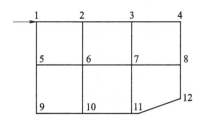

图 2-17　节点流量计算图

【例 2-2】　某市区最高时总用水量为 582L/s，其中集中供应大学校区用水量为 298L/s，供水位置居于管段中间。干管各管段名称及长度如图 2-18 所示，管段 1-2、3-4、4-7、6-7 为单边配水，其余为两边配水，求：（1）干管的比流量；（2）各管段的沿线流量；（3）各节点流量。

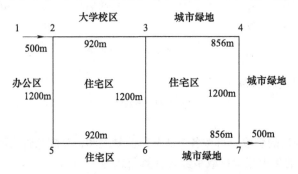

图 2-18　节点流量计算例题

【解】 干管总计算长度。2—3管段虽为两边配水，但一边为大学校区集中流量，在计算比流量过程中这一边不纳入管线总长计算。

$$\sum L = \frac{1}{2}L_{1-2} + \frac{1}{2}L_{2-3} + \frac{1}{2}L_{3-4} + \frac{1}{2}L_{4-7} + \frac{1}{2}L_{6-7} + L_{2-5} + L_{3-6} + L_{5-6} = 5486m$$

干管的比流量为

$$q_{cb} = \frac{582 - 298}{5486}L/(s \cdot m) = 0.05177L/(s \cdot m)$$

大学校区集中流量为

$$Q_i = 298L/s$$

各管段的沿线流量计算见表2-21。

沿线流量化成节点流量的计算见表2-22。

表 2-21 各管段沿线流量计算

管段编号	管段长/m	管段计算长度/m	比流量/[L/(s·m)]	沿线流量/(L/s)
1-2	500	250	0.05177	12.9
2-3	920	460	0.05177	321.8
3-4	856	428	0.05177	22.2
2-5	1200	1200	0.05177	62.1
3-6	1200	1200	0.05177	62.1
4-7	1200	600	0.05177	31.1
5-6	920	920	0.05177	47.6
6-7	856	428	0.05177	22.2
合计		5486		582.0

表 2-22 各管段节点流量计算

节点编号	连接管段编号	各连接管段沿线流量计算/(L/s)	各连接管段沿线流量之和/(L/s)	节点流量/(L/s)
1	1-2	12.9	12.9	6.5
2	1-2, 2-5, 2-3	12.9+62.1+321.8	396.8	198.4
3	2-3, 3-4, 3-6	321.8+22.2+62.1	406.1	203.1
4	3-4, 4-7	22.2+31.1	53.3	26.7
5	2-5, 5-6	62.1+47.6	109.7	54.9
6	3-6, 5-6, 6-7	62.1+47.6+22.2	131.9	66.0
7	4-7, 6-7	31.1+22.2	53.3	26.6
合计			1164.0	582.2

3. 管段的计算流量

完成节点流量计算后，接着确定各管段的计算流量 Q。

在分配流量时，须满足节点流量平衡的水力学条件，即流向任一节点的全部流量等于从该节点流出的流量，即

$$\Sigma Q = 0 \tag{2-32}$$

式（2-32）称为连续方程式，即流向节点的流量假定为正（+），流出节点的流量假定为（-），其代数和为零。

例如在图 2-19 的树枝状管网中，q_1 及 q_2 代表由沿线流量折算成的节点流量，Q_1、Q_2、Q_3、Q_4 和 Q_5 代表集中流量，由这些流量就可以计算出各管段的计算流量来，见表 2-23 所列。

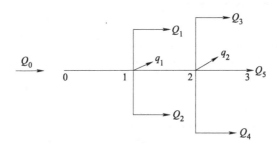

图 2-19　树枝状管网管段流量计算

表 2-23　树枝状管网管段的计算流量

管段	3-2	2-1	1-0
流量	Q_5	$Q_3+Q_4+Q_5+q_2$	$Q_3+Q_4+Q_5+q_2+Q_1+Q_2+q_1$

环状管网流量分配比较复杂，因流向任一节点的流量与流出该节点的流量可以有很多可能，且每一管段中的流量与其下端的节点流量没有必然的联系。在 $\Sigma Q = 0$ 关系式的基础上，需要增加水力条件进行确解。另外还必须满足两个原则：一是水流应循最短的途径流向用户；二是几条主要干管应大致均匀地分配流量，以便当一条主要干管发生事故时，仍能保证用户一定的流量供应。

环网水力流量分配在后面环网水力计算中详述。

二、管径的确定

水力学公式流量、流速和过水断面之间的关系为

$$Q = \omega v \tag{2-33}$$

式中　Q——流量（m^3/s）；

　　　v——流速（m/s）；

　　　ω——过水断面（m^2）。

$$d = \sqrt{\frac{4Q}{\pi v}} \tag{2-34}$$

式中　Q——流量（m^3/s）；

v——流速（m/s）；

d——管直径（m）。

由式（2-34）可知，管网中各管段的直径与管道中液体流量正相关，而且还与液体的流速负相关。因此在管网直径计算中，流速的选择是个先决条件。

在管网中，为避免水锤效应引起的破坏作用，规范规定最高流速为 $2.5\sim3.0\text{m/s}$。同时为防止管内泥沙沉积，流速最低不得小于 0.6m/s。流量、流速与管道直径间的关系可以直观地看出，流速选择越小，则管径越大。管径增大会使管网投资增加，但管径增大会使能源消耗减少，从而能使运行费用降低。因此选择管网流速时不仅要考虑技术因素，也要综合考虑管道的建造费用与运行费用这两种主要经济因素。

管道建造费用与年运营费用之和最小时所对应的流速称为经济流速（v_e）。我国各地均有根据经济技术指标计算出来的各种管径所对应的经济流速和流量的设计资料，规划设计时可查阅有关资料。

与不同流量和经济流速相适应的管径，称为该流量的经济管径。

在规划设计中，也可根据各城市所采用的经济流速范围，用控制每千米管段的水头损失值（一般为5m/km左右）的计算法来确定经济管径。如缺乏资料，则可参考下列管径与经济流速经验值：

$d=100\sim350\text{mm}$ 时，V_e 可采用 $0.5\sim1.1\text{m/s}$；$d=350\sim600\text{mm}$ 时，v_e 可采用 $1.1\sim1.6\text{m/s}$；$d=600\sim1000\text{mm}$ 时，V_e 可采用 $1.6\sim2.1\text{m/s}$。图 2-20 为住宅区局部地段给水管网布置图。

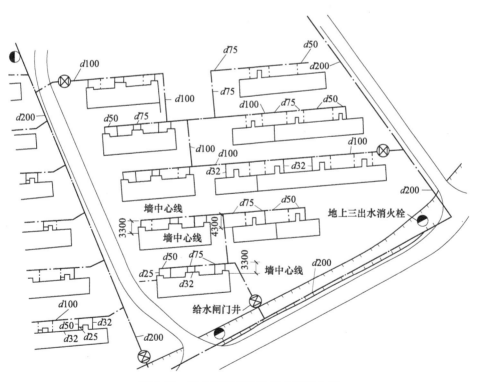

图 2-20　住宅区局部地段给水管网布置

也可根据人口数和用水定额，直接从表2-24中求得所需的管径。

表 2-24　给水管径简易估算表

管径/mm	计算流量/(L/s)	使用人口数							注
		用水标准=50[L/(人·d)](K=2.0)	用水标准=60[L/(人·d)](K=1.8)	用水标准=80[L/(人·d)](K=1.7)	用水标准=100[L/(人·d)](K=1.6)	用水标准=120[L/(人·d)](K=1.5)	用水标准=150[L/(人·d)](K=1.4)	用水标准=200[L/(人·d)](K=1.3)	
1	2	3	4	5	6	7	8	9	10
50	1.3	1120	1040	830	700	620	530	430	流速：当 $d \geq$ 400mm，$v \geq 1.0$m/s；当 $d \leq 350$mm，$v \leq$ 1.0m/s。本表可根据用水人口数以及用水量标准查得管径；也可根据已知的管径、用水量标准查得该管供多少人使用
75	1.3~3.0	1120~2600	1040~2400	830~1900	700~1600	620~1400	530~1200	430~1000	
100	3.0~5.8	2600~5000	2400~4600	1900~3700	1600~3100	1400~2800	1200~2400	1000~1900	
125	5.8~10.25	5000~8900	4600~8200	3700~6500	3100~5500	2800~4900	2400~4200	1900~3400	
150	10.25~17.5	8900~15000	8200~14000	6500~11000	5500~9500	4900~8400	4200~7200	3400~5800	
200	17.5~31.0	15000~27000	14000~25000	11000~20000	9500~17000	8400~15000	7200~12700	5800~10300	
250	31.0~48.5	27000~41000	25000~38000	20000~30000	17000~26000	15000~23000	12700~20000	10300~16000	
300	48.5~71.00	41000~61000	38000~57000	30000~45000	26000~28000	23000~34000	20000~29000	16000~24000	
350	71.00~111	61000~96000	57000~88000	45000~70000	28000~60000	34000~58000	29000~45000	24000~37000	
400	111~159	96000~145000	88000~135000	70000~107000	60000~91000	58000~81000	45000~70000	37000~56000	
450	159~196	145000~170000	135000~157000	107000~125000	91000~106000	81000~94000	70000~81000	56000~65000	
500	196~284	170000~246000	157000~228000	125000~181000	106000~154000	94000~137000	81000~117000	65000~95000	
600	284~384	246000~332000	228000~307000	181000~244000	154000~207000	137000~185000	117000~157000	95000~128000	
700	384~505	332000~446000	307000~412000	244000~328000	207000~279000	185000~247000	157000~212000	128000~171000	
800	505~635	446000~549000	412000~507000	328000~404000	279000~343000	247000~304000	212000~261000	171000~211000	
900	635~785	549000~679000	507000~628000	404000~506000	343000~425000	304000~377000	261000~323000	211000~261000	
1000	785~1100	679000~852000	628000~980000	506000~780000	425000~595000	377000~529000	323000~453000	261000~366000	

第七节 管道水力计算基本知识

一、层流、紊流、均匀流、非均匀流

液体流动时，在不同的流速情况下，呈现出层流和紊流两种流动状态。紊流状态的沿程阻力损失相对要大很多。液体流态可用雷诺数来判别。

雷诺数的计算公式为

$$Re = \frac{vd}{\nu} \tag{2-35}$$

式中　　Re——雷诺数；

　　　　v——管中流速（mm/s）；

　　　　d——管径（mm）；

　　　　ν——液体的运动黏度（mm²/s）。

圆形管道，有压水流当 $Re<2300$ 时，为层流状态；当 $Re>2300$ 时，则处于紊流状态。

明渠，水流在雷诺数 $Re<500$ 时，为层流状态；$Re>500$ 时，为紊流状态。

在给水工程实践中，水在直径不变、底坡一致的直线圆管段中稳定流动时被视为均匀流。凡不符合均匀流条件的水流称为非均匀流。

管网中管径、走向改变或者明渠的坡度变化，均会引起流体出现非均匀流状态。市政规划设计实践中，这类非均匀流属于局部状况，对于管网整体影响较小，属于工程设计精度允许误差之内。在进行给水排水管道水力计算时，一般将管网分成若干均匀流管段，以简化计算难度。

二、水流断面几何要素

1）水流断面，用 ω 表示，是一个重要的水力要素，根据连续性方程 $Q=\omega v$，得 $\omega=Q/v$。

2）湿周，是液体断面与管道、渠道等接触的周长，用符号 χ 表示。其值反映出液体和固体接触长度。湿周数值越大，固体管壁对液体造成的阻力就越大。

3）水力半径，是水流断面与湿周的比值，用 R 表示，综合反映影响水流阻力的过水断面与液固接触长度两因素之间的关系。

$$R = \frac{\omega}{\chi} \tag{2-36}$$

式中　　R——水力半径（m）；

　　　　ω——水流断面（m²）；

　　　　χ——液固接触长度（m）。

对于圆管，有压流的水力半径

$$R = \frac{\frac{\pi d^2}{4}}{\pi d} = \frac{d}{4} \tag{2-37}$$

式中　　d——圆管直径（mm）。

第八节 给水管网水力计算

一、水流阻力和水头损失

水流在运动过程中单位质量液体的机械能的损失称为水头损失。产生水头损失的原因有内因和外因两种，外界对水流的阻力是产生水头损失的主要外因，液体的黏滞性是产生水头损失的主要内因，也是根本原因。水头损失又分为沿程水头损失和局部水头损失两类。

液体在流动的过程中，在流动的方向、壁面的粗糙程度、过流断面的形状和面积均不变的均匀流段上产生的流动阻力称之为沿程阻力，或称为摩擦阻力。沿程阻力的影响造成了流体流动过程中能量的损失或水头损失，即沿程水头损失。沿程水头损失均匀地分布在整个均匀流段上，与管段的长度成正比，一般用 h_f 表示。

在流动边界有急变的流域中，能量的损失主要集中在该流域及附近流域，这种集中发生的能量损失或阻力称之为局部阻力或局部损失，由局部阻力造成的水头损失称之为局部水头损失。通常在管道的进出口、变截面管道、管道的连接处等部位，都会发生局部水头损失，一般用 h_j 表示。

1. 沿程水头损失

在给水管网工程设计中，沿程水头损失计算一般采用三种公式：达西公式、谢才公式、海曾-威廉公式。

（1）达西公式 达西公式是基于圆管层流运动推导出来的均匀流计算式，该公式适用于任何截面形状的光滑或粗糙管内的层流或紊流。

$$h_f = \lambda \cdot \frac{l}{d} \cdot \frac{v^2}{2g} \tag{2-38}$$

式中　h_f——沿程水头损失（m）；

λ——沿程阻力系数；

l——管段长度（m）；

d——管径（m）；

v——管段内水流平均流速（m/s）；

g——重力加速度（m/s^2）。

λ 沿程阻力系数一般采用经验公式计算：

1）液体在层流状态时采用的公式为

$$\lambda = \frac{64}{Re} \tag{2-39}$$

式中　Re——雷诺系数。

2）液体在紊流状态，$4000 < Re < 10^8$ 情况下可采用柯列布鲁克公式。该公式不仅包含了光滑管区和完全粗糙管区，而且覆盖了整个过度粗糙区。柯列布鲁克公式为

$$\frac{1}{\sqrt{\lambda}} = -2\lg\left(\frac{\Delta}{3.7d} + \frac{2.51}{Re\sqrt{\lambda}}\right) \tag{2-40}$$

式中　Δ——当量粗糙度。

3）液体在紊流光滑管区，$4000 < Re < 10^5$ 情况下可采用布拉修斯公式，即

$$\lambda = \frac{0.316}{Re^{0.25}} \tag{2-41}$$

将式（2-34）代入式（2-38），以液体流量代替流速，即得

$$h_{\mathrm{f}} = \lambda \frac{l}{d} \frac{Q^2}{\left(\frac{\pi}{4}d^2\right)^2 \times 2g} = \frac{8\lambda}{\pi^2 g d^5} Q^2 l \tag{2-42}$$

式中　l——管段长度（m）；

　　　g——重力加速度（m/s^2）；

　　　Q——流量（m^3/s）。

管段沿程水头损失除以管段长度和流量的平方，就可得到该管段单位长度管道在 1m^3/s 流量情况下的水头损失（称为比阻），即

$$s = \frac{h_{\mathrm{f}}}{Q^2 l} = \frac{8\lambda}{\pi^2 g d^5} \tag{2-43}$$

式中　s——比阻，单位长度单位流量时的管道阻力。

（2）谢才公式　谢才公式适用于有压或无压均匀流的各阻力区，但因谢才系数只包括反映管壁粗糙度的粗糙系数和水力半径，而没有包括流速和运动黏度，也就与雷诺数 Re 无关，所以谢才公式一般仅适用于粗糙区。

$$v = C\sqrt{Ri} \tag{2-44}$$

$$h_{\mathrm{f}} = \frac{v^2 l}{C^2 R} \tag{2-45}$$

式中　C——谢才系数；

　　　i——水力坡降（m/m）；

　　　R——水力半径（m）。

式（2-44）和式（2-45）中的谢才系数一般用经验公式求取，即

$$C = \frac{1}{n} Re^y \tag{2-46}$$

式中　C——谢才系数；

　　　n——管道表面的粗糙系数，其值见表 2-25。

$y = 1/6$ 时式（2-46）变为曼宁公式，即

$$C = \frac{1}{n} Re^{\frac{1}{6}} \tag{2-47}$$

y 值采用下式时，式（2-46）被称为巴普洛夫斯基公式

$$y = 2.5\sqrt{n} - 0.13 - 0.75\sqrt{R}(\sqrt{n} - 0.10) \tag{2-48}$$

表 2-25　粗糙系数 n 值

管材	钢管	铸铁管	钢筋混凝土管	石棉水泥管	塑料管
n	0.011	0.012	0.013	0.011	0.011

（3）海曾-威廉公式　海曾-威廉公式是在直径 $d \leqslant 3.66$m 工业管道的大量测试数据基础上建立的经验公式，适用于常温的清水输送管道。此公式适用范围为光滑区至部分粗糙过渡区，对应雷诺数 Re 范围介于 $10^4 \sim 2 \times 10^6$。

$$h_f = \frac{10.67 Q^{1.852}}{C_h^{1.852} d^{4.87}} l \tag{2-49}$$

式中　C_h——海曾-威廉系数；塑料管 $C_h = 150$，新铸铁管 $C_h = 130$，混凝土管 $C_h = 120$，旧铸铁管和旧钢管 $C_h = 100$。

海曾-威廉系数与管径、流量和管道粗糙系数有关，其关系式为

$$C_h = \frac{d^{0.248}}{Q^{0.08}} \frac{1.01958}{n^{1.08}} \tag{2-50}$$

2. 局部水头损失计算

局部水头损失是水流断面局部边界条件发生变化，使得流速的大小与分布状态改变，从而在水流边界条件变化的局部范围内产生的集中机械能量损失。局部水流变化时水流运动状况复杂，所以局部水头损失一般由实验测定。各种局部水头损失可表示为

$$h_j = \xi \frac{v^2}{2g} \tag{2-51}$$

式中　h_j——局部水头损失（m）；

　　　ξ——局部阻力系数，参见《给水排水设计手册》。

在市政给水规划设计中，因管网局部损失占总管网的水头损失比重不大，可以忽略，一般只计算沿程水头损失，不计算配件等的局部水头损失。

二、管网水力计算

1. 管网设计和计算的步骤

1）在平面图上进行干管布置（定线），管网的布置形式可以是环状或树枝状，可以是混合形式。

2）按照输水路线最短的原则，定出各管段的水流方向。

3）定出干管的总计算长度（或供水总面积）及各管段的计算长度（或供水面积）。

4）按最高日最高用水时的流量确定供水区内大用水户的集中流量和可以假定为均匀分布的流量，根据已确定的输入管网总流量，求出比流量、各管段沿线流量和节点流量。

5）根据输入管网的总流量，进行整个管网的流量分配，并满足节点流量平衡的条件，同时应考虑供水的可靠性和技术经济的合理性。

6）按初步分配的流量，根据经济流速，确定每一管段的管径。由于管网需要满足各种情况下的用水要求，确定管径时除满足经济流速条件外，还应以保证消防和发生事故用水来复核，使管网在特殊情况下仍能保持适当的水压和流量。

环状管网，由于人为初步流量分配，闭合环内水头损失可能不满足 $\Sigma h_i = 0$，而存在闭合差 Δh_i。为消除闭合差，必须进行管网平差计算，将原有的流量分配逐一加以修正。

7）利用平差后各管段的水头损失和各点地形标高，算出水泵扬程或水塔高度，必要时还需在管网平面图上绘出等水压线。

完成给水管网的设计上述步骤后，为保证供水安全性，须按各种情况进行校核，如最高日最高时用水情况、最高日最高时附加消防用水情况、最大转输情况、干管事故情况等。干管发生事故时，管网应保证供给 70% 的设计流量。

在校核计算中，由于管径已确定，某段管道随着流量加大，流速可能超过经济流速。但校核情况属于最不利情况，只要不过高，短时间是允许的。如果流速过高（高于 2.5~3.0m/s），则须对原定管径进行修改，增加该管段的管径，并重新校核。

在管网水力计算中，还必须确定最不利点为控制点。一般最不利点就是距二级泵站最远的供水点，但应结合具体地形确定。如图 2-21 所示，最不利点应该在 2 点，而不是最远的 4 点。

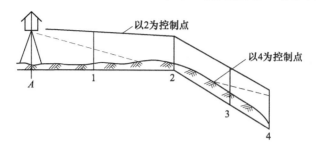

图 2-21 最不利点的选择

2. 树枝状管网的水力计算

树枝状管网水力计算是根据树枝状管网的节点流量计算各最不利点，利用节点流量连续方程 $\Sigma Q=0$ 的关系，计算各管段流量，再根据经济流速选定管径。然后由流量、管径和管长算出管段水头损失，最后根据地形高程和最不利点的自由水头，求出各节点的水压。具体步骤详见 [例 2-3]。

【例 2-3】 树枝状管网水力计算。

图 2-22 所示为一树枝状管网布置，管材为铸铁管，图中标明管段长度和节点流量。各节点的自由水头要求不低于 20m。各节点高程列于表 2-26 中，根据上述资料求出控制线路上各节点的水压。

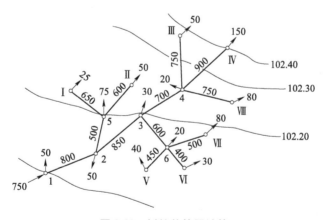

图 2-22 树枝状管网计算

【解】 首先在管网中选定最不利点，定出从最不利点至管网起点的计算干线（本例为Ⅳ-1），然后求出各管段的计算流量。本例从节点Ⅳ开始，已知管段 4-Ⅳ的流量为 150L/s，再由节点 4 得管段 3-4 流量为

$$(50 + 20 + 150 + 80)L/s = 300L/s$$

依此推算逐个管段计算流量。

根据计算流量按照式（2-34）计算选定管径。4-Ⅳ流量 150L/s，选择流速 $v=1.1m/s$ 进行试算。

$$d = \sqrt{\frac{4Q}{\pi v}} = \sqrt{\frac{4 \times 150}{\pi \times 1.1 \times 1000}} \text{m} = 0.417 \text{m}$$

根据计算结果，同时考虑供水安全性，选择450mm管径，据此计算管道中实际流速，即

$$v = \frac{4Q}{\pi d^2} = \frac{4 \times 150}{\pi \times 0.45^2 \times 1000} \text{m/s} = 0.944 \text{m/s}$$

然后按照式（2-35）计算雷诺数：

$$Re = \frac{vd}{\nu} = \frac{944 \times 450}{1.006} = 422266$$

雷诺数处于 $10^4 \sim 2 \times 10^6$ 之间，采用式（2-49）海曾-威廉公式计算沿程阻力：

$$h_f = \frac{10.67 Q^{1.852} l}{C_h^{1.852} d^{4.87}} = \frac{10.67 \times 0.15^{1.852} \times 900}{100^{1.852} \times 0.45^{4.87}} \text{m} = 2.76 \text{m}$$

其余各管段依此计算选取管径、计算沿程阻力。计算结果见表2-26。

为了计算各点水压，首先从图2-22中定出的最不利点Ⅳ开始，以这点的自由水头为20m，计算1-2-3-4-Ⅳ干管上各节点的水压（见表2-26）。

有了各段的水头损失，即可计算各点水压。水压计算也是从最不利点Ⅳ开始的，逐个向节点1计算。Ⅳ点的高程为102.4m，自由水头要求为20m，所以这点的水压高程为

$$(102.4 + 20) \text{m} = 122.4 \text{m}$$

4-Ⅳ段的水头损失为2.76m，所以节点4的水压高程为

$$(122.4 + 2.76) \text{m} = 125.16 \text{m}$$

但节点4的地面高程为102.25m，所以得节点4的自由水头为

$$(125.16 - 102.25) \text{m} = 22.91 \text{m}$$

如此计算，即可求出各点水压，见表2-26。

表2-26　干管线水力计算

管段编号	管长/m	流量/(L/s)	经济流速/(m/s)	计算管径/mm	选定管径/mm	流速/(m/s)	雷诺数 Re	管段水头损失/m	节点	地面高程/m	水压高程/m	自由水头/m
1-2	800	700	2	667.7	700	1.82	1.27×10^6	4.95	1	102.1	140.7	38.6
2-3	850	500	1.8	594.9	600	1.77	1.06×10^6	5.98	2	102.15	135.8	33.6
3-4	700	300	1.6	488.7	500	1.53	7.60×10^5	4.64	3	102.2	129.8	27.6
4-Ⅳ	900	150	1.1	416.8	450	0.94	4.22×10^5	2.76	4	102.25	125.2	22.9
									5	102.4	122.4	20

3. 环状管网的水力计算

环网的节点流量算出来后，每段管的流量却不能像树枝装管网一样直接算出来。

下面用一个最简单的情况加以说明。

图2-23所示为环状管网实例，图中在节点1流进流量 Q_0，由于环网上没有任何沿线流出流量，所以在节点4流出的流量也必定是 Q_0。由于各管段上没有沿线流量流出，因此在管段1-2和管段2-4上

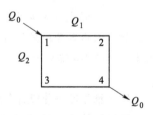

图2-23　环状管网计算实例

流量必然相等，假定为 Q_1；在管段 1-3 和管段 3-4 的流量也是相等的，假定它为 Q_2。由式（2-32）$\sum Q = 0$，可推导出节点 1

$$Q_0 - Q_1 - Q_2 = 0 \tag{2-52}$$

节点 4

$$Q_1 + Q_2 - Q_0 = 0 \tag{2-53}$$

这两个方程式经过简化实际可成为一个方程式，但式中包含两个未知数 Q_1 和 Q_2，理论上可以有无穷多解，因此仅凭该方程无法求得 Q_1 和 Q_2。

在此情况下，需要引入水力学条件补充求解条件。实际上节点 1 或节点 4 两点的水压值是不变的两个数值，节点 1 和 4 之间的水压差即管网水头损失就应是一个值，所以 Q_1 流经管段 1-2、2-4 的水头损失与 Q_2 流经管段 1-3、3-4 的水头损失必然相等，即

$$\sum h = 0 \tag{2-54}$$

式中　h——水头损失（m）。

这是环网的能量方程。由此推导出

$$h_{1\text{-}2} + h_{2\text{-}4} = h_{1\text{-}3} + h_{3\text{-}4} \tag{2-55}$$

$$h_{1\text{-}2} + h_{2\text{-}4} - h_{1\text{-}3} - h_{3\text{-}4} = 0 \tag{2-56}$$

式中　$h_{1\text{-}2}$、$h_{2\text{-}4}$、$h_{1\text{-}3}$、$h_{3\text{-}4}$——管段 1-2、2-4、1-3 和 3-4 的水头损失。

将式（2-32）和式（2-54）联立就可以解出 Q_1 和 Q_2 两个未知流量。

在确定管材之后，根据初始分配各管段流量，分别选用管径 d_1、d_2、d_3、d_4。然后可以计算出比阻值 s 或水力坡降值 i 或海曾-威廉系数 C_h 等，继而选用沿程阻力公式算出 1-2、2-4、3-4 和 1-3 各管段的水头损失。

将各管段水头损失代入式（2-56）进行校核。规定以顺时针方向产生的水头损失为正，逆时针方向产生的水头损失为负，其代数和称为该环的闭合差，闭合差应为 0。

在设计中，因人为进行流量分配，而且需要符合经济流速、标准管径，所以环网内闭合基环的水头损失代数和不为零，产生闭合差。此时需要对原分配流量进行修正，消除闭合差，使设计流量值达到真实流量值，这一过程就是管网平差。

实际工程设计中，管网平差要求闭合差达到一定精度即可，不必完全为 0。手工计算每环闭合差要求小于 0.5m，大环闭合差小于 1.0m。电算闭合差理论上可以达到任何要求的精度，一般采用 0.01~0.05m。

（1）环网的平差计算　假定各管段的流量分配，并使满足连续方程 $\sum Q = 0$。但初步分配的流量不可能同时满足 n 环的能量方程 $\sum h = 0$ 的条件，为此，管段流量必须校正调整，使之在环内渐近于零或等于零。管段中增减校正流量应不破坏流量的平衡条件。

这种消除水头损失闭合差所进行的流量调整计算，称为管网平差。管网平差计算步骤如下：

1）绘制管网平差运算图，标出各管段长度和节点地形高程。

2）计算节点流量，见本章第六节内容。

3）拟定水流方向并进行流量初始分配。

4）按经济流速选择各管段管径（水厂附近管网流速宜略高于或等于经济流速上限，管网末端管段流速宜小于或等于经济流速下限）。

5）计算各管段的水头损失。

6）计算各环闭合差 Δh。如果闭合差 Δh 不符合规定要求，用校正流量进行调整（一般先大

环再小环），反复试算直至闭合差 Δh 达到要求为止。

校正流量一般可以估算。但在闭合环路中各管段管径与长度相差不大时，校正流量 ΔQ（与闭合差 Δh 方向相反）也可按下式计算：

$$\Delta Q = -\frac{Q_p \Delta h}{2 \sum h} \tag{2-57}$$

式中　　Q_p——计算环路中各管段流量的平均值（m^3/s）；

　　　　Δh——闭合差（m）；

　　　　ΔQ——校正流量（m^3/s）；

　　　　$\sum h$——计算环路中各管段水头损失的绝对值之和（m）。

校正流量方向与水流方向一致时，管段流量应加上校正流量，反之应减去校正流量。当各环管段管径接近时，可将闭合差方向一致的小环组成一个大环进行调整，可以减少调整次数。

【例 2-4】　某区的环网布置及节点高程如图 2-24 所示，各节点的自由水头要求不低于 15m，最高日用水量为 10800m^3，其中集中用水量为 60L/s，供水点如图 2-24 所示，其余为分散性用水，各管段均为两侧供水。用水量及供水量曲线如图 2-25 所示。水厂日供水总量等于区域最高日用水量，0～4 时为总供水量的 2.5%（即占全日用水量的 2.5%），4～24 时为总供水量的 4.5%（即占全日用水量的 4.5%）。求：最高时的节点水压。

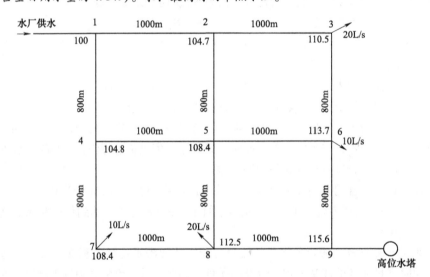

图 2-24　环网平差图

【解】　（1）最高日最高时水力计算用水量计算　由图 2-25 知，最高日最高时用水量为最高日用水量 10800m^3 的 5.6%，即

$$\frac{10800 \times 5.6\% \times 1000}{3600}L/s = 168L/s$$

水厂来水为最高日用水量的 4.5%，即

$$\frac{10800 \times 4.5\% \times 1000}{3600}L/s = 135L/s$$

两者之差需要由高位水塔供水，水塔在用水最高日最高时的供水量要满足

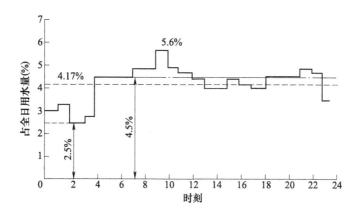

图 2-25　用水量及供水量曲线

$$(168 - 135)L/s = 33L/s$$

（2）管网长度比流量计算　由图 2-24 求得管网干管总长度为

$$(6 \times 1000 + 6 \times 800)m = 10800m$$

管网的集中流量为

$$\sum Q_i = (20 + 10 + 20 + 10)L/s = 60L/s$$

干管长度比流量为

$$q_{cb} = \frac{168 - 60}{10800}L/(s \cdot m) = 0.01L/(s \cdot m)$$

（3）节点流量的计算　见表 2-27。

表 2-27　节点流量计算表

节点编号	连接管段编号	管线长度/m	各连接管段沿线流量之和/(L/s)	集中流量/(L/s)	节点流量/(L/s)
1	1-2, 1-4	1800	18		9.0
2	1-2, 2-5, 2-3	2800	28		14.0
3	2-3, 3-6	1800	18	20	29.0
4	1-4, 4-5, 4-7	2600	26		13.0
5	2-5, 4-5, 5-6, 5-8	3600	36		18.0
6	3-6, 5-6, 6-9	2600	26	10	23.0
7	4-7, 7-8	1800	18	10	19.0
8	5-8, 7-8, 8-9	2800	28	20	34.0
9	6-9, 8-9	1800	18		9.0
合计			216	60	168.0

（4）**进行管网平差** 将表2-27计算所得节点流量标注在环网平差图中。接着根据最高时供水是由水厂和水塔两个水源供水的条件，以及两个水源的供水量，定性地绘出两个水源的供水分界线。如图2-26所示，供水分界线处于6-8之间。然后绘出各管段水流假设方向，再进行管网初始流量分配，如图2-26所示。根据式（2-34）和经济流速，计算管径，进而选定管径。选定管径后计算实际流速，根据海曾-威廉公式计算各管段水头损失。管材选用新铸铁管，$C_h = 130$，计算见表2-28。

计算每个环的闭合差 Δh 如环 I，管段1-2和2-5为顺时针流向，其水头损失为正；管段1-4和4-5为反时针流向，其水头损失应取负号。所以环 I 的闭合差

$$\Delta h = (2.73 + 2.52 - 2.18 - 3.15)\text{m} = -0.08\text{m}$$

依次计算各环闭合差后，有的环 $|\Delta h| < 0.5\text{m}$，不必修正。但因各环间有的管段是共同的，在其他环需要修正时，该管段必然随之修正。所以在计算表2-28中这些管段也会填写修正值。

环 III 流量修正根据式（2-57）进行计算，即

$$\Delta Q = -\frac{Q_p \Delta h}{2\sum h} = -\frac{\dfrac{62}{4} \times 0.64}{2 \times 8.03}\text{L/s} = -0.62\text{L/s}$$

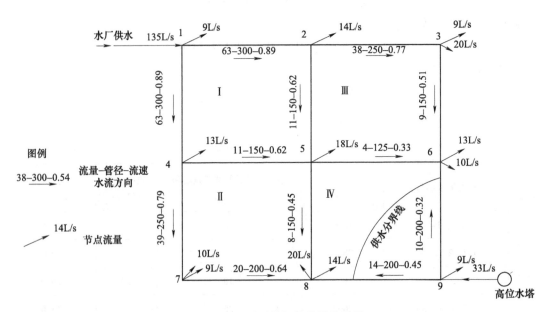

图 2-26 环网平差初始分配流量图

将修正流量加入初始分配流量，做第二次平差计算，依此继续第三次。在完成第三次平差计算后，各环闭合差绝对值均<0.5m。同时大环闭合差为

$$\sum h = h_{1-2} + h_{2-3} + h_{3-6} + h_{6-9} + h_{8-9} + h_{7-8} + h_{4-7} + h_{1-4}$$
$$= (2.73 + 2.52 + 1.52 - 0.6 + 1.09 - 2.35 - 2.18 - 2.18)\text{m} = 0.55\text{m}$$

所以大环闭合差<1m。环网平差达到精度要求，可以结束平差计算，具体计算见表2-28。

（5）**计算节点水头绘制管网平差图** 根据条件各节点地面高程、各管段水头损失计算各节点水压高程和自由水头。

表2-28 环网平差计算表

环号	管段	管长 L/m	初始分配流量 /(L/s)	经济流速 /(m/s)	计算管径 /mm	管径 d/mm	第一次平差 流量 Q/(L/s)	流速 /(m/s)	水头损失 h/m	水头损失绝对值 |h|/m	修正流量 ΔQ/(L/s)	第二次平差 流量 Q/(L/s)	流速 /(m/s)	水头损失 h/m	水头损失绝对值 |h|/m	修正流量 ΔQ/(L/s)	第三次平差 流量 Q/(L/s)	流速 /(m/s)	水头损失 h/m
I	1-2	1000	63	1.1	270	300	63	0.89	2.73	2.73	0.00	63.00	0.89	2.73	2.73	0.00	63.00	0.89	2.73
	2-5	800	11	0.9	125	150	11	0.62	2.52	2.52	0.62	11.62	0.66	2.79	2.79	0.00	11.62	0.66	2.79
	1-4	800	-63	1.1	270	300	-63	0.89	-2.18	2.18	0.00	-63.00	0.89	-2.18	2.18	0.00	-63.00	0.89	-2.18
	4-5	1000	-11	0.9	125	150	-11	0.62	-3.15	3.15	0.00	-11.00	0.62	-3.15	3.15	0.00	-11.00	0.62	-3.15
Σ			148				148		-0.08	10.58		148.62		0.18	10.85	0.00	148.62		0.18
II	4-5	1000	11	0.9	125	150	11	0.62	3.15	3.15	0.00	11.00	0.62	3.15	3.15	0.81	11.00	0.62	3.15
	5-8	800	8	0.9	106	150	8	0.45	1.40	1.40	0.00	8.00	0.45	1.40	1.40	0.81	8.81	0.50	1.67
	4-7	800	-39	0.8	249	250	-39	0.79	-2.18	2.18	0.00	-39.00	0.79	-2.18	2.18	0.00	-39.00	0.79	-2.18
	7-8	1000	-20	0.7	191	200	-20	0.64	-2.35	2.35	0.00	-20.00	0.64	-2.35	2.35	0.00	-20.00	0.64	-2.35
Σ			78				78		0.02	9.08		78		0.02	9.08	0.00	78.81		0.29
III	2-3	1000	38	1	220	250	38	0.77	2.60	2.60	-0.62	37.38	0.76	2.52	2.52	0.00	37.38	0.76	2.52
	3-6	800	9	0.9	113	150	9	0.51	1.74	1.74	-0.62	8.38	0.47	1.52	1.52	0.00	8.38	0.47	1.52
	2-5	800	-11	0.9	125	150	-11	0.62	-2.52	2.52	-0.62	-11.62	0.66	-2.79	2.79	0.00	-11.62	0.66	-2.79
	5-6	1000	-4	0.8	80	125	-4	0.33	-1.18	1.18	-0.62	-4.62	0.38	-1.53	1.53	0.81	-3.80	0.31	-1.07
Σ			62				62		0.64	8.03		62.00		-0.28	8.36	0.00	61.19		0.18
IV	5-6	1000	4	0.8	80	125	4	0.33	1.18	1.18	0.62	4.62	0.38	1.53	1.53	-0.81	3.80	0.31	1.07
	8-9	1000	14	0.8	149	200	14	0.45	1.21	1.21	0.00	14.00	0.45	1.21	1.21	-0.81	13.19	0.42	1.09
	6-9	800	-10	0.8	126	200	-10	0.32	0.52	0.52	0.00	-10.00	0.32	-0.52	0.52	-0.81	-10.81	0.34	-0.60
	5-8	800	-8	0.8	113	150	-8	0.45	-1.40	1.40	0.00	-8.00	0.45	-1.40	1.40	-0.81	-8.81	0.50	-1.67
Σ			36				36		0.47	4.31		36.62		0.82	4.66		36.62		-0.12
大环压力差																-0.81			

环 I：

第一次平差：$\Delta Q = -\dfrac{(148/4) \times (-0.08)}{(2 \times 10.58)} = 0.14$

第二次平差：$\Delta Q = -\dfrac{(148.62/4) \times (0.18)}{(2 \times 10.85)} = -0.31$

环 II：

第一次平差：$\Delta Q = -\dfrac{(78/4) \times (0.02)}{(2 \times 9.08)} = -0.02$

第二次平差：$\Delta Q = -\dfrac{(78/4) \times (0.02)}{(2 \times 9.08)} = -0.02$

环 III：

第一次平差：$\Delta Q = -\dfrac{(62/4) \times (0.64)}{(2 \times 8.03)} = -0.62$

第二次平差：$\Delta Q = -\dfrac{(62/4) \times (-0.28)}{(2 \times 8.36)} = 0.26$

环 IV：

第一次平差：$\Delta Q = -\dfrac{(36/4) \times (0.47)}{(2 \times 4.31)} = -0.49$

第二次平差：$\Delta Q = -\dfrac{(36.62/4) \times (0.82)}{(2 \times 4.66)} = -0.81$

因节点 9 地面高程最高，为最不利点，节点 9 的水压高程应为（115.6+15）m＝130.6m。据此依次计算各节点水压高程，计算见表 2-29。根据表 2-28 计算结果绘制最终管网平差图，如图 2-27 所示。

表 2-29 节点水压计算表

节点	地面高程/m	计算根据节点	水压高程/m	自由水头/m
1	100	2	136.8	36.8
2	104.7	3	134.0	29.3
3	110.5	6	131.5	21.0
4	104.8	7	134.2	29.4
5	108.4	6	131.1	22.7
6	113.7	9	130.0	16.3
7	108.4	8	131.9	23.5
8	112.5	9	129.5	17.0
9	115.6	水塔	130.6	15.0

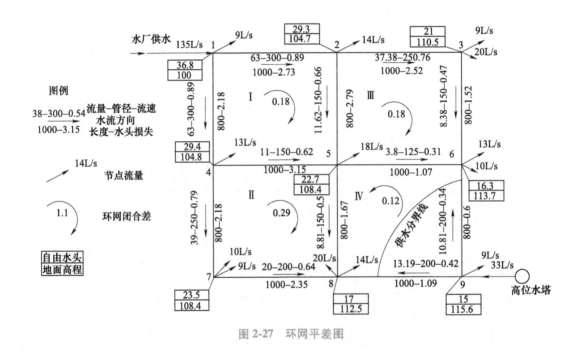

图 2-27 环网平差图

（2）环网平差电算一般方法和步骤 当管网节点和环数较多时，环网平差计算工作量巨大，而且不易收敛。仅凭手工已很难完成。需要应用电算进行。

1）管网电算一般分为三种方法：

① 解管段方程。应用连续方程和能量方程，求解管网中管段流量。因大环不是基环，没有独立的能量方程，所以不计算大环。该方法方程阶数最高，计算准备工作较烦琐。

② 解节点方程。在假定水压的条件下，应用连续方程以及流量和水头损失的关系，计算出

每一节点的水压值，进而获得每管段的水压差即水头损失，然后利用流量与水头损失关系求取管段流量。该方法方程阶数较低，计算收敛性较好，准备工作较少。

③ 解环方程法。应用连续方程和能量方程，求解管网中每一环的校正流量。该方法方程阶数较低，比较简单，但收敛速度较慢，甚至不能收敛。

2）管网电算准备和步骤如下：

① 绘制包括节点和管段位置的计算简图。

② 拟定计算参考点。参考点是管网各节点压力值的基准点，一般选在水厂或高位水池所在节点。参考点压力值可取水厂配水绝对扬程或水池重力出流的绝对高程。

③节点和管段编号。编号原则：每管段有关节点的编号数应尽量接近；已知压力值的节点编于未知压力节点之后；参考点编号应编在最后。

④ 计算节点流量。流离节点流量为正，流入节点流量为负。

⑤ 拟定初始管径。

⑥ 确定各管段粗糙系数。

⑦ 标定各管段长度和节点地形高程。

⑧ 输入计算机。

⑨ 调用程序进行运算。

⑩ 整理分析输出结果。输出结果主要有：管段流量、流速、水流方向、管段水头损失、水力坡降、节点自由水头等。分析输出结果，根据需要调整输入值再次进行计算，直至满足要求。

第三章
排水工程规划

第一节 概　述

自古以来排水系统就是城市建设的必备设施。考古发现中国早在商周时期的城市就已采用陶制管道进行有组织排水。排水对于城市的重要意义是非常重大的。

城市排水工程是汇集、输送、处理和利用城市生活、生产污废水和自然降水的城市市政工程。而排水工程规划是城市最基本的市政工程规划之一，它对排水系统进行全面统一安排和布局。城市排水工程规划目标是保护城市环境免受污染，保障人类健康，以促使城市生活和生产的长期可持续发展。

随着社会发展，城市有组织地排放污废水，有区别地进行污废水处理，增加水在城市中的循环利用，提高水资源深度保护和持续利用成为当前排水工程的发展方向。

排水工程不仅是城市建设的组成部分，而且具有管线深埋地下长期不易调整的特点。因此，与城市总体规划尤其是中长期规划相协调十分重要。

一、城市排水来源及其特点

城市排水按照其来源和性质主要分为三类，即生活污水、工业废水和雨水。

1. 生活污水

生活污水是居民生活和城市公共服务中所产生的污水。包括居民家庭的污水和机关、学校、商店、公共场所、医院等处排出的水。这类污水中含有较多的有机杂质，并带有病原微生物和细菌等。

2. 工业废水

工业废水是指工业厂区生产过程中所产生的废水，包括工厂生产工艺排水、设备冲洗排水、工业区生活污水、露天厂区初期雨水和洁净废水等。根据它的污染程度不同，又可分为生产废水和生产污水两种。

生产废水是指水质经过生产过程变化不大，可循环使用或不需要处理可直接排放的水，如冷却水等。

生产污水是指经过生产过程水质污染严重，需要经处理后方可排放的废水。生产污水水质随生产工艺的不同差别很大，处理难度较大。

3. 雨水

雨水是降水，它形成的地表径流称雨水径流。雨水的水质与空气污染情况和流经的地表污染情况有关。初期雨水一般因地表的原有污染物残留较多而形成污染物较多的径流。而随着雨水径流带走污染物，后期雨水径流变得较为清澈。另一方面，当雨量非常大的时候，雨水径流冲刷地表夹带泥沙，使雨水径流浑浊。雨水径流相对于其他污废水有着集中、量大的特点，暴雨径流还易引发洪水，造成灾害。

市政排水规划要结合城市总体规划，从排水水质控制处理、深度利用、灾害防治等角度，对城市排水管网、处理构筑物、防灾减排、积储利用等工程进行短期和中远期规划设计。

二、排水工程规划的内容

1. 城市排水总体规划

1）确定规划目标和规划排水范围。

2）拟订城市污水、雨水的排除方案。包括确定排水分区、排水体制、排水系统布局、排水设施的处理能力与用地规模、旧设施改造方案、建设进度等。

3）估算城市排水量。分别估算生活污水量、工业废水量和雨水径流量。生活污水量和工业废水量之和也称为城市总污水量。

4）确定污水处理与利用的方法。包括确定污水处理厂位置和规模，选择出水口位置，确定污水和初期雨水的处理程度、处理方案、污水再生利用和污泥处理处置要求。

5）排水工程的经济估算。

2. 城市排水工程分区规划

应以城市排水总体规划为依据进行排水工程分区规划，对区域内排水管网、设施等做进一步设计，反馈对城市排水总体规划修改调整意见，为详细规划和规划管理提供依据。

1）估算分区的雨、污水量。

2）按照城市排水总体规划确定的排水体制划分排水系统。

3）确定排水干管的位置、走向、服务范围、控制管径以及主要工程设施的位置和用地范围。

3. 城市排水工程详细规划

应以城市排水总体规划和分区规划为依据进行城市污水排水工程详细规划，编制排水系统和设施的规划指标、规模及建设管理等详细规定。为城市专项排水规划提供设计依据。

1）详细的统计计算城市污水量和雨水量。

2）确定排水系统的布局、管线走向位置、主要控制点标高，计算复核管径。

3）提出污水处理工艺初步方案。

4）提出基建投资估算。

三、排水工程规划的步骤

排水工程规划一般按下列步骤进行：

1. 收集基础资料

1）城市总体规划，城市其他单项工程规划，规划范围内各种排水量、水质情况资料。

2）城市建筑物、构筑物、道路、地下管线现状，绘制排水系统现状图（比例为 1/5000 ~ 1/10000）。分析现有存在的问题及薄弱环节。

3）气象、水文、水文地质、地形、工程地质等资料。

2. 编制排水工程规划方案、计算排水量并进行分析比较

设计排水工程规划方案，绘制方案草图，估算工程造价，分析方案的优缺点。规划过程中一般要编制 2~3 套方案，进行技术经济比较，选择最佳方案。

3. 绘制排水工程规划图，编制规划文字说明

在确定方案的基础上，绘制排水工程规划图。标明城市排水设施的现状，规划的排水分区界

线，排水管渠的走向、位置、长度、管径，泵站、闸门的位置，规划污水处理厂的位置、用地范围、出水口位置等。

编写规划说明，如有关规划项目的性质、规划年限、工程建设规模，采用的定额指标，总排水量、各种排水量，排水工程规划原则，城市旧排水设施利用与改造措施，排水体制的选择理由，城市污水处理与利用的途径，工业废水的处置，排水工程的总造价及年经营费用，方案技术经济比较情况，采用该方案的理由，方案的优缺点以及尚存在的问题，下一步需进行的工作等，并附规划原始资料。

第二节　城市排水体制、组成、布置形式和系统安全

一、城市排水体制

城市排水体制是对城市生活污水、工业废水和雨水的汇集方式，也称排水制度。城市排水体制基本分为分流制和合流制。

1. 分流制排水体制

生活污水、工业废水、雨水用两个及以上的排水管渠系统分别来汇集和输送的城市排水系统，称为分流制排水系统（图 3-1）。综合生活污水、生产污水的汇集系统称为污水排水系统；自然降水的汇集系统称为雨水排水系统，生产废水的汇集系统也可称为雨水排水系统；工业废水独立汇集系统称为工业废水排水系统。

图 3-1　分流制排水

雨水排水系统根据形式分为管道排水和明沟排水两种方案。管道排水的形式是将雨水管道、渠道埋设于路面、地面以下。优点是对交通和城市影响较小，缺点是投资较高，不易更改。明沟排水形式是在道路侧设置雨水沟渠，以汇集路面雨水。优点是投资较少，易于更改，缺点是对交通和城市影响较大。明沟排水形式适合于城市郊区公路、山区公路等地区。

2. 合流制排水体制

生活污水、工业废水和雨水用一个管渠系统汇集输送的排水系统称为合流制排水系统。合流制明显的缺点是污水处理难度大，优点是管网投资少。合流制是老旧城区使用的排水体制。根据《城市排水工程规划规范》（GB 50318—2017）的规定，只有干旱地区可以采用合流制排水体制；不具备改造条件的老旧城区可采用截流式合流制排水体制。按照污水、废水、雨水汇集后的

处置方式不同，合流制又可分为直泄式合流制排水体制和截流式合流制排水体制两种情况。

（1）直泄式合流制排水体制 管渠系统的布置就近坡向水体，分若干排除口，混合的污水未经处理直接泄入水体，这种形式的排水系统称为直泄式合流制排水系统。直泄式体制缺少污水处理，会对自然环境造成污染。我国许多城市旧城区的排水方式尚采用这种系统，其主要原因是以往城市尚不发达，城市人口密度不高，生活污水和工业废水总量不大，直接泄入水体，依靠水体自洁能力能够满足环境卫生要求。但是，随着现代工业与城市生活的发展，污水量不断增加，水质日趋复杂，所造成的污染危害也日趋严重。因此，这种直泄式合流制排水系统目前在我国已经禁止采用。

（2）截流式合流制排水体制 如图3-2所示，这种体制是城市的生活污水、工业废水和雨水统一汇集至截流干管，截流干管连接调蓄池继而连接溢流管。晴天时污水量小于截留管流量，全部污水会输送到污水处理厂。雨天时，当雨水、综合生活污水和工业废水的混合水量低于调蓄池水位时，污水雨水会输送至污水处理厂；当混合水位超过调蓄池溢流水位时，其超出部分通过溢流井泄入自然水体。该体制的优点是管网建设投资量小，初期雨水和污水汇集至污水处理厂，可以有效处理初期雨水。但缺点是生活污水和工业废水混合给处理加大了难度，因降雨时污水处理厂来水量短时增加而带来的处理难度增大，雨水较大时溢流造成生活污水和工业废水随溢流水一起排入自然水体，造成水体污染。这种体制适用于没有分流改造条件的旧城区。

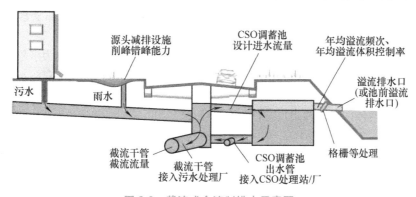

图3-2 截流式合流制排水示意图

综上所述，排水体制的选择应根据城市总体规划、环境保护、当地自然社会经济条件、水体条件、城市污水量和水质情况、城市原有排水设施等情况综合考虑，通过技术经济比较决定。同一城市的不同地区，可视具体条件，采用不同的排水体制。

二、城市排水系统的组成

1. 城市生活污水排水系统组成

城市生活污水排水系统由几个主要部分组成：室内污水管道系统、室外污水管道系统、污水泵站及压力管道、污水处理与利用构筑物、排入水体的出水口。

城市市政排水规划主要研究的是除了室内污水管道系统和庭院街坊污水管道系统以外的系统，图3-3所示为某城市污水排水系统组成示意。

室外污水管道分为支管、干管、主干管及管道系统上的附属构筑物。支管汇集来自庭院街坊污水管道的污水。在排水区界内，常按照分水线划分成几个排水流域。每个排水流域污水由支管汇集至干管，然后汇集至城市的主干管。主干管是汇集两个及以上干管污水的管道。市郊干管汇

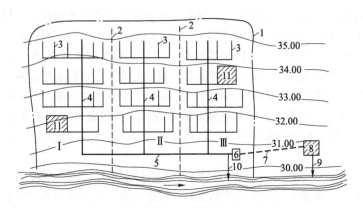

图 3-3　某城市污水排除系统组成示意

1—城市边界　2—排水流域分界线　3—污水支管　4—污水干管　5—污水主干管　6—污水泵站
7—压力管　8—污水处理厂　9—出水口　10—事故出水口　11—工厂
Ⅰ、Ⅱ、Ⅲ—排水流域

集主干管污水，最终将污水输送至污水处理厂或排放地点。在管道系统中，有检查井、跌水井等附属构筑物。

因地形需要设置提升泵站把污水加压提升。泵站根据设置位置分为局部泵站、中途泵站和终点泵站。泵站后污水管道为压力管道。

在管道中途，一些易于发生故障的部位往往需要设置辅助性出水口，称为事故出水口。当某些部位发生故障、污水不能流通时，借助出水口可排除上游来的污水。例如在污水泵站之前设置事故出水口，当泵站检修时污水可从事故出水口排出。

污水排入自然水体的渠道和出口，称为出水口。

2. 工业废水排除系统组成

合流制中工业废水排入城市污水管道或雨水管道，不单独形成系统。分流制中单独建设工业废水排除系统，其组成包括车间内部管道系统及排水设备，厂区管道系统及附属设备，污水泵站和压力管道，污水处理站（厂）和出水口（渠）等。

3. 城市雨水排水系统组成

雨水排水系统主要包括：

1）房屋雨水管道系统和设备，包括天沟、立管及房屋周围的雨水管沟。

2）街坊（或厂区）雨水管渠系统，包括雨水口，庭院雨水沟，调蓄设施，雨水支管、干管等。

3）城市雨水主管渠系统。

4）泵站。

5）出水口（渠）。

雨水一般可就近排入水体，无须处理。在地势平坦、区域较大、河流洪水位或海潮位较高的城市，雨水自流排放有困难，应设置雨水泵站排水。

对于截流式合流制排水系统，应设置雨水口等辅助设施，雨水汇入合流制管道中，如图 3-2 所示。

三、排水工程的布置形式

城市排水系统的平面布置，根据地形、竖向规划、污水处理厂位置、周围水体情况、污水种类和污染情况及污水处理利用的方式、城市水源规划、区域水污染控制规划等因素综合考虑确定。常用的布置形式主要有以下几种：

1. 正交式布置

在地势向水体适当倾斜的地区，各排水流域的干管可以最短距离与水体垂直相交的方向设置，称为正交式。这种形式干管长度短、管径小、污水排出速度大、造价经济。但污水未经处理直接排放，会使水体污染，只在旧城中还有存在。城市排水规划中仅应用于排除雨水（图3-4a）。

2. 截流式布置

在正交式基础上，沿河岸侧再敷设总干管，将各干管的污水汇集送至污水厂，污废水经处理后排入天然水体，这种布置称为截流式（图3-4b）。该方式可以减轻初期雨水对水体污染，保护环境，但污水厂面对雨期陡然增加的污废水量在处理上是有难度的。

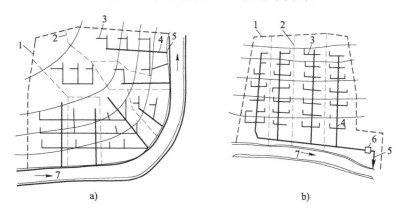

图 3-4 排水系统布置形式（1）

a）正交式 b）截流式

1—城市边界 2—排水流域分区界线 3—支管 4—干管 5—出水口 6—泵站 7—河流

3. 平行式布置

在地势向河流方向倾斜度较大的地区，为了避免因干管坡度过大，造成干管雨水高流速严重冲刷管壁，或管路过多设置跌水井的弊端，可使干管与等高线或河道基本平行敷设，主干管与等高线及河道成小于90°的角度敷设，这种布置方式称为平行布置（图3-5a）。

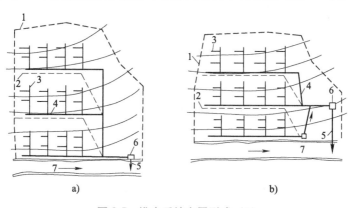

图 3-5 排水系统布置形式（2）

a）平行式 b）分区式

1—城市边界 2—排水流域分区界线 3—支管 4—干管 5—出水口 6—泵站 7—河流

4. 分区式布置

在地势高低相差很大的地区，当污水不能靠重力流流至污水处理厂时，可采用分区布置形式，即分别在高、低区敷设独立的管道系统，高区污水以重力流直接流入污水厂，低区污水则利用水泵抽送至高区干管或污水厂。这种方式只能用于阶梯地形或起伏很大的地区，其优点是能充分利用高区地形排水、节省电力。若将高区污水排至低区，然后再用水泵一起抽送至污水厂则不经济（图3-5b）。

5. 分散式布置

当城市周围有河流，或城市中央部分地势高，地势向周围倾斜的地区，各排水流域的干管经常采用辐射状分散布置，各排水流域具有独立排水系统。这种布置形式具有干管长度短、管径小、管道埋深浅等优点，但污水厂和泵站的数量将增多。在地势平坦的大城市，采用辐射状分散布置比较有利（图3-6a）。

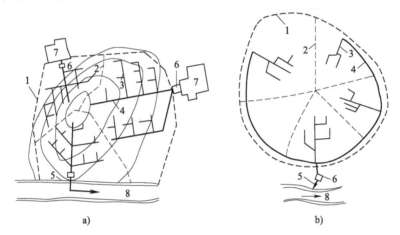

图3-6 排水系统布置形式（3）

a）分散式 b）环绕式

1—城市边界 2—排水流域分区界线 3—支管 4—干管
5—出水口 6—泵站 7—灌溉区 8—河流

6. 环绕式布置

由于污水厂建造用地不足，以及建造大型污水厂的基建投资和运行管理费用也较小型污水厂经济等原因，故倾向于建造规模大的污水厂，所以由分散式发展成环绕式（图3-6b）。

7. 区域性布置形式

把两个以上城镇地区的污水统一排除或处理的系统，称为区域性布置形式。该形式有利于污水处理设施集中化、大型化和水资源的统一规划管理，节省投资，污水处理厂运行稳定，占地少，是水污染控制和环境保护的发展方向。该形式适用于小城镇密集区及区域水污染控制的地区，并能与区域规划协调。但对于城镇间协调管理有一定要求（图3-7）。

四、排水系统的安全性

排水工程中的厂站不应设置在不良地质地段和洪水淹没区。确实需要在不良地质地段和洪水淹没区设置时，应进行风险评估并采取必要的安全防护措施。

排水管渠出水口应根据受纳水体顶托发生的概率、地区重要性和积水所造成的后果等因素，设置防止倒灌设施或排水泵站。

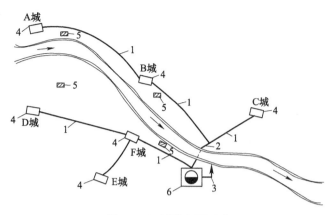

图 3-7　区域性布置形式

1—污水主干管　2—压力管道　3—排放管　4—泵站　5—废除的城镇污水处理厂　6—区域污水处理厂

雨水管道系统之间或合流管道系统之间可根据需要设置连通管，合流制管道不得直接接入雨水管道系统，雨水管道接入合流制管道时，应设置防止倒灌设施。

排水管渠系统中，在排水泵站和倒虹管前，应设置事故排出口。

第三节　污水工程规划

污水工程主要包括污水管道系统和污水处理厂两部分。污水管道系统规划的内容包括确定综合生活污水和工业废水流量、确定排水体制、确定排水布置形式、划分排水流域、污水管道的定线和平面位置、污水管道的水力计算以及污水管道在道路上的位置确定等。这是城市污水工程规划的主体。污水厂规划包括选址、用地规模确定以及工艺流程的选择等内容。

一、城市污水工程范围

根据城市总体规划，编制排水工程规划应首先明确规划范围或区域。

根据《城市规划法》的相关规定，城市规划区包含城市市区、近郊区以及城市行政区域内因城市建设和发展需要实行规划控制的区域。在不同区域规划的目的和重点一般是有区别的：

（1）城市建成区　城市规划重点是合理安排和控制城市设施新建改建，对现有用地进行合理调整和再开放。

（2）城市远期发展用地　涵盖了建成区以外的独立地段、水源地及防护用地、机场及控制区、风景名胜区等。规划重点是用地和设施有秩序地进行开发建设。

（3）城市郊区　因其建设开发与城市发展紧密相关，所以重点是对该区域内城镇和农村居民点用地和建设进行规划控制。

根据城市总体规划以及城市发展变化和需要，适时划定排水工程规划范围，是编制排水工程规划的基础。

二、污水量预测和计算

城市污水量包括综合生活污水量和部分工业废水量。地下水位较高的地区，污水量还应计入地下水渗入量。城市污水量与城市总体规划年限、发展规模有关，是城市污水管道系统规划设计的基本数据。

1. 城市污水量估算

城市污水量可以用城市用水量（平均日）乘以城市污水排放系数求得。污水排放系数是在一定计量时间（年）内的污水排放量与用水量（平均日）的比值。按城市污水性质的不同，污水排放系数可分为城市污水排放系数、城市综合生活污水排放系数和城市工业废水排放系数。

各类污水排放系数应根据城市历年供水量和污水量资料确定。当资料缺乏时，城市分类污水排放系数可根据城市居住和公共设施水平以及工业类型等，按表3-1的规定确定。

地下水渗入量宜根据实测资料确定，当资料缺乏时，可按不低于污水量的10%~15%计入。

表3-1　城市分类污水排放系数

城市污水分类	污水排放系数
城市污水	0.70~0.85
城市综合生活污水	0.80~0.90
城市工业废水	0.60~0.80

注：城市工业废水排放系数不含石油和天然气开采业、煤炭开采和洗选业、其他采矿业以及电力、热力生产和供应业的废水排放系数，其数据应按厂、矿区的气候、水文地质条件和废水利用、排放方式等因素确定。

2. 城市污水变化系数

城市污水量与城市用水量一样，也随着时间发生变化。这种变化常给污水管道规划设计带来不确定因素。为了简化计算，城市污水管道规划设计中，假定在一小时内污水流量是均匀的。考虑管道有一定容量，这样假定不会影响实际管网运转。但对这种变化的幅度应给予计算，以保证管网的正常运行。污水量的变化幅度通常用变化系数表示。变化系数有日变化系数 K_d、时变化系数 K_h 和总变化系数 K_z。在数值上，总变化系数等于日变化系数与时变化系数的乘积，即 $K_z = K_d \cdot K_h$。污水量变化系数与污水流量的大小成反比关系。污水流量越大，其变化系数越小；反之则变化系数越大。生活污水量总变化系数可按表3-2采用。当污水平均日流量为表中所列污水平均日流量中间数值时，其总变化系数可用内插法求得。小时变化系数 K_h，参照用水量时变化系数 1.3~1.6。

表3-2　生活污水量总变化系数

污水平均日流量/(L/s)	<5	15	40	70	100	200	500	>1000
总变化系数	2.3	2.0	1.8	1.7	1.6	1.5	1.4	1.3

新建排水系统的地区，宜提高综合生活污水量总变化系数；既有地区可在城区和排水系统改建工程时，提高综合生活污水量总变化系数。

三、污水管道系统的布置

在分流制中，污水系统的布置要确定污水处理厂、出水口、泵站、主要管渠的布置，以及尾水利用。在合流制中，污水系统的布置要确定管渠、泵站、污水处理厂、出水口、溢流井的位置，以及雨水管渠、排洪沟和出水口的位置等。管道系统布置时，都要考虑地形、地物、城市功能分区、污水处理和利用方式、原有排水设施的现状和分期建设等的影响。

1. 污水管渠系统平面布置

首先在城市排水规划范围内，根据地形按分水线划分排水流域。通常，流域边界应与分水线相符合。每个排水流域就是在排水范围内由分水线所局限而成的地区。各相邻流域的管道系统能合理分担排水面积，使干管在最大合理埋深情况下，尽量使大部分污水能以自流的方式排水。每个排水流域有一个或一个以上的干管，根据流域也可查找管线走向和需要提升的地区。

接着进行管渠系统平面布置，也称为排水管渠系统的定线。定线工作主要是确定管渠的平面位置、走向。

在城市排水总体规划中，平面布置先确定污水主干管，再确定干管的走向与平面位置。在详细规划中，平面布置确定污水支管的走向及位置。规划有综合管廊的路段，排水管渠宜结合综合管廊统一布置。

在污水管渠系统的布置中，要尽可能用最短的管线，在顺坡的情况下使埋深较小，让最大面积的污水能自流至污水处理厂或水体。

（1）污水管道系统平面布置的原则

1）城市污水收集、输送应采用管道或暗渠，严禁采用明渠。

2）根据城市地形特点和污水处理厂、出水口的位置，先布置主干管和干管。城市污水主干管和干管是污水管渠系统的主体，它们的布置恰当与否，将影响整个系统的合理性。污水主干管一般布置在排水流域内地势较低的地带，沿集水线或沿河岸等敷设，以便支管、干管的污水能自流接入。

3）污水干管一般沿城市道路布置。通常设置在污水量较大或地下管线较少的一侧的人行道、绿化带或慢车道下。当道路红线宽度大于40m时，宜在道路两侧各设一条污水干管，以减少过街管道，利于施工、检修和维护管理。

4）污水管道应尽可能避免穿越河道、铁路、地下建筑或其他障碍物。同时，也要注意减少与其他地下管线交叉。

5）尽可能使污水管道的坡度与地面坡度一致，以减少管道的埋深。排水管渠应以重力流为主，宜顺坡敷设。当受条件限制无法采用重力流或重力流不经济时，排水管道可采用压力流。为节省工程造价及经营管理费用，要尽可能不设或少设中途泵站。

6）管线布置应简捷，要特别注意节约大管道的长度。要避免在平坦地段布置流量小而长度大的管道。因为流量小，保证自净流速所需要的坡度大，而使埋深增加。

（2）城市污水管道系统平面布置的一般形式

1）污水干管布置的形式按污水干管与等高线的关系分为平行式和正交式两种。

平行式布置的特点是污水干管与等高线平行，而主干管则与等高线基本垂直，如图3-8所示。该形式适用于地形坡度较大的城市，它既减少管道埋深，改善管道的水力条件，又避免采用过多的跌水井。

正交式布置适用于地形比较平坦，略向一边倾斜的城市。污水干管与地形等高线基本垂直，而主干管布置在城市较低的一边，与等高线基本平行，如图3-9所示。

2）污水支管的布置形式分为低边式、穿坊式和围坊式。

低边式布置将污水支管布置在街坊地形较低的一边，如图3-10a所示。这种布置形式的特点

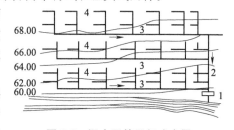

图3-8 污水干管平行式布置

1—污水处理厂 2—主干管
3—干管 4—支管

是管线较短，在城市规划中采用较多。

围坊式布置将污水支管布置在街坊四周，如图 3-10b 所示。这种布置形式适用于地势平坦的大型街坊。

穿坊式的污水支管穿过街坊，而街坊四周不设污水支管，如图 3-10c 所示。这种布置管线较短，工程造价较低，但只适用于新建街坊。

2. 污水管道的具体位置

（1）污水管道在街道上的位置　污水管道一般沿道路敷设并与道路中心线平行，如图 3-11 所示。当道路宽度大于 40m，且两侧街坊都需要向支管排水时，常在道路两侧各设一条污水管道。在交通繁忙的道路上应尽量避免污水管道横穿道路。

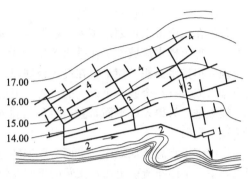

图 3-9　污水干管正交式布置
1—污水处理厂　2—主干管　3—干管　4—支管

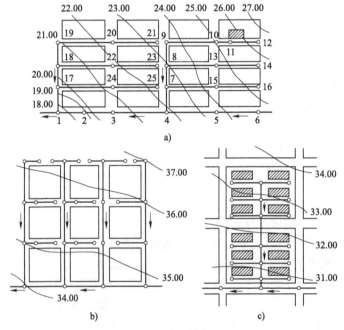

a)

b)　　　　　c)

图 3-10　污水支管布置形式
a) 低边式　b) 围坊式　c) 穿坊式

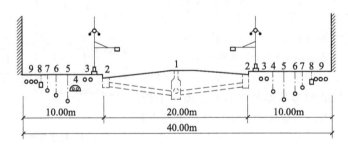

图 3-11　城市街道地下各种管线布置位置示意
1—雨水管　2—雨水口　3—电车电缆　4—热力管　5—污水管
6—给水管　7—燃气管　8—通信电缆　9—电缆

城市街道下常有多种管道与地下设施。这些管道与地下设施之间，以及与地面建筑之间，应当很好地协调、配合。污水管道与其他地下管道或建筑之间的相互位置，应满足下列要求：

1）保证在敷设和检修管道时互不影响。

2）污水管道损坏时，不致影响附近建筑物及基础，不致污染给水。

污水管与其他地下管线或建筑设施的水平和垂直最小净距，应根据两者的类型、标高、施工顺序和管道损坏的后果等因素，按管道综合设计确定。排水管道与其他管线（构筑物）的最小净距见表3-3。

表3-3　排水管道与其他管线（构筑物）的最小净距

管线及建（构）筑物名称			水平净距/m	交叉时最小垂直净距/m
建（构）筑物			2.5	
给水	$d \leqslant 200mm$		1.0	0.4
	$d > 200mm$		1.5	
污水、雨水管线			—	0.15
再生水管线			0.5	0.4
燃气管线	低压	$p < 0.01MPa$	1.0	0.15
	中压	$0.01MPa \leqslant p \leqslant 0.4MPa$	1.2	0.15
	次高压	B	$0.4MPa < p \leqslant 0.8MPa$	1.5	0.15
		A	$0.8MPa < p \leqslant 1.6MPa$	2.0	0.15
直埋热力管线			1.5	0.15
电力管线	直埋		0.5	0.5*
	保护管		0.5	0.25
通信管线	直埋		1.0	0.5
	管道、通道		1.0	0.15
管沟			1.5	0.15
乔木			1.5	
灌木			1.0	
地上杆柱	通信照明及<10kV		0.5	
	高压塔基础边	≤35kV	1.5	
		>35kV	1.5	
道路侧石边缘			1.5	
有轨电车钢轨			2.0	1.0
铁路钢轨（或坡脚）			5.0	1.2
涵洞（基底）			—	0.15
架空管架基础			2.0	
油管			1.5	0.25
压缩空气管			1.5	0.15

（续）

管线及建（构）筑物名称	水平净距/m	交叉时最小垂直净距/m
氧气管	1.5	0.25
乙炔管	1.5	0.25
电车电缆		0.5
明渠渠底		0.5

注：1. 表列数字除注明者外，水平净距均指外壁净距，垂直净距是指下面管道的外顶与上面管道基础底间净距。

2. 采取充分措施（如结构措施）后，表列数字可以减小。"﹡"表示用隔板分隔时不得小于0.25m。

3. 与建筑物水平距离为管道至建筑物基础。管道埋深浅于建筑物基础时，不宜小于2.5m；管道埋深深于建筑物基础时，按计算确定，但不应小于3.0m。

4. 铁路为速度大于或等于200kM/h客运专线时，铁路（轨底）与管线最小净距为1.5m。

埋深大于建筑物基础时，与建筑物之间的最小水平距离应进行计算，并折算成水平净距后与表3-3数值比较，采用较大值。

$$L = \frac{H - h}{\tan\alpha} + \frac{B}{2} \tag{3-1}$$

式中　L——管线中心至建（构）筑物基础边水平距离（m）；

　　　H——管线敷设深度（m）；

　　　h——建（构）筑物基础底砌置深度（m）；

　　　B——沟槽开挖宽度（m）；

　　　α——土壤内摩擦角（°）。

如采取综合管廊方式，进入综合管廊的排水管道应采用分流制。雨水纳入综合管廊可利用结构本体或采用管道方式；污水纳入综合管廊应采用管道排水方式，污水管道宜设置在综合管廊的底部。

（2）污水管道埋设深度的确定　管道的埋深是指从地面到管道内底的距离。管道的覆土厚度则指从地面到管道外顶的距离，如图3-12所示。污水管道的埋深对于工程造价和施工影响很大。管道埋深越大，施工越困难，工程造价越高。显然，在满足技术要求的条件下，管道埋深越小越好。但是，管道的覆土厚度有一个最小限值，称为最小覆土厚度，其值取决于下列三个因素：

1）寒冷地区，必须防止管内污水冰冻和因土壤冰冻膨胀而损坏管道。

生活污水的水温一般较高，而且污水中有机物质分解还会放出一定的热量。在寒冷地区，即使冬季，生活污水的水温一般也在10℃左右，污水管道内的流水和周围的土壤一般不会冰冻，因而无须将管道埋设在冰冻线以下。

室外排水设计方面的规范规定，没有保温措施的生活污水管道及温度与此接近的工业废水管道，其内底面可埋设在冰冻线以上0.15m。有保温措施或水温较高的污水管道，其管底在冰冻线以上的标高还可以适当提高。

2）必须防止管壁被交通动荷载压坏。为了防止车辆等动荷载损坏管壁，管顶应有足够的覆土厚度。管道的最小覆土厚度与管道的强度、荷载大小及覆土密实程度有关。我国室外排水设计

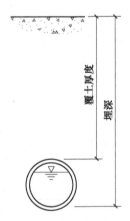

图3-12　管道埋深与覆土厚度

方面的规范规定，污水管道在车行道下的最小覆土厚度不小于 0.7m；在非车行道下，其最小覆土厚度不小于 0.6m。

3）必须满足管道与管道之间的衔接要求。城市污水管道多为重力流，所以管道必须有一定的坡度。在确定下游管段埋深时就应该考虑上游管段的要求。在气候温暖、地势平坦的城市，污水管道最小覆土厚度往往决定于管道之间衔接的要求。

在排水流域内，对管道系统的埋深起控制作用的点称为控制点。各条管道的起端一般是这条管道的控制点，如图 3-13 中 1、4 点。其中离污水厂或出水口最远最低的点是一般整个排水管道系统的控制点。显然控制点高程决定了整个系统的埋深，也直接影响整个工程造价。

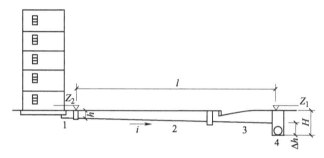

图 3-13　街道污水管起端埋深
1—住宅出水管　2—街坊污水支管　3—连接管　4—街道污水管

在规划设计中，应设法减小管道控制点的埋深，通常采用的措施有：①增加管道的强度；②如为防止冰冻，可以加强管道的保温措施；③如为保证最小覆土厚度，可以填土提高地面高程；④必要时设置提升泵站，减少管道的埋深。

污水支管管道的覆土厚度，往往取决于房屋排出管在衔接上的要求，如图 3-13 所示。街坊内的污水管道承接房屋排水管，它的起端就受房屋排出管埋深的控制。街坊污水管道又决定了下游与之衔接的街道污水管道的埋深。房屋排水管的最小埋深通常采用 0.55~0.65m，因此污水支管起端的埋深一般不小 0.6~0.7m。

街道污水管起点的埋深，计算公式为

$$H = h + iL + Z_1 - Z_2 + \Delta h \tag{3-2}$$

式中　H——街道污水管起点的最小埋深（m）；

　　　h——街坊污水支管起端的埋深（m）；

　　　i——街坊污水支管和连接管的坡度；

　　　L——街坊污水支管的长度（m）；

　　　Z_1——街道污水检查井的地面标高（m）；

　　　Z_2——街坊污水支管起端检查井的地面标高（m）；

　　　Δh——街道污水管底与接入的污水支管的管底高差（m）。

应选取以上三种情况的计算结果的最大值。

在污水管道埋设深度的确定过程中，除考虑管道最小埋深外，还应考虑污水管的最大埋深。管的最大埋深决定于土壤性质、地下水位、管材性质及施工方法等。

（3）污水管道的衔接　为了满足衔接与维护的要求，在污水管中，通常要设置检查井。在检查井中，上下游管道的衔接必须满足两方面的要求：

1）要避免在上游管道中形成回水。

2）要尽量减少下游管道的埋设深度。

污水管道的衔接方法如图 3-14 所示，通常采用的有水面平接法和管顶平接法。水面平接法如图 3-14a 所示，是指污水管道水力计算中，使上、下游管段在设计充满度的情况下，其水面具有相同的高程。水面平接法一般适用于相同口径的污水管道的衔接。由于城市污水流量是变化的，管道内水面也将随着流量的变化而变化。较小管道中的水面变化比大管道中的水面变化要大，因此当口径不相同的管道采用水面平接法衔接时，难免在上游管道中形成回水。

管顶平接法如图 3-14b 所示，是指污水管道水力计算中，使上下游管道的管顶内壁位于同一高程。采用管顶平接，可以避免在上游管段产生回水，但是增加了下游管道的埋深。管顶平接法一般适用于不同口径的衔接。

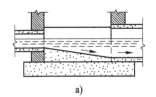 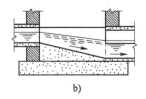

图 3-14　污水管道的衔接方法
a）水面平接　b）管顶平接

城市污水管道一般都采用管顶平接法。在坡度较大的地段，污水管道可采用阶梯连接或跌水井连接。城市污水管道不论采用何种方法衔接，下游管段的水面和管底都不应高于上游管段的水面和管底。

污水支管与干管交汇处，当支管管底高程与干管管底高差较大时，需在支管上设置跌水井，污水经跌落后再接入干管，以保证干管的水力条件。

3. 城市排水管道系统布置的重点环节

（1）污水处理厂布置形式　各排水流域自成体系，可单独设污水处理厂和出水口，这种布置形式称为分散布置。分散布置则干管较短，污水回收利用便于接近用户，利于分期实施，但污水厂数量增加。将各流域组合成为一个排水系统，所有污水汇集到一个污水处理厂处理排放，这种布置形式称为集中布置。集中布置通常干管较长，需穿越天然或人为障碍物较多，但污水厂集中，出水口少，易于管理。

对于较大城市，城市空间布局分散，地形变化较大，宜采用分散布置。对中小城市，用地布局集中，地形起伏不大，无天然或人为障碍物阻隔时，宜采用集中布置。实际规划过程中，可按集中、分散或集中与分散相结合的不同方案进行经济技术比较。

（2）污水出水口　污水出水口应设在城市河流的下游，特别应在城市给水系统取水构筑物和河滨浴场的下游，并保持一定距离。出水口应避免设在回水区，防止回水污染。污水处理厂位置应与出水口靠近，以减少排水渠道的长度。污水厂也应设在河流下游，并要求在城市夏季最小频率风向的上风侧，与居民区或公共建筑有一定卫生防护的距离。当采取分散布置，设几个污水厂与出水口时，污水厂位置选择复杂化，可采取一些补救措施：控制设在上游污水厂的排放，将处理后的出水引入至灌溉田或生物塘；延长排放渠道长度，将污水引至下游再排放；提高污水处理程度，进行三级处理；增加建设再生水系统；根据《城市排水工程规划规范》（GB 50318—2017）要求新建的污水处理厂应含污水再生系统，再生水可用于城市市政景观、农业、工业等。

（3）工业废水和城市污水的关系　工业废水相比较生活污水而言具有污染物种类多、波动大、流量大的特点。在排入城镇污水管道系统前，应进行检测，控制其各项指标符合《污水排入城镇下水道水质标准》（GB/T 31962—2015）的要求。根据城镇下水道末端污水处理厂的处理程度，将控制项目限值分为 A、B、C 三个等级，见表3-4。

表 3-4　污水排入城镇下水道水质控制项目限值

序号	控制项目名称	单位	A 级	B 级	C 级
1	水温	℃	40	40	40
2	色度	倍	64	64	64
3	易沉固体	mL/(L·15min)	10	10	10
4	悬浮物	mg/L	400	400	400
5	溶解性总固体	mg/L	1500	2000	2000
6	动植物油	mg/L	100	100	100
7	石油类	mg/L	15	15	10
8	pH	—	6.5~9.5	6.5~9.5	6.5~9.5
9	五日生化需氧量（BOD_5）	mg/L	350	350	150
10	化学需氧量（COD_{Cr}）	mg/L	500	500	300
11	氨氮（以 N 计）	mg/L	45	45	25
12	总氮（以 N 计）	mg/L	70	70	45
13	总磷（以 P 计）	mg/L	8	8	5
14	银离子表面活性剂（LAS）	mg/L	20	20	10
15	总氰化物	mg/L	0.5	0.5	0.5
16	总余氯（以 Cl_2 计）	mg/L	8	8	8
17	硫化物	mg/L	1	1	1
18	氟化物	mg/L	20	20	20
19	氯化物	mg/L	500	800	800
20	硫酸盐	mg/L	400	600	600
21	总汞	mg/L	0.005	0.005	0.005
22	总镉	mg/L	0.05	0.05	0.05
23	总铬	mg/L	1.5	1.5	1.5
24	六价铬	mg/L	0.5	0.5	0.5
25	总砷	mg/L	0.3	0.3	0.3
26	总铅	mg/L	0.5	0.5	0.5
27	总镍	mg/L	1	1	1

（续）

序号	控制项目名称	单位	A 级	B 级	C 级
28	总铍	mg/L	0.005	0.005	0.005
29	总银	mg/L	0.5	0.5	0.5
30	总硒	mg/L	0.5	0.5	0.5
31	总铜	mg/L	2	2	2
32	总锌	mg/L	5	5	5
33	总锰	mg/L	2	5	5
34	总铁	mg/L	5	10	10
35	挥发酚	mg/L	1	1	0.5
36	苯系物	mg/L	2.5	2.5	1
37	苯胺类	mg/L	5	5	2
38	硝基苯类	mg/L	5	5	3
39	甲醛	mg/L	5	5	2
40	三氯甲烷	mg/L	1	1	0.6
41	四氯化碳	mg/L	0.5	0.5	0.06
42	三氯乙烯	mg/L	1	1	0.6
43	四氯乙烯	mg/L	0.5	0.5	0.2
44	可吸附有机卤化物（AOX，以 Cl 计）	mg/L	8	8	5
45	有机磷农药（以 P 计）	mg/L	0.5	0.5	0.5
46	五氯酚	mg/L	5	5	5

采用再生处理时，排入城镇下水道的污水水质应符合 A 级的规定。

采用二级处理时，排入城镇下水道的污水水质应符合 B 级的规定。

采用一级处理时，排入城镇下水道的污水水质应符合 C 级的规定。

（4）污水主干管的位置　主干管通常布置在集水线上或地势较低的街道。若地形向河道倾斜，则主干管常设在沿河的道路下。主干管的走向取决于城市布局和污水处理厂的位置，主干管终端通向污水处理厂，其起端最好是排泄大量工业废水的工厂，管道建成后可立即得到充分利用。在决定主干管具体位置时，应尽量避免减少主干管与河流、铁路等的交叉，避免穿越劣质土壤地区。

（5）泵站的设置　泵站的设置根据污水主干管布置情况综合考虑决定。为保证重力流，排水管道都有一定的坡度，随着距离延长，管道埋置随之加深，造成施工困难。所以不得不中途设置提升泵站来减少管道埋深。但中途泵站的设置不仅将增加造价也会增加运行管理费用。泵站建设用地应符合表 3-5、表 3-6 指标规定。

表 3-5 污水泵站规划用地指标

建设规模/（万 m³/d）	>20	10~20	1~10
用地指标/m²	3500~7500	2500~3500	800~2500

注：1. 用地指标系泵站运行需要的土地面积，不包括污水调蓄池及特殊用地要求的面积。

2. 本指标未包括站区周围绿化面积。

3. 合流泵站可参考雨水泵站指标。

表 3-6 雨水泵站规划用地指标

建设规模/（L/s）	>20000	10000~20000	5000~10000	1000~5000
用地指标/（m²·s/L）	0.28~0.35	0.35~0.42	0.42~0.56	0.56~0.77

注：1. 用地指标是泵站运行需要的土地面积。有调蓄功能的泵站，用地宜适当扩大。

2. 本指标未包括站区周围绿化面积。

（6）排水管道与竖向设计关系 排水管道布置应与竖向设计相一致。竖向设计时结合土方量计算，应充分考虑城市排水要求。排水管道的流向及在街道上的布置应与街道标高、坡度协调，减少施工难度。

（7）城市废水受纳体的条件要求 城市废水受纳体即接纳城市雨水和达标排放污水的地域，包括水体和土地。

受纳水体系指天然江、河、湖、海和人工水库、运河等地面水体。污水受纳水体应符合经批准的水域功能类别的环境保护要求，现有水体或引水增容后水体应具有足够的环境容量。雨水受纳水体应有足够的容量或排泄能力。

受纳土地则是指荒地、废地、劣质地、湿地以及坑、塘、淀洼等。受纳土地应具有足够的容量，同时不应污染环境、影响城市发展和农业生产。

城市废水受纳体宜在城市规划区范围内或跨区选择，应根据城市性质、规模和城市的地理位置、当地自然条件，结合城市的具体情况，经综合分析比较确定。

四、排水管材及管道附属构筑物

1. 排水管渠材料及制品

排水管材应具有一定的强度，抗渗性能好，耐腐蚀及良好的水力条件，并应考虑造价低，尽量就地取材。

目前常用的排水管渠，主要有混凝土管、钢筋混凝土管、陶土管、砖石渠道、塑料管及铸铁管等。

混凝土管及钢筋混凝土管，制作方便，造价较低，耗费钢材较少，在排水工程中应用极为广泛。但容易被碱性污水侵蚀，管径大时重量大、搬运不便、管段较短、接口较多。

混凝土管为了增加管子的强度，直径大于 400mm 时，一般做成钢筋混凝土管。

陶土管是用塑性黏土焙烧而成，按使用要求可以做成无釉、单面釉及双面釉的陶土管。带釉的陶土管表面光滑，水流阻力小，不透水性好，并且具有良好的耐磨、抗腐蚀性能，适用于排除腐蚀性工业废水或铺设在地下水侵蚀性较强的地方。管径一般不超过 500~600mm。陶土管的缺点是质脆易碎、抗弯抗拉强度低，因此不宜敷设在松土层或埋深很大的地方。

常用的金属管有排水铸铁管、钢管等。其优点是强度高，抗渗性好，内壁光滑，阻力小，抗压、抗震好性，而且每节管较长，接口少。但价格较贵、抗酸碱腐蚀性较差。适用于压力管道及对抗渗漏要求特别高的管段。如排水泵站的进出水管、穿越其他管道的架空管、穿越铁路、河流的管段等。使用金属管时，必须做好防腐保护层，以防污水和地下水侵蚀损坏。

埋地塑料排水管可采用硬聚氯乙烯管（UPVC 管）、聚乙烯管（PE 管，包括高密度聚乙烯 HDPE 管）和玻璃纤维增强塑料夹砂管（RAM 管）。塑料材质管材具有管壁光滑、不易结垢，水头损失小，耐腐蚀，重量轻，加工连接方便的优点。但是同时也因管材强度低、性能脆而抗外压和冲击性差的不足。硬聚氯乙烯管（UPVC 管），管径主要使用范围为 225~400mm，承插式橡胶圈接口。聚乙烯管管径主要使用范围为 500~1000mm，承插式橡胶圈接口。玻璃纤维增强塑料夹砂管管径主要使用范围为 600~2000mm，承插式橡胶圈接口。

埋地塑料排水管的使用，应根据工程条件、材料力学性能和回填材料压实度，按环刚度复核覆土深度；设置在机动车道下的埋地塑料排水管道不应影响道路质量；埋地塑料排水管是柔性管道，不应采用刚性基础；保证回填土连续性，避免管壁应力变化。

塑料管应直线敷设，当遇到特殊情况需折线敷设时，应采用柔性连接，其允许偏转角为加筋管 5°，双壁波纹管 7°~9°，并应满足不渗漏的要求。

为了节约钢材，降低排水工程成本，应尽量少用金属管，尽可能采用混凝土管、钢筋混凝土管和塑料管。

输送腐蚀性污水的管渠必须采用耐腐蚀材料，其接口及附属构筑物必须采取相应的防腐蚀措施。

2. 排水管渠的附属构筑物

（1）检查井　为了便于对管渠进行检查和清通，在排水管渠上必须设置检查井。检查井应设置在排水管渠的管径、方向、坡度改变处，管渠交汇处以及直线管段上每隔一定的距离处。相邻两检查井之间的管渠应成一直线。现行室外排水设计规范规定了检查井在直线管渠上的最大间距，规划设计时按表 3-7 采用。

表 3-7　检查井最大间距

管径或暗渠净高 /mm	最大间距/mm	
	污水管道	雨水（合流）管道
200~400	40	50
500~700	60	70
800~1000	80	90
1100~1500	100	120
1600~2000	120	120

检查井可分为不下人的浅井和下人的深井。不下人的浅检查井，构造比较简单。下人的深检查井，构造比较复杂，一般设置在埋深较大的管渠上。位于车行道的检查井，应采用具有足够承载力和稳定性良好的井盖与井座。

（2）跌水井　当检查井上下游管渠的跌水水头为 1~2m 时，宜设跌水井；跌水水头大于 2m 时，应设跌水井。管道转弯处不宜设跌水井。跌水井中应有减速防冲及消能设施。目前常用的跌水井有竖管式和矩形竖槽式两种形式。前者适用于管径等于或小于 400mm 的管道，后者适用于管径大于 400mm 的管道。当检查井中上下游管渠跌落差小于 1m 时，一般只把检查井底部做成斜坡，不做跌水。

竖管式跌水井的一次允许跌落高度因管径大小而异。当管径不大于 200mm 时，一次跌落高度不宜超过 6m；当管径为 300~600mm 时，一次跌落高度不宜超过 4m；当管径大于 600mm 时，其一次跌水水头高度及跌水方式应按水力计算确定。

（3）截流井　截流式合流制排水系统中，为了避免降雨初期雨污混合水对水体的污染，通常在合流制管渠的下游设置截流井，以便及时将短时超过进入污水厂管道输水能力的混合水流量排入天然水体。截流井溢流水位，应在设计洪水位或受纳管道设计水位以上，当不能满足要求时，应设置闸门等防倒灌设施。

（4）雨水口　地面及街道路面上的雨水，由雨水口经过连接管流入排水管道。雨水口一般设置在道路的两侧和广场等地。雨水口多根据道路宽度、纵坡以及道路交叉口设立。街道上雨水口的间距一般为 25~50m，低洼地段应适当增加雨水口的数量。连接管串联雨水口个数不宜超过 3 个，雨水口连接管长度不宜超过 25m。

雨水口的底部由连接管和街道雨水管连接。连接管的最小管径为 200mm，坡度一般为 0.01。

（5）出水口　排水管渠的出水口的位置及形式，要根据排出水的性质、水体的水位及其变化幅度、水流方向、波浪情况、岸边地质条件以及下游用水情况等决定。同时还要与当地卫生主管部门和航运管理部门联系，征得其同意。

排水管渠的出水口一般设在岸边。当排出水需要同受纳水体充分混合时，可将出水口伸入水体中。伸入河心的出水口应设置标志。

污水管的出水口一般应淹没在水体中，管顶高程在常水位以下。这样，既可使污水和河水混合得较好，也可避免污水沿岸边流泻，影响市容和卫生。

雨水管渠的出水口通常不淹没在水中。出水口的管底标高最好设在河流最高洪水位以上，以免河水倒灌。如果受条件限制，不能满足上述要求，则需设置防洪及提升措施。

出水口与水体岸边连接处应做成护坡或挡土墙，以保护河岸及固定出水管与出水口。当排水管渠出水口的高程与受纳水体水面高差很大时，应考虑设置单级或多级阶梯跌水。

在受潮汐影响的地区，排水管渠的出水口可设置自动启闭的防潮闸门，防止潮水倒灌。

五、污水管道水力计算

污水管道水力计算的目的，是合理地确定管道断面尺寸、管底坡度和埋深。由于计算是基于水力学规律，所以称为管道水力计算。

1. 污水管道水力特性及计算的基本公式

污水流动，一般是依靠重力从高处流向低处。污水中虽然含有一定量的固体杂质，但 99% 以上是水，所以认为城市管道中污水流动是遵循一般水流规律的，可以按水力学公式计算。

虽然污水在管道中的流动是随时都在变化的，但在一个较短的管段内，流量相对稳定。管底坡度不变时，可以认为管段内流速不变，通常把这种管段内污水的流动视为均匀流。设计中，每一个管段可直接按均匀流公式计算。

管道水力计算时通常运用下列两个均匀流基本公式：

流量公式 $$Q = \omega v \tag{3-3}$$

流速公式 $$v = C\sqrt{Ri} \tag{3-4}$$

式中　Q——设计管段的设计流量（L/s 或 m³/s）；

　　　ω——设计管段的过水断面面积（m²）；

　　　v——过水断面的平均流速（m/s）；

　　　R——水力半径（m）；

i——水力坡降；

C——流速系数（或谢才系数）。

均匀流情况，水力坡降等于水面坡度，也等于管底坡度。均匀流时谢才系数一般按曼宁公式计算，即

$$C = \frac{1}{n} R^{\frac{1}{6}} \tag{3-5}$$

式中 n——管道粗糙系数，不同管材粗糙系数见表3-8。

表3-8 排水管道粗糙系数

管道种类	n 值	管渠种类	n 值
陶土管	0.013	浆砌砖渠道	0.015
混凝土、钢筋混凝土管、水泥砂浆抹面渠道	0.013~0.014	浆砌块石渠道	0.017
石棉水泥管	0.012	干砌块石渠道	0.020~0.025
铸铁管	0.013	土明渠（带或不带草皮）	0.025~0.030
钢管	0.012	土槽	0.012~0.014
玻璃钢管、塑料管（UPVC管和PE管）	0.009~0.011		

将式（3-5）代入式（3-4）和式（3-3），得

$$v = \frac{1}{n} R^{\frac{2}{3}} i^{\frac{1}{2}} \tag{3-6}$$

$$Q = \omega v = \frac{1}{n} \omega R^{\frac{2}{3}} i^{\frac{1}{2}} \tag{3-7}$$

2. 管道水力计算基本规定

（1）设计充满度 在设计流量下，管道中的水深 h 和管径 D 的比值称为设计充满度。$h/D = 1$ 为满流，$h/D < 1$ 为不满流。设计充满度有一个最大的限值，即规范中规定的最大设计充满度（表3-9）。明渠的超高（渠中最高设计水面至渠顶的高度）应不小于0.2m。雨水管道和合流管道应按满流计算。

表3-9 最大设计充满度

管径或渠高/mm	最大设计充满度	管径或渠高/mm	最大设计充满度
200~300	0.55	500~900	0.70
350~450	0.65	≥1000	0.75

污水管道需要按非满流进行设计的原因是：污水流量时刻在变化，很难准确计算，而且雨水或地下水有可能通过土壤渗入污水管道，需要保留一部分管道断面，避免污水溢流；污水管道中的淤泥会腐化而散发有毒害的气体，污水内所含的易燃液体（如汽油、苯、石油等）易挥发成爆炸性气体，需让污水管道通风，要留出一定管道断面；管道部分充满时，管内水流速度在一定条件下比满流时大一些。

很明显，水力学过水断面面积 ω、水力半径 R 均为管径 D 和充满度 h/D 的函数。

通过式（3-7）可以得到设计流量与管径、充满度和管底坡度之间的关系。对应设计流量，可就一个或几个不同管径、设计充满度和管底坡度进行组合。

（2）设计流速 设计流速是指管渠在设计充满度情况下，排泄设计流量时的平均流速。将一个或几个的不同管径、设计充满度和管底坡度组合代入式（3-6）可以得到对应的设计流速。

污水中含有杂质，因此流速过小会发生淤泥沉淀，降低输水能力，但流速过大，会对管壁冲刷造成损害。为了保证污水管道正常使用，必须对其管道流速给予限定。设计最小流速为 $0.6m/s$；雨水管道和合流管道在满流时，设计最小流速为 $0.75m/s$；明渠的设计最小流速为 $0.4m/s$。

污水管渠最大的设计流速与管渠材料有关。室外排水设计方面的规范规定：金属管道的设计最大流速为 $10m/s$；非金属管道为 $5m/s$。明渠设计流速的最大值决定于渠道的材料及水深。当水深为 $0.4\sim1.0m$ 时，见表 3-10；当水深小于 $0.4m$ 时，上述数值应乘以系数 0.85；当水深为 $1\sim2m$ 时，应乘以系数 1.25；当水深大于等于 $2.0m$ 时，应乘以系数 1.40。

表 3-10 明渠最大设计流速

明渠类别	最大设计流速/（m/s）	明渠类别	最大设计流速/（m/s）
粗砂或低塑性粉质黏土	0.8	干砌块石	2.0
粉质黏土	1.0	浆砌块石或浆砌砖	3.0
黏土	1.2	石灰岩和中砂岩	4.0
草皮护面	1.6	混凝土	4.0

（3）最小设计坡度 对应管道最小允许流速，就有最小设计坡度。最小设计坡度是为了水流达到最小允许流速。最小设计坡度与水力半径有关系。相同管径的管道，如果充满度不同，水力半径会不同，也就有不同的最小设计坡度。通常对同一直径管道规定一个最小坡度，以满流或半满流时的最小坡度为最小设计坡度。

当设计流量很小时采用最小管径的设计管段称为不计算管段。由于这种管段不进行水力计算，没有设计流速，因此直接规定管道的最小坡度（表 3-11）。

表 3-11 污水管道的最小管径和最小设计坡度

管道类别	最小管径/mm	相应最小设计坡度
污水管	300	塑料管 0.002，其他管 0.003
雨水管和合流管	300	塑料管 0.002，其他管 0.003
雨水口连接管	200	0.01
压力输泥管	150	—
重力输泥管	200	0.01

（4）最小管径 一般污水管道系统的上游部分流量很小，若根据流量计算，其管径必然很小，管径过小极易堵塞。而且采用较大管径时，可选用较小的坡度，使管道埋深减小。如果设计流量小于最小管径在最小设计坡度、充满度等于 0.5 的流量时，这个管段可不进行水力计算，直接采用规范规定的最小管径（表 3-11）。

3. 污水管道水力计算方法

根据已经确定的设计流量，由上游管段开始水力计算。污水流量为已知数值，要求取管道管径、坡度。所选择的管道断面尺寸必须在规定的设计充满度和设计流速情况下，能够排泄设计流量。同时管道坡度应考虑地面坡度以及最小设计坡度的要求：一方面要使管道尽可能减少埋深；另一方面必须保证设计流速在限定值范围内。

具体计算时，已知设计流量 Q 及管道粗糙系数 n，求管径 D、水力半径 R、充满度 h/D、管道坡度 i 和流速 v。在两个公式式 (3-5)、式 (3-6) 中有五个未知量，只能采取先假定三个求取另两个的试算方法。

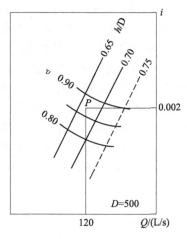

图 3-15　水力计算图

设计中可以采用查水力计算图的方法，水力计算图如图 3-15 所示。对于每段管道有六个水力因素：设计流量 Q、管径 D、管道粗糙系数 n、充满度 h/D、管道坡度 i 和流速 v。每张图适用于一种管材一个管径，图中曲线表示 Q、h/D、i、v 之间的关系，如图 3-15 所示。选定其中两个即可查出另外两个。

实际工程中可利用计算机试算法进行水力计算。

4. 污水工程管段设计流量计算举例

【例 3-1】　某市城郊结合区域规划为新城区，相应规划设计新污水管道，以解决该区域污水排除问题。该市属于二区特大城市，人口密度较高，达到 1500 人/hm²。新区以商业和住宅为主。设计范围、道路、标高等如图 3-16 所示，北起 A 路以北，东到 B 路以东，南到 C 路以南 160m，西侧包括 D 路。汇水总面积 63.51hm²。汇水接入下游城市主干路 DN1050 预留管，底高程 40.7m，最后汇入下游污水处理厂。试设计污水管道。

【解】

1. 收集城市总体规划和排水专业规划

对该区域的排水现状进行调研。经调研发现，该区域基本为超高层住宅，人口密度较高，1500 人/hm²。D 路为断头路。C 路正在扩建，将是城市辅路。

2. 划分排水流域，划分排水分区

因该区域地势较为平坦，所以根据街道情况划分流域。因下游预留管在为西南角，规划区域南侧 C 路为城市辅路，所以确定主干管延 C 路敷设较为适宜。以 B 路加 D3 路延申一段为干管路由划分为东侧流域，西侧以 D1 路北段和 D2 路为干管路由划分为西侧流域。考虑到中间 D1 路南段污水量就近排除，增加一段干管划分为中间流域。

据此在各流域进行分区划分。如果减少管道敷设距离，不仅开挖长度减少，埋深也可减少从而能够节省投资。因此管道远端的分区适当可以划定的大一些。具体分区如图 3-16 所示。

绘制管线布置图，在管道转弯处均需设置检查井，检查井最大距离如无法满足规范要求，增加中间检查井。给各检查井编号，为了例题简便，省略中间检查井。计算各管段长度，确定各检查井地面高程。

3. 污水量计算

首先选取用水量指标，根据表 2-2，二区城市综合生活用水量指标选用 250L/(人·d)。这是最高日用水量指标，所以再求最高日最高时污水量时仅乘以时变化系数。污水排放系数根据表 3-1 选取 90%。计算整个区域综合生活最高日用水量

$$Q_g = 10^{-7} q_2 P(1+s)(1+m) = 10^{-7} \times 250 \times 1500 \times 63.51 \times (1+0.1) \; 万 \; m^3/d = 2.61 \; 万 \; m^3/d$$

计算该区域平均污水量

$$Q_p = \frac{Q_g \times 0.9 \times 10^7}{K_z \times 24 \times 3600} L/s = \frac{2.61 \times 0.9 \times 10^7}{K_z \times 24 \times 3600} L/s = \frac{271.88}{K_z} L/s$$

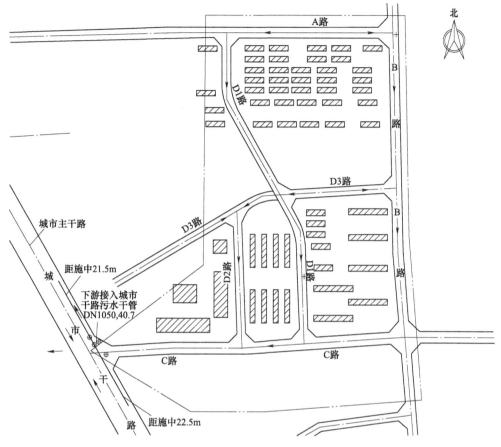

图 3-16　某市新区平面图

根据表 3-2 选取污水量总变化系数 1.48，计算平均污水量，得

$$Q_\mathrm{p} = \frac{271.88}{1.48}\mathrm{L/s} = 183.7\mathrm{L/s}$$

计算单位面积平均污水量，得

$$q_\mathrm{p} = \frac{Q_\mathrm{p}}{63.51} = \frac{183.7}{63.51}\mathrm{L/(s \cdot hm^2)} = 2.89\mathrm{L/(s \cdot hm^2)}$$

根据污水总流量，管径有可能在 700~1050mm，选择管材为混凝土管道。计算各分区污水流量，由此确定管壁粗糙系数。

根据检查井位置，将各污水分区汇水方向绘制在图 3-17 中。计算每个检查井所负担的汇水面积以及汇集污水流量，该井至下一检查井之间管段污水流量随之能够确定。根据流量选取污水变化系数，计算设计流量。

4. 污水管道水力计算

将检查井从上游向下游编号、管段长度，分区汇水面积、设计流量等填入水力计算表。因该区没有工业企业，所以没有工业废水。从上游开始根据污水设计流量，试定管径，根据污水管道最小设计坡度和检查井高程差，试定管段设计坡度。按照水力计算表查取设计流速和设计充满度，或利用电算法获取设计流速和设计充满度。设计流速和设计充满度必须符合要求。各管段长度乘管段设计坡度等于各管段高程差。上游检查井管底高程减去管段高差等于下游检查井管底高程。将设计流速、设计充满度、管段高差、管底高程填入水力计算表，见表3-12。

逐段计算各管段的设计流量、设计充满度。注意变径管道衔接采用管顶平形式。累加全管道高程差，验证是否符合下游主干管预留管的高程要求；验证各干管与主干管衔接处高程是否满足要求；验证埋深是否符合要求。如果出现低于要求的，调整相应干管管段管径、坡度选值、增加跌落井等，直至符合要求。

根据检查井地面高程计算各检查井处管道埋深，填入水力计算表。

5. 绘制污水管道设计图

根据水力计算表绘制管道平面图，如图3-17所示。在图中需要标注污水汇集分区、汇集面积，汇水方向、检查井编号、管段管径等。

根据水力计算表绘制管段纵剖面图，如图3-18所示。在纵剖面图上应画出地面高程线、管道高程线（常用双线表示管顶与管底）。画出设计管段起讫点处检查井及主要支管的接入位置与管径。在管道纵剖面图的下方应注明检查井的编号、管径、管段长度、管道坡度、地面高程和管底高程等。检查支管、干管、主干管衔接处是否满足要求，避免回水。

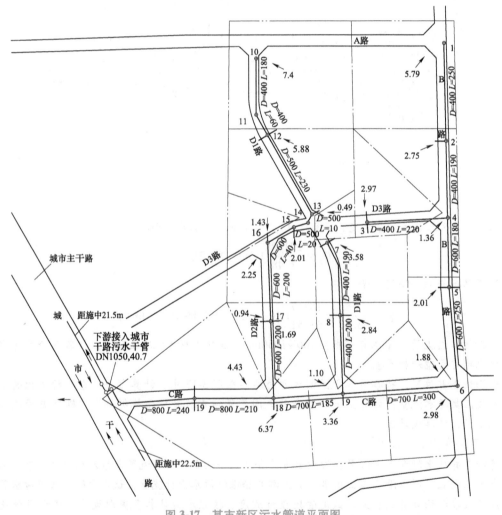

图 3-17　某市新区污水管道平面图

表 3-12 分流制污水管道计算表

工程名称：某市新区污水管道工程

设计基本数据		
单位面积平均污水量 [L/(s·ha)]	区	2.89

街道名称	检查井号 起	检查井号 迄	管段 /m	起点桩号	排水面积/ha 管段	排水面积/ha 累计	平均污水量 /(L/s)	变化系数	最大污水量 /(L/s)	工业污水量 /(L/s)	设计污水量 /(L/s)	直径或宽×高 /mm	坡度 (‰)	流速 (m/s)	充满度 h/D	充满度 水深 h/mm	污水管道 高程/m 上端地面	上端水面	上端底高	下端底高	高差 /m	上端覆土深度 /m	附注
1	2	3	4	5	6	7	8	9	10	11	12	13	14	15	16	17	18	19	20	21	22	23	24
B 路	1	2	250	1+805	5.79	5.79	16.73	1.98	33.1		33.1	400	2.5	0.68	0.41		47.88		45.030	44.405	0.625	2.85	24
	2	4	190	1+555	2.75	8.54	24.68	1.90	46.9		46.9	400	2.5	0.75	0.50		47.98		44.405	43.930	0.475	3.58	
	4	5	180	1+365	4.33	12.87	37.19	1.81	67.3		67.3	600	1.5	0.68	0.38		48		43.730	43.460	0.375	4.27	
	5	6	250	1+185	2.01	14.88	43.00	1.79	77.00		77.0	600	1.5	0.71	0.41		47.85		43.460	43.085	0.375	4.39	
	6	9	300	0+935	4.86	19.74	57.05	1.73	98.7		98.7	700	1.0	0.64	0.42		47.65		42.985	42.685	0.300	4.665	
C 路	9	18	185	0+635	10.88	30.62	88.49	1.65	146.0		146.0	700	1.0	0.70	0.53		47.8		42.685	42.500	0.185	5.115	
	18	19	210	0+450	32.89	63.51	183.54	1.52	279.0		279.0	800	1.0	0.84	0.63		47.85		42.100	41.890	0.210	5.75	
	19	干	240	0+240	0.00	63.51	185.54	1.52	279.0		279.0	800	1.0	0.84	0.63		48		41.890	41.650	0.240	6.11	
				0+000																40.700			
D3 路	3	4	220	1+775	2.97	2.97	8.58	2.13	18.3		18.3	400	2.5	0.58	0.30		47.6		44.480	43.930	0.550	3.12	
D1 路 南	7	8	190	1+325	3.58	3.58	10.35	2.09	21.6		21.6	400	2.5	0.60	0.33		47.8		43.960	43.485	0.475	3.84	
	8	9	200	1+135	2.84	6.42	18.55	1.96	36.4		36.4	400	2.5	0.70	0.43		47.85		43.485	42.985	0.500	4.365	
	10	11	180	1+390	7.40	7.40	21.39	1.93	41.3		41.3	400	2.5	0.73	0.46		47		44.018	43.568	0.450	2.982	
	11	12	60	1+210	0.00	7.40	21.39	1.93	41.3		41.3	400	2.5	0.73	0.46		47.2		43.568	43.418	0.150	3.632	
	12	13	230	1+150	5.88	13.28	38.38	1.81	69.5		69.5	500	1.5	0.69	0.51		47.8		43.318	42.973	0.345	4.482	
D1 北-	13	14	10	0+920	0.49	13.77	39.80	1.80	71.6		71.6	500	1.5	0.69	0.52		47.81		42.973	42.958	0.015	4.837	
D2 路	14	15	20	0+910	0.00	13.77	39.80	1.80	71.6		71.6	500	1.5	0.69	0.52		47.83		42.958	42.928	0.030	4.872	
	15	16	40	0+890	2.01	15.78	45.60	1.77	80.7		80.7	600	1.2	0.65	0.45		47.9		42.828	42.780	0.048	5.072	
	16	17	200	0+850	3.68	19.46	56.24	1.73	97.3		97.3	600	1.2	0.69	0.50		47.95		42.780	42.540	0.240	5.17	
	17	18	200	0+650	2.63	22.09	63.84	1.71	109.2		109.2	600	1.2	0.70	0.54		47.88		42.540	42.300	0.240	5.34	

年　　月　　日　　　　　审定：　　　　　校对：　　　　　计算：

第　　页　共　　页　图号：

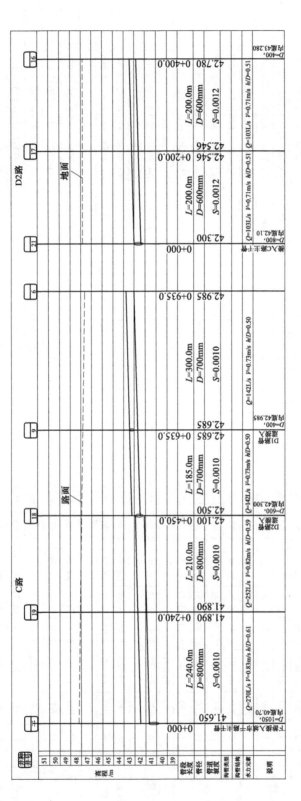

图 3-18 某市新区污水管道纵剖面图（节选）

第四节　雨水工程系统规划

一、城市雨水工程系统规划内容

城市雨水工程系统规划应与相应层次的城市规划范围一致。城市雨水工程系统的服务范围，除规划范围外，还应包括其上游汇流区域。

城市雨水工程系统规划内容包括确定雨水排水分区、计算设计雨水量、雨水排水系统形式和布局、雨水管道及泵站计算、源头减排系统和防涝空间、雨水径流污染控制等。

二、排水分区

天然流域汇水分区的较大改变可能会导致下游因峰值流量的显著增加而产生洪涝灾害，也可能会导致下游因雨水流量长期减少而影响生态系统的平衡。因此，为减轻对各流域自然水文条件的影响，降低工程造价，规划雨水的排水分区应根据城市水脉格局、地势、用地布局，结合道路交通、竖向规划及城市雨水受纳水体位置，遵循高水高排、低水低排的原则确定，宜与河流、湖泊、沟塘、洼地等天然流域分区相一致。

现代城市交通立体交叉下穿道路低洼段和路堑式路段不断增多，此类区域的雨水一般难以重力流就近排放，往往需要设置泵站、调蓄设施等应对强降雨。为减少泵站等设施的规模，降低建设、运行及维护成本，应遵循高水高排、低水低排的原则合理进行竖向设计及排水分区划分，并采取有效措施防止分区之外的雨水径流进入这些低洼地区。

在合理划分排水分区的基础上，为提高排水的安全保障能力，立体交叉下穿道路低洼段和路堑式路段均应构建独立的排水系统，出水口应设置于适宜的受纳水体，防止排水不畅甚至是客水倒灌。

立体交叉下穿道路低洼段和路堑式路段一般都是重要的交通通道，如果不以上述措施保障这些区域的排水防御能力，不仅会频繁严重影响城市的正常运转，还会直接威胁人民的生命财产安全。

城市建设往往会导致雨水径流量的增加。随着城市规模的扩大，如果不对城市新建区排入已建雨水系统的雨水量进行合理控制，就会不断加大已建雨水系统的排水压力，增加城市内涝风险。因此，应以城市已建雨水系统的排水能力作为限制因素，按照新建区域增加的设计雨水量不会导致已建雨水系统排水能力不足为限制条件，来考虑新建雨水系统与已建雨水系统的衔接。对于雨水排放系统，应据此确定新建区中可接入已建系统的最大规模，超出部分应另行考虑排水出路；对于防涝系统，应据此确定新建区中可排入已建系统的最大设计流量，超出部分应合理布置调蓄空间进行调蓄。

三、雨水管渠系统布局

雨水管渠布置的主要任务，是使雨水能顺利地从建筑物、公共设施或道路排泄出去，而不影响城市的生活生产秩序，同时达到既合理又经济的要求。雨水排放系统应按照分散、就近排放的原则，结合地形地势、道路与场地竖向等进行布局。雨水管渠系统布局应遵循下列原则：

1. 充分利用地形，就近排入水体

雨水径流的水质虽然和它流过的地面情况有关，一般来说，除初期雨水外，一般是比较清洁的，直接排入水体时，不致破坏环境卫生，也不致降低水体的经济价值。因此，每个排水分区内的雨水管线应按地形分散、就近连接至自然水体。

根据分散和便捷的原则，雨水管渠布置一般都采用正交式布置，如图 3-19 所示。

2. 尽量避免设置雨水泵站

由于暴雨形成的径流量大，需要选用流量很大的水泵，造价很高。而且雨水泵站运行时间短，利用率低。因此，在规划时应尽可能利用地形，使雨水靠重力流排入水体。某些地形平坦、区域较大或受潮汐影响的城市，在必须设置雨水泵站的情况下，要尽量通过雨水管道布局将经过泵站排泄的雨水量减少到最小限度。

3. 结合城市竖向规划

城市用地竖向规划的主要任务之一，就是研究在规划城市各部分高度时，如何合理的利用自然地形，使整个雨水分区内的地面径流能在最短的时间内，沿最短距离流到街道，并沿街道雨水口排入最近的雨水管渠或天然水体。

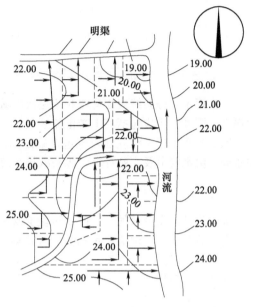

图 3-19　某地区雨水管渠平面布置示意图

四、雨水源头减排

源头减排系统应遵循源头、分散的原则构建，措施宜按自然、近自然和模拟自然的优先序进行选择。充分利用城市绿地、水体、调蓄设施等，资源化雨水利用。

在城市老城区雨水系统与污水系统合流制的地区设置截流泵站，截流旱时污水至污水处理厂。这类地区一般设计标准较低，不能满足新规范提出的重要区域雨水重现期的要求，为此可建设调蓄池将原合流系统的截流倍数提高，以削减雨天污染物排放量。一般可以采用雨水调蓄池与雨污合流泵房并联使用的形式，利用不同的运行模式处理不同情况下的雨污合流来水，以达到截流减排的目的。

1. 雨水调蓄的定义及分类

雨水调蓄是雨水调节和储蓄的总称。调节是指在暴雨期间暂时储存雨水，在洪峰流量过后或雨停后缓慢排放，以削减洪峰流量、降低下游排水设施或洪涝压力。调节设施一般并不能减少排向下游的雨水总量。储蓄主要是指降雨期间储存、滞留部分雨水量，通过回用或过滤、下渗至地下蓄水层，以及通过蒸腾和吸收，来减少排放的雨水总量和污染物。雨水调蓄的基本目的是洪涝控制、径流控制、水质控制（尤其是初期雨水的水质）、收集和补充地下水。根据不同的目的，雨水调蓄主要分为以下几种：

（1）以排水和洪涝调节为目的的雨水调蓄　这种调节设施有两个基本设计依据：一个是城市防洪排涝标准，即将超过某一重现期的雨水径流量作为调节池的容积规模；另一个是城市排水设计标准，根据下游排水能力进行调节池的容积规模设计。前者根据城市级别及洪灾类型，设计重现期标准最小为 5 年，最大可以至 200 年或更高。后者一般区域重现期采用 0.5~3 年，重要干道、地区或短期积水即能引起较严重后果的地区，重现期一般采用 3~5 年，更重要的地区还可以更高。

（2）以削减径流为目的的雨水调蓄　当降雨洪峰到来，地表径流超过雨水管渠排水能力时，会形成积水。根据需要可以设置雨水调蓄设施，以削减径流过大引起的积水。以削减径流为目的的调蓄设施首选景观水体、池塘、洼地，当不具备条件时可建设人工调蓄池。人工调蓄池应具备雨后立即排水和排空功能。调蓄水容积应以汇水区域降水量计算为基础，并结合上下游雨水管路情况确定。

（3）以径流水质和储存雨水为控制目的的雨水调蓄 雨水径流的水质随着降雨强度、持续时间、下垫面的类型及区域污染状况、雨水汇集及输送条件等的情况不同而差异较大，因此明确或准确地设定雨水径流水质控制标准有较大的难度。发达国家目前使用较多的是"半英寸"（约12mm）原理和"水质控制体积"（Water Quality Volume）标准（约25~30mm，具体取决于当地降雨条件）。前者是基于雨水径流的初期冲刷规律，后者是基于多年降雨资料的统计（对年内约90%的降雨事件进行控制），一般按控制年内90%左右的降雨事件或雨量对应，设计重现期一般不大于0.3年。

以存蓄雨水为目的的调蓄设施应分情况讨论，对于所需雨水量少的项目，调蓄容积和降雨无关；对于所需雨水量大的项目，则要基于多年降雨资料的统计分析，合理地确定设计降雨量，进而确定调蓄容积。

（4）多功能综合雨水调蓄 多功能雨水调蓄设施综合上述多种调蓄作用，因此在设计过程中应该根据不同的控制目标分区域设计。尽管设计复杂，但是其综合的社会与经济效益最优，是值得推广的雨水调蓄方式。

2. 雨水调蓄设施的基本类型

雨水调蓄设施主要分为三种：

一是利用低凹地、池塘、湿地、人工池塘等收集调蓄雨水。

二是将其建成与市民生活相关的设施。例如，利用凹地建成城市小公园、绿地、停车场、网球场、儿童游乐场和市民休闲锻炼场所等，当暴雨来临时可以暂时将高峰流量贮存在其中，暴雨过后，雨水继续下渗或外排，并且设计在一定时间（如48h或更短的时间）内完全放空。这种雨水调蓄设施多数时间处于无水状态，可以用作多功能场所。

三是在地下建设大口径的雨水调蓄池。

这几种调蓄设施就其本质，都是为雨洪提供一个暂时的存放空间。所不同的是有的因地制宜，利用当地特有的自然地貌特征；有的在设计施工时，考虑了其非蓄水时期的用途和功能。但就目前的管网系统改造来讲，修建地下雨水调蓄池是最直接和有效的。

3. 雨水调蓄池的容积计算

一般雨水调蓄池为长方形或圆形，当雨水泵房面积较宽裕时，可以考虑合建式；若是改建或用地紧张，则可以采用分建式。

池容积估算法 用于合流制排水系统的径流污染控制时，雨水调蓄池的有效容积采用的计算式为

$$V = 3600t_i(n - n_0)Q_{dr}\beta \tag{3-8}$$

式中 V——调蓄池有效容积（m^3）；

t_i——调蓄池进水时间（h），宜采用0.5~1h，当合流制排水系统雨天溢流污水水质在单次降雨事件中无明显初期效应时，宜取上限；反之，可取下限；

n——调蓄池建成运行后的截流倍数，由要求的污染负荷目标削减率、当地截流倍数和截流量占降雨量比例之间的关系求得；

n_0——系统原截流倍数；

Q_{dr}——截流井以前的旱流污水量（m^3/s）；

β——安全系数，可取1.1~1.5。

分流制设计计算中采用的公式为

$$V = 10DF_\varphi\beta \tag{3-9}$$

式中 V——调蓄池容积（m³）；

　　φ——径流系数；

　　D——场雨的设计降雨量（mm）；

　　F——汇水面积（hm²）；

　　10——换算系数；

　　β——安全系数，可取 1.1~1.5。

池容积估算法用于削减排水管道洪峰流量时，雨水调蓄池的有效容积计算式为

$$V = \left[-\left(\frac{0.65}{n^{1.2}} + \frac{b}{t} \cdot \frac{0.5}{n+0.2} + 1.10 \right) \lg(a+0.3) + \frac{0.215}{n^{0.15}} \right] Q_i t \qquad (3\text{-}10)$$

式中 V——调蓄池有效容积（m³）；

　　a——脱过系数，取值为调蓄池下游设计流量和上游设计流量之比；

　　Q_i——调蓄池上游设计流量（m³/min）；

　　b、n——暴雨强度公式参数；

　　t——降雨历时（min）。

五、雨水利用

根据用途不同，城市雨水利用可分为雨水直接利用（回用）、间接利用（渗透）、雨水综合利用等几种类型。城市雨水利用系统分类见表 3-13，城市雨水利用系统图如图 3-20 所示。

表 3-13　城市雨水利用系统分类

分类	方式			主要用途
雨水直接利用	按区域功能不同	居住区		绿化、喷洒道路、洗车、冲厕、冷却循环、景观补充水、其他
		工业区		
		商业区		
		公园、学校等公共场所		
	按规模和集中程度不同	集中式	建筑群或区域整体	
		分散式	建筑单体雨水利用	
		综合式	集中与分散相结合	
	按主要构筑物和地面的相对关系	地上式		
		地下式		
雨水间接利用	按规模和集中程度不同	集中式	干式深井回灌	渗透补充地下水
			湿式深井回灌	
		分散式	渗透检查井	
			渗透管沟	
			渗透池塘	
			渗透地面	
			低势绿地雨水花园等	
雨水综合利用	因地制宜；回用与渗透相结合；利用与洪涝控制、污染控制相结合；利用与景观、改善生态环境相结合			多用途、多层次、多目标；城市生态环境保护与改善，可持续发展的需要

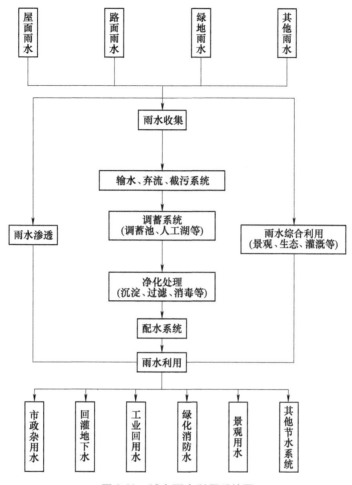

图 3-20　城市雨水利用系统图

1. 雨水集蓄的利用方式

雨水的集蓄是雨水收集和蓄存的总称，包含初期雨水的弃流、调节及贮存。初期雨水弃流的目的是为了控制所收集雨水的水质，以满足用水要求；雨水调节的主要目的是为了削减洪峰流量，控制蓄水规模；雨水贮存是指为了满足雨水利用的要求而设置雨水暂存空间。雨水集蓄利用主要是指初期雨水的弃流、路面雨水的收集和蓄水设施的选择。为保证道路排水的安全，蓄水设施一般都设有溢流管（渠），在一定的条件下启用。

2. 雨水的渗透方式

雨水渗透系统或技术是把雨水转化为土壤水，其手段或设施主要有地面入渗、埋地管渠入渗、渗水池井入渗等。根据方式不同，雨水渗透可分为分散式和集中式两大类，可以是自然渗透，也可以是人工渗透。

根据城市的特点，目前国内外在市政工程中应用最多的为分散式渗透技术，即通过铺装透水性路面来降低路面雨水的产汇流。透水性路面采用人工材料铺设，如多孔的嵌草砖（俗称草皮砖）、碎石、透水性混凝土等渗透能力好的材料。分散性透水技术的主要优点是能利用表层土壤对雨水的净化能力，对预处理要求相对较低，技术简单，便于管理；其主要缺点是渗透能力受土质限制，需要较大的透水面积，对雨水径流量的调蓄能力低。

目前国内有许多透水地面材料可供选择使用，常规的有多孔沥青、多孔混凝土和草皮砖。

典型的多孔沥青地面构造如下：表面为沥青层，厚 4~6cm，采用大孔隙排水性沥青混合料，与一般混合料相比，其避免使用细小集料，粗集料比例极大，可达 80% 以上，空隙率控制在 15%~20%，粗集料选用 5~10mm 和 10~15mm 玄武岩石，沥青重量比为 5.0%~6.0%；沥青层下设两层碎石，上层碎石粒径 1.3cm 左右，厚 5cm，下层碎石粒径 2.5~5cm，空隙率为 38%~40%，其厚度根据所需蓄水量的多少来确定。

多孔混凝土地面构造与多孔沥青地面类似，只是表层采用无砂混凝土，其厚度约为 12.5cm，空隙率 15%~25%。

草皮砖是带有各种形状空隙的混凝土块，开孔率可达 20%~30%，多用于城区各类停车场、生活小区及道路外侧。草皮砖地面因有草类植物生长，与多孔沥青地面及多孔混凝土地面相比，能更有效地净化雨水径流。实验证明草皮砖对于重金属如铅、锌、铬等有一定去除效率，而且植物能延缓径流速度，延长径流时间。

根据实际工程的统计，透水地面的径流系数为 0.05~0.35，其主要取决于透水材料的渗透性能、孔隙率、基础碎石层的蓄水性能、地面坡度、降雨强度等因素。由于位于渗透性路面下的碎石填料层有较大的空隙，如果有一定的坡度，易形成水平流动。为了减少入渗雨水在碎石层中的水平流动，通常设置一些连续的混凝土隔墙，这有利于调蓄雨水就地向下入渗。

3. 雨水的综合利用方式

雨水的利用并不是一个孤立的系统，它是包括雨水的集蓄利用、渗透等多种方式的组合。在规划设计时，要根据现场的地质条件、地形地貌、高程、绿地、地下管线等构筑物布局、当地气候降雨特点、雨水水质和工程总体布局等，充分考虑各种雨水利用措施的优缺点和适用条件，经过水力和水量平衡计算，以及多方案的技术经济比较，来确定综合利用方式。

六、雨水管渠水力计算

1. 雨量分析的要素

（1）**降雨量**　降雨量是降雨的绝对量，即降雨深度，用 H 表示，单位 mm。也可用单位面积上降雨体积表示。常以单位时间内的降雨量进行研究。

年平均降雨量是多年观测所得的各年降雨量的平均值。

月平均降雨量是多年观测所得的各月降雨量的平均值。

年最大日降雨量是多年观测所得的一年中降雨量最大一日的绝对值。

（2）**降雨历时**　降雨历时是连续降雨的时段，可以是全部降雨的时间，也可以是其中个别连续时段。用 t 表示，单位 min 或 h。

（3）**降雨强度**　降雨强度是某一连续降雨时段内的平均降雨量，用 i 表示。

$$i = \frac{H}{t} \tag{3-11}$$

式中　i——降雨强度（mm/min）

　　　t——降雨历时，即连续降雨的时段（min）

　　　H——相应于降雨历时的降雨量（mm）。

工程设计中，采用 1hm² 面积上每秒降雨体积 q 表示降雨强度，即

$$q = \frac{1000 \times 10000}{1000 \times 60} i = 167i \tag{3-12}$$

式中　q——降雨强度 $[L/(s \cdot hm^2)]$。

降雨强度值越大，雨越猛烈。

（4）降雨面积和汇水面积　降雨面积是降雨所覆盖的面积，汇水面积是雨水管渠汇集雨水的面积。两者用 F 表示，单位 hm^2 或 km^2。

（5）暴雨强度频率和重现期

1）暴雨强度频率是相等或超过它的值的暴雨出现的次数 m 与观测资料总数 n 的百分比，即 $P = \dfrac{m}{n} \times 100\%$。频率小是指出现可能性小。因观测数据是有年限限制的，所以暴雨强度频率只能是经验频率。

2）暴雨强度重现期是相等或超过它的值的暴雨出现一次的平均间隔时间，用 T 表示，单位为年。重现期与频率互为倒数：$T = \dfrac{1}{P}$。

针对不同重要程度地区的雨水管渠，应采取不同的重现期（表 3-14）来设计。若取重现期过大，则管渠断面尺寸很大，工程造价会很高；若取值过小，一些重要地区如中心城区、干道则会经常遭受暴雨积水损害。规范规定，一般地区重现期为 2~3 年，重要地区重现期为 5~10 年甚至 30~50 年。进行雨水管渠规划时，人口密集、内涝易发且经济条件较好的城镇，宜采用规定的上限。同一排水系统不同的重要性地区可选用不同的重现期。

表 3-14　设计降雨重现期　　　　　　　　　　　　（单位：年）

城镇类型	城区类型			
	中心城区	非中心城区	中心城区的重要地区	中心城区地下通道和下沉式广场等
超大城市和特大城市	3~5	2~3	5~10	30~50
大城市	2~5	2~3	5~10	20~30
中等城市和小城市	2~3	2~3	3~5	10~20

注：1. 按表中所列重现期设计暴雨强度公式时，均采用年最大法。

2. 雨水管渠应按重力流、满管流计算。

3. 超大城市指城区常住人口在 1000 万以上的城市；特大城市指城区常住人口在 500 万以上 1000 万以下的城市；大城市指城区常住人口 100 万以上 500 万以下的城市；中等城市指城区常住人口 50 万以上 100 万以下的城市；小城市指城区常住人口在 50 万以下的城市（以上包括本数，以下不包括本数）。

内涝防治设计重现期，应根据城镇类型、积水影响程度和内河水位变化等因素，经技术经济比较后按表 3-15 取值。人口密集、内涝易发且经济条件较好的城镇，宜采用规定的上限。

表 3-15　内涝防治设计重现期

城镇类型	重现期（年）	地面积水设计标准
超大城市	100	1. 居民住宅和工商业建筑物的底层不进水 2. 道路中一条车道的积水深度不超过 15cm
特大城市	50~100	
大城市	30~50	
中等城市和小城市	20~30	

注：1. 表中所列设计重现期适用于采用年最大值法确定的暴雨强度公式。

2. 超大城市指城区常住人口在 1000 万以上的城市；特大城市指城区常住人口 500 万以上 1000 万以下的城市；大城市指城区常住人口 100 万以上 500 万以下的城市；中等城市指城区常住人口 50 万以上 100 万以下的城市；小城市指城区常住人口在 50 万以下的城市（以上包括本数，以下不包括本数）。

3. 本表规定的地面积水设计标准没有包括具体的积水时间，各城市应根据地区重要性等因素，因地制宜确定设计地面积水时间。

2. 暴雨强度公式

在设计雨水管渠时，假定降雨在汇水面积上均匀分布，并选择降雨强度最大的雨作为设计依据，根据当地多年（至少 10 年）的雨量记录，可以推算出暴雨强度的公式为

$$q = \frac{167A_1(1 + c\lg P)}{(t + b)^n} \tag{3-13}$$

式中　　　q——暴雨强度 $[L/(s \cdot hm^2)]$；

P——重现期（年）；

t——降雨历时（min）；

A_1，c，b，n——地方参数，根据统计方法进行计算确定。

3. 雨水设计流量计算公式

（1）集水时间　对管道的某一设计断面，集水时间 t 由两部分组成：一是从汇水面积最远点流到第一个雨水口的地面集水时间 t_1，它受地形、地面铺砌、地面种植情况和街区大小等因素的影响；二是从雨水口流到设计断面的管内雨水流行时间 t_2。

t 的计算公式为

$$t = t_1 + mt_2 \tag{3-14}$$

式中　t_1——从汇水面积最远点流到第一个雨水口的地面集水时间，一般为 5~15min；

m——为折减系数，相关规范中规定，管道用 2，明渠用 1.2；

t_2——为雨水在上游管道内的流行时间；

$$t_2 = \sum \frac{L}{60v} \tag{3-15}$$

式中　L——上游各管段的长度（m）；

v——上游各管段的设计流速（m/s）。

（2）径流系数　降落在地面上的雨水，只有一部分径流流入雨水管道，其径流量与降雨量之比就是径流系数 Ψ。影响径流系数的因素有地面渗水性、植物和洼地的截流量、集流时间和暴雨雨型等。单一覆盖径流系数，见表 3-16。

表 3-16　单一覆盖径流系数

地面种类	Ψ
各种屋面、混凝土或沥青路面	0.85~0.95
大块石铺砌路面或沥青表面处理的碎石路面	0.55~0.65
级配碎石路面	0.40~0.50
干砌砖石或碎石路面	0.35~0.40
非铺砌土路面	0.25~0.35
公园或绿地	0.10~0.20

由不同种类地面组成的排水面积的径流系数 Ψ 用加权平均法计算，即

$$\Psi = \frac{\sum f_i \Psi_i}{\sum f_i} \tag{3-16}$$

式中　f_i——汇水面积上各类地面的面积（hm²）；

Ψ_i——相应于各类地面的径流系数。

城市综合径流可参考表 3-17。

表 3-17　城市综合径流系数

区域情况	综合径流系数 Ψ	
	雨水排放系统	防涝系统
城市建筑密集区	0.60~0.70	0.80~1.00
城市建筑较密集区	0.45~0.60	0.60~0.80
城市建筑稀疏区	0.20~0.45	0.40~0.60

（3）雨水管渠设计流量公式　在确定了降雨强度 i（mm/min）或 $q[\mathrm{L}/(\mathrm{s}\cdot\mathrm{hm}^2)]$、径流系数 Ψ 后，根据设计管段的排水面积 $F(\mathrm{hm}^2)$，就可以计算管段的设计流量 $Q(\mathrm{L}/\mathrm{s})$（当汇水面积不超过 2km² 时适用），即

$$Q = 166.7\Psi Fi = \Psi Fq \tag{3-17}$$

4. 雨水管渠水力计算

（1）水力计算的设计规定　雨水管道一般采用圆形断面，但当直径超过 2m 时，也可用矩形、半椭圆形或马蹄形。明渠一般采用矩形或梯形。为保证雨水管渠正常工作，避免发生淤积、冲刷等情况，设计时应满足以下规定：

1）设计充满度为 1，即按满流计算。明渠超高应大于或等于 0.2m。街道边沟应有大于或等于 0.03m 的超高。

2）满流时管道内最小设计流速不小于 0.75m/s；起始管段地形平坦，最小设计流速不小于 0.6m/s；最大允许流速同污水管道。明渠内最小流速应不小于 0.4m/s。

3）最小管径和最小设计坡度。雨水支干管最小管径 300mm，相应最小设计坡度塑料管 0.002，其他管 0.003；雨水口连接管最小管径 200mm，设计坡度不小于 0.01。梯形明渠底宽最小 0.3m。

4）覆土与埋深。最小覆土在车行道下一般不小于 0.7m；在冰冻深度小于 0.6m 的地区，可采用无覆土的地面式暗沟。最大埋深与理想埋深同污水管道。明渠应避免穿过高地。

5）管道在检查井内连接，一般用管顶平接。不同断面管道必要时也可采用局部管段管底平接。

雨水管渠水力计算仍按均匀流考虑，水力计算公式基本上与污水管道相同，但按满流即充满度 $h/D=1$ 计算。工程设计中，通常在选定管材后粗糙度系数 n 为已知值，混凝土和钢筋混凝土雨水管道的管壁粗糙系数 n 一般采用 0.013。Q、v、i、D 的对应关系可根据满流圆形管道水力计算图查得。

（2）雨水管渠汇设计步骤　首先收集整理设计地区的各种资料，包括地形图、城市总体规划，以及水文、地质、暴雨等资料，以此作为设计依据，展开设计。

1）根据城市规划和排水区的地形，按地形实际分水线划定排水分区（流域）。地势平坦的城市，无明显分水线，可以按城市主要街道的汇水面积拟定排水分区。

结合城市建筑物分布和雨水口分布，利用各排水流域的自然地形，布置管道走向。绘制各流域干支管具体平面位置图。

2）划分设计管段。在管道转弯、管径或坡度变化处，支管汇入或管道交汇处，超过一定距离直管段上均应设置检查井。每两个相邻检查井间的没变化管段定为设计管段。从上游向下游

按顺序进行检查井编号。

3）划分并计算各设计管段的汇水面积。地形平坦时，可按就近排入附近雨水管的原则划分；地形坡度较大时，应按照地面雨水径流的水流方向划分汇水面积。将每块面积编号和计算面积值标注在图中。

4）确定各排水流域的径流系数。

5）确定设计重现期、地面集水时间和管道起点埋深。

6）求单位面积径流量。

7）列表进行水力计算，求得各管段设计流量。依此确定管渠断面尺寸、纵向坡度、管渠底标高、流速及埋深等。雨水管渠水力计算与设计方法可参照污水管渠。

8）绘制雨水管道平面图和纵剖面图。

第五节　截流式合流制排水系统

合流制管渠系统是在同一管渠内排除生活污水、工业废水及雨水的排水系统。我国城市老旧城区有很多还在沿用合流制体制。由于各种因素制约，在规划中老旧城区无法采用分流制的情况比较普遍，所以在规划过程中可以选取截流式合流制管渠体制对原合流制系统进行改造。

一、截流式合流制排水系统要求

截流式合流制排水系统除应满足管渠、泵站、污水处理厂、出水口等布置的一般要求外，尚应考虑以下的要求：

1）管渠的布置应使所有服务面积上的生活污水、工业废水和雨水都能合理地排入管渠，并以最短距离引向水体。

2）截流干管一般沿水体岸边布置，其高程应使与之连接的支、干管中的水能顺利流入，并使其高程在河流的最大月平均高水位以上。在城市旧排水系统改造中，如原有管渠出口高程较低，截流干管高程达不到上述要求，则降低高程，设防潮闸门及排涝泵站。

3）暴雨时，超过一定数量的混合污水应能顺利地通过溢流井泄入水体，并尽量减少截流干管的断面尺寸和缩短排放管道的长度。

4）溢流井的数目不宜过多，位置选择应适当，以免增加溢流井和排放渠道的造价，减少对水体的污染。溢流井尽可能位于水体下游，并靠近水体。

5）进入合流制污水处理厂的合流水量应包括城市污水量和截流的雨水量。污水处理厂的规模应按规划远期的合流水量确定。

6）合流泵站的规模应按规划远期的合流水量确定。

7）合流制区域应优先通过源头减排系统的构建，减少进入合流制管道的径流量，降低合流制溢流总量和溢流频次。合流制排水系统的溢流污水，可采用调蓄后就地处理或送至污水厂处理等方式，处理达标后利用或排放。就地处理应结合空间条件选择旋流分离、人工湿地等处理措施。

二、截流式合流制排水管渠水力计算

1. 设计流量的确定

合流管渠的设计流量由综合生活污水量、工业废水量和雨水量三部分组成。综合生活污水量按平均流量计算，即总变化系数为1。工业废水量用最大班内的平均流量计算。雨水量按上一节的方法计算。

截流式合流制排水设计流量，在溢流井上游和下游是不同的。

（1）第一个溢流井上游管渠的设计流量（如图 3-21 中 1~2 管段）

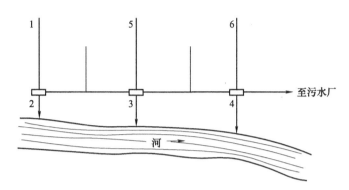

图 3-21 设有溢流井的截流式合流管渠

$$Q = Q_d + Q_m + Q_s = Q_{dr} + Q_s \tag{3-18}$$

式中 Q——上游设计流量（L/s）；

Q_d——设计综合生活污水量（L/s）；

Q_m——设计工业废水量（L/s）；

Q_s——雨水设计流量（L/s）；

Q_{dr}——截流井以前的旱流污水量（L/s）。

（2）溢流井下游管渠的设计流量 合流管渠溢流井下游管渠的设计流量，对旱流污水量 Q_{dr} 仍按上述方法计算，对未溢流的设计雨水量则按上游旱流污水量的倍数计，该指定倍数为截流倍数 n_0。此外，还需计入溢流井后的旱流污水量以及溢流井以后汇水面积的雨水流量。

$$Q' = (n_0 + 1)Q_{dr} + Q'_s + Q'_{dr} \tag{3-19}$$

式中 n_0——截流倍数，即开始溢流时所截流的雨水量与旱流污水量比；

Q'——下游设计流量（L/s）；

Q'_s——溢流井以后汇水面积的雨水流量（L/s）；

Q'_{dr}——溢流井后的旱流污水量（L/s）。

上游来的混合污水量 Q 超过 $(n_0+1)Q_{dr}$ 的部分从溢流井溢入水体。当截流干管上设几个溢流井时，上述确定设计流量的方法不变。

2. 设计数据的规定

1）设计充满度。设计流量按满流计算。

2）设计最小流速。合流管渠设计最小流速为 0.75m/s。鉴于合流管渠在晴天时管内充满度很低，流速很小，易淤积，为改善旱流的水力条件，需校核旱流时管内流速，一般不宜小于 0.2~0.5m/s

3）设计重现期。合流管渠的雨水设计重现期一般应比同一情况下雨水管渠的设计重现期适当提高（可比雨水管渠的设计大 20%~30%），以防止混合污水的溢流。

4）截流倍数。截流倍数数据根据旱流污水的水质、水量情况、水体条件、卫生方面要求及降雨情况等综合考虑确定。我国宜采用 2~5，较多用 3。不同排放条件下的 n_0 值见表 3-18。随着对水环境保护要求的提高，采用的截流倍数有逐渐增大的趋势。

表 3-18　不同排放条件下的 n_0 值

排放条件	n_0
在居住区内排入大河流	2
在居住区内排入小河流	3~5
在区域泵站前及排水总管的端部，根据居住区内水体的不同特性	0.5~2
在处理构筑物前根据不同的处理方法与不同构筑物的组成	0.5~1
工厂区	1~3

第六节　污水处理及污水厂

当城市污水中所含有的大量有机和无机污染物超出环境自洁能力时，如直接排放进入受纳体，会造成环境污染，不仅严重地危害生态环境中各种动植物，而且也威胁人民群众的生活和健康，影响城市正常运行。因此，从保护环境，保障人民群众身体健康、保护水资源、维护人类可持续发展的目的来看，污水处理已经是城市发展不可缺少的基础设施。

一、污水性质及排放标准

1. 污水的污染指标

污水的污染指标是衡量水被污染的程度，也称污水的水质指标。污水的水质很复杂，只有通过水质分析检验才能得到比较确切和全面的认识。污水分析的一些主要指标如下：

（1）有毒物质　有毒物质指标是指城市污水中含有的各种毒物的成分和数量，其浓度单位采用 mg/L。有毒物质对人类、动植物有毒害作用，如汞、镉、砷、酚、氰化物等。这些有毒物质也是有用的工业原料，有条件时应尽量加以回收利用。

（2）有机物质　城市污水中含有大量有机物质，当它排入水体后，水中溶解氧减少，甚至完全缺氧。在缺氧条件下有机物质进行厌氧分解，溢出物有毒害作用，使水色变黑并具有恶臭，严重地恶化环境卫生，使鱼类等水生生物无法生存。有机物的种类繁多，组成复杂，直接测定污水中各种有机物的含量较为困难，一般采用生化需氧量（BOD）和化学需氧量（COD）两个指标，间接概括地表示污水中有机物的浓度，其浓度单位采用 mg/L。

（3）固体物质　固体物质是指污水中呈固体状态的物质。固体物质可分为悬浮固体（SS）与溶解固体两类：在水中呈悬浮或飘浮状态的非溶解物质称为悬浮固体，在水中溶解的固体物质称为溶解固体，它们的浓度单位均为 mg/L。悬浮固体和溶解固体之和，称为总固体。

（4）pH 值　pH 值用于表示污水的酸性或碱性。pH 值是氢离子浓度倒数的对数，其值从 1~14，pH 值等于 7 为中性，小于 7 为酸性，大于 7 为碱性。生活污水一般呈弱碱性，而工业废水则是多种多样，其中不少呈强酸或强碱。酸、碱污水会危害水生生物和流域植物，破坏环境，腐蚀管道。

（5）色、臭、热　城市污水呈现颜色、气味时，会影响水体的物理状况，降低水体的使用价值。而高温度的工业废水排入水体，则会对水体造成热污染，破坏水生生物的正常生活环境。

污水的性质取决于其成分。生活污水的成分主要为碳水化合物、蛋白质、脂肪等，一般不含有毒物质，但含有大量细菌和寄生虫卵。生产污水的成分复杂多变，主要取决于生产过程所用的原料和工艺，多半具有危害性。生产污水中有害物质的来源见表 3-19。

表 3-19　生产污水中有害物质的来源

有害物质	主要排放工厂	有害物质	主要排放工厂
游离氧	造纸厂、织物漂白	砷及其化合物	矿石处理、农药制造厂、化肥厂
氨	煤气厂、焦化厂、化工厂	有机磷化合物	农药厂
氰化物	电镀厂、焦化厂、煤气厂、有机玻璃厂、金属加工厂	酚	焦化厂、煤气厂、炼油厂
氟化物	氟产品的制造、焦炭生产、电子元件生产、电镀、玻璃和硅酸盐生产、钢铁和铝的制造、金属加工、木材防腐及农药化肥生产	酸	化工厂、钢铁厂、铜及金属酸洗、矿山
硫化物	皮革厂、染料厂、炼油厂、煤气厂、有机玻璃厂	碱	化学纤维厂、制碱厂、造纸厂
六价铬化合物	电镀厂、化工颜料厂、合金制造厂、冶金厂、铬鞣制革厂	醛	合成树脂厂、青霉素药厂、毛纺厂
铅及其化合物	电池厂、油漆化工厂、冶金厂	油	石油炼厂、皮革厂、食品厂
汞及其化合物	电解食盐、炸药制造厂、医用仪表厂	亚硫酸盐	纸浆厂、粘胶纤维厂
镉及其化合物	有色金属冶炼、电镀厂、化工厂	放射性物质	原子能工业、放射性同位素实验室、医院、疗养院

2. 受纳水体对污水排放的要求

城市排水受纳水体应有足够的容量和排泄能力，其环境容量应能保证水体的环境保护要求。

城市排水受纳水体应根据城市的自然条件、环境保护要求、用地布局，统筹兼顾上下游城市需求，经综合分析比较后确定。

排入Ⅲ类水域（GB 3838）和二类海域（GB 3097）的污水，执行一级标准（GB 8978）。排入中Ⅳ、Ⅴ类水域（GB 3838）和排入三类海域（GB 3097）的污水，执行二级标准（GB 8978）。

Ⅰ、Ⅱ类水域和Ⅲ类水域中划定的保护区（GB 3838），一类海域（GB 3097），禁止新建排污口，现有排污口应按水体功能要求，实行污染物总量控制，以保证受纳水体水质符合规定用途的水质标准。

根据现行《污水综合排放标准》（GB 8978）的规定，排放污染物按性质及控制方式分为两类。第一类污染物不分行业和污水方式，也不分受纳水体的功能类别，一律在车间或处理设施排放口采样，最高允许排放浓度见表 3-20。第二类污染物在排污单位排放口采样，依照《污水综合排放标准》（GB 8978）执行。经污水处理厂处理后的污水，其污染物排放标准依照《城镇污水处理厂污染物排放标准》（GB 18918）执行。

表 3-20　第一类污染物最高允许排放浓度

序号	污染物	最高允许排放浓度
1	总汞	0.05mg/L
2	烷基汞	不得检出
3	总镉	0.1mg/L

（续）

序号	污染物	最高允许排放浓度
4	总铬	1.5mg/L
5	六价铬	0.5mg/L
6	总砷	0.5mg/L
7	总铅	1.0mg/L
8	总镍	1.0mg/L
9	苯并（a）芘	0.00003mg/L
10	总铍	0.005mg/L
11	总银	0.5mg/L
12	总α放射性	1Bq/L
13	总β放射性	10Bq/L

近年来，为了更有效地保护水体，控制污染物质的排放，有的国家逐渐推行在一定时间内有害物质最高容许排放总量，以减少对环境的污染。

二、污水处理与利用的基本办法

污水处理的内容通常包括：固液分离，有机物和氧化物的氧化，酸碱中和，去除有害物质，回收有用物质等。相应的污水处理和利用的方法可归纳为物理法、生物法、化学法三类。对于城市污水的处理，普遍采用物理、生物两类方法，化学法通常用于工业废水处理。

城市污水处理按处理程度，通常划分为一级、二级和三级。一级处理是预处理，任务是去除污水中呈悬浮状态的固体污染物质，常用物理处理法。二级处理的主要任务是大幅度地去除污水中呈胶体状态的污染物质和有机污染物质，常用生物处理法。三级处理是精致处理，目的在于进一步去除二级处理所未能去除的某些污染物质，所使用的处理方法随目的而异，如进一步去除悬浮固体的双层滤料过滤等。在一般情况下，城市污水通过二级处理后基本上可以达到国家规定排放水体的标准，三级处理则针对排放污水要求特别高的水体或污水处理后再利用。

1. 污水的物理处理

物理法主要利用物理作用分离去除污水中呈悬浮状态的固体污染物质，在整个处理过程中不发生任何化学变化。属于这类处理方法的有重力分离法、离心分离法、过滤法等。对于城市污水的处理，常用的是筛滤（格栅、筛网）与沉淀（沉砂池、沉淀池），习惯上也称机械处理。

2. 污水的生物处理

生物法利用微生物的生命活动，将污水的有机物分解氧化为稳定的无机物，使污水得到净化。生物法主要用来去除污水中的胶体和溶解性的有机污染物。

生物法分天然生物处理和人工生物处理两类。天然生物处理就是利用土壤或水体中的微生物，在自然条件下进行的生物化学过程来净化污水的方法，例如湿地、生物塘等。人工生物处理是人为的创造微生物生活的有利条件，使其大量繁殖，提高净化污水的效率。根据微生物在氧化分解有机物过程中对游离氧的要求不同，生物法又可分为好氧生物处理和厌氧生物处理。污水处理常采用好氧法，污泥处理常采用厌氧法。

生物处理方法按照微生物栖息状态不同，分为活性污泥法和生物膜法两种类型。活性污泥法中，微生物处于流动的悬浮状态，是水体自净过程的人工化，其代表性构筑物为曝气池。生物膜法中，微生物附着于固体滤料上，在滤料表面形成生物膜，是土壤自净过程的人工化，其代表性构筑物为生物滤池。

当污水经初次沉淀池去除大部分悬浮物后，进入曝气池。曝气池是活性污泥法的主体构筑物，是微生物生长活动及吸附、氧化分解污水中有机物的地方。污水在池中与混合液混合接触，同时充入空气。微生物在此吸附、氧化分解污水中有机物，然后流至二沉池，进行泥水分离，最后上层清水排出，活性污泥沉淀下来。活性污泥是由大量的各种好氧微生物和其他杂质组成的絮凝体。沉淀的活性污泥一部分排至污泥池，一部分回流至曝气池。

生物膜处理法是与活性污泥法并列的一种污水好氧生物处理技术。所谓生物膜是由大量的各种微生物与杂质黏结而成的薄膜。污水与生物膜接触时，污水中的有机污染物作为营养物质被生物膜上的微生物所摄取，污水从而得到净化，微生物自身也得到繁衍。

生物滤池为生物膜处理法的主体构筑物。生物滤池由滤料、池壁、排水系统与布水系统几部分组成。滤料为繁殖微生物附着生物膜的地方，也是处理污水的区域。

滤池滤料表面长满了生物膜，当污水均匀喷洒在滤池表面时，水滴沿滤料表面向下流动，与生物膜外面的附着水层接触，交换彼此所含物质。水滴中的有机物进入附着水层，成为生物膜上食料，同时空气通过滤料孔隙进入生物膜，于是微生物在有氧条件下进行氧化分解，附着水层中有机物含量不断降低，其氧化分解产物被排入流动水滴中，污水得到净化。

3. 污水的消毒

污水经物理处理、生物处理后，水质大大改善，细菌含量也大幅度减少，但细菌的绝对值仍很高，并有可能存在病原菌。因此在排入水体前，应进行消毒处理。

污水消毒的方法有药剂消毒、紫外线消毒、高温消毒等。最常用的方法是药剂消毒，采用的药剂有氯、溴、碘、二氧化氯和臭氧等。在污水消毒中，加氯法用得最多。

三、污水处理方案的选择

1. 污水处理应考虑的几个主要问题

污水处理投资较大，运行管理费用较高，是环境卫生的重要影响因素。规划设计中必须慎重选择城市污水处理方案。首先应明确以下几个问题。

（1）工业废水的处理问题　城市规划应尽量将污染较重的工业纳入工业区，或相对集中的区域，设置统一的城市污水处理厂，采用综合治理方案。这种方案建设费用和运行费用较低，处理效果好，总占地面积少，易于管理，节省维护人员。

但有些工业废水含有特殊的污染物质，而有些工业废水所含污染物质浓度很高。根据《污水综合排放标准》（GB 8978）的规定，这些工业废水必须经过预处理，达到规定标准后才能排入城市污水管网。工业企业排放废水时必须取得当地市政部门的同意。

（2）预防为主，综合治理　以环境安全为最高目标，在城市规划设计阶段，统筹协调城市产业布局、城市功能布局。合理分析城市污水水质，对城市排水单位排水水质制定指标。

（3）合理决定污水处理程度　确定污水应当达到的处理程度，需要考虑以下因素：

1）环境保护的要求：包括受纳水体的用途，卫生、航运、渔业、体育等部门的意见，提出对污水排放标准的要求。

2）经污水处理厂处理后的出水再生利用可能性，以及所能接受的再生水量。

3）当地的具体条件：包括污水管网现状，自然条件，城市性质及工业发展规模、速度，污水量、水质情况等。

4）近期污水处理投资额以及分期建设安排。

2. 污水处理的工艺流程

（1）一级处理流程　污水处理采用物理处理法中的筛滤、沉淀为基本方法，污泥处置采用厌氧消化法。

1）处理方案之一：如图 3-22 所示，采用沉淀池为基本处理构筑物，处理后的污水用于灌溉农田。沉淀池排出的污泥贮存于污泥池，定期运走，进行堆肥发酵后作为农肥。在非灌溉季节，污水可经消毒后排入水体。该方案造价低，运行管理费用少，但对水体还是有一定程度的污染，宜慎重选用。

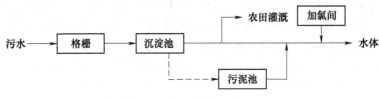

图 3-22　污水处理方案之一

2）处理方案之二：如图 3-23 所示，利用天然洼地或池塘作为生物塘，在生物塘中养鱼、繁殖藻类或其他水生物。其特点是造价低，运行管理费用少，但占地面积大，且易污染地下水源，选用时宜慎重。

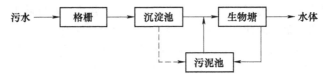

图 3-23　污水处理方案之二

3）处理方案之三：如图 3-24 所示，采用沉砂池、双层沉淀池为基本处理构筑物。该方案适用于污水量少的中小城镇。其特点是造价较低，管理方便，运行维护费用较少，但处理后污水达不到排放标准要求。对于排放标准要求高的城区，不宜采用。

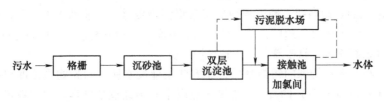

图 3-24　污水处理方案之三

4）处理方案之四：如图 3-25 所示，采用沉淀池、消化池为基本构筑物，所产生的沼气可以利用，开辟能源。其特点是污泥得到适当处理，处理效率较高，并可综合利用。但处理后污水达不到排放标准要求，这是一级处理的共同特点。

（2）二级处理流程　排放标准要求较高的，应采用生物处理法，以提高污水处理程度。二级处理流程目前是国内推广的处理流程。

1）处理方案之五：如图 3-26 所示，以生物滤池为生物处理构筑物，污水经过预处理（沉砂、沉淀）后进入生物滤池处理，污泥进入消化池处理。其特点是处理程度较高，处理后出水一般能达到排放标准的要求。但占地面积较大，造价较高，一般适用于水量不大的中小城镇。

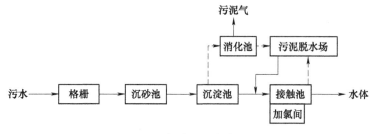

图 3-25 污水处理方案之四

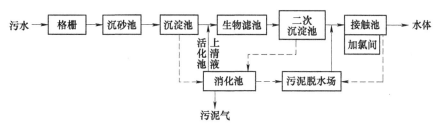

图 3-26 污水处理方案之五

2）处理方案之六：如图 3-27 所示，以曝气池为生物处理构筑物，污泥处理同方案五。其特点是处理程度较高，处理后的污水一般能达到排放标准。占地面积较生物滤池小，处理效率较高，适应性广，大、中、小水量均可采用。但构筑物造价较高，运行中消耗的电能也较多，运行管理费用高。

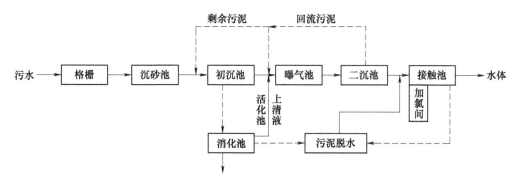

图 3-27 污水处理方案之六

（3）三级处理　根据出水水质要求，可对污水进行三级处理或称为深度处理。三级处理的工艺有絮凝、沉淀、澄清、气浮、活性炭吸附、膜过滤、臭氧氧化和自然处理等工艺单元。

1）深度处理工艺的设计参数宜根据试验资料确定，也可参照类似运行经验确定。

2）深度处理采用混合、絮凝、沉淀工艺时，投药混合设施中平均速度梯度值宜采用 $300s^{-1}$，混合时间宜采用 $30\sim120s$。

3）污水厂二级处理出水经混凝、沉淀、过滤后，仍不能达到再生水水质要求时，可采用活性炭吸附处理。

4）深度处理的再生水必须进行消毒。

3. 污水处理构筑物形式

从污水量大小来分析，平流式或辐流式沉淀池适合于大污水量，而竖流式沉淀池宜用于中小污水量。生物处理构筑物中生物滤池一般适用于中小污水量，而曝气池适用性较广。当污水量大于 8000~10000t/d 时，采用合建式曝气沉淀池不合适，宜将曝气池与沉淀池分建或采用其他形式的处理构筑物。

从处理程度高低来分析，一般活性污泥法比生物滤池法处理效果好些，但负荷不同，处理效率不一样，低负荷去除效率高，处理效果较好。

从污水处理厂位置来分析，一般认为生物滤池对周围环境卫生影响比曝气池大，卫生防护要求高些。

从占地面积来衡量，平流式沉淀池占地比竖流式、辐流式大，生物滤池占地比曝气池大，各种构筑物中高负荷占地小，低负荷占地大。可根据用地条件酌情选用。

地质条件、地下水位的高低也在一定程度上影响处理构筑物的选择。当地下水位高，地质条件不好时，宜采用埋深较浅的构筑物，如平流式沉淀池、辐流式沉淀池、生物滤池，同时要考虑后续处理构筑物工作水头的要求。

四、污水处理厂厂址选择及布置

城市污水处理厂是排水工程的一个重要组成部分，恰当地选择污水处理厂的位置，进行合理的总平面布局，关系到城市环境保护的要求、再生利用的可能性、污水管网系统的布置以及污水处理厂本身的投资、运营管理费用等，所以慎重地选择厂址位置是排水工程规划的一项重要内容。

1. 污水厂厂址选择

污水厂的厂址选择应符合城市总体发展规划和排水工程规划的要求。在具体厂址选择时，仍需进行深入调研和技术经济比较。一般原则如下：

1）污水处理厂所需面积。污水处理厂面积与污水量及处理方法有关，表 3-21 所列各种污水量、不同处理级别的污水厂所需的面积指标，规划时应以此为据确定，同时还要考虑污水厂的中长期扩建用地。

表 3-21　城市污水处理厂规划用地指标

建设规模/	规划用地指标/($m^2 \cdot d/m^3$)	
（万 m^3/d）	二级处理	深度处理
>50	0.30~0.65	0.10~0.20
20~50	0.65~0.80	0.16~0.30
10~20	0.80~1.00	0.25~0.30
5~10	1.00~1.20	0.30~0.50
1~5	1.20~1.50	0.50~0.65

注：1. 表中规划用地面积为污水处理厂围墙内所有处理设施、附属设施、绿化、道路及配套设施的用地面积。
　　2. 污水深度处理设施的占地面积是在二级处理污水厂规划用地面积基础上新增的面积指标。
　　3. 表中规划用地面积不含卫生防护距离内的面积。

2）地形条件要求。污水处理厂用地要求比较完整，最好是有适当坡度的地段，以满足污水在处理流程上自流的要求。用地形状最宜长方形，以利于按污水处理流程布置构筑物。

3）用地高程要求。污水处理厂不宜设在雨季容易被淹没的低洼之处。靠近水体的污水处理厂，不应受洪涝灾害影响。位置宜选在城市低处，使污水管道沿途尽量不设或少设提升泵站。

4）地质条件要求。污水处理厂用地宜选择地质条件较好、无滑坡、塌方等特殊地质现象，土壤承载力较好（一般要求在150kPa以上）的地方。要求地下水位低，方便施工。

5）厂址必须位于集中给水水源下游，并应设在城镇工厂区及居住区的下游。考虑与城市污水管道系统、出水口的衔接。为保证卫生要求，污水处理厂应设置卫生防护用地，根据污水处理厂的规模，卫生防护距离可按表3-22所示控制。

表 3-22 城市污水处理厂卫生防护距离

污水处理厂规模/（万 m³/d）	≤5	5~10	≥10
卫生防护距离/m	150	200	300

6）尽可能少占或不占农田，便于再生水利用，缩短输送距离。

7）厂址宜设在城市夏季最小频率风向的上风侧。

8）应有方便的交通、运输和水电条件。

9）应考虑厂址位置与近远期城市发展结合问题。

10）厂址应便于污泥集中处理和处置。

2. 污水处理厂的总平面布置

污水处理厂总平面布置包括：处理构筑物布置，各种管渠布置，辅助建筑物布置，道路、绿化、电力、照明线路布置等。总平面布置图根据处理厂规模可用1/100~1/1000比例尺的地形图绘制。布置中应考虑下列要求：

1）根据污水处理的工艺流程，决定各处理构筑物的相对位置，相互有关的构筑物应尽量靠近，以减少连接管渠长度及水头损失，并考虑运行时操作方便。

2）处理构筑物布置应尽量紧凑，以节约用地，但必须同时考虑敷设管渠的要求，维护、检修方便及施工时地基的相互影响等。一般构筑物的间距为5~8m，如有困难达不到时至少应不小于3m。对于消化池，从安全考虑，与其他构筑物之间的距离应不小于20m。

3）构筑物布置结合地形、地质条件，尽量减少土石方工程量及避开劣质地基。

4）厂内污水与污泥的流程应尽量缩短，避免迂回曲折，并尽可能采用重力流。

5）各种管渠布置要使各处理构筑物能独立运转。当其中某一构筑物停止运转时，不迫使其他构筑物停止运转。这就要求敷设跨越管及事故排放管。厂内各管路较多，布置中要全面安排避免互相干扰。

6）附属构筑物的位置应根据方便、安全等原则确定。

7）道路布置应考虑施工中及建成后运输要求，厂内加强绿化以改善卫生条件。

8）考虑扩建的可能性，为扩建留有余地，做好分期建设安排，同时考虑分期施工的要求。

图3-28所示为某污水处理厂（活性污泥处理法）总平面布置图（见书后插页）。

五、再生水

再生水是指以污水或污水处理厂出水为水源，经再生工艺净化处理后，达到可供使用的水质标准，通过管道输送或现场使用方式予以利用的水。污水再生利用不仅能够提高水资源整体利用效率，而且可以有效削减污水负荷，是人类社会可持续发展的有效手段。

再生水利用工程规划应符合城镇总体规划、给水排水专业规划。规划期限应与总体规划相一致。

城镇再生水系统规划应首先选择利用途径，宜优先选择用水量大、水质要求相对不高、技术可行、经济和社会效益显著的用户。

其次，城镇再生水系统应根据再生水水源、用户分布、水质水量要求及利用便利性，合理确定再生水厂的厂址、建设规模、水质标准、处理工艺和输配方式。

1. 再生水水源

再生水水源的水量、水质应满足再生水生产与供给的可靠性、稳定性和安全性的要求。水源水宜通过排水管道、暗渠收集输送，不得二次污染。严禁以放射性废水、重金属及有毒有害物质超标的污水作为水源。

当水源为污水处理厂出水时，最大设计规模应为污水处理厂出水量扣除再生水厂各种不可回收的自用水量，且不宜超过污水处理厂规模的80%。

2. 再生水工艺

依据不同的再生水水源及供给水质要求，污水再生处理可采用下列工艺流程：

1）二级处理出水→介质过滤→消毒。

2）二级处理出水→微絮凝→介质过滤→消毒。

3）二级处理出水→混凝→沉淀（澄清、气浮）→介质过滤→消毒。

4）二级处理出水→混凝→沉淀（澄清、气浮）→膜分离→消毒。

5）污水→二级处理（或预处理）→曝气生物滤池→消毒。

6）污水→预处理→膜生物反应器→消毒。

7）深度处理出水（或二级处理出水）→人工湿地→消毒。

根据水源水质情况和再生水水质要求，在上述工艺尚不能满足要求时，可以再增加深度处理单元，包括臭氧氧化、活性炭吸附、臭氧-活性炭、高级氧化等。

3. 再生水输配

再生水管道水力计算、管道敷设及附属设施设置的要求等，应符合现行国家标准《室外给水设计标准》（GB 50013）的有关规定。管线平面和竖向布置应符合《城市工程管线综合规划规范》（GB 50289）的有关规定。

再生水应作为资源参与城市水资源平衡计算。再生水管网水力计算应按压力流管网的参数确定。

再生水管道敷设及其附属设施的设置应符合现行国家标准《室外给水设计标准》（GB 50013）的有关规定。输配水干管应根据再生水用户的用水特点和安全性要求，合理确定干管的数量，不能断水用户的配水干管不宜少于两条。再生水管道应具有安全和监控水质的措施。

输配水管道材料的选择应根据水压、外部荷载、土壤性质、施工维护和材料供应等条件，经技术经济比较确定。可采用塑料管、承插式预应力钢筋混凝土管和承插式自应力钢筋混凝土管等非金属管道或金属管道。采用金属管道时应进行管道的防腐。

再生水管道系统严禁与饮用水管道系统、自备水源供水系统连接。

再生水管道取水接口和取水水嘴处应配置"再生水不得饮用"的耐久标识。再生水输配水管网中所有组件和附属设施的显著位置应配置"再生水"耐久标识。再生水管道明装时应采用识别色，并配置"再生水管道"耐久标识；埋地再生水管道应在管道上方设置耐久标志带。

再生水调蓄池的排空管道、溢流管道严禁直接与下水道连通。

4. 再生水利用

再生水系统是指将城市污水或生活污水经一定处理后用于城市杂用或工业污水回用的系统。城市污水经以生物处理技术为中心的二级处理和一定程度的深度处理后，水质能够达到回用的标准，可以作为水资源加以利用。在水资源缺乏日益严重的情况下，再生水的利用对于水资源的有效利用越来越重要。污水再生水目前的利用分类见表3-23。

表3-23 城市污水再生利用类别

序号	分类	范围	示例
1	农、林、牧、渔业	农田灌溉	种籽与育种、粮食与饲料作物、经济作物
		造林育苗	种籽、苗木、苗圃、观赏植物
		畜牧养殖	畜牧、家畜、家禽
		水产养殖	淡水养殖
2	城市杂用水	城市绿化	公共绿地、住宅小区绿化
		冲厕	厕所便器冲洗
		道路清扫	城市道路的冲洗及喷洒
		车辆冲洗	各种车辆冲洗
		建筑施工	施工场地清扫、浇洒、灰尘抑制，混凝土制备与养护，施工中的混凝土构件和建筑物冲洗
		消防	消火栓、消防水泡
3	工业用水	冷却用水	直流式、循环式
		洗涤用水	冲渣、冲灰、消烟除尘、清洗
		锅炉用水	中压、低压锅炉
		工艺用水	溶料、水浴、蒸煮、漂洗、水力开采、水力输送、增湿、稀释、搅拌、选矿、油田回注
		产品用水	浆料、化工制剂、涂料
4	环境用水	娱乐性景观环境用水	娱乐性景观河道、景观湖泊及水景
		观赏性景观环境用水	观赏性景观河道、景观湖泊及水景
		湿地环境用水	恢复自然湿地、营造人工湿地
5	补充水源水	补充地表水	河流、湖泊
		补充地下水	水源补给、防止海水入侵、防止地面沉降

城市冲洗厕所、绿化、道路清扫等所用再生水宜符合《城市污水再生利用 城市杂用水水质》（GB/T 18920）。

城市景观环境用再生水宜遵循《城市污水再生利用 景观环境用水水质》（GB/T 18921）。

用作灌溉的污水必须符合灌溉用水的水质标准《城市污水再生利用 农田灌溉用水水质》（GB 20922），以免对土壤和农作物造成污染损害。

用于工业的再生水水质应符合《城市污水再生利用 工业用水水质》（GB/T 19923）的要求。

用于地下水回灌时，应考虑到地下水一旦污染恢复将很困难。用于防止地面沉降的回灌水，必须注意不应引起地下水质的恶化，其水质宜符合《城市污水再生水利用 地下水回灌水质》（GB/T 19772）的要求。

六、污泥的处置与利用

城市污水处理过程中会产生大量的污泥，其数量约占处理水量的0.3%~0.5%（以含水率为97%计）。这些污泥集聚了污水中的污染物，含有大量的有毒有害物质，如寄生虫、病原微生物、细菌、合成有机物及重金属离子等，也含有有用物质如植物营养素（氮、磷、钾）等。这些污泥不经处理，任意堆放或排泄，会对周围环境造成二次污染。为满足环境卫生方面要求和综合利用的需要，必须对污泥进行减量化、稳定化、无害化、资源化处理。

污泥处理与利用基本流程如图3-29所示。含水率很高的污泥先进行浓缩，初步降低水分，再对有机污泥进行消化，消化后污泥可进一步脱水干化，然后做最终处置。

图3-29　污泥处理与利用流程图

1. 污泥处理

（1）污泥脱水干化　污泥的含水率很高，一般为96%~99.8%，而且污泥体积很大，使得对污泥的处理、利用及输送较为困难。污泥中所含水分大致分为四种：颗粒间的空隙水（约占污泥总水分的70%）；污泥颗粒间的毛细管水（约占20%）；颗粒的吸附水和颗粒内部水（共占10%左右）。污泥脱水干化通常有重力浓缩、干化、焚烧等方法。

（2）污泥消化　污泥消化方法分为厌氧消化、好氧消化和好氧堆肥。厌氧消化是污泥中的有机物在无氧条件下，依靠厌氧、兼氧微生物，分解为甲烷、二氧化碳等气体，它是污泥处理的有效方法之一，适用于以有机物为主要成分的有机污泥。污泥好氧消化是在不投加其他有机物的条件下，对污泥进行较长时间的曝气，使污泥中微生物处于内源呼吸阶段从而进行自身氧化。在此过程中，细胞物质中可生物降解的组分被逐渐氧化成CO_2、H_2O和NH_3，NH_3再进一步被氧化成硝酸根离子。污泥好氧消化的机制取决于所处理污泥的类型。好氧消化的优势在于设备投资少、操作相对简单、无臭味、杀菌效果好；局限性主要是能耗大、污泥脱水性能差。好氧堆肥是依靠专性和兼性好氧细菌的作用降解有机物的生化过程，该法将要堆腐的有机料与填充料按一定的比例混合，在合适的水分、通气条件下，使微生物繁殖并降解有机质，从而产生高温，杀死其中的病原菌及杂草种子，使有机物达到稳定化。污泥稳定化控制指标见表3-24。

表3-24　污泥稳定化控制指标

稳定化方法	控制项目	控制指标
厌氧消化	有机物降解率（%）	>40
好氧消化	有机物降解率（%）	>40
好氧堆肥	含水率（%）	<65
	有机物降解率（%）	>50
	蛔虫卵死亡率（%）	>95
	粪大肠菌群菌值	>0.01

2. 污泥利用和处置

污泥资源化是污泥利用的方向。对于城市污水处理厂排出的以有机物为主要成分的有机污泥，作为农田肥料使用是较好的方法之一。国内外长期实践证明，有机污泥作为农肥，不仅可增产，而且可提高土壤肥力，但必须进行无害化灭菌处理。污泥用于农用应符合《农用污泥污染物控制标准》（GB 4284）要求，见表3-25。

表 3-25　污泥产物的污染物浓度限值

序号	控制项目	污染物限值	
		A 级污泥产物	B 级污泥产物
1	总镉（以干基计）/（mg/kg）	<3	<15
2	总汞（以干基计）/（mg/kg）	<3	<15
3	总铅（以干基计）/（mg/kg）	<300	<1000
4	总铬（以干基计）/（mg/kg）	<500	<1000
5	总砷（以干基计）/（mg/kg）	<30	<75
6	总镍（以干基计）/（mg/kg）	<100	<200
7	总锌（以干基计）/（mg/kg）	<1200	<3000
8	总铜（以干基计）/（mg/kg）	<500	<1500
9	矿物油（以干基计）/（mg/kg）	<500	<3000
10	苯并（a）芘（以干基计）/（mg/kg）	<2	<3
11	多环芳烃（PAHs）（以干基计）/（mg/kg）	<5	<6
12	蛔虫卵死亡率（%）	≥95	
13	粪大肠菌群菌值	≥0.01	
14	含水率（%）	≤60	
15	pH	5.5~8.5	
16	粒径/mm	≤10	
17	有机质（以干基计）（%）	≥20	

A 级污泥产物允许使用于耕地、园地、牧草地；B 级污泥产物允许使用于园地、牧草地、不种植食用农作物的耕地。污泥产物农用时，年用量累计不应超过 7.5t/hm² （以干基计），连续使用不应超过 5 年。

污泥也可经过一定处理加工作为建筑或市政工程材料。

污泥不能利用时，其最终的处理方式是填埋、焚烧、投海等，但一定要注意防止对环境的污染。

第四章
环境卫生设施规划

随着城市化进程的不断加快，人们的环保意识不断增强，对环境质量的要求也越来越高，创造清洁、卫生、优美的宜居环境已经成为时代的要求。环境卫生作为公共卫生的重要组成部分，如何做好城市环境卫生设施建设与管理，提高城市环境卫生设施水平，保障人民身心健康，成为当今城市总体规划的重点。环境卫生设施虽然不产生直接经济效益，但却关乎整个城市的环境质量和面貌，涉及人居环境和城市发展。因此，贯彻减量化、无害化、资源化原则，实现环境卫生设施布局合理、方便高效、整洁卫生等功能要求具有重大意义。

第一节　城市环境卫生设施规划基本内容

一、任务目标

根据城市发展目标和城市布局，确定城市环境卫生配置标准和垃圾集运、处理方式；合理确定环境卫生设施的类型、数量、规模和布局；制定环境卫生设施的隔离与防护措施；提出垃圾回收利用的对策与措施。

二、主要内容

1. 总体规划阶段

1）测算城市固体废物产量，分析其组成和发展趋势，提出污染控制目标。

2）确定城市固体废弃物的收运方案。

3）选择城市固体废弃物处理与处置方法。

4）布局各类环境卫生设施，确定服务范围、设置规模、设置标准、运作方式、用地指标等。

5）进行可能的技术经济方案比较。

2. 详细规划阶段

1）估算规划范围内固体废物产量。

2）提出规划期的环境卫生控制要求。

3）提出垃圾收运方式。

4）拟定废物箱、垃圾箱、垃圾收集点、垃圾转运站、公共厕所等设施布局，确定其位置、服务半径、用地和防护隔离措施等。

第二节　城市固体废物量预测

一、城市固体废物种类与特点

城市固体废物是指人们在开发建设、生产经营、日常生活等活动中向外界环境排放、丢弃的固态或半固态的废弃物。按其来源可以分为城市生活垃圾、城市建筑垃圾、一般工业固体废物和危险固体废物。

1. 城市生活垃圾

城市生活垃圾是指居民生活活动中所产生的固体废物，包括居民生活垃圾、商业垃圾、清扫垃圾、粪便等。居民生活垃圾来源于居民日常生活，主要有厨余废物、废纸制品和织物、废塑料制品、废金属制品、废玻璃陶瓷、废家具和废电器等。商业垃圾来源于商业和公共服务行业，主要有废旧的包装材料、废弃的蔬菜瓜果和主副食品等。清扫垃圾是城市公共场所，如街道、公园、绿化带、水面的清扫物以及公共垃圾箱中的固体废物，主要是枝叶、果皮及包装制品。城市生活垃圾具有明显的区域性和季节性，且在成分上有有机物成分增加、无机物成分减少、可燃物增多趋势。部分生活垃圾可回收利用。

2. 城市建筑垃圾

城市建筑垃圾主要是指城市建设工地拆建和新建过程中产生的固体废弃物，主要有砖瓦块、渣土、碎石、混凝土块、废管道等。随着城市建设规模的不断扩大，建筑垃圾产生量增加较快。

3. 一般工业固体废物

一般工业固体废物主要指工业生产过程中和工业加工过程中产生的废渣、粉尘、碎屑、污泥等，包括尾矿、煤矸石、粉煤灰、炉渣、废品、工业废物等。这类垃圾对环境产生的毒害比较小，多数可以回收利用。

4. 危险固体废物

危险固体废物是指具有腐蚀性、急性毒性、浸出毒性、反应性、传染性、放射性等一种或一种以上危害特性的固体废物，主要来源于冶金、化工、制药等行业以及医院、科研机构等，因其危险性大、需要有专门机构集中处理。

二、城市固体废物量预测

1. 城市生活垃圾产量

城市生活垃圾产量宜采用多方法比较进行预测，预测的相关参数应按照当地实际情况分析确定。在条件受限时，城市生活垃圾最高日产量计算公式为：

$$Q = \frac{RCA}{1000} \tag{4-1}$$

式中　Q——生活垃圾最高日产量（t/d）；

　　　R——规划人口数量（人）；

　　　C——预测的平均日人均生活垃圾产量［kg/（人·d）］，可取 0.8~1.4kg/（人·d）；

　　　A——生活垃圾日产量不均匀系数，可取 1~1.5。

2. 工业固体废物产量

工业固体废物的产量与城市的产业性质与产业结构、生产管理水平等有关。预测的方法有单位产品法、万元产值法、增长率法。

（1）单位产品法　根据各行业的统计数据或调查数据，得出每单位原料或产品的固体废物产量。部分工业生产过程的固体废物产量见表4-1。

表4-1　部分工业生产过程的固体废物产量

行业		产品/t	固体废物产量/t
冶金	铁	1	0.4~1.0
	钢	1	0.15~0.25
	铁合金	1	2.0~4.0
有色金属		1	0.3~0.6
电力工业		1	0.1~0.3

（2）万元产值法　根据规划的工业产值乘以每万元工业固体废物产生系数，得出工业固体废物产量。参照我国部分城市的规划指标，可采用0.04~0.1t/万元的指标。

（3）增长率法　计算公式为

$$Q_t = Q_0 (1 + i)^t \tag{4-2}$$

式中　Q_t——预测年城市工业固体废物产量（万t）；

　　　Q_0——基准年城市工业固体废物产量（万t）；

　　　i——年增长率（%），根据历史数据和城市产业发展规划确定；就全国平均情况，年增长率可取2%~5%；

　　　t——预测年限（年）。

第三节　城市生活垃圾的收集和运输

城市生活垃圾的收集和运输是指生活垃圾产生后，用容器将其收集起来，集中收集后，用清运车辆运至转运站或者处理厂，这是城市垃圾处理系统中相当重要的一个环节。据估算，垃圾收集和运输环节的费用约占整个处理系统费用的60%~80%。城市垃圾的收运系统规划应和城市总体规划中的环境卫生规划相统一，与垃圾产生量及其源头分布和末端垃圾处理处置设施规划相适应，在满足环境卫生要求的前提下，考虑达到各项卫生目标的同时，费用最低，并有助于降低后续处理费用。

一、城市生活垃圾的收集

生活垃圾的收集包括混合收集和分类收集两种方式。

混合收集是将产生的各种垃圾混在一起进行收集，这种方法简单、方便，对设施和运输的条件要求低，是我国各城市通常采用的方法。但由于垃圾在处理前混合在一起，未经分选，不利于后期对不同组分的垃圾进行处理和资源回收。

分类收集是将城市生活垃圾分为可回收物、有害垃圾、厨余垃圾和其他垃圾四类，并设置不同颜色回收容器进行分类回收。可回收物（recyclable）垃圾容器为蓝色，表示适宜回收利用的生活垃圾，包括纸类、塑料、金属、玻璃、织物等。有害垃圾（hazardous waste）垃圾容器为红色，表示《国家危险废物名录》中的家庭源危险废物，包括灯管、家用化学品和电池等。厨余垃圾（food waste）也可称为"湿垃圾"，垃圾容器为绿色，表示易腐烂的、含有机质的生活垃圾，包括家庭厨余垃圾、餐厨垃圾和其他厨余垃圾等。其他垃圾（residual waste）也可称为"干垃圾"，垃圾容器为黑色，表示除可回收物、有害垃圾、厨余垃圾外的生活垃圾。

值得注意的是，分类收集应与垃圾的整个运输、处理和回收利用构成完整的系统。若清运时未能分类清运，也没有建立分类回收利用系统，分类收集则无意义。

垃圾收集通常有以下几种方法：

1）垃圾箱收集。垃圾箱置于居住小区楼旁、街道、广场，用户自行就近倾倒垃圾。在小区内的垃圾箱一般置于垃圾间内。现在城市的垃圾箱一般封闭，有一定规格，便于清理车辆出入。

2）垃圾管道收集。在多层或高层建筑物内设置垂直的管道，每层设倒入口，底层垃圾间设垃圾容器。

3）袋装化收集。居民将袋装垃圾放至固定地点，由环卫人员定时将垃圾取走，送至垃圾站或垃圾压缩站，压缩后，集装运走。垃圾袋装可以避免清运过程中垃圾的散失。采用压缩集运方式，提高了运输效率。该方式是定点、定时收集，需要居民配合。

4）厨房垃圾自行收集处理。厨房垃圾通常占日常生活垃圾的50%左右，成分主要是有机物。在一些发达国家中，厨房垃圾被粉碎成较细小颗粒，冲入排水管，通过排水系统进入污水厂处理。在保证不堵塞管道、排水系统健全情况下，这种方式可大大减少垃圾产生量，便于垃圾的分类回收，利于污水厂二级生化处理。

5）垃圾气动系统收集。利用压缩空气或真空作动力，通过敷设在住宅区和城市道路的输送管道，将垃圾传送至集中点。这种方式主要用于高层公寓楼房和现代住宅区，具有自动化程度高、方便卫生的优点，且节省劳动力和运输费用，但一次性投资高。

二、城市生活垃圾的运输

城市生活垃圾的运输是指从各垃圾收集点（站）把垃圾装运至转运站、处理厂的过程。垃圾的运输应实现机械化，并保证清运机械能够顺利到达收集点。但由于城市扩展、环境保护和人类健康的要求，垃圾处理厂距城市越来越远。为解决垃圾运输车辆不足、交通拥挤、贮运费用提高的问题，需在清运过程中设垃圾中转站。中转站的设置与否或设置位置的确定，在规划时，需进行技术经济比较。

规划时，除了要求布置收集点外，还应考虑便于清运，使清运路线合理。路线规划应根据道路交通、垃圾产生量、收集点分布、车辆情况、停车场位置进行优化，使车辆在收集区域内行程距离最短。

选择垃圾清运路线的原则：

1）收集线路出发点尽可能接近停放车辆场。

2）线路开始与结束应邻近城市主要道路，便于出入，并尽可能利用地形和自然疆界作为线路疆界。

3）线路应使每日清运垃圾量、运输路程、花费时间尽可能相同。

第四节　城市固体废物处理与处置

一、城市固体废物对环境的危害

固体废物中含有的有机污染物、无机污染物、有害微生物和重金属等污染物质在一定条件下会发生化学的、物理的或生物的转化，对周围环境造成一定影响，如果采取的处理方法不当，有害物质将通过水、气、土壤、食物链等途径危害环境与人体健康。城市固体废物对环境的危害主要表现在以下几个方面：

1. 侵占土地

固体废物产生以后，须占地堆放，堆积量越大，占地越多，国内大部分城市普遍存在"聚废成山"的现象。

2. 污染土壤

固体废物露天堆存，其含有的有毒有害成分会渗入到土壤中，使土壤碱化、酸化甚至毒化，从而破坏土壤中微生物的生存条件，影响动植物生长发育。

3. 污染水体

1）大量固体废物倾倒到江河湖海会阻塞河道、侵蚀农田、危害水利工程。有毒有害固体废物进入水体，会使一定的水域成为生物死区。

2）降水过程中，固体废物的有毒有害成分被浸滤出来，最终渗入地下或随地表径流进入河流、湖泊，造成水体污染。

4. 污染大气

1）固体废物的颗粒被风吹起，增加了大气中的粉尘含量，加重了大气的粉尘污染。

2）生产过程中的除尘环节使大量粉尘直接从排气筒排放到大气环境中，污染大气。

3）堆放的固体废物中含有的有害物质、有机物等通过化学、生物反应产生有毒或易燃气体，导致大气污染，遇到明火还有可能引起爆炸。

5. 影响环境卫生，传播疾病

固体废物在城市大量堆放，不仅影响市容，而且污染城市的环境。粪便不做无害化处理堆肥使用容易传播大量的病原体，引起疾病；长期堆放的工业固体废物中的有毒物质具有较长的潜伏期，会对城市环境造成长期威胁。

二、城市固体废物的预处理技术

固体废物预处理是以机械处理为主，对固体废物中某些组分进行简易分离与浓缩的处理方法。预处理的目的是方便固体废物后续的资源化、减量化和无害化的处理与处置。预处理技术主要包括压实、破碎、分选和脱水等技术。

1. 压实技术

压实又称压缩，是指利用机械方法减少固体废物的空隙率，增加固体废物聚集程度，增大容重和减小固体废物表观体积，提高固体废物运输与管理效率的预处理技术。压实技术主要适合处理压缩性能大而复原性小的物质，如冰箱、汽车、纸箱、易拉罐、塑料瓶等。对于可能使压实设备损坏的废物不宜采用压实处理。

2. 破碎技术

破碎是指利用外力克服固体废物质点间的内聚力而使大块固体废物分裂成小块，使小块固体废物颗粒分裂成细粉的过程称为磨碎。破碎是所有固体废物处理技术中必不可少的预处理技术，是后续处理与处置必须经过的环节。

3. 分选技术

分选是将固体废物中各种可回收利用的废物或不利于后续处理工艺要求的废物组分采用适当技术分离出来的过程。分选是实现固体废物资源化、减量化的重要手段，通过分选技术可将有用的成分选出来加以利用，有害的成分进行分离。分选技术分为人工分选和机械分选，机械分选又包括筛选、重力分选、磁力分选、电力分选和光学分选等。

4. 脱水技术

含水率超过90%的固体废物,必须进行脱水减容,以便于其包装、运输与资源化利用。固体废物常用的脱水技术有浓缩脱水和机械脱水。

三、城市固体废物处理技术

固体废物处理是指通过物理、化学、生物、物化及生化方法把固体废物转化为适于运输、储存、利用或处置的过程,使固体废物达到减量化、无害化、稳定化和安全化的目的,加速其在自然环境中的再循环,减轻或消除对土壤、水体、大气等环境组成要素的污染。处理技术主要包括固化处理技术、焚烧技术、热解技术和生物处理技术。固体废物的处理与处置程序应为:先考虑减量化、资源化,再考虑加速物质循环,最后对残留物质进行无害化处理。

1. 固化处理技术

固化处理技术是利用物理或化学方法将有害废物与能聚结成固体的某些惰性基材混合,从而使固体废物固定或包容在惰性基材中,使之具有化学稳定性或密封性的一种无害化处理技术。经过处理的固化产物应具有良好的抗渗透性、抗浸出性、抗干湿性、抗冻融性和足够的机械强度。

2. 焚烧技术

焚烧技术是指将可燃性固体废物通过高温燃烧进行高温分解和深度氧化使之转化为惰性残渣的处理过程。焚烧技术的优点是减量化效果显著,无害化程度彻底,产生的热量可用来发热或发电,占地面积小且选址灵活;缺点是投资和运行管理费用高,管理和操作要求高,产生的废气容易造成二次污染,对固体废物有一定的热值要求。

3. 热解技术

热解技术是利用有机物的热不稳定性,将有机物在无氧或缺氧条件下高温($500 \sim 1000$℃)加热,使其分解为分子量较小的可燃气、液态油、固体燃料的过程。与焚烧相比,热解技术具有将固体废物中的有机物转化为以燃料气、燃料油和炭黑为主的储存性能源,产气量少,有利于减轻对大气的二次污染等特点。

4. 生物处理技术

生物处理技术是指利用微生物的新陈代谢作用,在好氧或厌氧条件下对固体废物中分子量大、能位高的有机物进行分解,使之转化为分子量小、能位低的简单物质,达到固体废物减量化、无害化、资源化的目标,以便对其进行利用或做进一步妥善处理的技术。生物处理技术包括好氧堆肥、厌氧消化和生物酶解技术,目前应用较广泛的技术有堆肥化、沼气化、废纤维素糖化、废纤维饲料化和生物浸出等。

堆肥化是指在有控制的条件下,利用微生物将固体废物中的有机物质分解,使之转化为具有稳定腐殖质的有机肥料,这一过程可以消灭其中的病菌和寄生虫卵。堆肥化是一种无害化和资源化的过程,优点是投资较低、无害化程度较高、产品可用作肥料,缺点是占地面积较大、卫生条件差、运行费用高、在堆肥前需要分选去掉不能分解的物质。

沼气化是指在厌氧状态下利用厌氧微生物使固体废物中的有机物转化为 CH_4 和 CO_2 的过程。沼气化的优点是过程可控、资源化效果好、无害化程度高,缺点是处理过程会产生 H_2S 等恶臭气体,且处理效率低、设备体积大。

四、城市固体废物处置

无论以何种方式实现城市固体废物的综合利用与资源回收，总有残留的物质无法利用或处理最终返回到自然环境中。固体废物的处置是指通过改变固体废物的物理、化学和生物特性，最终置于符合环境保护的场所或设施中，不再对固体废物进行回收或其他任何操作的过程。固体废物处置的目标是使固体废物最大限度地与生物圈隔离，防止其对环境的扩散污染，确保现在和将来都不会对人类造成危害或影响较小，从根本上解决固体废物的最终归宿问题。城市终态固体废物处置主要有两种途径，即海洋处置与陆地处置。

1. 海洋处置

海洋处置是某些工业化国家早期采用的方法，近年来由于海洋保护法的制定，海洋处置方法在国际上引起了较大的争议，其使用范围已逐渐缩小。海洋处置主要包括海洋倾倒和远洋焚烧两种方法。

海洋倾倒是指通过船舶及其他载运工具，向海洋倾倒废物或其他有害物质的行为。海洋拥有巨大环境容量，对污染物质有极大的稀释能力。根据有关法律规定，选择适宜的处置区域，结合区域的特点、海洋保护水质标准、废物种类及倾倒方式进行技术可行性研究和经济分析，最后按照设计的倾倒方案进行投弃。

远洋焚烧是利用焚烧船将固体废物运至远洋处置区进行船上焚烧的处置方法，废物焚烧后产生的废气通过冷凝器冷凝和净化装置处理，冷凝液排入海洋，气体排入大气，残渣倾入海洋，这种技术适用于处理易燃性废物。

2. 陆地处置

陆地处置是目前国际上多采用的固体废物处置方法，主要包括自然堆存、土地填埋、土地耕作和深井灌注等。

自然堆存是指把垃圾倾倒在地面上或水体中，如弃置在荒地或洼地中，不加任何防护措施，使之自然腐化发酵。这种方法是小城镇发展初期通常采用的方式，由于对环境的污染严重，目前已被许多国家禁止，但对于不溶或极难溶、不飞散、不腐烂变质、不产生毒害、不散发臭气的粒状和块状废物，如废石、炉渣、尾矿和部分建筑垃圾等，自然堆存法是可行的。

土地填埋是指在陆地上选择合适的天然或人工改造的场所，如谷地、平地或沙坑等，将固体废物填入后用机械压实并覆土的处理方法。土地填埋主要分为两类，卫生填埋和安全填埋。卫生填埋具有防渗层、气体收集系统、渗滤液收集处理系统和地下水监测系统，适用于处置生活垃圾。安全填埋要求更为严格，具有双层防渗层和双渗滤液收集与排放系统，相对来说更安全，一般用来处理危险废物，适用于处置工业固体废物。土地填埋法的优点是处理量大、技术成熟、操作管理简单、费用低、服役期满后土地可适当进行利用，缺点需是占用大量土地、产生的渗滤液和沼气容易造成二次污染、选址受到地理和水文地质条件的限制。

五、城市生活垃圾处理方案选择

在进行城市生活垃圾综合处理规划时必须考虑诸多的影响因素，如设计方案的技术可行性、经济效益、环境效益和资源效益等。对于一定区域城市生活垃圾综合处理方案的选择应该是一个系统规划和方案优选的过程，整个过程可分为三个阶段。

第一阶段，掌握城市生活垃圾综合处理的基础资料，提出适合具体情况的若干个综合处理城市生活垃圾的方案。首先对城市垃圾综合处理的基本资料进行调查研究，应包括：城市垃圾的数量和成分；政府部门和有关单位对垃圾处理的要求、目标和规定；生态环境部门对垃圾处理的有关法律、规定和准则；执行单位的具体情况，如经济力量、技术水平、管理水平、场地等的限制或约束条件；各种综合处理方案的原理、方法、优缺点、方案的局限性。调查研究后依据本地区和具体执行单位的实际情况提出若干垃圾综合处理的方案。

第二阶段确定论证的内容，建立相应的评估模式进行综合论证和综合评估。将调查、收集到的各方案的全部参数进行归纳和整理，建立数据体系，进行经济效益论证、技术可行性论证、环境效益论证和资源效益论证，各项论证通过进行各子项的预算和评估来实现。根据各项论证数据和结果，利用科学、合理的数学或其他方法建立评估模式，完成论证评估过程。

最后一阶段，在分析论证和评估的基础上，从各种提供的方案中选择最优的生活垃圾综合处理方案，并进行适当的模拟试验，如计算机模拟、小型实验厂模拟等，最后提交决策报告。

为达到技术上安全可靠，经济上合理，通常一个城市的垃圾处理方式不是单一的，而是一个综合系统，多方案比较，择优选用，填埋、焚烧和堆肥三种处理方法比较常见，三种方法的比较见表4-2。

表4-2　填埋、焚烧和堆肥三种处理方法比较

项目	方　　法		
	填埋	焚烧	堆肥
技术可靠性	可靠	可靠	可靠，国内有一定经验
选址	较困难，要考虑地理条件，防止水体污染，一般远离市区，运输距离大于20km	容易，可靠近市区建设，运输距离可小于10km	较容易，需避开住宅密集区，气味影响半径小于200m，运输距离10~20km
占地面积	大	小	中等
适用条件	适用范围广，对垃圾成分无严格要求；无机物含量大于60%时，填埋场征地容易、地区水文条件好、气候干燥少雨等条件尤为适用	要求垃圾热值大于4000kJ/kg；适用于土地资源紧张，经济条件好的区域	垃圾中生物可降解有机物含量大于40%；堆肥产品有较大市场
最终处置	无	残渣需做处理，占初始量的10%~20%	非堆肥物需做处置，占初始量的25%~35%
资源利用	恢复土地利用或再生土地资源	垃圾分选可回收部分物质	作农肥和回收部分物质
地面水污染	有可能，但可采取措施防止污染	残渣填埋时有可能，但可采取措施防止污染	无
地下水污染	有可能，须采取防渗措施，但仍有可能渗漏	无	可能性小
大气污染	可用导气、覆盖等措施控制	烟气处理不当时对大气有一定污染	有轻微污染
土壤污染	限于填埋场区域	无	需控制堆肥有害物含量
管理水平	一般	较高	较高
投资运行费用	最低	最高	较高

例如，上海市规定，有害垃圾、湿垃圾、干垃圾应当按照下列方式进行分类利用处置：

1）有害垃圾采用高温处理、化学分解等方式进行无害化处置。

2）湿垃圾采用生化处理、产生沼气、堆肥等方式进行资源化利用或者无害化处置。

3）干垃圾采用焚烧等方式进行无害化处置。

第五节　城市环境卫生设施规划

城市环境卫生设施应方便社会公众使用，满足卫生环境和城市景观环境以及运送、处理要求。《城市环境卫生设施规划标准》（GB/T 50337）将城镇环境卫生设施分为环境卫生收集设施、环境卫生转运设施、环境卫生处理及处置设施和其他环境卫生设施。环境卫生收集设施包括生活垃圾收集点、生活垃圾收集站、废物箱、水域保洁及垃圾收集设施。环境卫生转运设施包括生活垃圾转运站、垃圾转运码头和粪便码头。环境卫生处理及处置设施包括生活垃圾焚烧厂、生活垃圾卫生填埋场、堆肥处理设施、餐厨垃圾集中处理设施、粪便处理设施和建筑垃圾处理及处置设施。其他环境卫生设施包括公共厕所、环境卫生车辆停车场、洒水（冲洗）车供水器和环卫工人休息场所。

一、环境卫生收集设施

1. 生活垃圾收集点

（1）设计原则及要求

1）生活垃圾收集点的位置应固定，并符合方便居民、不影响市容观瞻、利于垃圾的分类收集和机械化收运作业等要求。

2）生活垃圾收集点的服务半径不宜超过70m，宜满足居民投放生活垃圾不穿越城市道路的要求。市场、交通客运枢纽及其他生活垃圾产量较大的场所附近应单独设置生活垃圾收集点。

3）生活垃圾收集点宜采用密闭方式。生活垃圾收集点可采用放置垃圾容器或建造垃圾容器间的方式，采用垃圾容器间时，建筑面积不宜小于10m²。

4）有害垃圾必须单独收集、单独运输、单独处理，其垃圾容器应封闭并应具有便于识别的标志。

5）生活垃圾收集点的垃圾容器或垃圾容器间的容量和数量应按使用人口、各类垃圾日排出量、种类和收集频率计算。垃圾存放容器的总容纳量必须满足使用需要，垃圾不得溢出而影响环境。

（2）生活垃圾收集点垃圾量预测　生活垃圾收集点收集范围内的生活垃圾日排出重量计算公式为

$$Q = RCA_1A_2 \tag{4-3}$$

式中　Q——收集点收集范围内的生活垃圾日排出重量（t/d）；

$\quad\quad R$——收集点收集范围内的居住人口（人）；

$\quad\quad C$——预测人均生活垃圾日排出重量［t/（人·d）］；

$\quad\quad A_1$——收集点收集范围内的生活垃圾日排出重量不均匀系数，$A_1 = 1.1 \sim 1.5$；

$\quad\quad A_2$——居住人口变动系数，$A_2 = 1.02 \sim 1.05$。

生活垃圾收集点收集范围内的生活垃圾日排出体积计算公式为

$$V_{ave} = \frac{Q}{D_{ave}A_3} \tag{4-4}$$

$$V_{max} = KV_{ave} \tag{4-5}$$

式中　V_{ave}——生活垃圾日排出体积（m^3/d）；

　　　D_{ave}——生活垃圾平均密度（t/m^3）；

　　　A_3——生活垃圾平均密度变动系数，$A_3 = 0.7 \sim 0.9$；

　　　V_{max}——生活垃圾高峰日排出最大体积（m^3/d）；

　　　K——生活垃圾高峰日排出体积变动系数，$K = 1.5 \sim 1.8$。

生活垃圾收集点设置的垃圾容器数量为

$$N_{ave} = \frac{V_{ave}A_4}{EB} \tag{4-6}$$

式中　N_{ave}——生活垃圾收集点设置的垃圾容器个数（个）；

　　　A_4——生活垃圾清理周期（$d/$次）；当每日清除 1 次，$A_4 = 1$；当每日清除 2 次，$A_4 = 0.5$；当每 2 日清除 1 次，$A_4 = 2$，以此类推；

　　　E——单个垃圾容器的容积（$m^3/$个）；

　　　B——垃圾容器填充系数，$B = 0.75 \sim 0.9$。

2. 生活垃圾收集站

在新建、扩建的居住区或旧城改建的居住区应设置生活垃圾收集站，并应与居住区同步规划，同步建设和同步投入使用。收集站的站前区布置应满足垃圾收集小车、垃圾运输车的通行和方便、安全作业的要求，建筑设计和外部装饰应与周围居民住宅、公共建筑物及环境相协调。收集站应设置一定宽度的绿化带。收集站的类型主要分为不带压缩装置的和带压缩装置的，压缩式收集站宜配置卧式垃圾压缩机。

生活垃圾收集站的服务半径应符合下列规定：

1）采用人力收集，服务半径宜为 0.4km，最大不宜超过 1km。

2）采用小型机动车收集，服务半径不宜超过 2km。

此外，对于大于 5000 人的居住小区（或组团）及规模较大的商业综合体可单独设置收集站。

生活垃圾收集站的用地指标应符合表 4-3 的规定。

表 4-3　生活垃圾收集站用地指标

规模/（t/d）	用地面积/m²	与相邻建筑物间距/m
20~30	300~400	≥10
10~20	200~300	≥8
<10	120~200	≥8

注：1. 带有分类收集功能或环卫工人休息功能的收集站，应适当增加占地面积。

　　2. 与相邻建筑间隔自收集站外墙起计算。

3. 废物箱

废物箱是设置在公共场所，供行人丢弃垃圾的容器，一般设在道路两侧以及各类交通客运设施、公交站点、公园、公共设施、社会停车场、公厕等人流密集场所的出入口附近。废物箱的设置宜满足分类收集的要求，同时兼具美观、卫生、耐用，并具有防雨、抗老化、防腐、耐用、阻燃的特点。

设置在道路两侧的废物箱，其间距宜按道路功能划分：

121

1）在人流密集的城市中心区、大型公共设施周边、主要交通枢纽、城市核心功能区、市民活动聚集区等地区的主干路，人流量较大的次干路，人流活动密集的支路，以及沿线土地使用强度较高的快速路辅路，设置间距为 30~100m。

2）在人流较为密集的中等规模公共设施周边、城市一般功能区等地区的次干路和支路，设置间距为 100~200m。

3）在以交通型为主、沿线土地使用强度较低的快速路辅路、主干路以及城市外围地区、工业区等人流活动较少的各类道路，设置间距为 200~400m。

4. 水域保洁及垃圾收集设施

城市中的江河、湖泊、海洋可按需设置清除水生植物、漂浮垃圾和收集船舶垃圾的水域保洁管理站，以及相应的岸线和陆上用地。根据河流走向、水流变化规律，宜在水面垃圾易聚集处设置水面垃圾拦截设施。

水域保洁管理站应按河道分段设置，宜按每 12~16km 河道长度设置 1 座。水域保洁管理站使用岸线每处不宜小于 50m，有条件的城市陆上用地面积不宜少于 800m²。

二、环境卫生转运设施

1. 生活垃圾转运站

（1）垃圾转运站布局要求

1）垃圾转运站的选址应尽量靠近服务区域中心，或者生活垃圾产量多且交通运输方便的场所，不宜设在公共设施集中区域和靠近人流、车流集中区段。

2）作业区宜布置在主导风向的下风向。

3）垃圾转运站外型应美观，并应与周围环境相协调，操作应实现封闭、减容、压缩，设备力求先进。飘尘、噪声、臭气、排水等指标应符合相应的环境保护标准。转运站绿化率不应大于 30%。

4）垃圾转运站内应设置垃圾称重计量系统，对进站的垃圾车进行称重。大中型转运站应设置监控系统。

（2）垃圾转运站设置规模　生活垃圾转运站按照设计日转运能力分为大、中、小型三大类和Ⅰ、Ⅱ、Ⅲ、Ⅳ、Ⅴ五小类。用地指标应根据日转运量确定，并应符合表 4-4 的规定。

表 4-4　生活垃圾转运站用地标准

类型		设计转运量/(t/d)	用地面积/m²	与站外相邻建筑间距/m
大型	Ⅰ	1000~3000	≤20000	≥30
	Ⅱ	450~1000	10000~15000	≥20
中型	Ⅲ	150~450	4000~10000	≥15
小型	Ⅳ	50~150	1000~4000	≥10
	Ⅴ	≤50	500~1000	≥8

注：1. 表内用地面积不包含垃圾分类和堆放作业用地。

2. 与站外相邻建筑间距自转运站用地边界起计算。

3. Ⅱ、Ⅲ、Ⅳ类含下限值不含上限值，Ⅰ类含上、下限值。

（3）垃圾转运站设置要求

1）当生活垃圾运输距离超过经济运距且运输量较大时，宜设置垃圾转运站。

2）服务范围内垃圾运输平均距离超过10km时，宜设置垃圾转运站。

3）服务范围内垃圾运输平均距离超过20km时，宜设置大、中垃圾转运站。

2. 垃圾转运码头、粪便码头

垃圾转运码头、粪便码头应设置在人流活动较少及距居住区、商业区和客运码头等人流密集区较远的地方，不应设置在城市上风方向、城市中心区域和用于旅游观光的主要水面岸线上，并重视环境保护，与周围环境相协调。水运条件优于陆运条件的城市，可设置水上生活垃圾转运码头或粪便码头。

垃圾转运码头、粪便码头设置应有供卸料、停泊、调档等使用的岸线和陆上作业区。陆上作业区用以安排车道、计量装置、大型装卸机械、仓储、管理等用地。垃圾转运码头、粪便码头需有保证正常运转所需的岸线，岸线长度应根据装卸量、装卸生产率、船只吨位、河道允许船只停泊档数确定。

垃圾转运码头、粪便码头综合用地按每米岸线配置不少于 $15m^2$ 的陆上作业场地，垃圾转运码头周边应设置宽度不少于5m的绿化隔离带，粪便码头周边应设置宽度不小于10m的绿化隔离带。在有条件的码头，应拥有改造为集装箱专业码头的预留用地。码头应有防尘、防臭、防（垃圾、粪便、污水）散落下水体的设施，粪便码头应建造封闭式防渗贮粪池。

三、环境卫生处理及处置设置

1. 生活垃圾焚烧厂

根据国家发展改革委、住房城乡建设部印发的《"十三五"全国城镇生活垃圾无害化处理设施建设规划》，到2020年底，设市城市生活垃圾焚烧处理能力占无害化处理总能力的50%以上，其中东部地区达到60%以上。经济发达地区和土地资源短缺、人口基数大的城市，优先采用焚烧处理技术，减少原生垃圾填埋量。建设焚烧处理设施的同时要考虑垃圾焚烧残渣、飞灰处理处置设施的配套，鼓励相邻地区通过区域共建共享等方式建设焚烧残渣、飞灰集中处理处置设施，不鼓励建设处理规模小于300t/d的焚烧处理设施。

（1）选址原则及综合用地指标

1）生活垃圾焚烧厂的选址应符合当地的城乡总体规划、环境保护规划和环境卫生专项规划，并符合当地的大气污染防治、水资源保护、自然生态保护等要求。

2）应依据环境影响评价结论确定生活垃圾焚烧厂厂址的位置及其与周围人群的距离。经具有审批权的环境保护行政主管部门批准后，这一距离可作为规划控制的依据。

3）在对生活垃圾焚烧厂厂址进行环境影响评价时，应重点考虑生活垃圾焚烧厂内各设施可能产生的有害物质泄漏、大气污染物（含恶臭物质）的产生与扩散以及可能的事故风险等因素，根据其所在地区的环境功能区类别，综合评价其对周围环境、居住人群的身体健康、日常生活和生产活动的影响，确定生活垃圾焚烧厂与常住居民居住场所、农用地、地表水体以及其他敏感对象之间合理的位置关系。

生活垃圾焚烧厂单独设置时，用地内沿边界应设置宽度不小于10m的绿化隔离带。生活垃圾焚烧厂综合用地指标见表4-5。

表 4-5　生活垃圾焚烧厂综合用地指标

类型	日处理能力/(t/d)	用地指标/hm²
Ⅰ类	1200~2000	4~6
Ⅱ类	600~1200	3~4
Ⅲ类	150~600	2~3

注：日处理能力超过 2000t/d 的生活垃圾焚烧厂，超出部分用地面积按 30m²/(t·d) 递增计算；日处理能力不足 150t/d 时，用地面积不应小于 1hm²。

（2）入炉废物要求

1）可直接进入生活垃圾焚烧炉进行焚烧处置的废物有：由环境卫生机构收集或者生活垃圾产生单位自行收集的混合生活垃圾；由环境卫生机构收集的服装加工、食品加工以及其他为城市生活服务的行业产生的性质与生活垃圾相近的一般工业固体废物；生活垃圾堆肥处理过程中筛分工序产生的筛上物，以及其他生化处理过程中产生的固态残余组分；按照 HJ 228、HJ 229、HJ 276（HJ 为环境保护行业标准）要求进行破碎毁形和消毒处理并满足消毒效果检验指标的《医疗废物分类目录》中的感染性废物。

2）在不影响生活垃圾焚烧炉污染物排放达标和焚烧炉正常运行的前提下，生活污水处理设施产生的污泥和一般工业固体废物可以进入生活垃圾焚烧炉进行焚烧处置。

3）危险废物（满足直接进入生活垃圾焚烧炉条件的除外）和电子废物及其处理处置残余物（国家环境保护行政主管部门另有规定的除外）不得在生活垃圾焚烧炉中进行焚烧处置。

2. 生活垃圾卫生填埋场

根据《"十三五"全国城镇生活垃圾无害化处理设施建设规划》，卫生填埋处理技术作为生活垃圾的最终处置方式，是各地必须具备的保障手段，重点用于填埋焚烧残渣和达到豁免条件的飞灰以及应急使用，剩余库容宜满足该地区 10 年以上的垃圾焚烧残渣及生活垃圾填埋处理要求，不鼓励建设库容小于 50 万 m³ 的填埋设施。

（1）选址原则

1）生活垃圾填埋场的选址应符合区域性环境规划、环境卫生设施建设规划和当地的城市规划。

2）生活垃圾填埋场场址不应选在城市工农业发展规划区、农业保护区、自然保护区、风景名胜区、文物（考古）保护区、生活饮用水水源保护区、供水远景规划区、矿产资源储备区、军事要地、国家保密地区和其他需要特别保护的区域内。

3）生活垃圾填埋场选址的标高应位于重现期不小于 50 年一遇的洪水位之上，并建设在长远规划中的水库等人工蓄水设施的淹没区和保护区之外。拟建有可靠防洪设施的山谷型填埋场，并经过环境影响评价证明洪水对生活垃圾填埋场的环境风险在可接受范围内，前款规定的选址标准可以适当降低。

4）生活垃圾填埋场场址的选择应避开下列区域：破坏性地震及活动构造区，活动中的坍塌、滑坡和隆起地带，活动中的断裂带，石灰岩溶洞发育带，废弃矿区的活动塌陷区，活动沙丘区，海啸及涌浪影响区，湿地，尚未稳定的冲积扇及冲沟地区，泥炭以及其他可能危及填埋场安全的区域。

5）生活垃圾填埋场场址的位置及与周围人群的距离应依据环境影响评价结论确定，并经地方环境保护行政主管部门批准。在对生活垃圾填埋场场址进行环境影响评价时，应考虑生活垃圾填埋场产生的渗滤液、大气污染物（含恶臭物质）、滋养动物（蚊、蝇、鸟类等）等因素，根据其所在地区的环境功能区类别，综合评价其对周围环境、居住人群的身体健康、日常生活和生产活动的影响，确定生活垃圾填埋场与常住居民居住场所、地表水域、高速公路、交通主干道（国道或省道）、铁路、飞机场、军事基地等敏感对象之间合理的位置关系以及合理的防护距离。环境影响评价的结论可作为规划控制的依据。

6）综合考虑协调城市发展空间、选址的经济性和环境要求，新建生活垃圾卫生填埋场不应位于城市主导发展方向上，且用地边界距20万人口以上城市的规划建成区不宜小于5km，距20万人口以下城市的规划建成区不宜小于2km。

（2）生活垃圾卫生填埋场的主体设施　生活垃圾卫生填埋场的主体工程构成内容应包括：计量设施，地基处理与防渗系统，防洪、雨污分流及地下水导排系统，场区道路，垃圾坝，渗滤液收集和处理系统，填埋气体导排和处理（可含利用）系统，封场工程及监测井等。

由于垃圾渗滤液对地下水环境危害非常大，生活垃圾卫生填埋场防渗系统应铺设渗滤液收集系统，并设置疏通设施；应设置防渗衬层渗漏检测系统，以保证在防渗衬层发生渗滤液渗漏时能及时发现并采取必要的污染控制措施。渗滤液收集系统应包括导流层、盲沟、集液井（池）、调节池、泵房和污水处理设施等。生活垃圾卫生填埋场用地内沿边界应设置宽度不小于10m的绿化隔离带，外沿周边宜设置宽度不小于100m的防护绿带。

3. 生活垃圾堆肥厂

生活垃圾中可生物降解的有机物含量大于40%时，可考虑设置生活垃圾堆肥厂。生活垃圾堆肥厂宜位于城市规划建成区的边缘地带，用地边界距城乡居住用地不应小于0.5km。生活垃圾堆肥厂在单独设置时，用地内沿边界应设置宽度不小于10m的绿化隔离带。堆肥厂用地指标见表4-6。

表4-6　堆肥厂用地指标

类型	日处理能力/(t/d)	用地指标/hm²
Ⅰ型	300～600	3.5～5
Ⅱ型	150～300	2.5～3.5
Ⅲ型	50～150	1.5～2.5
Ⅳ型	≤50	≤1.5

注：表中指标不含堆肥产品深加工处理及堆肥残余物后续处理用地。

4. 餐厨垃圾集中处理设施

根据《"十三五"全国城镇生活垃圾无害化处理设施建设规划》，推进餐厨垃圾无害化处理和资源化利用能力建设，根据各地餐厨垃圾产生量及分布等因素，统筹安排、科学布局，鼓励餐厨垃圾与其他有机可降解垃圾联合处理，"十三五"末，达到新增餐厨垃圾处理能力3.44万t/d，城市基本建立餐厨垃圾回收和再生利用体系。

餐厨垃圾应在源头进行单独分类、收集并密闭运输，餐厨垃圾集中处理设施宜与生活垃圾处理设施或污水处理设施集中布局。餐厨垃圾集中处理设施用地边界距城乡居住用地等区域不应小于0.5km，综合用地指标不宜小于85m²/(t·d)，并不宜大于130m²/(t·d)，餐厨垃圾集中处理设施单独设置时，用地内沿边界应设置宽度不小于10m的绿化隔离带。

5. 粪便处理设施

粪便应逐步纳入城市污水管网统一处理，在城市污水管网未覆盖的地区及化粪池使用较为普遍的地区，未纳入城市污水管网统一处理的粪便与化粪池粪渣污泥应单独设置粪便处理设施进行处理。粪便处理设施应优先选择在污水处理厂或污水主干管网、生活垃圾卫生填埋场的用地范围内或附近，规模不宜小于50t/d。粪便处理设施与住宅、公共设施等的间距不应小于50m，在单独设置时用地内沿边界应设置宽度不小于10m的绿化隔离带。粪便处理设施用地指标见表4-7。

表4-7 粪便处理设施用地指标

处理方式	厌氧消化	絮凝脱水	固液分离预处理
用地指标/(m²/t)	20~25	12~15	6~10

6. 建筑垃圾处理、处置设施

建筑垃圾填埋场宜在城市规划建成区外设置，应选择具有自然低洼地势的山坳、采石场废坑、地质情况较为稳定、符合防洪要求、具备运输条件、土地及地下水利用价值低的地区，不得设置在水源保护区、地下蕴矿区及影响城市安全的区域内，距农村居民点及人畜供水点不应小于0.5km。建筑垃圾产生量较大的城市宜设置建筑垃圾综合利用厂，对建筑垃圾进行回收利用，并宜结合建筑垃圾填埋场集中设置。

四、其他环境卫生设施

1. 公共厕所

公共厕所是城市公共建筑的一部分，是为居民和行人提供服务的不可缺少的环境卫生设施，在制定城市新建、改建、扩建区的详细规划时，城市规划部门应将公共厕所的建设同时列入规划。公共厕所分为固定式和移动式两类，固定式公共厕所包括独立式和附属式。独立式公共厕所的设置见表4-8，附属式公共厕所的设置见表4-9。

表4-8 独立式公共厕所的设置

设置区域	类别
商业区、重要公共设施、重要交通客运设施，公共绿地及其他环境要求高的区域	一类
城市主、次干路及行人交通量较大的道路沿线	二类
其他街道	三类

注：独立式公共厕所二类、三类分别为设置区域的最低标准。

表4-9 附属式公共厕所的设置

设置区域	类别
大型商场、宾馆、饭店、展览馆、机场、车站、影剧院、大型体育场馆、综合性商业大楼和二、三级医院等公共建筑	一类
一般商场（含超市）、专业性服务机关单位、体育场馆和一级医院等公共建筑	二类
其他街道	三类

注：附属式公共厕所二类为设置场所的最低标准。

商业街区、重要公共设施、重要交通客运设施、公共绿地及其他环境要求高的区域的公共厕所建筑标准不应低于一类标准；主、次干道交通量较大的道路沿线的公共厕所不应低于二类标准；其他街道及区域的公共厕所不应低于三类标准。

根据城市性质和人口密度，城市公共厕所平均设置密度应按每平方千米规划建设用地3~5

座选取；人均规划建设用地指标偏低、居住用地及公共设施用地指标偏高的城市、山地城市、旅游城市可适当提高。商业街区、市场、客运交通枢纽、体育文化场馆、游乐场所、广场、大中型社会停车场、公园及风景名胜区等人流集散场所内或附近应按流动人群需求设置公共厕所。各类城市用地公共厕所设置标准见表4-10，沿道路设置的公共厕所间距指标见表4-11。

表 4-10　各类城市用地公共厕所设置标准

城市用地类型	设置密度 /（座/km²）	建筑面积 /（m²/座）	独立式公共厕所用地面积 /（m²/座）
居住用地（R）	3~5	30~80	60~120
公共管理与公共服务设施用地（A）、商业服务业设施用地（B）、道路与交通设施用地（S）	4~11	50~120	80~170
绿地与广场用地（G）	5~6	50~120	80~170
工业用地（M）、物流仓储用地（W）、公用设施用地（U）	1~2	30~60	60~100

注：1. 公共厕所用地面积、建筑面积应根据现场用地情况、人流量和区域重要性确定。特殊区域或具有特殊功能的公共厕所可突破本标准面积上限。

2. 道路与交通设施用地（S）指标不含城市道路用地（S1）和城市轨道交通用地（S2）。

3. 绿地用地指标不包括防护绿地（G2）。

表 4-11　沿道路设置的公共厕所间距指标

设置位置	设置间距/m
商业区周边道路	<400
生活区周边道路	400~600
其他区周边道路	600~1200

公共厕所设置应符合下列要求：

1）设置在人流较多的道路沿线、大型公共建筑及公共活动场所附近。

2）公共厕所应以附属式公共厕所为主，独立式公共厕所为辅，移动式公共厕所为补充。

3）附属式公共厕所不应影响主体建筑的功能，宜在地面层临道路设置，并单独设置出入口。

4）公共厕所宜与其他环境卫生设施合建。

5）在满足环境及景观要求的条件下，城市公园绿地内可以设置公共厕所。

公共厕所的男女厕所间应至少各设一个无障碍厕位，公共厕所无障碍设施应与公共厕所同步设计、同步建设。公共厕所的进出口处，必须设有明显标志，标志包括中文（一类厕所可加英文）和图像。防止污染土壤和地下水源，并便于洗刷厕所，公共厕所地面、蹲台、小便池及墙裙，均须采用不透水材料，并应设置水沟或地漏。地面坡度应坡向水沟或地漏，禁止冲洗水流向室外。厕所通风要优先考虑自然通风，当自然通风不能满足要求时应增设机械通风。

2. 环境卫生车辆停车场

环境卫生车辆停车场应设置在环境卫生车辆的服务范围内并避开人口稠密和交通繁忙的区域，环境卫生车辆数可按2.5~5辆/万人估算，环境卫生车辆停车场用地指标为50~150m²/辆，可采用立体形式建设，有清雪需求城市的环境卫生车辆停车场用地面积指标可适当提高。环境卫生车辆鼓励采用新能源汽车，并在环境卫生车辆停车场内设置相应的能源供给设施。

3. 洒水（冲洗）车供水器

环境卫生洒水（冲洗）车可利用市政给水管网及地表水、地下水、再生水作为水源，其水质应满足现行国家标准《城市污水再生利用　城市杂用水水质》（GB/T 18920）；供水器宜设置在城市次干路和支路上，设置间距不宜大于1500m。

4. 环卫工人作息场所

环卫工人作息场所宜结合城市其他公共服务设施设置，可结合公共厕所、垃圾收集站、垃圾转运站、环境卫生车辆停车场等设施设置，设置标准见表4-12。

表 4-12　环卫工人作息场所设置标准

作息场所设置密度/（座/km²）	建筑面积/m²
0.3~1.2	20~150

注：商业区、重要公共设施、重要交通客运设施等人口密度大的区域取上限，工业仓储区等人口密度小的区域取下限。

第五章
综合防灾系统规划

现代城市是一个复杂的有机综合体，其中生产系统、生活系统、基础设施系统和生态系统等各司其职，相互配合，从而构成了一个大的系统。随着城市现代化水平的提高，城市中的各个系统之间相互依存的关系更加密切。当城市遇到灾害时，灾害对城市的危害常呈现出综合性、复杂性和广泛性的特点。一种灾害或事故可带来多种次生灾害，形成"灾害链"。同样，防灾和灾后救援重建工作也涉及多个行业和部门，也具有综合性的特点。因此，城市的防灾减灾系统必须是一个综合的系统，不是任何一个学科、行业和部门能够单独完成的，需要各部门相互协调、密切配合。

防灾减灾救灾工作事关人民群众生命财产安全，事关社会和谐稳定，是衡量执政党领导力、检验政府执行力、评判国家动员力、彰显民族凝聚力的一个重要方面。我国政府向来十分重视防灾减灾工作，并制定了"以防为主，防、抗、避、救相结合"的方针，坚持以人为本、尊重生命、保障安全、因地制宜、平灾结合，科学论证及全面评估城市灾害风险。而面临重大灾害时，应当采取中央统一决策，地方部门协作的方式，严密组织各种力量，全民参与防御灾害。我国现行的城市规划中，各项专业性的防灾规划如抗震防灾规划、防洪规划、消防规划等，都早已进行编制并自成系统。在保障城市安全、防灾减灾中，各项规划发挥着重要的作用。但各项防灾规划并没有加以综合与协调，形成综合性的防灾体系。此外，在城市建设过程中，时常会出现重开发轻防护、重建设轻管理等现象，或者由于经济利益驱动，侵占绿地、盲目围湖填河造田、随意提高建筑密度等，造成灾害不断发生。

随着城市的现代化发展，城市对自然环境的改造和冲击也越来越严重，但城市防灾能力却未得到相应的加强。因此，建立综合防灾系统，做好城市综合防灾规划，坚守防灾安全底线对城市的安全运行和健康协调发展具有十分重要的意义。

第一节　城市灾害的种类与特点

编制城市综合防灾系统规划，必须了解城市灾害类型及其主要特点。随着城市的发展，城市灾害的种类构成和危害机制都在发生着变化，现代城市的灾害也出现了新的类型，如雾霾、城市洪涝、全球变暖、极端气候和公共卫生事件等灾害。

一、城市灾害的种类

灾害是天文系统、地球系统和人类系统物质运动的特殊形式，是指一切对人类生命、财产和生存条件造成较大危害的自然和社会事件。这些事件往往是由不可控或可控但未被控制的因素造成的。也就是说，灾害不是单纯的自然现象或社会现象，而是自然与社会现象共同作用的结果，是自然系统和人类物质文化系统相互作用的产物。

城市灾害是指由于发生不可控制或未加控制的因素造成的、对城市系统中的生命财产和社会物质财富造成重大危害的自然或社会事件。简而言之，城市灾害的"承灾体"是城市。从灾害的空间分布考虑，灾害发生的地点或灾害的影响范围涉及城市的，就称之为城市灾害。目前，影响范围较大的城市灾害，多数是自然事物本身发展或演化叠加人类开发活动带来的负面作用而形成的灾害。城市灾害可根据不同的标准分为不同的类型。根据灾害发生的原因，城市灾害可分为自然灾害和人为灾害两大类；根据灾害发生的时序，可分为原生灾害和次生灾害。此外，城市灾害还可根据不同的损失程度进行分类和分级。

1. 自然灾害与人为灾害

灾害可根据发生的原因分为自然灾害和人为灾害。自然灾害主要是由自然界的异常变化而引起的人员伤亡、财产损失、社会失稳或资源破坏等现象或一系列事件；人为灾害则主要是由人类行为失误导致的，或是由于人类对自身及其生存环境缺乏认识而造成的。但在城市灾害中，有时很难准确地划清二者之间的界限。自然灾害诱发人为灾害，如高温导致的火灾，浓雾引发的交通事故。自然灾害也常常由人类行为的失误而引起，如工程开挖、过量抽取地下水，可引起滑坡、地面沉陷和地震等自然灾害的发生，又如城市热岛效应导致的极端高温。自然灾害是人与自然矛盾的一种表达形式，具有自然和社会双重属性。

（1）自然灾害　自然灾害主要包括以下几种：

1）气象灾害。气象灾害是指由大气圈物质运动与变异形成的，危害人类的生产和生命财产的安全，并造成一定损失的灾害。气象灾害的特点是种类多、范围广、频率高、持续时间长、群发性突出、分布的地域性和时间性、连锁性强、灾情重等。气象灾害的种类很多，如干旱、台风、龙卷风、暴风雪、雨雪冰冻、沙尘暴等。

干旱是指单一气团长期盘踞于某一区域，使其控制下的大气处于稳定状态，雨雪等降水量显著下降的天气现象，表现为河流水位下降甚至干涸，土壤和空气非常干燥，干旱会对农牧业、林业、水利以及人畜饮水和工业用水等造成影响甚至灾害。

台风，在我国是指生成于北太平洋西部和南部海域的热带气旋，是一种在大气中绕着自身中心急速旋转的，同时又向前移动的空气漩涡。台风是我国主要的灾害性天气之一，其带来的大风、暴雨等灾害性天气常诱发洪涝、强风、滑坡、泥石流等灾害。

龙卷风是指由强雷暴云底伸出来的漏斗状云，当伸达地面或水面时，引起的强烈旋风。龙卷风生消迅速，并常伴随强风、大雨、雷电等天气，是一种破坏力极强的小尺度风暴。

冰冻是指雨、雪、雾等在物体上冻结成冰的天气现象。

沙尘暴是指大量沙粒和尘土被强风吹起卷入空中，使空气浑浊，能见度低于1000m的现象。

2）海洋灾害。海洋灾害是指水圈中海洋水体异常运动，使海洋自然环境发生异常或激烈变化，导致海面上或海岸发生的灾害。海洋灾害主要包括海啸、赤潮、巨浪、海雾等突发性的自然灾害。

海啸是指由水下地震、火山爆发、水下塌陷和滑坡等地壳运动所引起的巨浪，涌向海湾和海港时所形成的破坏性的大浪。海啸是一种灾难性的海浪，通常由震源在海平面下50km以内、里氏震级6.5以上的海底地震引起，可造成毁灭性的灾难。例如，2004年12月26日发生在印度尼西亚苏门答腊岛附近海域的海啸，在全世界范围内造成近30万人丧生。

3）洪涝灾害。洪涝灾害是人们通常所说的洪水灾害和涝灾的统称。

洪水是指河流等在较短时间内发生的水流量急剧增加。水位明显上升的水流现象。洪水往往来势凶猛，具有很大的破坏力，淹没河中滩地、两岸堤防。洪水给人类正常生活和生产活动带来巨大的损失和隐患。

涝灾则是指长期阴雨或暴雨，或洪水暴涨、江河横溢，使地势低洼、地形闭塞的地区大量积水的现象。

洪涝灾害是城市中发生最频繁的灾害种类之一。按洪水的形成机理和成灾环境特点，可将洪水灾害分为溃决型、漫溢型、内涝型、蓄洪型、山地型、海岸型和城市型等。

4）地质与地震灾害。地质灾害是指自然变异或人为作用导致地质环境或地质体发生变化，对社会和环境造成危害的地质现象，主要包括地震、火山爆发、崩塌、滑坡、泥石流、地面塌陷等。

地壳任何一部分的快速运动、地壳内部能量和压力的释放、地壳板块之间相互挤压碰撞，造成板块边缘及内部产生错动和破裂，是引起地面震动的主要原因。地震是地壳运动的一种形式，是地球内部经常发生的自然现象。大地震动是地震最直观、最普遍的表现。地震是对城市威胁和损失最大的灾害种类之一。

火山爆发是指伴随着强烈爆发现象的火山喷发现象。火山爆发通常喷出火山碎屑物。火山爆发突发性强，常造成严重灾难，喷发出的火山灰，还会造成严重的环境污染和气象灾害。

5）生物灾害。生物灾害是指生物原因引起的灾害，是动植物的活动或变化造成的灾害。狭义的生物灾害是由生物体本身活动带来的灾害现象，是纯自然现象，灾害源是生物，包括病害、虫害、草害、鼠害等。广义的生物灾害是包括人类不合理活动导致的生物界异常而产生的灾害，即生态危机，包括植被减少、生物退化、物种减少、物种入侵等。

6）生态灾害。生态灾害是指生态系统的平衡被破坏后，带来各种始料未及的恶果。生态灾害包括草原、森林、土壤、海洋、大气等的生态灾害。导致生态灾害的产生虽有自然因素，但更为主要的是人为因素。

草原生态灾害主要包括草原退化、草原土壤次生盐渍化等。森林生态灾害主要包括森林退化、森林死亡、森林污染、森林虫害、森林火灾、滥砍滥伐等。土壤生态灾害主要包括土壤侵蚀、森林破坏、沙漠化、盐碱化、土壤肥力下降等。

水土流失是指地表土壤被雨水冲刷随同流失的现象。土质疏松的丘陵区、山区和沙土质平原坡地，在植被破坏或过度耕作等情况下，水土流失现象往往较为严重。水土流失不仅导致土壤肥力下降，影响作物或植物的生长，甚至将整个土壤表层流失，使得整个生态系统崩溃，同时流失的土壤还会淤塞河道，抬高河床，增加洪水灾害的出现可能。

7）天文灾害。天文灾害是指天文原因引起的灾害，如星球撞击、磁暴、陨石雨。

其中，对城市有较大影响的主要是前四类自然灾害。我国是世界上自然灾害最为严重的国家之一。随着全球气候的变化以及中国经济快速发展和城市化进程不断加快，我国的资源、环境和生态压力加剧，自然灾害防范应对形势更加严峻复杂。我国的自然灾害呈现灾害种类多、分布地域广、发生频率高和造成损失大四个特点。

（2）人为灾害　人为灾害是指人类社会系统或自然社会综合系统运动发展的一种极端表现形式，是人为因素为人类和自然社会带来的危害。人为灾害的产生或是由于人们的心理、生理上的极限，或是由于个人及社会行为的失调，或是由于人类对自身及其生存环境缺乏认识而造成的。因此，人为灾害的发生并不都是必然的、客观的、不可避免的，它的产生及其预防取决于人类和人类活动。城市人口密集，许多城市灾害都有其人为失误的特性。人为灾害发生的主要原因是人和人所属的社会集团所为。人为灾害可以分为以下几类：

1）公共卫生事件。城市中由于人口密集、流动人口多且流动性非常强，加之城市公共开放空间不足，居民生活区过于集中的特点，当传染性疾病发生时，很容易在短时间内大范围爆发。

2）战争。战争对城市的破坏相当大，许多历史名城的毁灭和衰败都是由战火造成的。现代化战争中，武器的破坏力剧增，尤其是核武器的发展，对城市构成重大的威胁，因此，战时防御应为城市防灾的重要内容。

3）火灾。火灾在城市中发生频率极高，破坏力也相当强。伦敦、巴黎、芝加哥、东京和我国的长沙等城市，都曾发生过城市性大火，造成大量人员伤亡与财产损失。

4）化学灾害。城市中有一些生产、储存、运输化学危险品的设施，往往由于人为失误引起中毒、爆燃等事故。其中，煤气中毒或燃气爆炸则是最常见的事故。其他化学灾害，如2005年我国松花江苯系物泄漏、2015年天津滨海大爆炸以及2019年江苏盐城化工厂爆炸等。

5）交通事故。城市中交通流量大，人流、车流的交叉点多，交通事故频繁，人员伤亡数和财产损失十分巨大。

城市发展过程中不断有新的灾种产生，如局部风环境、光环境恶化，强电磁辐射、全球气候变化等，这些灾害在影响城市的正常生产生活活动、阻碍城市健康发展的同时，也给城市居民生产、生活及生命带来了极大威胁，严重制约了城市功能的正常发挥。

2. 原生灾害与次生灾害

城市灾害有多灾种持续发生的特点，持续发生的各灾种之间存在一定的因果关系。发生在前，造成较大损害的灾害称为原生灾害或主灾；发生在后，由主灾引起的一系列灾害被称为次生灾害。原生灾害规模一般较大，常为地震、洪涝、战争等大灾。次生灾害在开始形成时一般规模较小，但灾种多，发生频次高，作用机制复杂，发展速度快，有些次生灾害最终的破坏规模甚至远超过主灾。1923年9月1日发生在日本的著名的关东大地震，死亡14万人，其中因地震被倒塌房屋压死者占2.5%，而被地震引发的全城性大火烧死者占总死亡人数的87%，次生灾害对城市的破坏性由此可见一斑。

二、城市灾害的特点

1. 高频度与群发性

城市系统构成复杂，致灾源多，导致城市灾害高频度与群发性，体现如下：

（1）高频度 "事故"型的小灾害，如交通事故、火灾、煤气中毒等，发生频度较高，而且城市规模与灾害发生次数基本呈正相关关系。

（2）群发性 地震、洪水等大灾，则体现出群发性特点，次生灾害多，危害时间长，范围广，形成灾害群，多方面持续地给城市造成损害。

2. 高度扩张性

一种灾害的发生往往诱发一连串的灾害现象，这种现象称为灾害链。城市灾害的发展速度快，许多小灾若得不到及时控制，会酿成大灾，而对大灾不能进行有效抗救，会引发众多次生灾害。由于城市各系统间相互依赖性较强，灾害发生时往往触及一点，波及全城，形成"多米诺骨牌"效应。例如1995年的日本神户地震，由电力系统短路引发的火花引爆了城市燃气管道破裂泄漏的煤气，造成了巨大的火灾；又如1986年厄瓜多尔地震引起的滑坡，滑坡阻塞河道形成了巨大的堰塞湖，而"湖堤"的突然垮塌导致了洪水泛滥。

由于城市各类功能设施的整体性强，当一种功能失效时，往往波及其他系统的功能，如建筑物的倒塌造成管线破坏、交通受阻。城市居民对城市功能的依赖性很强，一旦功能失效，极易引发社会秩序的混乱。城市是社会发展的动力源，那些在国民经济建设中起到重要作用的城市，如首都、金融中心城市等，一旦发生了灾难性的破坏，其破坏的影响不仅涉及该城市本身，甚至可波及整个国家。

3. 损失巨大性和难恢复性

城市是人群与财富聚集之处，一旦发生灾害，造成的损失会非常大。虽然，现代城市进行自我保护的能力有所增强，但许多灾害学家和经济学家认为，现代城市承受大地震、洪水、台风和火灾等灾害的打击的能力并不强，一次中型灾害可能使一个城市的发展进程延缓多年。现代城市进行自我保护的能力有所增强，但承受大地震、洪水台风、火灾打击的能力还相当薄弱。目前城市的防护重点还集中在人员的安全上，对财物，尤其是固定资产的防护手段较少，这使得在灾害中，虽然人员的伤亡总体上呈下降趋势，但城市经济损失仍有快速上升的势头。

城市灾害除了危害人类健康、生命，破坏房屋、道路等工程设施，造成严重的直接经济损失外，还破坏了人类赖以为生的资源和环境。资源的再生能力和环境的自净能力都是极其有限的，一旦遭到破坏，往往需要很长的时间（几十上百年）才能恢复，甚至有的永远不能回复。资源和环境的恶化不但直接危害当代人的生存和发展，而且影响后代子孙，恶化他们的生存发展条件，给人类带来的影响往往是极其深远的。

4. 区（地）域性

城市灾害的区（地）域性特点主要表现如下：

1）城市灾害往往是区域性灾害的组成部分，尤其是较大的自然灾害，常引发多个城市受到影响。因此，灾害的治理防御不仅是一个城市的任务，单个城市也无法有效地防御区域性灾害。

2）城市灾害的影响往往超出城市范围，扩展到城市周边地区，这种影响不仅是物质的，还包括精神的。灾后的灾民安置与恢复重建工作，也属于区域性问题。

三、我国自然灾害与城市防灾形势

1. 我国自然灾害的基本情况

我国地域辽阔，气候与地质、地貌特点差异较大，条件复杂，各种灾害种类繁多，旱、涝、震、火、雹、风等灾害频繁发生。

（1）水土流失　我国是一个多山国家，地势西高东低，形成三级台阶地形，平均海拔1525m，2/3的国土是山地、高原和丘陵地带，海拔超过1000m的山地占国土面积的58%。水力侵蚀和冲刷十分严重，极易造成洪水泛滥，并伴随着严重的水土流失。

（2）洪水灾害　目前全国1/10的国土面积、5亿人口、5亿亩耕地、100多座大中城市、70%的全国工农总产值受到洪水灾害的威胁。洪水灾害主要集中在中东部地区。除黄河凌汛外，我国的洪水大多发生在7、8、9三个月，洪水的范围主要分布在我国七大江河及其支流的中下游，这七大江河指长江、黄河、珠江、海河、淮河、辽河、松花江。而这些江河流域恰恰是我国最为富庶的地区，一旦发生洪水，损失十分巨大。

（3）地震灾害　从地质特点来看，我国位于太平洋地震带与欧亚地震带交汇部位，构造复杂，有史以来就是地震频发的国家。根据中国地震烈度分区图，全国有41%的国土面积和45%以上的大城市位于7度和7度以上地震设防区内，北京、天津、太原、西安、兰州、昆明等重要城市位于8度设防区内。从20世纪80年代中期开始，我国地震活动又趋频繁，河北、云南、新疆、西藏和东海、黄海海域等相继发生地震。

（4）其他自然灾害　除洪水与地震外，其他自然灾害在我国发生也较频繁。台风与热带风暴每年数次侵袭我国东南沿海地区，每年发生的滑坡事件上万起，冰雹、干热风、龙卷风等灾害每年出现上千次。

由于人口增长和社会发展，区域开发由低风险区不断向高风险区扩张，加之对自然资源的过度开发，特别是人为的"建设性"破坏不断增加，各类灾害造成的经济损失也呈现上升趋势。

2. 我国城市总体防灾形势

（1）城市灾害的主要灾种

1）地震。我国的地震绝大多数是构造地震，其次为水库地震、矿震等诱发性地震。地震的分布基本上是沿活动性断裂带分布的，有一定的方向性。地震集中的地带成为地震带。我国西部主要的地震带有近东西向的北天山地震带、南天山地震带、昆仑山地震带、喜马拉雅地震带和北西向的阿尔泰地震带、祁连山地震带、鲜水河地震带、红河地震带等。中国东部最强烈的地震带走向为北东向的台湾地震带，向西依次是东南沿海地震带、郯城—庐江地震带、河北平原地震带、汾渭地震带和东西向的燕山地震带、秦岭地震带等。

我国地震的破坏性具有以下特点：震灾频次高、灾情重；引发严重的次生灾害，成灾面积广，突发性强，有明显的地区差异。例如我国西部地区地震活动相对较强，东部地区相对较弱，但东部地区的人口密度大于西部，且东部地区多冲积平原，所以震灾东部重而西部轻。此外，地震灾害的损失程度与社会个人的防灾意识密切相关。

2）洪灾。历史数据研究发现，在1949—2020年中，洪水灾害在我国各大城市普遍存在且呈上升势头，尤其以长三角、珠三角和成渝等几个城市群较为明显，近年来北方大中城市的洪灾次数和规模也在波动中上升。总体特征是：长江流域仍然是洪水高发区，其他依次为珠江流域、松花江流域、海河流域及辽河流域，黄河及淮河的洪灾也不可忽视。洪水灾害对人类造成的损失和不利影响主要体现在经济发展、生态环境、社会生活和国家事务四个方面。

3）地质灾害。中国地质环境监测院的研究报告给出了近些年我国突发性灾害所造成的人员伤亡、地域分布特征及造成人员伤亡的危险性分区。其中高危险区有云南、贵州、四川大部、广西大部、广东大部、湖南中西部、湖北西部、陕西大部、山西西部、甘肃南部及青海部分地区，面积在200万 km^2 以上。全国受多种地质灾害侵扰的城市近60座，县级以下的城镇近500个。

2010年8月8日，甘肃舟曲发生特大泥石流灾害，泥石流冲进县城，并阻断河流形成堰塞湖，县城的2/3受到威胁，5万人受灾。此次泥石流宽500m，长达5km，所到之处村庄被夷为平地。此外，泥石流还对公路、铁路、水利、水电工程、矿山等造成巨大的危害。

4）城市气象灾害。气象灾害有台风、暴雨、冰雹、大雾、雪灾、沙尘暴、雷击、高温、雾霾等。每年全国因气象灾害造成的损失占总损失的70%左右，约占国内生产总值的1%，受灾害影响人口在4亿以上。城市气象灾害加剧的原因主要是城市化过程和人口的大规模迁徙对自然界造成了巨大的影响，如城市自然植被被砍伐，城市不透水面积激增，阻断了雨水下渗的通道，正是这种对自然的破坏，导致灾害随着城市化的进程而增加。同时，缺乏科学、合理规划的城市化，使城市防御气象灾害的能力下降严重。

5）火灾。当前我国火灾的主要特点如下：重特大火灾发生频率高；公共聚集场合火灾比较严重，火灾造成的群死群伤事件多发于公共场合；私营企业、个体工商户等小型经营场所火灾隐患大；城乡居民住宅火灾呈多发态。

（2）我国城市总体防灾趋势

1）城市人口密度大，防灾的难度增加。

城市是人口高度集中的区域，人口密度大，防护间距保持较困难，城市防灾的难度随之增大，在许多城镇中，人口最为密集的旧区改造步履艰难，火灾、交通事故和化学事故频频发生，防灾抗灾方面存在很多问题。

2）城市市政基础设施差，直接影响抗灾救灾的有效进行。

城市的给水、排水、电力、电信等管线设施，因其在城市中的重要作用，一直被称为城市的

"生命线"系统。然而在我国城市中，市政基础设施建设多年来一直处在相对滞后的状态，许多城市的工程管线设施配套不齐，设备陈旧落后。除了这些系统本身建设存在不足外，对系统的防护措施也相当薄弱，以致在较大灾害发生时，断水、断电、通信中断、排水不畅等情况经常出现，严重影响了城市灾害防御和抗灾救灾工作。

3）城市市政基础设施差，直接影响抗灾救灾的有效进行。

我国城市在防火、防涝、防洪、抗震方面的设防标准普遍偏低。1976 年，地震前的唐山地区原地震基本烈度仅为 6 度，当地震发生时，大多数建筑倒塌，造成巨大伤亡。按照我国防洪标准，全国大中城市的防洪能力应达到 50~100 年一遇的水平，一般城镇防洪标准应达到 20~50 年一遇的水平，但实际上大多数城镇的设防标准均在 20 年一遇以下。城镇的设防标准低，普遍的灾害都会给城镇造成巨大损失。

4）社会防灾观念薄弱，潜在危险严重。

多年来，社会各方面对城市防灾问题未予以足够重视，严重存在着"头痛医头、脚痛医脚""好了伤疤忘了痛"的现象。许多城市连续多年受同一灾害袭扰，当地有关部门一直未能下决心根治，防灾投入严重不足，结果损害不断攀升。另外，防灾宣传不到位，使人为失误致灾的次数大增，不了解防灾知识而造成的人员伤亡屡见不鲜，而且灾害发生时往往出现恐慌情绪，影响社会稳定。

5）城市防灾科学技术的总体水平比较落后，城市防灾投入长期不足。

目前，我国对城市灾害还缺乏深入系统的综合研究，在灾害的认识深度上与发达国家差距甚远；防灾技术也偏重单一技术，缺乏综合性，对一些重要灾害还缺乏有效的防灾措施，科学技术进步缓慢，对一些新材料、新技术可能引起的灾害及相应的对策研究很不够，国家尚缺乏保障和促进城市防灾科技发展的长效机制。与此同时，城市防灾投入与实际需要差距甚大。近年来，国家每年投入的相关防灾研究经费虽有所增加，但远不能满足要求。

第二节　城市综合防灾体系规划

一、城市综合防灾现状与形势

我国在综合防灾减灾方面取得了一定的进展：

1）体制机制更加健全，工作合力显著增强。统一领导、分级负责、属地为主、社会力量广泛参与的灾害管理体制逐步健全，灾害应急响应、灾情会商、专家咨询、信息共享和社会动员机制逐步完善。

2）防灾减灾救灾基础更加巩固，综合防范能力明显提升。制定、修订了一批应对自然灾害法律法规和应急预案，防灾减灾救灾队伍建设、救灾物资储备和灾害监测预警站网建设得到加强，高分卫星、北斗导航和无人机等高新技术装备广泛应用，重大水利工程、气象水文基础设施、地质灾害隐患整治、应急避难场所、农村危房改造等工程建设大力推进，设防水平大幅提升。

3）应急救援体系更加完善，自然灾害处置有力有序有效。大力加强应急救援专业队伍和应急救援能力建设，及时启动灾害应急响应，妥善应对了多次重大自然灾害。

4）宣传教育更加普及，社会防灾减灾意识全面提升。以"防灾减灾日"等为契机，积极开展丰富多彩、形式多样的科普宣教活动，防灾减灾意识日益深入人心，社会公众自救互救技能不断增强，全国综合减灾示范社区创建范围不断扩大，城乡社区防灾减灾救灾能力进一步提升。

二、城市综合防灾体系规划的基本原则和目标

综合防灾是为应对地震、洪涝、火灾、地质、极端天气等各种灾害，增强事故灾难和重大危险源防范功能，并考虑人民防空、地下空间安全、公共安全、公共卫生安全等要求而开展的城市防灾安全布局统筹完善、防灾资源统筹整合协调、防灾体系优化健全和防灾设施建设整治等综合防御部署和行动。为了建立健全城市防灾体系，减缓、消除或控制灾害的长期风险和危害效应，全面有效应对城市综合灾害的影响，各城市均应因地制宜编制城市综合防灾体系规划。

1. 城市综合防灾体系规划的基本原则

城市综合防灾体系规划应本着以下基本原则：

1）以人为本，协调发展。坚持以人为本，把确保人民群众生命安全放在首位，保障受灾群众基本生活，增强全民防灾减灾意识，提升公众自救互救技能，切实减少人员伤亡和财产损失。遵循自然规律，通过减轻灾害风险促进经济社会可持续发展。

2）预防为主，综合减灾。突出灾害风险管理，着重加强自然灾害监测预报预警、风险评估、工程防御、宣传教育等预防工作，坚持防灾抗灾救灾过程有机统一，综合运用各类资源和多种手段，强化统筹协调，推进各领域、全过程的灾害管理工作。

3）分级负责，属地为主。根据灾害造成的人员伤亡、财产损失和社会影响等因素，及时启动相应应急响应，中央发挥统筹指导和支持作用，各级党委和政府分级负责，地方就近指挥、强化协调并在救灾中发挥主体作用、承担主体责任。

4）依法应对，科学减灾。坚持法治思维，依法行政，提高防灾减灾救灾工作法治化、规范化、现代化水平。强化科技创新，有效提高防灾减灾救灾科技支撑能力和水平。

5）政府主导，社会参与。坚持各级政府在防灾减灾救灾工作中的主导地位，充分发挥市场机制和社会力量的重要作用，加强政府与社会力量、市场机制的协同配合，形成工作合力。

2. 城市综合防灾体系规划目标

城市综合防灾规划以"以防为主，防、抗、避、救相结合"的方针，"平灾结合、多灾共用、分区互助、联合保障"的原则，实现建立与城市经济社会发展相适应的城市灾害综合防治体系，综合运用工程技术以及法律、行政、经济、教育等手段，加强生命线工程建设，提高城市防灾减灾能力，为人民生命财产安全和城市持续稳定发展提供可靠保障的总体目标。"防灾"是指在一定范围和一定程度上防御灾害发生和防止灾害带来更大损失与危害。防灾实际上还包括对灾害的监测、预报、防护、救援和灾后恢复重建等。

为此，各类城市中的建设工程应根据国家颁布的抗震技术标准进行设防；全国大中小城市的防洪能力应达到相应的设防标准；城市火灾控制应达到消防标准的要求；制定并完善全国大中城市的减灾综合规划，并纳入城市经济社会发展计划和城市总体规划，同步实施。

这里的"减灾"包含两重含义，一是指采取措施，减少灾害的发生次数和频度，二是指要减少或减轻灾害造成的损失。对于一个国家来说，灾害的发生和造成损失是难以避免的，因此，国家和区域应采取各种措施进行减灾。

城市由于财富和人口高度集中，一旦发生灾害，造成的损失很大。所以，在区域减灾的基础上，城市综合防灾规划应立足于防灾，其重点是防止城市灾害的发生以及防止城市所在区域发生的灾害对城市造成影响。

城市灾害的种类很多，但其中对城市影响最大和发生较为频繁的灾害主要有地震、洪涝、火灾和战争。这四种灾害应作为城市综合防灾规划的重点。当然，城市的具体情况不同，防灾的侧重点也应有所区别。

三、城市防灾措施

城市防灾措施可分为两种，一为政策性措施，二为工程性措施。政策性措施又可称为"软措施"，工程性措施可称为"硬措施"。城市防灾必须从政策制定和工程设施建设两方面入手，"软硬兼施，双管齐下"，才能取得良好的防灾效果。

1. 政策性城市防灾措施

政策性城市防灾措施建立在国家和区域防灾政策基础上，主要包括两方面内容。一方面，城市总体及各部门的发展计划是政策性防灾措施的主要内容。城市总体规划，通过对用地适建性的分析评价，确定城市发展方向，实现避灾的目的。城市总体规划中有关消防、人防、抗震、防洪等各项防灾专项规划，对城市防灾工作有直接指导作用，是防灾建设的主要依据。

另一方面则是法律、法规、标准和规范的完善。近年来，我国相继制定并完善了《中华人民共和国城市规划法》《中华人民共和国消防法》《中华人民共和国防洪法》《中华人民共和国防震减灾法》等一系列法律，各地各部门也根据各自情况编制出台了一系列关于抗震、消防、防洪、人防、交通管理、基础设施建设等方面的法规和标准、规范，它们对加强指导城市防灾工作具有重要作用。

2. 工程性城市防灾措施

工程性城市防灾措施是在城市防灾政策指导下建设的一系列防灾设施与机构的工作，也包括对各项与防灾工作有关的设施采取的防护工程措施。例如，城市防洪堤、排涝泵站、消防站、防空洞、医疗急救中心、物资储备库，以及气象站、地震局、海洋局等带有测报功能的机构建设，建筑抗震加固处理、管道柔性接口等处理方法。要注意的是，政策性防灾措施必须通过工程性防灾措施才能真正起到作用。

四、城市防灾体系的组成

一个城市拥有较完善的防灾体系，就能有效地防抗各种灾害，减少损失。城市防灾包括对灾害的监测、预报、防护、抗御、救援和恢复重建六个方面，每个方面都由组织指挥机构负责指挥协调。这些组织机构由研究机构、指挥机构、专业防灾队伍、临时抗灾救灾队伍及社会援助机构和保险机构组成。

1）研究机构：对当地情况进行全面调查了解，根据专业知识进行监测、分析、研究和预报。

2）指挥机构：负责灾时的抗灾救灾指挥和平时防灾设施的建设。

3）专业防灾队伍：经过训练，装备较好的抗救灾队伍，如消防队。同时，由于军队具有极强的战斗力，应将其归入专业防灾队伍。

4）临时抗灾救灾队伍：在灾情发生时，由指挥机构组织或民间志愿人员组成的抗灾救灾队伍，辅助专业防灾队伍工作。

5）社会援助机构和保险机构：在灾时和灾后在经济上对防灾工作和受灾人员、单位给予支持，帮助恢复生产，重建家园。

从时间顺序上看，防灾体系可分为四个部分：灾前防灾减灾、应急性防灾、灾时抗救、灾后工作。这些防灾工作之间有着时间上的顺序关系，也有着工作性质上的协作分工关系。

1. 灾前防灾减灾

灾前工作包括灾害区划、灾情预测、防灾教育、预案制定与防灾工程设施建设等内容。灾前工作对整个防灾工作的成败有着决定性影响。灾情尚未发生时，应对城市及周边地区已经发生过的灾害进行调查研究，总结经验教训，摸索规律，教育人民，训练队伍，建设设施，做好准备，防御可能发生的灾害。

同时，还应加强灾害的监测、预防等研究工作，以及防灾预案的制定和防灾教育工作。灾害地面监测站网和国家民用空间基础设施建设，构建防灾减灾卫星星座，加强多灾种和灾害链综合监测，提高自然灾害早期识别能力。加强自然灾害早期预警、风险评估信息共享与发布能力建设，进一步完善国家突发事件预警信息发布系统，显著提高灾害预警信息发布的准确性、时效性和社会公众覆盖率。开展全国自然灾害风险与减灾能力调查，建设国家自然灾害风险数据库，形成支撑自然灾害风险管理的全要素数据资源体系，完善国家、区域、社区自然灾害综合风险评估指标体系和技术方法，推进自然灾害综合风险评估、隐患排查治理。推进综合灾情和救灾信息报送与服务网络平台建设，统筹发展灾害信息员队伍，提高政府灾情信息报送与服务的全面性、及时性、准确性和规范性。完善重特大自然灾害损失综合评估制度和技术方法体系，探索建立区域与基层社区综合减灾能力的社会化评估机制。

2. 应急性防灾

在预知灾情即将发生或灾害即将影响城市时，城市必须采取应急性防灾措施，如成立临时防灾救灾指挥机构，进行灾害预测，疏散人员与物资，组织临时性救灾队伍等。只有应急措施得力，方能有效防抗灾害，减少灾害损失。

3. 灾时抗救

灾时抗救主要是抗御灾害和灾时救援，如防洪时的堵口排险，抗震时废墟挖掘与人员救护等。各种防灾减灾设施、队伍和指挥机构应在此时发挥作用。

4. 灾后工作

主要灾害发生后，应及时防止次生灾害的发生与蔓延，进行灾后救援及灾害损失评估与补偿，并积极重建防灾设施和损毁城市。实际上，灾后工作是下一次灾害前期防灾减灾工作的组成部分。应进一步完善中央统筹指导、地方作为主体、群众广泛参与的灾后重建工作机制。坚持科学重建、民生优先，统筹做好恢复重建规划编制、技术指导、政策支持等工作。将城乡居民住房恢复重建摆在突出和优先位置，加快恢复完善公共服务体系，大力推广绿色建筑标准和节能节材环保技术，加大恢复重建质量监督和监管力度，把灾区建设得更安全、更美好。

五、构建完整的城市防灾综合体系

1. 城市综合防灾体系存在的主要问题

（1）灾情形势复杂多变　受全球气候变化等自然和经济社会因素耦合影响，极端天气气候事件及其次生衍生灾害呈增加趋势，破坏性地震仍处于频发多发时期，自然灾害的突发性、异常性和复杂性有所增加。

（2）防灾减灾救灾基础依然薄弱　重救灾轻减灾思想还比较普遍，一些地方城市高风险、农村不设防的状况尚未根本改变，基层抵御灾害的能力仍显薄弱，革命老区、民族地区、边疆地区和贫困地区因灾致贫、返贫等问题尤为突出。防灾减灾救灾体制机制与经济社会发展仍不完全适应，应对自然灾害的综合性立法和相关领域立法滞后，能力建设存在短板，社会力量和市场机制作用尚未得到充分发挥，宣传教育不够深入。

（3）经济社会发展提出了更高要求　实现经济社会发展总体目标，健全公共安全体系，都要求加快推进防灾减灾救灾体制机制改革。

2. 构建城市综合防灾体系

针对城市灾害的特点和现有城市防灾体系的缺陷，必须在全面认识城市灾害的基础上，树立城市综合防灾的观念。建立城市综合防灾体系，注重各灾种防抗系统的彼此协调，统一指挥，共同运作，强调城市防灾的整体性和防灾设施的综合利用。城市综合防灾还应注重防灾设施建设使用与城市开发建设的有机结合，形成"规划—投资—维护—运营—再投资"的良性循环机制。

3. 加强与提高城市生命线系统的防灾能力

城市生命线系统包括交通、能源、通信、给水、排水等城市基础设施，是城市生命攸关的"血液循环系统"和"免疫系统"。但在较大的灾害发生时，这些设施很容易受到破坏，因此十分有必要加强和提高这些生命线系统的安全性。

（1）提高设施设防标准 城市生命线系统应采用较高的标准进行设防。如广播电视和邮电通信建筑，一般为甲类或乙类抗震设防建筑，而交通运输建筑、能源建筑，应为乙类建筑；高速公路和一级公路路基，应按百年一遇洪水设防；城市重要的市话局和电信枢纽，防洪标准为百年一遇；大型火电厂的设防标准为百年一遇或超百年一遇。各项规范中规定的关于城市生命线系统的防灾能力普遍高于一般建筑，在城市规划设计中也要充分考虑这些生命线设施的较高的防灾能力，将其设置在较为安全的地带。

（2）设施地下化 城市生命线系统地下化，可不受地面火灾和强风的影响，减少战争时的受损程度，减轻地震的作用，大大提高其可靠度，为城市提供部分避灾空间。城市市政管网综合汇集、管线共沟后能够方便地进行维护和保养。城市生命线系统地下化可为社会救助提供综合服务的网络，给城市防灾设施的综合利用提出了一条很好的思路。城市生命线系统地下化，被证明是一种有效的防灾手段，是城市减灾防灾的发展方向。

城市综合管廊是设施地下化的一个成果体现。城市综合管廊是指在城市地下建造的管线公共隧道，将电力、通信、燃气、给水、热力、排水等两种以上市政管线集中敷设在该隧道内，实施统一规划、设计、施工和维护。综合管廊在日本被称为"共同沟"，在我国也被称为"共同管道""综合管沟"。推进城市综合管廊建设需转变"重地上，轻地下"的城市发展观念和"重建设轻维护"的市政管理模式，同时，整合城市地下管线有助于提升地下空间的安全性。

（3）设施节点的防灾处理 城市生命线系统的一些节点，如交通线的桥梁、隧道，管线的接口，都必须进行重点防灾处理。高速公路和一级公路的特大桥，其防洪标准应达到300年一遇；在震区预应力混凝土给水、排水管道应采用柔性接口；燃气、供热设施的管道出、入口处，均应设置阀门，以便在灾情发生时及时切断气源和热源；各种控制室和主要信号室，防灾标准必须较一般设施提高。

（4）设施的备用率 要保证城市生命线系统在灾区发生设施部分毁损时，仍具有一定的服务能力，就必须保证有备用设施，在灾害发生后投入系统运作，以期至少维持城市最低需求。这种设施备用率应高于平时生命线系统的故障备用率，具体备用率水平应根据系统情况、城市灾情预测和城市经济水平决定。

4. 强化防灾避险功能绿地规划

防灾避险功能绿地规划应与城市综合防灾规划相协调，遵循以人为本、平灾结合、合理兼顾、因地制宜、分级配置、系统布局的原则，以绿地常态功能为主，兼顾防灾避险功能，完善城市综合防灾体系。防灾避险功能绿地应包括长期避险绿地、中短期避险绿地、紧急避险绿地和城市隔离缓冲绿带四种类型。而设置城市防灾避险绿地宜以中短期避险绿地和紧急避险绿地为主。

中短期避险绿地的规模宜大于20hm²，有效避险区域面积占比宜大于40%，在规划设置时应结合广场用地、综合公园和社区公园等布置。紧急避险绿地的规模宜大于0.2hm²，有效避险区域面积占比宜大于30%，在规划设置时应结合广场用地、游园和条件适宜的附属绿地布置。

第六章
城市防洪工程及海绵城市规划

第一节 概 述

人类的生活离不开水，水维系了生命的延续，自古选择傍水而居，同时中国古人对于不同水系有着独特的认识，在《周易》中他们认为湖泽水系周围是适宜居住地，而河流水系周围则风险较高。这是中国古人在常年实践中总结出的洪水、泥石流等自然灾害风险防范意识。

但水能载舟也能覆舟。洪水是由暴雨、急剧融冰化雪、风暴潮等自然因素引起的江河湖海水量迅速增加或水位迅猛上涨的水流现象。当流域内发生暴雨或融雪产生径流时，都依其远近先后汇集于河道的出口断面处。当近处的径流到达时，河水流量开始增加，水位相应上涨，这时称洪水起涨。及至大部分高强度的地表径流汇集到出口断面时，河水流量增至最大值称洪峰流量，其相应的最高水位，称为洪峰水位。到暴雨停止以后的一定时间，流域地表径流及存蓄在地面、表土及河网中的水量均已流出出口断面时，河水流量及水位回落至原来状态。将洪水从起涨至峰顶到回落的整个过程连接的曲线，称为洪水过程线，其流出的总水量称洪水总量。

洪灾是指当江河湖海水位涨高，漫溢堤岸或造成溃决时，水流发生漫溢泛滥进入城市乡村，造成人们生命财产损失的灾害。我国地形西高东低，水系基本由西北向东南汇流入海，洪水灾害是发生频率高、危害范围广、对国民经济影响最为严重的自然灾害。

洪水按成因分为暴雨型洪水、融雪型洪水、雨雪混合型洪水、冰凌型洪水、冰川型洪水、溃坝型洪水和海岸型洪水。其中暴雨型洪水强度、危害和影响范围相对最大，因而成为预防的重点。

此外城市水患侵害还包括内涝、水土流失、泥石流、塌方、堰塞等灾害。

随着我国社会经济的迅速发展，城市的数量越来越多，城市的规模不断扩大，城市资本与社会财富日益巨量化。城市一旦遭受洪涝灾害，就会给人民生命和国家财产造成巨大损失，因此，城市防洪工作关系到国家和地区的兴衰，关系到国家和社会的稳定。搞好城市防洪工作，保障城市安全，具有十分重要的政治、经济意义。

第二节 防洪工程规划内容

城市防洪规划作为城市总体规划中的一部分，应保持与城市总体规划的期限和范围相一致。重大防洪设施应考虑更长远的城市发展要求。重大防洪设施对城市发展影响制约较大，如城市防洪安全区围堤空间范围划定对城市空间增长边界影响较大；某些重大防洪设施，如堤防、排洪渠等，随着城市发展，建设标准将不断升级，应该预留其升级需要的用地空间；某些防洪设施服务期限较长，如区域性蓄滞洪工程、泄排洪通道等，往往超越城市总体规划时间期限。因此，对于重大防洪设施的规划不能局限于规划期限内，应按更长远的时期进行谋划，为城市未来发展预留一定的空间或为防洪设施自身的升级预留一定的余地。

城市防洪规划是流域防洪规划在城市规划范围内的深化和细化，城市防洪规划应在流域防洪规划指导下进行。城市规划范围内的流域性防洪工程措施应与流域防洪规划协调统一。首先，行洪河道宽度的确定等必须依据流域防洪规划；其次，与流域防洪有关的城市上、下游治理方案与流域防洪规划应保持一致。

一、防洪工程规划的原则

我国地域广阔，城市的地理位置、流域特性、洪水特征以及社会经济状况等千差万别。防洪工程规划应坚持以下原则：

1）城市防洪规划方案、防洪构筑物选型应因地制宜、统筹兼顾、防治结合、预防为主。平原地区、河网地区城市应以提高城市防洪设施标准为主，泄蓄兼顾、以泄为主。山地丘陵城市应重视工程措施与植被措施相结合，控制水土流失。滨海城市应充分考虑海潮与河洪的遭遇，合理选择防潮工程结构形式和消浪设施。

2）城市防洪非工程措施是指应用政策、法令、经济手段和除兴修工程以外的其他技术，规范人的防洪行为和洪水风险区内的开发行为，协调人与洪水之间关系，减轻或缓解洪水灾害影响，减小洪灾损失。由于洪水的发生及其量值都有随机性，单纯靠工程防洪既不经济，也不完善，而防洪非工程措施正不断发展完善，并日益受到重视。城市防洪应在加强工程措施建设的同时，重视发挥非工程措施功能，构建工程措施与非工程措施相结合的城市防洪安全保障体系。

3）城市防洪工程是城市建设的重要组成部分。需在国家城市建设方针和技术经济政策指导下，注重防洪工程措施综合效能，充分协调好防洪工程与城市市政建设、涉水交通建设（如港口、码头、桥梁、堤路、道路闸口等）以及滨水景观建设（如观景平台、栈道等）的关系。防洪工程的作用在洪水发生时得到最大体现，但在平时疏于闲置状态，这造成社会资源的使用效率比较低，应予注意。对于在经济建设中有一定妨碍的防洪工程必须进行综合评价，慎重取舍，保证城市防洪功能。

4）城市防洪规划应除害与兴利相结合，转变对雨洪的传统认识，注重雨洪利用。雨洪利用是解决防洪问题的重要手段，当前雨洪利用技术主要是基于低影响开发（LID）理念的源头控制机制和设计技术，强调分散、小规模的源头控制，通过因地制宜地采取入渗、调蓄、收集回用等各种雨洪利用手段，削弱或控制暴雨所产生的径流和污染，在减少暴雨带来的城市洪涝灾害和水质污染的同时，还可达到净化空气，减轻热岛效应，促进自然水力循环和优化生态环境等功效。

二、城市防洪规划内容和要求

1）确定城市防洪标准。防洪标准是防洪保护区、工矿企业、交通设施等防护对象防御洪水的规划、设计、施工和运行管理的依据。

2）根据城市用地布局、设施布点方面的差异性，进行城市用地防洪安全布局。

3）确定城市防洪体系和防洪工程措施与非工程措施。

在具体规划编制时可根据当地城市的实际情况进一步深化、细化，如进行防洪标准选取研究、防洪工程总体布局方案论证等。

第三节　防洪标准及设计洪水流量

防洪工程标准，应根据城市所处环境、城市规模和等级，以及受洪水、水患威胁的特点和程度，淹没损失大小、工程修复难易程度、环境污染状况以及其他自然经济条件等因素，合理确定。同时应考虑当地经济技术条件，针对不同等级对象可采用不同的防洪标准，针对不同发展阶段的对象可以采取相应变化的标准。

一、防洪标准

我国洪水年际间变差很大，要防御一切洪水，彻底消灭洪水灾害，需付出很大代价，从经济、生态环境等角度来看也是不合理的。目前我国和世界许多国家是根据防护对象的规模、重要性和洪灾损失轻重程度，确定适度的防洪标准，以该标准相应的洪水作为防洪规划、设计、施工和运行管理的依据。

"防洪标准"是指防护对象防御洪水能力相应的洪水标准。国内外表示防护对象防洪标准的方式主要有以下三种：①以洪水的重现期（N）或出现频率（P）表示；②以可能最大洪水（PMF）表示；③以调查、实测的某次大洪水或适当加成表示。目前，包括我国在内的很多国家普遍采用的是以洪水的重现期（N）或出现频率（P）表示，因为它比较科学、直观地反映了洪水出现概率和防护对象的安全度。此外，沿海地区的防潮标准用潮位的重现期来表示。

设计标准，是指当发生小于或等于该标准洪水时，应保证防护对象的安全或防洪设施的正常运行。校核标准是指遇该标准相应的洪水时，采取非常运用措施，在保障主要防护对象和主要建筑物安全的前提下，允许次要建筑物局部或不同程度的损坏、次要防护对象受到一定的损失。

于2015年5月1日正式实施的《防洪标准》（GB 50201—2014），针对城市、乡村、工矿企业、交通运输设施等分别给出了防洪标准。

1. 城市防护区防洪标准

城市防护区根据政治、经济地位的重要性，常住人口或当量经济规模指标分为四个防护等级，其防护等级和防洪标准应按表6-1确定。当量经济规模是防洪保护区人均GDP指数与人口的乘积。在确定城市防洪标准时应考虑以下因素：城市总体规划确定的中心城区集中防洪保护区或独立防洪保护区内的常住人口规模；城市的社会经济地位；洪水类型及其对城市安全的影响；城市历史洪灾成因、自然及技术经济条件；流域防洪规划对城市防洪的安排。当城市受山地或河流等自然地形分隔时，可分区采用不同的防洪标准。当城市受技术经济条件限制时，可分期逐步达到防洪标准。

表 6-1　城市防护区的防护等级和防洪标准

防护等级	重要性	常住人口/万人	当量经济规模/万人	防洪标准［重现期（年）］
I	特别重要	≥150	≥300	≥200
II	重要	<150，≥50	<300，≥100	200~100
III	比较重要	<50，≥20	<100，≥40	100~50
IV	一般	<20	<40	50~20

注：当量经济规模为城市防护区人均GDP指数与人口的乘积，人均GDP指数为城市防护区人均GDP与同期全国人均GDP的比值。

2. 乡村防护区防洪标准

乡村防护区应根据人口或耕地面积分为四个防护等级，其防护等级和防洪标准应按表 6-2 确定。

表 6-2　乡村防护区的防护等级和防洪标准

防护等级	人口/万人	耕地面积/万亩	防洪标准［重现期（年）］
I	≥150	≥300	100~50
II	<150，≥50	<300，≥100	50~30
III	<50，≥20	<100，≥30	30~20
IV	<20	<30	20~10

人口密集、乡镇企业较发达或农作物高产的乡村防护区，其防洪标准可提高。地广人稀或淹没损失较小的乡村防护区，其防洪标准可降低。蓄、滞洪区的分洪运用标准和区内安全设施的建设标准，应根据批准的江河流域防洪规划的要求分析确定。

3. 工矿企业防洪标准

冶金、煤炭、石油、化工、电子、建材、机械、轻工、纺织、医药等工矿企业应根据规模分为四个防护等级，其防护等级和防洪标准应按表 6-3 确定。对于有特殊要求的工矿企业，还应根据行业相关规定，结合自身特点经分析论证确定防洪标准。

表 6-3　工矿企业的防护等级和防洪标准

防护等级	工矿企业规模	防洪标准［重现期（年）］
I	特大型	200~100
II	大型	100~50
III	中型	50~20
IV	小型	20~10

注：各类工矿企业的规模按国家现行规定划分。

滨海区中型及以上的工矿企业，当按表 6-3 的防洪标准确定的设计高潮位低于当地历史最高潮位时，还应采用当地历史最高潮位进行校核。

当工矿企业遭受洪水淹没后，损失巨大，影响严重，恢复生产所需时间较长时，其防洪标准可取表 6-3 规定的上限或提高一个等级；当工矿企业遭受洪灾后，其损失和影响较小，很快可恢复生产时，其防洪标准可按表 6-3 规定的下限确定。

当工矿企业遭受洪水淹没后，可能爆炸或导致毒液、毒气、放射性等有害物质大量泄漏、扩散时，中、小型工矿企业防洪标准提升至 I 等；特大、大型工矿企业采用 I 等上限防洪标准，并采取专门的防护措施。核工业和与核安全有关的厂区、车间及专门设施，应采用高于 200 年一遇的防洪标准。

4. 交通运输设施防洪标准

1）国家标准轨距铁路的各类建筑物、构筑物，应根据铁路在路网中的重要性和预测的近期年客货运量分为两个防护等级，其防护等级和防洪标准应按表 6-4 确定。

表 6-4　铁路防护等级及防洪标准

防护等级	铁路等级	铁路在路网中的作用、性质	近期年客货运量（Mt）	防洪标准［重现期（年）］			
				设计			校核
				路基	涵洞	桥梁	技术复杂、修复困难或重要的大桥和特大桥
I	客运专线	以客运为主的高速铁路	—	100	100	100	300
	I	在铁路网中起骨干作用的铁路	≥20				
	II	在铁路网中起联络、辅助作用的铁路	<20，≥10				
II	III	为某一地区或企业服务的铁路	>10，≤5	50	50	50	100
	IV	为某一地区或企业服务的铁路	<5				

注：1. 近期指交付运营后的第 10 年。

2. 年客货运量为重车方向的运量，每天一对旅客列车按 1.0Mt 年货运量折算。

经过行、蓄、滞洪区铁路的防洪标准，应结合所在河段、地区的行、蓄、滞洪区的要求确定，不得影响行、蓄、滞洪区的正常运用。

工矿企业专用标准轨距铁路的防洪标准，应根据表 6-4 并结合工矿企业的防洪要求确定。

2）公路的各类建筑物、构筑物应根据公路的功能和相应的交通量分为四个防护等级，其防护等级和防洪标准应按表 6-5 确定。

表 6-5　公路防护等级及防洪标准

防护等级	公路等级	分等指标	防洪标准［重现期（年）］							
			路基	桥涵				隧道		
				特大桥	大、中桥	小桥	涵洞及小型排水构筑物	特长隧道	长隧道	中、短隧道
I	高速	专供汽车分向、分车道行驶并应全部控制出入的多车道公路，年平均交通量为 25000~100000 辆	100	300	100	100	100	100	100	100
	一级	供汽车分向、分车道行驶并可根据需要控制出入的多车道公路，年平均交通量为 15000~55000 辆								
II	二级	供汽车行驶的双车道公路，年平均日交通量为 5000~15000 辆	50	100	100	50	50	100	50	50
III	三级	供汽车行驶的双车道公路，年平均日交通量为 2000~6000 辆	25	100	50	25	25	50	50	25
IV	四级	供汽车行驶的双车道或单车道公路，双车道年平均日交通量 2000 辆以下，单车道年平均日交通量 400 辆以下	—	100	50	25	—	50	25	25

注：年平均日交通量指将各种汽车折合成小客车后的交通量。

经过行、蓄、滞洪区公路的防洪标准，应结合所在河段、地区的行、蓄、滞洪区的要求确定，不得影响行、蓄、滞洪区的正常运用。

二、确定防洪标准注意事项

1）防护对象的防洪标准应以防御的洪水或潮水的重现期表示；对于特别重要的防护对象，可采用可能最大洪水表示。防洪标准可根据不同防护对象的需要，采用设计一级或设计、校核两级。

2）各类防护对象的防洪标准应根据经济、社会、政治、环境等因素对防洪安全的要求，统筹协调局部与整体、近期与长远及上下游、左右岸、干支流的关系，通过综合分析论证确定。有条件时，宜进行不同防洪标准所可能减免的洪灾经济损失与所需的防洪费用的对比分析。

3）同一防洪保护区受不同河流、湖泊或海洋洪水威胁时，宜根据不同河流、湖泊或海洋洪水灾害的轻重程度分别确定相应的防洪标准。

4）防洪保护区内的防护对象，当要求的防洪标准高于防洪保护区的防洪标准，且能进行单独防护时，该防护对象的防洪标准应单独确定，并应采取单独的防护措施。

5）当防洪保护区内有两种以上的防护对象，且不能分别进行防护时，该防洪保护区的防洪标准应按防洪保护区和主要防护对象中要求较高者确定。

6）对于影响公共防洪安全的防护对象，应按自身和公共防洪安全两者要求的防洪标准中较高者确定。

7）防洪工程规划确定的兼有防洪作用的路基、围墙等建筑物、构筑物，其防洪标准应按防洪保护区和该建筑物、构筑物的防洪标准中较高者确定。

8）下列防护对象的防洪标准，经论证可提高或降低：

① 遭受洪灾或失事后损失巨大、影响十分严重的防护对象，可提高防洪标准。

② 遭受洪灾或失事后损失和影响均较小、使用期限较短及临时性的防护对象，可降低防洪标准。

9）进行防洪建设，经论证确有困难时，可在报请主管部门批准后，分期实施、逐步达到。

三、设计洪水、涝水和潮水位

1. 设计洪水

城市防洪工程设计洪水，应根据设计要求计算洪峰流量、不同时段洪量和洪水过程线的全部或部分内容。

计算依据，应充分采用已有的实测暴雨、洪水资料和历史暴雨、洪水调查资料。所依据的主要暴雨、洪水资料和流域特征资料应可靠，必要时应进行重点复核。

计算采用的洪水系列应具有一致性。当流域修建蓄水、引水、提水和分洪、滞洪、围垦等工程或发生决口、溃坝等情况，明显影响各年洪水形成条件的一致性时，应将系列资料统一到同一基础，并应进行合理性检查。

设计洪水可采用的计算方法如下：

（1）洪水流量资料计算设计　城市防洪设计断面或其上、下游邻近地点具有 30 年以上实测和插补延长的洪水流量资料，并有历史调查洪水资料时，可采用频率分析法计算设计洪水。大中型防洪工程，基本采用流量资料计算设计洪水。

（2）暴雨资料推算设计　城市附近没有可以直接引用的流量资料，而所在地区具有 30 年以上实测和插补延长的暴雨资料，并有暴雨与洪水对应关系资料时，可采用频率分析法计算设计暴雨，可由设计暴雨推算设计洪水。

（3）相近资料计算设计　城市所在地区洪水和暴雨资料均短缺时，可利用自然条件相似的邻近地区实测或调查的暴雨、洪水资料进行地区综合分析、估算设计洪水，也可采用经审批的省（市、区）《暴雨洪水查算图表》计算设计洪水。对于山沟、城市山丘区河沟等小流域也可用推理公式或经验公式法估算设计洪水。

设计洪水计算宜研究集水区城市化的影响。对于城市山丘区河沟设计断面，由于城市化的发展使地面不透水面积增长，暴雨的径流系数增大，洪水量增加，汇流速度加快，使洪峰流量增大和峰现时间提前。在具体设计时应根据城市发展规划，考虑城市化的这种影响。

2. 设计涝水

设计涝水是指城市及郊区平原区因暴雨而产生的指定标准的水量。根据防洪工程设计需要可分别计算设计涝水流量（或排涝模数）、涝水总量及涝水过程线。市政排水管网覆盖区域分区设计涝水，主要与设计暴雨历时、强度和频率，分区面积，建筑密集程度和雨水管设计排水流量等因素有关。设计涝水应根据当地或邻近地区的实测资料分析确定。

3. 设计潮水位

潮水位（简称潮位）是受潮汐影响而有涨落变化的水位。潮位是防波堤工程设计中一个重要的水文条件，它不仅直接影响防波堤标高的确定，而且也影响防波堤结构的计算。防波堤工程的设计水位一般包括：设计高水位、设计低水位、校核高水位和校核低水位四种。

设计水位是指建筑物在正常使用条件下的高、低水位。对于海港、海堤的设计高、低水位，我国《港口与航道水文规范》（JTS 145—2015）规定采用高潮（即潮峰）累积频率10%和低潮（即潮谷）累积频率90%的水位。以高潮10%（或低潮90%）来看，在总潮次中将有10%潮次的水位比它更高（或更低）。

校核水位是指建筑物在非正常工作条件下的高、低水位。这种水位通常不是由单纯的天文因素造成的，而是由于寒潮或台风造成的增减水（气象潮）与天文潮组合而成的。防波堤的校核水位，可采用重现期为50年一遇的高、低潮位。

设计潮水位应根据设计要求分析计算设计高、低潮水位和设计潮水位过程线。

潮水位站有30年以上潮水位观测资料时，可以其作为设计依据站，并应根据设计依据站的系列资料分析计算设计潮水位。当只有5年以上但不足30年潮水位观测资料时，可用邻近地区有30年以上资料，且与设计依据站有同步系列的潮水位站作为参证站，可采用极值差比法计算设计潮水位，即

$$h_{sy} = A_{ny} + \frac{R_y}{R_x}(h_{sx} - A_{nx}) \tag{6-1}$$

式中　h_{sx}、h_{sy}——参证站和设计依据站设计高、低潮水位（m）；

　　　　R_x、R_y——参证站和设计依据站的同期各年年最高、年最低潮水位的平均值与平均海平面的差值（m）；

　　　　A_{nx}、A_{ny}——参证站和设计依据站的年平均海平面（m）。

4. 洪水、涝水和潮水遭遇分析

兼受洪、涝、潮威胁的城市，应进行洪水、涝水和潮水遭遇分析，并应研究其遭遇的规律。以防洪为主时，应重点分析洪水与相应涝水、潮水遭遇的规律；以排涝为主时，应重点分析涝水与相应洪水、潮水遭遇的规律；以防潮为主时，应重点分析潮水与相应洪水、涝水遭遇的规律。

分析洪水与相应涝水、潮水遭遇情况时，应按年最大洪水（洪峰流量、时段洪量）、相应涝

水、潮水位取样，也可按大（高）于某一量级的洪水、涝水或高潮位为基准。分析潮水与相应洪水、涝水，或涝水与相应洪水、潮水遭遇情况时，可按相同的原则取样。

第四节　城市防洪安全布局和防洪体系

一、城市用地防洪安全布局

现代城市建设速度快，城市基础设施、人民生活设施价值高，城市建设必须选择长期安全、可持续发展的地域。因此在做好洪涝、泥石流等自然灾害的调查研究的基础上，城市用地应遵从如下的规划原则：

1）城市建设用地选择必须避开洪涝、泥石流灾害高风险区域。洪涝、泥石流灾害高风险区域是指受洪涝、泥石流灾害威胁严重的地区，这些地区灾害发生概率较大、灾害损害程度较高，防御代价往往较高或修复难度较大，甚至难以修复，城市建设必须避开这些区域。

2）城市用地布局应遵循高地高用、低地低用的用地基本原则。城市防洪安全性较高的地区应布置城市中心区、居住区、重要的工业仓储区及重要设施等投资大、影响人民生命安全、损毁后损失巨大的城市功能区。易涝低地可用作生态湿地、公园绿地、广场、运动场等功能区。建设用地难以避开易涝低地时，应根据用地性质，采取相应的防洪排涝安全措施。选择填高建设用地、建设调蓄设施、筑堤保护、应急排水等工程措施，确定合理的建设用地竖向控制高程。城市发展中应加强自然水系保护，禁止随意缩小河道过水断面，并保持必要的水面率，用于调节、下泄、储存雨洪。

3）当城市用地受限只能选择洪涝威胁较高的区域，或由于历史原因无法改变城市所处区域的高洪涝风险时，应选取《防洪标准》（GB 50201）中设定标准区间的上限值，必要时提高重现期标准。但应结合城市经济条件，尽量控制保护范围不宜过大，以节省投资及管理、维护等费用，做到技术经济合理。

4）防治江河洪水，应当蓄泄兼施，充分发挥河道行洪能力和水库、洼地、湖泊调蓄洪水的功能，加强河道防护，因地制宜地采取定期清淤疏浚等措施，保持行洪通道畅通。城市用地布局必须考虑行洪需要，为洪水出路留出用地空间。禁止在行洪用地空间范围内进行有碍行洪的城市建设活动。

5）铁路、公路、机场、港口等区域性交通设施和通信、能源、供水、污水、垃圾处理等区域性公用设施，作为城市可持续发展的支撑体系，应尽量避开洪泛区、蓄滞洪区。如果难以避开，应采取工程措施与非工程措施实现自保及应急避险。

二、城市防洪体系

目前，绝大部分城市防洪都不是依靠单一的措施，而是综合采取多种措施组成防洪体系来满足防洪要求。完整的现代城市防洪体系应包括工程措施与非工程措施。

1. 防洪工程措施

防洪工程措施是指为控制和抗御洪水以减免洪水灾害损失而修建的各种工程措施，主要分为挡洪、泄洪、蓄滞洪及泥石流防治等四类。

1）挡洪工程主要包括堤防、防洪闸等设施。

江河堤防应首先考虑现有堤防的利用，同时考虑岸边地形、地质条件，目的是保证堤防稳定、节省工程量、节约投资；其次，要考虑防汛抢险要求，给防汛抢险堆料、运输等留出余地和通道。堤线走向宜与大洪水主流线大致平行，相邻堤段间应平缓连接以顺应流势，避免水流出现横流、旋涡和冲刷堤防。

江河堤防设计洪水位应按现行行业标准《水利工程水利计算规范》（SL 104—2015）的有关规定计算。

堤顶或防洪墙顶高程的计算公式为

$$Z = Z_p + Y \tag{6-2}$$

$$Y = R + e + A \tag{6-3}$$

式中　Z——堤顶或防洪墙顶高程（m）；

　　　Y——设计洪（潮）水位以上超高（m）；

　　　Z_p——设计洪（潮）水位（m）；

　　　R——设计波浪爬高（m），按现行国家标准《堤防工程设计规范》（GB 50286）的有关规定计算；

　　　e——设计风壅增水高度（m），按现行国家标准《堤防工程设计规范》（GB 50286）的有关规定计算；对于海堤，当设计高潮位中包括风壅水面高度时，不另计；

　　　A——安全加高（m），按现行国家标准《堤防工程设计规范》（GB 50286）的有关规定执行。

防洪闸址应选择在水流流态平顺，河床、岸坡稳定的河段。泄洪闸、排涝闸宜选在河段顺直或裁弯取直的地点；分洪闸应选在被保护城市上游，且河岸基本稳定的弯道凹岸顶点稍偏下游处或直段。防潮闸闸址宜选在河道入海口处的顺直河段，其轴线宜与河道水流方向垂直。

2）泄洪工程主要包括河道整治工程，以及排洪渠、截洪沟、非常溢洪道等设施。

河道整治应保持河道的自然形态，在稳定河势、维持或扩大河道泄流能力的基础上，兼顾城市航线选择、港口码头布局及相关公用设施建设要求。确需裁弯取直及疏浚（挖槽）时，应与上、下游河道平顺连接。新河道选择应根据地质、新河平面形态及其与原河上、下游河段的衔接统筹考虑，宜形成新河导流、下游河弯迎流的河势。

排洪渠道的作用是将山洪安全排至城市下游河道，渠线布置应与城市规划密切配合。排洪渠渠线选择应在保障雨洪安全排除前提下，结合城市用地布局综合考虑，做到渠线平顺、地质稳定、拆迁量少。排洪渠出口受洪水或潮水顶托时，应在排洪渠出口处设置挡洪（潮）闸；必要时应配置泵站，在关闸时采取泵站排排洪渠内洪水。

3）蓄滞洪工程主要包括蓄滞洪区划定，以及蓄滞洪区堤防、分洪口、吐洪口、安全区围堤、安全台、安全楼及疏散通道等设施。

4）泥石流防治工程主要包括拦挡坝、排导沟、停淤场等设施。

泥石流防治应贯彻以防为主，防、避、治相结合的方针，应根据当地条件采取综合防治措施。拦挡坝坝址应选择在沟谷宽敞段的下游卡口处，拦挡坝可单级或多级设置。排导沟应布置在长度短、沟道顺直、坡降大和出口处具有堆积场地的地带。停淤场宜布置在坡度小、场地开阔的沟口扇形地带。

2. 防洪非工程措施

防洪非工程措施一般包括洪水预报、洪水警报、洪泛区土地划分及管理、河道清障、洪水保险、超标准洪水防御措施、洪灾救济以及改变气候等。城市防洪非工程措施是贯彻"全面规划、统筹兼顾、预防为主、综合治理"原则的重要组成部分，是通过法令、政策、经济手段和工程以外的技术手段，以减轻灾害损失的措施。

1）城市应充分利用上游水库进行洪水调节，调洪库容及调度应满足城市防洪保护目标要求。

城市河流水系上游往往兴建有具备防洪、灌溉、供水、发电及航运等多功能的水库，是流域防洪体系重要的组成部分，对其下游沿岸城市的防洪起到重要的调节与保障作用，充分利用城市上游水库调节洪水，有利于减轻城市防洪压力，提高城市防洪能力。具有防洪作用的水库一般会在流域防洪规划中总体考虑，城市防洪规划应充分考虑所在流域的水库对城市的防洪作用；具有防洪作用的水库其防洪库容确定及防洪调度等应充分满足下游城市防洪的需要。

2）城市应根据流域防洪规划有关要求分类分区建设和管理蓄滞洪区；区内非防洪建设项目应进行洪水影响评价，并应提出防御措施。蓄滞洪区是指包括分洪口在内的河堤背水面以外临时贮存洪水的低洼地区及湖泊等。蓄滞洪区将上游水库不能控制、下游河道无力宣泄的那一部分"超额洪水"暂时蓄滞起来，再伺机排入河道，达到减轻流域下游洪水或区域洪水威胁的目的。

3）城市应制定遭遇超设计标准暴雨、超设计标准洪水和突发性水灾时的对策性措施与城市防洪应急预案及病险水库防洪抢险救灾应急预案，并应根据气象、水利部门的统计数据和暴雨、洪水预报，进行灾害预警，及时启动城市防洪应急预案。受社会经济发展水平及用地空间制约，防洪工程不可能无限制提高标准，因此如果遭遇超设计标准暴雨、超设计标准洪水，则会引起灾害。此外，城市上游水库也是城市防洪的潜在威胁，如果发生水库溃坝，有可能对城市带来毁灭性灾害，严重威胁下游人民的生命财产安全。制定防御超设计标准暴雨、超设计标准洪水和突发性水灾的对策性措施和防洪应急预案，应"以人为本、安全第一、以防为主、防抗结合"，重点加强暴雨及洪水预警预报能力，提高应急调蓄能力及应急组织协调管制能力。城市应利用气象、水利部门的统计数据和暴雨、洪水预报，进行灾害预警，当遭遇超设计标准暴雨、超设计标准洪水或突发性水灾时启动防洪应急预案。城市应根据社会经济发展，逐步提升城市防洪标准，加快城市防洪保护区建设，保障堤防安全，不断提高城市防洪能力，降低灾害损失。

4）城市规划区内的调洪水库、具有调蓄功能的湖泊和湿地、行洪通道、排洪渠等地表水体保护和控制的地域界线应划入城市蓝线进行严格保护。城市蓝线是指城市规划确定的江、河、湖、库、渠和湿地等城市地表水体保护和控制的地域界线，其中包括调洪水库、具有调蓄功能的湖泊和湿地、行洪通道、排洪渠等保障城市防洪功能需求的地域空间界线。城市蓝线管理要求保护蓝线范围内水域及相关陆域的空间地理界线，城市蓝线范围内严禁从事影响水体地理空间稳定、危害岸线安全、妨碍行洪及蓄洪的一切活动。严禁侵占或随意调整蓝线范围，若需调整，必须通过洪水影响评价，确保调整前后防洪功能不降低，并应有利于提高城市防洪减灾能力。

5）城市规划区内的堤防、排洪沟、截洪沟、防洪（潮）闸等防洪工程设施的用地控制界线应划入城市黄线进行保护与控制。根据《城市黄线管理办法》（中华人民共和国建设部第144号令），城市黄线是指对城市发展全局有影响的、城市规划中确定的、必须控制的城市交通设施和公用设施用地的控制界线，其中包括堤防、排洪沟、截洪沟、防洪（潮）闸等城市防洪设施用地的控制界线。在城市防洪设施黄线范围内禁止一切损坏城市防洪设施或影响城市防洪设施安全和正常运转的行为。

3. 城市防洪体系与协调

城市防洪体系应与流域防洪体系相协调，城市应利用所在流域防洪体系提高自身防洪能力。如武汉市防洪能力依靠堤防仅能防御20~30年一遇洪水，利用流域防洪规划的蓄滞洪区，可基本满足约200年一遇的防洪需要；湖北荆州利用具有流域防洪功能的三峡水库的调洪作用，使自身的防洪能力大幅提升，防洪能力由10年一遇提高到100年一遇。

4. 城市防洪工程总体布局

城市防洪工程总体布局应根据城市自然条件、洪水类型、洪水特征、用地布局、技术经济条件及流域防洪体系，合理确定。不同类型地区的城市防洪工程的构建应符合下列规定：

1）山地丘陵地区城市防洪工程措施应主要由护岸工程、河道整治工程、堤防等组成。山丘区河流的平面形态十分复杂，河道曲折多变，岸线和床面都极不规整，既影响河道泄流能力，又威胁到沿岸城市的防洪安全。对河道进行整治是山丘区河流沿岸城市防洪的主要工程措施之一，同时应加强岸坡防护，特别是地质条件不利地段，确保岸线稳定。山丘区河流沿岸城市多沿河流两岸阶地布置，往往部分地面低于洪水淹没线，会受洪水上涨影响而受淹，因此，堤防建设是山丘区河流沿岸城市部分地区防御洪水的重要工程措施。

2）平原地区河流沿岸城市防洪应采取以堤防为主体，河道整治工程、蓄滞洪区相配套的防洪工程措施。平原区河流沿岸城市，其建设用地往往存在地面高程低于河道设计洪水位的区域，防洪采取的主要工程措施是修建堤防，同时应进行河道整治，稳定河势，保护沿岸堤防的稳定，维持或扩大河道泄流能力。遇大洪水，依靠堤防、河道整治工程及水库等仍不能满足防洪要求时，则需开辟蓄滞洪区以蓄纳超额洪水。因此，平原区河流沿岸城市防江河洪水的防洪工程总体布局可由堤防、河道整治工程、蓄滞洪区等共同组成。

3）河网地区城市防洪应根据河流分割形态，分片建立独立防洪保护区，其防洪工程措施由堤防、防洪（潮）闸等组成。在河网地区，城市内部或周围有多条河流，每条河流的洪水都可能对城市构成威胁，应根据城市被河流分割的形态分别进行堤防建设，形成独立、封闭的防洪保护区。为削减各河流之间串流及相互顶托等抬高洪水位的影响，支流交汇处可设置防洪闸，并配合建设排洪渠、泵站等以便在防洪闸关闭期间及时排出内水。

4）滨海城市防洪应形成以海堤、挡潮闸为主，消浪措施为辅的防洪工程措施。沿海城市防洪（潮）应建立以海堤、挡潮闸为主，消浪措施为辅的防洪工程总体布局。海堤的首要任务是保护受风暴潮侵袭和影响地区的防洪（潮）安全，减免风暴潮灾害损失及其风暴潮增水带来的影响，为沿海地区社会经济发展提供防洪安全保障。挡潮闸是用来阻挡潮水倒灌的挡潮建筑物，挡潮闸一般建在河口附近，在涨潮时关闭闸门挡潮，在落潮时开启闸门排泄河水。沿海城市的内河水系往往与海连通，多数情况内河水可以自排入海，但是当海水位高不能自排时，必须通过泵站解决排洪问题。消浪措施主要指方形混凝土桩列、桩基透空堤、矩形浮箱式防浪堤、桩式离岸堤、幕墙式消浪结构等工程消浪措施；应大力推广以防浪林为代表的生物消浪措施，其具有较好的生态环境效益和综合效益，在具备种植条件的海岸，应优先考虑这种消浪方式。

5. 防凌措施与防洪体系

有凌汛威胁的城市，应将防凌措施纳入城市防洪体系。我国北方及青藏高原广大地区江河中易出现凌汛，在冬季的封河期和春季的开河期都有可能发生凌汛。因冰凌对水流的堵塞作用，解冻期还伴随流域面上降水及蓄水增量释放，从而引起显著的涨水现象。当河道里的冰凌严重阻塞水道，且流域面上降水及蓄水增量大量而急剧释放，致使涨水速率快、幅度大时，往往会形成严重灾害。寒冷地区有凌汛威胁的城市，应将防凌观测和清除河道行洪障碍、确保行凌畅通及应急分洪等防凌措施纳入城市防洪体系。

6. 综合防洪体系

当城市受到两种或两种以上洪水威胁时，应在分类防御基础上，形成相互协调、密切配合的综合性防洪体系。许多城市因地理条件，可能受到两种或两种以上的洪灾威胁，此时，要针对各类型洪水分别采取工程及非工程措施，各工程或非工程措施在分类防御的基础上，还应相互协调，密切配合，避免冲突和重复，共同组成综合性的城市防洪体系。例如，宁波濒临东海，海岸线总长超过1500km，境内河网密布，山溪源短流急，经常遭受海洪、境内河洪和山洪威胁。针对不同的洪灾威胁，宁波市采取了"蓄、堤、疏、分、围、导、清、排"综合治理措施，各分类防御措施在有效应对相应洪灾的同时，还能减轻其他防洪措施的防洪压力，协同构成城市综合防洪体系。

第五节　防洪规划编制

一、防洪规划编制的内容

城市防洪编制应包括：调查研究、城市防洪标准的确定、城市用地安全布局、城市防洪体系规划、防洪工程措施与非工程措施规划六个方面内容。

1）调查研究应主要收集、分析流域与防洪保护区的自然地理、工程地质条件和水文、气象、洪水资料，了解历史洪水灾害的成因与损失，了解城市社会、经济现状与未来发展状况及城市现有防洪设施与防洪标准，广泛收集各方面对城市防洪的要求。

2）城市防洪标准的确定，应根据城市洪灾和涝灾情况及其政治、经济上的影响，结合防洪工程建设条件，依据城市规模及重要性划分等级，按现行国家标准《防洪标准》（GB 50201）和《城市排水工程规划规范》（GB 50318）的有关规定选取。

3）城市用地安全布局应以满足城市防洪要求、保护城市安全为前提，根据可能遭受洪涝灾害损害的程度和概率提出用地和设施布局的合理区划与有利区位，并对现状不合理的用地布局或设施布点提出调整或安全保障对策。

4）城市防洪体系规划应包括：堤防、河道整治工程、蓄滞洪区、防洪（潮）闸、排洪渠等防洪工程措施的功能组织及空间安排，以及对非工程措施的总体要求等内容。

5）防洪工程措施规划应包括：确定堤防、河道整治工程、蓄滞洪区、排洪渠等重要工程设施的空间位置、规模特征及主要功能参数。

6）城市防洪非工程措施规划主要内容应为提出保护防洪工程设施用地空间及安全运行的相关要求，提出蓄滞洪区管理要求和防洪预警及应急策略等。

编制城市防洪规划应注重城市洪水灾害损失分析、城市防洪标准的选取、城市防洪保护范围的确定、城市防洪体系方案研究等方面内容。

二、城市防洪规划成果

城市防洪规划应包括：规划文本、规划图、规划说明、基础资料汇编四部分的成果

1）规划文本应以法规条文方式，直接叙述主要规划内容的规范性要求。主要内容应包括：规划依据、规划原则、规划期限、城市防洪标准、城市用地安全布局引导、城市防洪体系方案、防洪工程措施及非工程措施等；其中，城市防洪标准、城市用地安全布局原则和防洪工程设施布局为强制性内容。

2）规划图应清晰准确，图文相符，图例一致，并应在图纸的明显处标明图名、图例、风玫瑰、图纸比例、规划期限、规划单位、图签编号等内容。规划图纸绘制要求应符合表6-6所示的规定。

3）规划说明书应分析现状，阐述规划意图和目标，解释和说明规划内容。

4）基础资料汇编应在综合考察或深入调研的基础上，取得完整、正确的现状和历史基础资料，做到统计口径一致或具有可比性。主要基础资料应包括：城市气象资料，山洪、江河洪水、湖泊水库洪水、海潮等洪（潮）水水文资料，城市地形资料，城市地质资料，城市社会、经济资料，城市洪涝灾害历史资料，城市防洪区划及防洪工程设施现状资料等。

表 6-6　规划图纸绘制要求

图纸名称	图纸内容	图纸特征
洪水影响评价图	在城市现状图基础上表示不同频率洪水淹没范围、危害程度、现状防洪区划，分级分区划定洪水灾害重点防御地区或风险较大的地区，表示相关设施保护与建设状态、可能影响城市及区域防洪安全的发展布局、设施建设情况	一般在城市总体规划现状图基础上制图
城市防洪规划图	在城市总体规划图基础上表示防洪工程建设的位置、用地范围	一般在城市总体规划用地布局图基础上制图，涉及市域的内容可在市域城镇体系规划图基础上制图

第六节　城市泥石流防治工程规划

一、泥石流及其在我国的分布

泥石流是由于降水（暴雨、冰川、积雪融化水）在沟谷或山坡上产生的一种挟带大量泥砂、石块和巨砾等固体物质的特殊洪流，其汇水、汇砂过程十分复杂，是各种自然和（或）人为因素综合作用的产物。

泥石流灾害是指对人民生命财产造成损失或构成危害的灾害性泥石流；泥石流如不造成损失或不构成危害，则只是一种自然地质作用和现象。

我国泥石流主要分布在西南、西北地区，其次是东北、华北地区。华东、中南部分地区及台湾省、湖南省等山地，也有泥石流零星分布。据初步调查，泥石流在全国的分布总面积约有（100~110）万 km^2，占国土面积的 11%，危害较严重的泥石流区面积约为（65~70）万 km^2，占全国总面积的 7%。

二、泥石流的成因及类型

1. 泥石流的成因

导致泥石流形成的因素很多，而主要因素可概括为三要素，也称为泥石流形成的三个基本条件：

1）充足的岩屑供给。流域内有较多的泥、沙和石块能直接补给泥石流，是泥石流形成的最基本物质条件。泥沙、石块补给泥石流的方式之一是滑坡坍塌等直接将泥石推入沟道，甚至堵塞河道；山坡上由于地下水作用而引起的浅层滑塌以及沟道中的原河床物质也是补给来源之一，山坡上的面蚀也会补给泥石流物质。

2）丰富的水源。流域内的降雨、冰雪消融、水库或湖泊溃决等水源是直接引发泥石流的动力原因。我国城市泥石流大多是由降雨洪水引起的。

3）有能使大量的岩屑和水体迅速集聚、混合和流动的有利地形条件。据调查，我国泥石流多发生在小型流域内，流域面积 $10km^2$ 的泥石流沟占总数的 86.9%。流域平均比降 0.05~0.30，占总数的 79%，山坡坡度在 20°~50°的占 71%。

另外，人类不合理的经济活动，如滥垦坡地、滥伐森林以及城市建设时不适当的开炸建筑石料及矿渣和路渣等大量岩屑乱堆在山坡和沟谷中，破坏了当地的生态平衡，影响了坡地的稳定性，并提供了大量松散的固体物质，加速了泥石流的发生和发展，扩大了泥石流的活动范围，增加了泥石流发生的频率和强度，也可能使已经停息的泥石流又重新活跃起来。

2. 泥石流类型

泥石流的分类方法很多，按水源成因及物源成因分为暴雨（降雨）泥石流、冰川（冰雪融水）泥石流、溃决（含冰湖溃决）泥石流等；按集水区地貌可分为沟谷型泥石流和坡面型泥石流；按暴发频率分为高频泥石流（1年多次至5年1次）、中频泥石流（5年1次至20年1次）、低频泥石流（20年1次至50年1次）和极低频泥石流（50年以上1次）；按泥石流物质组成分为泥流型、水石型和泥石型；按流体性质可分为黏性泥石流和稀性泥石流。按照泥石流一次性爆发规模分为特大型、大型、中型和小型四种（表6-7）。

表6-7　泥石流爆发规模分类

分类指标	特大型	大型	中型	小型
泥石流一次堆积总量/($10^4 m^3$)	>100	10~100	1~10	<1
泥石流洪峰量/(m^3/s)	>200	100~200	50~100	<50

泥石流作用强度，根据形成条件、作用性质和对建筑物的破坏程度等因素可以按表6-8分级。

表6-8　泥石流作用强度分级

级别	规模	形成区特征	泥石流性质	可能出现最大流量/(m^3/s)	年平均单位面积物质冲出量/(m^3/km^2)	破坏作用	破坏程度
1	大型	大型滑坡，坍塌堵塞沟道，坡陡，沟道比降大	黏性，重度 $\gamma_c>18kN/m^3$	>200	>5	以冲击和淤埋为主，危害严重，破坏强烈，可淤埋整个村镇或部分区域，治理困难	严重
2	中型	沟坡上中小型滑坡，坍塌较多，局部淤塞，沟底堆积物厚	稀性或黏性，重度 $16kN/m^3 \leq \gamma_c \leq 18kN/m^3$	200~50	5~1	有冲有淤以淤为主，破坏作用大，可冲毁淤埋部分平房及桥涵，治理比较容易	中等
3	小型	沟岸有零星滑坍，有部分沟床质	稀性或黏性，重度 $14kN/m^3 \leq \gamma_c <16kN/m^3$	<50	<1	以冲刷和淹没为主，破坏作用较小，治理容易	轻微

三、泥石流的计算方法

1. 泥石流流量估算

由于泥石流形成的条件比较复杂，影响因素较多，流量计算很困难。目前，泥石流流量计算宜采用配方法和形态调查法，两种方法应互相验证。也可采用地方经验公式。

（1）配方法　配方法是泥石流流量计算常用方法之一。假定沟谷里发生的清水水流，在流动过程中不断地加入泥沙，使全部水流都变为一定重度的泥石流。这种方法适用于泥沙来源主要集中在流域的中下部，泥沙供应充分的情况。知道了形成泥石流的水流流量和泥石流的容重，就可以推求泥石流的流量：设一单位体积的水，加入相应体积的泥沙后，则该泥石流的重度为

$$\gamma_c = \frac{\gamma_b + \gamma_h \phi}{1 + \phi} \tag{6-4}$$

$$\phi = \frac{\gamma_c + \gamma_b}{\gamma_h - \gamma_c} \tag{6-5}$$

$$Q_c = (1 + \phi) Q_b \tag{6-6}$$

式中　γ_c——泥石流重度（kN/m^3）；

γ_h——固体颗粒重度（kN/m^3）；

γ_b——水的重度（kN/m^3）；

ϕ——泥石流流量增加系数；

Q_b——泥石流沟一定频率的水流流量（m^3/s）；

Q_c——同频率的泥石流流量（m^3/s）。

用式（6-6）计算的泥石流流量与实测资料对比，一般都略为偏小。有人认为，主要是由于泥沙本身含有水而没有计入，如果计入，则

$$\phi' = \frac{\gamma_c - \gamma_b}{\gamma_h(1 + P) - \gamma_c\left(1 + \frac{\gamma_h}{\gamma_b}P\right)} \tag{6-7}$$

式中　ϕ'——考虑泥沙含水量的流量增加系数；

P——泥沙颗粒含水量（以小数计）。

当 γ_h 采用 $27kN/m^3$，$P = 0.05$ 及 $P = 0.13$ 时，ϕ 及 ϕ' 值见表6-9。

表 6-9　不同泥石流重度的 ϕ 及 ϕ' 值

$\gamma_c/(kN/m^3)$	22.4	22	21	20	19	18	17	16	15	14
ϕ	2.70	2.40	1.85	1.43	1.12	0.89	0.70	0.55	0.42	0.31
ϕ' $P = 0.05$	4.24	3.55	2.44	1.77	1.33	1.01	0.77	0.59	0.44	0.32
ϕ' $P = 0.13$	50.1	15.2	5.14	2.87	1.86	1.29	0.93	0.67	0.49	0.34

当泥沙含量较大时，计算值相差很大，这是由于这时的土体含水量已接近泥石流体的含水量，泥石流形成不是由水流条件而是由动力条件决定的。因此式（6-6）不适合于泥沙含水量较大时高重度的泥石流计算。这时常采用经验公式计算，即

$$Q_c = (1 + \phi) Q_b D \tag{6-8}$$

式中　D——因泥石流波状或堵塞等的流量增大系数，一般取 1.5~3.0。

泥石流配方法虽是最常用的方法，但仍需与当地的观测或形态调查资料对照，综合评判后选择使用。

（2）形态调查法　泥石流形态调查与一般河流形态调查方法相同，但应特别注意沟道的冲淤变化，及有无堵塞、变道等影响泥位的情况。在调查了泥石流水位及进行断面测量后，泥石流调查流量计算公式为

$$Q_c = w_c v_c \tag{6-9}$$

式中　Q_c——调查频率的泥石流流量（m^3/s），在设计时应换算为设计频率流量；

w_c——形态断面的有效过流面积（m^2）；

v_c——泥石流形态断面的平均流速（m/s），一般按曼宁公式计算，即 $v_c = m_c R^{1/3} I^{1/2}$，$R$ 为水力半径（m），I 为泥石流流动坡度（小数计），m_c 值可参考表6-10确定。

表 6-10　泥石流沟槽粗糙系数 m_c 值

泥石流类型	沟槽特征	泥石流流动坡度 I	泥深/m			
			0.5	1	2	4
			m_c			
稀性泥石流	石质山区粗糙系数最大的泥石流沟槽，沟道急陡弯曲，沟底由巨石漂砾组成，阻塞严重，多跌水和卡口，重度为 14～20kN/m³ 的泥石流和水石流	0.15～0.22	5	4	3	2
	石质山区中等粗糙系数的石流沟，沟道多弯曲跌水，坎坷不平，由大小不等的石块组成，间有巨石堆，重度为 14～20kN/m³ 的泥石流和水石流	0.08～0.15	10	8	6	4
	土石山区粗糙系数较小的泥石流沟槽，沟道宽平顺直，沟床平顺直，沟床由砂与碎石组成，重度为 14～18kN/m³ 的水石流或泥石流，或重度为 14～18kN/m³ 的泥流	0.02～0.08	18	14	10	8
黏性泥石流	粗糙系数最大的黏性泥石流沟槽，重度为 18～23kN/m³，沟道急陡弯曲，由石块和砂质组成，多跌水与戸石垄岗	0.12～0.15	18	15	12	10
	粗糙系数中等的黏性泥石流沟槽，重度为 18～22kN/m³，沟道较顺直，由碎石砂质组成，床面起伏不大	0.08～0.12	28	24	20	16
	粗糙系数很小的黏性泥石流沟槽，重度为 18～23kN/m³，沟道较宽平顺直，由碎石泥沙组成	0.04～0.08	34	28	24	20

对于已发生过的泥石流的流量计算，除了从辨认历史痕迹得到最大流速和相应断面以外，也可以通过泥石流流经的类似卡口堰流动时，按堰流公式算得。如按宽顶堰公式，即

$$Q_d = \frac{2}{3}\mu\sqrt{2g}H^{1.5}BM \tag{6-10}$$

式中　Q_d——泥石流流量（m³/s）；

　　　μ——堰流系数，取 0.72；

　　　g——重力加速度（m/s²）；

　　　H——堰上泥石流水深（m）；

　　　B——堰宽（m）；

　　　M——过堰泥石流系数，取 0.9。

2. 泥石流流速估算

泥石流流速计算可根据不同地区的自然特点采用不同的计算公式。主要的经验公式如下。

1）用已有泥石流事件弯道处的参数值计算平均流速，即

$$v = \sqrt{\frac{\Delta HRg}{B}} \tag{6-11}$$

式中　v——泥石流平均流速（m/s）；

　　　H——弯道超高值（m）；

　　　B——沟槽泥面宽度（m）；

　　　R——弯道曲率半径（m）；

　　　g——重力加速度（m/s²）。

2）王继康公式，用于黏性泥石流，即

$$v = K_c R^{\frac{2}{3}} i^{\frac{1}{5}} \tag{6-12}$$

式中 i——泥石流表面坡度，也可用沟底坡度表示（%）；

R——水力半径，当宽深比大于5时，可用平均水深 H 表示（m）；

K_c——黏性泥石流系数，见表6-11。

表 6-11 黏性泥石流系数

H/m	<2.50	2.75	3.00	3.50	4.00	4.50	5.00	>5.50
K_c	10.0	9.5	9.0	8.0	7.0	6.0	5.0	4.0

3）云南东川公式，即

$$v = 28.5H^{0.33}i^{\frac{1}{2}}$$ (6-13)

式中 H——泥深（m）。

4）西北地区黏性泥石流公式，即

$$v = 45.5H^{\frac{1}{4}}i^{\frac{1}{5}}$$ (6-14)

5）甘肃武都黏性泥石流公式，即

$$v = 65KH^{\frac{1}{4}}i^{\frac{4}{5}}$$ (6-15)

式中 K——断面系数，取0.70。

3. 泥石流沉积总量计算

泥石流在沟口淤积形成冲积扇，其淤积量是十分可观的，据甘肃省陇南市武都区两条流域面积近 $2km^2$ 的泥石流沟观测，年平均冲出泥石流量分别为 5 万 m^3 和 7 万 m^3，8 年后，沟口分别淤高了 11m 和 13m。根据白龙江流域的调查，沟口的淤积高度可按经验公式计算。

当 $W_p < 100$ 万 m^3 时

$$h_T = 0.025W_p^{0.5}$$ (6-16)

当 $W_p > 100$ 万 m^3 时

$$h_T = \left[\frac{W_p \cdot 10^4}{4.3} \right]^{\frac{1}{0.7}}$$ (6-17)

式中 h_T——N 年中沟口淤积高度（m）；

W_p——设计淤积量（m^3），为设计年限 N 与年平均泥沙淤积量 V_s 的乘积；

N——设计年限（年）。

泥石流的沿途淤积可用水动力平衡法（稀性泥石流）和极限平衡法（黏性泥石流）计算。

泥石流和一般水流不同，对一般水流沟道，只要瞬间洪峰能够通过，该沟道可认为是安全的。泥石流具有淤积作用，即使本次泥石流顺利通过，而下次泥石流就未必能通过，今年的泥石流通过了，明年的泥石流不一定能通过。因此，在泥石流的排洪道设计时，必须了解可能发生的泥石流总量、通过沟道时的淤积、流出沟道后的泥沙的堆积态势，在使用年限中对城市的影响。泥石流防治工程设计的成功与否，往往决定于这种预测的正确程度。

四、泥石流的预治

泥石流产生和运动过程的复杂性决定了泥石流防治的难度。目前的治理工程，只能达到一定的防御标准，对人口密集的城市地区，仍存在很大的潜在危险。因此，做好城市总体规划，是防治泥石流最重要的工作。例如，主要城区应避开严重的泥石流沟，将危害区域规划为绿地、公园、运动场等人口稀少的地区，泥石流沟道应与街区用绿化带隔开等。对城市防治来说，应以防为主，尽量减少泥石流规模。对已发生的泥石流则须以拦为主，将泥沙拦截在流域内，尽量减少泥沙进入城市，对于重点防护对象应建设有效的预警预报体系。

在建设用地选择时，应尽量避开泥石流区。当无法避开时，必须采用综合防治措施。如在上游区采取预防措施（包括清理松散堆积物），中游区采取拦截措施，下游区采取排泄措施等。

1. 预防措施

预防措施是防止泥石流发生的较彻底的方法，主要有如下几种：

（1）治水　减少上游水源，例如用截水沟将水流引向其他流域，利用小的塘坝进行蓄水，上游有条件时修建水库是十分有效的方法。

（2）治泥　采用平整坡地、沟头防护、防止沟壁等滑坍及沟底下切、治理滑坡及坍塌等措施。

（3）水上隔离　将水流从泥沙补给区引开，使水流与泥沙不相接触，避免泥石流发生。

2. 拦截措施

拦截措施一般是在泥石流沟的中游设置拦挡坝和停淤场，消刹水势，以降低泥石流速度，截留冲积物使之沉积，从而防止泥石流对居住区、工业区造成危害。

1）拦挡坝是世界各国防治泥石流的主要措施之一，其主要形式有：采用大型的拦挡坝与其他辅助水工建筑物相配合，一般称为美洲型；成群的中、小型拦挡坝，辅以林草措施，一般称为亚洲型。应用于一般水工建筑物上的各种坝体都被应用在泥石流防治上，例如重力或圬工坝、横形坝、土坝等；泥石流防治中还常采用带孔隙的坝，如格栅坝、桩林坝等，格栅坝有金属材料和钢筋混凝土材料等类。

2）泥石流停淤场是一种利用面积来停淤泥石流的措施。稀性泥石流流到这里后，流动范围扩大，流深及流速减小，大部分石块失去动力而沉积。对于黏性泥石流，则利用它有残留层的特征，让它黏附在流过的地面上。在城市上、下游有较广阔的平坦地面条件时，停淤场是一种很好的拦截形式。如果停淤场处的坡度较大，就不易散布在较大的面积上。应用拦坝等促使其扩散。

3. 排泄措施

为防止泥石流淤积对工业、居住地造成危害，在泥石流流通区设置导流构筑物，使泥石流通畅下泄，可采取修建等措施来解决：

1）修建排导沟。排导沟是城市排导泥石流的必要建筑物，根据各地的经验，排导沟宜选择顺直、坡降大、长度短和出口处有堆积场地的地方，其最小坡度不宜小于表 6-12 所列数值。排导沟与自然沟道连接应保证收缩角不宜过大，以防淤积。

表 6-12　排导沟沟底设计纵坡参考值

泥石流性质	重度/(kN/m³)	类别	纵坡（%）
稀性	14～16	泥流	3～7
		泥石流	5～7
	16～18	泥流	5～7
		泥石流	7～10
		水石流	7～15
黏性	18～22	泥流	8～12
		泥石流	10～18

2）改直河道。将沟道进行裁弯取直，局部缩短沟道长度，使纵坡增大，从而加大流速，使泥石流直线下泄。

第七节 海绵城市——低影响开发雨水系统

一、海绵城市

城镇化是保持经济持续健康发展的强大引擎，是推动区域协调发展的有力支撑，也是促进社会全面进步的必然要求。然而，快速城镇化的同时，城市发展也面临巨大的环境与资源压力，外延增长式的城市发展模式已难以为继，《国家新型城镇化规划（2014—2020年）》明确提出，我国的城镇化必须进入以提升质量为主的转型发展新阶段。为此，必须坚持新型城镇化的发展道路，协调城镇化与环境资源保护之间的矛盾，以实现可持续发展。党的十八大报告明确提出"面对资源约束趋紧、环境污染严重、生态系统退化的严峻形势，必须树立尊重自然、顺应自然、保护自然的生态文明理念，把生态文明建设放在突出地位"。建设具有自然积存、自然渗透、自然净化功能的海绵城市是生态文明建设的重要内容，是实现城镇化和环境资源协调发展的重要体现，也是今后我国城市建设的重大任务。

顾名思义，海绵城市是指城市能够像海绵一样，在适应环境变化和应对自然灾害等方面具有良好的"弹性"，下雨时吸水、蓄水、渗水、净水，需要时将蓄存的水"释放"并加以利用。海绵城市建设应遵循生态优先等原则，将自然途径与人工措施相结合，在确保城市排水防涝安全的前提下，最大限度地实现雨水在城市区域的积存、渗透和净化，促进雨水资源的利用和生态环境保护。在海绵城市建设过程中，应统筹自然降水、地表水和地下水的系统性，协调给水、排水等水循环利用各环节，并考虑其复杂性和长期性。

海绵城市的建设途径主要有以下几方面：

一是对城市原有生态系统的保护。最大限度地保护原有的河流、湖泊、湿地、坑塘、沟渠等水生态敏感区，留有足够涵养水源、应对较大强度降雨的林地、草地、湖泊、湿地，维持城市开发前的自然水文特征，这是海绵城市建设的基本要求。

二是生态恢复和修复。对传统粗放式城市建设模式下，已经受到破坏的水体和其他自然环境，运用生态的手段进行恢复和修复，并维持一定比例的生态空间。

三是低影响开发。按照对城市生态环境影响最低的开发建设理念，合理控制开发强度，在城市中保留足够的生态用地，控制城市不透水面积比例，最大限度地减少对城市原有水生态环境的破坏，同时，根据需求适当开挖河湖沟渠、增加水域面积，促进雨水的积存、渗透和净化。

海绵城市建设应统筹低影响开发雨水系统、城市雨水管渠系统及超标雨水径流排放系统。低影响开发雨水系统可以通过对雨水的渗透、储存、调节、转输与截污净化等功能，有效控制径流总量、径流峰值和径流污染。城市雨水管渠系统即传统排水系统，应与低影响开发雨水系统共同组织径流雨水的收集、转输与排放。超标雨水径流排放系统，用来应对超过雨水管渠系统设计标准的雨水径流，一般通过综合选择自然水体、多功能调蓄水体、行泄通道、调蓄池、深层隧道等自然途径或人工设施构建。以上三个系统并不是孤立的，也没有严格的界限，三者相互补充、相互依存，是海绵城市建设的重要基础元素。

二、低影响开发雨水系统

低影响开发（Low Impact Development，LID）指在场地开发过程中采用源头、分散式措施维持场地开发前的水文特征，也称为低影响设计（Low Impact Design，LID）或低影响城市设计和开发（Low Impact Urban Design and Development，LIUDD）。其核心是维持场地开发前后水文特征不变，包括径流总量、峰值流量、峰现时间等。从水文循环角度，要维持径流总量不变，就要采取渗透、储存等方式，实现开发后一定量的径流量不外排；要维持峰值流量不变，就要采取渗透、储存、调节等措施削减峰值、延缓峰值时间。发达国家人口少，一般土地开发强度较低，绿化率较高，在场地源头有充足空间来消纳场地开发后径流的增量（总量和峰值）。我国大多数城市土地开发强度普遍较大，仅在场地采用分散式源头削减措施，难以实现开发前后径流总量和峰值流量等维持基本不变，所以还必须借助于中途、末端等综合措施，来实现开发后水文特征接近于开发前的目标。

从上述分析可知，低影响开发理念的提出，最初是强调从源头控制径流，但随着低影响开发理念及其技术的不断发展，加之我国城市发展和基础设施建设过程中面临的城市内涝、径流污染、水资源短缺、用地紧张等突出问题的复杂性，在我国，低影响开发的含义已延伸至源头、中途和末端不同尺度的控制措施。城市建设过程应在城市规划、设计、实施等各环节纳入低影响开发内容，并统筹协调城市规划、排水、园林、道路交通、建筑、水文等专业，共同落实低影响开发控制目标。因此，广义来讲，低影响开发指在城市开发建设过程中采用源头削减、中途转输、末端调蓄等多种手段，通过渗、滞、蓄、净、用、排等多种技术，实现城市良性水文循环，提高对径流雨水的渗透、调蓄、净化、利用和排放能力，维持或恢复城市的"海绵"功能。

三、海绵城市——低影响开发雨水系统构建的基本原则

海绵城市建设——低影响开发雨水系统构建的基本原则是规划引领、生态优先、安全为重、因地制宜、统筹建设。

（1）规划引领　城市各层级、各相关专业规划以及后续的建设程序中，应落实海绵城市建设、低影响开发雨水系统构建的内容，先规划后建设，体现规划的科学性和权威性，发挥规划的控制和引领作用。

（2）生态优先　城市规划中应科学划定蓝线和绿线。城市开发建设应保护河流、湖泊、湿地、坑塘、沟渠等水生态敏感区，优先利用自然排水系统与低影响开发设施，实现雨水的自然积存、自然渗透、自然净化和可持续水循环，提高水生态系统的自然修复能力，维护城市良好的生态功能。

（3）安全为重　以保护人民生命财产安全和社会经济安全为出发点，综合采用工程和非工程措施提高低影响开发设施的建设质量和管理水平，消除安全隐患，增强防灾减灾能力，保障城市水安全。

（4）因地制宜　各地应根据本地自然地理条件、水文地质特点、水资源禀赋状况、降雨规律、水环境保护与内涝防治要求等，合理确定低影响开发控制目标与指标，科学规划布局和选用下沉式绿地、植草沟、雨水湿地、透水铺装、多功能调蓄等低影响开发设施及其组合系统。

（5）统筹建设　地方政府应结合城市总体规划和建设，在各类建设项目中严格落实各层级相关规划中确定的低影响开发控制目标、指标和技术要求，统筹建设。低影响开发设施应与建设项目的主体工程同时规划设计、同时施工、同时投入使用。

四、海绵城市——低影响开发雨水系统构建途径

海绵城市——低影响开发雨水系统构建需统筹协调城市开发建设各个环节。在城市各层级、各相关规划中均应遵循低影响开发理念，明确低影响开发控制目标，结合城市开发区域或项目特点确定相应的规划控制指标，落实低影响开发设施建设的主要内容。设计阶段应对不同低影响开发设施及其组合进行科学合理的平面与竖向设计，在建筑与小区、城市道路、绿地与广场、水系等规划建设中，应统筹考虑景观水体、滨水带等开放空间，建设低影响开发设施，构建低影

响开发雨水系统。低影响开发雨水系统的构建与所在区域的规划控制目标、水文、气象、土地利用条件等关系密切，因此，选择低影响开发雨水系统的流程、单项设施或其组合系统时，需要进行技术经济分析和比较，优化设计方案。低影响开发设施建成后应明确维护管理责任单位，落实设施管理人员，细化日常维护管理内容，确保低影响开发设施运行正常。低影响开发雨水系统构建途径如图6-1所示。

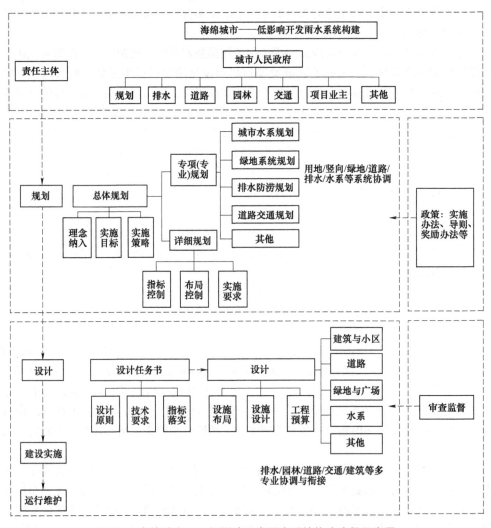

图 6-1　海绵城市——低影响开发雨水系统构建途径示意图

五、海绵城市——低影响开发雨水系统规划基本要求和控制目标

1. 海绵城市——低影响开发雨水系统规划基本要求

1）城市人民政府应作为落实海绵城市——低影响开发雨水系统构建的责任主体，统筹协调规划、国土、排水、道路、交通、园林、水文等职能部门，在各相关规划编制过程中落实低影响开发雨水系统的建设内容。

2）城市总体规划应创新规划理念与方法，将低影响开发雨水系统作为新型城镇化和生态文明建设的重要手段。应开展低影响开发专题研究，结合城市生态保护、土地利用、水系、绿地系统、市政基础设施、环境保护等相关内容，因地制宜地确定城市年径流总量控制率及其对应的设计降雨量目标，制定城市低影响开发雨水系统的实施策略、原则和重点实施区域，并将有关要求和内容纳入城市水系、排水防涝、绿地系统、道路交通等相关专项规划。编制分区规划的城市应在总体规划的基础上，按低影响开发的总体要求和控制目标，将低影响开发雨水系统的相关内容纳入其分区规划。

3）详细规划（控制性详细规划、修建性详细规划）应落实城市总体规划及相关专项（专业）规划确定的低影响开发控制目标与指标，因地制宜，落实涉及雨水渗、滞、蓄、净、用、排等用途的低影响开发设施用地；并结合用地功能和布局，分解和明确各地块单位面积控制容积、下沉式绿地率及其下沉深度、透水铺装率、绿色屋顶率等低影响开发主要控制指标，指导下层级规划设计或地块出让与开发。

4）有条件的城市（新区）可编制基于低影响开发理念的雨水控制与利用专项规划，兼顾径流总量控制、径流峰值控制、径流污染控制、雨水资源化利用等不同的控制目标，构建从源头到末端的全过程控制雨水系统；利用数字化模型分析等方法分解低影响开发控制指标，细化低影响开发规划设计要点，供各级城市规划及相关专业规划编制时参考；落实低影响开发雨水系统建设内容、建设时序、资金安排与保险措施。也可结合城市总体规划要求，积极探索将低影响开发雨水系统作为城市水系规划的重要组成部分。

5）生态城市和绿色建筑作为国家绿色城镇化发展战略的重要基础内容，对我国未来城市发展及人居环境改善有长远影响，应将低影响开发控制目标纳入生态城市评价体系、绿色建筑评价标准，通过单位面积控制容积、下沉式绿地率及其下沉深度、透水铺装率、绿色屋顶率等指标进行落实。

2. 海绵城市——低影响开发雨水系统规划控制目标

构建低影响开发雨水系统，规划控制目标一般包括径流总体控制、径流峰值控制、径流污染控制、雨水资源化利用等。各地应结合水环境现状、水文地质条件等特点，合理选择其中一项或多项目标作为规划控制目标。鉴于径流污染控制目标、雨水资源化利用目标大多可通过径流总量控制实现，各地低影响开发雨水系统构建可选择径流总量控制作为首要的规划控制目标。

3. 海绵城市——低影响开发雨水系统规划控制目标的选择

各地应根据当地降雨特征、水文地质条件、径流污染状况、内涝风险控制要求和雨水资源化利用需求等，并结合当地水环境突出问题、经济合理性等因素，有所侧重地确定低影响开发径流控制目标。

1）水资源缺乏的城市或地区，可采用水量平衡分析等方法确定雨水资源化利用的目标；雨水资源化利用一般应作为径流总量控制目标的一部分。

2）对于水资源丰沛的城市或地区，可侧重径流污染及径流峰值控制目标。

3）径流污染问题较严重的城市或地区，可结合当地水环境容量及径流污染控制要求，确定年 SS（悬浮物）总量去除率等径流污染物控制目标。实践中，一般转换为年径流总量控制率目标。

4）对于水土流失严重和水生态敏感地区，宜选取年径流总量控制率作为规划控制目标，尽量减小地块开发对水文循环的破坏。

5）易涝城市或地区可侧重径流峰值控制，并达到《室外排水设计标准》（GB 50014）中内涝防治设计重现期标准。

6）面临内涝与径流污染防治、雨水资源化利用等多种需求的城市或地区，可根据当地经济情况、空间条件等，选取年径流总量控制率作为首要规划控制目标，综合实现径流污染和峰值控制及雨水资源化利用目标。

六、海绵城市——低影响开发雨水系统构建技术框架

在城市总体规划阶段，应加强相关专项（专业）规划对总体规划的有力支撑作用，提出城市低影响开发策略、原则、目标要求等内容；在控制性详细规划阶段，应确定各地块的控制指标，满足总体规划及相关专项（专业）规划对规划地段的控制目标要求；在修建性详细规划阶段，应在控制性详细规划确定的具体控制指标条件下，确定建筑、道路交通、绿地等工程中低影响开发设施的类型、空间布局及规模等内容；最终指导并通过设计、施工、验收环节实现低影响开发雨水系统的实施。低影响开发雨水系统应加强运行维护，保障实施效果，并开展规划实施评估，用以指导城市总规及相关专项（专业）规划的修订。城市规划、建设等相关部门应在建设用地规划或土地出让、建设工程规划、施工图设计审查及建设项目施工等环节，加强对海绵城市——低影响开发雨水系统相关目标与指标落实情况的审查。

海绵城市——低影响开发雨水系统构建技术框架如图6-2所示。

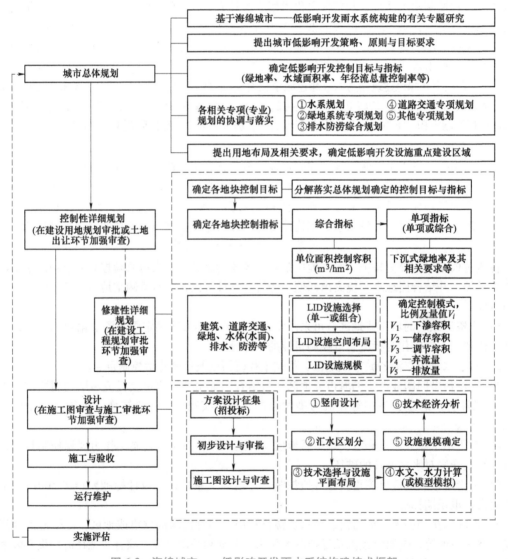

图6-2 海绵城市——低影响开发雨水系统构建技术框架

七、低影响开发雨水系统构建技术选择

1. 技术类型

低影响开发技术按主要功能一般可分为渗透、储存、调节、转输、截污净化等几类。通过各类技术的组合应用，可实现径流总量控制、径流峰值控制、径流污染控制、雨水资源化利用等目标。实践中，应结合不同区域水文地质、水资源等特点及技术经济分析，按照因地制宜和经济高效的原则选择低影响开发技术及其组合系统。

2. 低影响开发单项设施

各类低影响开发技术又包含若干不同形式的低影响开发设施，主要有透水铺装、绿色屋顶、下沉式绿地、生物滞留设施、渗透塘、渗井、湿塘、雨水湿地、蓄水池、雨水罐、调节塘、调节池、植草沟、渗管/渠、植被缓冲带、初期雨水弃流设施、人工土壤渗滤等。

低影响开发设施往往具有补充地下水、集蓄利用、削减峰值流量及净化雨水等多个功能，可实现径流总量、径流峰值和径流污染等多个控制目标，因此应根据城市总规、专项规划及详规明确的控制目标，结合汇水区特征和设施的主要功能、经济性、适用性、外观效果等因素灵活选用低影响开发设施及其组合系统。

低影响开发设施比选，见表6-13。

表6-13　低影响开发设施比选一览表

单项设施	功能					控制目标			处置方式		经济性		污染物去除率（以SS计,%)	景观效果
	集蓄利用雨水	补充地下水	削减峰值流量	净化雨水	传输	径流总量	径流峰值	径流污染	分散	相对集中	建造费用	维护费用		
透水砖铺装	○	●	◎	◎	○	●	◎	◎	√	—	低	低	80~90	—
透水水泥混凝土	○	○	◎	◎	○	◎	◎	◎	√	—	高	中	80~90	—
透水沥青混凝土	○	○	◎	◎	○	◎	◎	◎	√	—	高	中	80~90	—
绿色屋顶	○	○	◎	◎	○	●	◎	◎	√	—	高	中	70~80	好
下沉式绿地	○	●	◎	○	○	●	◎	○	√	—	低	低	—	一般
简易型生物滞留设施	○	●	◎	○	○	●	◎	○	√	—	低	低	—	好
复杂型生物滞留设施	○	●	◎	◎	○	●	◎	◎	√	—	中	低	70~95	好
渗透塘	○	●	◎	◎	○	●	◎	◎	—	√	中	中	70~80	一般
渗井	○	●	○	○	○	●	○	○	√	√	低	低	—	—
湿塘	●	○	●	◎	○	●	◎	◎	—	√	高	中	50~80	好
雨水湿地	●	○	●	●	◎	●	●	◎	—	√	高	中	50~80	好
蓄水池	●	○	◎	◎	○	●	◎	○	—	√	高	中	80~90	—
雨水罐	●	○	◎	○	○	●	◎	○	√	—	低	低	80~90	—

163

（续）

单项设施	功能					控制目标			处置方式		经济性		污染物去除率（以SS计,%）	景观效果
	集蓄利用雨水	补充地下水	削减峰值流量	净化雨水	传输	径流总量	净流峰值	径流污染	分散	相对集中	建造费用	维护费用		
调节塘	○	○	●	◎	○	○	●	◎	—	√	高	中	—	一般
调节池	○	○	●	○	○	○	●	○	—	√	高	中	—	—
传输型植草沟	◎	○	○	◎	●	◎	○	◎	√	—	低	低	35~90	一般
干式植草沟	○	●	○	◎	●	●	○	◎	√	—	低	低	35~90	好
湿式植草沟	○	○	○	●	●	○	○	●	√	—	中	低	—	好
渗管/渠	○	◎	○	○	●	◎	○	◎	√	—	中	中	35~70	—
植被缓冲带	○	○	○	●	—	○	○	●	√	—	低	低	50~75	一般
初期雨水弃流设施	◎	○	○	●	—	○	○	●	√	—	低	中	40~60	—
人工土壤渗滤	●	○	○	●	—	○	○	◎	—	√	高	中	75~95	好

注：1. ●—强；◎—较强；○—弱或很小。

2. SS去除率数据来自美国流域保护中心（Center For Watershed Protection）的研究数据。

7

通信工程规划

城市通信工程是指城市范围内、城市与城市之间、城乡之间信息的各个传输交换系统的工程设施组成的总体。

城市通信工程规划是城市规划的重要组成部分，具有综合性、政策性和通信工程内容繁杂、技术性强的特点。国家城乡规划、电信、广电、邮政的有关法规和方针政策，为城市通信工程规划的编制工作提供可靠的基础和法律保证，确保规划的质量。

第一节 概 述

城市通信工程系统包括城市邮政工程、城市电信工程、城市广播工程、城市电视工程。城市通信工程系统是近年来技术发展最为迅速、产业化程度最高、形式变化最大的城市工程系统。

城市邮政工程含三大板块：邮政邮务类业务，邮政速递物流类业务，邮政金融类业务。邮政在发展中重视推进邮政综合服务平台的建设，逐步优化网点布局，与城市社区服务体系融为一体，推进多功能服务站点的延伸和整合，并以多种形式强化农村综合服务平台的建设，形成城乡一体的邮政服务网络。

城市电信工程是利用电信号来传送信息的，包括电话、电报、传真、数据传输等。新技术、新工艺和新设备的使用使城市通信基础设施更加小型化、隐形化，有利于节省宝贵的城市空间资源，保障城市通信基础设施的安全。

随着广电行业功能逐步转变为多种形式的公众信息服务平台，城市广播电视工程设施也由单向的广电节目传输网转换为综合数据传输网。我国广电网络以有线电视网数字化整体转换和移动多媒体广播（CMMB）为基础，以高性能宽带信息网技术为支撑，统筹有线、无线、卫星等多种技术手段，实现新型广电网络的全面覆盖。

一、通信规划的原则

1）通信工程规划要纳入城市规划，依据城市发展布局和规模，进行城市通信工程设施规划。

2）通信工程规划要以社会信息化、智能化的需求为主要依据，考虑社会各行业、各阶层对基本通信业务的需求，保证向社会提供普遍服务的能力。通信工程要符合国家和通信相关部门颁布的各种通信技术体制和技术标准。

3）通信工程规划要充分考虑原有设施的情况，充分挖掘现有通信工程设施能力，合理协调新建通信工程的布局。规划必须论证方案的技术先进性，网络的安全、可靠性，工程设施的可行性及经济合理性，同时还要考虑今后通信网络的发展，以适应电信技术智能化、数字化、综合化、宽带化和电信业务多样化的发展趋势。

4）通信工程的规划要综合考虑，避免通信基础设施的重复建设、电信业务的开放经营和竞争趋势。

5）通信工程规划要考虑电信设施的电磁保护，以及其他维护电信设施安全的措施；也要考虑无线电信设施对其他专用无线设备的干扰。

6）通信工程的规划要按"近细远粗"的原则进行。

二、通信工程规划的内容

1. 城市通信工程总体规划内容

1）依据城市经济、社会发展目标、城市性质与规模及通信有关基础资料，宏观预测城市近期和远期通信需求量，预测与确定城市近、远期电话晋及率和装机容量，研究确定邮政、移动电信、广播电视等发展目标和规模。

2）依据市域城市体系布局城市总体布局，提出城市通信规划的原则及其主要技术措施。

3）研究和确定城市长途电话网近、远期规划，确定城市长途网结构方式、长途局规模及选址、长途局与市话局间的中继方式。

4）研究和确定城市电话本地网近、远期规划，包含确定市话网络结构、汇接局、模拟网、数字网（IDN）、综合业务数字网（ISDN）以及模拟网向数字网过渡的方式，拟定市话网的主干路规划和管道规划。

5）研究和确定近、远期邮政、电信局所的分区范围、局所规模和局所选址。

6）研究和确定近、远期广播及电视台、站的规模和选址，拟定有线广播、有线电视网的主干路规划和管道规划。

7）划分无线电收发讯区，制定相应的主要保护措施。

8）确定城市微波通道，制定相应的控制保护措施

2. 城市通信工程总体规划图

（1）市域通信工程现状图　主要表示市域范围现状的邮政局所分布，电话长途网、本地网分布和敷设方式，以及现有广播电视台站、电视差转台、微波站、卫星通信收发站、无线电收发讯区等设施。

（2）市域通信工程设施规划图　表示市域内邮电局所规划分布，长途电话网、本地网规划分布及敷设方式；广播电视台、电视差转台、微波站、卫星通信收发站等设施分布，以及无线电收发讯区规划位置。

（3）城市通信工程现状图　主要表示城市现状的邮政局所、电信局所、广播电台、电视台、卫星接收站和微波通信站的分布，以及其他通信线路、干线分布位置和敷设方式、微波通道位置等。

通信种类多、量大，复杂的城市可按邮政、电话、广播电台、无线电通信等专项分别作出现状图。通信种类少而简单的城市可将城市现状通信图与城市规划中其他专业工程现状图合并，同在城市基础设施现状图上表示。

（4）城市通信工程总体规划图　表示城市邮政枢纽、邮政局所、电话局所、广播电台、电视台、广播电视制作中心、电视差转台、卫星通信接收站、微波站及其他通信设施等的规划位置和用地范围；全无线电收发讯区位置和保护范围；电话、有线广播、有线电视及其他通信线路干线规划走向和敷设方式，微波通道位置、宽度、高度控制。

第二节　邮政通信规划

邮政设施与城市性质、人口规模、经济发展目标、产业结构等因素密切相关。因此，在深入研究城市现状邮政业务量以及与经济社会因素关系的基础上，根据城市规划确定的人口规模、经济发展目标、产业结构等指标，预测城市邮政业务量，来确定城市邮政设施的种类及数量。

一、邮政需求量预测

城市邮政设施的种类、规模、数量主要依据通信总量邮政年业务收入来确定。因此，城市邮政需求量主要用邮政年业务收入或通信总量来表示。预测通信总量（万元）和年邮政业务收入（万元），采用发展态势延伸法、单因子相关系数法、综合因子相关系数法等预测方法。

1. 发展态势延伸预测法

此法是采集历年邮政量的数据变化规律，从中分析其走势，以预测未来需求量。预测公式为

$$y_t = y_0 (1 + \alpha)^t \tag{7-1}$$

式中　y_t——规划期内某预测年邮政业务收入量；

y_0——现状（起始年）邮政年业务收入量；

α——邮政年业务收入增长态势系数（$\alpha \geqslant 0$）；

t——规划期内所需预测的年限数。

该方法采集的样板数据越多，年份越长，外延推伸越可靠。

2. 单因子相关系数预测法

在影响邮政需求量的各个变化因子中，寻找其中一个与其变化相关最密切的一个因子，用该因子的变化分析邮政需求的变化，通过对该因子进行修正，以达到规划期末城市邮政需求量的预测。预测公式为

$$y_t = x_t c (1 + \alpha)^t = x_t \frac{y_0}{x_0} (1 + \alpha)^t \tag{7-2}$$

式中　y_t——规划期内某预测年的邮政业务收入量；

x_t——规划期内某预测年的经济、社会因子值；

c——起始年邮政年业务收入量 y_0 与起始年因子值 x_0 之比值；

α——邮政年业务增长与因子值增长之间的相关系数；

t——规划期内所需预测的年限数。

3. 综合因子相关系数预测法

在单因子相关系数预测的基础上，将多个因子预测结果综合起来，根据这些因子与邮政量的密切程度，选取各因子相关权值汇总合成，提高预测的可靠性和综合性。预测公式为

$$y_t = \sum_{i=1}^{n} \beta_i x_{it} c_i (1 + \alpha_i)^t \tag{7-3}$$

式中　i——其中某一因子；

n——因子的数目；

β_i——各因子的权重；

x_{it}——规划期内预测年的经济社会因子 x_i 的值；

c_i——起始年邮政年业务收入量与 x_i 因子值之比值；

α_i——邮政年业务增长与 x_i 因子值增长之间的相关系数；

t——规划期内所需预测的年限数。

二、邮政局所规划

邮政设施主要可分为邮件处理中心和提供邮政普遍服务的邮政营业场所。提供邮政普遍服务的营业场所可分为邮政支局和邮政所等。

城市邮件处理中心选址应与城市用地规划相协调，且应满足下列要求：

1）便于交通运输方式组织，靠近邮件的主要交通运输中心。

2）有方便大吨位汽车进出接收、发运邮件的邮运通道。

1. 城市邮政局所规划的主要内容

城市邮政局所的合理布局是方便群众使用，便于邮件的收集、发运和及时投递的前提条件。邮政局所规划的主要内容有：

1）确定近、远期城市邮政局所数量、规模。

2）确定各级邮政局所的面积标准。

3）进行各级邮政局所的布局。

2. 邮政局所的设置原则

1）邮政支局所应设在邮政业务量较为集中，方便人民群众交寄或窗口领取邮件的地方，如闹市区、商业区、居民聚集区、企业工矿区、党政军机关行政区、大专院校。除此以外，邮政所还可设在人民群众公共活动的场所，如车站、机场、港口、宾馆、文化游览胜地等。

2）邮政支局所的位置要面临主要街道，交通便利。这样邮运和投递车辆易于出入，能保障邮件的及时传递和邮件交接的安全性。

3）邮政支局所选址既要照顾布局的均衡，又要有利于投递工作的组织和管理。投递区的合理划分、投递道段的科学组划，是支局所规划中的重点。

3. 城市邮政局所等级、标准

邮政所在城市内的邮政企业分支机构，最基层的生产单位。具有营业全功能和投递功能的称为邮政支局，归属邮政支局管辖的只办理部分邮政业务的称为邮政所。城市支局所大部分属于邮政通信企业自办性质，在城市郊区农村也有一定数量的委代办邮政所。

4. 邮政局所总量配置

城市邮政局所设置应符合现行行业标准《邮政普遍服务》（YZ/T 0129）的有关规定，其服务半径和服务人口宜符合表7-1的规定，学校、厂矿、住宅小区等人口密集的地方，可增加邮政局所的设置数量。

城市邮政局所总量主要依据城市人口规模和城市用地面积来配置邮政局所数量。在城市总体规划阶段，根据规划期内城市人口规模和城市规划建设用地计算人口密度，参照表7-1，确定服务半径，从而计算城市规划期内的邮政局所配置的总量。

表7-1 邮政局所服务半径和服务人口

类别	每邮政局所服务半径/km	每邮政局所服务人口/万人
直辖市、省会城市	1~1.5	3~5
一般城市	1.5~2	1.5~3
县级城市	2~5	2

市邮政支局用地面积、建筑面积应按业务量大小结合当地实际情况，并宜符合表7-2的规定。

表7-2 邮政支局规划用地面积、建筑面积　　　　　　　　　　（单位：m²）

支局类别	用地面积	建筑面积
邮政支局	1000~2000	800~2000
合建邮政支局	—	300~1200

城市邮政所应在城市详细规划中作为小区公共服务配套设施配置，并应设于建筑首层，建筑面积可按100~300m²预留。

【例7-1】　已知某城市规划人口规模为80万人，规划建设用地为78km²。该城市邮政局所总量配置为多少？

【解】　按服务人口应设置邮政局所=80万人/2万人=40个。

第三节　电信工程规划

电信系统工程是城市基础设施的重要组成部分，载负着整个城市的通信网络，是城市综合竞争力水平的标志之一。近年来，我国电信系统发展很快、变化很大，给城市电信工程规划提出了更高要求。

一、电信工程需求量的预测

1）城市电信用户预测应包括固定电话用户预测、移动电话用户预测和宽带用户预测等内容。

2）城市总体规划阶段电信用户预测应以宏观预测方法为主，可采用普及率法、分类用地综合指标法等多种方法预测；城市详细规划阶段应以微观分布预测为主，可按不同用户业务特点，采用单位建筑面积测算等不同方法预测。

3）固定电话用户采用普及率法和分类用地综合指标法预测时，预测指标宜符合表7-3和表7-4的规定。

表7-3 固定电话主线普及率预测指标　　　　　　　　　（单位：线/百人）

特大城市、大城市	中等城市	小城市
58~68	47~60	40~54

表7-4 固定电话分类用地用户主线预测指标　　　　　　　（单位：线/hm²）

城市用地性质	特大城市、大城市	中等城市	小城市
居住用地（R）	110~180	90~160	70~140
商业服务业设施用地（B）	150~250	120~210	100~190
公共管理与公共服务设施用地（A）	70~200	55~150	40~100
工业用地（M）	50~120	45~100	36~80
物流仓储用地（W）	15~20	10~15	8~12
道路与交通设施用地（S）	20~60	15~50	10~40
公用设施用地（U）	25~140	20~120	15~100

4）移动电话用户预测采用普及率法时，预测指标宜符合表7-5的规定。

表 7-5　移动电话普及率预测指标　　　　　　　（单位：卡号/百人）

特大城市、大城市	中等城市	小城市
125~145	105~135	95~115

5）按城市用地分类的单位建筑面积电话用户预测指标宜符合表7-6的规定。

表 7-6　按城市用地分类的单位建筑面积电话用户预测指标（单位：线/100m²）

大类用地	中类用地	主要建筑的单位建筑面积用户综合指标
R	一类居住（R1）	0.75~1.25
	二类居住（R2）	0.85~1.50
	三类居住（R3）	1.25~1.70
A	行政办公用地（A1）	2.00~4.00
	文化设施用地（A2）	0.40~0.85
	教育科研用地（A3）	1.35~2.00
	体育用地（A4）	0.30~0.40
	医疗卫生用地（A5）	0.60~1.10
	社会福利（A6）	0.85~2.50
	文物古迹（A7）	0.30~0.85
	外事用地（A8）	2.00~4.00
	宗教设施用地（A9）	0.40~0.60
B	商业用地（B1）	0.65~3.30
	商务用地（B2）	1.40~4.00
	娱乐康体用地（B3）	0.75~1.25
	公用设施营业网点用地（B4）	0.85~2.00
	其他服务设施用地（B9）	0.60~1.35
M	一、二、三类工业（M1）	0.40~1.25
W	一、二、三类物流仓储（W1）	0.15~0.50
S	交通枢纽、场站用地（S3、4、9）	0.40~1.50
U	供应设施用地（U1）	0.50~1.70
	环境设施用地（U2）	0.50~0.65
	安全设施用地（U3）	1.00~1.25
	其他公用设施用地（U9）	0.40~0.85

注：表中所列指标主要针对不同分类用地有代表性建筑的测算指标，应用中允许结合不同分类用地的实际不同建筑组成适当调整。

6）宽带用户预测采用普及率法进行预测时，预测指标宜符合表7-7的规定。

表 7-7　宽带用户普及率预测参考指标　　　　　　　（单位：户/百人）

特大城市、大城市	中等城市	小城市
40~52	35~45	30~37

二、电信局规划

电信局站应根据城市发展目标和社会需求，按全业务要求统筹规划，并应满足多家运营企业共建共享的要求。

1. 电信局站可分一类局站和二类局站，并宜按以下划分

1）位于城域网接入层的小型电信机房为一类局站。包括小区电信接入机房以及移动通信基站等。

2）位于城域网汇聚层及以上的大中型电信机房为二类局站。包括电信枢纽楼、电信生产楼等。

2. 电信局站设置

城市电信二类局站规划选址除符合技术经济要求外，还应符合下列要求：

1）选择地形平坦、地质良好的适宜建设用地地段，避开因地质、防灾、环保及地下矿藏或古迹遗址保护等不可建设的用地地段。

2）距离通信干扰源的安全距离应符合国家相关规范要求。

城市的二类电信局站应综合覆盖面积、用户密度、共建共享等因素进行设置，并应符合表7-8的规定。

表 7-8　城市主要二类电信局站设置

城市电信用户规模/万户	单局覆盖用户数/万户	最大单局用户占比不超过规划总用户数的比例（%）
<100	8	20
100～200	8	20
200～400	12	15
400～600	12	15
600～1000	15	10
1000 以上	15	10

注：城市电信用户包括固定宽带用户、移动电话用户、固定电话用户。

城市电信用户密集区的二类局站覆盖半径不宜超过 3km，非密集区二类局站覆盖半径不宜超过 5km。

城市主要二类局站规划用地应符合表 7-9 规定。

表 7-9　城市主要二类局站规划用地

电信用户规模/万户	1.0～2.0	2.0～4.0	4.0～6.0	6.0～10.0	10.0～30.0
预留用地面积/m²	2000～3500	3000～5500	5000～6500	6000～8500	8000～12000

注：1. 表中局所用地面积包括同时设置其兼营业点的用地。

2. 表中电信用户规模为固定宽带用户、移动电话用户、固定电话用户之和。

小区通信综合接入设施用房建筑面积应按城市不同小区的特点及用户微观分布，确定含广电在内的不同小区通信综合接入设施用房，并应符合表 7-10 的规定。

表 7-10　小区通信综合接入设施用房建筑面积

小区户数规模/户	小区通信接入机房建筑面积/m²
100～500	100
500～1000	160
1000～2000	200
2000～4000	260

注：当小区户数规模大于4000户时应增加小区机房分片覆盖。

城市移动通信基站规划布局应符合电磁辐射防护相关标准的规定，避开幼儿园、医院等敏感场所，并应符合与城市历史街区保护、城市景观的有关要求。

第四节　广播电视工程规划

城市无线通信设施应包括无线广播电视设施在内的以发射信号为主的发射塔（台、站）、以接收信号为主的监测站（场、台）、发射或（和）接收信号的卫星地球站、以传输信号为主的微波站等。

城市收信区、发信区及无线台站的布局、微波通道保护等应纳入城市总体规划，并与城市总体布局相协调。

城市各类无线发射台、站的设置应符合现行国家标准《电磁环境控制限值》（GB 8702）的有关规定。

一、无线广播设施

1）规划新建、改建或迁建无线广播电视设施应满足全国总体的广播电视覆盖规划的要求，并应符合国家相关标准的规定。

2）规划新建、改建或迁建的中波、短波广播发射台、电视调频广播发射台、广播电视监测站（场、台）应符合现行行业标准《中、短波广播发射台场地选择标准》（GY/T 5069）和《调频广播、电视发射台场地选择标准》（GY 5068）等广播电视工程有关标准的规定。

3）接收卫星广播电视节目的无线设施，应满足卫星接收天线场地和电磁环境的要求。

二、有线电视用户与网络前端

城市有线广播电视规划应包括信号源接收、处理、播发设施和网络传输、分配设施规划。

城市有线广播电视网络总前端、分前端、一级机房、二级机房及线路设施应符合安全播出的相关规定。

1. 有线电视用户

1）城市总体规划阶段有线电视网络用户预测采用综合指标法预测，预测指标可按 2.8～3.5 人一个用户，平均每用户两个端口测算。

2）城市详细规划阶段，城市有线电视网络用户宜采用单位建筑面积密度法预测，预测指标可按表7-11并结合实际比较分析确定。

表 7-11　建筑面积测算信号端口指标　　　　　（单位：端/m²）

用地性质	标准信号端口预测指标
居住用地	1/40～1/60
公共管理与公共服务设施用地	1/40～1/200

2. 有线电视网络前端

1）城市有线广播电视网络主要设施可分为总前端、分前端、一级机房和二级机房 4 个级别。

2）城市有线广播电视网络总前端规划建设用地可按表 7-12 规定，结合当地实际情况比较分析确定。

表 7-12　城市有线广播电视网络总前端规划建设用地

用户/万户	总前端数/个	总前端建筑面积/（m²/个）	总前端建设用地/（m²/个）
8～10	1	14000～16000	6000～8000
10～100	2	16000～30000	8000～11 000
≥100	2～3	30000～40000	11000～12500（12000～13500）

注：1. 表中规划用地不包括卫星接收天线场地用地。
　　2. 表中括号规划用地含呼叫中心、数据中心用地。

3）城市有线广播电视网络分前端规划建设用地可按表 7-13 规定，结合当地实际情况比较分析确定。

表 7-13　城市有线广播电视网络分前端规划建设用地

用户/万户	分前端数/个	分前端建筑面积/（m²/个）	分前端建设用地/（m²/个）
<8	1～2	5000～10000	2500～4500
≥8	2～3	10000～15000	4500～6000

注：表中规划用地不包括卫星接收天线场地用地。

4）城市有线广播电视网络一级机房宜设于公共建筑底层，建筑面积宜为 300～800m²。

三、通信管道规划

1. 一般要求

1）通信管道应满足全社会通信城域网传输线路的敷设要求，通信城域网应包括固定电话、移动电话、有线电视、数据等公共网络和交通监控、信息化、党政军等通信专网。

2）通信管道应统一规划，统筹多方共享使用需求，并应留有余量。

2. 主干管道

1）电信局局前管道应依据局站覆盖用户规模、用户分布及路网结构，按表 7-14 规定确定电信局出局管道方向与路由数选择。

表 7-14　电信局出局管道方向与路由数选择

电信局站覆盖用户规模/万户	局前管道
1～3	两方向单路由
3～8	两方向双路由
≥8	3 个以上方向、多路由

注：覆盖用户规模较大的局站宜采用隧道出局。

2）有线广播电视网络前端出站管道可依据前端站的级别，按表 7-15 规定确定有线电视前端出站管道方向与路由数选择。

表 7-15　有线电视前端出站管道方向与路由数选择

前端站级别	出站管道
总前端	3 个方向、多路由
分前端	2 个方向、双路由

3）有线广播电视网络前端进出站管道远期规划管孔数应依据前端站的级别、出站分支数量、出站方向用户密度，按表 7-16 的规定，结合当地实际情况分析计算确定。

表 7-16　有线广播电视网络前端进出站管道远期规划管孔数

前端站分级	距站 500m 的分支路由管孔数	距站 500~1200m 的分支路由管孔数
总前端	12~18	8~12
分前端	8~12	6~8

4）城市通信综合管道规划管孔数应按规划局站远期覆盖用户规模、出局分支数量、出局方向用户密度、传输介质、管材及管径等要素确定，并应符合表 7-17 的规定。

表 7-17　城市通信综合管道规划管孔数

城市道路类别	管孔数（孔）
主干路	18~36
次干路	14~26
支路	6~10
跨江大桥及隧道	8~10

注：两人（手）孔间的距离不宜超过 150m。

5）城市通信管道与其他市政管线及建筑物的最小净距应符合现行国家标准《城市工程管线综合规划规范》（GB 50289）的有关规定。

3. 小区配线管道

1）小区通信配线管道应与城市主干道及小区各建筑物引入管道相衔接。

2）小区通信配线管道管孔数应按终期电缆、光缆条数及备用孔数确定，规划阶段其配线管道可按 4~6 孔计算，建筑物引入管道可按 2~3 孔计算；特殊地段小区管道和有接入节点的建筑引入管道应按实际需求计算管孔数。

第八章
城市电力工程规划

电力工程（Electric Power Engineering），即与电能的生产、输送、分配有关的工程，自然界存在未经加工转换的一次能源，包括热能、风能、太阳能、核能、水能等，由一次能源经过加工转换可得到电能等二次能源。电能既是一种经济、实用、清洁且容易控制和转换的能源形态，又是电力部门向电力用户提供由发、供、用三方共同保证质量的一种特殊产品，它同样具有产品的若干特征，如可被测量、预估、保证或改善。

电能被广泛应用在动力、照明、化学、纺织、通信、广播等各个领域，是科学技术发展、人民经济飞跃的主要动力。电能在人们日常生活中有着重大的作用。

第一节　概　　述

一、电力系统组成

电力行业作为我国国民经济的基础性支柱行业，与国民经济发展息息相关。在我国经济持续稳定发展的前提下，工业化进程的推进必然产生日益增长的电力需求，我国中长期电力需求依然旺盛，电力行业将持续保持繁荣的态势。我国是能源消费大国，优化能源结构的主要路径是：降低煤炭消费比重，提高天然气消费比重，大力发展风电、太阳能、地热能等可再生能源，安全发展核电。2019 年，我国电力能源结构如图 8-1 所示，其中煤炭发电约 62%，非化石能源发电达到15%；天然气发电达到 10%；石油发电比重为 13%。

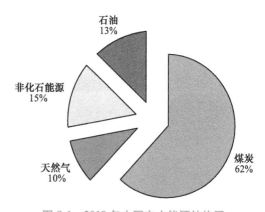

图 8-1　2019 年中国电力能源结构图

城市电力系统是由城市发电厂、各级变电站、电力网和用电设备等环节组成的电能生产与消费系统。其功能是将自然界的一次能源通过发电动力装置转化成电能，再经输电、变电和配电将电能供应到各用户。为实现这一功能，城市电力系统在各个环节和不同层次还具有相应的信息与控制系统，对电能的生产过程进行测量、调节、控制、保护、通信和调度，以保证用户获得安全、优质的城市电能。

我国有华东、东北、华北、华中、川渝、西北、南方等区域电网和部分省网，实现了电网互联互通，减少了装机容量及区域的不平衡问题，实现城市电力的优化配置。

1. 发电厂

发电厂是生产电能的设施，其作用是将其他形式的能转换成电能。现有的发电厂有火力发电厂、水力发电站、核能发电站、潮汐发电站、风力发电场及太阳能发电站等，如图 8-2~图 8-7 所示。

图 8-2　火力发电厂

图 8-3　水力发电站

图 8-4　核能发电站

图 8-5　潮汐发电站

图 8-6　风力发电场

图 8-7　太阳能发电站

2. 电力输送

电力输送是指将发电厂产生的电能由某处输送到另一处的一种方式。为了减少电能损耗和电压损失，通常采用高压交流输电方式输送，通过升压变电站把发电厂所生产的 10.5kV、15.75kV 的电能变换为 220kV 或 500kV 的高压电后经输电线送达到用电区（图 8-8）。

图 8-8　高压架空线电力传输

为满足电能输送和用户的要求，常需要配置变电站和电力网。

3. 变电站

变电站是改变供电的输配电压，以满足电力输送和用户要求的设施（图 8-9）。为方便用户低电压用电要求，再通过降压变电站把高压电降为 10kV 、6kV 或 380/220V，供用户使用。

图 8-9　电力变电站

4. 电力网

电力网是指连接发电厂与变电站、变电站与变电站、变电站与用电设备之间的电力线网络，它是电能的输配载体，承担电能的接收和传输功能。

用户是指将电能转化成其他形式的能量，以实现功能要求的用电设备或用电单位，如电动汽车、照明灯具、采煤机、通风机、矿井提升机等。

将发电厂、变电站、用电设备用电力线连接起来就构成了电力系统，如图 8-10 所示。

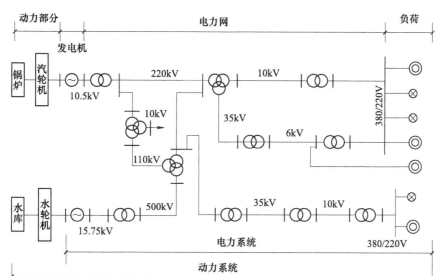

图 8-10　电力系统简图

二、电力工程规划

1. 城市电力工程规划原则

1）城市电力工程规划是城市规划的组成部分，也是城市电力系统规划的组成部分，应结合城市规划和城市电力系统规划进行，并符合其总体要求。

2）城市电力工程规划编制期限应当与城市规划相一致，规划期限一般分为：近期 5 年，远期 20 年，必要时还可增加中期期限。

3）城市电力工程规划编制阶段可分为：电力总体规划和电力详细规划两个阶段。大、中城市可以在电力总体规划的基础上，编制电力分区规划。

4）城市电力工程规划应做到新建与改造相结合，远期与近期相结合，电力工程的供电能力能适应远期负荷增长的需要，结构合理，且便于实施和过渡。

5）发电厂、变电站等城市电力工程的用地和高压线路走廊宽度的确定，应按城市规划的要求，节约用地，实行综合开发、统一建设。

6）城市电力工程设施规划必须符合城市环保要求，减少对城市的污染和其他公害，同时应当与城市交通等其他基础设施工程规划相互结合，统筹安排。

2. 城市电力工程各规划阶段的内容

（1）城市电力工程总体规划的内容

1）确定城市电源的种类和布局。

2）分期用电负荷预测和电力平衡。

3）确定城市电网、电压等级和层次。

4）确定城市电网中主网布局及其变电站的选址、容量和数量。

5）高压线路走向及其防护范围的确定。

6）绘制市域和市区电力总体规划图。

7）提出近期电力建设项目及建设进度安排。

（2）城市电力工程分区规划的内容

1）分区用电负荷预测。

2）供电电源的选择，包括位置、用地面积、容量及数量的确定。

3）高压配电网或高、中压配电网络结构布置，变电站、开闭所位置选择，用地面积、容量及数量的确定。

4）确定高、中压电力线路宽度及线路走向。

5）确定分区内变电站、开闭所进出线回数、10kV配电主干线走向及线路敷设方式。

6）绘制电力分区规划图。

（3）城市电力工程详细规划内容

1）按不同性质类别地块和建筑分别确定其用电指标，然后进行负荷计算。

2）确定小区内供电电源点位置、用地面积及容量、数量的配置。

3）拟定中低压配电网结线方式，进行低压配电网规划设计。

4）确定中低压配电网回数、导线截面及敷设方式。

5）进行投资估算。

6）绘制小区电力详细规划图。

第二节　电力负荷的预测

电力负荷预测是电力规划的重要部分，准确的负荷预测能够经济合理地安排城市电网发电机组的优化配置，确保城市电网运行的安全稳定性，合理计划机组的维修周期，保证城市经济的有效运行，降低发电成本，提高经济效益和社会效益。

一、用电负荷分类

用电负荷是指在城市内或城市局部片区内所有用电负荷在某一时刻实际耗用的有功功率之和。

1. 按城市社会用电分类

1）农、林、牧、副、渔、水利业用电。

2）工业用电。

3）地质普查和勘探业用电。

4）建筑业用电。

5）交通运输、邮电通信业用电。

6）商业、公共饮食、物质供销和金融业用电。

7）城乡居民生活用电。

8）其他事业用电。

2. 按产业用电分类

1）第一产业用电。

2）第二产业用电。

3）第三产业用电。

4）城乡居民生活用电。

在城市电力工程系统规划规程中，一般参考以上4种用电分类方法，按居民生活用电和产业用电两大类分别进行负荷预测。分类综合用地用电指标见表8-1。

表 8-1 分类综合用地用电指标

用地分类		综合用电指标	适应范围
居住用地	一类居住用地	$18\sim22W/m^2$	以低层住宅为主的用地用电
	二类居住用地	$15\sim18W/m^2$	以多、中、高层住宅为主的用地用电
	三类居住用地	$10\sim15W/m^2$	住宅与工业用地有混合交叉的用地用电
公共设施用地	行政办公用地	$15\sim26W/m^2$	行政、党派和团体等机构办公的用地用电
	商业设施用地	$20\sim44W/m^2$	百货商店、超级市场、饮食、旅馆、招待所、商贸市场等的用地用电
	文化设施用地	$20\sim35W/m^2$	新闻出版、文艺团体、广播电视、图书展览、游乐等设施用地用电
	体育用地	$14\sim30W/m^2$	体育场馆、体育训练基地
	医疗卫生用地	$18\sim25W/m^2$	医疗、保健、卫生、防疫和急救等设施的用地用电
	教育科研用地	$15\sim30W/m^2$	高等学校、中等专业学校、科学研究和勘测设计机构等设施的用地用电
	文物古迹用地	$15\sim18W/m^2$	文物建筑空调、照明等用电
	其他公共设施用地	$8\sim10W/m^2$	不包括以上设施的其他设施的用地用电
工业用地	一类工业用地	$20\sim25W/m^2$	对居住和公共设施等的环境基本无干扰和污染的工业用地用电
	二类工业用地	$30\sim42W/m^2$	对居住和公共设施等的环境有一定干扰和污染的工业用地用电
	三类工业用地	$45\sim56W/m^2$	对居住和公共设施等的环境有严重干扰和污染的工业用地用电
仓储用地		$1.5\sim10W/m^2$	仓储业的仓库房、堆场、加工车间及其附属设施等用地用电
对外交通用地	铁路公路用地	$20\sim30W/m^2$	铁路站场等用地用电
	港口用地	① $100\sim500kW$ ② $500\sim2000kW$ ③ $2000\sim5000kW$	① 年吞吐量（10~50）万吨港 ② 年吞吐量（50~100）万吨港 ③ 年吞吐量（100~500）万吨港
	机场用地	$36\sim42W/m^2$	民用及军民合用机场的飞行区（不含净空区）、航站区和服务区等用地用电
其他事业用地		根据具体情况确定	除以上各大类用地之外的用地用电

二、城市电力负荷预测内容及要求

1. 城市电力总体规划负荷预测内容

1）全市及市区（或市中心区）规划最大负荷。

2）全市及市区（或市中心区）规划年总用电量。

3）全市及市区（或市中心区）居民生活及第一、二、三产业各分项规划年用电量。

4）市区及其各分区规划负荷密度。

2. 电力分区规划负荷预测内容

1）分区规划最大负荷。

2）分区规划年用电量。

3. 城市电力详细规划负荷预测内容

1）详细规划区内各类建筑的规划单位建筑面积负荷指标。

2）详细规划区规划最大负荷。

3）详细规划区规划年用电量。

三、城市电力负荷预测基本程序

对城市电力负荷进行科学预测，要有一个基本程序，考虑预测工作的先后顺序，基本程序如下：

1. 确定负荷预测目的，制订预测计划

城市电力负荷预测目的要明确具体，紧密联系电力工业实际需要，并据以拟定一个负荷预测工作计划。在预测计划中要考虑的问题主要有：准备预测的时期，所需要的历史资料（按年、按季、按月、按周或按日），需要多少项资料，资料的来源和搜集资料的方法，预测的方法，预测工作完成时间，所需经费来源等。

2. 调查资料和选择资料

要多方面调查收集资料，包括电力企业内部资料和外部资料，国民经济有关部门的资料，以及公开发表和未公开发表的资料，然后从众多的资料中挑选出有用的部分，即把资料浓缩到最小量。挑选资料的需要有直接有关性、可靠性、最新性。将挑选出的资料进行深入研究。

3. 资料整理

对所收集的与负荷有关的统计资料进行审核和必要的加工整理，是保证预测质量所必需的。可以说，预测的质量不会超过所用资料的质量，整理资料的目的是为了保证资料的质量，从而为保证预测质量打下基础。

4. 对资料的初步分析

在经过整理之后，还要对所用资料进行初步分析，包括以下几方面：

1）画出动态折线图或散点图，从图形中观察资料变动的轨迹。并特别注意离群的数值（异常值）和转折点，研究其偶然性。

2）查明异常值的原因后，加以处理。对于异常值，常用的处理方法是，先算出负荷历史数的平均值，若该异常数据大于平均值的120%，则取其值为120%的平均值；若该异常数据小于平均值的80%，则取其值为80%的平均值，从而使历史数据序列趋于平稳。

3）计算一些统计量，如自相关系数，以进一步辨明资料轨迹的性质，为建立模型做准备。

5. 建立预测模型

负荷预测模型是统计资料轨迹的概括，它反映的是经验资料内部结构的一般特征，与该资料的具体结构并不完全吻合。模型的具体化就是负荷预测公式，公式可以产出与观察值有相似结构的数值，这就是预测值。负荷预测模型是多种多样的，可以适用于不同结构的资料，因此，对一个具体资料，就有选择适当预测模型的问题。正确选择预测模型在负荷预测中是关键的一步。若模型选择不当，造成预测误差过大，就需要改换模型。也可同时采用几种数学模型进行运算，以便对比、选择。

6. 综合分析，确定预测结果

通过选择适当的预测技术，建立负荷预测数学模型，进行预测运算得到的预测值，或利用其他方法得到的初步预测值，还要参照当前已经出现的各种可能性，以及新的趋势，进行综合分析、对比、判断、推理和评价。对影响预测的新因素进行分析，对预测模型进行适当的修正后确定预测值。

7. 编写预测报告，交付使用

根据分析判断最后确定的预测结果，编写本次负荷预测的报告。因为预测结果经常是多方案的，所以报告中要对取得这些结果的预测条件、假设及限制因素等情况进行详细说明。在报告中应有数据资料、报告分析、数学模型、预测结果及必要的图表，让使用者一目了然，便于应用。

8. 负荷预测管理

将负荷预测报告提交主管部门后，只是本次预测告一段落，并不等于全部预测工作的结束，随后仍需根据主客观条件的变化及预测应用的反馈信息进行检验，必要时应修正预测值。例如，预测值交付使用后，经过一段时间的实践，发现这一时期的实际值和预测值之间有差距，就要利用反馈性原理对远期预测值进行调整，这也是对负荷预测的滚动性管理。

对预测结果还要进行预测误差分析，如果分析中发现预测误差偏大，就要检查原因，看是不是影响历史负荷变动的基本因素发生了变化，导致负荷的轨迹变了，从而考虑改换模型。对误差数列的分析有助于辨明所拟合的模型是否充分，是否适当。

四、城市电力负荷预测误差分析

计算和分析预测误差的方法和指标很多，主要有以下几种。

1. 绝对误差和相对误差

用 Y 表示实际值，$\hat{Y}$ 表示预测值，则称 $E = Y - \hat{Y}$ 为绝对误差，$e = \dfrac{Y - \hat{Y}}{Y}$ 称为相对误差。有时相对误差业用百分数 $\dfrac{Y - \hat{Y}}{Y} \times 100\%$ 表示。这种直观误差表示方法在城市电力系统中作为一种考核指标经常使用。

2. 平均绝对误差

$$\text{MAE} = \frac{1}{n} \sum_{i=1}^{n} \mid E_i \mid = \frac{1}{n} \sum_{i=1}^{n} \mid Y_i - \hat{Y}_i \mid \tag{8-1}$$

式中　MAE——平均绝对误差；

E_i——第 i 个实际值与预测值的绝对误差；

Y_i——第 i 个实际负荷值；

$\hat{Y}_i$——第 i 个预测负荷值。

由于预测误差有正负值，故取误差的绝对值计算其平均值。

3. 均方误差

$$\text{MSE} = \frac{1}{n} \sum_{i=1}^{n} E_i^2 = \frac{1}{n} \sum_{i=1}^{n} (Y_i - \hat{Y})^2 \tag{8-2}$$

式中　MSE——均方误差；

其他符号与前式相同。

均方误差是预测误差平方和的平均数。由于对误差进行了平方，加强了数值大的误差在指标中的作用，提高了这个指标的灵敏性。

4. 均方根误差

$$\text{RMSE} = \sqrt{\frac{1}{n} \sum_{i=1}^{n} E_i^2} = \sqrt{\frac{1}{n} \sum_{i=1}^{n} (Y_i - \widehat{Y})^2} \tag{8-3}$$

式中　RMSE——均方根误差；

其他符号与前式相同。

均方根误差是均方误差的平方根。

5. 标准误差

$$S_Y = \sqrt{\frac{\sum_{i=1}^{n} (Y_i - \widehat{Y})^2}{n - m}} \qquad (i = 1, 2, \cdots, n) \tag{8-4}$$

式中　S_Y——预测标准误差；

n——历史负荷数据个数；

m——自由度，就是变量个数，即自变量和因变量的个数总和。

五、城市电力负荷预测主要方法

城市电力总体规划阶段负荷预测，宜选用电力弹性系数法、回归分析法、增长率法、人均用电指标法、横向比较法、负荷密度法、单耗法等。

城市电力详细规划阶段负荷预测，一般负荷选用单位建筑面积负荷指标法等；点负荷选用单耗法，或由有关专业部门、设计单位提供负荷、电量资料。

1. 电力弹性系数法

（1）弹性系数　设 x 为自变量，y 是 x 的可微函数，则

$$\varepsilon_{yx} = \frac{\dfrac{\mathrm{d}y}{\mathrm{d}x}}{\dfrac{y}{x}} \tag{8-5}$$

称为 y 对 x 的弹性系数。导数 $\dfrac{\mathrm{d}y}{\mathrm{d}x}$ 是瞬时变化率或边际变化率，$\dfrac{y}{x}$ 是平均变化率，因此弹性系数 ε_{yx} 是变量 y 的瞬间变化率与平均值变化率之比。$\varepsilon_{yx} > 1$ 时，表明目前 y 的变化率高于平均变化率；$\varepsilon_{yx} < 1$ 时，表明 y 当前变化率低于平均变化率。

式（8-5）可改写为

$$\varepsilon_{yx} = \frac{\dfrac{\mathrm{d}y}{\mathrm{d}x}}{\dfrac{y}{x}} = \frac{\mathrm{d}\ln y}{\mathrm{d}\ln x} \tag{8-6}$$

$\mathrm{d}y/y$ 为 y 的相对变化率，$\mathrm{d}x/x$ 为 x 的相对变化率，故 ε_{yx} 为两个变量 y 与 x 的相对变化率之比。定义 ε_{yx} 为电力需求弹性系数，让 x 代表国民生产总值，y 表示用电量，电力弹性系数就是用电量的相对变化率与国民生产总值的相对变化率之比，用于预测城市电力负荷。在一般情况下电力弹性系数应大于 1，这是由电力工业优先发展所决定的。

$$电力弹性系数 = \frac{用电量（或负荷）年均增长速度}{生产总值年均增长速度}$$

（2）弹性系数预测方法　由过去的用电量和国民生产总值可分别求出它们的平均增长率，

为 K_y 和 K_x，可求得电力弹性系数 $E = \dfrac{K_y}{K_x}$。如果用某种方法预测未来 m 年的弹性系数为 $\hat{E}$，国民生产总值的增长为 $\hat{K}_x$，可得电力需求增长率为

$$\hat{K}_y = \hat{E}\hat{K}_x \tag{8-7}$$

可按比例增长预测法得出第 m 年的用电量为

$$A_m = A_0(1 + \hat{K}_y)^m \tag{8-8}$$

式中　A_0——基年（预测起始年）的用电量。

【例 8-1】　已知某城市 1980—2016 年的工农业生产总值和实际用电量（表 8-2），求其电力弹性系数 E。若选定今后一个时期内电力弹性系数为 1.3，工农业生产增长率为 8.5%，试预测 2030 年和 2040 年该地区用电量。

表 8-2　某城市 1980—2016 年的工农业生产总值和实际用电量

序号	年份	用电量 y/（万 kW·h）	工农业产值 x/亿元
1	1980	13141	6.29
2	1981	13853	8.58
3	1982	16158	11.85
4	1983	17366	15.40
5	1984	17988	20.69
6	1985	22374	23.35
7	1986	24033	24.64
8	1987	29265	31.56
9	1988	31835	35.20
10	1989	37259	54.50
11	1990	46308	74.50
12	1991	53180	82.50
13	1992	56681	50.95
14	1993	55608	42.50
15	1994	54070	46.10
16	1995	61301	55.15
17	1996	63611	69.70
18	1997	64380	84.30
19	1998	64824	72.65
20	1999	63006	69.00
21	2000	63094	92.15
22	2001	66234	120.50
23	2002	68529	139.10
24	2003	74318	148.30

185

（续）

序号	年份	用电量 y/(万 kW·h)	工农业产值 x/亿元
25	2004	82175	162.39
26	2005	90164	162.79
27	2006	95557	187.42
28	2007	102008	189.93
29	2008	108019	212.06
30	2009	118201	246.85
31	2010	131063	267.32
32	2011	142033	290.66
33	2012	155000	301.32
34	2013	169550	323.46
35	2014	186700	349.33
36	2015	207237	378.27
37	2016	230033	428.53

【解】 由于几个时期内用电量和工农业产值变化趋势有所不同，可以分期计算弹性系数，再计算总的弹性系数，计算结果列于表 8-3 中。

表 8-3 弹性系数计算表

时　　期	1980—1991 年	2001—2011 年	2013—2016 年	1980—2016 年
用电增长率（%）	13.78	7.79	10.13	7.28
工农业产值增长率（%）	27.19	8.46	8.02	10.58
弹性系数	0.507	0.92	1.26	0.69

由题可知，$\hat{E} = 1.3$，$\hat{K}_x = 8.5\%$，故用电量的年均增长率利用式（8-7）可得

$$\hat{K}_y = \hat{E}\hat{K}_x = 1.3 \times 8.5\% = 11.05\%$$

以 2016 年为基年，按照式（8-8）可预测 2030 年和 2040 年该地区用电量分别为

$$A_{2030} = 230033 \times (1 + 11.05\%)^{14} \text{ 万 kW·h} = 997815 \text{ 万 kW·h}$$

$$A_{2040} = 230033 \times (1 + 11.05\%)^{24} \text{ 万 kW·h} = 2846005 \text{ 万 kW·h}$$

2. 回归分析法

一元线性回归是指事物发展的自变量与因变量之间是单因素间的简单线性关系，即

$$y = a + bx \tag{8-9}$$

式中　y——因变量；

　　　x——自变量；

　　　a——常数；

　　　b——回归系数。

多元线性回归是指一个因变量与多个自变量之间的线性关系

$$y = a + b_1 x_1 + b_2 x_2 + \cdots + b_n x_n \tag{8-10}$$

式中　　　　y——因变量；

$x_1, x_2, \cdots, x_n$——自变量；

a——常数；

b_1，b_2，$\cdots$，b_n——回归系数。

3. 增长率法

设第 n 年的用电量为 A_n，则从第 n 年至第 m 年（$n<m$）用电量的平均增长率 k 为

$$k = \left(\frac{A_m}{A_n}\right)^{\frac{1}{m-n}} - 1$$

由此预测第 l 年（$l>m$）的用电量为

$$A_l = A_n(1 + k)^{l-n} \tag{8-11}$$

【例 8-2】　某省非物质生产部门电力消费量在"十一五"期间按年均增长率 20% 计，"十二五"期间按年均增长率 22% 计，以 2010 年的 14.83 亿 kW·h 为起点，2030 年非物质生产部门电力需求为多少？

【解】　预测 2030 年的用电量为

$$A_{2030} = A_n(1 + k)^{l-n} = 14.83 \times (1 + 20\%)^{20} \text{ 亿 kW·h} = 568.55 \text{ 亿 kW·h}$$

4. 城市规划用电指标法

负荷预测时必须考虑相应片区的开发强度和节能设备的使用，以及其他种类能源的代换使用等因素。在不同层次规划中，应采用不同方法进行相互校验。

5. 横向比较法（综合用电水平法）

确定综合用电规划指标时，首先要研究现状用电指标，并参考国内外同类型城市的用电指标，结合本地能源资源条件、能源构成、经济发展、居民生活水平、居住条件、气候、生活习惯和供电条件等进行综合分析确定，见表 8-4。

表 8-4　国内外住宅电气负荷标准比较

负荷标准	中国		日本	美国
	内地	香港（40m²）		（140m²）
计算负荷/kW	2.5~6.0	13	18.6	25
配电电源	单相	单相	三相	单相
供电电压/V	220	220	110	240
计算电流/A	30	60	40	104
开关电流/A	32	63	45	125
铜芯导线数×$\dfrac{\text{截面面积}}{m^2}$	3×10	3×16	4×14	3×50+1×25

综合用电水平法主要用于预测城市第三产业及居民生活用电负荷。

6. 负荷密度法

根据不同的用地功能，分别采用不同的负荷密度指标。在汇总各不同地块的负荷值时，应考虑不同地块间负荷的同时系数。

$$A = k \sum (P_i S_i) \tag{8-12}$$

式中　A——规划范围内总用电负荷；

P_i——第 i 块地平均每人（或每平方米建筑面积、每公顷土地面积）的用电量，即用电

密度；

S_i——第 i 块地上的人口数（或建筑面积、土地面积）；

k——不同地块间负荷的同时系数。

7. 单耗法

单耗法即单位产品电耗法，是通过某一工业产品的平均单位产品用电量以及该产品的产量，得到生产这种产品的用电量，计算公式为

$$A_i = b_i g_i \tag{8-13}$$

式中　A_i——生产某产品的用电量；

　　　b_i——某产品产量；

　　　g_i——某产品的单位耗电量。

当有 n 种产品时，总用电量为

$$A = \sum_{i=1}^{n} b_i g_i \tag{8-14}$$

相应的，预测到每种产品的产品 $\hat{b}_i$，就可以得到 n 种工业产品的预测总用电量 $\hat{A}$，即

$$\hat{A} = \sum_{i=1}^{n} \hat{b}_i g_i \tag{8-15}$$

第三节　城市供电电源种类与选择规划

一、供电电源种类和选择

城市供电电源可分为城市发电厂和接受市域外电力系统电能的电源变电站两类。

城市供电电源的选择，除应遵守国家能源政策外，尚应符合下列原则：

1）综合研究所在地区的能源资源状况和可开发利用条件，进行统筹规划，经济合理地确定城市供电电源。

2）以系统受电或以水电供电力主的城市，应规划建设适当容量的火电厂，以保证城市用电安全及调峰的需要。

3）有足够稳定热负荷的城市，电源建设宜与热源建设相结合，贯彻以热定电的原则，规划建设适当容量的热电联产火电厂。

二、电力平衡与电源布局

1）应根据城市总体规划和地区电力系统中长期规划，在负荷预测的基础上，考虑合理的备用容量进行电力平衡，以确定不同规划期限内的城市电力余缺额度，确定在市域范围内需要规划新建、扩建城市发电厂的规模及装机进度；同时应提出地区电力系统需要提供该城市的电力总容量。

2）应根据所在城市的性质、人口规模和用地布局，合理确定城市电源点的数量和布局，大、中城市应组成多电源供电系统。

3）应根据负荷分布和城网与地区电力系统的连接方式，合理配置城市电源点，协调好电源布点与城市港口、国防设施和其他工程设施之间的关系和影响。

三、发电厂规划设计原则

1）应满足发电厂对地形、地貌、水文地质、气象、防洪、抗震、可靠水源等建厂条件

要求。

2）发电厂的厂址宜选用城市非耕地或安排在国家现行标准《城市用地分类与规划建设用地标准》（GB 50137）中规定的三类工业用地内。

3）应有方便的交通运输条件。大、中型火电厂应接近铁路、公路或港口等城市交通干线布置。

4）火电厂应布置在城市主导风向的下风向。电厂与居民区之间距离，应满足国家现行的安全防护及卫生标准的有关规定。

5）热电厂宜靠近热负荷中心。

6）燃煤电厂应考虑灰渣的综合利用，在规划厂址的同时，规划贮灰场和水灰管线等，贮灰场宜利用荒、滩地或山谷。

7）应根据发电厂与城网的连接方式，规划出线走廊。

8）条件许可的大城市，宜规划一定容量的主力发电厂。

9）燃煤电厂排放的粉尘、废水、废气、灰渣、噪声等污染物对周围环境的影响，应符合现行国家标准的有关规定；严禁将灰渣排入江、河、湖、海。

四、城市电源变电站布置原则

1）应根据城市总体规划布局、负荷分布及其与地区电力系统的连接方式、交通运输条件、水文地质、环境影响和防洪、抗震要求等因素进行技术经济比较后，合理确定变电站的位置。

2）对用电量很大，负荷高度集中的市中心高负荷密度区，经技术经济比较论证后，可采用220kV及以上电源变电站深入负荷中心布置。

3）除上述情况外，规划新建的110kV以上电源变电站应布置在市区边缘或郊区、县。

4）规划新建的电源变电站，不得布置在国家重点保护的文化遗址或有重要开采价值的矿藏上，除此之外，应征得有关部门的书面协议。

第四节　电力工程电网规划

一、供配电系统的接线方式及特点

1. 高压配电网的接线方式

电力系统的接线方式大致分为两大类：无备用电源接线和有备用电源接线。具体表现型式有放射式、树干式、混合式、环网式。

2. 无备用接线（开式电力网）方式

无备用接线包括单回放射式、树干式、链式，如图8-11所示。

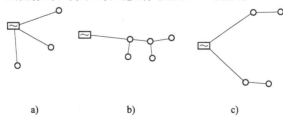

图 8-11　无备用接线方式

a）单回放射式　b）树干式　c）链式

3. 有备用接线（闭式电力网）方式

有备用接线方式包括双回放射式、树干式、链式、环式、两端供电网络，如图 8-12 所示。

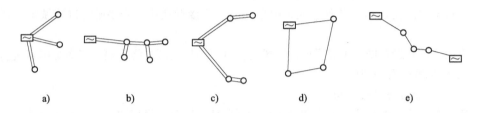

图 8-12　有备用接线方式

a）双回放射式　b）树干式　c）链式　d）环式　e）两端供电网络

有备用接线的双回放射式、树干式和链式用于一、二级负荷。

环式接线，供电经济、可靠，但运行调度复杂，线路发生故障切除后，由于功率重新分配，可能导致线路过载或电压质量降低。

两端供电接线方式必须有两个独立的电源。

二、城市电网电压等级和层次

1）城市电网电压等级应符合国家电压标准的下列规定：500kV、330kV、220kV、110kV、66kV、35kV、10kV 和 380/220V。

2）城市电网应简化电压等级，减少变压层次，优化网络结构；大、中城市的城市电网电压等级宜为 4~5 级，四个变压层次；小城市宜为 3~4 级，三个变压层次。

3）城市电网中的最高一级电压，应根据城市电网远期的规划负荷量和城市电网与地区电力系统的连接方式确定。

4）对现有城市电网存在的非标准电压等级，应采取限制发展、合理利用、逐步改造的原则。

三、城市电网规划原则

1）根据城市的人口规划、社会经济发展目标，用地布局和地区电力系统中长期规划，结合城市供电部门制定的城市电网建设发展规划要求，通过协商和综合协调后，从城市全局出发，将电力设施的位置和用地落实到城市总体规划的用地布局图上。

2）城市电网规划应贯彻分层分区原则，各分层分区应有明确的供电范围，避免重叠、交错。

3）城市电网规模应与城市电源同步配套规划建设，达到电网结构合理、安全可靠、运行经济的要求，保证电能质量，满足城市用电需要。

4）城网中各电压层网容量之间，应按一定的变电容载比配置，各级电压网变电容载比的选取及估算公式，应符合现行《城市电力网规划设计导则》（Q/GDW 156）的有关规定。

5）城市电网的规划建设和改造，应按城市规划布局和道路综合管线的布置要求，统筹安排、合理预留城网中各级电压变电站、开关站、配电室、电力线路等供电设施和营业网点的位置和用地（或建筑面积）。

第五节　供电设施

一、一般规定

1）规划新建或改建的城市供电设施的建设标准、结构选型，应与城市现代化建设整体水平相适应。

2）城市供电设施的规划选址、选路径，应充分考虑我国城市人口集中、建筑物密集、用地紧张的空间环境条件和城市用电量大、负荷密度高、电能质量和供电安全可靠性要求高的特点和要求。

3）规划新建的城市供电设施，应根据其所处地段的地形、地貌条件和环境要求，选择与周围环境、景观相协调的结构形式与建筑外形。

4）规划新建的城市供电设施用地预留和空间配置应符合要求。

二、变电站

1. 变电站规划选址

城市变电站按其一次侧电压等级可分为 500kV、330kV、220kV、110kV、66kV、35kV 六类变电站。

500kV 是目前我国跨省大电网采用的电压，500kV 变电站是地区电力系统的枢纽，起着向城市电网输送电能的作用。其电压高，出线走廊密集，目前都是户外式布置，其输电线路采用架空线路，站址及走廊用地需求较大。因此，500kV 变电站宜布置在城区边缘，以免对城市用地及景观造成过大的影响。

220kV 变电站是处于 500kV 枢纽变电站和 110kV 负荷变电站的中间层，主要作用是城网的功率交换和经降压后向下级 110kV 变电站输送电能，有些 220kV 变电站也有 10kV 出线，向其附近区域提供 10kV 电源。

110（66）kV 变电站起供应所在片区负荷电能的作用，一般设在城网送电线路或高压配电线路的末端，站址应位于负荷中心。

城市变电站规划选址，应符合下列要求：

1）符合城市总体规划用地布局要求。

2）靠近负荷中心。

3）便于进出线。

4）交通运输方便。

5）应考虑对周围环境和邻近工程设施的影响和协调，如军事设施、通信电台、电信局、飞机场、领（导）航台、国家重点风景旅游区等，必要时，应取得有关协议或书面文件。

6）宜避开易燃、易爆区和大气严重污秽区及严重盐雾区。

7）应满足防洪标准要求：220~500kV 变电站的所址标高，宜高于洪水频率为 1% 的高水位；35~110kV 变电站的所址标高，宜高于洪水频率为 2% 的高水位。

8）应满足抗震要求：35~500kV 变电站抗震要求，应符合国家现行标准《220kV~750kV 变电站设计技术规程》（DL/T 5218）和《35kV~110kV 变电站设计规范》（GB 50059）中的有关规定。

9）应有良好的地质条件，避开断层、滑坡、塌陷区、溶洞地带、山区风口和易发生滚石场所等不良地质构造。

2. 变电站结构形式选择

城市变电站按其结构形式分类，应符合表8-5所示的规定。

表 8-5　城市变电站结构形式分类

大类	结构形式	小类	结构形式
1	户外式	1 2	全户外式 半户外式
2	户内式	3 4	常规户内式 小型户内式
3	地下式	5 6	全地下式 半地下式
4	移动式	7 8	箱体式 成套式

规划新建城市变电站的结构形式选择，宜符合下列规定：

1）布设在市区边缘或郊区、县的变电站，可采用布置紧凑、占地较少的全户外式或半户外式结构。

2）市区内规划新建的变电站，宜采用户内式或半户外式结构。

3）市中心地区规划新建的变电站，宜采用户内式结构。

4）在大、中城市的超高层公共建筑群区、中心商务区及繁华金融、商贸街区规划新建的变电站，宜采用小型户内式结构；变电站可与其他建筑物混合建设，或建设地下变电站。

5）城市变电站的建筑外形、建筑风格应与周围环境、景观、市容风貌相协调。

6）城市变电站的运行噪声对周围环境的影响，应符合国家现行标准《声环境质量标准》（GB 3096）的有关规定。

7）城市变电站的用地面积（不含生活区用地），应按变电站最终规模规划预留；规划新建的35~500kV变电站用地面积的预留，可根据表8-6所示的规定，结合所在城市的实际用地条件，因地制宜选定。

表 8-6　500kV 变电站规划用地面积控制指标

序号	变压等级/kV 一次电压/二次电压	主压器容量 [MV·A/台（组）]	变电站结构形式及用地面积		
			全户外式用地面积 /m²	半户外式用地面积 /m²	户内式用地面积 /m²
1	500/220	750~1500/2~4	25000~75000	12000~60000	10500~40000
2	330/220 及 330/110	120~360/2~4	22000~45000	8000~30000	4000~20000
3	220/110（66、35）	120~240/2~4	6000~30000	5000~12000	2000~8000
4	110(66)/10	20~63/2~4	2000~5500	1500~5000	800~4500
5	35/10	5.6~31.5/2~3	2000~3500	1000~2600	500~2000

城市变电站主变压器安装台（组）数宜为2~3台（组），单台（组）主变压器容量应标准化、系列化。35~500kV变电站主变压器单台（组）容量选择，应符合表8-7所示的规定。

表 8-7　35~500kV 变电站主变压器单台（组）容量

变电站电压等级	单台（组）主变压器容量/（MV·A）
500kV	500，750 1000，1200，1500
330kV	120，150，180，240，360，500，750
220kV	90，120，150，180，240，360
110kV	20，31.5，40，50，63
66kV	10，20，31.5，40，50
35kV	3.15，6.3，10，15，20，31.5

三、开关站

1）当 66~220kV 变电站的二次侧 35kV 或 10kV 出线走廊受到限制，或者 35kV 或 10kV 配电装置间隔不足，且无扩建余地时，宜规划建设开关站。

2）根据负荷分布，开关站宜均匀布置。

3）10kV 开关站宜与 10kV 配电室联体建设。

4）10kV 开关站最大转供容量不宜超过 15000kV·A。

四、公用配电站

1）规划新建公用配电站（以下简称配电站）的位置，应接近负荷中心。

2）配电站的配电变压器安装台数宜为两台，单台配电变压器容量不宜超过 1000kV·A。

3）在负荷密度较高的市中心地区，住宅小区、高层楼群、旅游网点和对市容有特殊要求的街区及分散的大用电户，规划新建的配电站，宜采用户内型结构。

4）在公共建筑楼内规划新建的配电站，应有良好的通风和消防措施。

5）当城市用地紧张、选址困难或因环境要求需要时，规划新建配电站可采用箱体移动式结构。

五、电力线路

1）电力线路分为架空线路和地下电缆线路两类。

2）城市架空电力线路的路径选择，应符合下列规定：

① 应根据地形、地貌特点和城市道路网规划，沿道路、河渠、绿化带架设。路径做到短捷、顺直，减少同道路、河流、铁路等的交叉，避免跨越建筑物。架空电力线路跨越或接近建筑物的安全距离，应符合表 8-8 和表 8-9 所示的规定。

表 8-8　架空电力线路导线与建筑物之间的最小垂直距离

线路电压/kV	1-10	35	110（66）	220	330	500	750	1000
垂直距离/m	3.0	4.0	5.0	6.0	7.0	9.0	11.5	15.5

193

表 8-9 架空电力线路边导线与建筑物之间的水平距离

线路电压/kV	110（66）	220	330	500	750	1000
水平距离/m	2.0	2.5	3.0	5.0	6.0	7.0

注：在无风情况下。

②35kV 及以上高压架空电力线路应规划专用通道，并应加以保护。

③规划新建的 66kV 及以上高压架空电力线路，不应穿越市中心地区或重要风景旅游区。

④宜避开空气严重污秽区或有爆炸危险品的建筑物、堆场、仓库，否则应采取防护措施。

⑤应满足防洪、抗震要求。

3）市区内 35kV 及以上高压架空电力线路的新建、改造、应符合下列规定：

市区高压架空电力线路宜采用占地较少的窄基杆塔和多回路同杆架设的紧凑型线路结构。为满足线路导线对地面和树木间的垂直距离，杆塔应适当增加高度、缩小档距，在计算导线最大弧垂情况下，架空电力线路导线与地面、街道行道树之间最小垂直距离，应符合表 8-10 和表 8-11 所示的规定。

表 8-10 架空电力线路导线与地面间最小垂直距离 （单位：m）

线路经过地区	线路电压/kV							
	<1	1~10	35~110	220	330	500	750	1000
居民区	6.0	6.5	7.5	7.5	8.5	14.0	19.5	27.0
非居民区	5.0	5.0	6.0	6.5	7.5	11.0	15.5	22.0
交通困难地区	4.0	4.5	5.0	5.5	6.5	8.5	11.0	19.0

注：1. 在最大计算导线弧垂情况下。

2. 居民区：指工业企业地区、港口、码头、火车站、城市、集镇等人口密集地区。

3. 非居民区：指居民区以外的地区，虽然时常有人、车辆或农业机械到达，但房屋稀少的地区。

4. 交通困难地区：指车辆、农业机械不能到达的地区。

表 8-11 架空电力线路导线与街道行道树之间最小垂直距离

线路电压/kV	<1	1~10	35~110	220	330	500	750	1000
最小垂直距离/m	1.0	1.5	3.0	3.5	4.5	7.0	8.5	16

注：考虑树木自然生长高度。

4）按国家现行有关标准、规范的规定，应注意高压架空电力线路对邻近通信设施的干扰和影响，并满足与电台、领（导）航台之间的安全距离。

5）市区内的中、低压架空电力线路应同杆架设，做到一杆多用。

6）城市高压架空电力线路走廊宽度，应综合考虑所在城市的气象条件、导线最大风偏、边导线与建筑物之间安全距离、导线最大弧垂、导线排列方式以及杆塔形式、杆塔档距等因素，通过技术经济比较后确定。

市区内单杆单回水平排列或单杆多回垂直排列的 35~500kV 高压架空电力线路的规划走廊宽度，应根据所在城市的地理位置、地形、地貌、水文、地质、气象等条件及当地用地条件，结合表 8-12 所示的规定，合理选定。

表 8-12　市区 35~500kV 高压架空电力线路规划走廊宽度
（单杆单回水平排列或单杆多回垂直排列）

线路电压等级/kV	高压线走廊宽度/m
直流±800	80~90
直流±500	55~70
1000（750）	90~110
500	60~75
330	35~45
220	30~40
66，110	15~25
35	15~20

7）市区内规划新建的 35kV 以上电力线路，在下列情况下，应采用地下电缆：

① 在市中心地区、高层建筑群区、市区主干道、繁华街道等。

② 重要风景旅游景区和对架空裸导线有严重腐蚀性的地区。

③ 布设在大、中城市的市区主次干道、繁华街区、新建高层建筑群区及新建居住区的中、低压配电线路，宜逐步采用地下电缆或架空绝缘线。

8）敷设城市地下电缆线路应符合下列规定：

① 地下电缆线路的路径选择，除应符合国家现行《电力工程电缆设计标准》（GB 50217）的有关规定外，尚应根据道路网规划，与道路走向相结合，并应保证地下电缆线路与城市其他市政公用工程管线间的安全距离。

② 城市地下电缆线路经技术经济比较后，合理且必要时，宜采用地下共用通道。

③ 同一路段上的各级电压电缆线路，宜同沟敷设。

④ 城市电力电缆线路需要通过城市桥梁时，应符合国家现行标准《电力工程电缆设计标准》（GB 50217）中对电力电缆敷设的技术要求，并应满足城市桥梁设计标准、安全消防技术标准的规定。

9）城市地下电缆敷设方式的选择，应遵循下列原则：

① 应根据地下电缆线路的电压等级、最终敷设电缆的根数、施工条件、一次投资、资金来源等因素，经技术经济比较后确定敷设方案。

② 当同一路径电缆根数不多，且不超过 6 根时，在城市人行道下、公园绿地、建筑物的边沿地带或城市郊区等不易经常开挖的地段，宜采用直埋敷设方式。直埋电力电缆之间及直埋电力电缆与控制电缆、通信电缆、地下管沟、道路、建筑物、构筑物、树木等之间的安全距离，不应小于表 8-13 所示的规定。

表 8-13　直埋电力电缆之间及直埋电力电缆与控制电缆、通信电缆、
地下管沟、道路、建筑物、构筑物、树木之间安全距离　　（单位：m）

项目	安全距离	
	平行	交叉
建筑物、构筑物基础	0.50	—
电杆基础	0.60	—

（续）

项目	安全距离	
	平行	交叉
乔木树主干	1.50	—
灌木丛	0.50	—
10kV 以上电力电缆之间，以及 10kV 及以下电力电缆与控制电缆之间	0.25（0.10）	0.50（0.25）
通信电缆	0.50（0.10）	0.50（0.25）
热力管沟	2.00	（0.50）
水管、压缩空气管	1.00（0.25）	0.50（0.25）

注：表中括号内数字，是指局部地段电缆穿管、加隔板保护或加隔热层保护后允许的最小安全距离。

③ 在地下水位较高的地方和不宜直埋且无机动荷载的人行道等处，当同路径敷设电缆根数不多时，可采用浅槽敷设方式；当电缆根数较多或需要分期敷设而开挖不便时，宜采用电缆沟敷设方式。

④ 地下电缆与公路、铁路、城市道路交叉处，或地下电缆需通过小型建筑物及广场区段，当电缆根数较多，且为 6~20 根时，宜采用排管敷设方式。

⑤ 同一路径地下电缆数量在 30 根以上，经技术经济比较合理时，可采用电缆隧道敷设方式。

第九章

城镇燃气工程规划

第一节 概　述

燃气是指可以作为燃料使用的气体。城镇燃气是指从城市、乡镇或居民点的地区性气源点，通过输配系统供给城镇各类用户使用，且符合一定质量要求的气体燃料。

城镇燃气规划应结合社会、经济发展情况，坚持安全稳定、节能环保、节约用地的原则，以城镇的总体规划和能源规划为依据，因地制宜进行编制。

我国城镇燃气工业的发展从 1865 年上海建成的人工煤气厂开始。当时的人工煤气主要供上海的外国租界使用。到 1949 年时，全国仅有七个城市有煤气设施，年供气能力为 3900 万 m³，用气人口约 27 万。我国燃气事业的快速发展是在改革开放以后，特别是近年有了突破性的进展。

我国现代城镇燃气事业的发展大致经历了三个阶段：

第一阶段：20 世纪 80 年代以前，在国家钢铁工业大发展的带动下和国家节能资金的支持下，全国建成了一批利用焦炉余气以及各种煤制气的城镇燃气利用工程，许多城镇建设了管网等燃气设施。在这一阶段，以发展煤制气为主，取得了普及用户、增加燃气供应量的成绩。

第二阶段：20 世纪 80 年代至 90 年代前期，液化石油气（Liquefied Petroleum Gas，LPG）和天然气得到了很快的发展，形成了煤制气、液化石油气和天然气等多种气源并存的格局。同时出现了国内现有资源难以满足城市发展和经济建设需求的情况。由于国家准许液化石油气进口并逐步取消了配额限制，广东等沿海较发达、但能源缺乏的地区首先使用了进口液化石油气。至此，国内外液化石油气资源得到了较充分的利用，液化石油气成为我国城镇燃气的主要气源之一。

第三阶段：20 世纪 90 年代后期至今，随着天然气的勘探、开发，以陕甘宁天然气进北京为代表的天然气供应拉开了序幕，我国城镇天然气的应用进入前所未有的发展阶段。特别是西气东输工程的实施，标志着我国城镇燃气的天然气时代已经来临。同时，液化石油气小区管道供应方式的广泛应用，也为液化石油气扩展了应用领域。

但是，我国城镇燃气事业的发展进程中，还有许多问题需要解决。比如我国城镇燃气的气化率在发达地区比较高，不发达地区比较低；许多地方的燃气管道及设施才刚刚开始建设；天然气等优质燃料与清洁能源在整个能源消费结构中所占比例还很低。长期以来，燃气气源供应的不足也影响了燃气应用技术的发展：民用小型快速燃气热水器是在 20 世纪 80 年代才开始较普遍地在城镇居民中使用；商业用户燃气的应用也基本限于炊事。城镇燃气应用于发电、建筑物的供暖和制冷，在国外已经相当普遍，而在我国尚未大规模地应用。

在全球范围内，世界天然气产业将进入"黄金"发展时期：天然气取代石油的步伐加快，成为 21 世纪消费量增长最快的能源，占一次能源消费中的比重将越来越大。

天然气工业的发展得益于多方面的有利条件：首先，储量比较丰富；再者是热能利用率高；

加上天然气的污染程度也较低，燃烧过程中排放的二氧化碳比石油低 25%，比煤炭低 40%，在矿物能源中是最少的；与燃油和燃煤相比，天然气排放的二氧化硫和氮氧化物也要少得多。以天然气为能源不仅有利于缓和大气温室效应，也有助于减少酸雨的形成。

国际能源机构统计的数字显示，全球对天然气的需求量正在以每年 2.4% 的速度增长，而且这一增长速度有望保持到 2030 年。经济全球化带动着天然气的全球化，2018 年，全球天然气消费约 3.86 万亿 m^3。天然气销售市场不再局限于家庭炊事、商业服务和取暖锅炉，天然气发电、天然气化工、天然气车用燃料和电池燃料、天然气空调及家庭自动化等方面潜力十分巨大，高速增长的市场自然带来无限的商机。

国际能源署（IEA）报告称，非常规天然气资源的前景将在 2025 后推动全球天然气需求的快速增长，且 2035 年前后将接近石油需求；从现在起到 2035 年间，全球天然气产量增长中约 40% 将来自非常规天然气的开采，比如页岩气或煤层气。

中国天然气消费与世界发达国家或地区相比还有较大差距，全球天然气占总能源消费的 24%，而目前中国仅占能源消费结构的 6%，有很大的发展空间。未来 20 年在中国的能源消费中，与煤炭、石油、一次电力相比，天然气的消费增长速度最快。天然气市场在全国范围内将得到发展。随着"西气东输"等工程的建设和投入运营，中国对天然气的需求增长将保持每年 15% 以上。

"十四五"时期，中国天然气产业高质量发展有望迈上一个新台阶。通过推动质量变革，市场规模继续扩大，市场体系得到完善，不断满足人民日益增长的对清洁用气和高水平服务的需求。通过推动效率变革，天然气供应保障能力进一步提高，增储上产成效更加显著，全国"一张网"物理联通有望全面建成。通过推动动力变革，体制机制改革继续深化，创新发展不断取得突破，核心技术和关键设备自主化程度得到提升，以高水平开放保障国家天然气稳定供应安全。预计到"十四五"末，工业燃料、城镇燃气天然气需求量分别为 1450 亿 m^3 和 1500 亿 m^3，占比分别约为 33% 和 34%，与"十三五"末相比分别降低 1 个百分点和 4 个百分点；燃气发电天然气需求量为 1000 亿 m^3 左右，占比约为 23%，提高 5 个百分点。

一、城镇燃气的种类

燃气可以按其来源或生产方式进行分类，也可以从应用的角度按燃气的热值或燃烧特性进行分类。

按照来源及生产方式，燃气大致可分为四类：天然气（含煤层气）、人工制气、液化石油气和生物气（人工沼气）。其中，城镇燃气气源宜优先选择天然气、液化石油气和其他清洁燃料，当选择人工煤气作为气源时，应综合考虑原料运输、水资源因素及环境保护、节能减排要求。生物气由于热值低、二氧化碳含量高而不宜作为城镇气源，但在农村，作为洁净能源替代秸秆和燃煤，有很好的应用前景。近年，生物气加工、提纯技术的研究与应用得到政策鼓励和支持，生物气作为车用能源和区域燃料已经有工程实践。

随着城市化进程的加快及对清洁能源的需求，新型气体燃料会不断进入城镇能源系统，城镇燃气的范围也在扩大。

1. 天然气

广义的天然气是指埋藏于地层中自然形成的气体，而人们长期以来通用的"天然气"的定义，是指天然蕴藏于地层中的烃类和非烃类气体的混合物，即以甲烷为主的气态化石燃料。

天然气从地下开采出来时压力很高，有利于远距离输送，到达用户处仍能保持较高压力。天然气热值高，容易燃烧且燃烧效率高，是优质、经济的自然资源。

通常，天然气是按照其矿藏特点或气体组成进行分类的。采集的天然气成分会随产地、矿藏结构、开采季节等因素而有所不同。

根据矿藏特点，常规天然气主要分为气田气、凝析气田气和石油伴生气三类。

（1）气田气（纯天然气）　气田是天然气田的简称，是指富含天然气的地域。气田气在地层中呈均一气相，开采出来即为气相天然气，其主要成分为甲烷，含量[一]约为 80% ~ 90%，还含有少量的二氧化碳、硫化氢、氮及微量的氦、氖、氩等气体。

我国已有四川、陕甘宁、新疆、青海等多个天然气气田得到开发利用，其甲烷含量一般不少于 90%。

（2）凝析气田气　凝析气田气是指含有少量石油轻质馏分（如汽油、煤油成分）的天然气。凝析气田气开采出来以后，一般要进行减压降温，分离为气液两相，分别进行输送、分配及使用。凝析气田气中甲烷含量约为 75%。我国东海平湖、华北苏桥等属于这类气田。

（3）石油伴生气　石油伴生气是指与石油共生的、伴随石油一起开采出来的天然气。

石油伴生气又分为气顶气和溶解气两类。气顶气是不溶于石油的气体，为保持石油开采过程中必要的井压，这种气体一般不随便采出。溶解气是指溶解在石油中，伴随石油开采而得到的气体。石油伴生气的主要成分是甲烷、乙烷、丙烷、丁烷，还有少量的戊烷和重烃，气油比（气体体积与原油质量之比）一般在 $20 \sim 500 m^3/t$ 之间。

我国大港地区华北油田的石油伴生气中，甲烷含量约为 80%，乙烷、丙烷及丁烷等含量约为 15%。石油伴生气的成分和气油比，会因油田的构成和开采季节等条件而有一定差异。

2. 人工制气

人工制气是指以固体或液体可燃物为原料加工生产的气体燃料。一般将以煤或焦炭为原料加工制成的气体燃料称为煤制气，简称煤气；用石油及其副产品（重油等）制取的气体燃料称为油制气。

根据原料及生产、加工的方法和设备的不同，人工制气可分为许多类。我国常用的人工制气主要有：

（1）干馏煤气　当固体燃料（如煤）隔绝空气受热时，分解产生可燃气体（干馏煤气）、液体（煤焦油）和固体（半焦或焦炭）等产物。固体燃料的这种化学加工过程被称为干馏。以煤为原料的干馏过程中逸出的煤气，叫作干馏煤气。

（2）气化煤气　将固体燃料（如煤或焦炭）在高温下与气化剂（如空气、氧、水蒸气等）相互作用，通过化学反应使固体燃料中的可燃物质转变为可燃气体的过程称为固体燃料的气化，得到的气体燃料称为气化煤气。

（3）油制气　油制气是将石油及其副产品（如重油、轻油、石脑油等）进行高温裂解而制成的气体燃料。在催化剂参与下的高温裂解气，其热值可以接近干馏煤气。

3. 液化石油气

液化石油气是石油开采、加工过程中的副产品，其主要成分是丙烷、丙烯、丁烷和丁烯，简称 C_3、C_4。

液化石油气作为一种烃类混合物，具有常温加压或常压降温即可变为液态进行储存和运输，减压或升温即可气化使用的显著特性，而成为一种广泛使用的气源种类。

液化石油气按照其来源主要分为两种：一是在油田或气田开采过程中获得的，称为天然石油气；另一种来源于炼油厂，是在石油炼制加工过程中获得的副产品，称为炼厂石油气。

　[一]　含量在本章均指体积分数。

4. 其他燃气

随着科学技术的发展，除上述燃气种类以外，还有一些气体燃料被逐渐开发和利用。例如煤层气与矿井气、页岩气、二甲醚、轻烃混空气、天然气水合物及生物气等。

（1）煤层气和矿井气　煤层气和矿井气也属于天然气，是煤生成和变质过程中伴生的可燃气体。

煤层气也称煤田气，是成煤过程中产生并在一定的地质构造中聚集的可燃气体，其主要成分为甲烷，同时含有二氧化碳、氢气及少量的氧气、乙烷、乙烯、一氧化碳、氮气和硫化氢等气体。

矿井气又称矿井瓦斯，是煤层气与空气混合而成的可燃气体。在煤的开采过程中，当煤层采掘后，在井巷中形成自由空间时，煤层气即由煤层和岩体中逸出并移动到该空间，与其中的空气混合形成矿井气。其主要成分为甲烷（30%~55%）、氮气（30%~55%）、氧气及二氧化碳等。

（2）页岩气　页岩气是蕴藏于富有机质泥页岩及其夹层中，以吸附和游离状态存在的非常规天然气，成分以甲烷为主；勘探开发成功率高，具有开采寿命长和生产周期长的特点；是清洁、高效的燃料资源和化工原料。

我国页岩气资源潜力大，初步估计页岩气可采资源量约在36.1万亿 m^3，值得关注。

（3）天然气水合物（可燃冰）　天然气水合物是分布于深海沉积物或陆域的永久冻土中，由天然气与水在高压低温条件下形成的、类冰状的结晶物质。因其外观像冰，而且遇火即可燃烧，所以又被称作"可燃冰"。可燃冰资源密度高，全球分布广泛，具有极高的资源价值。

2007 年，我国实施天然气水合物取样，首次成功获取到实物样品；2017 年 5 月，首次在南海北部海域试采成功。

二、城镇燃气的质量要求

1. 城镇燃气的基本要求

优质燃气应优先供应城镇人口密集地区，以满足节能环保的要求。作为城镇燃气气源，应尽量满足以下基本要求：

（1）热值高　城镇燃气应尽量选择热值较高的气源。燃气热值过低，输配系统的投资和金属耗量就会增加。只有在特殊情况下，经技术经济比较认为合理时，才容许使用热值较低的燃气作为城镇气源。燃气低发热值一般应大于 $14.7MJ/m^3$。

（2）毒性小　为防止燃气泄漏引起中毒，确保用气安全，城镇燃气中的一氧化碳等有毒成分的含量必须控制。

（3）杂质少　城镇燃气供应中，常常由于燃气中的杂质及有害成分影响燃气的安全供应。杂质可引起燃气系统的设备故障、仪表失灵、管道阻塞、燃具不能正常使用，甚至造成事故。

2. 燃气中杂质及有害物的影响

城镇燃气供应中，燃气中所含有的杂质及有害物对供应安全有着不可忽视的影响，常见的杂质成分及其可能带来的事故危害如下：

（1）焦油与灰尘　干馏煤气中焦油与灰分的含量较高时，常积聚在阀门及设备中，造成阀门关闭不严、管道和用气设备阻塞等。

（2）硫化物　燃气中的硫化物主要是硫化氢，此外，还有少量的硫醇（CH_3SH、C_2H_5SH）和二硫化碳（CS_2）。天然气中主要是硫化氢。硫化氢是无色、有臭鸡蛋味的气体，燃烧后生成二氧化硫。硫化氢和二氧化硫都是有害气体。

（3）萘　煤制气中萘含量比较高。在温度较低时，气态萘会以结晶状态析出，附着于管壁，使管道流通截面变小，甚至堵死。

（4）氨 对燃气管道、设备及燃具都有腐蚀作用，燃烧时会生成氮氧化物（NO、NO_2）等有害气体。但氨对硫化物产生的酸性物质有中和作用，因此，燃气中含有微量的氨有利于保护金属管道及设备。

（5）一氧化碳 一氧化碳是无色、无味、有剧毒的可燃气体。一般要求城镇燃气中一氧化碳含量小于 10%（体积分数）。

（6）氧化氮 氧化氮易与双键的烃类聚合成气态胶质，附着于输气设备及燃具上，引起故障。燃气燃烧产物中的氧化氮对人体也是有害的，空气中氧化氮的含量达到 0.01% 时，可刺激人的呼吸器官，长时间呼吸则会危及生命。

（7）水 在天然气进入长距离输送管道前必须脱除其中的水分。因为在高压状态下，天然气中的水很容易与其中的烃类生成水化物。水与其他杂质在局部的积聚还会降低管道的输送能力；水的存在还会加剧硫化氢和二氧化碳等酸性气体对金属管道及设备的腐蚀。如果输送含水的燃气，输配系统还需要增加排水设施和管道的维护工作。

3. 城镇燃气的质量要求

（1）城镇天然气与人工制气 城镇天然气的质量标准应符合表 9-1 中一类气或二类气的规定，人工制气则应符合表 9-2 所示的规定。

表 9-1 天然气的技术指标（GB 17820—2018）

项目	一类	二类	三类	试验方法
高发热值/（MJ/m³）		>31.4		GB/T 11062
总硫（以硫计）（mg/m³）	≤100	≤200	≤460	GB/T 11060.4
硫化氢/（mg/m³）	≤6	≤20	≤460	GB/T 11060.1
二氧化碳/（摩尔分数，%）		≤3.0		GB/T 13610
水露点/℃	在天然气交接点的压力和温度条件下，天然气的水露点应比环境温度低5℃			GB/T 17283

注：1. 标准中气体体积的标准参比条件是 101.325kPa，20℃；
2. 取样方法按《天然气取样导则》（GB/T 13609—2017）。

表 9-2 人工制气的质量标准

项目	质量指标	试验方法
低热值[1]/（MJ/m³）		
一类气[2]	>14	GB/T 12206
二类气[2]	>10	GB/T 12206
燃烧特性指数[3]波动范围应符合	GB/T 13611	
杂质		
焦油和灰尘/（mg/m³）	<10	
硫化氢/（mg/m³）	<20	GB/T 12208
氨/（mg/m³）	<50	
萘[4]/（mg/m³）	<50×10²/P（冬天）	
	<100×10²/P（夏天）	

（续）

项目	质量指标	试验方法
含氧量[5]（体积分数,%）		
一类气	<2	GB/T 10410 或化学分析方法
二类气	<1	
含一氧化碳量[6]（体积分数,%）	<10	GB/T 10410 或化学分析方法

[1] 本表人工制气体积（m^3）指在 101.325kPa，15℃状态下的体积。

[2] 一类气为煤干馏气；二类气为煤气化学、油气化气（包括液化石油气及天然气改制）。

[3] 燃烧特性指数：华白数（W）、燃烧势（CP）。

[4] 萘系指萘和它的同系物 α—甲基萘及 β—甲基萘。在确保煤气中萘不析出的前提下，各地区可以根据当地城市燃气管道埋设处的土壤温度规定本地区煤气中含萘指标，并报标准审批部门批准实施。当管道输气点绝对压力（P）小于 202.65kPa 时，压力（P）因素可不参加计算。

[5] 含氧量系制气厂生产过程中所要求的指标。

[6] 对二类气或掺有二类气的一类气，其一氧化碳含量应小于 20%（体积分数）。

（2）液化石油气　液化石油气应限制其中的硫分、水分、乙烷、乙烯的含量；并应控制残液（C_5 和 C_5 以上成分）量，因为 C_5 和 C_5 以上成分在常温下不能自然气化。

作为民用及工业用燃料的液化石油气与汽车用液化石油气的质量标准要求有所不同。表 9-3 所示为油田液化石油气的质量标准。

表 9-3　液化石油气质量标准表

项　　目		质量指标			试验方法
		商品丙烷	商品丙丁烷混合物	商品丁烷	
密度（15℃）/（kg/m^3）		报告			SH/T 0221[1]
蒸气压（37.8℃）/kPa	不大于	1430	1380	485	GB/T 12576
组分[2]					NB/SH/T 0230
C_3 烃类组分（体积分数,%）	不小于	95	—	—	
C_4 及 C_4 以上烃类组分（体积分数,%）	不大于	2.5	—	—	
（C_3+C_4）烃类组分（体积分数,%）	不小于	—	93	95	
C_5 及 C_5 以上烃类组分（体积分数,%）	不大于	—	3.0	2.0	
残留物					SY/T 7509
蒸发残留物/（mL/100mL）	不大于	0.05			
油渍观察		通过[3]			
铜片腐蚀（40℃，1h）/级	不大于	1			SH/T 0232
总硫含量/（mg/m^3）	不大于	343			SH/T 0222
硫化氢（需满足下列要求之一）：					
乙酸铅法		无			SH/T 0125
层析法/（mg/m^3）	不大于	10			SH/T 0231
游离水		无			目测[4]

[1] 密度也可用 GB/T 12576 方法计算，有争议时以 SH/T 0221 为仲裁方法。

[2] 液化石油气中不允许人为加入除加臭剂以外的非烃类化合物。

[3] 按 SY/T 7509 方法所述，每次以 0.1mL 的增量将 0.3mL 溶剂-残留物混合液滴到滤纸上，2min 后在日光下观察，无持久不退的油环为通过。

[4] 有争议时，采用 SH/T 0221 的仪器及试验条件目测是否存在游离水。

三、燃气的加臭

燃气属易燃、易爆的危险品。因此，要求燃气必须具有独特的、可以使人察觉的警示性味道。在用户使用中，当燃气发生泄漏时，应能通过气味使人发现；对无臭或臭味不足的燃气应加臭；在工业及商业用户的用气场所，还应设置燃气浓度检测装置，以检测燃气是否有泄漏。

经长输管线输送到城镇的天然气，一般在城镇的天然气门站进行加臭。

加臭剂应具有以下特性：

1）在正常使用浓度范围内，加臭剂不应对人体、管道或与其接触的材料有害。

2）应具有持久、难闻且与一般气体气味有明显区别的特殊臭味。

3）有适当的挥发性。

4）能完全燃烧，燃烧产物不应对人体呼吸系统有害，并不应腐蚀或伤害与燃烧产物经常接触的材料。

5）不与燃气的组分发生化学反应。

6）加臭剂溶解于水的程度不应大于2.5%（质量分数）。

7）价格低廉。

我国目前常用的加臭剂主要有四氢塞吩（THT）和乙硫醇（EM）等，无醇加臭剂也有应用。

四、燃气的热值

燃气的热值是指单位数量的燃气完全燃烧时所放出的全部热量。

燃气的热值分为高热值和低热值。高热值是指单位数量的燃气完全燃烧后，其燃烧产物与周围环境恢复到燃烧前的原始温度，烟气中的水蒸气凝结成同温度的水后所放出的全部热量。低热值则是指在上述条件下，烟气中的水蒸气仍以蒸气状态存在时，所获得的全部热量。

干燃气的热值为

$$H_h = \frac{1}{100} \times (y_1 H_{h1} + y_2 H_{h2} + \cdots + y_n H_{hn}) \tag{9-1}$$

$$H_l = \frac{1}{100} \times (y_1 H_{l1} + y_2 H_{l2} + \cdots + y_n H_{ln}) \tag{9-2}$$

式中　　　　　H_h——干燃气的高热值[MJ/m³(干燃气)]；

　　　　　　　H_l——干燃气的低热值[MJ/m³(干燃气)]；

　　y_1，y_2，…，y_n——各单一气体体积分数（%）；

　H_{h1}，H_{h2}，…，H_{hn}——各单一气体的高热值（MJ/m³）；

　H_{l1}，H_{l2}，…，H_{ln}——各单一气体的低热值（MJ/m³）。

湿燃气与干燃气的热值换算关系为

$$H_h^w = (H_h + 2352d_g) \frac{0.833}{0.833 + d_g} \tag{9-3}$$

$$H_l^w = H_l \frac{0.833}{0.833 + d_g} \tag{9-4}$$

式中　H_h^w——湿燃气的高热值[MJ/m³(湿燃气)]；

　　　H_l^w——湿燃气的低热值[MJ/m³(湿燃气)]；

　　　d_g——燃气的含湿量[kg/m³(干燃气)]。

在实际工程中，因为烟气中的水蒸气通常是以气体状态排出的，可利用的只是燃气的低热值。因此，在工程实际中一般以燃气的低热值作为计算依据。

五、燃气的爆炸极限

燃气与空气或氧气混合后，当燃气达到一定浓度时，就会形成有爆炸危险的混合气体，这种气体一旦遇到明火即会发生爆炸。在可燃气体和空气的混合物中，可燃气体的含量少到使燃烧不能进行，即不能形成爆炸性混合物时的含量，称为可燃气体的爆炸下限；当可燃气体的含量增加，由于缺氧而无法燃烧，以至不能形成爆炸性混合物时，可燃气体的含量称为其爆炸上限。可燃气体的爆炸上下限统称为爆炸极限。

1）对于不含氧及惰性气体的燃气，其爆炸极限可估算为

$$L = \frac{100}{\sum \dfrac{y_i}{L_i}} \tag{9-5}$$

式中　L_i——燃气中各组分的燃气爆炸上（下）限（%）；

　　　L——不含氧及惰性气体的燃气爆炸上（下）限（%）；

　　　y_i——燃气中各组分的体积分数（%）。

2）含有惰性气体的燃气其爆炸极限可估算为

$$L_d = L \frac{\left(1 + \dfrac{B_i}{1 - B_i}\right) 100}{100 + L\left(\dfrac{B_i}{1 - B_i}\right)} \tag{9-6}$$

式中　L_d——含有惰性气体的燃气爆炸上（下）限（%）；

　　　L——不含惰性气体的燃气爆炸上（下）限（%）；

　　　B_i——燃气中含有惰性气体的体积分数（%）。

第二节　燃气供应与需求

一、燃气的用户类型

早期的城镇燃气主要是用于照明，以后逐渐发展为用于炊事及生活用热水的加热，然后扩展到工业领域，用做工业燃料（热加工）和化工生产用原料。随着燃气事业的发展，特别是天然气的大量开采与远距离的输送，燃气已成为能源消耗的重要支柱。在国际上，天然气主要用于发电、以化工为主的工业、一般工业和商业（包括居民生活）用气。

我国城镇燃气主要用于居民生活和供暖、工业燃料、燃气汽车、天然气发电及化工原料等。

1. 用户类型及用气特点

城镇燃气的用户类型及其用气特点如下：

（1）城镇居民用户生活用气　城镇居民主要使用燃气进行炊事和生活热水的加热。我国目前居民使用的燃具多为民用燃气灶具（双眼灶或烤箱灶）及燃气快速热水器。

居民用户的用气特点是：单户用气量不大，用气随机性较强；用气量受季节、气候等多种因素的影响，但人均年用气量在连续的年份中相对稳定。

（2）商业用户　商业用户包括居民社区配套的公共建筑设施（如宾馆、旅馆、饭店、学校、

医院等)、机关、科研机构等的用气。燃气主要用于食品加工及热水加热、试验研究等。商业用户的燃具根据其需要可以选择燃气大锅灶、燃气烤箱、燃气开水炉等设备。

商业用户的用气特点是：单个用户用气量不很大，用气比较有规律。由于各种类型商业用户有其自身的运营规模和规律，用气时间和用气量也有一定的规律。

(3) 工业用户　目前我国城镇的工业用户主要是将燃气作为燃料用于生产工艺的热加工。

工业生产的用气特点是：用气比较有规律，用气量大且均衡。工矿企业一般具有相对固定的生产时间，因此，用气时间和用气量也与生产作息时间和制度有关。在燃气供应不能完全满足需要时，某些工业用户还可以根据燃气调度部门的安排，在规定的时间内停气或用气，以缓解燃气系统供需矛盾。

(4) 燃气供暖与空调　根据地域特点，我国大部分地区都有不同时间长短的供暖期。随着人民生活水平的提高和城镇环保压力的增加，燃气供暖发展很快。

燃气供暖与空调用气属于典型的季节性负荷。在我国北方地区，供暖季节中，燃气供暖总用气量很大，每天的用气量相对稳定，随气温高低有一定变化。

燃气供暖主要有两种形式：

1) 集中供暖。利用原有的燃煤或燃油集中供暖系统，只将其中的燃煤或燃油锅炉改造或更换为燃气锅炉。通常为区域用户设置独立燃气锅炉房进行供暖。

由燃气热电厂直接供热也属于燃气集中供暖，但因燃气热电厂常常为热电或冷热电三联供，所以，通常将燃气热电厂与燃气电厂归于燃气发电用户一类，而不是作为单纯的燃气供暖用户。

2) 单户独立供暖。根据我国目前的情况，单户独立供暖以燃气或电作为能源的比较多。但用电供暖，需要电网等设备的配套和电价的调整；而燃气供暖则不需要，只要燃气能送到的地方均可以实现单户独立供暖。用户只需要有一台燃气热水器，即可同时解决生活热水和供暖问题。

在供暖用热逐步实行按热量进行计量和收费后，燃气单户独立供暖越来越受到重视。

燃气空调和以燃气为能源的热、电、冷三联供的用能系统已经引起广泛关注，它对缓解夏季用电高峰、减少环境污染（噪声、制冷剂泄漏）、提高燃气管网利用率、保持用气的季节平衡、降低燃气输送成本都有很大帮助。

(5) 燃气汽车　目前，燃气汽车的主要燃料有液化石油气、压缩天然气和液化天然气等。燃气汽车以公交车、出租车为主，建筑工程车辆等还有待于发展。

燃气汽车用气量取决于城镇燃气汽车的数量、车型及运营总里程等；用气量随季节等外界因素变化比较小，可以忽略不计。

燃气汽车的制造、发动机的生产及改装技术、燃气灌装技术都已经成熟。部分燃气汽车属于油气两用车（既可以使用汽油，也可以使用燃气）。从投资方面看，由于这些汽车需要配置双燃料系统，购车时的一次性投资略大于普通燃油汽车。但燃气汽车与燃油汽车相比，燃料价格具有一定的优势，即使用燃气汽车可以通过节省的运行费用抵偿购车初投资的增加。

从目前国内燃气汽车的使用情况看，压缩天然气汽车主要用于公交车，液化石油气汽车主要用于出租车及其他公务用车。

(6) 燃气发电　将直接使用低污染燃烧的燃气转换为无污染物排放的电能来使用，这也是今后燃气，特别是天然气应用的发展方向。

天然气发电在天然气消耗总量中所占份额较大，主要是因为燃气电厂单位时间耗气量大。天然气发电燃气消耗量与电厂规模、电厂年运行时间等因素有关。

(7) 其他用途　在化工生产中，天然气还可以用作原料气，以生产化肥及甲醇等化工产品。在农业生产中，燃气可用于鲜花和蔬菜的暖棚种植、粮食烘干与储藏、农副产品的深加工等。

此外，燃气燃料电池等也在研究和开发之中。总之，燃气用途及用户发展随着气源供应的增加会不断扩大。

2. 供气原则

供气原则不仅涉及国家及地方的能源与环保政策，而且和当地气源条件等因素有关。因此，应该从提高燃气利用率和节约能源、保护环境等方面综合考虑。一般要根据燃气气源供应情况、输配系统设备利用率、燃气供应企业经济效益、燃气用户利益等方面的情况，分析、制定合理的供气原则。

对于城镇燃气供应系统，科学合理地发展用户，使各类用户的数量和用气量具有适当的比例，将有利于平衡城镇燃气的供需矛盾，减少储气设施的设置。

国家发展和改革委员会在2007年颁布实施了《天然气利用政策》，将天然气用户分为优先类、限制类、允许类、禁止类共四大类，引导、规范天然气用户的发展。

（1）城镇居民及商业用户　这两类用户是城镇燃气供应的基本用户。在气源不够充足的情况下，一般应考虑优先供应这两类用户用气。解决了这两类用户的用气问题，不但可以提高居民生活水平、减少环境污染、提高能源利用率，还可减少城镇交通运输量、取得良好的社会效益。各类用户使用燃气和燃煤、燃油的热效率比较见表9-4。

表9-4　各类用户使用燃气和燃煤、燃油的热效率比较（%）

序号	燃料用途	燃料种类		
		煤	油	城镇燃气
1	城镇居民	15~20	30	55~60
2	公共建筑	25~30	40	55~60
3	一般锅炉	50~60	>70	60~80
4	电厂锅炉	80~90	85~90	90

（2）工业用户

1）当采用天然气为城镇燃气气源，且气源充足时，应大力发展工业用户。但对远离城镇燃气管网的工业企业用户，是否供气应做技术经济比较。

由于工业用户用气稳定，且燃烧过程易于实现自动控制，是理想的燃气用户。当配用适合的多燃料燃烧器时，工业用户还可以作为燃气供应系统的调峰用户。因此，在可能的情况下，城镇燃气用户中应尽量包含一定量的工业用户，以提高燃气供应系统的设备利用率，降低燃气输配成本，缓解供、用气矛盾，从而取得较好的经济效益。

2）当采用人工煤气为城镇燃气气源时，一般按两种情况分别处理：

① 靠近城镇燃气管网的工业用户，用气量不很大，但使用燃气后产品的产量及质量都会有很大提高的工业企业，可考虑由城镇管网供应燃气。应合理发展高精尖工业和生产工艺必须使用燃气且节能显著的中小型工业企业等。远离燃气管网的小型工业用户，一般不考虑管网供气。

② 用气量很大的工业用户（如钢铁企业等）应考虑建焦化厂或气化煤气厂自行产气。

（3）燃气供暖与空调用气　我国有几十万台中小型燃煤锅炉分布在各大城镇，担负供暖或供应蒸汽及热水的任务。这些锅炉是规模较大的城镇污染源。

在制定城镇燃气发展规划时，如果气源为人工煤气，一般不考虑发展供暖与空调用气；当气源为天然气且气源充足、城镇有环保压力时，允许发展燃气供暖与空调、制冷用户，但应采取有效的调节季节性不均匀用气的措施，在保障供气的同时，兼顾管网系统运行的经济性和可靠性。

（4）燃气汽车　发展燃气汽车不仅有利于减轻城镇大气污染，还可减少对石油及产品的依赖。在规划发展燃气用户时，燃气汽车属优先发展对象。但在实际应用中，燃气汽车的发展受到多方面因素的影响：比如，汽车所有者的资金及车辆发展计划、燃气加气站的配套建设情况、国家政策的扶持等。

一般燃气汽车替代燃油汽车是在购置环节完成。不主张旧有燃油车改造为燃气汽车，主要是改造成本高，在改造车的剩余寿命中很难通过节省燃料费用收回车辆改造费用。

除燃气汽车外，燃气火车等交通工具的也是未来的研究、发展方向。

（5）燃气发电　对于燃气发电应根据气源供应情况、燃气的合理利用、环境保护与经济效益、电力需求等多方面综合考虑确定。

人工煤气一般不考虑供应电厂使用。

在我国，目前天然气资源量还不能满足市场需求的情况下，天然气用于发电应该满足以下条件：

1）当地天然气供应充足，可以保证电厂用气的需求。

2）天然气发电厂建设在城镇的重要用电负荷中心。

3）天然气电厂为调峰发电厂，只在用电高峰期发电以补充电力供应的不足。

对于以天然气为能源的基础负荷发电厂，特别是在煤炭生产基地应限制和禁止发展，以保证优质天然气资源的合理利用。

（6）其他用户　在我国优质能源紧缺的情况下，化工原料用天然气将逐渐减少其市场份额，但天然气在生物、医药、农药等方面的新应用将有所发展。

我国是农业大国，提高农业生产总体水平将有利于发展国民经济。在可能的情况下，应考虑、研究燃气，特别是天然气在农业生产和农副产品加工过程中的应用。

3. 用气指标

用气指标又称为耗气定额，是进行城镇燃气规划、设计，估算用户燃气用量的主要依据。因为各类燃气的热值不同，所以，常用热量指标来表示用气指标。

城镇总体规划阶段，当采用人均用气指标法或横向比较法预测总用气量时，规划人均综合用气指标应符合表9-5所示的规定，并应根据城镇性质、人口规模、地理位置、经济社会发展水平、国内生产总值、产业结构、能源结构、当地资源条件和气源供应条件、居民生活习惯、现状用气水平以及节能措施等因素确定。

表9-5　规划人均综合用气指标　　　　　　　　[单位：MJ/（人·年）]

指标分级	城镇用气水平	人均综合用气指标	
		现状	规划
一	较高	≥10501	35001~52500
二	中上	7001~10500	21001~35000
三	中等	3501~7000	10501~21000
四	较低	≤3500	5250~10500

（1）居民生活用气指标　居民生活用气指标是指城镇居民每人每年平均燃气消耗量。

居民生活用气实质上是个随机事件，其影响因素错综复杂、相互制约，无法归纳成理论系统导出。一般情况下以5~20年的实际运行数据作为基本依据，用数学方法处理统计数据，并建立适用的数学模型，从中求出可行解，并预测未来发展趋势，然后提出可靠的用气指标推荐值。影响居民生活用气指标的因素很多，主要是气候条件、居民生活水平、居民的饮食及生活习惯等。

居民生活用气量的大小与许多因素有关，其中有些因素会造成用气量的自然增长即正影响；有些因素会造成用气量的减少即负影响。从目前我国居民生活用气情况分析，影响居民生活用气指标的因素主要有以下五个方面：

1）户内燃气设备的类型。通常燃具额定功率（MJ/h）越大，居民年用气量越多。当设置燃具额定总功率达到一定程度时，居民年用气量将不再随这一因素增长。

居民有无集中热水供应也直接影响到居民年用气量的大小。目前居民用户一般只考虑集中供暖，不考虑集中热水供应，所以居民用户用气的目的应包括炊事和热水（洗涤和沐浴），而用不同燃具（灶具或热水器）制取热水，其燃气耗量是有差异的。

2）能源多样化。其他能源的使用对居民燃气年消耗量也有一定影响，如电饭煲、微波炉、电热水器、太阳能热水器和饮水机等设备使用比例增加时，燃气用量必然减少。

3）户内人口数。居民每户人口数可认为是使用同一燃具的人口数。户均人口较多时，人均年用气量略偏低，反之亦然。由于社会综合因素的作用，我国居民家庭向小型化发展，随之，人均年用气量将略有增加。

4）社区配套设施的完善程度。居民社区内公共福利设施完备时，居民通常会选择省时、省力和较经济的用餐与消费主、副食品的途径。随着我国市场经济的发展，服务性设施的完善，家庭用热日趋社会化，户内节能效益不断提高，这无疑将对居民燃气年消耗量产生负影响。

5）其他因素。社会生活总体水平、国民人均年收入的提高是激励消费的因素之一。生活习惯、作息及节假日制度、气候条件等也会对居民年用气量产生影响。燃气售价也是影响因素之一，但在市场经济还未发育成熟和燃气价格未到位的情况下，燃气售价对居民生活年用气量的影响似乎不明显。

我国部分地区居民生活用气指标见表9-6。

表9-6　城镇居民生活用气指标　　　　　　［单位：MJ/（人·年）］

城镇地区	有集中供暖的用户	无集中供暖的用户
华北地区	2303~2721	1884~2303
华东、中南地区	—	2093~2303
北京	2721~3140	2512~2931
成都	—	2512~2931

注：燃气热值按低热值计算。

（2）商业用户用气指标　影响公共建筑用气量的因素主要有：城镇燃气供应状况，燃气管网布置与公共建筑的分布情况；居民使用公共服务设施的普及程度，设施标准；用气设施的性能、效率、运行管理水平和使用均衡程度；地区的气候条件等。

商业用户用气指标与用气设备的性能、热效率、地区气候条件等因素有关。我国几种公共建筑用气指标见表9-7。

表9-7　公共建筑用气指标

类别	用气指标	单位
职工食堂	1884~2303	MJ/（人·年）
饮食业	7955~9211	MJ/（座·年）

（续）

类别		用气指标	单位
幼儿园、托儿所	全托	1884~2512	MJ/（人·年）
	日托	1256~1675	MJ/（人·年）
医院		2931~4187	MJ/（床位·年）
旅馆、招待所	有餐厅	3350~5024	MJ/（床位·年）
	无餐厅	670~1047	MJ/（床位·年）
宾馆		8374~10467	MJ/（床位·年）

注：燃气热值按低热值计算。

（3）工业企业用气指标　工业企业用气指标的确定：在有条件时，可由各种工业产品的用气定额及产品数量推算用气量指标，或用燃气锅炉炉底热强度折算燃气用气量；缺乏资料时，可以用其他燃料的消耗量进行折算，也可按同行业、类似企业的用气指标分析确定。

（4）建筑物供暖及空调用气指标　供暖及空调用气指标可按国家现行的供暖、空调设计规范或当地建筑物耗热量指标确定，即考虑供暖系统的热效率，将耗热量指标按燃气低热值折算为单位建筑面积或建筑体积的燃气消耗量。

（5）燃气汽车用气指标　燃气汽车用气指标应根据燃气汽车的种类、车型等统计分析确定。单台燃气汽车的用气量可以根据厂家提供的行车能耗标准按燃气低热值折算为单位行驶里程的燃气消耗量。

二、燃气需用工况

1. 年用气量计算

在进行城镇燃气供应系统的规划设计时，首先要确定城镇的年用气量。年用气量是进行燃气供应系统设计和运行管理，以及确定气源、管网和设备通过能力的重要依据。

年用气量应根据燃气发展规划和燃气的用户类型、数量及各类用户的用气指标确定。由于各类用户的用气指标单位不同，因此，城镇燃气年用气量一般按用户类型分别计算后汇总。

（1）居民生活的年用气量　居民生活的年用气量与许多因素有关，如居民生活习惯、作息及节假日制度、气候条件、户内燃气设备的类型、住宅内有无集中供暖及热水供应、城镇居民气化率等。

城镇居民气化率是指城镇用气人口数占城镇居民总人数的百分比。

$$气化率 = \frac{气化人口数}{总人口数} \times 100\%$$

通常情况下，由于城镇中存在着新建住宅、采用其他能源形式的现代化建筑以及不适于管道供气的旧房屋、临时建筑等情况，城镇居民的管道燃气气化率很难达到100%。

居民生活的年用气量可根据居民生活用气指标、居民总数、气化率和燃气的低热值来计算，即

$$Q_a = \frac{Nkq}{H_1} \tag{9-7}$$

式中　Q_a——居民生活年用气量（m³/年）；

　　　N——居民人口数（人）；

　　　k——城镇居民气化率（%）；

q——居民生活用气指标[MJ/(人·年)]；

H_1——燃气低热值（MJ/m³）。

（2）商业用户年用气量 商业用户用气量的计算：一是按商业用户拥有的各类用气设备数量和用气设备的额定热负荷进行计算；二是按商业用户用气性质、用途、用气指标及服务人数等进行计算。商业用户年用气量与城镇人口数、公共建筑的设施标准、用气指标等因素有关。在规划设计阶段，商业用户的年用气量计算式为

$$Q_a = \frac{MNq}{H_1} \tag{9-8}$$

式中　Q_a——商业用户的年用气量（m³/年）；

N——居民人口数（人）；

M——各类用户用气人数占总人口的比例数（%）；

q——各类商业用户的用气指标[MJ/(人·年)]；

H_1——燃气的低热值（MJ/m³）。

当商业用户的用气量不能准确计算时，还可在考虑公共建筑设施建设标准的前提下，按城镇居民生活年用气量的某一比例进行估算。例如，在计算出城镇居民生活的年用气量后，可按居民生活年用气量的10%~30%估算城镇公共建筑的年用气量。

（3）工业企业年用气量 工业企业年用气量与其生产规模、用气工艺特点和年工作小时数等因素有关。在规划设计阶段，一般可按以下三种方法计算工业用户的年用气量：

1）参照已使用燃气、生产规模相近的同类企业燃气年消耗量估算。

2）按工业产品的耗气定额和企业的年产量确定。

3）在缺乏产品的耗气定额资料的情况下，可按企业消耗其他燃料的热量及设备热效率，在考虑自然增长后，折算出燃气耗量。折算公式为

$$Q_a = \frac{1000 G_y H_i' \eta'}{H_1 \eta} \tag{9-9}$$

式中　Q_a——工业用户的年用气量（m³/年）；

G_y——其他燃料年用量（t/年）；

H_i'——其他燃料的低热值（MJ/kg）；

η'——其他燃料燃烧设备的热效率（%）；

η——燃气燃烧设备的热效率（%）；

H_1——燃气低热值（MJ/m³）。

（4）建筑物供暖年用气量 建筑物供暖年用气量与使用燃气供暖的建筑物面积、年供暖期长短、供暖耗热指标有关，计算式为

$$Q_a = \frac{F q_H n}{H_1 \eta} \tag{9-10}$$

式中　Q_a——供暖的年用气量（m³/年）；

F——使用燃气供暖的建筑面积（m²）；

q_H——建筑物的耗热指标[MJ/(m²·h)]；

n——供暖负荷最大利用小时数（h/年）；

η——燃气供暖系统的热效率（%）；

H_1——燃气低热值（MJ/m³）。

其中，供暖负荷最大利用小时数计算式为

$$n = n_1 \cdot \frac{t_1 - t_2}{t_1 - t_3}$$

式中　n——供暖负荷最大利用小时数（h/年）；

　　　n_1——供暖期（h/年）；

　　　t_1——供暖室内计算温度（℃）；

　　　t_2——供暖期室外平均温度（℃）；

　　　t_3——供暖室外计算温度（℃）。

由于各地的气候条件不同，冬季供暖计算温度及建筑物耗热指标均有差异，应根据当地的各项供暖指标进行计算。

（5）其他用户年用气量　其他用户年用气量可根据其用气设备及耗气量等进行推算。

（6）未预见量　城镇燃气年用气量计算中应考虑未预见量。未预见量主要是指燃气管网漏损量和规划发展过程中的未预见供气量，一般按年总用气量的 5% 估算。

规划设计中应将未来的燃气用户尽可能地考虑进去，在规划范围内未建成、暂不供气的用户不算未预见供气。

城镇燃气年用气量应为各类用户年用气量总和的 1.05 倍，即

$$Q'_a = 1.05 \sum Q_a \tag{9-11}$$

式中　Q'_a——城镇燃气年用气量总和（m³/年）；

　　　Q_a——城镇各类用户的年用气量（m³/年）。

2. 用气不均匀情况描述

城镇燃气供应的特点是供气基本均匀，用户的用气是不均匀的。用户用气不均匀性与许多因素有关，如各类用户的用气工况及其在总用气量中所占的比例、当地的气候条件、居民生活作息制度、工业企业和机关的工作制度、建筑物和工厂车间用气设备的特点等。显然，这些因素对用气不均匀性的影响不能用理论计算方法确定，最可靠的办法是在相当长的时间内收集和系统地整理实际数据，以得到用气工况的可靠资料。

用气不均匀性对燃气供应系统的经济性有很大影响。用气量较小时，气源的生产能力和长输管线的输气能力不能充分发挥和利用，提高了燃气的成本。

用气不均匀情况可用季节或月不均匀性、日不均匀性、小时不均匀性描述。

（1）季节或月用气工况　影响季节或月用气工况的主要因素是气候条件，一般冬季各类用户的用气量都会增加。居民生活及商业用户加工食物、生活热水的用热会随着气温降低而增加；而工业用户即使生产工艺及产量不变化，由于冬季炉温及材料温度降低，生产用热也会有一定程度的增加。供暖与空调用气属于季节性负荷，一般在冬季供暖和夏季使用空调的时候才会用气。显然，季节性负荷对城镇燃气的季节或月不均匀性影响最大。北京地区已出现供暖期日用气负荷为夏季日用气负荷近 10 倍的情况。

一年中各月的用气不均匀情况可用月不均匀系数表示，K_1 是各月的用气量与全年平均月用气量的比值，但这不确切，因为每个月的天数在 28~31 天的范围内变化，所以月不均匀系数 K_1 值计算式一般为

$$K_1 = \frac{\text{该月平均日用气量}}{\text{全年平均日用气量}}$$

十二个月中平均日用气量最大的月，也即月不均匀系数值最大的月，称为计算月。将月最大不均匀系数 K_m 称为月高峰系数。

（2）日用气工况　一个月或一周中日用气的波动主要由以下因素决定：居民生活习惯、工

业企业的工作和休息制度、室外气温变化等。

居民生活的炊事和热水日用气量具有很大的随机性，用气工况主要取决于居民生活习惯，平日和节假日用气规律各不相同。即使居民的日常生活有严格的规律，日用气量仍然会随室外温度等因素发生变化。工业企业的工作和休息制度，也比较有规律，而室外气温在一周中的变化却没有一定的规律性，气温低的日子里，用气量大。供暖用气的日用气量在供暖期内随室外温度变化有一些波动，但相对来讲是比较稳定的。

一个月（或一周）中日用气量的变化情况用日不均匀系数表示。日不均匀系数 K_2 计算式为

$$K_2 = \frac{该月中某日气量}{该月平均日用气量}$$

该月中日不均匀系数最大值 K_d 称为该月的日高峰系数。

（3）小时用气工况　城镇中各类用户在一昼夜中各小时的用气量有很大变化，特别是居民和商业用户。居民用户的小时不均匀性与居民的生活习惯、供气规模和所用燃具等因素有关。一般会有早、中、晚三个高峰。商业用户的用气与其用气目的、用气方式、用气规模等有关。工业企业用气主要取决于工作班制、工作时数等。一般三班制工作的工业用户，用气工况基本是均匀的。其他班制的工业用户在其工作时间内，用气也是相对稳定的。在供暖期，大型供暖设备的日用气工况相对稳定，单户独立供暖的小型供暖炉，多为间歇式工作。

城镇燃气管网系统的管径及设备，均按计算月小时最大流量计算。一日中小时用气量的变化情况。通常用小时不均匀系数表示。小时不均匀系数 K_3 计算式为

$$K_3 = \frac{该日某小时用气量}{该日平均小时用气量}$$

该日小时不均匀系数的最大值 K_h 称为该日的小时高峰系数。

3. 小时计算流量的确定

燃气供应系统管道及设备的通过能力不能直接用燃气的年用气量确定，而应按小时计算流量来选择。小时计算流量的确定，关系着燃气供应系统的经济性和可靠性：小时计算流量定得过高，将会增加输配系统的基建投资和金属耗量；定得偏低，又会影响对用户的正常供气。

（1）城镇燃气管道小时计算流量　城镇燃气管道的计算流量应按计算月的小时最大用气量确定，即将各类用户燃气用气量的变化进行叠加后确定。

（2）居民及商业用户燃气小时计算流量

1）对于城镇燃气管道，居民及商业用户燃气小时计算流量（按 0℃，101.325kPa 计）宜用不均匀系数法确定，即小时计算流量按计算月的高峰小时最大用气量计，计算公式为

$$Q_h = \frac{1}{n}Q_a \tag{9-12}$$

式中　Q_h——燃气小时计算流量（m^3/h）；

n——年最大负荷利用小时数（h/年），相当于假设一年中的用气是均匀的，每个小时的用气量都等于小时最大用气量（即管网满负荷运行）的条件下，全年用气量会在 n 小时内用完，即

$$n = \frac{365 \times 24}{K_m K_d K_h} \tag{9-13}$$

K_m——月高峰系数，即计算月的日平均用气量和全年的日平均用气量之比；

K_d——日高峰系数，即计算月的日最大用气量和该月的日平均用气量之比；

K_h——小时高峰系数，即计算月中最大用气量日的小时最大用气量和该日的小时平均用气

量之比；

Q_a——年燃气用量（m^3/年）。

城镇居民生活及商业用户用气的高峰系数应根据城镇用气的实际统计资料，分析研究确定。当缺乏实际统计资料，或给未用气的城镇编制燃气发展规划、进行设计时，可结合当地的具体情况，参照类似城镇的不均匀系数值选取，也可按下列推荐值选取：

$$K_m = 1.1 \sim 1.3, \quad K_d = 1.05 \sim 1.2, \quad K_h = 2.2 \sim 3.2$$

当供气户数多时，小时高峰系数应选取低限值；当总户数少于 1500 户时，小时高峰系数可取 $3.3 \sim 4.0$。所以，年最大负荷利用小时数 n 可在 $3447 \sim 1755$（h/年）之间取值。

年最大负荷利用小时数 n 随着连接在管网上的居民户数和用气工况等因素的变化而变化。显然，户数越多，用气高峰系数越小；燃气的用途越多样（炊事和热水洗涤、沐浴、供暖等），用气高峰系数越小，而年最大负荷利用小时数 n 越大。用气人口数与最大负荷利用小时数 n 的关系见表 9-8。

表 9-8　用气人口数与最大负荷利用小时数 n 的关系

名称	用气人口数/万人						
	0.1	0.2	0.3	0.5	1	2	3
n/(h/年)	1800	2000	2050	2100	2200	2300	2400

名称	用气人口数/万人						
	4	5	10	30	50	75	≥100
n/(h/年)	2500	2600	2800	3000	3300	3500	3700

不均匀系数法的出发点是考虑居民用户的用气目的（用于炊事，还是用于炊事及供热水等）、用气人数、人均年用气量（即用气指标）和用气规律，而没有考虑每户的人口数（可认为是使用同一燃具的人数）和户内燃具额定负荷的大小等因素。

2）对于独立小区、庭院及室内燃气管道的小时计算流量宜按同时工作系数法确定。

在独立小区、庭院及建筑物内燃气系统设计中，居民生活用燃气计算流量应根据燃具的额定流量和同时工作的概率来确定，其计算公式为

$$Q_h = \sum k N Q_n \tag{9-14}$$

式中　Q_h——燃气管道的计算流量（m^3/h）；

　　　k——燃具同时工作系数；

　　　N——同种燃具或成组燃具的数目；

　　　Q_n——燃具的额定流量（m^3/h）。

同时工作系数反映了燃具集中使用的程度，它与燃气用户的用气规律、燃具的种类、数量等因素有关，见表 9-9。

居民用户的用气工况本质上是随机的，它不仅受用户类型和燃具类型的影响，还与居民户内用气人口、高峰时燃具开启程度以及能源结构等不确定因素有关。也就是说 k 值不可能理论导出，只有在对用气对象进行实际观测后用数理统计及概率分析方法加以确定。

同时工作系数法是考虑一定数量的燃具同时工作的概率和用户燃具的设置情况，确定燃气小时计算流量的方法。显然，这一方法并没有考虑使用同一燃具的人数差异。

3）商业和工业企业室内及车间燃气管道小时计算流量应按实际用气设备的额定流量和设备使用情况确定。

213

表 9-9　居民生活用燃具的同时工作系数 k

同类型燃具数目 N	燃气双眼灶	燃气双眼灶和快速热水器	同类型燃具数目 N	燃气双眼灶	燃气双眼灶和快速热水器
1	1.00	1.00	40	0.39	0.18
2	1.00	0.56	50	0.38	0.178
3	0.85	0.44	60	0.37	0.176
4	0.75	0.38	70	0.36	0.174
5	0.68	0.35	80	0.35	0.172
6	0.64	0.31	90	0.345	0.171
7	0.60	0.29	100	0.34	0.17
8	0.58	0.27	200	0.31	0.16
9	0.56	0.26	300	0.30	0.15
10	0.54	0.25	400	0.29	0.14
15	0.48	0.22	500	0.28	0.138
20	0.45	0.21	700	0.26	0.134
25	0.43	0.20	1000	0.25	0.13
30	0.40	0.19	2000	0.24	0.12

注：1. 表中"燃气双眼灶"是指每户居民安装一台双眼灶的同时工作系数；当一户居民装两台单眼灶时，也可参照本表计算。

2. 表中"燃气双眼灶和快速热水器"是指每户居民安装一台双眼灶和一台快速热水器的同时工作系数。

4）供暖和通风所需燃气小时计算流量，可以按照供暖、通风热负荷变化，考虑燃气供暖和通风空调系统热效率折算。

5）工业企业用户小时计算流量，宜按每个独立用户的生产特点和燃气消耗量（或燃料用量）的变化情况，编制成月、日、小时用气负荷资料确定。使用其他燃料的加热设备改用燃气时，可以根据原燃料实际消耗量折算燃气耗量。

三、燃气的调峰

1. 调峰手段

为解决燃气系统供气基本均匀、用气不均匀之间的矛盾，保证不间断地向用户供应正常压力和流量的燃气，需要采取一定的措施使系统供需平衡。一般要综合考虑燃气气源供应、用户及输配系统的具体情况，提出合理的调峰手段。通常，城镇燃气供应系统会在技术经济比较的基础上采用几种调峰手段的组合方式。调峰手段还应与燃气系统应急机制统筹考虑，协调工作。

常用的调峰手段有：

（1）调整气源的生产能力　根据燃气需用情况调整气源的供应量。

对于人工煤气供应系统，可以考虑调整气源的生产能力以适应用户用气情况的变化。但必须考虑气源运转、停止生产的难易程度、气源生产负荷变化的可能性和变化的幅度等，同时还应考虑技术经济的合理性。

天然气供应系统中，一般只在用气城镇距离天然气产地不远时，采用调节气井产量的方法平衡部分月不均匀用气。调整气源生产能力要考虑气源生产与开采的工艺特点、技术可行性和经济合理性等诸多因素。

（2）设置机动气源　在用气高峰时启动机动气源供气，是平衡季节或其他高峰用气的有效方法之一。

城镇燃气供应系统在设置机动气源时，应根据需要，考虑可能取得的机动气源种类及数量。从技术可行性角度看，压缩天然气和液化天然气、液化石油气混空气都可以作为管输天然气的机动气源；油制气可以作为焦炉气的机动气源。在实际应用中应根据需求及供应情况，进行技术经济比较，选择机动气源的种类及规模。

（3）设立调峰用户（缓冲用户），发挥调度作用　设立调峰用户主要是缓解季节性负荷的矛盾，少部分调峰用户也可以通过调整其每天的工作时间来调节小时负荷不均匀工况。

适宜作为调峰用户的应为大型工矿企业，小时用气量小的用户不具备调峰作用。大型工业企业及锅炉房等可作为城镇燃气供应系统的调峰用户：在夏季，燃气用气低峰时，供给它们燃气；冬季燃气用气高峰时，这些用户改用固体或液体燃料。这类调峰用户由于需要设置两套燃料燃烧系统，生产投资费用会增加，而燃气供应系统则可降低投资及运行费用，提高管网的设备利用率。

对这类用户投资费用的增加，燃气供应单位可以通过燃气的季节性差价予以补偿：即在城镇用气低峰期给这些用户优惠的燃气价格，鼓励其用气；用气高峰时，中断向这类用户供气，以保证其他用户的用气。

对于中小城镇，为平衡小时用气的不均匀性，可以与工业企业协调，安排其与居民和商业用户错峰用气，以缓解供需矛盾，减少储气设施的建设。

设置缓冲用户，对于燃气供应系统，可以在不增加投资的情况下，解决供需矛盾；对于缓冲用户，可以在燃气用气低峰期得到价格低廉的优质气体燃料，不失为双赢的策略，应尽可能充分利用。

此外，燃气供应单位发挥调度作用，科学、合理地调配供气与用气，也是解决供用气矛盾的重要手段。

（4）建设储气设施　一般来讲，燃气供应系统完全靠气源和用户的调度与调节是不能完全解决供气和用气之间矛盾的。所以，为保证供气的可靠性，通常需要设置种类不同、容量不等的储气设施。对于不同的气源和用户情况，储气方式与设施有很大差别。

储气设施主要分为两大类：解决季节性负荷矛盾的大型储气设施、解决小时不均匀性的储气设备。

不论建设哪种储气设施，均要增加系统投资和运行管理的费用及人员。

2. 燃气的储存方式

（1）地下储气　主要用于调节季节性负荷。地下储气库储气量大，造价及运行费用低，一般用于储存天然气，也可储存液态液化石油气。天然气地下储气库的建造是从根本上解决城镇燃气季节不均匀性，平抑用气峰值波动的最合理、有效的途径，社会效益和经济效益非常显著，但利用地下储气库调节日或小时不均匀性是不经济的。

地下储气库一般是挑选合适的地质结构建成的。要利用地层储气，需要准确掌握地层的有关参数，如构造形状、大小，油气岩层厚度、孔隙度、渗透率等。已经开采而现在枯竭了的油气藏显然是最好、最可靠的地下储气库库址。

1）利用枯竭油气田地层穴储气。把燃气压入枯竭的油田或天然气田的地层穴进行储气，是地下储气方法中最简单而且较为安全可靠的一种，也是使用最多的一种。

2）利用多孔含水地层储气。多孔含水地层的地质构造的特点是具有多孔质浸透性地层，其

215

上面是不渗透的冠岩层，下面是多孔含水砂层，形成完全密封结构，燃气的压入及排出是通过从地面至浸透层的井孔。浸透性多孔砂层内水的流动比较容易，因此燃气压入时，水被排出，燃气充满空隙，达到储气的目的。地下水位高度随储气量而改变，所以必须保持一定的储气压力，使井孔的底端在最高地下水位以上，不接触水面。地下多孔含水砂层储气库示意图如图9-1所示。

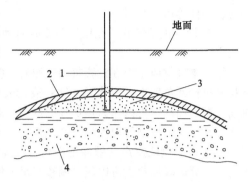

图9-1　地下多孔含水砂层储气库示意图

1—井孔　2—不渗透层　3—燃气
4—储气层（多孔含水砂层）

3）利用岩盐地穴储气。利用岩盐矿床里除去岩盐后的孔穴或打井注入温水使盐层的一部分被溶解为孔洞，压入燃气进行储气。

世界上第一座地下储气库于1915年在加拿大韦林特县利用枯竭气藏建成。天然气地下储气库库址中枯竭气藏、枯竭油藏最多，约占总数的77%，其他为枯竭凝析油气藏、含水层构造、盐穴及废弃矿坑等。地下储气库主要分布在美国、加拿大、法国等地。我国已建成运行两座地下储气库，第一座地下储气库是在大庆油田利用枯竭气田建设的。第二座是天津大港大张坨地下储气库，该储气库是利用枯竭油气田，为解决京津地区季节性负荷而建的。

广东汕头市建成了我国第一座储存液化石油气的地下岩洞储库。该储库建在两个地下岩洞中，利用地下天然的花岗岩凿洞而建。由于地下岩洞储库不需要建地面冷冻库，节省了大量制冷电力。

4）建地下储气库除储存燃气以外，还有以下用途：

① 优化供气系统，减少天然气输气干线和压气站的投资，一般可节约总投资的20%～30%。

② 调节季节性供需不均衡，平抑天然气价格。

③ 作为各类事故应急和国家能源战略储备。

④ 在枯竭油气田上建设地下储气库还能增加油田的最终采收率。

（2）液态储存　以液态方式储存的主要有天然气和液化石油气。天然气和液化石油气在常温、常压下均为气态，而加压或降温可液化，体积可缩小。

天然气液化储存常采用低温常压的储存方法，将天然气冷冻至其沸点温度（-162℃）以下，在其饱和蒸气压接近常压的情况下进行储存。天然气由气态变为液态体积缩小600倍，采用天然气液化储存可以大大提高天然气的储存量。建设天然气液化储存设施的费用较高，一般是建造地下储气库的4～10倍，而且其日常的运行管理及维修费用也比较高。

天然气液化储存方式有冻土地穴储存、预应力钢筋混凝土储罐、地上金属储罐等。

图9-2所示为地上金属储罐示意图。其内壁用耐低温的不锈钢（9%镍钢或铝合金钢）制成，外壁

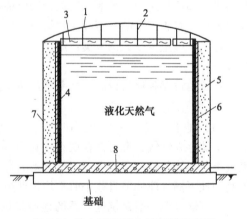

图9-2　地上双层壁金属储罐示意图

1—顶部结构　2—吊杆　3—绝热层
4—不锈钢内壁　5—珍珠岩　6—玻璃棉
7—碳钢外壁　8—绝热混凝土层

由一般碳钢制成，以保护填在内外壁之间的绝热材料。底部的绝热材料必须有足够的强度和稳定性，以承受内壁和液化天然气的自重，一般用绝热混凝土。内外壁之间的绝热材料采用珍珠岩、玻璃棉等，或充装惰性气体，例如干氮气等。

液化天然气还可作为城镇机动气源、设备大修或事故处理过程中的供气来源；在有天然气规划的城镇，还可作为管道天然气暂时未达到时的过渡气源。

(3) 管道储气　利用高压长输管线（或管束）储气是平衡城镇燃气小时不均匀用气的有效办法。

在稳定工况下，利用长输管线末端储气是在夜间用气低峰时，将燃气储存在管道内，这时管道内压力升高；白天用气高峰时，再将管道内储存的燃气送出。输气管线末端是指长距离输气管线最后一级压气站的出口到管线末端门站为止的管段。自压气机站输至末端的气量是稳定的，而自门站供给城镇的气量是不均匀的。当门站所供应的气量小于压气机站输入的气量，管内的储气量开始增加，管道的平均压力相应增高。当门站所供应的气量大于压气机站输入的气量，管内的储气量开始减少，管道的平均压力相应降低。因此末段的流量、压力降、储气量及平均压力都处在周期性变化的不稳定状态。利用末段的管段容积及其压力变化储存燃气，是调节供气系统产销平衡的一种手段。

近年，城市高压外环储气方式也引起了人们的重视。城市高压外环储气就是利用敷设在城市边缘的高压燃气管线进行储气的方式，它充分利用长输管线末端较高的燃气压力和城市中中压管网的压力差进行储气调峰。城市高压外环储气一般应用于城市规模及人口密度较大的特大型城市。它既满足了城市建立多级输配管网压力级制的要求，又兼顾了储气的需要。

高压管束储气是将一组或几组直径较小（目前一般为 0.1~0.15m）、长度较长（几十米或几百米）的钢管按一定的间距排列，埋在地下或架在地上，对管内燃气加压，利用气体的可压缩性进行储气。管束储气的最大特点是由于管径小，其储气压力可以比圆筒形和球型高压储罐的储气压力更高；当管束埋入地下时几乎不占用土地。管束储气在国外应用较早，美国在 20 世纪 60 年代初就建成了 5.28km，操作压力为 6.26MPa 的储气管束。

(4) 储气罐储气　主要是为解决小时不均匀性矛盾而建造的金属储罐。

为保障城镇燃气供应系统的稳定供气，除采用上述储气方式以外，一般还需要设置规模不等的储气罐，以平衡城镇燃气日用气及小时用气的不均匀性。储气罐储气与其他储气方式比较，金属耗量和投资都比较大。

储气罐除储存燃气以外，还可有以下用途：

1) 对于人工煤气供应系统，储气罐可随小时用气量的变化情况，补充制气设备不能及时供应的部分燃气量。

2) 当停电、管道维修、制气或输配设备发生暂时故障时，储气罐可保证一定程度的供气，即可以在一定程度上保证重点用户及不便停气的用户用气。

3) 可用于掺混不同组分的燃气，使燃气的性质（成分、热值等）稳定均匀。

4) 合理确定储气设施在供气系统的位置，使输配管网的供气点分布均匀合理，可以改善管网的运行工况，优化输配管网的技术经济指标。

(5) 调峰储气容积的计算　确定调峰储气总容量，应根据气源生产的可调能力、供气与用气不均匀情况以及运行管理经验等因素综合确定。一般应由供气方与城镇燃气管理部门共同研究、分析确定。

通常，城镇燃气供应系统要建立数量不等的金属储气罐，用以调节小时用气不均匀情况。此时，可以按计算月燃气的日或周供需平衡要求来计算调峰储气容积。

217

【例 9-1】 某城市计算月最大日用气量为 32.5 万 m^3，假设气源在一日内连续均匀供气。城市小时用气量占日用气量的比例见表 9-10，试确定该燃气供应系统调节小时不均匀性所需的调峰储气容积，并绘制供、用气及储气曲线。

表 9-10 某城市小时用气量占日用气量的百分比

时刻	0：00—1：00	1：00—2：00	2：00—3：00	3：00—4：00	4：00—5：00	5：00—6：00
小时用气量占日用气量百分比（%）	2.31	1.81	2.88	2.96	3.22	4.56
时刻	6：00—7：00	7：00—8：00	8：00—9：00	9：00—10：00	10：00—11：00	11：00—12：00
小时用气量占日用气量百分比（%）	5.88	4.65	4.72	4.70	5.89	5.95
时刻	12：00—13：00	13：00—14：00	14：00—15：00	15：00—16：00	16：00—17：00	17：00—18：00
小时用气量占日用气量百分比（%）	4.42	3.33	3.48	3.95	4.83	7.48
时刻	18：00—19：00	19：00—20：00	20：00—21：00	21：00—22：00	22：00—23：00	23：00—24：00
小时用气量占日用气量百分比（%）	6.55	4.84	3.92	2.48	2.58	2.58

【解】 （1）气源在一日内连续均匀供气，每小时供气量为 100%/24≈4.17%。

（2）列表计算调峰储气容积。燃气供气量的累计值与燃气用气量的累计值之差，即为该小时末燃气的储存量，见表 9-11。

（3）绘制城市燃气供气曲线、用气负荷及储气曲线，如图 9-3 所示。

（4）根据计算出的最高储存量与最低储存量绝对值之和即为所需调峰储气容积，即

$$（7.66\% + 4.86\%）× 325000 万 m^3$$
$$= 12.52\% × 325000 万 m^3 = 40690 m^3$$

该城市为平衡高峰日的小时不均匀用气至少需要储存 40690 m^3 燃气，调峰储气容积占日用气量的 12.52%。

表 9-11 调峰储气容积计算表

小时	燃气供应量的累计值（%）	用气量（%） 小时内	用气量（%） 累计值	燃气的储存量（%）
0~1	4.17	2.31	2.31	1.86
1~2	8.34	1.81	4.12	4.22
2~3	12.50	2.88	7.00	5.50
3~4	16.67	2.96	9.96	6.71
4~5	20.84	3.22	13.18	7.66
5~6	25.00	4.56	17.74	7.26
6~7	29.17	5.88	23.62	5.55

（续）

小时	燃气供应量的累计值（%）	用气量（%）		燃气的储存量（%）
		小时内	累计值	
7~8	33.34	4.65	28.27	5.07
8~9	37.50	4.72	32.99	4.51
9~10	41.67	4.7	37.69	3.98
10~11	45.84	5.89	43.58	2.26
11~12	50.00	5.98	49.56	0.44
12~13	54.17	4.42	53.98	0.19
13~14	58.34	3.33	57.31	1.03
14~15	62.50	3.48	60.79	1.71
15~16	66.67	3.95	64.74	1.93
16~17	70.84	4.83	69.57	1.27
17~18	75.00	7.48	77.05	-2.05
18~19	79.17	6.55	83.60	-4.43
19~20	83.34	4.84	88.44	-5.10
20~21	87.50	3.92	92.36	-4.86
21~22	91.67	2.48	94.84	-3.17
22~23	95.84	2.58	97.42	-1.58
23~24	100.00	2.58	100.00	0.00

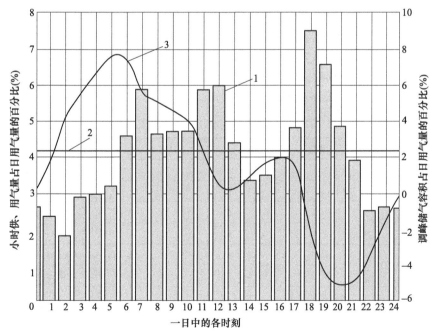

图 9-3　供、用气量变化和储气曲线
1—用气负荷　2—供气曲线　3—储气曲线

依据调峰储气容积选取储气方式与储气设施时，应考虑气源的调节能力。当气源的生产或供应能力可以随着用气的不均匀性进行调节，即在用气高峰时，可以多供应燃气，用气低峰时，可以减少供气，则储罐的储气容积可减小。此外，城镇燃气用户用气不均匀性也影响理论储气容积的大小：当用气负荷比较均匀时，调峰储气容积可减小。可见，在气源供气情况明确以后，调查用户的用气规律，准确描述其用气不均匀性，对确定调峰储气容积、选取储气罐是至关重要的。

在规划设计阶段，当缺乏用气工况统计资料时，也可参照类似的城镇燃气供应系统，按计算月最大日用气量的 20%～40% 来估算调峰储气容积。

第三节　燃气输配系统

一、燃气输配系统的构成及管网分类与选择

城镇燃气输配系统主要有管道输配和瓶装输配两种形式。

城镇燃气管道输配系统一般由门站、燃气管网、储气设施、调压装置、管理设施、监控系统等组成，该系统通过输配管网将接收的燃气输送至用户。气源以天然气或人工制气为主，有些地区也将液化石油气混空气（代天然气）以管道形式供应给用户。

瓶装输配系统的气源包括液化石油气、液化天然气两类，采用专用金属钢瓶供给商业及居民用户使用。

1. 燃气输配管网的分类

输配管网是将门站（接收站）的燃气输送至各储气站、调压设施、燃气用户，并保证沿途输气安全可靠。燃气管网可按输气压力、敷设方式、管网形状、用途等加以分类。

（1）按输气压力分类　燃气管道与其他管道相比，有特别严格的要求，因为管道漏气可能导致火灾、爆炸、中毒等事故。燃气管道中的压力越高，管道接头脱开、管道本身出现裂缝的可能性越大。管道内燃气压力不同时，对管材、安装质量、检验标准及运行管理等要求也不相同。我国城镇燃气管道按燃气设计压力 P（MPa）分为七级。

表 9-12　城镇燃气管道设计压力（表压）**分级**

名称		压力 P/MPa
高压燃气管道	A	$2.5 < P \leqslant 4.0$
	B	$1.6 < P \leqslant 2.5$
次高压燃气管道	A	$0.8 < P \leqslant 1.6$
	B	$0.4 < P \leqslant 0.8$
中压燃气管道	A	$0.2 < P \leqslant 0.4$
	B	$0.01 \leqslant P \leqslant 0.2$
低压燃气管道		$P < 0.01$

（2）按敷设方式分类

1）埋地管道。输气管道一般埋设于土壤中，当管段需要穿越铁路、公路等障碍时，有时需加设套管或管沟，因此有直接埋设及间接埋设两种敷设方式。

2）架空管道。工厂厂区内、管道跨越障碍物以及建筑物内的燃气管道，常采用架空敷设方式。

（3）按用途分类

1）长距离输气管线。其干管及支管的末端连接城镇或大型工业企业，作为该供气区的气源点。

2）城镇燃气管道。

① 分配管道：在供气地区将燃气分配给工业企业用户、商业用户和居民用户。分配管道包括街区和庭院的分配管道。

② 用户引入管：将燃气从分配管道引至用户室内管道引入口处的总阀门。

③ 室内燃气管道：通过用户管道引入口的总阀门将燃气引向室内，并分配到每个燃气用具。

3）工业企业燃气管道。

① 工厂引入管和厂区燃气管道：将燃气从城镇燃气管道引入工厂，分送到各用气车间。

② 车间燃气管道：从车间的管道引入口将燃气送到车间内各个用气设备（如窑炉）。车间燃气管道包括干管和支管。

③ 炉前燃气管道：从支管将燃气分送给炉上各个燃烧设备。

（4）按管网形状分类　为了便于工程设计中进行管网水力计算，通常将管网分为三种：

1）环状管网：管道联成封闭的环状，它是城镇输配管网的基本形式，在同一环中，输气压力处于同一级制。

2）枝状管网：以干管为主管，呈放射状由主管引出分配管而不成环状。在城镇管网中一般不单独使用。

3）环枝状管网：环状与枝状混合使用的一种管网形式，是工程设计中常用的管网形式。

（5）按管网压力级制分类

1）城镇燃气输配系统的主要部分是管网，根据所采用的管网压力级制不同可分为四种：

① 单级系统：仅有低压或中压一种压力级制的管网输配系统。

② 二级管网系统：具有两种压力等级组成的管网系统，如中压A-低压或中压B-低压等。

③ 三级管网系统：由次高压-中压-低压三种压力级别组成的管网系统。

④ 多级管网系统：由高压-次高压-中压-低压等多种压力级别组成的管网系统。

2）燃气管网系统的压力级制选择应符合下列规定：

① 应简化压力级制，减少调压层级，优化网络结构。

② 输配系统的压力级制应通过技术经济比较确定。

③ 最高压力级制的设计压力，应充分利用门站前输气系统压能，并结合用户用气压力、负荷量和调峰量等综合确定；其他压力级制的设计压力应根据城市（镇）规划布局、负荷分布、用户用气压力等因素确定。

2. 城镇燃气管网系统及示例

（1）单级管网系统

1）低压单级管网系统。燃气气源以低压一级管系统供给燃气的输配方式，一般只适用于小城镇。

根据燃气气源（燃气制造厂或储配站）压力的大小和城镇的用气范围，低压供应方式分利用低压储气罐的压力进行供应和由低压压缩机供应两种。低压供应原则上应充分利用储气罐的压力，只有当储气罐的压力不足，以及低压管道的管径过大而不合理时，才采用低压压缩机供应。

低压单级管网系统的特点是：

① 输配管网为单一的低压管网，系统简单，维护管理方便。

② 无须压缩费用或只需少量的压缩费用。当停电或压缩机故障时，基本上不影响供气，系

统可靠性好。

③ 对于供应区域大或供应量多的城镇，需敷设较大管径的管道而经济性较差。

因此，低压供应单级系统一般只适用于供气范围在 2~3km 的小城镇居民生活用气供应。

低压单级管网系统如图 9-4 所示，从气源送出的燃气先进入储气罐，最后进入低压管网。该系统随储气罐钟罩及塔节的升降，会产生 0.5~1.0kPa 的燃气压力波动，因而供气压力不稳且压力低。

2) 中压单级管网系统。中压单级管网系统如图 9-5 所示，燃气自气源厂（或天然气长输管线）送入城镇燃气储配站（或天然气门站），经加压（或调压）送入中压输气干管，再由输气干管送入配气管网，最后经箱式调压器或用户调压器供给用户。

这种系统由于输气压力为中压，与低压单级系统相比，管径可减小，节省管材和投资。由于采用了箱式调压器或用户调压器供气，可保证所有用户燃具在额定压力下工作，从而提高了燃烧效率。但该系统调压箱、调压器个数多，运行管理复杂。

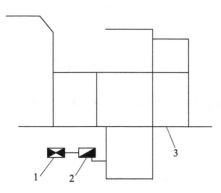

图 9-4　低压单级管网系统示意图
1—气源厂　2—低压湿式储气罐　3—低压管网

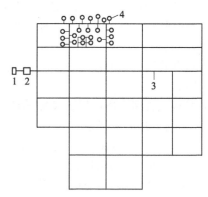

图 9-5　中压 A 或中压 B 单级管网系统
1—气源厂　2—储配站　3—中压 A 或中压 B 输气管网
4—中-低压调压箱

（2）两级管网系统　在中-低压两级管网系统中低压气源厂和储气罐供应的燃气一方面经压缩机加至中压，由中压管网输气，并向中压用户供气；另一方面通过区域调压器调至低压，由低压管道供给居民等燃气用户用气。在系统中设置储配站以调节小时用气不均匀性。

1) 中-低压两级管网系统的特点：

① 因输气压力为中压，可用较小的管径输送较多的燃气，能减少管网的投资费用。

② 两级系统可以满足不同类型用户的压力需求。一般工业及商业用户燃气用气设备需要中压供气，居民用户燃气燃烧器具需要低压供气，合理设置中-低压调压器，能维持稳定的供应压力。

③ 输配管网系统有中压和低压两种压力级别，而且设有压缩机和调压器，因此维护管理复杂，运行费用较高。

④ 由于压缩机运转需要动力，一旦储配站停电或其他事故，将会影响正常供应。

因此，两级压力级制的管网系统适用于供应区域较大的中型城镇。

2) 中压 B-低压二级管网人工煤气系统。中压 B-低压二级管网系统如图 9-6 所示。从气源厂生产的低压燃气，经加压后送入中压管，再经区域调压站调压后送入低压管网。设置在储配站的低压储气罐在用气低峰时储存燃气；高峰时，储气罐内的燃气经压缩机加压输送至中压管网。该系统特点是：庭院管道采用低压配气，运行比较安全，但投资要比中压单级系统大。

3）中压 A -低压两级管网天然气系统。该系统气源为天然气，用长输管线末端储气，如图 9-7 所示。

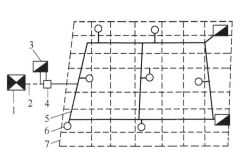

图 9-6　人工煤气中压 B-低压二级管网系统
1—气源厂　2—低压管网　3—压缩机站
4—低压贮气罐站　5—中压管网
6—区域调压站　7—低压管网

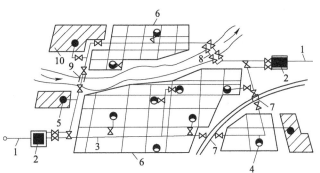

图 9-7　中压 A-低压两级管网天然气系统
1—长输管线　2—门站　3—中压 A 管网　4—区域调压站
5—工业企业专用调压站　6—低压管网　7—穿越铁路套管敷设
8—穿越河底的过河管　9—沿桥敷设的过河管　10—工业企业

天然气由长输管线经门站送入该市，中压 A 管道连成环网，通过区域调压站向低压管网供气，通过专用调压站向工业企业供气。低压管网根据地理条件可分成几个互不连通的区域管网。该系统特点是输气干管直径较小，比中压 B-低压二级系统节省投资。

（3）三级管网系统　高压燃气从气源厂或城镇的天然气门站输出，由高压管网输气，经区域高-中压调压器调至中压，输入中压管网，再经区域中-低调压器调成低压，由低压管网供应燃气用户。

三级管网系统的特点：

1）高压管道的输送能力较中压管道更大，需用管径更小；如果有高压气源，管网系统的投资和运行费用均较经济。

2）因采用管道或高压储气罐储气，可在短期停电等事故时保证一定量的燃气供应。

3）因三级管网系统配置了多级管道和调压器，增加了系统运行维护的难度；如无高压气源，还需设置高压压缩机，投资及运行费用增加。

因此，三级管网系统适用于供应范围大，供应量大，并需要较远距离输送燃气的场合；可节省管网系统的建设投资；当气源为高压来气时更为经济。

图 9-8 所示为次高压-中压-低压三级管网系统示例：来自长输管线的天然气先进入门站经调压、计量后进入城镇次高压管网，然后经次高-中压调压站后，进入中压管网，最后经中-低压调压站调压后送入低压管网。

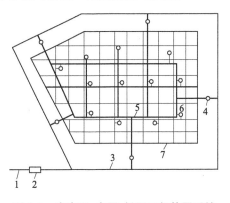

图 9-8　次高压-中压-低压三级管网系统
1—长输管线　2—门站　3—次高压管网
4—次高-中压调压站　5—中压管网
6—中-低压调压站　7—低压管网

次高压-中压-低压三级管网系统的特点是较高压力的管道一般布置在郊区人口稀少地区，供气安全可靠；但系统复杂，维护管理不便，在同一条道路上往

223

往要敷设两条不同压力等级的管道。

（4）多级管网系统　图9-9所示为多级管网系统：气源是天然气，采用地下储气库、高压储气罐站及长输管线储气；城市管网系统的压力为五级，即低压（图中低压管网和给低压管网供气的区域调压站未画出）、中压B、中压A、次高压B和高压B，各级管网主干线分别成环。天然气由较高压力等级的管网经过调压站降压后进入较低压力等级的管网。工业企业用户和大型商业用户与中压B或中压A管网相连，居民用户和小型商业用户则与低压管网相连。

该系统气源来自多个方向，主要管道均连成环网，保证了管网运行的安全可靠；用户用气不均匀情况可以由缓冲用户、地下储气库、高压储气罐以及长输管线末端储气协调解决。

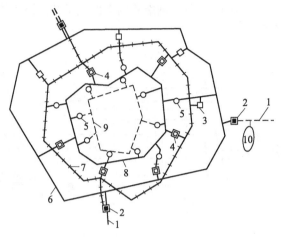

图9-9　多级管网系统

1—长输管线　2—门站　3—调压计量站　4—储气站
5—调压站　6—高压B环网　7—次高压B环网
8—中压A环网　9—中压B环网　10—地下储气库

二、城镇燃气管道的布线

所谓城镇燃气管道的布线，是指城镇管网系统在原则上选定之后，决定各管段的具体位置。城镇燃气管道一般采用地下敷设，当遇到河流或厂区敷设等情况时，也可采用架空敷设。

1. 布线原则

城镇燃气干管的布置，应根据用户用气量及其分布全面规划，并宜按逐步形成环状管网供气进行设计。地下燃气管道宜沿城镇道路敷设，可以敷设在人行道、绿化带内、慢车道及快车道下。在决定不同压力燃气管道的布线问题时，必须考虑以下基本情况：

1）输气管道中燃气的压力。

2）街道地下其他管道设施、构筑物的密集程度与布置情况等。

3）街道交通量和路面结构情况、运输干线的分布情况。

4）所输送燃气的含湿量。输送湿燃气要考虑必要的管道坡度，而输送干燃气则不必考虑管道坡度。同时，地下燃气管道的埋深应考虑街道地形变化情况。

5）与该管道相连接的用户数量及用气量情况，该管道是主要管道还是次要管道。

6）线路上所遇到的障碍物情况。

7）土壤性质、腐蚀性能、地下水位及冰冻线深度。

8）该管道在施工、运行和发生故障时，对城镇交通和居民生活的影响。

燃气管道的布线，主要是决定燃气管道沿城镇街道的平面位置、在地表下的纵断位置（包括敷设坡度等）。

由于输配系统各级管网的输气压力不同，其设施和防火安全的要求也不同，故应按各自的特点考虑布线。

2. 城镇燃气管道地区等级的划分

城镇燃气管道通过的地区，应按沿线建筑物的密集程度，划分为四个地区等级，并依据地区等级做出相应的管道设计。

城镇燃气管道地区等级的划分应符合下列规定：

1) 沿管道中心线两侧各 200m 范围内，任意划分为 1.6km 长并能包括最多供人居住的独立建筑物数量的地段，作为地区分级单元。在多单元住宅建筑物内，每个独立住宅单元按一个供人居住的独立建筑物计算。

2) 地区等级的划分：

① 一级地区：有 12 个或 12 个以下供人居住的独立建筑物。

② 二级地区：有 12 个以上，80 个以下供人居住的独立建筑物。

③ 三级地区：介于二级和四级之间的中间地区。有 80 个或 80 个以上供人居住的独立建筑物但不够四级地区条件的地区、工业区或距人员聚集的室外场所 90m 内铺设管线的区域。

④ 四级地区：4 层或 4 层以上建筑物（不计地下室数）普遍且占多数、交通频繁、地下设施多的城市中心城区（或镇的中心区域等）。

3) 二、三、四级地区的长度应按下列规定调整：

① 四级地区垂直于管道的边界线距最近地上 4 层或 4 层以上建筑物不应小于 200m。

② 二、三级地区垂直于管道的边界线距该级地区最近建筑物不应小于 200m。

4) 确定城镇燃气管道所处地区等级，宜按城市（镇）规划并考虑今后的发展确定。

3. 城镇燃气管网敷设

1) 燃气主干管网应沿城镇规划道路敷设，减少穿跨越河流、铁路及其他不宜穿越的地区。

2) 应减少对城镇用地的分割和限制，同时方便管道的巡视、抢修和管理。

3) 应避免与高压电缆、电气化铁路、城市轨道等设施平行敷设。

4) 与建（构）筑物的水平净距应符合规定。

4. 燃气管道的平面布置

次高压管道的主要功能是输气，其管道应采用钢管，管材和附件应符合规范的要求。中压管道的功能则是输气并兼有向低压管网配气的作用；低压管道的主要功能是直接向各类用户配气，是城镇供气系统中最基本的管道。中压和低压燃气管道管材宜采用聚乙烯管、球墨铸铁管、钢管、钢骨架聚乙烯塑料复合管等。

（1）低压管道的平面布置　低压管网平面布置应考虑下列几点：

1) 低压管道的输气压力低，沿程压力降的允许值也较低，故低压干管成环时边长一般控制在 300~600m。

2) 为保证和提高低压管网的供气可靠性，给低压管网供气的相邻调压站之间的管道应成环布置。

3) 有条件时低压管道应尽可能布置在街坊内兼作庭院管道，以节省投资。

4) 低压管道可以沿街道的一侧敷设，也可以双侧敷设。在有轨电车通行的街道上，当街道宽度大于 20m、横穿街道的支管过多或输配气量较大、限于条件不允许敷设大口径管道时，低压管道可采用双侧敷设。

5) 低压管道应按规划道路布线，并应与道路轴线或建筑物的前沿相平行，尽可能避免在高级路面下敷设。

6) 地下燃气管道不得从建筑物（包括临时建筑物）下面穿过，不得在堆积易燃、易爆材料和具有腐蚀性液体的场地下面穿越；并不能与其他管线或电缆同沟敷设。当需要同沟敷设时，必须采取防护措施。

为了保证在施工和检修时互不影响，也为了避免由于燃气泄漏影响相邻管道的正常运行，甚至逸入建筑物内，地下燃气管道与建筑物、构筑物以及其他各种管道之间应保持必要的水平净距，要求见表 9-13。

表 9-13　地下燃气管道与建筑物、构筑物或相邻管道之间的水平净距　（单位：m）

项目		地下燃气管道压力/MPa				
		低　压	中压		次高压	
		<0.01	B≤0.2	A≤0.4	B0.8	A1.6
建筑物	基础	0.7	1.0	1.5	—	—
	外墙面（出地面处）	—	—	—	5.0	13.5
给水管		0.5	0.5	0.5	1.0	1.5
污水、雨水排水管		1.0	1.2	1.2	1.5	2.0
电力电缆（含电车电缆）	直埋	0.5	0.5	0.5	1.0	1.5
	在导管内	1.0	1.0	1.0	1.0	1.5
通信电缆	直埋	0.5	0.5	0.5	1.0	1.5
	在导管内	1.0	1.0	1.0	1.0	1.5
其他燃气管道	≤DN300	0.4	0.4	0.4	0.4	0.4
	>DN300	0.5	0.5	0.5	0.5	0.5
热力管	直埋	1.0	1.0	1.0	1.5	2.0
	在管沟内（至外壁）	1.0	1.5	1.5	2.0	4.0
电杆（塔）的基础	≤35kV	1.0	1.0	1.0	1.0	1.0
	>35kV	2.0	2.0	2.0	5.0	5.0
通信照明电杆（至电杆中心）		1.0	1.0	1.0	1.0	1.0
铁路路堤坡脚		5.0	5.0	5.0	5.0	5.0
有轨电车钢轨		2.0	2.0	2.0	2.0	2.0
街树（至树中心）		0.75	0.75	0.75	1.2	1.2

注：1. 当次高压燃气管道压力与表中数不同时，可采用直线方程内插法确定水平净距。

2. 如受地形限制无法满足表 9-13 时，经与有关部门协商，采取行之有效的防护措施后，表 9-13 规定的净距，均可适当缩小，但低压管道应不影响建（构）筑物和相邻管道基础的稳固性，中压管道距建筑物基础不应小于 0.5m 且距建筑物外墙面不应小于 1m，次高压燃气管道距建筑物外墙面不应小于 3.0m。其中当对次高压 A 燃气管道采取有效的安全防护措施或当管道壁厚不小于 9.5mm 时，管道距建筑物外墙面不应小于 6.5m；当管道壁厚不小于 11.9mm 时，管道距建筑物外墙面不应小于 3.0m。

3. 表 9-13 规定除地下室燃气管道与热力管的净距不适于聚乙烯燃气管道和钢骨架聚乙烯塑料复合管外，其他规定也均适用于聚乙烯燃气管道和钢骨架聚乙烯塑料复合管道。聚乙烯燃气管道与热力管道的净距应按国家现行标准执行。

4. 地下燃气管道与电杆（塔）基础之间的水平净距，还应满足地下燃气管道与交流电力线接地体的净距规定。

（2）次高压、中压管道的平面布置　一般按以下原则布置：

1）次高压管道宜布置在城镇边缘或城镇内有足够埋管安全距离的地带，并应连接成环，以提高供气的可靠性。

2）中压管道应布置在城镇用气区便于与低压环网连接的规划道路上，但应尽量避免沿车辆来往频繁或闹市区的主要交通干线敷设，否则会对管道施工和管理维修造成困难。

3）中压管网应布置成环网，以提高其输气和配气的可靠性。

4）次高压、中压管道的布置，应考虑对大型用户直接供气的可能性，并应使管道通过这些地区时尽量靠近这类用户，以利于缩短连接支管的长度。

5）次高压、中压管道的布置应考虑调压站的布点位置，尽量使管道靠近各调压站，以缩短连接支管的长度。

6）从气源厂连接次高压或中压管网的管道应尽量采用双管敷设。

7）由次高压、中压管道直接供气的大型用户，其用户支管末端必须考虑设置专用调压站。

8）为了便于管道管理、维修或接新管时切断气源，次高压、中压管道在下列地点需装设阀门：①气源厂的出口；②储配站、调压站的进出口；③分支管的起点；④重要的河流、铁路两侧（单支线在气流来向的一侧）。⑤管线应设置分段阀门，一般每公里设一个阀门。

9）次高压、中压管道应尽量避免穿越铁路或河流等大型障碍物，以减少工程量和投资。

10）次高压、中压管道是城镇输配系统的输气和配气主要干线，必须综合考虑近期建设与长期规划的关系，以延长已经敷设的管道的有效使用年限，尽量减少建成后改线、扩大管径或增设双线的工程量。

11）当次高压、中压管网初期建设的实际条件只允许布置成半环形或枝状管网时，应根据发展规划使之与规划环网有机联系，防止以后出现不合理的管网布局。

5. 高压燃气管道的平面布置

1）高压燃气管道不应通过军事设施、易燃易爆仓库、历史文物保护区、飞机场、火车站、港口码头等地区。当受条件限制，确需在上述区域内通过时，应采取有效的安全防护措施。

2）高压管道走廊应避开居民区和商业密集区。

3）多级高压燃气管网系统间应均衡布置联通管线，并设调压设施。

4）大型集中负荷应采用较高压力燃气管道直接供给。

5）高压燃气管道不宜进入城市四级地区；不宜从县城、卫星城、镇或居民居住区中间通过。当受条件限制需要进入或通过上述区域时，应遵守下列规定：

① 高压 A 地下燃气管道与建筑物外墙面之间的水平净距不应小于 30m（当管道厚度 $\delta \geq$ 9.5mm 或对燃气管道采取有效的保护措施时，不应小于 15m）。

② 高压 B 地下燃气管道与建筑物外墙面之间的水平净距不应小于 16m（当管道厚度 $\delta \geq$ 9.5mm 或对燃气管道采取有效的保护措施时，不应小于 10m）。

③ 管道分段阀门应采用遥控或自动控制。

6）高压燃气管道宜采用埋地敷设，当个别地段需要采用架空敷设时，必须采取安全防护措施。

7）一级或二级地区地下高压燃气管道与建筑物之间的水平净距不应小于表 9-14 所示的规定。

表 9-14　一级或二级地区地下燃气管道与建筑物之间的水平净距　　（单位：m）

燃气管道公称直径 DN	地下燃气管道压力/MPa		
	1.61	2.50	4.00
>DN900，≤DN1050	53	60	70
>DN750，≤DN900	40	47	57
>DN600，≤DN700	31	37	45
>DN450，≤DN600	24	28	35
>DN300，≤DN450	19	23	28
>DN150，≤DN300	14	18	22
≤DN150	11	13	15

注：1. 当燃气管道强度设计系数不大于 0.4 时，一级或二级地区地下燃气管道与建筑之间的水平净距可按本表确定。

　　2. 水平净距是指管道外壁到建筑物出地面处外墙面的距离。建筑物是指平常有人的建筑物。

　　3. 当燃气管道压力与表中数不相同时，可采用直线方程内插法确定水平净距。

8）三级地区地下高压燃气管道与建筑物之间的水平净距不应小于表 9-15 所示的规定。

表 9-15　三级地区地下燃气管道与建筑物之间的水平净距　　　　（单位：m）

燃气管道公称直径和壁厚 δ/mm	地下燃气管道压力/MPa		
	1.61	2.50	4.00
A. 所有管径，$\delta<9.5$	13.5	15.0	17.0
B. 所有管径，$9.5\leqslant\delta<11.9$	6.5	7.5	9.0
C. 所有管径，$\delta\geqslant11.9$	3.0	3.0	3.0

注：1. 当对燃气管道采取行之有效的保护措施时，$\delta<9.5$mm 的燃气管道也可采用表中 B 行的水平净距。

2. 水平净距是指管道外壁到建筑物出地面处外墙面的距离。建筑物是指平常有人的建筑物。

3. 当燃气管道压力表中数不相同时，可采用直线方程内插法确定水平距离。

9）高压地下燃气管道与构筑物或相邻管道之间的水平净距，不应小于表 9-13 次高压 A 的规定。但高压 A 和高压 B 地下燃气管道与铁路路堤坡脚的水平净距分别不应小于 8m 和 6m；与有轨电车钢轨的水平净距分别不应小于 4m 和 3m。当达不到本条净距要求时，采取行之有效的防护措施后，净距可适当缩小。

10）高压燃气管道阀门的设计应符合下列要求：

① 在高压燃气干管上，应设置分段阀门。分段阀门的最大间距：以四级地区为主管段不应大于 8km；以三级地区为主的管段不应大于 13km；以二级地区为主的管段不应大于 24km；以一级地区为主的管段不应大于 32km。

② 在高压燃气支管的起点处，应设置阀门。

③ 燃气管道阀门的选用应符合国家现行有关标准，并应选择适用于燃气介质的阀门。

④ 在防火区内关键部位使用的阀门，应具有耐火性能。需要通过清管器或电子检管的阀门，应选用全通径球阀。

11）长输管线不得与单个用户连接。

12）高压燃气管道其他要求：

① 高压燃气管道所用钢管、管道附件材料的选择，应根据管道的使用条件（设计压力、温度、介质、特性、使用地区等）、材料的焊接性能等因素，经技术经济比较后确定并符合现行的国家标准。

② 高压燃气管道及管件设计应考虑日后清理管道或电子检管的需要，并宜预留安装电子检管器收发装置的位置。

③ 埋地管线的锚固件应符合下列要求：

a. 埋地管线上弯管或迂回管处产生的纵向力，必须由弯管处的锚固件、土壤摩阻或由管子中的纵向应力加以抵消。

b. 若弯管处不用锚固件，则靠近推力起源点处的管子接头处应设计成能承受纵向接力；若接头没采取此种措施，则应加装适用的拉杆或拉条。

13）高压燃气管道的地基、埋设地最小覆土厚度、穿越铁路和电车轨道、穿越高速公路和城镇主要干道、通过河流的形式和要求等应符合相关规范的规定。

14）市区外地下高压燃气管道沿线应设置里程桩、转角桩、交叉和警示牌等永久性标志；市区内地下高压燃气管道应设立管位警示标志，在距管顶不小于 500m 处应埋设警示带。

6. 管道的纵断面布置

1）管道的埋深。地下燃气管道的埋深主要考虑地面动荷载，特别是车辆重荷载的影响，以及冰冻线对管内输送燃气中可凝物的影响。因此管道埋设的最小覆土厚度（路面至管顶）应符合下列要求：

① 埋设在车行道下时，不得小于 0.9m。

② 埋设在非车行道（含人行道）下时，不得小于 0.6m。

③ 埋设在庭院（指绿化地及载货汽车不能进入之地）内时，不得小于 0.3m。

④ 埋设在水田下时，不得小于 0.8m。

注：当采取行之有效的防护措施后，①~④的规定均可适当降低。

⑤ 输送湿燃气的管道，应埋设在土壤冰冻线以下。

2）管道的坡度及排水器的设置。在输送湿燃气的管道中，不可避免有冷凝水或轻质油，为了排除出现的液体，需在管道低处设置排水器，各排水器的间距一般不大于 500m。燃气管道应有不小于 0.003 的坡度，且坡向排水器。

3）在一般情况下，燃气管道不得穿越其他管道本身，如因特殊情况需要穿过其他大断面管道（污水干管、雨水干管、热力管沟等）时，需征得有关方面同意，同时燃气管道必须安装在钢套管内。

4）地下燃气管道与其他管道或构筑物之间的最小垂直间距见表 9-16。

表 9-16　地下燃气管道与构筑物或相邻管道之间的垂直净距离　（单位：m）

项　目		地下燃气管道（当有套管时，以套管计）
给水管、排水管或其他燃气管道		0.15
热力管、热力管的管沟底（或顶）		0.15
电缆	直埋	0.50
	在导管内	0.15
铁路（轨底）		1.20
有轨电车（轨底）		1.00

7. 燃气管道穿越铁路、高速公路、电车轨道、城镇主要干道和河流

1）燃气管道穿越铁路、高速公路、电车轨道、城镇主要干道。城镇燃气管道穿越铁路、高速公路、电车轨道和城镇交通干道一般采用地下垂直穿越，而在矿区和工厂区，一般采用地上跨越（即架空敷设）。

① 穿越铁路和高速公路的燃气管道，应加套管（图 9-10）。当燃气管道采用定向钻穿越并取得铁路或高速公路部门同意时，可不加套管。

② 穿越铁路的燃气管道的套管，应符合下列要求：

a. 套管埋设的深度：铁路轨底至套管顶不应小于 1.20m，并应符合铁路管理部门的要求。

b. 套管宜采用钢管或钢筋混凝土管。

c. 套管内径比燃气管道外径大 100mm

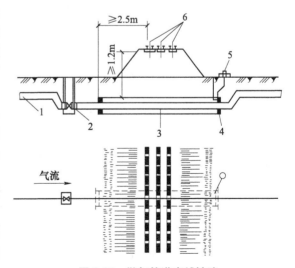

图 9-10　燃气管道穿越铁路

1—输气管道　2—阀门井　3—套管　4—密封层
5—检漏管　6—铁道

以上。

d. 套管两端与燃气管的间隙应采用柔性的防腐、防水材料密封，其一端应装设检漏管。

e. 套管端部距路堤坡脚外距离不应小于2.0m。

③ 燃气管道穿越电车轨道和城镇主要干道时宜敷设在套管或地沟内（图9-11）。穿越高速公路的燃气管道的套管、穿越电车轨道和城镇主要干道的燃气管道的套管或地沟，应符合下列要求：

a. 套管内径应比燃气管道外径大100mm以上，套管或地沟两端应密封，在重要地段的套管或地沟端部宜安装检漏管（图9-12）。

b. 套管端部距电车道边轨不应小于2.0m；距道路边缘不应小于1.0m。

④ 燃气管道宜垂直穿越铁路、高速公路、电车轨道和城镇主要干道。

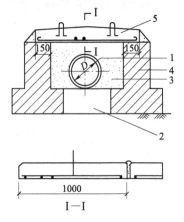

图9-11 燃气管道的单管过街沟
1—输气管道 2—原土夯实 3—填砂
4—砖墙沟壁 5—盖板

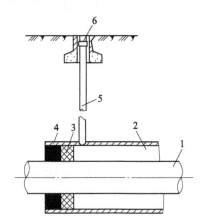

图9-12 套管内的燃气管道
1—输气管道 2—套管 3—油麻填料
4—沥青密封层 5—检漏管 6—防护罩

2）燃气管道穿（跨）越河流。燃气管道通过河流时，可采用穿越河底或采用管桥跨越的形式。当条件许可时也可利用道路桥梁跨越河流。

① 燃气管道水下穿越河流。燃气管道水下穿越河流时要选择河流两岸地形平缓、河床稳定且河底平坦的河段。燃气管道宜采用钢管。管道至规划河底的覆土厚度，应根据水流冲刷条件确定：对不通航河流不应小于0.5m，对通航河流不应小于1.0m；还应考虑疏浚和投锚深度。在埋设燃气管道位置的河流两岸上、下游应设置标志。水下穿越的敷设方法有：

a. 沟埋敷设（图9-13）。采用该法敷设，管道不易损坏，安全性好，一般采用这种方法敷设。

b. 裸管敷设。将管线敷设在河床平面上称为裸管敷设。若河床不易挖沟或挖沟不经济且河床稳定，水流平稳，管道敷设后不易被船锚破坏和不影响通航时，可采用裸管敷设。

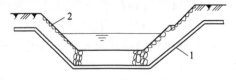

图9-13 水下沟埋式敷设示意
1—管道 2—水泥砂浆

c. 顶管敷设。顶管施工是一种不开挖沟槽而敷设管道的工艺，它运用液压传动产生强大的推力，使管道克服土壤摩擦阻力顶进。此法穿越河流不受水流情况、气候条件限制，可随意决定管线埋深，保证管线埋设于冲刷层下。

为防止水下穿越管道产生浮管现象，必须采用稳管措施。稳管形式有混凝土平衡重块、管外壁用水泥灌注连续覆盖层、修筑抛石坝、管线下游打挡桩、复壁环形空间灌注水泥砂浆等方法。

应按河流河床地质构成、燃气管道管径、施工力量等选择，并经计算确定。

② 沿桥架设。将管道架设在已有的桥梁上，如图 9-14 所示，此法简便、投资省，但应论证其安全性并征得相关部门的同意。利用道路桥梁跨越河流的燃气管道，其管道的输送压力不应大于 0.4MPa，且应采取必要的安全防护措施。例如，燃气管道采用加厚的无缝钢管或焊接钢管，尽量减少焊缝，对焊缝进行 100% 无损检测；管架外侧设置护桩，管道管底标高符合河流通航净空的要求；燃气管道采用较高等级的防腐保护并设置必要的温度补偿和减震措施；在确定管道位置时，应与随桥敷设的其他管道保持一定的距离。

③ 管桥跨越。当不允许沿桥敷设、河流情况复杂或河道狭窄时，燃气管道也可以采用管桥跨越。管桥法是将燃气管道搁置在河床上的自建管道支架上，如图 9-15 所示。管桥跨越时，管道支架应采用难燃或不燃材料制成，并在任何可能的荷载情况下，能保证管道稳定和不受破坏。

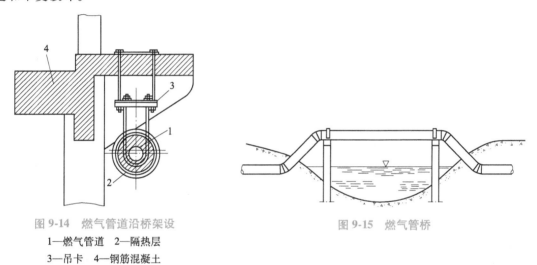

图 9-14　燃气管道沿桥架设
1—燃气管道　2—隔热层
3—吊卡　4—钢筋混凝土

图 9-15　燃气管桥

231

8. 沿建筑物外墙或支柱敷设的室外架空燃气管道

室外架空的燃气管道，可沿建筑物外墙或支柱敷设。并应符合下列要求：

1）中压和低压燃气管道，可沿建筑耐火等级不低于二级的住宅或公共建筑的外墙敷设；次高压 B、中压和低压燃气管道，可沿建筑耐火等级不低于二级的丁、戊类生产厂房的外墙敷设。

2）沿建筑物外墙的燃气管道距住宅或公共建筑物中不应敷设燃气管道的房间门、窗洞口的净距：中压管道不应小于 0.5m，低压管道不应小于 0.3m。燃气管道距生产厂房建筑物的门、窗洞口的净距不限。

3）架空燃气管道与铁路、道路、其他管线交叉时的垂直净距不应小于表 9-17 所示的规定。

表 9-17　架空燃气管道与铁路、道路、其他管线交叉时的垂直净距

建筑物和管线名称	最小垂直净距/m	
	燃气管道下	燃气管道上
铁路轨顶	6.0	—
城市道路路面	5.5	—
厂区道路路面	5.0	—
人行道路路面	2.2	—

（续）

建筑物和管线名称		最小垂直净距/m	
		燃气管道下	燃气管道上
架空电力线，电压	3kV 以下	—	1.5
	3~10kV	—	3.0
	35~66kV	—	4.0
其他管道，管径	≤300mm	同管道直径，但不小于 0.10	同管道直径，但不小于 0.10
	>300mm	0.30	0.30

注：1. 厂区内部的燃气管道，在保证安全的情况下，管底至道路路面的垂直净距可取 4.5m；管底至铁路轨顶的垂直净距可取 5.5m。在车辆和人行道以外的地区，可在从地面到管底高度不小于 0.35m 的低支柱上敷设燃气管道。

2. 电气机车铁路除外。

3. 架空电力线与燃气管道的交叉垂直净距尚应考虑导线的最大垂度。

9. 其他要求

1）地下燃气管道的地基宜为原土层。凡可能引起管道不均匀沉降的地段，其地基应进行处理。

2）在次高压、中压燃气干管上，应设置分段阀门，并应在阀门两侧设置放散管。在燃气支管的起点处，应设置阀门。

3）地下燃气管道上的检测管、凝水缸的排水管、水封阀和阀门，均应设置护罩或护井。

三、燃气门站和储配站

在城镇输配系统中，根据燃气性质、供气压力、系统要求等因素，门站和储配站一般具有接收气源来气、控制供气压力、气量分配、计量、加臭、气质检测等功能。接收长输管线来气的场站称为门站，具有储存燃气功能的场站称为储配站。两者在设计及功能、工艺、设备等方面有许多相似之处。

1. 门站和储配站站址选择

门站和储配站站址选择应征得规划部门的同意并符合下列要求：

1）应符合城市、镇总体规划的要求。

2）应具有适宜的交通、供电、给水排水、通信及工程地质条件，并应满足耕地保护、环境保护、防洪、防台风和抗震等方面的要求。

3）应根据负荷分布、站内工艺、管网布置、气源条件，合理配置厂站数量和用地规模。

4）应避开地震断裂带、地基沉陷、滑坡等不良地质构造地段。

5）应节约、集约用地，且结合城镇燃气远景发展规划适当留有发展空间。

6）燃气厂站与建（构）筑物的间距，应符合现行国家标准《建筑设计防火规范》（GB 50016）、《城镇燃气设计规范》（GB 50028）及《石油天然气工程设计防火规范》（GB 50183）的规定。

2. 门站和储配站站站区布置

1）站区应分区布置，即分为生产区（包括储罐区、调压计量区、加压区等）和辅助区。

2）站内的各建构筑物之间以及与站外建筑物之间的防火间距应符合现行的国家标准《建筑设计防火规范》（GB 50016）的有关规定。站内建筑物的耐火等级不应低于现行的国家标准《建筑设计防火规范》（GB 50016）"二级"的规定。

3）站内露天工艺装置区边缘距明火或散发火花地点不应小于 20m，距办公、生活建筑不应小于 18m，距围墙不应小于 10m。与站内生产建筑的间距按工艺要求确定。

4）储配站生产区应设置环形消防车通道，消防车通道宽度不应小于 3.5m。

3. 门站和储配站的工艺设计

门站和储配站的工艺设计应符合下列要求：

1）功能应满足输配系统输气调度和调峰的要求。

2）站内应根据输配系统调度要求分组设置计量和调压装置，装置前应设过滤器；门站进站总管上宜设置油气分离器。

3）调压装置应根据燃气流量、压力降等工艺条件确定设置加热装置。

4）站内计量调压装置和加压设置应根据工作环境要求露天或在厂房内布置，在寒冷或风沙地区宜采用全封闭式厂房。

5）进出站管线应设置切断阀门和绝缘法兰。

6）储配站内进罐管线上宜控制进罐压力和流量的调节装置。

7）当长输管道采用清管球清管工艺时，门站宜设置清管球接收装置。

8）站内管道上应根据系统要求设置安全保护及放散装置。

9）站内设备、仪表、管道等安装的水平间距和标高均应便于观察、操作和维修。

4. 门站示例

图 9-16 所示是以天然气为气源的门站（带清管球接收装置）。在用气低峰时，由燃气长输管线来的天然气一部分经过一级调压进入高压球罐，另一部分经过二级调压进入城镇管网；在用

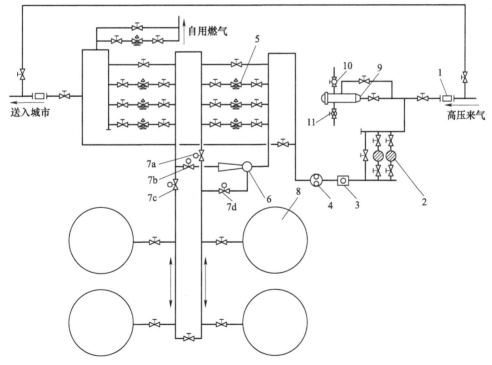

图 9-16　天然气门站工艺流程图

1—绝缘法兰　2—除尘装置　3—加臭装置　4—流量计　5—调压器
6—引射器　7—电动球阀　8—储罐　9—收球装置　10—放散　11—排污

233

气高峰时，高压球罐中的气体和经过一级调压后的长输管线来气汇合经过二级调压送入城镇。为了保证引射器的正常工作，球阀7a、b、c、d必须能迅速开启和关闭，因此应设电动阀。引射器工作时，7b、d开启，7a、c关闭。引射器除了能提高高压储罐的容积利用系数之外，当需要开罐检查时，它可以把准备检查的罐内压力降到最低，减少开罐时放散到大气中的燃气量，以提高经济效益，减少大气污染。

5. 低压储配站示例

当城镇采用低压气源，而且供气规模又不是特别大时，燃气供应系统通常采用低压储气，与其相适应，要建设低压储配站。低压储配站的作用是在用气低峰时将多余的燃气储存起来，在用气高峰时，通过储配站的压缩机将燃气从低压储罐中抽出压送到中压管网中，保证正常供气。

当城镇燃气供应系统中只设一个储配站时，该储配站应设置在气源厂附近，称为集中设置。当设置两个储配站时，一个设在气源厂，另一个设置在管网系统的末端，称为对置设置。根据需要，城镇燃气供应系统可能有几个储配站，除了一个储配站设在气源厂附近外，其余均分散设置在城镇其他合适的位置，称为分散设置。

储配站的集中设置可以减少占地面积，节省储配站投资和运行费用，便于管理。分散布置可以节省管网投资、增加系统的可靠性，但由于部分气体需要二次加压，需多消耗一些电能，输气成本增加。

储配站通常是由低压储罐、压缩机室、辅助区（变电室、配电室、控制室、水泵房、锅炉房）、消防水池、冷却水循环水池及生活区（值班室、办公室、宿舍、食堂和浴室等）组成。

储配站的平面布置示例如图9-17所示。储罐应设在站区年主导风向的下风向；两个储罐的间距不小于相邻最大罐的半径；储罐的周围应有环形消防车道；并要求有两个通向站外的大门；锅炉房、食堂和办公室等有火源的建筑物宜布置在站区的上风向或侧风向；站区布置要紧凑，同时各建筑物之间的间距应满足建筑设计防火规范的要求。

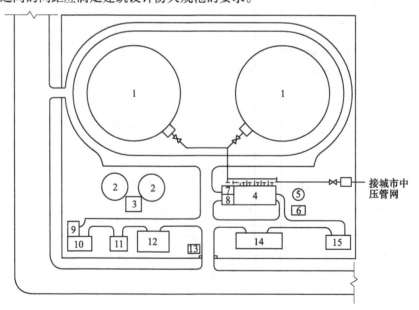

图9-17　低压储配站平面布置图

1—低压储罐　2—消防水池　3—消防水泵房　4—压缩机室　5—循环水池　6—循环泵房　7—配电室
8—控制室　9—浴池　10—锅炉房　11—食堂　12—办公楼　13—门卫　14—维修车间　15—变电室

低压储气、中压输送的储配站工艺流程如图 9-18 所示。用气低峰时，操作阀 6 开启，用气高峰时压缩机启动，阀门 6 关闭。低压储气，中、低压分路输气的储配站工艺流程如图 9‑19 所示。用气低峰时，操作阀 7、9 开启，阀门 8 关闭；用气高峰时，压缩机启动，阀门 7、9 关闭，阀门 8 开启，阀门 10 是常开阀门。中、低压分路输气的优点是一部分气体不经过加压，一般直接由储罐经稳压器稳压后作为站内用气，因此节省了电能。

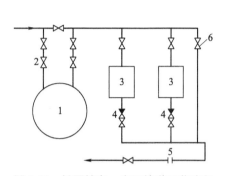

图 9-18　低压储存，中压输送工艺流程
1—低压储罐　2—水封阀
3—压缩机　4—单向阀　5—出口计量器
6—操作阀

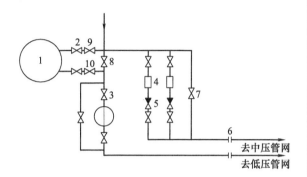

图 9-19　低压储存，中低压分路输送工艺流程
1—低压储罐　2—水封阀　3—稳压器　4—压缩机
5—单向阀　6—流量计　7、8、9、10—阀门

第四节　燃气管网水力计算

　　燃气管道水力计算的任务，一是根据计算流量和允许压力损失来计算管径，进而决定管网投资与金属消耗量等；二是对已有管道进行流量和压力损失的验算，以充分发挥管道的输气能力，或决定是否需要对原有管道进行改造。因此，正确地进行水力计算，是关系到输配系统经济性和可靠性的问题，是城镇燃气规划与设计中的一项重要工作。

一、燃气水力计算公式

1. 燃气在圆管中稳定流动方程式

　　在城镇燃气管网工程设计中，通常假定一段时间内流量不变，即燃气在管内流动视为稳定流动。在多数情况下，管道内燃气的流动可以认为是等温的，其温度等于埋管周围土壤的温度，因此决定燃气流动状况的参数为压力 p、密度 ρ 和流速 w。

　　为了求得 p、ρ 和 w，必须有三个独立方程。对于稳定流动的燃气管道，可利用不稳定流动方程、连续性方程及气体状态方程组成方程组，即

$$\left.\begin{array}{l} \dfrac{\mathrm{d}p}{\mathrm{d}x} = -\dfrac{\lambda}{d}\dfrac{w^2}{2}\rho \\[2mm] \rho w = \mathrm{const} \\[2mm] p = Z\rho RT \end{array}\right\} \tag{9-15}$$

由此得到高压、次高压和中压燃气管道单位长度摩擦阻力损失的表达式为

$$\frac{p_1^2 - p_2^2}{L} = 1.27 \times 10^{10} \lambda \frac{Q^2}{d^5} \rho \frac{T}{T_0} Z \tag{9-16}$$

式中 p_1——燃气管道始端的绝对压力（kPa）；

$\quad\quad p_2$——燃气管道末端的绝对压力（kPa）；

$\quad\quad Q$——燃气管道的计算流量（m^3/s）；

$\quad\quad d$——管道内径（mm）；

$\quad\quad \lambda$——燃气管道摩擦阻力系数，反映管内燃气流动摩擦阻力的无量纲系数，其数值与燃气在管道内的流动状况、燃气性质、管道材质（管道内壁粗糙度）及连接方法、安装质量等因素有关；

$\quad\quad \rho$——燃气密度（kg/m^3）；

$\quad\quad T$——设计中所采用的燃气温度（K）；

$\quad\quad R$——气体常数[$J/(kg \cdot K)$]；

$\quad\quad T_0$——标准状态气体绝对温度，273.15K；

$\quad\quad Z$——压缩因子，当燃气压力小于1.2MPa（表压）时，取$Z=1$；

$\quad\quad L$——燃气管道的计算长度（km）。

低压燃气管道单位长度摩擦阻力损失的表达式为

$$\frac{\Delta p}{l} = 6.26 \times 10^7 \lambda \frac{Q^2}{d^5} \rho \frac{T}{T_0} \tag{9-17}$$

式中 Δp——燃气管道摩擦阻力损失（Pa）；

$\quad\quad l$——燃气管道的计算长度（m）；

燃气管道摩擦阻力系数计算式为

$$\frac{1}{\sqrt{\lambda}} = -2\lg\left[\frac{K}{3.7d} + \frac{2.51}{Re\sqrt{\lambda}}\right] \tag{9-18}$$

式中 lg——常用对数；

$\quad\quad K$——管壁内表面的当量绝对粗糙度（mm）；

$\quad\quad Re$——雷诺数（无量纲）。

式（9-18）就是目前世界众多专业领域广泛采用的柯列勃洛克（F. Colebrook）公式，它是一个隐函数公式，在计算机技术广泛应用的今天已经不难求解，但考虑到实际情况，本章第六节中给出了我国目前仍采用的一些燃气管道摩擦阻力计算公式及由这些公式制成的水力计算图表。

城镇燃气低压管道从调压站到最远端用户燃具前，管道允许的阻力损失计算式为

$$\Delta p_d = 0.75p_n + 150 \tag{9-19}$$

式中 Δp_d——从调压站到最远燃具管道允许的阻力损失，含室内燃气管道允许的阻力损失（Pa）；

$\quad\quad p_n$——低压燃具的额定压力（Pa）。

2. 附加压力与局部阻力损失

（1）附加压力 由于燃气的密度与空气的密度不同，当燃气管道始末端存在高程差时，管道中将产生附加压力（或附加阻力），附加压力值为

$$\Delta p = g(\rho_a - \rho_g)\Delta H \tag{9-20}$$

式中 Δp——附加压力（Pa）；

$\quad\quad g$——重力加速度（m/s^2）；

$\quad\quad \rho_a$——空气密度（kg/m^3）；

$\quad\quad \rho_g$——燃气密度（kg/m^3）；

ΔH——管道终端与始端的标高差（m）。

（2）局部阻力　当燃气流经三通、阀门等管道附件时，由于几何边界急剧改变，燃气流线的变化，必然产生额外的压力损失，称之为局部阻力的压力损失。

局部阻力的压力损失为

$$\Delta p = \sum \zeta \frac{w^2}{2} \rho_0 \frac{T}{T_0} \tag{9-21}$$

式中　Δp——局部阻力的压力损失（Pa）；

$\sum \zeta$——计算管段中局部阻力系数总和；

w——燃气在管道中的流速（m/s）；

ρ_0——燃气密度（kg/m³）；

T——燃气绝对温度（K）；

T_0——273K。

燃气管网中常用管件的局部阻力系数见表9-18。

表 9-18　局部阻力系数 ζ 值

局部阻力名称	ζ 值	局部阻力名称	不同直径（d/mm）的 ζ 值					
			15	20	25	32	40	≥50
管径相差一级的 骤缩变径管	0.35①	90°直角弯头 旋塞 截止阀	2.2	2.1	2	1.8	1.6	1.1
			4	2	2	2	2	2
三通直流	1.0②		11	7	6	6	6	5
三通分流	1.5②	闸板阀	$d=50\sim100$		$d=175\sim200$		$d \geqslant 300$	
四通直流	2.0②		0.5		0.25		0.15	
四通分流	3.0②							
煨制的 90°弯头	0.3							

① ζ 对于管径较小的管段。

② ζ 对于燃气流量较小的管段。

局部阻力的计算确定分为以下三种情况：

1）在进行室外燃气分配管网的水力计算时，一般不详细计算局部阻力，而按 5%~10% 的沿程阻力考虑；一般将 1.05~1.1 倍燃气管段实际长度作为计算长度进行阻力计算，所得到的即为沿程和局部阻力之和。

2）建筑物内燃气管道的局部阻力应按实际情况逐一进行计算。

3）厂区燃气管道在水力计算时可以逐一计算局部阻力，也可以将局部阻力折成相同管径管段的当量长度 L_2 计算，即

$$\Delta p = \sum \zeta \frac{w^2}{2} \rho_0 \frac{T}{T_0} = \lambda \frac{L_2}{d} \frac{w^2}{2} \rho_0 \frac{T}{T_0}$$

$$L_2 = \sum \zeta \frac{d}{\lambda} \tag{9-22}$$

若以 l_2 表示 $\sum \zeta = 1$ 时的当量长度，则

$$l_2 = \frac{d}{\lambda} \tag{9-23}$$

管段的计算长度 L 为

$$L = L_1 + L_2 = L_1 + \sum \zeta l_2 \qquad (9\text{-}24)$$

式中 L_1——管段实际长度（m）。

对于 l_2 的计算，可根据管段内径、燃气流速及运动黏度求出 Re，用摩擦阻力系数 λ 值的计算公式求出 λ 值后，即可按式（9-23）求得。

实际工程中通常可根据式（9-23），对不同种类的燃气制成当量长度计算图表，如图 9-20 所示，查出不同管径不同流量时的当量长度 l_2，再计算 L_2。

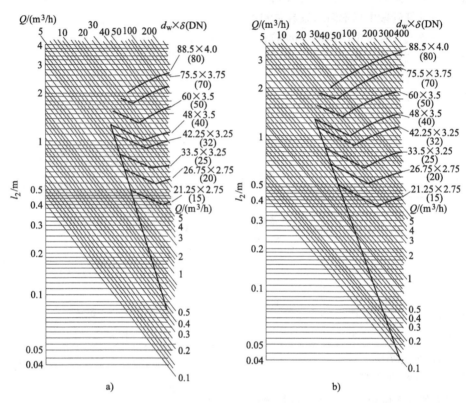

图 9-20 当量长度计算图（$\zeta = 1$）

a）人工煤气（标准状态时 $\nu = 25 \times 10^{-6} \, \text{m}^2/\text{s}$） b）天然气（标准状态时 $\nu = 15 \times 10^{-6} \, \text{m}^2/\text{s}$）

d_w—管道外径（mm） δ—管壁厚度（mm） DN—公称直径（mm）

二、燃气分配管段计算流量的确定

1. 燃气分配管网供气方式

燃气分配管网的各管段根据连接用户的情况，可分为三种：

1）管段沿途不输出燃气，这种管段的燃气流量是不变的，如图 9-21a 所示。流经管段送至末端不变的流量称为转输流量 Q_2。

2）分配管网的管段与大量居民用户、小型商业用户相连，由管段始端进入的燃气在途中全部供给各个用户，这种在管段沿程输出的燃气流量称为途泄流量 Q_1，如图 9-21b 所示。

3）最常见的分配管段供气情况，如图 9-21c 所示，该管段既有转输流量又有途泄流量。

2. 燃气分配管段途泄流量的确定

在城镇燃气管网计算中可以认为，途泄流量是沿管段均匀输出的。管段单位长度途泄流量为

$$q = \frac{Q_1}{L} \tag{9-25}$$

式中　q——单位长度途泄流量 $[m^3/(m \cdot h)]$；

　　　Q_1——途泄流量 (m^3/h)；

　　　L——管段长度 (m)。

途泄流量的供应对象包括大量的居民和小型商业用户，用气负荷较大的用户应作为集中流量计算。

下面以图 9-22 所示区域燃气管网为例，说明管段途泄流量的计算过程。

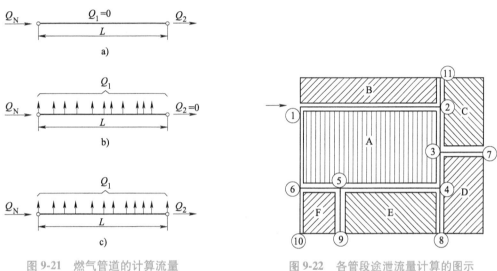

图 9-21　燃气管道的计算流量

a) 只有转输流量的管段　b) 只有途泄流量的管段

c) 有转输流量和途泄流量的管段

图 9-22　各管段途泄流量计算的图示

1) 根据供气范围内的道路与建筑物布局划分为几个小区。

2) 分别计算各小区的居民用户用气量及小型商业用户和小型工业用户的用气量，并按照用气量的分布情况，布置配气管道。

3) 求各小区管段的单位长度途泄流量，如图 9-22 中 A、B、C 区管道的单位长度途泄流量为

$$q_A = \frac{Q_A}{L_{1-2-3-4-5-6-1}}$$

$$q_B = \frac{Q_B}{L_{1-2-11}}$$

$$q_C = \frac{Q_C}{L_{11-2-3-7}}$$

式中　Q_A、Q_B、Q_C——为 A、B、C 各区的小时计算流量 (m^3/h)；

　　　　　L——管段长度 (m)。

4) 计算管段的途泄流量。管段的途泄流量等于该管段的长度，乘以其分担的小区管段单位长度途泄流量之和。如 1—2 管段的途泄流量为

$$Q_1^{1-2} = (q_B + q_A)L_{1-2}$$

1—2 管段是向两侧小区供气的，其途泄流量为两侧小区的单位长度途泄流量之和乘以管长。

3. 燃气分配管段途泄流量的确定

管段上既有途泄流量又有转输流量的变负荷管段，其计算流量可按下式求得

$$Q = \alpha Q_1 + Q_2 \tag{9-26}$$

式中　Q——计算流量（m^3/h）；

　　Q_1——途泄流量（m^3/h）；

　　Q_2——转输流量（m^3/h）；

　　α——与途泄流量和转输流量之比及沿途支管数有关的系数。

对于燃气分配管段，管段上的分支管数一般不小于 5 个，此时系数 α 在 $0.5 \sim 0.6$ 之间，取平均值 $\alpha = 0.55$。

故燃气分配管段的计算流量公式为

$$Q = 0.55 Q_1 + Q_2 \tag{9-27}$$

4. 节点流量

在燃气管网计算时，特别是在用计算机进行燃气环网水力计算时，常把途泄流量转化为节点流量来表示。

从式（9-27）可知，途泄流量 Q_1 可当量拆分为两个部分：一部分 $0.55 Q_1$ 可以认为是从管段终端流出，另一部分 $0.45 Q_1$ 相当于从始端流出。即将管段的两端视为节点，则管段始端的节点流量为管段途泄流量的 0.45 倍；管段终端的节点流量为管段途泄流量的 0.55 倍。由于环状管网的各管段相互连接，故各节点流量等于流入节点所有管段途泄流量的 $0.55 Q_1$、流出节点所有管段途泄流量的 $0.45 Q_1$ 以及与该节点的集中流量三者之和。如图 9-23 所示，各节点流量为

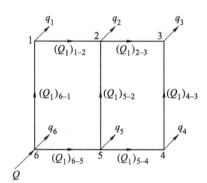

图 9-23　节点流量图

节点 1　　　$q_1 = 0.55 (Q_1)_{6-1} + 0.45 (Q_1)_{1-2}$

节点 2　　　$q_2 = 0.55 (Q_1)_{1-2} + 0.55 (Q_1)_{5-2} + 0.45 (Q_1)_{2-3}$

节点 3　　　$q_3 = 0.55 (Q_1)_{2-3} + 0.55 (Q_1)_{4-3}$

节点 4　　　$q_4 = 0.55 (Q_1)_{5-4} + 0.45 (Q_1)_{4-3}$

节点 5　　　$q_5 = 0.55 (Q_1)_{6-5} + 0.45 (Q_1)_{5-4} + 0.45 (Q_1)_{5-2}$

节点 6　　　$q_6 = 0.45 (Q_1)_{6-5} + 0.45 (Q_1)_{6-1}$

$$Q_{cal} = q_1 + q_2 + q_3 + q_4 + q_5 + q_6$$

用气量特大的用户，其接出点可作为节点进行计算。

当管段转输流量占管段总流量的比例很大时，α 也可按 0.5 计算。

三、管网计算

1. 枝状管网的水力计算

新建枝状燃气管网的水力计算一般可按下列步骤进行：

1）对管网的节点和管段编号。

2）根据管线图和用气情况，确定管网各管段的计算流量。

3）根据给定的允许压力降及由于高程差而造成的附加压力，确定管线单位长度的允许压

力降。

4）根据管段的计算流量及单位长度允许压力降初步选定管径。

5）根据所选定的管径，求各管段的沿程阻力和局部阻力，计算总压力降。

6）检查计算结果。若总压力降未超过允许压降值，并趋近允许值，则认为计算合格；否则应适当改变管径，直到总压力降小于并尽量趋近允许压降值为止。

2. 环状管网的水力计算

（1）环状管网的计算特点　环状管网由一些封闭成环的管段组成，任何一个节点均可由相邻两管段或多管段供气。因此，进行水力计算时管道的计算流量可先按节点处流量代数和为零的原则任意分配，并以设定的流量选择管径。但计算的压力降通常是不闭合的，尚需调整流量分配，才能使环网压力降代数和等于零或接近于零（这一计算过程称为环网的水力平差计算）。此外，若改变环网某一管段的直径，就会引起管网流量的重新分配并改变各节点的压力值；而枝状管网的某一管段直径变动时，只导致该管段压力降数值的变化，而不会影响流量分配。所以，枝状管网水力计算只有直径和压力降两个未知量，而环状管网水力计算则有直径、压力降和计算流量三个未知量。

为了求解环状管网，需列出足够的方程式：

1）每一管段压力降 Δp_j 计算公式为

$$\Delta p_j = K_j \frac{Q_j^2}{d_j^3} L_j \quad (j = 1, 2, \cdots, p) \tag{9-28}$$

2）在每一节点处，流入节点的流量应等于流出该节点的流量，即流量 Q_i 的代数和为零

$$\sum Q_i = 0 \quad (i = 1, 2, \cdots, m-1) \tag{9-29}$$

3）对于每一环，燃气沿顺时针方向流动的管段上的压力降应等于燃气沿逆时针方向流动的管段上的压力降，即压力降 Δp_n 的代数和为零

$$\sum \Delta p_n = 0 \quad (n = 1, 2, \cdots, n) \tag{9-30}$$

式中　K_j——与燃气性质有关的参数；

j——管段编号；

m——环网节点数；

i——节点编号；

n——环网数和环的编号。

4）节点压力条件。

如管网气源点是调压器，则气源点压力应是一定值 p_i'，即

$$p_i = p_i' \tag{9-31}$$

如管网气源点是压缩机，则气源点压力有一限值 p_i'，即

$$p_i \leqslant p_i' \tag{9-32}$$

管网非气源点的压力应满足管网运行压力 p_i'' 的要求，则

$$p_i \geqslant p_i'' \tag{9-33}$$

5）经济条件方程，如将管网系统总造价最小及管网系统运行费用最小等作为目标函数所建立的方程。

（2）环状管网的计算步骤　通过求解上述方程来计算环状管网，用人工计算方法是无法直接实现的。用人工方法计算环状管网通常分初步计算和最终计算两个阶段进行。初步计算是按设定的流量确定管径，但初步计算的结果显示，环网压力降常是不闭合的。最终计算是确定每环

的校正流量，使压力闭合差尽量趋近于零。若最终计算结果未能达到各种技术经济要求，还需调整管径，进行反复运算，以确定比较经济合理的管径。具体步骤如下：

1）绘制管网平面示意图，管网布置应使管道负荷较为均匀。然后对节点、环网、管段进行编号，标明管道长度、燃气负荷、气源或调压站位置等。

2）计算各管段的途泄流量。

3）按气流沿着最短路径从供气点流向零点（不同流向燃气的汇合点）的原则，拟定环状管网燃气流动方向。但在同一环内，必须有两个相反的流向。

4）根据拟定的气流方向，以 $\sum Q_i = 0$ 为条件，从零点开始，设定流量的分配，逐一推算每一管段的初步计算流量。

5）根据管网允许压力降和供气点至零点的管道计算长度，求得单位长度允许压力降，根据流量和单位长度允许压力降即可选择管径。

6）由选定的管径，计算各管段的实际压力降以及每环的闭合差。通常初步计算结果管网各环的压力降是不闭合的，这就必须进行环网的水力平差计算。

7）在人工计算中，平差计算是逐次进行流量校正，使环网闭合差渐趋工程允许的误差范围的过程。

① 低压管网水力平差计算。假定燃气的流动状态处于水力光滑区，并假定引入校正流量后，各管段的燃气流动状态不变，压力降为

$$\Delta p = aQ^{1.75} \tag{9-34}$$

式中　Δp——管段压力降；

　　　Q——管段流量；

　　　a——管段阻抗。

为使各环压力降的代数和等于零，各环校正流量可近似地由两项表示，即

$$\Delta Q = \Delta Q' + \Delta Q'' \tag{9-35}$$

式中　$\Delta Q'$——校正流量的第一个近似值，它未考虑邻环校正流量对计算环的影响，对于任何环，其值为

$$\Delta Q' = - \frac{\sum \Delta p}{1.75 \sum \dfrac{\Delta p}{Q}} \tag{9-36}$$

　　　$\Delta Q''$——为使校正流量更精确而加于第一项 $\Delta Q'$ 上的附加项，它考虑了邻环校正流量对计算环的影响，其值为

$$\Delta Q'' = \frac{\sum \Delta Q'_{nn} \left(\dfrac{\Delta p}{Q}\right)_{ns}}{\sum \dfrac{\Delta p}{Q}} \tag{9-37}$$

$\sum \Delta p$——计算环的压力闭合差；

$\dfrac{\Delta p}{Q}$——计算环的各管段的压力降与流量之比；

$\Delta Q'_{nn}$——邻环校正流量的第一项近似值；

$\left(\dfrac{\Delta p}{Q}\right)_{ns}$——与邻环共用管段的 $\dfrac{\Delta p}{Q}$ 值。

当计算环有几个邻环，相应有多根共用管道时，各邻环的 $\Delta Q'_{nn}$ 与 $\left(\dfrac{\Delta p}{Q}\right)_{ns}$ 需一一对应。

② 高、次高、中压管网水力平差计算。鉴于高、次高、中压管网中燃气多处于紊流状态，压力降表达式为

$$\delta p^2 = aQ^2 \tag{9-38}$$

式中　δp^2——管段的压力平方差；

Q——管段流量，

a——管段阻抗。

校正流量表达形式与低压管网相同，即

$$\Delta Q = \Delta Q' + \Delta Q'' \tag{9-39}$$

式中

$$\Delta Q' = -\frac{\sum \delta p^2}{2\sum \dfrac{\delta p^2}{Q}} \tag{9-40}$$

$$\Delta Q'' = \frac{\sum \Delta Q'_{nn} \left(\dfrac{\delta p^2}{Q}\right)_{ns}}{\sum \dfrac{\delta p^2}{Q}} \tag{9-41}$$

③ 校正流量的具体计算顺序。首先计算各环的 $\Delta Q'$，进而才能求出考虑邻环影响的 $\Delta Q''$，令 $\Delta Q = \Delta Q' + \Delta Q''$，以此校正每环各根管段的计算流量。若校正后闭合差仍未达到精度要求，则需再一次计算校正流量 $\Delta Q'$、$\Delta Q''$ 及 ΔQ，再做流量校正，使之逐次逼近并达到允许的精度要求为止。

④ 压力闭合差的精度要求

高、次高、中压管网

$$\frac{\left|\sum \delta p^2\right|}{0.5\sum \left|\delta p^2\right|} \times 100\% < \varepsilon \tag{9-42}$$

低压管网

$$\frac{\left|\sum \Delta p\right|}{0.5\sum \left|\Delta p\right|} \times 100\% < \varepsilon \tag{9-43}$$

式中　Δp 或 δp^2——环网内各管段的压力降或压力平方差，顺时针方向为正，逆时针方向为负；

$\left|\Delta p\right|$ 或 $\left|\delta p^2\right|$——环网内各管段的压力降或压力平方差的绝对值；

ε——工程计算的精度要求（允许误差），一般人工计算 $\varepsilon < 10\%$。

8）由管段的压力降推算管网各节点的压力。一旦节点压力未满足要求，或者管道压力降过小而不够经济时，还需调整管径，重新进行前述 6）、7）两步计算。

9）绘制水力计算简图，图中标明管段的长度、管径、计算流量、压力降和节点的流量、压力等参数。

【例 9-2】　图 9-24 所示的人工煤气中压管道，1 为源点，4、6、7、8 为用气点（中-低调压器），已知气源点的供气压力为 200kPa，保证调压器正常运行的调压器进口压力为 120kPa，假设燃气密度为 1kg/m³，运动黏度为 25×10^{-6} m²/s。各管段编号如图 9-24 所示，若使用钢管，求各管段的管径。

【解】　1）管网各节点及各管段编号如图 9-24 所示。

2）确定气流方向，并根据图示各调压器的输气量（中压管网的节点流量），计算各管段的

计算流量：

管段 3 $Q_3 = 3000\text{m}^3/\text{h}$

管段 7 $Q_7 = 2000\text{m}^3/\text{h}$

管段 2 $Q_2 = Q_3 + Q_7 = 5000\text{m}^3/\text{h}$

管段 4 $Q_4 = 2000\text{m}^3/\text{h}$

管段 6 $Q_6 = 2000\text{m}^3/\text{h}$

管段 5 $Q_5 = Q_4 + Q_6 = 4000\text{m}^3/\text{h}$

管段 1 $Q_1 = Q_2 + Q_5 = 9000\text{m}^3/\text{h}$

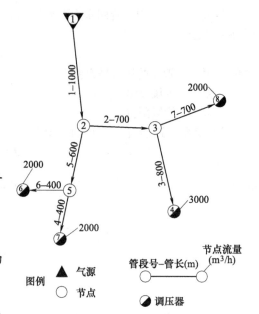

图 9-24　枝状管网简图

3）选管道①—②—③—④为本枝状管网的干管，先行计算。

4）求干管的总长度。

$$L = L_1 + L_2 + L_3 = 2500\text{m}$$

5）根据气源点①的供气压力及调压器进口的最小需求压力，确定干管的允许压力平方差为

$$\delta p_{\text{al}}^2 = (200^2 - 120^2)(\text{kPa})^2 = 25600(\text{kPa})^2$$

则干管的单位长度的允许压力平方差（含5%局部损失）为

$$\frac{\delta p_{\text{al}}^2}{L} = \frac{25600}{2500 \times 1.05}(\text{kPa})^2/\text{m} = 9.75(\text{kPa})^2/\text{m}$$

6）由干管单位长度的允许压力平方差及各管段的计算流量，初选干管各管段的管径。

查图9-29，初选各管段的管径及其单位长度压力平方差。

管段 1 $d_1 = 325\text{mm}$ $\dfrac{\delta p_1^2}{L_1} = 7.0\ (\text{kPa})^2/\text{m}$

管段 2 $d_2 = 273\text{mm}$ $\dfrac{\delta p_2^2}{L_2} = 5.4\ (\text{kPa})^2/\text{m}$

管段 3 $d_3 = 219\text{mm}$ $\dfrac{\delta p_3^2}{L_3} = 6.3\ (\text{kPa})^2/\text{m}$

7）计算干管各管段的压力平方差（含局部损失5%）。

管段 1 $\delta p_1^2 = 1.05 \times 7.0 \times 1000(\text{kPa})^2 = 7350(\text{kPa})^2$

管段 2 $\delta p_2^2 = 1.05 \times 5.4 \times 700(\text{kPa})^2 = 3969(\text{kPa})^2$

管段 3 $\delta p_3^2 = 1.05 \times 6.3 \times 800(\text{kPa})^2 = 5292(\text{kPa})^2$

$$\sum \delta p^2 = \delta p_1^2 + \delta p_2^2 + \delta p_3^2 = 16611(\text{kPa})^2$$

8）计算干管上各节点压力。

节点③　$p_3 = \sqrt{p_4^2 + \delta p_3^2} = \sqrt{120^2 + 5292}\,\text{kPa} = 140.3\text{kPa}$

节点②　$p_2 = \sqrt{p_3^2 + \delta p_2^2} = 153.8\text{kPa}$

节点①　$p_1 = \sqrt{p_2^2 + \delta p_1^2} = 176.1\text{kPa} < 200\text{kPa}$ 计算合格。

9）支管计算。

管段7，由其起点③的压力得管段7单位长度允许压力平方差

$$\frac{\delta p_允^2}{L} = \frac{140.3^2 - 120^2}{700 \times 1.05}(kPa)^2/m = 7.19(kPa)^2/m$$

查图9-29选管径 $d_7 = 219mm$ 及相应的单位长度压力平方差

$$\frac{\delta p_7^2}{L_7} = 3.1(kPa)^2/m$$

$$\delta p_7^2 = 1.05 \times 3.1 \times 700(kPa)^2 = 2279(kPa)^2$$

所以节点⑧的压力

$$p_8 = \sqrt{p_3^2 - \delta p_7^2} = \sqrt{140.3^2 - 2279}\,kPa = 131.9kPa$$

计算支管4、5、6，以此类推。

10）计算结果列于表9-19和表9-20。

表9-19 枝状中压管道计算结果一

管段号	管段长度 /m	管段计算流量 /(m³/h)	管径/mm	单位长度压力平方差 /[(kPa)²/m]	管段压力平方差/(kPa)²
1	1000	9000	325	7.0	7350
2	700	5000	273	5.4	3969
3	800	3000	219	6.3	5292
4	400	2000	219	3.0	1260
5	600	4000	273	3.5	2205
6	400	2000	219	3.0	1260
7	700	2000	219	2.4	2279

表9-20 枝状中压管道计算结果二

序号	节点流量/(m³/h)	节点压力/kPa
1	0	176.1
2	0	153.8
3	0	140.3
4	3000	120.0
5	0	146.5
6	2000	142.1
7	2000	142.1
8	2000	131.9

11）绘制水力计算结果图，如图9-25所示。

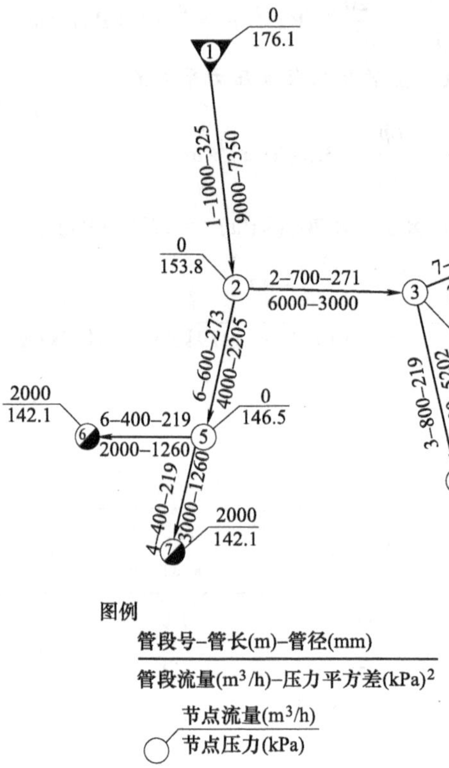

图中节点及管段标注：

节点①：0 / 176.1

管段 1-1000-325，9000-7350（①到②）

节点②：0 / 153.8

管段 2-700-271，6000-3000（②到③）

管段 6-600-273，4000-2205（②到⑤）

节点③：

管段 7-700-200，2000-2270（③到⑧）

节点⑧：2000 / 131.9

管段：0 / 140.3

管段 3-800-219，3000-5202（③到④）

节点④：3000 / 120.0

节点⑤：0 / 146.5

管段 6-400-219，2000-1260（⑤到⑨）

节点⑨：2000 / 142.1

管段 4-400-219，3000-1260（⑤到⑦）

节点⑦：2000 / 142.1

图例

管段号-管长(m)-管径(mm)
———————————————————
管段流量(m³/h)-压力平方差(kPa)²

节点流量(m³/h)
○ 节点压力(kPa)

图 9-25　枝状管网计算简图

【例 9-3】　试对图 9-26 所示的低压管网进行水力计算。图上注有环网各边长度（m）及环内建筑用地面积 F（hm²）。人口密度为 600 人/hm²，用气量为 0.06m³/（人·h），有一个工厂集中用户，用气量为 100m³/h。气源是焦炉煤气调压站，$\rho=0.46kg/m³$，$\nu=25\times10^{-6}m²/s$。管网中的允许压力降取 $\Delta p=400Pa$。

【解】　计算顺序如下：

1. 计算各环的单位长度途泄流量，步骤如下：

（1）将供气区域分区并布置管网。

（2）求出各环内的最大小时用气量（以面积、人口密度和用气量相乘）。

（3）计算供气环周边的总长。

（4）求单位长度的途泄流量。

上述计算列于表 9-21。

2. 根据计算简图，求出管网中每一管段的计算流量，计算列于表 9-22，其步骤如下：

（1）将管网的各管段依次编号，在距供气点（调压站）最远处，假定零点的位置（3、5 和 8），同时决定气流方向。

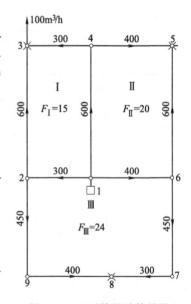

图 9-26　环形管网计算简图

表 9-21　各环的单位长度的途泄流量

环号	面积/hm²	居民数/人	每人用气量/[m³/(人·h)]	本环供气量/(m³/h)	环周边长/m	沿环周边的单位长度途泄流量/[m³/(m·h)]
I	15	9000	0.06	540	1800	0.300
II	20	12000	0.06	720	2000	0.360
III	24	14400	0.06	864	2300	0.376
				$\sum Q$ = 2124		

（2）计算各管段的途泄流量。

（3）计算各管段转输流量：由零点开始，与气流相反方向推算到供气点。如节点的集中负荷由两侧管段供气，则转输流量以各分担一半左右为宜。这些转输流量的分配，可在计算表的附注中加以说明。

（4）求各管段的计算流量。

表 9-22　各管段的计算流量

环号	管段号	管段长度/m	单位长度途泄流量 q/[m³/(m·h)]	途泄流量 Q_1	0.55Q_1	转输流量 Q_2	计算流量 Q	附注
I	1—2	300	0.300+0.376=0.676	203	112	549	661	集中负荷预定由 2—3 及 3—4 管段各供 50m³/h
	2—3	600	0.300	180	99	50	149	
	1—4	600	0.300+0.360=0.660	396	218	284	502	
	4—3	300	0.300	90	50	50	100	
II	1—4	600	0.660	396	218	284	502	
	4—5	400	0.360	144	79	0	79	
	1—6	400	0.360+0.376=0.736	294	162	498	660	
	6—5	600	0.360	216	119	0	119	
III	1—6	400	0.736	294	162	498	600	
	6—7	450	0.376	169	93	113	206	
	7—8	300	0.376	113	62	0	62	
	1—2	300	0.676	203	112	549	661	
	2—9	450	0.376	169	93	150	243	
	9—8	400	0.376	150	83	0	83	

校验转输流量总值，由 1—2、1—4 及 1—6 管段得调压站输出的燃气量为

$$[(203 + 549) + (396 + 284) + (294 + 498)]m^3/h = 2224m^3/h$$

由各环的供气量及集中负荷得

$$(2124 + 100)m^3/h = 2224m^3/h$$

两值相符。

3. 根据初步流量分配及单位长度平均压力降选择各管段的管径。局部阻力损失取沿程摩擦阻力损失的 10%。在进行计算之前，首先要预定摩擦阻力的单位长度计算压降值，作为初步计算中选定管径的依据。由供气点至零点的平均距离为 1017m，即

$$\frac{\Delta p}{L} = \frac{400}{1017 \times 1.1} \text{Pa/m} = 0.358 \text{Pa/m}$$

由于所用的燃气 $\rho = 0.46 \text{kg/m}^3$，故在使用图 9-28 的水力计算图表时，需进行密度修正，即

$$\left(\frac{\Delta p}{L}\right)_{\rho=1} = \left(\frac{\Delta p}{L}\right) \Big/ 0.46 = \frac{0.358}{0.46} \text{Pa/m} = 0.778 \text{Pa/m}$$

选定管径后，由图 9-28 查得管段的 $\left(\dfrac{\Delta p}{L}\right)_{\rho=1}$ 值，求出

$$\left(\frac{\Delta p}{L}\right) = \left(\frac{\Delta p}{L}\right)_{\rho=1} \times 0.46$$

全部计算列于表 9-23。

4. 从表 9-23 的初步计算可见，两个环的闭合差均大于 10%。一个环的闭合差小于 10%，也应对全部环网进行校正计算，否则由于邻环校正流量值的影响，反而会使该环的闭合差增大，有超过 10% 的可能。

先求各环的 $\Delta Q'$：

$$\Delta Q'_{\text{I}} = -\frac{\sum \Delta p}{1.75 \sum \dfrac{\Delta p}{Q}} = -\frac{33}{1.75 \times 2.1} \text{m}^3/\text{h} = -9.0 \text{m}^3/\text{h}$$

$$\Delta Q'_{\text{II}} = -\frac{-78}{1.75 \times 2.1} \text{m}^3/\text{h} = +21.2 \text{m}^3/\text{h}$$

$$\Delta Q'_{\text{III}} = -\frac{49}{1.75 \times 1.89} \text{m}^3/\text{h} = -14.8 \text{m}^3/\text{h}$$

再求各环的 $\Delta Q''$

$$\Delta Q'_{\text{I}} = \frac{\sum \Delta Q'_{\text{nn}} \left(\dfrac{\Delta p}{Q}\right)_{\text{ns}}}{\sum \dfrac{\Delta p}{Q}} = \frac{-14.8 \times 0.38 + 21.2 \times 0.61}{2.1} \text{m}^3/\text{h} = +3.5 \text{m}^3/\text{h}$$

$$\Delta Q''_{\text{II}} = \frac{-9.0 \times 0.61 - 14.8 \times 0.50}{2.1} \text{m}^3/\text{h} = -6.1 \text{m}^3/\text{h}$$

$$\Delta Q''_{\text{III}} = \frac{-9.0 \times 0.38 + 21.2 \times 0.50}{1.89} \text{m}^3/\text{h} = +3.8 \text{m}^3/\text{h}$$

由此，各环的校正流量为

$$\Delta Q_{\text{I}} = \Delta Q'_{\text{I}} + \sum Q''_{\text{II}} = (-9.0 + 3.5) \text{m}^3/\text{h} = -5.5 \text{m}^3/\text{h}$$

$$\Delta Q_{\text{II}} = \Delta Q'_{\text{II}} + \sum Q''_{\text{II}} = (+21.2 - 6.1) \text{m}^3/\text{h} = +15.1 \text{m}^3/\text{h}$$

$$\Delta Q_{\text{III}} = \Delta Q'_{\text{III}} + \sum Q''_{\text{III}} = (-14.8 + 3.8) \text{m}^3/\text{h} = -11.0 \text{m}^3/\text{h}$$

共用管段的校正流量为本环的校正流量值减去相邻环的校正流量值。

经过一次校正计算，各环的误差值均在 10% 以内，因此计算合格。如一次计算后仍未达到允许误差范围以内，则应用同样方法再次进行校正计算。

5. 经过校正计算，管网中的燃气流量应重新分配，集中负荷的预分配量有所调整，并使零点的位置有了移动。

点 3 的工厂集中负荷由 4—3 管段供气 55.5 m³/h，由 2—3 管段供气 44.5 m³/h。

管段 6—5 的计算流量由 119 m³/h 减至 103.9 m³/h，因而零点向 6 方向移动了 ΔL_6。

表9-23　低压环网水力计算表

环号	管段号	邻环号	长度 L/m	管段流量 Q/(m³/h)	初步计算 管径 d/mm	单位压力降 Δp/L/(Pa/m)	管段压力降 Δp/Pa	Δp/Q/[Pa/(m³/h)]	校正流量计算 ΔQ'/(m³/h)	ΔQ''/(m³/h)	ΔQ=ΔQ'+ΔQ''/(m³/h)	管段校正流量 ΔQn/(m³/h)	校正后管段流量 Q'/(m³/h)	校正流量 Δp'/L/(Pa/m)	管段压力降 Δp'/Pa	考虑局部阻力后压力损失 1.1Δp'/Pa
Ⅰ	1—2	Ⅲ	300	661	200	0.83	249	0.38				+5.5	666.5	0.83	249	273.9
	2—3	—	600	149	150	0.20	120	0.81	-9.0			-5.5	143.5	0.19	114	125.4
	1—4	Ⅱ	600	-502	200	0.51	-306	0.61		+3.5	-5.5	-20.6	-522.5	0.54	-324	356.4
	4—3	—	300	-100	150	0.10	-30	0.30				-5.5	-105.5	0.11	-33.0	36.3
							+33 (9.3%)	2.10							+6 (1.7%)	
Ⅱ	1—4	Ⅰ	600	502	200	0.51	306	0.61	+21.2			+20.6	522.6	0.54	324	356.4
	4—5	—	400	79	150	0.065	26	0.33		-6.1	+15.1	+15.1	94.1	0.084	33.6	37.0
	1—6	Ⅲ	400	-660	200	0.83	-332	0.50				+26.1	-633.9	0.75	-300	330.0
	6—5	—	600	-119	150	0.13	-78	0.66				+15.1	-103.9	0.10	-60.0	66.0
							-78 (21%)	2.10							-2.4 (0.7%)	
Ⅲ	1—6	Ⅱ	400	660	200	0.83	332	0.50				-26.1	633.9	0.75	300	330.0
	6—7	—	450	206	200	0.10	45	0.22				-11.0	195.0	0.092	41.4	45.5
	7—8	—	300	62	150	0.04	12	0.19	-14.8	+3.8	-11.0	-11.0	51.0	0.028	8.40	9.2
	1—2	Ⅰ	300	-661	200	0.83	-249	0.38				-5.5	-666.5	0.83	-249	273.9
	2—9	—	450	-243	200	0.14	-63	0.26				-11.0	-254.0	0.15	-67.5	74.3
	9—8	—	400	-83	150	0.07	-28	0.34				-11.0	-94.0	0.087	-34.8	38.3
							+49 (13.4%)	1.89							-1.5 (0.4%)	

$$\Delta L_6 = \frac{(119 - 103.9)\,\mathrm{m^3/h}}{0.55q_{6-5}} = \frac{15.1}{0.55 \times 0.36}\mathrm{m} = 76\mathrm{m}$$

管段7—8的计算流量由62m³/h减至51m³/h，因而零点向点7方向移动了ΔL_7。

$$\Delta L_7 = \frac{62 - 51}{0.55q_{7-8}} = \frac{11}{0.55 \times 0.376}\mathrm{m} = 53\mathrm{m}$$

新的零点位置用记号"×"表示在图9-26上，这些点是环网在计算工况下的压力最低点。

6. 校核从供气点至零点的压力降。

$$\Delta p_{1-2-3} = (273.9 + 125.4)\,\mathrm{Pa} = 399.3\mathrm{Pa}$$

$$\Delta p_{1-6-5} = (330 + 66)\,\mathrm{Pa} = 396\mathrm{Pa}$$

$$\Delta p_{1-2-9-8} = (273.9 + 74.3 + 38.3)\,\mathrm{Pa} = 386.5\mathrm{Pa}$$

此压力降充分利用了计算压力降的数值，说明管网计算达到了经济合理的效果。

第五节　燃气发展规划的编制

一、燃气发展规划的任务及要求

根据国务院2010年发布的《城镇燃气管理条例》，原城镇燃气专项规划、专业规划名称统一为"城镇燃气发展规划"。

城镇燃气发展规划应包括燃气气源、燃气种类、燃气供应方式和规模、燃气设施布局和建设时序、燃气设施建设用地、燃气设施保护范围、燃气供应保障措施和安全保障措施等内容。

全国燃气发展规划要由相关部门依据国民经济和社会发展规划、土地利用总体规划、城乡规划及能源规划，结合全国燃气资源总量平衡情况组织编制与实施；地方应在上级燃气发展规划的基础上编制本区域的发展规划并组织实施。

城镇燃气发展规划还应与城镇的能源规划、环保规划、消防规划等相结合，要贯彻统筹兼顾，保障安全，确保供应，以近期为主，综合考虑远近期城镇发展计划。规划方案应本着安全可靠，经济合理，技术先进，符合环境保护要求的原则制定，并应能够分期、分步实施。一般应制定多个规划方案，在进行技术经济比较和论证后，选择切实可行的最佳方案。规划年限一般为5年、10年或更长时间。规划方案根据规划年限分为近、远期规划两类。

城镇燃气供应系统是城镇建设的重要组成部分。编制合理的城镇燃气发展规划是燃气供应系统进行设计、工程施工、运行管理及维护维修的前提条件。

一般城镇燃气供应系统的工程项目在具体实施时要经过以下几个阶段：

1）编制合理的城镇燃气发展规划，在规划的指导下，编制可行性研究报告，并报主管部门批准。城镇燃气的新建、扩建工程，余气利用的节能工程和大型技术改造工程等，都必须进行可行性研究。

2）由具有燃气工程设计资格的设计单位按扩大初步设计和施工图设计两阶段进行设计；对重大或特殊的工程、技术复杂而又缺乏设计经验的项目，要进行初步设计、技术设计和施工图设计三阶段。

3）根据设计要求，安排工程项目的建设、组织工程施工。

1. 燃气发展规划的主要任务

1）根据国家能源政策、资源情况和燃气发展方针选择和确定燃气气源及规划方案。

2）根据需要与可能，选择燃气种类，确定供气规模、供气原则、主要供气对象，调查用户类型及用气规律，预测各类用户的用气量。

3）选择合理的燃气供应方式，输送、分配系统，调峰方式，确定储配设施容量。

4）根据城镇道路及其他地下管线与设施的规划、燃气用户分布等情况，规划、布置燃气设施及管线，进行燃气管网水计算；布置燃气设施，规划建设用地。

5）根据设备材料的供应情况与可能的投资到位资金量，选择燃气供应系统的材料、设备。

6）提出规划项目建设时序，实施期限及分期、分部实施的计划。

7）估算各阶段的建设投资及主要材料、设备的数量。

8）确定燃气设施建设用地面积及保护范围等。

9）制定燃气气源供应保障措施和安全保障措施。

10）提出采用新技术、新工艺、新设备和新材料的建议与意见。

11）分析规划实现后的效益，对规划方案做技术经济分析与评价。

12）对规划中存在的主要问题提出解决意见。

2. 燃气发展规划的基础资料

为正确编制城镇燃气发展规划，需要调研收集的资料应至少包括：

1）城市或镇总体规划、详细规划、能源规划，其他与能源发展相关的规划等。

2）社会经济发展状况。

3）水文、地质、气象、自然地理资料及城镇地形图。

4）现状及潜在气源的基本状况和发展资料，城镇燃气用气现状及历史负荷、压力级制、用气指标、不均匀系数等。

5）现状燃气设施，包括各类燃气厂站、管线、储气调峰设施等。

6）各类用户的负荷曲线，集中负荷的运行变化规律。

7）大用户及可中断用户的用气规模及规律等。

3. 燃气发展规划的编制内容

1）规划分期、规划范围、规划原则、规划目标。规划目标包括：用气规模、用气结构、燃气气化率、门站数量及规模、调压站数量及规模、燃气主干管网长度等。

2）燃气负荷预测与计算，包括规划指标的确定、年总用气量、高峰日用气量、高峰小时用气量。

3）气源规划，包括气源种类、供应方式、供应量、位置与规模。

4）燃气供需平衡分析及调峰需求，储气调峰方案。

5）燃气用户用气规律或负荷曲线。

6）管网水力计算分析结果。

7）输配管网系统压力级制、主干管网布局及管径。

8）燃气厂站布局、设计规模及用地规模，主要厂站选址。

9）对原有供气设施的利用、改造方案。

10）监控及数据管理系统方案。

11）燃气工程配套设施方案、项目建设进度计划及近期建设内容。

12）节能篇。

13）消防篇。

14）健康、安全和环境（HSE）管理体系。

15）燃气供应保障措施和安全保障措施。

16）规划工程量及投资估算。

17）现状负荷分布图、现状燃气设施分布示意图等。

18）用地规划图、管网规划示意图、燃气厂站布局示意图等。

二、方案的技术经济分析

随着科学技术的发展，在城镇燃气供应系统中，为了达到相同的目的、满足相同的需要，往往可以采用多个不同的技术方案。在多个不同的方案中，为了选取技术最先进、经济最合理的方案，即最佳方案，必须采取严肃、认真的态度，对各种方案进行全面分析，综合衡量，然后做出合理的评价。评价方案优劣的标准一般考虑技术和经济等方面因素，即方案在技术上要做到满足需要、安全可靠，并力求技术先进；在经济上要做到投资少、运行成本低、建设周期短、收益好；同时，要注意环境保护、劳动条件的改善等。

在制定方案时所考虑的因素很多，其中有些可以用数字来表示，有些仅用数字不能全面反映情况，有些则难以用数字来表示。在某些情况下，那些不能完全用数字来表达的因素在确定技术方案时往往起着很大的作用。因此，评价技术方案的优劣，以至决定方案的取舍，仅仅依靠数字是不全面的。正确的方法应当是对技术、经济等几方面的要求进行综合分析，全面考虑，经科学论证及严格审查，这样才能做出符合当时、当地客观条件的合理抉择。

1. 技术经济分析的基本任务

（1）技术经济分析的任务　技术经济分析是研究如何应用技术选择、经济分析、效益评价等手段，为制定正确的技术政策、科学的技术规划、合理的技术措施及可行的技术方案等提供依据或对具体项目的实施做出经济综合评价，以促进技术与经济的最佳结合及技术进步与经济发展的协调统一，提高技术实践活动的经济效益。

技术经济分析的任务就是对各个技术方案进行经济评价，选取技术先进、经济合理的方案，即最佳方案。主要有：

1）通过技术经济分析，预先分析、比较各种技术方案的可行性及其优劣，进行方案评价选优，为项目决策提供依据。

2）通过技术经济分析，揭示技术方案实施中的各种矛盾或薄弱环节，提出改进措施，以保证先进技术的成功应用，充分实现其经济效益。

3）通过技术经济分析，正确评价技术方案的实施效果，反馈技术应用、改进及新需求方面的信息，推动技术创新。

（2）技术经济分析的类型　技术经济分析一般有三种类型：

1）事前分析（又称预分析）。事前分析是对技术经济系统或项目的发展方向与前景进行技术经济预测及论证，为制定政策、规划，确立目标提供科学依据；或对投资项目进行技术经济可行性研究，为项目决策提供重要依据。事前分析是技术经济分析的重点。

2）期中分析。期中分析是对实施中的技术方案进行技术经济分析，包括对厂址选择、企业规模、生产组织、工艺方案、销售市场、经营效益等进行全面考察分析，肯定成效、发现问题、提出改进或解决问题的措施，以保证方案的顺利实施。

3）事后评价。事后评价是对实施方案的实施后果进行技术经济分析与评价，总结经验，以利推广、提高和发展。

以上各阶段是相互联系的：选定方案阶段的技术经济预分析与评价，是项目投资前不可缺少的重要环节；实践过程及其结果的技术经济分析，则是对先期技术经济分析的检验、校正和总结。

2. 技术经济分析的基本原则

技术经济分析一般要遵循效益最佳原则、方案可比原则和系统分析原则。

（1）效益最佳原则　由于技术经济活动的时间、空间及效益主体不同，使经济效益评价的视角也不同，有时效益主体之间还会存在矛盾。因此，在以经济效益为中心进行技术经济分析时，要按照效益最佳化原则，正确处理以下各种关系：

1）宏观与微观的关系。宏观经济系统一般通过经济手段、法律手段和行政干预等办法，引导微观经济与整个国民经济活动衔接和协调。各微观经济部门（其主体为企业）也应该树立全局观念，自觉接受国家的宏观调控和监管，在努力提高本部门经济效益的同时，关心全社会的经济效益，使本单位的技术经济活动有利于宏观经济效益的提高。

2）当前与长远的关系。经济效益的获得在时效上表现为当前和长远两个方面，当前效益的获得有利于满足人们的现实需求，调动劳动者的积极性；长远利益有利于事业持续稳定的发展，并为劳动者日益增长的物质文化生活需求提供条件。

在资源开发与保护环境方面，也应看到，在一定的科学技术水平条件下，人类能够利用的物质资源总量是有限的。绝不能为了眼前的利益，浪费资源，破坏环境。这也是十分重要的长远经济效益问题。

因此，在技术经济活动中，既要重视当前的经济效益，也要重视长远的经济效益。

3）直接经济效益与间接经济效益的关系。国民经济是一个有机的统一整体，各部门、各企业之间是相互联系、相互制约的。因此，在评价某一技术方案的经济效益时，既要考察其直接效益，又要考察其间接效益及对其他部门的影响，这样才能得出正确的结论。例如煤的炼焦过程中，在得到焦炭的同时，还会产出人工煤气及其他副产品。因此，焦炭的销售收入为直接经济效益，其他产品的销售收入则为间接经济效益。

4）经济效益与社会效益的关系。在评价投资项目的经济效益时，一般还有考虑其社会效益等因素。特别是燃气行业，企业的经济效益与项目的社会效益、环境效益紧密相关。因此，在进行不同方案的比较分析时，要把经济效益与社会效益、环境效益恰当地结合起来，按照目的性的要求，选择优化方案。

（2）方案的可比原则　进行各个技术方案比较时，必须把方案建立在共同可比的基础上，即各个方案之间应具有可比性。不同方案只有符合可比条件，比较的结果才有意义。一般情况下，各个不同的技术方案应具有以下四个可比条件：

1）满足需要上的可比性。要求参与比较的各个不同的技术方案，在客观上能满足社会某种相同的需要，否则它们就不可能相互替代，更不能进行比较。例如，城镇燃气化建设方案中，在选择气源时，可以使用天然气，也可以使用人工煤气。虽然天然气与人工煤气在来源及性能等方面有很大差异，但它们都能作为民用及工业燃料使用。在这方面是相同的，因此具有可比性。

2）具有消耗费用的可比性。方案比较是要比较不同技术方案能满足相同需要时的经济效果。经济效果包括满足需要和消耗费用两个方面。因此，被比较的方案除了满足需要的可比条件外，还必须具备消耗费用的可比条件。例如，城镇燃气管网系统建设方案，不论气源为天然气，还是人工煤气，都需要消耗设备材料费和人工费等，这样的方案在消耗费用方面是具有可比性的。

3）具有价格指标的可比性。技术方案的实现要消耗各种社会劳动，同时要创造价值。消耗的劳动和创造的价值都应按产品的价值来计算。在价值难以精确计算时，一般要按价格指数来衡量。对不同方案进行比较时，应采用同一时点的价格及同一的价格指数。当使用不同货币时，应按统一的汇率核算计价。例如，某城镇，在选择燃气气源方案时，可以使用当地的液化石油气，也可以得到进口的液化石油气，而进口液化石油气需要使用外币购买。此时，应将外币及其关税等费用折算为人民币，才能进行方案比较。

4）具有时间上的可比性。时间的可比性对于不同技术方案的经济分析具有重要意义。不同技术方案应按照相等的计算期作为比较的基础。实际上，由于各种条件的限制，不同的技术方案在建设期限、资金投入的时间、发挥效益的迟早、项目服务年限等方面，往往是各不相同的。因此，在对这类方案进行比较时，更应考虑时间因素对比较结果的影响。

动态评价方法中的净现值法就是将不同方案的资金投入与收益等全部折算为现在时刻的价值，使其具有时间上的可比性。

（3）系统分析原则　系统分析是指对方案的各个方面进行全面的分析评价，以求得方案总体优化的方法。在技术经济分析中，要注重研究方案的总体性、综合性、定量化和最优化。力争做到定性分析与定量分析、静态分析与动态分析、总体分析与层次分析、宏观效益分析与微观效益分析、预测分析与统计分析相结合。

3. 技术经济分析的一般程序

技术经济分析一般包括图 9-27 所示的过程。

（1）确定分析目标　确定分析目标是技术经济分析的第一步。目标一般包括社会目标和具体目标两大类。社会目标是从国家和社会需要来考虑的，应遵循国家的整体战略和科技经济发展的基本方针。具体目标是指部门、地区、企业所要达到的目标。一般具体目标要符合社会总体目标，作为社会总体目标的一部分。根据技术实践的内容，确定具体目标是最重要的问题之一。

（2）趋势分析　趋势分析是指对技术经济分析的对象和相关因素进行调查研究，总结过去，分析现状，预测未来。一般需要掌握前 10 年的历史资料，分析今后 10 年的动向，以确定合理的技术经济参数、指标和投入产出期。

（3）设计各种可能的技术方案　为实现同一目标，往往有多种可能的方案。应根据掌握的国内外技术经济信息，依据相应的法规、规范及设计者的实践经验，参考类似的工程设计方案，建立能完成规定任务的各种可能的技术方案。

（4）拟定相应的经济效益指标体系　为衡量各种可能的技术方案的经济效益，对其功能做出评价，需要拟定一套技术经济指标，建立一套指标评价体系，并规定这些指标的计算方法，同时要处理好指标的可比性问题。根据具体条件，明确对选择方案有决定意义的因素和指标，并分析确定哪些因素可以通过数字来表示，哪些不能用数字来衡量。

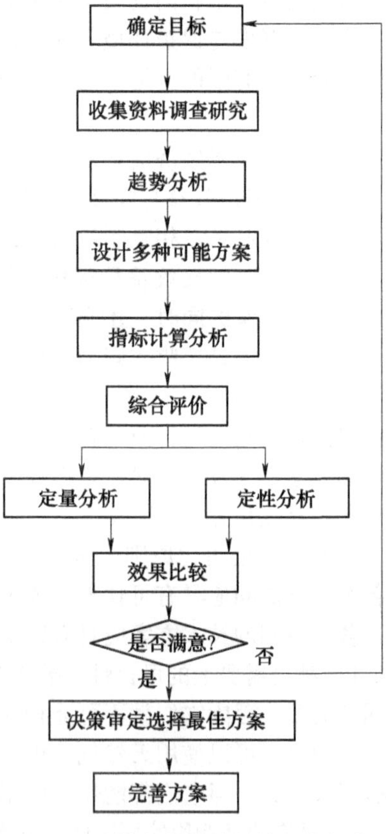

图 9-27　技术经济分析的一般程序

（5）指标计算分析　输入各种原始数据，运用科学的分析计算方法，对指标进行计算分析。将不同方案规整到具有可比条件；研究和核实方案比较时所要采用的各种指标和相关原始数据的可靠程度。

（6）综合评价及方案选优　选择某种技术经济比较方法对各个方案进行技术经济上的比较与评价；通过定量及定性分析，找出各种技术方案在技术经济方面的利弊得失，然后进行综合分析评价和方案选优。

（7）完善方案　在可能的条件下，进一步对选定的方案进行优化，采取完善的措施，使方案更利于实现并具有更大的经济效益。

一般在进行方案比较时，注重的是不同方案之间的差别，所以，有时为了减少计算量，可以只计算各个方案的不同部分。但是，在这种情况下得出的结果，只表示各个方案的相对差别，并不能表述这些方案的全部费用及效益情况。

三、不确定性分析

用动态法对方案进行技术经济分析时，其评价所依据的主要数据，如投资额、贷款利率、投资收益率等，大部分来自于对未来的预测及估算。尽管预测及估算过程使用了科学的分析方法，但由于项目所处的环境条件和分析人员主观预测能力的局限性，在项目实施过程中及项目存在期内，项目的实际效果与评价的结论不可避免地会出现偏差，使实际发生的情况与预计的有较大出入，从而产生分析结果的不确定性。因此，对重大项目，在进行技术经济比较后，还应进行不确定性分析。特别是对于投资额巨大、建设周期长的项目，进行不确定性分析尤为重要。

所谓不确定性分析，就是针对项目技术经济分析中存在的不确定因素，分析其发生变化的幅度，以及这些不确定因素的变化对项目经济效益的影响程度。通过不确定性分析，找出各种因素对投资效果的影响程度，对确保项目取得预期的经济效益具有十分重要的意义。通过不确定性分析，可以看出各种因素对投资效果的影响，使决策者能在关键因素向不利方向变化发生之前，采取一定的防范措施，从而提高投资项目的生存能力。

不确定性分析一般包括敏感性分析、盈亏平衡分析和概率分析等。

1. 敏感性分析

敏感性分析又称灵敏度分析，是项目评价中最常见的一种不确定性分析方法。所谓敏感性是指参数变化对项目经济效益的影响程度。若参数的小幅度变化能导致经济效益的较大变化，则把这些不确定因素称为敏感因素，反之称为不敏感因素。敏感性分析的目的就是通过研究不确定因素的变化大小对项目经济效益的影响程度，找出敏感性因素，对项目提出合理的控制与改善措施，充分利用有利因素，尽量避免不利因素，以达到最佳经济效益。

进行敏感性分析时，一般可按下列步骤进行：

1）确定分析指标，即找出投资者关心的目标。

由于投资效果可用多种指标来表示，在进行敏感性分析时，首先应确定分析指标。当投资者关心的目标不同时，所侧重的经济指标往往也不尽相同。对于注重短期收益的项目，投资回收期是一个重要的指标；而对于注重长期收益的项目，净现值和内部收益率则能更好地反映投资效果。通常情况下，敏感性分析的指标与方案的经济评价指标一致。

2）选定需要分析的不确定性因素，并探讨这些因素的变化范围。

从理论上讲，任何一个因素的变化都会对投资效果产生影响，但在实际分析中，没有必要对所有可能变化的因素都进行敏感性分析。一般只对变化可能性较大、对投资效果影响较大的因素进行敏感性分析，如经营成本、产品价格、项目建设期、标准贴现率等。

3）计算各因素变化导致经济指标变动的数量结果。

在计算某一因素变化所产生的影响时，可假定其他因素固定不变，对每一个因素的变化情况进行计算，将因素变化及相应的经济指标变动结果列表或绘图表示。一般需要假定各因素的变化范围和每次变化的幅度。

4）确定敏感因素。敏感因素是指能引起经济指标产生较大变化的因素。通过观察变动的因素对方案经济效果的影响程度，可以确定该因素的敏感程度，挑选其中的敏感因素。

总之，敏感性分析在一定程度上描述了不确定因素的变化对项目投资效果的影响，有助于决策者对影响投资效果关键因素（即敏感因素）的了解。但这些因素在未来发生变化的可能性究竟有多大，还应对其进行概率分析。

2. 盈亏平衡分析

盈亏平衡分析是根据建设项目正常生产年份的产量、固定成本、变动成本及税金等，研究项目的产量、成本、售价、利润之间变化与平衡关系的方法。当项目的收益与成本相等时，即为盈利与亏损的转折点，称之为盈亏平衡点。盈亏平衡分析就是要找出项目的盈亏状态转变的临界点，据此判断投资项目的风险大小及对风险的承受能力，为投资决策提供依据。显然，盈亏平衡点越低，项目盈利的可能性越大，亏损的可能性越小，项目具有较大的抗风险能力。

3. 概率分析

在实际中，许多影响投资项目经济效果的参数，其变化规律往往可以用概率分布来描述，因此，投资项目的经济效果函数即成为一个随机变量。概率分析也称风险分析，它是在对不确定性因素进行概率估计的基础上，对项目评价指标的期望值、累计概率、标准差、离散系数等进行定量分析的一种方法，可为项目的风险分析提供可靠依据。例如，方案的净现值大于或等于零的累计概率越大，表明方案的风险越小，盈利的可能性越大。

概率分析方法的关键是寻找足够的信息来确定敏感因素的变化范围及其概率发布。

燃气供应系统涉及的项目一般都具有投资额较大、项目建设周期及存在期长等特点。因此，对项目方案进行不确定性分析非常重要。

四、燃气化综合效益分析

对于燃气供应系统，不仅要考虑方案中能够用货币形式体现的直接经济效益，还要考虑项目实施后带来的社会效益和环境效益等。各种燃料的燃烧效率不同，使用气体燃料不仅可以减少燃料消耗，而且可以减少污染物排放。

一般来说，一个城镇实现燃气化的效益是多方面的，许多内容是难以用具体数字来表现的。而且，有些燃气项目还属于综合利用的技术方案，如人工煤气的气源项目等。这些项目在生产燃气的同时，还有其他方面的不同产品供应社会，它的效益需要综合分析。但是，和气化前的状况相比，有些效益是应当而且可以用数量指标来衡量的，比如替煤量、二氧化硫排放量减少等。

为了便于比较，各种燃料都应按热值折算为标准煤来表示。

1. 年替煤量的计算

替煤量应按实际调查进行统计和计算，也可按典型用户的用煤指标进行计算。

$$M = \sum G \tag{9-44}$$

式中　M——年替煤量（标准煤）（万 t/年）；

　　$\sum G$——各类燃气用户气化前实际耗煤量的总和（万 t/年）。

2. 年减少二氧化硫排放量的计算

由于燃气中硫含量很少，可以根据替煤量来计算因燃气化而减少的二氧化硫排放量，计算公式为

$$E = 2 \times 80\% ML = 1.6ML \tag{9-45}$$

式中　E——年减少二氧化硫的排放量（万 t/年）；

　　　2——二氧化硫分子量为单体硫的倍数；

　80%——考虑煤燃烧后，有一部分硫分存于灰渣中，二氧化硫的排放量按全部硫分的 80% 计算；

　　M——年替煤量（标准煤）（万 t/年）；

L——煤的平均含硫量百分比（%）；

3. 年减少飞灰量的计算

年减少飞灰量计算式为

$$H_f = Mh \tag{9-46}$$

式中　H_f——年减少飞灰量（万 t/年）；

　　　M——年替煤量（标准煤）（万 t/年）；

　　　h——飞灰的百分比（%）。

由于炉型不同、燃烧方式不同，飞灰的百分比变化范围很大。一些大型用户可根据实际情况计算，民用炉的飞灰量可按替煤量的 11% 计算，一般工业窑炉可按 5.5% 计算。

4. 年减少炉灰量的计算

燃气燃烧过程不产生固形物灰渣，因此，燃气化后减少炉灰量为

$$H_1 = M(b - h) \tag{9-47}$$

对于一般燃烧蜂窝煤或煤球的民用户，则为

$$H_1 = lM \tag{9-48}$$

式中　H_1——年减少炉灰量（万 t/年）；

　　　M——年替煤量（标准煤）（万 t/年）；

　　　b——煤的平均灰分，（%）；

　　　h——飞灰的百分比（%）；

　　　l——煤燃烧后灰量（包括掺入黄土和白灰的灰量）的百分数（%）。

5. 年减少城镇运输量的计算

长途运输量的减少，应根据不同气源、不同燃料、不同运距及不同运输方式进行计算。

市内运输量减少的计算式为

$$Z = k(M + H_1) \tag{9-49}$$

式中　Z——年减少市内运输量（万 t·km/年）；

　　　k——市内平均运输距离（km）；

　　　M——年替煤量（标准煤），（万 t/年）；

　　　H_1——年减少炉灰量（万 t/年）。

6. 减少城镇汽车数量的计算

由于市内运输量的减少而减少的汽车辆数为

$$C = Z/Y \tag{9-50}$$

式中　C——减少汽车数量（辆）；

　　　Z——年减少市内运输量（万 t·km/年）；

　　　Y——每辆汽车每年可完成的运输量 [万 t·km/（辆·年）]。

第六节　燃气管道摩擦阻力计算图表

为便于进行燃气管道水力计算，根据计算公式制成计算图表。

计算图表的制作条件及使用说明如下：

1）燃气密度在制表时按 $1kg/m^3$ 计，当燃气密度 $\rho_0 \neq 1kg/m^3$ 时，从图表中查得的压力降应根据实际燃气密度 ρ_0 做如下修正：

低压管道

$$\frac{\Delta p}{L} = \left(\frac{\Delta p}{L}\right)_{\rho_0 = 1} \rho_0 \tag{9-51}$$

高、中压管道

$$\frac{p_1^2 - p_2^2}{L} = \left(\frac{p_1^2 - p_2^2}{L}\right)_{\rho_0 = 1} \rho_0 \tag{9-52}$$

2）燃气运动黏度：人工燃气按 $\nu = 25 \times 10^{-6} \mathrm{m^2/s}$ 计；天然气按 $\nu = 15 \times 10^{-6} \mathrm{m^2/s}$ 计；气态液化石油气按 $\nu = 4 \times 10^{-5} \mathrm{m^2/s}$ 计。

实际燃气的运动黏度值略有差异时，影响很小，可不做修正。

3）钢管的当量绝对粗糙度取 $K = 0.00017\mathrm{m}$。

4）计算图表燃气温度以 0℃ 计，当输送燃气的实际温度 T 与此不同时，应做如下修正：

低压管道

$$\left(\frac{\Delta p}{L}\right)_T = \left(\frac{\Delta p}{L}\right)_{T_0} \frac{T}{T_0} \tag{9-53}$$

高、中压管道

$$\left(\frac{p_1^2 - p_2^2}{L}\right)_T = \left(\frac{p_1^2 - p_2^2}{L}\right)_{T_0} \frac{T}{T_0} \tag{9-54}$$

式中　T——燃气温度（K）；

　　　T_0——标准状态下燃气温度（K）。

图 9-28～图 9-31 是不同燃气种类、不同燃气压力下的燃气水力计算图表。

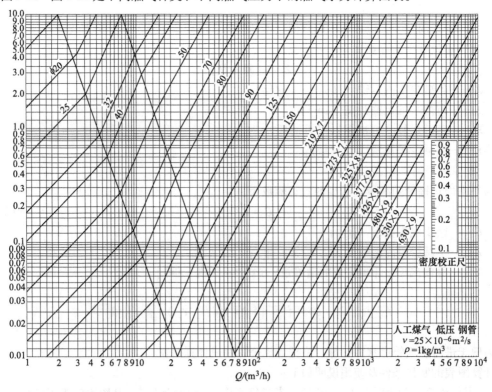

图 9-28　低压人工煤气管道水力计算图表

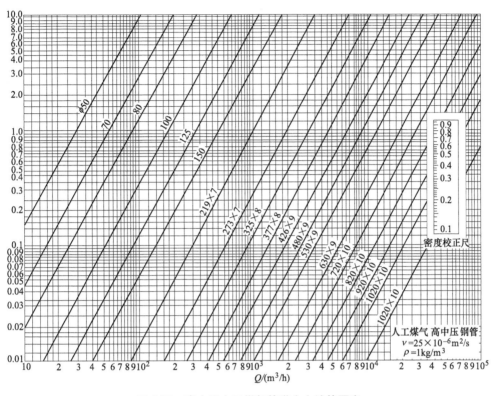

图 9-29　高中压人工煤气管道水力计算图表

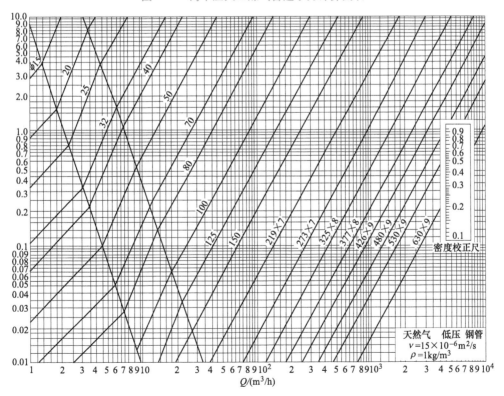

图 9-30　低压天然气管道水力计算图表

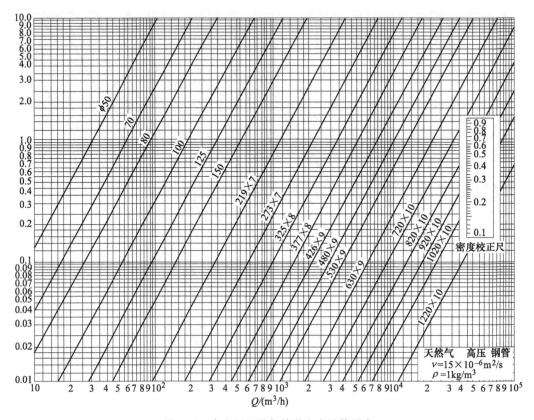

图 9-31　高中压天然气管道水力计算图表

第十章
城市供热工程规划

城市供热规划应结合国民经济、城市发展规模、地区资源分布和能源结构等条件，并遵循因地制宜、统筹规划、节能环保的基本原则，执行国家城市规划、能源、环境保护、土地等相关法规和政策，正确处理近期和远期发展的关系，提高供热规划和管理的科学性。

第一节 概 述

城市集中供热是指由集中热源所产生的蒸汽、热水，通过管网供给一个城市（城镇）或部分区域的生产、供暖和生活所需热量的一种方式，是现代化城市的基础设施之一，也是城市公用事业的一项重要设施。集中供热不仅能给城市提供稳定、可靠的高品位热源，改善人民生活，而且能节约能源，减少城市污染，有效地利用城市有效空间，有利于城市美化，具有显著的经济效益和社会效益。

从城市集中热源，以蒸汽或热水为介质，经过供热管网向全市或其中某一地区的用户供应生活与生产用热，以及寒冷地区的供暖用热，也称为区域供热，它是城市建设重要的能源设施之一。

一、城市集中供热的优势

城市集中供热方式有很多优点。第一，可提高能源利用率20%以上。分散的小型燃煤锅炉热效率只有50%~60%，大型区域供热锅炉热效率可达80%~90%，大型凝汽式机组的发电热效率一般不超过40%，而供热机组的热电联产综合热效率可达85%左右。第二，有利于环保。燃煤的热电站和区域锅炉房，有条件安装高烟囱和高效率的烟气净化装置，从而减轻大气污染，还可实现当地低质燃料和垃圾等资源的利用，减少相关物资的运输量。采用燃气的热电厂还可以实现热电联供或热电冷三联供，进一步提高能源的利用效率。第三，大型热源可使用大型机械设备，容易实现机械化和自动化，减少管理人员数量，降低运行成本，也有利于管理科学化和现代化，提高供热质量。第四，可节约用地。集中热源可以代替多个分散热源，腾出大批小锅炉房的占地，还能减少燃料和废物的堆放场地，对改善市容也十分有利。

二、城市供热规划的有关规定

城市供热规划应符合城市发展的要求，并应符合所在城市的能源发展规划和环境保护的总体要求。应与城市阶段、期限相衔接，与城市总体规划和详细规划相一致。在总体规划阶段，应依据城市发展规模，预测供热设施的规模；在详细规划阶段，应依据详细规划的主要技术经济指标，预测供热设施的规模。

城市供热规划应重视城市供热系统的安全可靠性，宜与道路交通规划、地下空间利用规划、河道规划、绿化系统规划以及城市的给水、排水、供电、通信、燃气等市政公用工程的规划相协调。在现状道路下安排规划供热管线时，还应该考虑管线布局位置的可行性。城市供热规划应充分考虑节能、环保的要求。

三、城市供热规划的基本内容及深度要求

1. 城市供热规划的基本内容

内容应包括：调查了解和调查城市现状，并收集规划资料；了解各类建筑的分布、工业与民用建筑各自的面积、规模、建筑层数、发展状况；根据当地近20年的气象资料统计，绘制供暖热负荷年利用小时图；确定供热热指标，计算各规划阶段的热负荷，绘制总热负荷曲线；根据热负荷分布情况，绘制不同规划阶段的热区图；根据具体情况，合理选择城市集中供热的热源、供热规划的热网参数；根据道路、地形和地下管网敷设等条件，确定管网布局和主要干线的走向，确定管网敷设方式，确定供热管道直径，确定与用户的连接方式；进行投资估算；编写城市规划集中供热规划说明书。不同规划内容要求如下：

（1）总体规划阶段的内容要求　　分析现状城区供热发展水平和供热中存在的问题；选定各种建筑物的供暖面积热指标；确定集中供热范围；预测城市热负荷；划分供热分区，确定各供热分区的热负荷；选择供热方式、确定热源的种类、供热能力、供热参数；确定供热设施的分布、数量、规模、位置和用地面积；确定供热管网系统的布局；提出近期供热设施建设项目安排。

（2）分区规划内容要求　　分析现状城区供热系统和供热情况；预测规划区供热负荷，划分供热分区；落实上一层规划确定的供热设施用地；确定本规划区的供热设施类型、数量、供热能力、位置及用地面积；落实或布置供热管道。

（3）控制性详细规划内容要求　　分析供热现状，了解规划区内可利用的热源；预测规划区供热负荷；落实上一层规划确定的供热设施用地；确定本规划区的锅炉房、热力站等供热设施数量、供热能力、位置及用地面积；布置供热管道并计算管道规格，确定管道位置。

（4）修建性详细规划内容要求　　分析供热现状，了解规划区内可利用的热源；预测规划区供热负荷；落实上一层规划确定的供热设施；确定本规划区的锅炉房、热力站等供热设施数量、供热能力、位置及用地面积；布置供热管道并计算管道规格，确定管道位置；估算工程量。

2. 城市供热规划内容深度要求

（1）总体概述及规划范围

1）城市总体规划布局，划分各功能区（包括工业区、文教区、科研区、居住区和旅游区等）；城市现在及今后5年或10年燃料需要量，及产地分析和煤质分析；地热、太阳能等新能源的利用情况和开发前景。

2）供热规划范围，主要指在城市规划区内用热负荷比较集中的市区，不包括城市郊区的农田、山区、水域、荒地等。城市供热系统，主要是指热源布点、热力管道主干线和热力站布点等。

（2）供热现状与热负荷

1）供热现状。说明全市主要工业的类别和分布，及其供热现状和存在问题；市区建筑物面积、供热面积、民用供暖的建筑面积等，不同使用性质建筑物的面积及占总面积的百分比，集中供热普及率等；现有供暖用热的供应方式、比重及生活热水的供应情况；利用热能制冷的现状；职工冬季取暖费标准、供热成本、热价等。

2）规划热负荷。现有工业、民用热负荷（供暖、空调、生活热水）及近、远期规划发展热负荷。按现有热负荷、已批准项目的发展热负荷及远期规划发展热负荷分别列出，热负荷中应分别列出供暖期与非供暖期的最大、最小及平均热负荷；热负荷调查资料来源与分析；说明主要工业用汽参数、工艺要求、热负荷性质、生产班次、年运行小时数和凝结水回收情况；建筑供暖热

负荷中，供暖供热指标的取值及供暖建筑物中不同性质建筑物所占的比重；根据供热面积及供暖热指标，计算供暖热负荷；对各类工业热负荷应根据各部门产品单耗、生产量或参照同类企业计算；确定生活热水负荷的热水供应量及供应方式；探讨本市利用热能制冷的前景和可能需要的热负荷，并提出制冷的起止时间。

（3）热源的现状与规划

1）现状热源。现有火电厂和热电厂（站）概况，每个热电厂（站）的位置、装机型号、台数、安装年月、运行状况、年发电量、供热能力；市区工业和民用锅炉的现状，锅炉台数、容量、安装年月、设备状况、实际蒸发量，各类型锅炉构成，平均锅炉单台容量、热效率，燃料来源及价格，灰渣处理和环境影响，烟囱个数，操作人员，锅炉房和煤场、灰场占地等；已利用的余热资源的供热能力、运行情况和开发前景。

2）规划热源。拟扩建或新建热电厂（站）的位置，装机型号、台数、供热能力、供热参数，投产后的年发电量、供热量；拟扩建的热电厂或改造的火电厂，有无扩建场地，包括厂房、煤场、灰场、水源、运输条件等；拟新建的集中锅炉房，每个集中锅炉房的位置、炉型与台数、供热能力、供热参数、年供热量，确定拟保留原来锅炉为尖峰锅炉；将要开发的余热资源的回收利用情况、供热能力、年供热量；其他能源可以利用的情况。

（4）实现热电联产与集中供热

1）确定每个热源的供热范围。根据热源的位置、供热半径和最远供热距离，确定其热源的供热范围。一般在供热半径3km的范围内不宜建设第二个热电联产热源点；确定该热源周围所供热的工业与民用热负荷。

2）进行热电联产与分产的方案比较。对拟新建或扩建的热电厂（站）应进行热电联产与分产的方案比较。只有论证经济合理时，才确定热电厂（站）的建设。一般锅炉单台容量在10t/h，年运行小时数在4000h以上时，经技术经济论证合理，应选用热电联产。根据热源所供应的工业与民用热负荷的大小、热负荷的性质、参数以及建厂的条件，选择合理的供热机组；介绍联片供热的规模、供热量等。近期集中供热，远期可发展热电联产的情况。

（5）热力管网

1）热力管网系统规划。按照城市总体规划安排近、远期热力管网新建和改建的计划，说明起止年限；近、远期热力管网建设的规模、主干线总长度、热力站总数和布点、最大管径、最远供热距离。

2）热水供热系统规划。介绍各个热水系统，确定供暖热水系统的供水温度与回水温度；热水管网主干线的总长度及占总长度的百分比、最大供热距离。在有生活热水供应的地区，介绍热水供应量，冬、夏季供应方式；热力站的布点和用地。

3）蒸汽供热系统规划。介绍工业用汽的蒸汽管网系统，确定每个系统的供汽参数和流量以及凝结水回收情况；蒸汽管网主干线的总长度及占总长度的百分比、最大供热距离。

4）管网走向及敷设方式。根据供热近、远期规划要求，进行多方案的技术经济比较，合理确定管网走向，并考虑到多热源联网的可能性；蒸汽管网与热水管网在市区各地段所采用的敷设方式。

（6）热电厂（站）在电力系统中的作用及对供热的影响

1）电力及热电系统的概况。目前和将来发展的用电负荷情况；水电站的装机容量，丰水和枯水季节以及水电站在电力系统的运行情况；火力发电中，中低压凝汽机组改为热电站对电力系统的影响、高压凝汽机组改为发电供热两用机组对电力系统的影响等；中小火电的状况；热电厂（站）在电力系统中的作用及对城市供热的影响等。

2）热电厂（站）的运行。根据"以热定电"的原则，确定各热电厂（站）在全年不同季节的运行方式；预计各热电厂（站）的年发电、供电量，可望达到的年设备利用的小时数等。

（7）投资估算与经济效益分析

1）投资估算。建设锅炉房规模与投资；余热利用工程的规模与投资；建设热电厂（站），改造老电厂为热电厂（站）和火电厂中增装供热机组的规模与投资；热力站、中继泵站和凝结水回收站的投资；热力管网的形式、管径、敷设方式的资金估算；供热管理机构的投资等。

2）主要材料估算包括：分期实现供热规划，其供热管网所需的钢材、木材、水泥量等。

3）经济效益分析。年节煤量的计算，年节约吨标煤净投资的估算；供热规划分期实施的年限、分期达到的年供热量、供热普及率；分阶段实现供热规划所需的投资，分析经济效益，估算投资回收年限。

（8）环境评述

1）环境现状及综合评述。当地大气、水体的环境现状；供热灰渣的处理方式及堆埋场地。

2）供热规划实现后的环境评述。分阶段实现供热规划后大气、水体环境的改善情况，灰渣综合利用和处理的情况；停运的锅炉房数量、锅炉台数、烟囱减少的数量以及节约的锅炉房、煤场、灰场的占地面积。

（9）城市供热规划的实现　实施供热规划，要有组织机构、工程实施以及建设资金来源。包括分期实现规划的热源、热网和热力站及其供热范围，集中供热普及率，最终实现供热规划的年限。

（10）附件　包括附表附图。

附表主要有：近、远期热负荷调查表，工业与民用供暖锅炉现状调查表，可利用的余热资源调查表，现有热电厂（站）机组型号与供热能力调查表，规划热电厂（站）机组型号与供热能力调查表，规划集中锅炉房的供热能力汇总表，新能源开发调查表，投资估算表。

附图包括：全市供热现状图，应标明现有热电厂（站）、余热利用和集中锅炉房的位置，每个热源的供热能力、供热范围、现有工业与供暖热网主干线的单线走向示意；全市近、远期工业与民用热负荷分布图，应标明工业用户与民用供热小区的位置、用热量；全市近、远期工业与民用热负荷曲线图，应分别绘出各热源供热范围的工业与民用热负荷的年热负荷曲线；供热规划图，应标明现有的和规划的各类热源，每个热源的供热量、供热范围、供热半径；管网规划图，应标明工业与民用供热管网主干线的管线走向，注明管径与根数、各阶段的敷设方式和长度，各热力站、中继泵站、凝结水回收站的位置；热水管网水压图，应标明热水管网主干线沿线地形标高，管线沿程压力损失（仅在地形变化大的城市管网需要）。

四、集中供热系统的组成和分类

1. 供热系统的组成

城市集中供热系统由热源、热力管网及热力站等传输系统和热用户三部分组成。

城市集中供热热源是指城市集中供热系统的热能制备和供应中心。凡是可将其他形式的能源（各种燃料、核能）转换为热能、吸收自然界能量产生热能或直接利用工业余热、地热能产生蒸汽或热水等介质的设施，统称为热源。根据热源的性质不同，可分为热电厂集中供热系统（即热电联供系统、热电冷三联供系统）和大型锅炉房集中供热系统。另外，还有由其他种类热源（包括工业余热和地热、太阳能等热源）共同组成的混合系统。

由供热蒸汽管网或热水管网组成的热媒输配系统，总称为热力网或热网。热用户则是包括供暖、生活及生产用热系统与设备组成的热用户系统。

2. 供热系统的分类

根据供热服务对象，通常分为民用供热和工业供热系统。

根据供热服务范围的大小不同，可分为区域供热（供暖）、集中供热（供暖）和局部供热（供暖）三种系统。在城市（城镇）区域内或大型工业企业内建设大型热源，通过市政热力管网统一输配热媒的系统，通常称为城市或区域供热（供暖）系统，因具有热效率高、环保等特点，有条件时应当优先采用。设置在供热量较大的工矿企业、一定规模的居住小区或由多幢建筑共用的供热系统，通常被称为集中供热（供暖）系统。热源、散热（用热）设备在一起或系统较小时，通常称为局部供热（供暖）系统。

根据供热热媒的不同，供热系统又分为热水系统和蒸汽系统。其中热水系统按温度参数的不同，又可分为高温高压热水系统（水温>115℃）和低温低压热水系统（水温≤115℃）；蒸汽供热系统按蒸汽压力大小，可分为高压蒸汽系统（气压>70kPa）和低压蒸汽系统（气压<70kPa）。

供暖系统是供热系统应用的一种主要形式，可分为热水供暖、蒸汽供暖和热风供暖三类。

根据大型供热（供暖）热源及供热系统的形式，又可分为热电厂热电联供、热电冷三联供及供热区域锅炉房的供热（供暖）系统。

热电厂供热（供暖）按照热电厂供热机组的形式不同，一般又分为以下几种类型：

1）凝汽式汽轮机：蒸汽在汽轮机内膨胀做功以后，除小部分轴封漏气外，全部进入凝结成水的汽轮机。实际上为了提高汽轮机的热效率，减少汽轮机排汽缸的直径尺寸，将做过功的蒸汽从汽轮机内抽出来，送入回热加热器，用以加热锅炉给水，这种不调整抽汽式汽轮机，也统称为凝汽式汽轮机。

2）抽汽凝汽式汽轮机：蒸汽进入汽轮机内部做功以后，从中间某一级抽出来一部分，用于工业生产或民用供暖，其余排入凝汽器凝结成水的汽轮机，称为一次抽汽式或单抽式汽轮机。从不同的级间抽出两种不同压力的蒸汽，分别供给不同的用户或生产过程的汽轮机称为双抽式（二次抽汽式）汽轮机。

3）背压式汽轮机：蒸汽进入汽轮机内部做功以后，以高于大气压力排除汽轮机，用于工业生产或民用供暖的汽轮机。

4）抽汽背压式汽轮机：为了满足不同用户和生产过程的需要，从背压式汽轮机内部抽出部分压力较高的蒸汽用于工业生产，其余蒸汽继续做功后以较低的压力排除，供工业生产和居民供暖的汽轮机。

5）中间再热式汽轮机：对于高参数、大功率的汽轮机，主蒸汽的初温、初压都比较高，蒸汽在汽轮机内部膨胀到末几级，其湿度不断增大，对汽轮机的安全运行很不利，为了减少排气湿度，将做过部分功的蒸汽从高压缸中排出，在返回锅炉重新加热，使温度接近初始状态，然后进入汽轮机的低压缸继续做功，这种汽轮机称为中间再热式汽轮机。

热电厂通常采用既带动发电机发电又对外供热的供热式汽轮机组，又称为热电联产汽轮机组。

集中供热锅炉房供热根据提供的热媒形式不同，可分为蒸汽和热水两种形式。蒸汽锅炉房多用于工业生产供热，热水锅炉房通常用于民用建筑供热（供暖）。

区域及集中热水供热系统的供回水方式，通常采用机械循环以及供水管+回水管的双管形式，蒸汽系统多采用蒸汽供气管+凝结水回水管的方式，当距离过远、通过技术经济比较确定合理，也可不回收凝结水。热电冷三联供时，可采用分别供回水的四管制或共用回水的三管制形式。

第二节　城市集中供热负荷的预测和计算

一、集中供热负荷的分类

城市热负荷分为建筑供暖（制冷）热负荷、生活热水热负荷和工业热负荷三类。按照负荷的属性，可分为民用热负荷及工业热负荷。按照供热时间规律分为常年性热负荷与季节性热负荷。

民用热负荷包括供暖、通风和热水供应三类，在计算和预测热负荷时，一般分类进行统计，然后按照同时使用的最大需求量求和。民用热用户通常以热水为热媒，使用的热媒参数相对较低。

工业热负荷包括生产过程中用于加热、烘干、蒸煮、熔化等生产工艺的用热，同时还包括部分动力热负荷，用于带动机械设备，使用的热媒参数相对较高。

工业用热及民用生活热水用热，因不受季节影响，属常年性热负荷。供暖、通风空调负荷，与季节有关，则属于季节性热负荷。

二、热负荷的预测与计算

1. 热负荷计算的步骤

第一要收集热负荷及有关的资料，第二要对热负荷的种类和特点进行准确分析，对供暖、通风、生活热水、生产工艺等不同的热负荷，应采用不同的方法、选择适宜的指标进行预测和计算。第三是在各类热负荷计算与预测结果得出后，经校核后相加，同时考虑其他变数，最后计算出区域的供热总负荷。后期会以规划区域的供热总负荷为依据，构思供热设施和进行管网的初步布局。

供热总负荷一般体现为功率，单位取瓦、千瓦或兆瓦（W、kW、MW）。

2. 民用热负荷预测计算

民用热负荷主要是满足公共建筑和民用建筑的供暖、生活热水和通风。

（1）供暖热负荷　在我国北方地区的冬季，由于室内与室外存在温差，房间内的热量会通过其围护结构（如门、窗、地板、墙体、屋顶等）散失。室外温度越低，房间的热损失越大。为了保证室内温度在一定范围，满足人们正常使生活的需要，必须通过供暖设备向室内补充与损失相等的热量。

建筑围护结构及墙体的传热原理如图 10-1 所示。

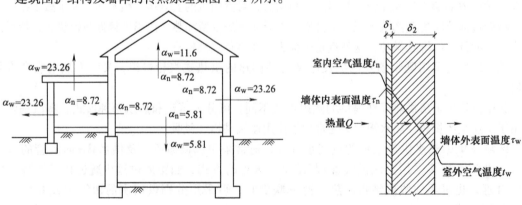

图 10-1　建筑围护结构及墙体的传热原理示意

围护结构的传热系数表示围护结构的热传导能力，数值越大，传热越好，保温就越差。计算公式为

$$K = \cfrac{1}{\cfrac{1}{\alpha_n} + \sum \cfrac{\delta_i}{\lambda_i} + \cfrac{1}{\alpha_w}} \tag{10-1}$$

式中　K——传热系数[$\text{W}/(\text{m}^2 \cdot \text{℃})$]；

　α_n、α_w——吸热及散热系数[$\text{W}/(\text{m}^2 \cdot \text{℃})$]；

　　　λ_i——某种材料的导热系数[$\text{W}/(\text{m} \cdot \text{℃})$]；

　　　δ_i——某种材料的厚度（m）。

传热系数的倒数称为热阻，通常用 R 表示，通常表示围护结构的保温情况。

$$R = \frac{1}{K} = \frac{1}{\alpha_n} + \sum \frac{\delta_i}{\lambda_i} + \frac{1}{\alpha_w} \tag{10-2}$$

在供暖室外计算温度下，每小时需补充的热量称为供暖热负荷，通常以 W 计。

房屋基本热损失的计算公式为

$$Q = \sum K_i F_i (t_n - t_w) a \tag{10-3}$$

式中　Q——供暖热负荷（W）；

　　　F_i——某种围护结构的面积（m^2）；

　　　K_i——某种围护结构的传热系数[$\text{W}/(\text{m}^2 \cdot \text{C})$]，可计算，也可一般根据有关手册查得；

　　　t_n——室内计算温度（℃）；

　　　t_w——供暖室外计算温度（℃）；

　　　a——围护结构的温差修正系数。

温差修正系数是指当围护结构与非供暖房间邻接时，对室外计算温度进行的修正，可参照表 10-1 选取。

表 10-1　温差修正系数

	围护结构特征		a
1	外墙、屋顶地面及与室外空气相通的楼板		1.00
2	闷顶的地板、与室外空气相通的地下室上面的楼板		0.90
3	非供暖地下室上面的楼板	地下室外墙上有窗	0.75
		地下室外墙上无窗且位于室外地面以上	0.60
		地下室外墙上无窗且位于室外地面以下	0.40
4	与有外门窗的非供暖楼梯间之间的隔墙	首层	0.70
		2~6 层	0.60
		7~30 层	0.50
5	与有外门窗的非供暖房间之间的隔墙或楼板		0.70
6	与无外门窗的非供暖房间之间的隔墙或楼板		0.40
7	与有供暖管道的屋顶设备层相邻的顶板		0.30
8	与有供暖管道的高层建筑中间设备层相邻的顶板和地面		0.20
9	伸缩缝、沉降缝墙		0.30
10	抗震缝墙		0.70

由式（10-3）可知，房屋围护结构传出的热量与围护结构的传热系数成正比、与室内外的温差成正比、与围护结构的面积成正比。另外，房屋散热情况还受到朝向、室外风速、风向以及热湿环境等影响。

室内设计温度是根据建筑性质、功能，以保证人员逗留区的舒适性、安全性等需求确定的。民用建筑通常在 16~24℃ 范围，其中严寒和寒冷地区主要房间应采用 18~24℃，夏热冬冷地区主要房间宜采用 16~22℃；室内采用辐射供暖方式时，设计温度可降低 2℃。房间需设置值班温度的，不应低于 5℃。严寒或寒冷地区设置供暖的公共建筑，非使用时间内，室内温度应保证在 0℃ 以上。对于工业建筑，轻体力劳动应为 18~21℃，中体力劳动应为 16~18℃，体力劳动应为 16~14℃，极重体力劳动应为 12~14℃。浴室、更衣室，不低于 25℃；办公室、休息室、食堂不低于 18℃；盥洗室、厕所，不应低于 14℃。

供暖建筑室内供暖设计温度通常指室内离地面 1.5~2.0m 高处的空气温度，可参照表 10-2 中数据选取。

表 10-2　室内供暖设计温度　　　　　　（单位：℃）

建筑类型	住宅	旅馆	商店	影剧院	办公室	辅助用房		车间		
						浴、更	盥、厕	轻体力	中体力	重体力
民用建筑	18~20	18~22	15~18	16~18	20~22	22	18~20	—	—	—
工业建筑	—	—	—	—	≥18	≥25	≥14	18~21	16~18	14~16

室外供暖计算温度与城市（镇）所处位置、当地的条件的影响较大，有关设计规范已给出相应的计算方法，即

$$t_{wn} = 0.57t_{lp} + 0.43t_{p,min} \tag{10-4}$$

式中　t_{wn}——供暖室外计算温度（℃），应取整数；

　　　t_{lp}——累年最冷月平均温度（℃）；

　　　$t_{p,min}$——累年最低日平均温度（℃）。

主要城市供暖室外设计温度、供暖时长以及推荐居住建筑的热指标，参见表 10-3。

表 10-3　全国主要城市供暖室外设计温度、供暖时长以及居住建筑推荐供暖热指标

城市名称	供暖室外计算温度 t_w /℃	供暖期日平均温度 t_{pj}/℃	供暖时长		耗热量指标 q_h/(W/m²)	未节能热指标/(W/m²)	节能50%热指标/(W/m²)	节能65%热指标/(W/m²)
			天数 /d	时数 /h				
北京	-7.6	-1.6	125	3000	20.6	61.8	40.3	28.7
天津	-7.0	-1.2	119	2856	20.5	63.4	41.3	29.4
承德	-13.3	-4.5	144	3456	21.0	61.7	40.2	28.6
唐山	-9.2	-2.9	127	3048	20.8	61.3	39.9	28.4
保定	-7.0	-1.2	119	2856	20.5	63.4	41.3	29.4
石家庄	-6.2	-0.6	112	2688	20.3	63.3	41.2	29.3
大连	-9.8	-1.6	131	3144	20.3	68.7	44.8	31.8
丹东	-12.9	-3.5	144	3456	20.9	67.4	43.9	31.2
锦州	-13.1	-4.1	144	3456	21.0	65.2	42.5	30.2

（续）

城市名称	供暖室外计算温度 t_w/℃	供暖期日平均温度 t_{pj}/℃	供暖时长 天数/d	供暖时长 时数/h	耗热量指标 q_h/(W/m²)	未节能热指标/(W/m²)	节能50%热指标/(W/m²)	节能65%热指标/(W/m²)
沈阳	−16.9	−5.7	152	3648	21.2	69.0	45.0	32.0
本溪	−18.1	−5.7	151	3624	21.2	69.0	45.0	32.0
赤峰	−16.2	−6.0	160	3840	21.3	64.6	42.1	30.0
长春	−21.1	−8.3	170	4080	21.7	66.6	43.4	30.9
通化	−21.0	−7.7	168	4032	21.6	69.9	45.6	32.4
四平	−19.7	−7.4	163	3912	21.5	64.5	42.0	29.9
延吉	−18.4	−7.1	170	4080	21.5	64.9	42.3	30.1
牡丹江	−22.4	−9.4	178	4272	21.8	65.0	42.4	30.1
齐齐哈尔	−23.8	−10.2	182	4368	21.9	64.5	42.0	29.8
哈尔滨	−24.2	−10.0	176	4224	21.9	66.6	43.4	30.9
海拉尔	−31.6	−14.3	209	5016	22.6	69.3	45.2	32.1
呼和浩特	−17.0	−6.2	166	4008	21.3	67.5	44.0	31.3
银川	−13.1	−3.8	145	3456	21.0	66.4	43.3	30.8
西宁	−11.4	−3.3	162	3864	20.9	64.1	41.8	29.7
酒泉	−14.5	−4.4	155	3696	21.0	67.9	44.3	31.5
兰州	−9.0	−2.8	132	3264	20.8	61.7	40.2	28.6
乌鲁木齐	−19.7	−8.5	162	3696	21.9	66.2	43.2	30.7
太原	−10.1	−2.7	135	3288	20.8	64.2	41.9	29.8
榆林	−15.1	−4.4	148	3552	21.0	66.0	43.0	30.6
延安	−10.3	−2.6	130	3240	20.7	64.4	42.0	29.8
西安	−3.4	+0.9	100	2376	20.2	63.1	41.1	29.2
济南	−5.3	+0.6	101	2400	20.2	66.8	43.5	31.0
青岛	−5.0	+0.9	110	2712	20.2	68.6	44.7	31.8
徐州	−3.6	+1.4	94	2184	20.0	68.2	44.4	31.6
郑州	−3.8	+1.4	98	2256	20.0	65.5	42.6	30.3
拉萨	−5.2	+0.5	142	3048	20.2	63.6	41.4	29.5
日喀则	−7.3	−0.5	158	3744	20.4	64.1	41.8	29.7

供暖热指标是在供暖室外计算温度下单位面积每小时所需要的热量。应综合城市总体规划中的人均建设用地指标、建设用地分类、估算容积率、现状供热设施供应水平和现状建筑节能改造程度等因素，在调查的基础上，确定供暖综合热指标。建筑供暖热指标是针对不同建筑类型，综合不同时期节能状况的单位建筑面积平均热指标。不同地区、不同年代的建筑供暖热指标均有一些差异。

建筑供暖综合热指标计算式为

$$q = \sum_{i}^{n} \left[q_i(1 - \alpha_i) + q'_i\alpha \right]\beta_i \qquad (10-5)$$

式中　　q——建筑供暖综合热指标（W/m^2）；

q_i——未采取节能措施建筑供暖热指标（W/m^2）；

q_i'——采取节能措施建筑供暖热指标（W/m^2）；

α_i——采取节能措施的建筑面积比例（%）；

β_i——各建筑类型的建筑面积比例（%）；

i——不同的建筑类型。

规划区内各建筑物的建筑面积，建筑物用途及层数等基本情况，常采用面积热指标法来确定热负荷。供暖热负荷预测宜采用指标法，计算式为

$$Q_h = \sum_{}^{n} q_{hi}A_i \times 10^{-3} \tag{10-6}$$

式中　　Q_h——供暖热负荷（kW）；

q_{hi}——建筑供暖热指标或综合热指标（W/m^2）；

A_i——各类型建筑物的建筑面积（m^2）；

i——建筑类型。

（2）通风热负荷计算　　通风是保障建筑满足卫生条件最简单的一种方法，可营造良好的空气环境，保持一定环境的温湿度和清洁度，我国北方地区的冬季通风，新鲜空气多经过加热后再进入室内，或在房间的热负荷计算和系统设置中，就考虑这一部分热量。加热新鲜空气所消耗的热量，通常被称为通风热负荷。

通风热负荷可按下式计算：

$$Q_T = nV_i c_r(t_n - t_w) \tag{10-7}$$

式中　　Q_T——通风热负荷（W）；

n——通风换气次数（次/h）；

V_i——室内空气体积（m^3）；

c_r——空气体积热容[$J/(m^3 \cdot ℃)$]；

t_n——室内计算温度（℃）；

t_w——通风室外计算温度（℃）。

采用式（10-7）计算较复杂，在一般情况下，计算通风热负荷的公式为

$$Q_T = KQ/1000 \tag{10-8}$$

式中　　Q_T——通风热负荷（W）；

K——加热系数，一般取0.3~0.5；

Q——供暖热负荷（kW）。

（3）生活热水热负荷　　在日常生活工作中，生活热水的使用也很广泛，当采用集中供给时，就需要计算生活热水热负荷并将其纳入到整个供热系统中。

生活热水热负荷的大小，受使用热水的水温以及热水用水量标准的影响。

一般情况下，生活热水的使用温度为40~60℃，由热水和冷水混合后使用，故生活热水的计算温度通常为65℃。

我国主要有五个热工分区：第一分区包括东北三省及内蒙古、河北、山西和陕西北部；第二分区包括北京、天津、河北、山东、山西、陕西大部、甘肃宁夏南部、河南北部、江苏北部；第三分区包括上海、浙江、江西、安徽、江苏大部、福建北部、湖南东部、湖北东部和河南南部；第四分区包括两广、台湾、福建和云南南部；第五分区包括云贵川大部，湖南、湖北西部，陕西、甘肃秦岭以南部分。不同的热工分区中，采用的冷水的计算温度也不尽相同。各分区冷水计

算水温见表 10-4。

表 10-4　各分区冷水计算温度　　　　　　　　（单位：℃）

分区	第一分区	第二分区	第三分区	第四分区	第五分区
地面水水温	4	4	5	10~15	7
地下水水温	6~10	10~15	15~20	20	15~20

各类建筑生活热水用水标准见表 10-5。

表 10-5　生活热水用水标准

建筑类型	卫生设施状况	用水量
住宅	卫浴具全	75~100L/（人·d）
宿舍	有淋浴盥洗设施	35~50L/（人·d）
	有盥洗设施	25~30L/（人·d）
旅馆	有公共盥洗室和浴室	50~60L/（床·d）
	客房有卫生间	120~150L/（床·d）
医院	高标准	200L/（床·d）
	一般标准	120L/（床·d）

计算生活热水热负荷一般采用的计算式为

$$Q_w = 1.163 \frac{KmV(t_r - t_1)}{T}$$

(10-9)

式中　Q_w——生活热水热负荷（W）；

m——人数或床位数；

V——生活热水用水标准[L/（人·d）]；

t_r——生活热水计算温度，一般为 65℃；

t_1——冷水计算温度；

T——热水用水时间（h）；

K——小时变化系数一般取 1.6~3.0。

K 值随用水量总体规模的变化而变化，用水规模越大，用水人数越多，K 值越小；用水规模越小，K 值越大。另外，住宅、旅馆和医院的生活热水使用时间一般都为 24h。

式（10-9）计算得到的生活热水热负荷为供暖期生活热水热负荷，非供暖期生活热水热负荷用计算式为

$$Q'_w = \frac{(t_r - t'_1)}{t_r - t_1} Q_w$$

(10-10)

式中　Q'_w——非供暖期生活热水热负荷（W）；

Q_w——供暖期生活热水热负荷（W）；

t_r——生活热水计算温度，一般为 65℃；

t'_1——冷水计算温度，见表 10-4。

生活热水热负荷也可用指标估算，热指标参见表 10-6。对居住区，可采用下列公式计算：

$$Q_s = \sum_{i}^{n} q_{si} A_i \times 10^{-3}$$

(10-11)

271

式中 Q_s——生活热水热负荷（kW）；

    q_{si}——生活热水热指标（W/m²）；

    A_i——供应生活热水的各类建筑物的建筑面积（m²）；

    i——建筑类型。

表 10-6　生活热水热指标　　　　　　　　　　　（单位：W/m²）

用水设备情况	热指标
住宅无生活热水，只对公共建筑供热水	2~3
住宅及公共建筑均供热水	5~15

注：1. 冷水温度较高时采用较小值，冷水温度较低时采用较大值。

    2. 热指标已包括约10%的管网热损失。

（4）空调冷负荷　空调冷负荷一般可采用指标概算法进行估算，不同的建筑，负荷指标修正系数 β 取值不同，具体见表10-7。

表 10-7　建筑冷负荷指标修正系数值

建筑类型	旅馆	住宅	办公楼	商店	体育馆	影剧院	医院
冷负荷指标修正系数 β	1.0	1.0	1.2	0.5	1.0	1.2~1.6	0.8~1.0

注：当建筑面积小于5000m² 时，取上限；建筑面积大于10000m² 时，取下限。

空调冷负荷的计算公式：

$$Q_c = \beta q_c A / 1000 \tag{10-12}$$

式中 Q_c——空调冷负荷（kW）；

    β——修正系数；

    q_c——冷负荷指标，一般为 70~90W/m²；

    A——建筑面积（m²）。

3. 工业热负荷预测计算

工业热负荷指标是对不同工业的单位用地平均热指标。由于不同工业类型、不同工艺的蒸汽需求差异较大，用工业区单位占地面积热负荷指标估算规划热负荷的方法还不太成熟，需要进一步总结和积累经验。工业热负荷宜采用相关分析法和指标法。采用指标法预测工业热负荷时，计算式为

$$Q_g = \sum_{1}^{n} q_{gi}A_i \times 10^{-3} \tag{10-13}$$

式中 Q_g——工业热负荷（t/h）；

    q_{gi}——工业热负荷指标[t/（h·km²）]；

    A_i——不同类型工业的用地面积（km²）；

    i——工业类型。

对规划的工厂，可以采用设计热负荷资料或根据相同企业的实际负荷资料进行估算。当条件不具备时，只能采取同时工作系数进行修正。

生产热负荷的大小，主要取决于工业产品的种类、生产工艺过程的性质、用热设备的形式以及工厂企业的工作制度。由于工厂企业产品及生产设备多种多样，工艺过程对用热要求的热介质种类和参数各异，因此生产热负荷应由工艺设计人员提供。计算集中供热系统最大生产工艺设计热负荷时，应以核实的各工厂（或车间）的最大生产工艺热负荷之和乘以同时使用系

数，即

$$Q_{w,max} = K_{sh}Q_{sh,max} \tag{10-14}$$

式中　$Q_{w,max}$——工厂（或车间）的生产工艺最大设计热负荷（GJ/h）；

　　　K_{sh}——同时工作系数，一般取 0.7~0.9；

　　　$Q_{sh,max}$——经核实的各工厂（或车间）的最大生产工艺热负荷（GJ/h）。

　　主要工业产品都会有能耗的指标，也可根据当地或行业的一些统计表统计选取，部分产品单位耗热概算指标可参照表10-8。

表10-8　一些产品单位耗热概算指标

产品类型	单位	耗热指标	产品类型	单位	耗热指标
合成纤维	GJ/t	115.00	硫酸	GJ/t	0.50
化学纤维	GJ/t	75.00	钢管	GJ/t	0.35
酚	GJ/t	30.00	铸铁	GJ/t	0.23
塑料合成树脂	GJ/t	25.00	马氏体钢	GJ/t	0.13
化学纸浆	GJ/t	15.00	胶合板	GJ/m²	6.00
苛性钠	GJ/t	13.00	刨花板	GJ/m²	5.00
纸和纸板	GJ/t	10.00	丝织品	GJ/m²	0.04
合成氨	GJ/t	5.00	毛织品	GJ/m²	0.02
粗制烧碱	GJ/t	7.00	麻织品	GJ/m²	0.015
焦炭	GJ/t	1.00	棉织品	GJ/m²	0.01
石油制品	GJ/t	0.90			

4. 城市热负荷预测计算

　　热负荷预测是编制城市供热规划的基础和重要内容，是合理确定城市热源、热网规模和设施布局的基本依据。热负荷预测要有科学性、准确性，具体的预测工作应建立在经常性收集、积累负荷预测所需资料的基础上。

　　热负荷预测宜根据不同的规划阶段采用不同的方法预测。总体规划阶段宜采用供暖综合热指标预测供暖热负荷、采用相关分析法预测工业热负荷。详细规划阶段宜采用分类建筑供暖热指标预测建筑供暖热负荷。

　　详细准确地调查、逐项列出现有热负荷以及落实已批准项目的热负荷及规划期发展的热负荷进行工业热负荷预测。拟采用按不同行业项目估算指标中典型生产规模进行计算，或采用相似企业的设计耗热定额估算热负荷的方法。对并入同一热网的最大生产工艺热负荷，应在各热用户最大热负荷之和的基础上乘以同时使用系数，同时使用系数可取 0.6~0.9。

　　当热网由多个热源供热，对各热源的负荷分配进行技术经济分析时，宜绘制热负荷延续时间曲线，以计算各热源的全年供热量及用于基本热源和尖峰热源承担供热负荷的配置容量分析，这是合理选择热电厂供热机组供热能力的重要工具。

　　按照所规划城市的历年气象资料及有关数据绘制规划集中供热区域的热负荷延续曲线。供暖热负荷持续曲线与所在城市的气候、地理以及供暖方式等因素有关，同一城市的供暖热负荷延续曲线基本一致，最大负荷利用小时数基本一致。工业热负荷持续曲线与工业类别、生产方式、工艺要求等因素有关，受社会经济发展的影响，最大负荷利用小时数可能变化很大。在城市供热规划中根据城市用地布局、功能分区、热负荷分布及地形地貌条件，往往要将城市分成几个

273

独立的集中供热区域，因此还有必要分区绘制规划区域的年热负荷延续时间曲线，用于指导分区调峰热源容量的配置。对以供蒸汽为主的工业区，在规划阶段没有落实实际项目的，可适当简化，不做强制要求绘制年热负荷延续时间曲线。

在供暖热负荷延续时间曲线图（图 10-2）中，横坐标的左方为室外温度 t_w，纵坐标为供暖热负荷 Q_n，横坐标的右方表示小时数，如横坐标 n_1 代表供暖期中室外温度 $t_w \leqslant t_{w1}$ 出现的总小时数。

图 10-2 中，由曲线与坐标轴围成的面积（斜线部分）代表相应的年供热量。随着室外温度变化，供暖热负荷在数值上变化很大，数值越大，持续时间越短。这部分持续时间短的热负荷应当配备尖峰热源来承担，持续时间长的基本热负荷应当由热电厂供热机组承担，这样可以充分发挥热电厂的作用，获得最大的节能效果。工业热负荷持续曲线图与供

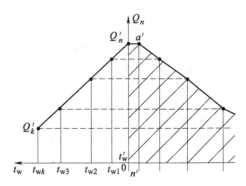

图 10-2　供暖热负荷延续时间曲线图

暖热负荷持续曲线图不同之处在于没有横坐标的左方室外温度 t_w，只有右方工业热负荷 Q_n（纵坐标），与持续小时数（横坐标）的关系。

5. 供热总负荷的计算

供热总负荷，是将上述各类负荷的计算结果相加，进行适当的校核处理后得出的数值。必须说明的是，供热总负荷中的供暖通风热负荷与空调冷负荷实际上是一类负荷，在相加时应取两者中较大的一个进行计算。

对于民用热负荷，还可采用更为简便的综合热指标进行概算。对于居住区（含公共建筑），供暖综合热指标一般可按表 10-9 取值。

表 10-9　建筑供暖热指标推荐值　　　　　　　　　　（单位：W/m^2）

建筑物类型	住宅	居住区综合	学院办公	医院托幼	旅馆	商店	食堂餐厅	影剧院展览馆	大礼堂体育馆
未采取节能措施	58~64	60~67	60~80	65~80	60~70	65~80	115~140	95~115	115~165
采取节能措施	40~45	45~55	50~70	55~70	50~60	55~70	100~130	80~105	100~150

注：1. 表中数值适用于我国东北、华北、西北地区。
　　2. 热指标中已包括约 5% 的管网热损失。

三、热负荷预测计算案例

【例 10-1】　北方某大学校园规划建成教学建筑面积 33 万 m^2，生活建筑面积 11 万 m^2，校园承载学生 8000 人，有教工 1000 人。学生宿舍 10 栋，宿舍每层设有集中供热的公共浴室（太阳能系统可提供 30% 的热量），供应热水时间为 6h，教师公寓 4 栋，无生活热水供应。试计算该校热负荷。

【解】　例中，热负荷有供暖通风与生活热水两类。

供暖通风热负荷采用综合指标 $70W/m^2$ 计算，则 34 万 m^2 总建筑面积的供暖通风热负荷约为 23.8MW。

计算学生热水热负荷时，太阳能提供的热量应从热源提供的热量中剔除。生活热水热负荷

的计算公式为

$$Q = [KmV(t_r - t_1)/T] \times 1.163$$

式中，K 取 3.0，m 取 8000 人，V 取 35L/（人·d），T 取 6h，t_1 取 5℃，可计算出学生生活热水热负荷。K 的取值主要考虑用地规模，另外还考虑用热水时间，学生使用生活热水的时间相对集中，故 K 的取值较大。经以上公式计算出的生活热水热负荷为 8.4MW，扣除太阳能的补充热量，热源需提供热量 5.88MW。

将生活热水热负荷与供暖通风热负荷相加，即（23.8+5.88）MW＝29.68MW，得出该学校总热负荷为 29.68MW。

【例 10-2】　某北方城市，规划用地面积 20km²，规划总人口 20 万人，到规划期末，规划集中供热普及率为 80%，现状生产热负荷约 20MW，规划期为 15 年，预计生产热负荷的年增长率为 10%。试估算规划期末城市热负荷的规模。

【解】　在总体规划中，供热专项规划是对热负荷的粗线条估测，一般采用的是综合指标概算的方法。估算可以按以下步骤进行：

首先，根据一般城市的类型及各种用地的比例，假设该城市的公建与居住用地占总用地的比例约为 40%~50%，公建与居住用地的面积约为 10km²，若按建筑容积率平均为 0.8 计，则居住与公建建筑面积约为 8km²。集中供热普及率为 80%，则民用建筑的供热面积为（400~500）万 m²。在得出民用建筑供热面积后，采用综合热指标 75W/m²，则可得出民用热负荷为 300~375MW。

现状生产负荷为 20MW，预计未来 15 年内生产热负荷以每年 10% 的速度递增，据此可得出规划期末的生产热负荷为 85MW。

将民用热负荷和生产热负荷相加，可知规划期末，该城市的总用热规模为 385~460MW。

第三节　城市集中供热热源规划

一、城市集中供热热源的种类与特点

不同规划阶段，对热源的规划深度要求不同。结合具体条件，合理确定城市集中供热热源的规模、数量、布局是主要任务。热源的种类主要包括热电联供的热电厂、集中供热锅炉房以及工业余热和地热、核能、太阳能等其他类型的热源。目前，国家对于热电联产、三联供、分布式能源的新政策，也会对供热热源及供热方式产生重大的影响。

1. 热电厂

热电厂是指联合生产电能和热能的火力发电厂，利用锅炉产生高压高温蒸汽带动汽轮发电机运转，高温高压蒸汽做功后成为高温乏汽，乏汽必须凝结成水后，方能进入锅炉再较热成为高温高压蒸汽。将蒸汽冷凝为水，会散发出大量的热量，利用这部分热量，实行城市大规模供暖供热，极大提高了能源的转换效率。热电联供也是在凝汽式电厂的基础上发展而来的。燃煤或燃气热电厂的建设应能够实现"以热定电"或"以电定热"，并合理选取热化系数。

发电机组通常有：凝汽式机组、抽汽凝汽式机组、背压式机组、抽汽背压式机组等几种形式。

（1）凝汽式汽轮机组热电厂

275

1）凝汽式汽轮机组是蒸汽在汽缸内做功后成为高温的乏汽后，全部排入（真空）凝汽器，放出汽化热变成高温水，返回锅炉继续受热成为高压高温蒸汽进行做功的机组。凝汽式电厂的能量损失较大，假设用于发电的燃料发热量为100%，锅炉能量损失10%～15%，管道热损失1%～2%，汽轮机机械损失1%～2%，发电机损失1%，冷凝器热损失40%～60%。为了充分利用冷凝器中损失的这部分能量，通常采用热电联产方式。蒸汽的热量被水带走，升温后的水可进行大范围的循环供热，成为城市集中供热的重要来源，有效提升了燃烧产生能量的综合利用效率。

2）抽汽凝汽式汽轮机是从汽轮机中间抽出部分蒸汽，供热用户使用的凝汽式汽轮机。抽汽凝汽式汽轮机从汽轮机中间级抽出具有一定压力的蒸汽供给热用户，一般又分为单抽汽和双抽汽两种。一级抽汽口的抽汽压力较高，压力调节范围0.8～1.23MPa，主要用于工业用汽；二级抽汽口的抽汽压力较低，压力调节范围0.118～0.245MPa，主要解决供暖、通风等用热。双抽汽汽轮机可供给热用户两种不同压力的蒸汽。这种机组的主要特点是当热用户所需的蒸汽负荷突然降低时，多余蒸汽可以经过汽轮机抽汽点以后继续做功发电。这种机组的优点是灵敏性较大，能够在较大范围内同时满足热负荷和电负荷的需要，适用于负荷变化幅度较大，变化频繁的区域性热电厂。它的缺点是热经济性比背压式机组差，而且辅机较多，投资较大，系统也比较复杂。

在凝汽机组的基础上发展而来的凝汽供暖两用机组，造价较低，不同规格大小的机组具有不同的热电比，节能空间也很大，正在向专用高效大容量机组方向发展。

（2）背压式供热机组热电厂

1）背压式汽轮机组是将汽轮机的排汽供热用户运用的汽轮机，其排汽压力（背压）高于大气压力。背压式汽轮机排汽压力高，通流部分的级数少，结构简单，且不需要庞大的凝汽器和冷却水系统，机组轻小，造价低。当它的排汽用于供热时，热能可得到充分利用，但这时汽轮机的功率与供热所需蒸汽量直接联系，因此不可能同时满足热负荷和电（或动力）负荷变动的需要，这是背压式汽轮机用于供热时的局限性。这种机组的主要特点是设计工况下的经济性好，节能效果明显。另外，它的结构简单，投资省，运行可靠。主要缺点是发电量取决于供热量，不能同时满足热用户和电用户的需要。因此，背压式汽轮机多用于热负荷全年稳定的企业、自备电厂或有稳定的基本热负荷的区域性热电厂。

2）抽汽背压式汽轮机是从汽轮机的中间级抽取部分蒸汽，供需要较高压力等级的热用户，同时保持一定背压的排汽，供需要较低压力等级的热用户使用的汽轮机。这种机组的经济性与背压式机组相似，设计工况下的经济性较好，但对负荷变化的合适性差。

部分国产汽轮机供热机组的主要技术参数见表10-10。

表10-10 部分国产汽轮机供热机组的主要技术参数

供热机组类型	型号	额定功率/kW	进汽压力/MPa	进汽温度/℃	进汽量/(t/h)	抽汽压力/MPa	抽汽量/(t/h)	排汽压力/MPa
背压式	B3-35/10	3000	3.5	435	57			0.8~1.3
	B6-35/10	6000	3.5	435	93			0.8~1.3
	B12-35/5	12000	3.5	435	114			0.4~0.7
	B12-35/10	12000	3.5	435	178			0.8~1.3
	B25-90/10	25000	9.0	535	200			0.8~1.3

（续）

供热机组类型	型号	额定功率/kW	进汽压力/MPa	进汽温度/℃	进汽量/(t/h)	抽汽压力/MPa	抽汽量/(t/h)	排汽压力/MPa
单级抽汽	C3-35/10	3000	3.5	435	28	0.8~1.3	10	0.007
	C6-35/10	6000	3.5	435	60	0.8~1.3	20	0.007
	C12-35/10	12000	3.5	435	120	0.8~1.3	80	0.005
	C25-90/10	25000	9.0	535	160	0.8~1.3	50	0.005
	C50-90/10	50000	9.0	535	310	0.8~1.3	160	0.005
	C100-90/5	100000	9.0	535	550	0.3~0.5	180	0.005
两级抽汽	CC25-90-10/1.2	20000	9.0	535	155	1.0/0.12	50/40	0.005

热电厂占地指标见表 10-11。

表 10-11 热电厂占地指标

机组总容量/MW	机组构成/MW（台数×机组容量）	厂区占地面积/hm²
燃煤热电厂	50（2×25）	5
	100（2×50）	8
	200（4×50）	17
	300（2×50+2×100）	19
	400（4×100）	25
	600（2×100+2×200）	30
	800（4×200）	34
	1200（4×300）	47
	2400（4×600）	66
燃气热电厂	≥400MW	360m²/MW

2. 集中锅炉房

（1）锅炉房的分类　根据制备的热媒种类不同，锅炉可分为蒸汽锅炉和热水锅炉。蒸汽锅炉通过加热水产生高温高压蒸汽，通过调压装置，可向用户提供不同参数的蒸汽，也可通过换热装置向用户提供热水。热水锅炉只提供不同温度的热水，大型锅炉通常生产高温水。

当有工业用户，需要供应蒸汽时，一般选用蒸汽锅炉。蒸汽锅炉房也可通过蒸汽-水换热器提供同温度的热水。对于民用建筑或公共建筑的用户较多的区域，主要满足生活用热水、供暖、通风的热用户；生产工艺中仅需加热的工艺的可以选用热水锅炉。热水锅炉房也根据需求，可提供不同温度的水，或通过换热器，提供不同温度的水。

锅炉的出力通常以产热量表示，标准单位为 MW，民间也表示为 t/h（蒸吨，即每小时可产生蒸汽的折算热量）。新建锅炉房不宜少于 2 台及多于 5 台，改造的锅炉房不超过 7 台。民用锅炉，一般不超过 4 台。单独设置的锅炉房的规模，一般单台锅炉功率不少于 7.0MW，供热面积不宜小于 10 万 m²。规模较大的热水锅炉房，供热量往往超过 30MW，供热半径可达 3.0~5.0km。规模较小的锅炉房，单台功率不宜小于 4.2MW，供热量宜在 5.8~30MW，供热半径 1.0~2.0km。

（2）锅炉房的平面布置　锅炉房包括锅炉间、辅助间和生活间。辅助间一般包括风机、水泵、水处理站、修理间、计量及控制设备等。生活间包括办公室、休息室、更衣室、浴室等。中小型锅炉房的锅炉间和辅助间可以结合在一座建筑内，而规模较大的区域锅炉房，辅助用房较多，一般应分别布置。

（3）锅炉房用地面积　固体燃料的锅炉房用地规模与锅炉的总容量有关，安排用地时，可在表10-12指标中选取，使用液体燃料和气体燃料的锅炉房用地面积宜采用下限值。

表 10-12　不同热水锅炉房用地面积参考表

锅炉房总容量/MW	用地面积/hm²	锅炉房总容量/MW	用地面积/hm²
5.8~11.6	0.3~0.5	58.0~116	1.6~2.5
11.6~35.0	0.6~1.0	116~232	2.6~3.5
35.0~58.0	1.1~1.5	232~350	4~5

二、城市供热热源的选择

供热热源种类及总体布局，应结合城市（城镇）的性质、气象及地理条件等具体情况，并通过技术经济比较后确定。

1. 供热热源的选择

（1）热电厂　热电厂可实现热电联产或三联供，可有效提高能源利用率，降低污染，同时可向更大面积区域和用热大户供热，便于管理。因此，有条件的地方，应优先选择热电厂供热。

地区的气象条件将直接影响热电厂的经济和社会效益。在气候冷、供暖期长的地区，热电合产运行时间长，节能效果明显。有些地方推广"热、电、冷三联供"系统，有效提升了能源转换效率，也取得了良好的效果。

（2）区域锅炉房　区域锅炉房具有锅炉容量大、可供热面积大、供热对象多，热效率高、机械化程度高等优点。与热电厂相比，功能单一，能量转换效果较差，但是其建设费用少、建设周期短，能较快收到节能和减轻污染的效果。区域锅炉房建设运行灵活，除可作为中、小城市的供热主热源外，还可在大中城市作为区域机动主热源，更是城市供热系统尖峰热源的首选方案。

2. 供热热源规模的选择

（1）供暖平均负荷　按供暖室外设计温度计算出来的热指标为最大小时热指标。用最大小时热指标乘以平均负荷系数，即可得到平均热指标。平均负荷系数计算式为

$$\varPhi = \frac{t_n - t_p}{t_n - t_w} \tag{10-15}$$

式中　$\varPhi$——平均负荷系数；

t_n——供热室内计算温度（℃）；

t_w——供热室外计算温度（℃）；

t_p——冬季室外平均温度（℃）。

以平均热指标计算出来的热负荷，即为供暖平均负荷，供热主热源的供暖规模应能够满足供暖平均负荷的需要。超出平均负荷的热负荷被称为高峰负荷，通常需要以辅助热源（或叫尖峰热源）来满足需求。我国黄河以北地区的供暖平均负荷，可按照供暖设计计算负荷的60%~70%考虑。

（2）热化系数　热化系数是指热电联产的最大供热能力占供热区域最大热负荷的比例。针

对不同供热的主要对象，热电厂应选定不同的热化系数。以工业热负荷为主的系统，季节热负荷的峰谷差别及日热负荷峰谷差别不大的，热化系数宜取 0.8~0.9；以供暖热负荷为主的系统，热化系数宜取 0.5~0.7；既有工业热负荷又有供暖热负荷的系统，热化系数宜取 0.6~0.8。稳定的常年负荷值越大，热化系数越高，反之，则热化系数越低。选择热电厂供热能力时，也应根据当地的热化系数要求来确定。

3. 城市供热热源的选址

（1）热电厂的选址　热电厂的选址应符合城市总体规划的要求，并应征得规划、电力、水利、消防等主管机构的同意。厂址应满足工程建设的工程地质条件和水文地质条件，应避开机场、滑坡、溶洞、断裂带、淤泥、潮水或内涝区及环境敏感区，城市（城镇）应尽量占用荒地、次地和低产田。厂址标高还应满足防洪要求。由于热电厂产生的蒸汽输送距离一般为 3~4km，应尽量靠近用热负荷中心，便于热网及电力线路上网。一条电力管线通常会占用 35m 的宽度，因此需留出足够宽的出线走廊。热电厂还要有方便的交通运输条件及良好的供水、排污条件。单台机组发电容量在 400MW 及以上规模的燃气热电厂，应具有接入高压天然气管道的条件，选址时，还应考虑方便职工居住和上下班等综合需求。

（2）锅炉房的选址　燃气锅炉房的选址，应设置在地质条件良好、满足防洪要求的地区，锅炉房要有利于自然通风与采光，应便于天然气管道接入，且靠近负荷中心，以便于热力管道的引出，并使管网在技术、经济上合理。蒸汽锅炉房的位置，还应有利于凝结水的回收。全年运行的锅炉房宜位于居住区和环境敏感区的供暖季最大频率风向的下风侧，具有良好的道路交通条件。燃煤锅炉房规划位置还便于燃料贮运和灰渣排除，并使人流和煤、灰车流分，有利于减少烟尘及有害气体对居民区和主要环境保护区的影响。

燃煤、燃气锅炉房的用地指标参见表 10-13。

表 10-13　锅炉房用地指标　　　　　　　　　　（单位：m²/MW）

热源设施	用地指标
燃煤锅炉房	145
燃气锅炉房	100

第四节　城市供热管网规划

供热管网又称热力网，系指由热源向热用户输送和分配供热媒体的管线系统，主要由热源至热力站间的管网（称为一级管网）、热力站至用户之间的管网（称为二级管网）、管道附件（分段阀、补偿器、放气阀、排水阀等）和管道支座（架）组成。对于一级管网多采用闭式、双管或多管制的管网形式，二级管网可根据用户要求确定。

一、供热管网的分类

根据热媒介质不同，热力网可分为热水管网、蒸汽管网和混合式管网三种。一般情况下，从热源到热力站的管网多采取高温热水管网，也可采用蒸汽管网，在热力站向热用户供热的管网中，更多采取热水管网。

热网按平面布置，可分为枝状管网和环状管网，按用户对介质的使用情况，可分为开式和闭式。开式管网的热用户可以直接使用供热介质，如蒸汽和热水，但供热系统必须不断补充新的供热介质。闭式管网的热介质只在系统内部循环提供热量，热介质不供给用户直接使用，系统只需补充运行过程中泄漏损失的少量介质。

供热管网根据管路上敷设的管道数目，分为单管制（只供不回）、双管制（一供一回）和多管制（根据实际需要设置管道数量和用途）。多管制管网网路复杂，投资较大，管理也比较困难。

二、城市供热管网的布置形式

供热管网的布置方式按平面布置类型，可分为枝状管网和环状管网两种。枝状管网又有单级枝状管网和两级枝状管网两种形式。

1. 枝状管网

（1）单级枝状管网　从热源出发经供热管网直接接到各热用户的布置形式称为单级枝状管网。枝状管网是呈树枝状布置的形式，如图10-3所示为单级枝状管网。

枝状管网布置简单，供热管道的直径随着离热源越远而逐渐减小。管道的金属耗量小，建设投资小，运行管理方便，但枝状管网不具有后备供热能力。当供热管网某处发生故障时，在故障点后的热用户都将停止供热。因此，枝状管网一般适用于规模较小的且允许短时间停止供热的热用户。蒸汽系统也多采用枝状管网。

（2）两级枝状管网　由热源至热力站的供热管道系统称为一级管网；由热力站至热用户的供热管道系统称为二级管网。两级枝状管网的规模较大，其形式如图10-4所示。

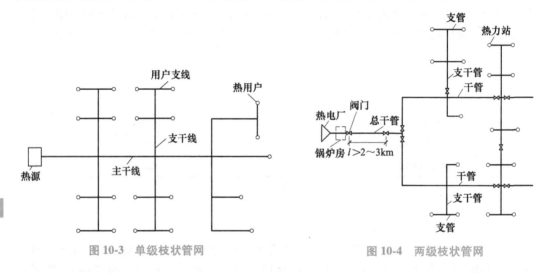

图10-3　单级枝状管网　　　　　图10-4　两级枝状管网

2. 环状管网

环状管网一般用在大城市的大型供热系统中。一般具有2个以上的热源，组成的多热源集中供热系统。图10-5所示为多热源供热系统的环状管网示意图。由于环状管网供热能力高，安全性好。同时还可以根据热用户热负荷的变化情况，及时调配供热热源的数量和热源的供热量。

环状管网运行的安全性高，但投资增大，运行管理也较为复杂，一般还需配配较完善的自控系统。目前，大型城市的供热系统环状管网应用较多。

三、供热管网的选择

1. 热水供热系统

（1）闭式双管系统　以供暖和热水供应热负荷为主的供热系统，通常采用热水管网，且宜采用闭式双管制形式。

（2）闭式多管系统　以热电厂为热源的热水热力网，同时有生产工艺、供暖、通风、空调、生活热水等多种热负荷，在生产工艺热负荷与供暖热负荷供热介质参数相差较大，或季节性热负荷占总负荷比例较大，且技术经济合理时，可采用闭式多管制形式。

（3）开式系统　采用开式热水热力网形式的条件是具有水处理费用低的补给水源，且具有与生活热水热负荷相适应的廉价低位热能。开式热水热力网在热水热负荷足够大时，可不设回水管。

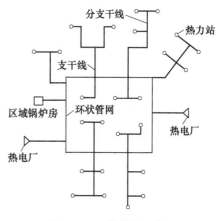

图 10-5　环状管网示意图

2. 蒸汽供热系统

蒸汽供热系统，一般适用于以生产工艺热负荷为主的供热系统，蒸汽管网系统，一般由蒸汽管道及凝结水管道组成，凝结水通过余压或凝水泵加压返回热源。当各热用户用蒸汽的参数相差较大或季节性热负荷占总热负荷的比例较大，且技术和经济上合理时，如用户凝结水能够回收，可选择双管或多管制（蒸汽管和凝结水管）。经过经济技术比较后认定凝结水回收经济比较不合算时，可采用只设蒸汽管的单管制，不再设置凝水管。

第五节　供热管网的布置

一、供热管网的平面布置

供热管网的布置，应根据道路情况、热源布局、热负荷分布和管线敷设条件等情况，在满足使用要求、尽量节省投资的前提下，按照全面规划、远近结合的原则，做出分期建设的安排。具体进行平面布置时，应协调好地下管网关系，并遵循以下原则：①供热管道要尽量避开主要交通干道和繁华的街道，主干管应该靠近大型用户和热负荷集中的地区；②供热管道通常敷设在道路的一边，或者是敷设在人行道下面，在敷设引入管时，不可避免地要横穿干道，但要尽量减少敷设横穿街道的引入管，尽可能使相邻建筑物的供热管道相互连接；③穿越河流或大型渠道时，可随桥架设或单独设置管桥，也可采用虹吸管由河底通过。

二、供热管网的竖向布置

地沟管线敷设深度应尽量浅一些，以减少土方工程量。为了避免地沟盖受汽车等动荷载的直接压力，地沟的埋深自地面至沟盖顶面不少于 0.5~1.0m。当地下水位高或其他地下管线相交情况极其复杂时，允许采用较小的埋设深度。埋设在绿化带时，埋深应大于 0.3m。热力管道土建结构路面至铁路路轨基底间最小净距应大于 1.0，与电车路基底为 0.75m，与公路路面基础为 0.7m。跨越有永久路面的公路时，热力管道应敷设在通行地沟或半通行地沟中。当地上热力管道与街道或铁路交叉时，管道与地面之间应留有足够的距离，此距离根据不同运输类型所需高度尺寸来确定。汽车运输 3.5m，电车 4.5m，火车 6.0m。

地下敷设时必须注意地下水位，沟底的标高应高于近 30 年来最高地下水位 0.2m 以上，在没有准确地下水位资料时，应高于已知最高地下水位 0.5m 以上，否则地沟要进行防水处理。热力管道和电缆之间的最小净距为 0.5m，如电缆地带土壤受热的附加温度在任何季节都小于

10℃，且热力管道有专门的保温层时，则可减小此净距。横过河流时应采用悬吊式人行桥梁和河底管沟方式。与其他地下设备相交叉时，应在不同的水平面上互相通过。供热管道与其他地下管线之间的最小净距参见表10-14。

表10-14　供热管道与其他地下管线之间的最小净距　　　　　　（单位：m）

序号	管道名称	热网地沟		无沟敷设热力管	
		水平净距	交叉净距	水平净距	交叉净距
1	给水干管	2.00	0.10	2.50	0.10
	给水支管	1.50	0.10	1.50	0.10
2	排水管	2.00	0.15	1.5~2.0	0.15
3	雨水管	1.50	0.10	1.50	0.10
4	煤气管，煤气压力：				
	$p \leqslant 0.15MPa$	1.00	0.15		
	$0.15MPa < p \leqslant 0.3MPa$	1.50	0.15		
	$0.3MPa < p \leqslant 0.8MPa$	2.00	0.15		
5	压缩空气或二氧化碳管：	1.00	0.15	1.00	0.15
6	天然气管，天然气压力：				
	$p \leqslant 0.4MPa$	2.00	0.15		
7	乙炔管、氧气管	1.50	0.25	1.50	0.25
8	石油管	2.00	0.10	2.00	0.10
9	电力或电信电缆（铠装或管子）	2.00	0.50	2.00	0.50
10	排水暗渠，雨水长沟	1.50	0.50	1.50	0.50

注：1. 表中所列为净距，指沟壁面、管壁面、电缆最外一根线间。

2. 表中所列数值为1m，而相邻两管线间埋设标高差大于0.5m，以及表列数值为1.5m，而相邻两管线间埋设标高差大于1.0m时，则表列数值应适当增加。

3. 当压缩空气管道平行敷设在热力管沟基础之上时，其净距可缩减至0.15m。

4. 热力管道与电缆间，不能保持2.0m净距时，应采取隔热措施，以防电缆过热。

三、供热管网的敷设方式

供热管网的敷设方式有架空敷设和地下敷设两类。架空敷设又可分为低支架敷设、中支架敷设和高支架敷设。地下敷设又分为直埋敷设和地沟敷设，地沟敷设又分为通行地沟、半通行地沟、不通行地沟三种方式。

1. 架空敷设

架空敷设是将供热管道设在地面上的独立支架或带纵梁的桁架以及建筑物墙壁上。架空敷设不受地下水位的影响，维修、检查方便。同时，只有支承结构基础的土方工程，施工土方量小。因此是一种较为经济的敷设方式。但其占地面积大，管道热量损失多，在某些场合不够美观。

架空敷设方式一般适用于地下水位较高，年降雨量较大，地质土为湿陷性黄土或腐蚀性土壤，或地下敷设时需进行大量土石方工程的地区。在市区范围内，架空敷设多用于工厂区内部或对市容要求不高的地段。在厂区内，架空管道应尽量利用建筑物的外墙或其他永久性的构筑物。在地震活动区，采用独立支架或地沟敷设方式比较可靠。

按照支架的高度不同，分低、中、高支架三种形式，如图10-6所示。低支架一般设在不妨碍交通和厂区、街区扩建的地段，并常常沿工厂的围墙或平行于公路、铁路敷设。为了避免地面水的侵袭，管道保温层外壳底部离地面的净高不小于3m，当公路、铁路等交叉时，可将管道局部升高并敷设在杆架上跨越。中支架一般设在人行频繁且通过车辆的地方，其净高为2.5~4m。高支架净空高为4.5~6m，主要在跨越公路或铁路时采用。

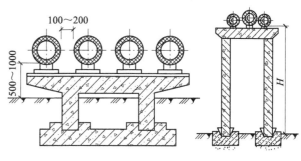

图10-6　架空敷设的低、高支架形式

2. 地下敷设

地下敷设可分为地沟敷设和直埋敷设。

（1）地沟敷设　地沟是地下敷设管道的维护构筑物。地沟的作用是承受土压力和地面荷载并防止水的侵入。

根据地沟的断面尺寸，可分为通行地沟、半通行地沟和不通行地沟。地沟敷设如图10-7所示。

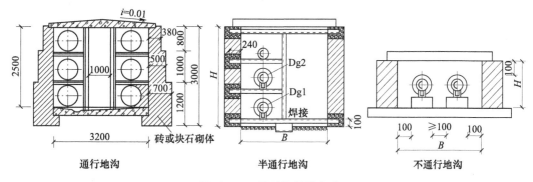

通行地沟　　　　　　　半通行地沟　　　　　　不通行地沟

图10-7　三种地沟敷设方式

通行地沟内要保证工作人员直立行走，因此造价高，一般供热管道穿越交通干道时才采用。现代化的城市已开始采用综合管沟。综合管沟内，除了敷设供热管道外，还可以敷设上水管、电缆线等。综合管沟的优点是便于维修管理，并可避免各种管线敷设和维修时重复开挖路面。

在半通行地沟内留有高度1.2~1.4m，宽度不小于0.5m的人行通道，操作人员可以在半通行地沟内检查管道和进行小型维修工作。半通行地沟适用于供热管道穿越交通干道而地下空间有限的场合。

不通行地沟的断面尺寸小，仅需满足管道施工安装的必要尺寸间距，因此造价低，占地面积小，是城市供热管道经常采用的敷设形式。其缺点是管道检修时须掘开地面。

地沟通常设在土壤下面，管沟盖板覆土深度不宜小于0.2m。地沟埋在土壤中的深度，应根据当地的水文气候条件确定，一般在冻土层以下和最高地下水位线以上。

（2）直埋敷设　与传统的地沟敷设方式相比，直埋敷设在一定条件下（管道相对较少）具有占地少，施工周期短，使用寿命长等优点。适用于供热介质温度小于150℃的供热管道。因此常用于热水供热系统。预制保温管与直埋方式如图10-8所示。直埋敷设管道常采用预制保温管，它将钢管、保温层和保护层紧密粘在一起，具有足够的机械强度和良好的防水防腐性能，是供热管道敷设方式发展的趋势。

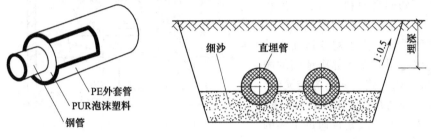

图 10-8　预制保温管与直埋敷设示意

四、供热管道的水力计算

集中供热规划需要对供热管道的管径进行计算或估算。供热管网水力计算的主要任务就是根据热媒流量 G 和允许比摩阻 K 值（单位管道长度的沿程压力损失）或流速 v 的关系选择管径，也可根据管径和热媒流量来验算管道系统的压力损失，求出管网中各点的压力，分析和调整系统的水力工况，也可根据管径和比摩阻进行管道流量的校核。正确地选择管径和确定压力损失，对于科学选择热源的循环水泵等非常必要，对于整个管网投资、管网运行管理及经济效益也具有重要意义。

供热管道的水力计算一般可按下列顺序进行：

1. 绘制计算草图

应先绘制管道平面布置图或系统图，并在图上标明：各管段的几何展开长度（即计算长度），热源和用户的流量与参数，以及管道附件等；对于热水管道还应沿流动方向注明各管段的始点和终点的标高。

2. 确定主管线及计算条件

要选择计算主干线，通常选取从热源到最远用户的一条主线，或是流量大、管道较长的一条管线，这条管线要求的平均比摩阻是最小的，如果这条计算管线的热媒循环流动正常，其他环路就能满足正常的循环。再根据已有的计算条件，累加各计算管段的流量（或负荷，根据供回水温差，热负荷可转换成流量），再根据给定的经济比摩阻 R 值或流速推荐值范围，就能查表得出管径和各计算管段的阻力损失。

比摩阻选值大，则管径小，工程投资小，热量损失少，但系统的循环水阻力大，耗电量会增加。所以，必须确定一个合理的经济比摩阻 R 值。在工程设计中常采用下列数值：

主干线的管道长度 $L \geqslant 1000 m$ 时，$R = 20 \sim 60 Pa/m$。支干管：$500m < L < 1000 m$ 时，$R = 50 \sim 80 Pa/m$；$L \leqslant 500 m$ 时，$R = 60 \sim 100 Pa/m$。

支干线、支线应按允许压力降确定管径，但供热介质流速不应大于 3.5m/s，支干线比摩阻 $R \leqslant 300 Pa/m$，支线的比摩阻不应大于 400Pa/m。

3. 管道的水力计算

根据已知流量 G 和比摩阻 R，利用热水供暖管网管径计算表很容易查出管径、热媒流速及动压水头。初步计算出各管段的管径后，综合相关阻力值的需求，再按计算结果选用标准管径，再利用选用的管径查出相对阻力损失，并进行累加，就可知道系统的管道的总阻力损失，为后期选择循环水泵提供数据。主干管的管径确定后，再用同样方法，参照该分支点的压力值（各分支的压力损失，应与主干线分支点之后主干线阻力损失相平衡），确定支管的比摩阻参考值（应在规定的范围内，不能过大，过多的压力要用减压装置消耗掉），结合比摩阻及表 10-15 的参考流速，选择支管管径。

表 10-15　热水管网限定流速

公称直径 DN/mm	15	20	25	32	40	50	100	≥200
限定流速/(m/s)	0.6	0.8	1.0	1.30	1.50	2.00	2.30	2.50~3.00

根据选用的标准管径，进行各管段的压力损失和流速的核算，并对管网最远用户和热媒参数有要求的用户核算是否满足需求。当管道阻力超过允许值，用户所需供回水压力差不足时，应考虑调整增大管径，重新按上述步骤计算，直至满足要求。最后要根据计算结果，编制出管道水力计算表。

确定供热管道管径需要大量的资料和烦琐的计算工作，通常利用公式编制了水力计算图表和热水供暖管网管径计算表，这些图表可以在一些设计规范、技术措施以及一些专业书籍或手册中找到，直接选用即可。

热力网的计算基本方法：

（1）供暖热负荷与热力网设计的流量计算　供暖热负荷与热力网设计的流量可按下式计算：

$$G_n = 3.6 \frac{Q_n}{c(t_1 - t_2)} \tag{10-16}$$

式中　G_n——供暖热负荷热力网设计流量（kg/h，t/h）；

Q_n——供暖热负荷（W），（1kJ/h=0.278W）；

c——水的比热容[kJ/(kg·℃)]，可取 $c=4.1868$kJ/(kg·℃)；

t_1——供暖室外计算温度下的热力网供水温度（℃）；

t_2——供暖室外计算温度下的热力网回水温度（℃）。

热媒流速 v 与流量的关系为

$$v = \frac{G_n}{3600 \frac{\pi d^2}{4} \rho} = \frac{G_n}{900 \pi d^2 \rho} \tag{10-17}$$

式中　G_n——介质流量（t/h）：

v——流速（m/s）；

d——管径（m）；

ρ——热媒的密度（kg/m³）。

（2）管径计算参数的确定

1）流量的确定。先确定主管各计算管段（流量有变化的管段）的流量：选择从热源引出的主管，按供应最大热负荷的能力进行计算；直接与用户连接的支管，按用户远期的热负荷所通过的流量进行计算；主干管或分支干管，按所通过的各用户的最大流量之和进行计算；双管或环形干管，根据各用户最大流量进行计算，并保证在任何工况下不能间断用户供热。

最大流量计算式为

$$G_{max} = K(1 + K_f) \sum G'_{max} \tag{10-18}$$

式中　G_{max}——最大流量（t/h）；

$\sum G'_{max}$——各用户最大流量之和（t/h）；

K——同时使用系数（如果设计负荷已考虑，此处不重计）：生产负荷 $K=0.8\sim0.9$，供暖负荷 $K=1.0$，通风负荷 $K=0.8\sim1.0$，生活热水负荷 $K<0.4$；

K_f——流量附加系数，包括管道漏损裕量，蒸汽管道 $K_f=0.15\sim0.30$，热水管道 $K_f=0.02\sim0.05$。

2）流速的确定。蒸汽和热水管道的允许流速见表 10-16。

表 10-16　蒸汽、热水管道允许流速

工作介质	管道种类	允许流速/(m/s)
过热蒸汽	>DN200	40~60
	DN200~DN100	30~50
	<DN100	20~40
饱和蒸汽	>DN200	30~40
	DN200~DN100	25~35
	<DN100	15~30
热网循环水	室外管网	0.5~3
凝结水	压力凝结水管	1~2
	自流凝结水管	<0.5

（3）供热管网管段总压降的估算　压降估算常利用每米管道长度沿程压头损失法和局部阻力当量长度估算法，计算式为

$$\Delta p = RL + \Delta p_j = RL + RL_d = R(L + L_d) = RL_{zh} \tag{10-19}$$

式中　Δp——管段总压力损失（Pa）；

RL——管段沿程压力损失（Pa）；

Δp_j——管段局部压力损失（Pa）；

L——管段长度（m）；

L_d——管段局部阻力当量长度（m）；

L_{zh}——管段折算长度（m）；

R——每米管长的沿程压力损失，也称比摩阻（Pa/m）。

R 值的计算式为

$$R = 6.88 \times 10^{-3} K^{0.25} \frac{G_n}{\rho d^{5.25}} \tag{10-20}$$

式中　G_n——管道热水流量（t/h）；

K——管壁粗糙系数；

ρ——水的密度；

d——管道内径（m）。

局部阻力当量长度 L_d 可按管道长度 L 的百分数来计算，即

$$L_d = \alpha L$$

式中　α——局部阻力当量长度百分数（%），详见表 10-17。

因许多项目具有不确定性，城市规划设计中，参数的确定困难较大。因此，上述计算公式仅能作为参考，并不能作为施工的依据。而实际工程设计的计算采用的公式和应用的参数更加复杂，为简化烦琐计算，通常利用图表进行选择。图表可参阅有关专业规范、技术措施、设计手

册、技术手册以及相关专门书籍中查到。

表 10-17　热水管道局部阻力损失当量长度比值 α

管道类型	补偿器类型	公称直径 DN/mm	局部阻力与沿程阻力比值 α(%)	
			蒸汽管道	热水及凝结水管道
输送主干线	套管或波纹管补偿器	≤1200	20	20
	方形补偿器	200~350	70	50
		400~500	90	70
		600~1200	120	100
输配支线	套管或波纹管补偿器（带内衬筒）	≤400	40	30
		450~1200	50	40
	方形补偿器	150~250	80	60
		300~350	100	80
		400~500	100	90
		600~1200	120	100

4. 供热管网管径的计算与选择

管径的计算与选择，多通过数据表格的形式进行换算及查询，常规热水管网的管径的估算参见表 10-18。

表 10-18　热水管网管径估算表

热负荷		供回水温差/℃									
		20		30		40（110/70）		60（130/70）		80（150/70）	
万 m²	MW	流量/(t/h)	管径/mm	流量/(t/h)	管径/mm	流量/(t/h)	管径/mm	流量/(t/h)	管径/mm	流量/(t/h)	管径/mm
10	6.98	300	300	200	250	150	250	100	200	75	200
20	13.96	600	400	400	350	300	300	200	250	150	250
30	20.93	900	450	600	400	450	350	300	300	225	300
40	27.91	1200	600	800	450	600	400	400	350	300	300
50	34.89	1500	600	1000	500	750	500	500	400	375	350
60	41.87	1800	600	1200	600	900	600	600	400	450	350
70	48.85	2100	700	1400	600	1050	600	700	450	525	400
80	55.82	2400	700	1600	600	1200	600	800	450	600	400
90	62.80	2700	700	1800	700	1350	600	900	450	675	450
100	69.78	3000	800	2000	800	1500	600	1000	500	750	450
150	104.67	4500	900	3000	900	2250	700	1500	600	1125	500
200	139.56	6000	1000	4000	1000	3000	800	2000	700	1500	600
250	174.45	7500	2×800	5000	1000	3750	800	2500	700	1875	600
300	209.34	9000	2×900	6000	2×900	4500	900	3000	800	2250	700
350	244.23	10560	2×900	7000	2×900	5250	900	3500	800	2625	700

（续）

热负荷		供回水温差/℃									
		20		30		40（110~70）		60（130~70）		80（150~70）	
万 m²	MW	流量/(t/h)	管径/mm	流量/(t/h)	管径/mm	流量/(t/h)	管径/mm	流量/(t/h)	管径/mm	流量/(t/h)	管径/mm
400	279.12			8000	2×900	6000	1000	4000	900	3000	800
450	314.01			9000		6750	1000	4500	900	3375	800
500	348.90			10000		7500	2×800	5000	900	3750	800
600	418.68					9000	2×900	6000	1000	4500	900
700	488.46					10500	2×900	7000	1000	5250	900
80	558.24							8000	2×900	6000	1000
900	628.02							9000	2×900	6750	1000
1000	697.80							10000	2×900	7500	2×800

注：当热指标为 70W/m² 时，单位压降不超过 49Pa/m。

第六节　城市供热设施的布置

一、热力站

热力站也称换热站，是大型供热系统的重要组成部分，其作用是通过换热装置，将一次蒸汽或高温水，转换成用户需要的热媒种类以及可满足用户需求的热媒参数。

根据用户热力站的位置和规模可分为用户热力站、小区热力站和区域热力站。根据用户性质又可分为民用热力站和工业热力站。民用热力站主要担负用户的供暖、通风、热水供应，一般多为热水管网集中供热系统。工业热力站主要是满足生产工艺热负荷以及部分生产辅助供热等，一般为蒸汽管网或高温热水集中供热系统。

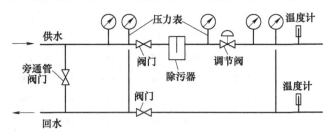

图 10-9　热力用户引入口示意图

图 10-9 所示为热力用户引入口的示意图，图 10-10 所示为民用小区热力站示意图，图 10-11 所示为工业蒸汽热力站示意图。

热力站一般为单独的建筑物，其所需要的建筑面积与热力站所服务的供热面积有关，建筑面积可参见表 10-19。

表 10-19　热力站建筑面积参考表

规模类型	I	II	III	IV	V	VI
供热建筑面积/万 m²	<2	3	5	8	12	16
热力站建筑面积/m²	<200	<280	<330	<380	<400	<400

热力站的平面布置，如图 10-12、图 10-13 所示。

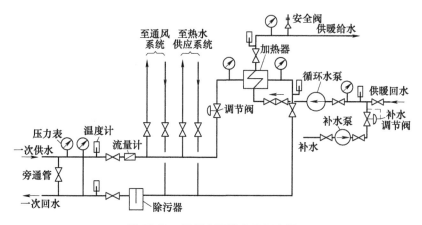

图 10-10　民用小区热力站示意图

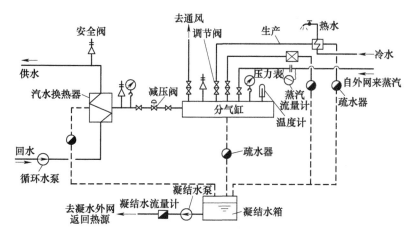

图 10-11　工业蒸汽热力站示意图

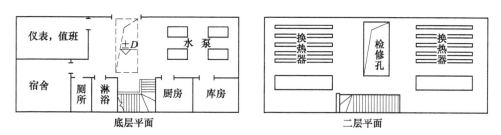

图 10-12　汽-水热力站的平面布置示意图

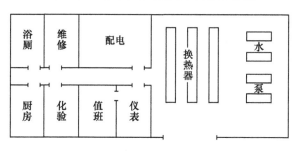

图 10-13　水-水热力站平面布置示意图

二、中继加压泵站

中继加压泵站的是保障大型供热系统的供回水能够正常循环而设置的重要设施。中继加压泵站一般设在热力水网的供水管网或回水干管上，具体位置由热水管网内所要求的压力工况确定，其作用是满足热水网络和大多数热用户压力工况的要求。适用于大型热水供热管网、供热区域地形复杂，高差大的热水供热管网及热水管网扩建。

中继加压泵站一般应设在单独的建筑物内，泵站与周围建筑物的距离，应考虑防止噪声对周围环境的影响。

第七节 供热规划的成果及要求

一、资料收集及准备工作

1. 收集城市现状和近期、远期发展资料

包括城市总体规划说明书、附件及相关图纸；城市人口及其分布状况；城市道路系统、道路等级、红线和宽度；地下管道和地下构筑物等设施的分布情况；大型公共建筑的数量及其分布状况；居住区建筑的层数、面积和配套公共服务设施情况；工业规模、类型、数量及其分布情况；交通运输条件等。

2. 收集城市能源供应系统的有关资料

主要有当地能源应用情况；地区能源平衡有关资料；各类用户的燃气供应情况、燃料历年的增长情况、工艺上必须使用热力的企业等调查资料；周边城市并有可能向城市供热的现有热源的现状和发展资料；城市的热力供应现状及有关资料，各种技术经济指标和主要设备的技术性能等材料。

3. 收集自然条件资料

包括城市气象资料，如气温、风向、最大冻土深度等；城市水文地质资料，如水源、水质、地下水位，主要河流的流量、流速、水位等；城市工程地质资料，如地震基本烈度、地质构造与土壤的物理化学性质等；有可能用作热源、热力中继站和热力站地点的地质构造资料。

二、规划内容

1. 总体规划阶段的供热规划

主要内容应包括：分析供热系统现状、特点和存在问题；依据城市总体规划确定的城市发展规模，预测城市热负荷和年供热量；依据所在地城市总体规划、环境保护规划、能源规划，确定城市供热能源种类，热源发展原则、供热方式和供热分区；依据城市用地功能布局、热负荷分布，确定供热方式、供热分区、供热热源规模和布局，包括热源种类、个数、容量和布局；依据供热热源规模、布局以及供热负荷分布，确定城市热网主干线布局；依据城市近期发展要求、环境治理要求以及供热系统改造要求，确定近期建设重点项目。

2. 详细规划阶段的供热规划

主要内容应包括：分析供热设施现状、特点以及存在问题；依据详细规划提出的技术经济指标，计算热负荷和年供热量；依据城市总体规划确定供热方式；依据详细规划的用地布局，落实供热热源规模、位置及用地；依据供热负荷分布，确定热网布局、管径，热力站规模、位置及用地；供热设施的投资估算。

三、规划成果

1. 规划成果

内容包括：根据城市人口规模、公共建筑及工业用热等情况，选择相应的用热定额；确定热源形式及布局；确定城市热力规模；确定热力输送管道的布置形式，选择热力中继站、热力站、检查室等的位置；确定城市热力管网系统、热水热力网主干线，当采用分布式能源时，同时合理布置城市燃气管网。

2. 规划说明书

内容包括：规划的依据、指导思想和原则；热源、供热介质参数、补给水源的选择，自备热源状况和热力规模的论证；热力供应对象与居民用热率，各类用户用热和热量平衡表；热力网中单管或双管以及输配系统的选择与方案的技术经济比较分析；热力方式与调节用热不平衡的手段；重要厂、站选址及与有关部门协商的结果；城市热力管道穿越重要河流、铁路的方案；城市热力供应的技术维修、设备加工与生活设施等配套工程项目；"三废"治理措施和环境影响报告；规划分期年限及其相应的投资、主要设备数量、原材料消耗、管理人员定额以及规划期限内的经济效益。图形资料包括热负荷延续时间图；各种主要运行方案的热力网主干线水压图；地形复杂地区的支干线水压图等。

3. 规划图纸、图片

应包括：城市热力规划总平面图，常用比例有 1/1000、1/2000、1/5000、1/10000 或 1/20000。图中应标出热源、热力中继站、热力站位置、管网分布和供热区域。

还应有热负荷延时图、主干线及地势复杂区域的水压图等。

热水双管系统水压图如图 10-14 所示。

四、供热规划方案实例分析

该供热规划方案是坐落在北方城市内的一个新功能区，该区域占地面积约为 6km²，地上总建设规模约 345 万 m²，具有文化旅游、行政办公和部分商务配套三大功能。根据区域功能定位和气候、地质条件，确定了热力规划以确保区域能源供应安全可靠为前提，以大力发展可再生能源为原则，重点打造可再生能源（包括深层

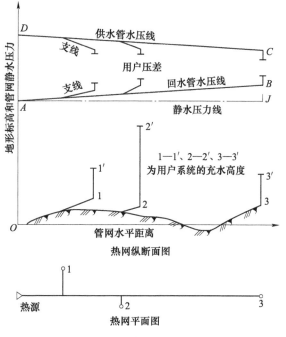

图 10-14 热水双管系统水压图

地热、浅层地热能、太阳能、风能以及利用余热废热等），并以燃气分布式能源互为融合的具有世界示范意义的供能系统。通过智慧管理、精细运行调度，加强能源间的相互备用和保障，达到清洁能源利用率 100%，可再生能源比重达到 40% 左右的目标。

在供热规划过程中，结合属地自然条件和相关能源政策的导向，积极落实节能减排和可再生能源的理念，表 10-20 是供热规划的几种能源方案。

291

　　根据区域功能定位及限制性影响因素，通过技术分析，提出供热（供冷）能源方案思路，其示意如图 10-15 所示，用于指导后续具体方案规划设计工作。

表 10-20　供热规划的几种能源方案

方案号	方案形式	方案特点
方案一	规划区域采用地源热泵+深层地热+水蓄冷（热）+辅助冷热源（周边城市热力）+光伏发电的地热"两能"复合冷热源系统方案	基础热源地源热泵装机比例约55%，深层地热装机比例3.5%，作为调峰热源的相邻城市热电联产比例约41.5%
方案二	规划区域地源热泵+燃气三联供/常规电制冷+蓄能+光伏发电的绿色耦合能源方案	基础热源地源热泵装机比例约67%，调峰热源燃气三联供装机比例约23%，蓄热比例约10%
方案三	规划区域地源热泵+深层地热+绿电蓄热+相邻省市热力/常规电制冷+光伏发电的智慧近零碳多能耦合方案	供给基础热源的地源热泵装机比例约65%，深层地热装机比例约4%，调峰热源，绿电蓄热装机比例约23%，周边城市电厂余热装机比例约8%
组合方案	区域能源（供冷、供热）最大限度利用地源热泵，装机比例约为60%，供应区域的基本冷热负荷。"三联供"、燃气锅炉和储能设施作为调峰和补充，装机比例约40%，实现多种能源融合 　　区域以相邻城市的热源作为供热系统的备用保障热源。同时将太阳能（或风能）利用作为此次设计的约束性指标，努力提升区域可再生能源利用率。构建出"1个智慧管理平台+6座区域能源站"的能源供应保障体系 　　能源站主要设施为地源热泵、冷水机组（含蓄冷）等，并根据能源站位置条件，建设燃气三联供及蓄热设施	利用规划相邻城市热电联产的燃气调峰锅炉用地，合理安排燃气锅炉，安装"三联供"和储能装置，既可为相邻城市的热网调峰，也可为设置的6座区域能源站调峰。同时还建设区域能源智慧管理平台，打造区域能源利用展示窗口 　　积极利用绿电交易机制，落实绿电使用凭证，进一步提升区域可再生能源比重，降低区域碳排放

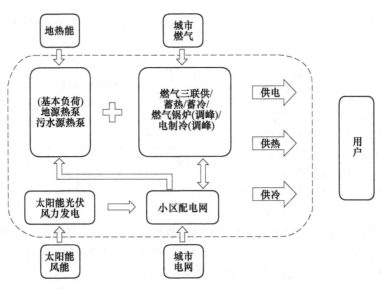

图 10-15　供热（供冷）能源方案思路示意图

第十一章

城市工程管线的综合规划

第一节 概　述

城市的建设工程离不开各类市政管线及设施，为合理利用城市用地及空间，统筹安排工程管线在地上和地下的空间位置，需认真协调工程管线之间以及工程管线与其他相关设施之间的关系，因此，工程管线综合规划的编制就变得非常重要。

通常把城市的给水（含中水）、排水（含雨水、废水）、燃气、热力、电力、通信等多种管道和线路以及设施的建设，称为市政管线工程。由于市政管线工程的用途和技术要求各不相同，权属单位及管理使用单位也不相同，各种管线在平面、竖向断面上位置相互冲突、干扰，小区、工厂以及各企事业单位的内外管线互不衔接，这些问题的存在，会对城市的建设与发展形成不利影响。

城市工程管线综合，就是对管线和设施进行统一的布置，以各项管线工程的规划设计资料为基础，从全局整体上进行研究。当单项工程管线布置的走向、位置不合理或与其他工程管线工程发生冲突，就要提出调整和解决方案，并协同有关单位进行解决，也为指导后续工程阶段的设计与施工奠定基础。

在市政规划过程中，加强管线工程的规划，及时进行管道综合，不仅可使城市规划部门和设计单位全面了解各种管线的布置情况，而且能够达到密切配合与协调的目的。各设计单位在交付图纸之前，应对所承担设计的部分与相关的工程管线进行校对和检查，这样既能及时解决冲突和矛盾，也成为进行市政道路下管线建设的前提条件。

一、工程管线的种类

1. 按管道性质和用途分类

1）给水管道：包括工业给水、生活给水、消防给水以及中水管道等。

2）排水管道、沟渠：包括工业污水、生活污水、废水、雨水等管道和明沟。

3）电力线路：包括高压输电、高低压配电、生产用电、电车用电线路等。

4）电信线路：包括网络、通信、有线电视、广播线路等。

5）热力管道：包括蒸汽、热水管道等。

6）燃气管道：包括煤气管道、天然气管道，部分工艺、生产用可燃气体管道也包括在内。

7）压缩气体管道：包括压缩空气以及其他压缩惰性气体及非可燃气体等管道。

8）液体燃料管道：包括液体的石油及其制品、酒精管道等。

9）工业生产专用管道：主要是工业生产上用的管道，如氯气、化工厂专用管道。

10）灰渣管道：包括排泥、排灰、排尾矿管道等。

11）城市垃圾输送管道。

2. 按输送动力分类

1）压力管线：管道内流体介质因外部施加压力而流动的工程管线。压力管线通过一定的压力设备将流体介质由管道系统输送给终端用户。给水、煤气、灰渣管道属于此类。

2）重力管线：又称重力流管道，指管道内流体在重力的作用下沿坡度方向流动的管道。污水、雨水管道系统即为重力流管道，这类管道有时还需要设置中途提升设备，将流体引流至终端。

3）光电流管线：管线内输送介质为光、电流。这类管线一般为电力和通信管线。

3. 按敷设方式分类

1）架空敷设管线：指通过地面支撑设施在空中布线的工程管线，如架空电力线，架空电话线以及架空供热管线等。

2）地铺管线：指在地面铺设明沟或盖板明沟的工程管线，如排（雨）水沟渠，地面各种地面明敷管道等。

3）地下敷设管线：指在地面以下有一定覆土深度的工程管线，又可以分为直埋和综合管沟两种敷设方式。根据覆土深度不同，地下管线又可分为深埋（覆土深度大于1.5m）和浅埋（覆土深度小于1.5m）两类。一般给水、排水、煤气、热力等管道需要深埋，通常要深于土壤冰冻厚度，以防冻裂。而电力、电信等线路不受冰冻影响，则可以浅埋。

4. 按弯曲程度分类

1）可弯曲管线：指通过加工易将其弯曲的工程管线，如通信电缆、电力电缆、自来水管道等。

2）不易弯曲管线：指通过加工不易将其弯曲的工程管线或强行弯曲会损坏的工程管线。如污水管道、电力管道，通信管道等。

工程管线的分类方法很多，通常根据工程管线的不同用途和性能来划分。各种分类方法反映了管线的特征，是进行工程管线综合时，管线避让的依据之一。

综上所述，需进行综合的工程管线主要有给水管道、排水管道、电力线路、热力管道、燃气管道、电信线路等六种。城市开发建设中提到的"七通一平"即指上述六种管道和道路的贯通。

二、专业术语

1）工程管线：为满足生活、生产需要敷设的给水、雨水、污水、再生水、天然气、热力、电力、通信等市政公用管线的总称，不包括工业的工艺性管道。

2）区域工程管线：城市间或组团间主要承担输送功能的工程管线。

3）管线水平净距：指平行方向敷设的相邻两管线外表面之间的水平距离。

4）管线廊道：为敷设地下或架空工程管线而需要控制的用地。

5）管线埋深：指地面到管底（内壁）的距离，即地面标高减去管底标高。

6）管线覆土深度：工程管线顶部外壁到地表面的距离。

7）水平净距：工程管线外壁（含保护层）之间与管线外壁或与建（构）物外缘之间的水平距离。

8）垂直净距：指两条管线上下交叉敷设时，从上面管道外壁最低点到下面管道外壁最高点之间的垂直距离。

9）同一类别管线：指相同专业，且具有同一使用功能的工程管线。

10）不同类别管线：指具有不同使用功能的工程管线。

11）专项管沟：指敷设同一类别工程管线的专用管沟。

12）综合管沟：指敷设不同类别工程管线的专用管沟。

13）综合管廊：建于城市地下，用于容纳两类及以上城市工程管线的构筑物及附属设施。

第二节　城市工程管线综合规划原则与技术规定

一、工程管线规划的基本规定

工程管线综合规划既要满足城市建设与发展中工业生产与人民生活的需要，又要结合城市特点因地制宜，合理规划。工程管线综合规划应做到：协调各工程管线布局，确定工程管线的敷设方式、排列顺序和位置，确定相邻工程管线的水平间距、交叉工程管线的垂直间距，确定地下敷设的工程管线控制高程和覆土深度等。规划设计成果应能够指导各工程管线的工程设计，并应满足工程管线施工、运行和维护的基本要求。

城市工程管线应采用城市统一的坐标系统和高程系统，尽量避开城市建成区，按规划的道路网布置，工程管线多以地下敷设为主，结合用地规划优化布局，要充分利用现状管线及线位，避免再次迁移和浪费空间。规划专用管廊时，应与铁路、高速公路的布局相协调。管线综合时还确定管道避让原则，并尽量减少管线与铁路和道路的交叉。

二、工程管线综合布置原则

1. 管线综合的坐标体系

各种管线的位置应采用统一的坐标系及高程系统，彻底避免工程管线在位置和高程上的不衔接。当局部地区内部的管线定位和高程也可采用自己的坐标系统时，在管线进出口处则应进行换算，与城市主干管线的坐标及其高程相一致。

2. 管线的平面布局

（1）工程管线综合规划　工程管线要按照城市规划道路网布置，宜与总平面布置、道路规划设计、竖向设计和绿化方案统一进行，并优化布局。旧城改造、历史街区改造类规划时还应考虑现有管线布局和必须采用的安全措施，使管线之间、管线与建筑物之间在平面及竖向相互协调、紧凑合理，做到合理布局。

综合布置管线时，管线之间或管线与建筑物、构筑物之间的水平距离，要满足技术、卫生、安全以及人防等有关规定。在不妨碍运行、检修和占地合理的前提下，应使管线路径尽量短捷。与城市规划发展方向一致，规划管线工程的管位和容量应留有余地。

（2）管线带的布置　应与道路或建筑红线平行；同一管线宜在路的一侧，不宜跨转到另一侧。

（3）管线平面布置　干管应布置在用户较多的一侧或将管线分类布置在道路两侧，当经济技术比较合理时，应共架、共沟或管廊布置。

应尽量减少管线与铁路、道路及其他干管的交叉。当管线与铁路或道路必须交叉时，应设置为正交。确有困难时，其交叉角不宜小于45°。工程管线应避开地震断裂带、沉陷区以及滑坡危险的地带。在山区，管线敷设应充分利用地形，并应避免山洪、滑坡及其他断裂、沉陷等地质现象的危害。

（4）工程管线埋地布局　工程管线在路面下的规划位置相对固定时，工程管线从道路红线向道路中心线方向平行布置的顺序是：电力、通信、给水（配水）、燃气（配气）、热力、燃气（输气）、给水（中水）输水，再生水、污水、雨水。工程管线在庭院内由建筑线向外方向平行布置的顺序，应根据工程管线的性质和埋深确定，其布置次序宜为：电力、通信、污水、雨水、给水、燃气、热力、再生水。道路红线超过40m的城市干道，宜两侧布置配水、配气、通信、电力和排水管线。

改建、扩建工程中的管线综合布置，应充分利用现状管线，并应不妨碍现有管线的正常使用。当管线间距不能满足规范规定时，当采取有效措施后，可适当减小。

当管道内的介质具有毒性、可燃、易燃、易爆性质时，严禁穿越与其无关的建筑物、构筑物、生产装置及贮罐区。

（5）管线的敷设方式　应根据地形、周边环境需求、管线内介质性质以及生产安全、交通运输、施工检修等多种因素，经技术经济比较后择优确定。一般情况下，为了不影响城市美观，提高安全性，城市的工程管线宜采用地下敷设，工业区可采用架空敷设。

当规划区域分期建设时，管线布置应全面规划，近期集中，远近结合。当近期管线穿越远期用地时，不得影响远期用地的使用，在满足生产、安全、检修的条件下，必须考虑节约用地。

架空线路要避免对城市交通和居民安全的影响，并满足工程管线的运行和维护需要，同时也要与道路分隔带、绿化带、行道树等协调，避免造成相互影响。架空金属管线与架空输电线、电气化铁路的馈电线交叉时，应采取接地保护措施。工程管线利用桥梁跨越河流时，其规划设计应与桥梁设计相结合。同一性质的线路应尽可能同杆，如高低压供电线等。电信线路与供电线路合杆架设需征得有关部门同意，并采取相应的措施。高压输电线路与电信线路平行架设时，还要注意干扰问题。

（6）间距要求　工程管线与建筑物、构筑物之间以及工程管线之间水平距离应符合规范规定。当受道路宽度、断面以及现状工程管线位置等因素限制难以满足要求时，可重新调整规划道路断面或宽度。在同一条城市干道上敷设同一类型管线较多时，宜采用专项管沟敷设，或规划建设某类工程管线统一敷设的综合管沟等。敷设管道干线的综合管沟应在车行道下，其覆土深度必须根据道路施工和行车荷载的要求、综合管线的结构强度以及当地的冰冻深度等确定。敷设支管的综合管沟应在人行道下，其埋设深度可以浅些。

埋深大于建筑物基础的工程管线与建筑物之间最小水平距离，按图11-1所示考虑。

对非湿陷性黄土或其他特殊土，管道中心与建筑物之间的距离为

$$L = \frac{H-h}{\tan\varphi} + l + \frac{B}{2} \tag{11-1}$$

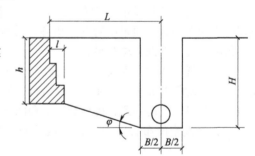

图 11-1　地下管道与建筑物的水平距离

式中　L——管道中心与建筑物之间的距离（m）；

　　　H——管道槽深（m）；

　　　h——建筑物基础砌置深度（m）；

　　　φ——土的内摩擦角（°）；

　　　l——建筑基础扩大部分长度（m）；

　　　B——沟槽底宽（m）。

埋深较大的工程管线至公路的水平距离，按式（11-2）计算，折算成净距并与表11-1比较，采用其较大值。

$$L = 1 + B/2 \tag{11-2}$$

式中　L——管道中心与公路边之间的水平距离（m）

　　　B——开挖管沟宽度（m）

表 11-1　地下工程管线之间及其与建（构）筑物之间的最小水平净距

（单位：m）

序号	管线及建（构）筑物名称		1 建（构）筑物	2 给水管线 d≤200mm	2 给水管线 d>200mm	3 污水、雨水管线	4 再生水管线	5 燃气 低压	5 燃气 中压B	5 燃气 中压A	5 燃气 次高压B	5 燃气 次高压A	6 直埋热力管线	7 电力管线 直埋	7 电力管线 保护管	8 通信管线 直埋	8 通信管线 管道、通道	9 管沟（管道、通道）	10 乔木	11 灌木	12 地上杆柱 通信照明及<10kV	12 地上杆柱 高压铁塔基础边 ≤35kV	12 地上杆柱 高压铁塔基础边 >35kV	13 道路侧石边缘	14 有轨电车钢轨	15 铁路钢轨（或坡脚）
1	建（构）筑物		—	1.0	3.0	2.5	1.0	0.7	1.0	1.5	5.0	13.5	3.0	0.6	—	1.0	1.5	0.5	—	—	—	—	—	—	—	—
2	给水管线	d≤200mm	1.0	—	—	1.0	0.5	0.5	0.5	0.5	1.0	1.5	1.5	0.5	0.5	1.0	1.0	1.5	1.5	1.0	0.5	3.0	3.0	1.5	2.0	5.0
2	给水管线	d>200mm	3.0	—	—	1.5	0.5	0.5	0.5	0.5	1.0	1.5	1.5	0.5	0.5	1.0	1.0	1.5	1.5	1.0	0.5	3.0	3.0	1.5	2.0	5.0
3	污水、雨水管线		2.5	1.0	1.5	—	0.5	1.0	1.2	1.2	1.5	2.0	1.5	0.5	0.5	1.0	1.0	1.5	1.5	1.0	0.5	1.5	1.5	1.5	2.0	5.0
4	再生水管线		1.0	0.5	0.5	0.5	—	0.5	0.5	0.5	1.0	1.5	1.0	0.5	0.5	1.0	1.0	1.5	1.0	—	—	—	—	—	—	—
5	燃气管线	低压 p<0.01MPa	0.7	0.5	0.5	1.0	0.5	—	—	—	—	—	1.0	0.5	0.1	0.5	1.0	1.0	0.75		1.0	1.0	2.0	1.5	2.0	5.0
5	燃气管线	中压 B 0.01MPa≤p≤0.2MPa	1.0	0.5	0.5	1.2	0.5	—	—	—	—	—	1.5	0.5	0.1	0.5	1.0	1.0	0.75		1.0	1.0	2.0	1.5	2.0	5.0
5	燃气管线	中压 A 0.2MPa<p≤0.4MPa	1.5	0.5	0.5	1.2	0.5	—	—	—	—	—	1.5	0.5	0.1	0.5	1.0	1.0	0.75		1.0	1.0	2.0	1.5	2.0	5.0
5	燃气管线	次高压 B 0.4MPa<p≤0.8MPa	5.0	1.0	1.0	1.5	1.0	—	—	—	—	—	2.0	1.0	0.1	1.0	1.0	1.5	0.75		1.0	1.0	2.0	2.5	2.0	5.0
5	燃气管线	次高压 A 0.8MPa<p≤1.6MPa	13.5	1.5	1.5	2.0	1.5	—	—	—	—	—	2.0	1.5	0.1	1.0	1.0	1.5	0.75		1.0	1.0	2.0	2.5	2.0	5.0
6	直埋热力管线		3.0	1.5	1.5	1.5	1.0	1.0	1.5	1.5	2.0	—	—	2.0	2.0	1.0	1.5	—	1.5		1.0	3.0	3.0（>330kV 5.0）	1.5	2.0	5.0
7	电力管线	直埋	0.6	0.5	0.5	0.5	0.5	0.5	0.5	0.5	1.0	1.0	2.0	0.25	0.1	0.5（<35kV）／2.0（≥35kV）		—	1.0		1.0	2.0		1.5	2.0	10.0（非电气化 3.0）
7	电力管线	保护管		0.5	0.5	0.5	0.5	0.1	0.1	0.1	0.1	0.1	2.0	0.1	0.1	0.5		—	0.7		1.0	2.0		1.5	2.0	3.0

注：燃气管线之间（序号5）最小水平净距：DN≤300mm 为 0.4；DN>300mm 为 0.5。

（续）

序号	管线及建(构)筑物名称		1 建(构)筑物	2 给水管线 d≤200mm	2 给水管线 d>200mm	3 污水、雨水管线	4 再生水管线	5 燃气-低压	5 燃气-中压B	5 燃气-中压A	5 燃气-次高压B	5 燃气-次高压A	6 直埋热力管线	7 电力管线-直埋	7 电力管线-保护管	8 通信管线-直埋	8 通信管线-管道、通道	9 管沟	10 乔木	11 灌木	12 地上杆柱-通信照明及<10kV	12 地上杆柱-高压铁塔基础边≤35kV	12 地上杆柱-高压铁塔基础边>35kV	13 道路侧石边缘	14 有轨电车钢轨	15 铁路钢轨(或坡脚)
8	通信管线	直埋	1.0	1.0	1.0	1.0	1.0	0.5	0.5	0.5	1.0	1.0	1.0	<35kV 0.5 / ≥35kV 2.0	1.0	0.5	1.0	1.0	1.5	1.0	0.5	0.5	2.5	1.5	2.0	2.0
8		管道、通道	1.5	1.5	1.5	1.5	1.5	1.0	1.0	1.5	2.0	4.0	1.5	1.0	1.0	1.5	1.0	—	1.5	1.0	1.0	3.0	3.0	1.5	2.0	5.0
9	管沟		0.5	1.5	1.5	1.5	1.0	0.75	0.75	0.75	1.2	1.2	1.5	0.7	0.7	1.0	1.0	—	1.5	—	1.0	—	—	0.5	—	—
10	乔木		—	1.5	1.5	1.5	1.0	1.0	1.0	1.0	1.0	1.0	1.5	1.0	1.0	1.5	1.5	1.5	—	—	1.5	—	—	0.5	—	—
11	灌木		—	1.0	1.0	1.0	0.5	1.0	1.0	1.0	1.0	1.0	1.0	—	—	1.0	1.0	1.0	—	—	1.0	—	—	0.5	—	—
12	地上杆柱	通信照明及<10kV	—	0.5	0.5	0.5	0.5	1.0	1.0	1.0	1.0	1.0	1.0	—	—	0.5	0.5	1.0	1.5	0.5	—	—	—	0.5	—	—
12		高压铁塔基础边 ≤35kV	—	3.0	3.0	1.5	3.0	2.0	2.0	2.0	2.0	2.0	3.0 (>330kV 5.0)	2.0	2.0	2.5	2.5	3.0	—	—	—	—	—	—	—	—
12		>35kV	—																							
13	道路侧石边缘		—	1.5	1.5	1.5	1.5	1.5	1.5	1.5	2.0	2.5	1.5	1.5	1.5	1.5	1.5	1.5	0.5	0.5	0.5	0.5	—	—	—	—
14	有轨电车钢轨		—	2.0	2.0	2.0	2.0	2.0	2.0	2.0	2.0	2.0	2.0	2.0	2.0	2.0	2.0	2.0	—	—	—	—	—	—	—	—
15	铁路钢轨(或坡脚)		—	5.0	5.0	5.0	5.0	5.0	5.0	5.0	5.0	5.0	5.0	10.0 (非电气化 3.0)	10.0 (非电气化 3.0)	2.0	5.0	3.0	—	—	—	—	—	—	—	—

其结果与表 11-1 中的规定比较，采用较大值。

对于埋深大的工程管线，管道中心至铁路的水平距离为

$$L = 1.25 + h + B/2 \geqslant 3.75 \tag{11-3}$$

式中　L——管道中心与铁道中心之间的距离（m）；

$\quad\quad h$——枕木底至管道底之间的深度（m）；

$\quad\quad B$——开挖管道槽的宽度（m）。

三、管线规划的技术要求

1. 地下敷设

地下敷设是市政工程管线最常见的敷设方式，在严寒的北方地区更为常见。其主要影响因素是水平间距、垂直间距和埋深。

1）管线之间最小水平净距，可见表 11-1。

2）管线之间最小交叉垂直净距见表 11-2。

表 11-2　地下工程管线交叉时最小垂直净距　　　　　　（单位：m）

下边管道的名称		上边管道的名称								
		给水管线	排水管线	热力管线	燃气管线	通信管线		电力管线		再生水管线
						直埋	保护管及通道	直埋	保护管及通道	
给水管线		0.15								
排水管线		0.40	0.15							
热力管线		0.15	0.15	0.15						
燃气管线		0.15	0.15	0.15	0.15					
通信管线	直埋	0.50	0.50	0.15	0.50	0.25	0.25			
	保护管、通道	0.15	0.15	0.15	0.15	0.25	0.25			
电力电缆	直埋	0.50*	0.50*	0.50*	0.50*	0.50*	0.50*	0.50*	0.25	
	保护管	0.15	0.50	0.50	0.15	0.50	0.50	0.50	0.50	
再生水管线		0.50	0.40	0.15	0.15	0.15	0.15	0.50*	0.25	0.15
管沟		0.15	0.15	0.15	0.15	0.25	0.25	0.50*	0.25	0.15
涵洞（基底）		0.15	0.15	0.15	0.15	0.20	0.25	0.50*	0.25	0.15
电车（轨底）		1.00	1.00	1.00	1.00	1.00	1.00	1.00	1.00	1.00
铁路（轨底）		1.00	1.20	1.20	1.20	1.50	1.50	1.00	1.00	1.00

注：1. 用隔板分隔时不得小于 0.25m。

　　2. 燃气管线采用聚乙烯管材时，与热力管线的最小垂直净距应按现行行业标准《聚乙烯燃气管道工程技术标准》（CJJ 63）执行。

　　3. 铁路为速度大于或等于 200km/h 客运专线时，铁路（轨底）与其他管线最小垂直为 1.50m。

当工程管线交叉敷设时，管线自地表面向下的排列顺序宜为：通信、电力、燃气、热力、给水、再生水、雨水、污水。给水、再生水和排水管线应按自上而下的顺序敷设。工程管线交叉点高程应根据排水等重力流管线的高程确定，地下工程管线交叉时最小垂直净距，应符合表 11-2 的规定。当受现状工程管线等因素限制难以满足要求时，应根据实际情况采取安全措施后减少其

最小垂直净距。

3）管线最小覆土深度应根据不同埋设位置的管线（管沟）对荷载的要求确定。地下工程管线最小覆土深度，见表11-3。

表11-3 地下工程管线的最小覆土深度 　　　　　　　（单位：m）

管线名称		给水管线	排水管线	再生水管线	电力管线		通信管线		直埋热力管线	燃气管线	管沟
					直埋	保护管	直埋及塑料、混凝土保护管	钢保护管			
最小覆土深度	非机动车道（含人行道）	0.60	0.60	0.60	0.70	0.50	0.60	0.50	0.70	0.60	—
	机动车道	0.70	0.70	0.70	1.00	0.50	0.90	0.60	1.00	0.90	0.50

注：聚乙烯给水管线机动车道下的覆土深度不宜小于1.00m。

2. 架空敷设

管线架空敷设也是市政管线的敷设方法之一。由于经济性好，在一些城镇和工业区多有应用。架空工程管线之间及其与建筑物之间的最小水平净距要求应满足表11-4所示的要求。

表11-4 架空工程管线之间及其与建筑物之间最小水平净距 　　　（单位：m）

名称		建（构）筑物（凸出部分）	通信管线	电力管线	燃气管线	其他管线
电力管线	3kV以下边导线	1.0	1.0	2.5	1.5	1.5
	3~10kV边导线	1.5	2.0	2.5	2.0	2.0
	35~66kV边导线	3.0	4.0	5.0	4.0	4.0
	110kV边导线	4.0	4.0	5.0	4.0	4.0
	220kV边导线	5.0	5.0	7.0	5.0	5.0
	330kV边导线	6.0	6.0	9.0	6.0	6.0
	500kV边导线	8.5	8.0	13.0	7.5	6.5
	750kV边导线	11.0	10.0	16.0	9.5	9.5
通信线		2.0	—	—	—	—

注：架空电力线与其他管线及建（构）筑物的最小水平净距为最大计算风偏情况下的净距。

架空工程管线之间及其与建（构）筑物之间的最小垂直净距，见表11-5。

四、地下工程管线的避让原则

编制工程管线综合规划时，当工程管线竖向位置发生矛盾时，宜按下列原则处理：

1）压力管线宜避让重力流管线。

2）易弯曲的管线让不易弯曲的管线。

3）管径小的管线让管径大的管线。

4）分支管线宜避让主干管线。

5）临时性管线让永久的管线。

6）新建管线让现有的管线。

7）工程量小的管线让工程量大的管线。

8）检修次数少、方便的管线让检修次数多、不方便的管线。

表 11-5　架空工程管线之间及其与建（构）筑物之间的最小垂直净距　（单位：m）

名称		建（构）筑物	地面	公路	电车道（路面）	铁路（轨顶）		通信管线	燃气管线 $p \leqslant 1.6MPa$	其他管线
						标准轨	电气轨			
电力管线	3kV 以下	3.0	6.0	6.0	9.0	7.5	11.5	1.0	1.5	1.5
	3~10kV	3.0	6.5	7.0	9.0	7.5	11.5	2.0	3.0	2.0
	35kV	4.0	7.0	7.0	10.0	7.5	11.5	3.0	4.0	3.0
	66kV	5.0	7.0	7.0	10.0	7.5	11.5	3.0	4.0	3.0
	110kV	5.0	7.0	7.0	10.0	7.5	11.5	3.0	4.0	3.0
	220kV	6.0	7.5	8.0	11.0	8.5	12.5	4.0	5.0	4.0
	330kV	7.0	8.5	9.0	12.0	9.5	13.5	5.0	6.0	5.0
	500kV	9.0	14.0	14.0	16.0	14.0	16.0	8.5	7.5	6.5
	750kV	11.5	19.5	19.5	21.5	19.5	21.5	12.0	9.5	8.5
通信管线		1.5	(4.5) 5.5	(3.0) 5.5	9.0	7.5	11.5	0.6	1.5	1.0
燃气管线 $p \leqslant 1.6MPa$		0.6	5.5	5.5	9.0	6.0	10.5	1.5	0.3	0.3
其他管线		0.6	4.5	4.5	9.0	6.0	10.5	1.0	0.3	0.25

注：1. 架空电力管线及架空通信管线与建（构）物及其他管线的最小垂直净距为最大计算弧垂情况下的净距。

2. 括号内为特指与道路平行，但不跨越道路时的高度。

五、共沟敷设与综合管廊

1. 共沟敷设

凡有可能产生相互影响的管线，不应共沟敷设。其沟敷设的优点是：在确保安全的情况下，通过合并同类，优化管线布局，减小占地面积，如图 11-2 所示。

共沟敷设原则如下：

1）火灾危险性属于甲、乙、丙类的液体、液化石油气、可燃气体、毒性气体和液体以及腐蚀性介质管道，不应共沟敷设，并严禁与消防给水管共沟敷设。

2）排水管道应布置在沟底。当沟内有腐蚀介质管道时，排水管道应位于其上面。

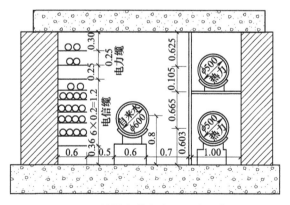

图 11-2　某综合管沟布置形式示意图

3）热力管不应与电力、通信电缆和压力管道共沟。

4）腐蚀性介质管道的标高应低于其他管线。

2. 综合管廊

综合管廊内可敷设电力、通信、给水、热力、再生水、天然气、污水、雨水管线等城市工程管线，如图 11-3 所示。

图11-3 综合管廊

干线综合管廊宜设置在机动车道、道路绿化带下，支线综合管廊宜设置在绿化带、人行道或非机动车道下。综合管廊覆土深度应根据道路施工、行车荷载、其他地下管线、绿化种植以及设计冰冻深度等因素综合确定。当遇下列情况之一时，工程管线宜采用综合管廊敷设。

1）交通流量大或地下管线密集的城市道路以及配合地铁、地下道路、城市地下综合体等工程建设地段。

2）高强度集中开发区域、重要的公共空间。

3）道路宽度难以满足直埋或架空敷设多种管线的路段。

4）道路与铁路或河流的交叉处或管线复杂的道路交叉口。

5）不宜开挖路面的地段。

第三节 城市工程管线综合总体规划的步骤

市政管线多分布于城市道路之下，因此，城市工程管线综合总体规划也是城市总体规划设计中的一项综合性专项规划，应与城市总体规划同步进行。其规划过程一般分为资料收集、规划协调综合、编制规划成果三个步骤。

一、资料的收集

资料收集是城市工程管线综合总体规划、工程管线综合详细规划和综合深化设计的基础。基础资料收集应尽量详尽、准确，资料通常包括以下内容：

1）城市自然状况资料，包括城市或区域的气象情况以及地形、地貌、地面高程、河流水系等地质情况。气象资料可到当地气象局查询外，其余均可在城市地形图上取得。

2）城市土地使用状况资料，包括城市或区域的各类用地的现状和规划布局，规划地区详细规划平面图等。

3）城市人口分布资料，包括城市或区域现状和规划居住人口及其分布。

4）城市道路系统资料，包括城市或区域现状道路和规划道路系统情况及平面图。

5）竖向规划资料、规划地区竖向规划图，包括各道路和地块控制点的标高和坡度。

6）城市基础设施资料，包括基础设施情况、工业情况以及能源、资源等情况。

7）有关工程管线基础规范资料，包括国家、主管部门和地方政府对工程规划、管线敷设的各种法规、规范、技术措施等，特别是当地对工程管线布置的技术规定，以及对当地市政管线施工影响而采取的相关措施，如冰冻深度等。

8）各专业现状和规划资料，包括各种工程管线的现状分布，各类工程管线各自的技术规范要求，专业部门对本系统近远期规划或设想等资料。专业基础资料收集，要有所侧重。以下是常规一些资料的收集内容：

① 给水工程基础资料，包括：规划区内水资源情况，地表水、地下水取水工程的现状，城市现有、在建以及规划中的水厂的规模、位置、供水范围，取水构筑物的规模、位置，以及水源卫生防护带等；城市的输配水工程管网的现状和规划、布置形式（枝状、环状等），给水干管的走向、管径及在城市道路中的平面位置以及埋深情况或道路横断面排列等基本情况。

② 排水工程基础资料，包括：城市现状和总体规划确定的排水体制（合流或分流制）；现状和规划的雨水、污水工程管网，包括雨水、污水干管的走向、管径以及平面位置，雨水干渠的截面尺寸和敷设方式，雨水、污水干管的埋深情况，雨水、污水泵站的位置，排水口的位置等；当地污水处理情况、水循环使用情况等。

③ 通信工程基础资料，包括：城市现状和规划的邮电局所的规模和分布；现状和规划电话网络布局，包括城市内各种电话（市话、农话、长话）干线的走向、位置、敷设方式，电话主干电缆、中继电缆的断面形式，通信光缆和电话电缆在城市道路中的平面位置和敷设情况；有线电视台的位置、规模，有线电视干线的走向、位置、敷设方式；有线电视主干电缆的断面形式，在城市道路中的平面位置和埋深要求等。随着网络信息化技术的发展，有部分资料的内容会随之发生变化。

④ 电力工程基础资料，包括：城市现状和规划电厂、变电站（所）的位置、容量、电压等级和分布形式（地上、地下）等；城市现状和规划的高压输配电网的布局，包括高压电力线路（35kV 及其以上）的走向、位置、敷设方式，高压走廊位置和宽度，高压输配电线路的电压等级，电力电缆的敷设方式（直埋、管沟等）、在城市道路中的平面位置和埋深等情况。当地是否有风力、水力发电等发电条件，也应该一并查明。

⑤ 燃气工程基础资料，包括：城市现状和规划燃气气源状况，燃气种类（天然气、各种人工煤气、液化石油气、沼气等），天然气的分布位置，储气站的位置和规模，煤气制气厂的位置和规模，液化石油气气化站的位置和规模压力等级；现状和规划的城市燃气系统的布局，包括城市中各种燃气的供应范围，燃气管网的形式（单级系统、二级系统、多级系统）和各级系统的压力等级，燃气干管的敷设方式、走向、位置、在城市道路中的平面位置和埋深情况，各级调压设施的位置；采用分布式能源结构形式的情况等。

⑥ 供热工程基础资料，包括：城市现状和规划整体供热的情况，包括热电厂、集中锅炉房、热力站、工业余热资源、地热以及其他可利用能源的分布位置、热能储量情况、开采规模等情况；供热管网的现状和规划，包括热力网的供热方式（蒸汽供热、热水供热），热媒参数、干管的走向、位置、管径，热力管的敷设方式（架空、地面、地下）、管网在城市道路中平面位置和埋深要求等；当地可实施热电联供以及热电冷三联供的可行性。

二、工程管线的综合规划与协调

所收集的基础资料进行综合与汇总后，首先要将内容综合汇总到管线综合平面图上。要检查各工程管线规划自身是否协调、工程管线规划之间是否矛盾，提出的综合总体协调方案是否合理，并组织相关专业进行讨论，确定出既符合城市工程管线综合规划规定，又能基本满足各专业工程管线规划要求的综合管线总体方案。

303

1. 绘制总体规划图

总体规划图的绘制是一项比较繁重的工作，规划人员要对各种基础资料进行第一次筛选，有选择地摘录与工程管线综合有关的信息，要求既要全又要精。一张精炼的综合图清晰明了地反映各专业工程管线系统及其相互间的关系，是管线综合协调的基础。因此，制作底图的工作应当精心、细致、耐心。管线综合规划图包括了地形信息、各现状管线信息、规划总平面信息和竖向规划信息。这些信息需要分别处理，删除多余的信息，使图尽量清晰、简明。

总图的绘制多采用计算机通过有关专业软件进行，如 CAD、BIM 等，这些软件可以清晰地反馈各种管线的平面与空间关系。

2. 专项检查定案

通过制作综合图，使工程管线在平面上相互的位置关系，以及管线和建筑物、构筑物、城市分区的关系一目了然。随后在工程管线综合原则的指导下，检查各工程管线规划自身是否符合规范，确定或完善各专项规划方案。

3. 工程管线规划的综合协调

工程管线规划综合协调就是以单项工程或专项工程的现状、规划资料为基础，在工程管线综合原则的指导下，进行统一的总体布局，主要解决各工程、各专业的主干管线在总体布局上的位置问题，并检查各工程管线的规划自身，是否符合规范要求，是否各工程管线过分集中在某一条干道上以及管线走向相互之间出现矛盾等。通过调整、综合及完善方案，并在此基础上，绘制出工程管线综合规划图，标出必要的数据，并附注扼要的说明。该阶段的主要任务是总体布局，因此对于管线的具体位置，除必须定出的少数控制点外，一般不做具体规定，但对各单项工程的规划布局提出修改建议。对于已确定的管线，可在道路平面及断面图上标出其具体位置。

三、工程管线综合总体规划编制的成果

城市工程管线综合规划成果分为说明书和图纸两个部分。

1. 工程管线综合总体规划说明书

总体规划说明书的内容包括管线综合规划的原则和依据，对综合管线所做的说明，引用资料及精准程度的说明，单项或专业工程详细规划以及设计应注意的问题等。

2. 工程管线综合规划图纸

（1）工程管线总体规划平面图　　平面图的比例大小随城市规模的大小、管线的复杂程度等情况而有所变化，但应尽可能和城市总体规划图的比例一致。图纸的比例通常采用 1∶1000~1∶10000。平面图中主要应包括以下内容：

1）自然地形、主要的地物、地貌以及表明地势的等高线。

2）规划的居住、公共设施、工业及仓库等用地，以及道路网、铁路等。

3）确定的各种工程管线、主要工程管线及设施以及防洪堤（沟）等设施平面布置。

4）道路横断面所在位置的标注。

5）管线在平面上的具体位置，道路中心线交叉点，管线的起止点、转折点以及工程管线的进出口位置、坐标等。

（2）工程管线道路标准横断面图编绘　　工程管线道路标准横断面图的比例通常采用 1/200~1/500，图面内容主要包括：道路红线范围内的各组成部分在横断面上的位置及宽度，如机动车道、非机动车道、人行道、分隔带、绿化带等；工程管线在道路中的位置；道路横断面的编号等。

工程管线道路标准横断面图的绘制方法比较简单，即根据该路各管线布置位置和次序逐一配入城市总体规划所确定的横断面，并标注必要的数据。道路横断面的各种管线与建筑物的距离，也应符合各有关单项设计规范的规定。

绘制城市工程管线综合总体规划图时，通常不会把电力和通信架空线路绘入综合总体规划图中，而在道路横断面图中定出它们与建筑红线的距离，就可以控制它们的平面位置，并避免图面过于复杂和繁乱。

第四节　城市工程管线综合详细规划的步骤

工程管线综合详细规划的作用主要是协调城市详细规划中各专业工程详细规划的管线布置，确定各种工程管线的平面位置和控制标高，是城市详细规划中的一项专项规划。一般分为三个阶段：基础资料收集；汇总综合，协调定案；编制规划成果。

一、工程管线综合详细规划的基础资料

工程管线综合详细规划通常有两种情况：一是有城市工程管线综合总体规划，在已完成的基础上，进行某一地域的工程管线综合详细规划；二是没有城市工程管线总体规划，直接进行某一地域的工程管线综合详细规划。

其基础资料主要包括：

1）自然地形资料：规划区内地形、地貌、地物、地面高程、河流水系等情况。一般可由规划委托方提供的最新的地形图（1：500～1：2000）上取得。

2）土地利用状况资料：规划区内详细规划平面图（1：500～1：2000），规划区内现有和规划的各类用地的情况，如建筑物、构筑物、铁路、道路、铺装硬地、绿化等用地。

3）道路系统资料：规划区内现状和规划道路系统平面图（1：500～1：2000），各条道路横断面图（1：100～1：200），道路控制点标高等情况。

4）工程管线综合总体规划资料：城市工程管线排列原则和规定，本规划区各项工程设施的布局，各种工程管线干管的走向、位置、管径等。

5）各专业工程现状和规划资料：规划区内现状各类工程设施和工程管线分布情况，各专业工程详细规划的初步设计成果，以及相应的技术规范。城市给水、排水、供电、通信、供热、供燃气等工程管线综合详细规划需收集的基础资料。

工程管线综合详细规划收集基础资料要有针对性。工程管线综合详细规划资料应侧重于详细规划方面的资料，现状资料为辅。

二、城市工程管线综合详细规划的协调

城市工程管线综合总体规划的第二阶段工作是对所收集的基础资料进行汇总，将各项内容汇总到管线综合平面图上，检查各工程管线规划自身是否有矛盾，更为重要的是各项工程管线规划之间是否有矛盾，提出综合总体协调方案，组织相关专业共同讨论，确定符合城市工程管线综合敷设规范、基本满足各专业工程管线规划的综合总体规划方案。该阶段的工作可按下列步骤进行：

1）首先应准备好相关规划图或绘制管线综合规划的底图。

2）专项检查定案。通过制作管道规划图，工程管线在平面上相互的位置关系，管线和建筑物、构筑物城市分区的关系一目了然。接下来就是在工程管线综合原则的指导下，检查各工程管

线规划自身是否符合规范，确定或完善各专项规划方案。

3）管线平面综合。管线平面综合的一项主要工作，是绘制各城市道路的横断面布置图。根据管线综合有关规范、各专业工程管线的规范、当地有关规定，将所有管线按水平位置间距的关系，安排在道路横断面上的位置上。在道路横断面中安排管线位置与道路规划有着密切的联系，有时会由于管线在道路横断面中配置不下，需要改变管线的平面布置，或者变动道路横断面形式，或者变动机动车道、非机动车道、分隔带、绿化带等的排列位置与宽度乃至调整道路总宽度。同时，应结合道路的规划，尽可能使各种管线合理布置，不要把较多的管线过分集中到几条道路上。

道路横断面的绘制方法比较简单，即根据该路中各管线布置和次序逐一配入城市总体规划（或分区规划）所确定的横断面，并标注必要的数据。但是，在配置管线位置时，树冠易与架空线路发生干扰，树根易与地下管线发生矛盾。这些问题一定要合理地加以解决。道路横断面的各种管线与建筑物的距离，应符合各有关单项设计规范的规定。

4）管线竖向综合。管道平面综合基本解决了管线自身及管线之间，管线和建筑物、构筑物之间平面上的矛盾后，该阶段是检查路段和道路交叉口工程管线在竖向上分布是否合理，管线交叉时垂直净距是否符合有关规范要求。若有矛盾，需制订竖向综合调整方案，经过与专业工程详细规划设计人员的共同研究、协调，修改各专业工程详细规划，确定工程管线综合详细规划。

① 路段检查主要在道路横断面图上进行。首先要依据收集的基础资料，绘制各条道路横断面图，根据各工程规划初步设计成果的工程管线的截面尺寸、标高检查管道间的垂直净距，要校核每条道路横断面中已经确定平面位置的各类管线是否垂直净距不足，埋深是否合理。

② 道路交叉口是工程管线分布最复杂的地区，多方向的工程管线在此交叉，此处也是工程管线的各种管井密集地区，是工程管线综合详细规划的主要任务。有些工程管线在路段上不易彼此干扰，但到了交叉口就可能产生矛盾。因此，需要将规划区内所有道路（或主要道路）交叉口平面放大至一定比例（1∶500～1∶1000），按照工程管线综合的有关规范和当地关于工程管线净距的规定，调整部分工程管线的标高，使各条工程管线在交叉口能安全有序的敷设。

三、详细规划的成果要求

城市工程管线综合规划的成果，主要有图纸和文本两个部分。

1. 工程管线综合详细规划平面图

平面图的比例通常采用1∶1000。图中内容和编制方法，基本与综合总体规划图相同，在内容深度上有所差别。编制综合详细平面图时，需确定管线在平面上的具体位置，道路中心线交叉点、管线的起止点、转折点以及各大单位管线进出口处的坐标及标高等。

2. 管线交叉点标高图

该图的作用是检查和控制交叉管线的竖向高程位置。图纸比例大小及管线的布置和综合详细平面图相同，并在道路的每个交叉点编上号码，便于查对。

图11-4～图1-6分别是某规划道路及交叉口的平面图和横断面图，可以看出管道之间的基本关系。

在路口处，管线交叉点标高等表示方法有以下几种形式：

1）在管线交叉点处插入垂直距离表，见表11-6。然后把地面标高、管线截面大小（可用直径表示）、管底标高以及管线交叉处的垂直净距等项填入表中，如图11-4中的第①号道路交叉口所示。

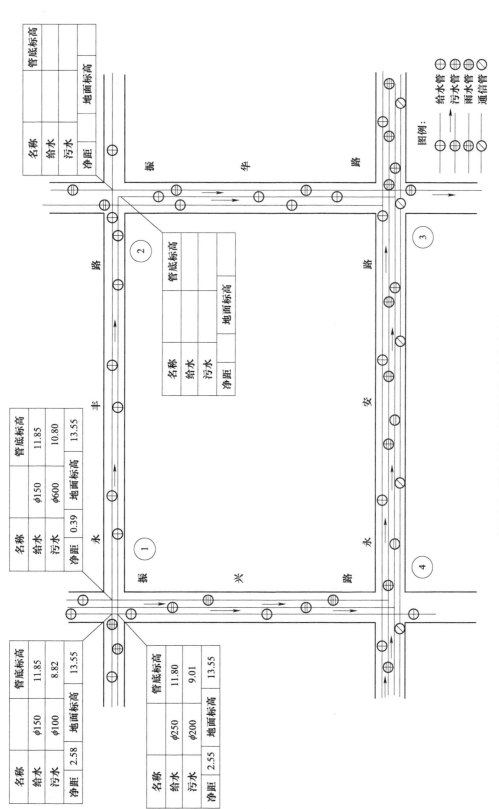

图 11-4 道路交叉口平面及管道交叉点高程图

名称		管底标高
给水		
污水		
净距	地面标高	

名称		管底标高
给水	φ150	11.85
污水	φ600	10.80
净距	0.39	地面标高 13.55

名称		管底标高
给水		
污水		
净距	地面标高	

名称		管底标高
给水	φ150	11.85
污水	φ100	8.82
净距	2.58	地面标高 13.55

名称		管底标高
给水	φ250	11.80
污水	φ200	9.01
净距	2.55	地面标高 13.55

图例:

⊕	⊕	⊞	⊘
给水管	污水管	雨水管	通信管

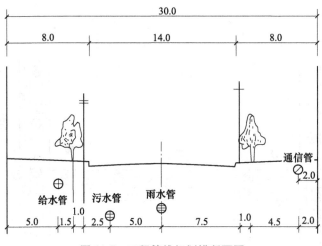

图 11-5　工程管线规划横断面图

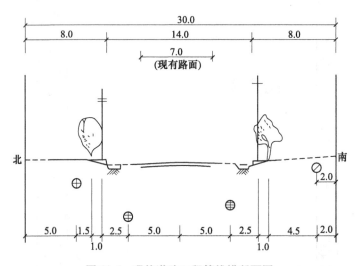

图 11-6　现状道路工程管线横断面图

表 11-6　交叉管线垂直距离表

名称	截面	管底标高
净距（m）	地面标高（m）	

　　如果发现交叉管线发生冲突，则将冲突情况和原设计的标高在表下注明，将修正后的标高填入表中，表中管线截面尺寸单位一般用 mm，标高等均用 m。这种表示方法使用比较方便，但当管线交叉点较多时，往往会出现在图中绘不下的情况。

　　2）先将管线交叉点编上号码，而后依照编号将管线标高等数据填入，另外绘制交叉管线垂直距离表，有关管线冲突和处理的情况则填入垂直距离表的附注栏内，修正后的数据填入表 11-6 相应各栏中。这种方法不受管线交叉点标高图图面大小的限制，但使用起来不如前一种方便。

3）一部分管线交叉点用垂直距离表绘在标高图（表 11-7）上，对另一部分交叉点则进行编号，并将数据填入垂直距离表中。当道路交叉口的管线交叉点很多而无法在标高图中注清楚时，通常又用较大的比例（1∶1000～1∶500）把交叉口画在垂直距离表的第一栏内。采用此法时，往往是将管线交叉点较多的交叉口，或者管线交叉点虽少但在竖向发生冲突的交叉口，填入垂直距离表中。

表 11-7　交叉路口管线标高图

道路交叉口图	交叉口编号	管线交点编号	交点处的地面标高	上面				下面				垂直净距/m	附注
				名称	管径/mm	管底标高	埋设深度/m	名称	管径/mm	管底标高	埋设深度/m		
	3	1		给水				污水					
		2		给水				雨水					
		3		给水				雨水					
		4		雨水				污水					
		5		给水				污水					
		6		雨水				污水					
		7		通信				给水					
		8		电信				雨水					
	4	1		给水				污水					
		2		给水				雨水					
		3		给水				雨水					
		4		雨水				污水					
		5		给水				污水					
		6		通信				给水					

注：—⊕—给水管；—⊖—污水管；—⊘—雨水管；—⊗—电信管。

4）不绘制交叉管线标高图，而将每个道路交叉口用较大的比例（1∶1000 或 1∶500）分别绘制，每个图中附有该交叉路口的垂直距离表。此法的优点是交叉口图的比例较大，比较清晰，使用起来也较灵活简便，缺点是绘制时较费工。

5）不采用管线交叉点垂直距离表的形式，而将管道直径、地面控制高程直接注在平面图上（1∶500），然后将管线交叉点两管相邻的外壁高程用线分出，注于图纸空白处。这种方法适用于管线交叉点较多的交叉口，优点是能看到管线的全面情况，绘制时也较简便，使用灵活，如图 11-7 所示。

表示管线交叉点标高的方法较多，采用何种方法应根据管线种类、数量以及具体情况而定。总之，管线交叉点标高图应简单明了，其内容可根据实际需要进行增减。

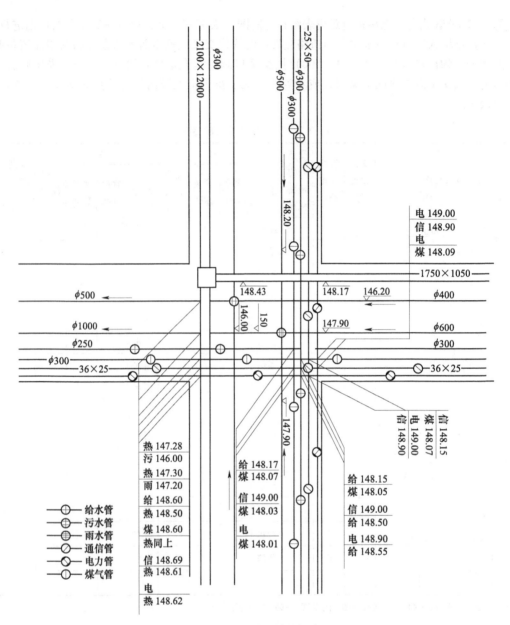

图 11-7 交叉路口管线标高图

注：$\underset{\triangledown}{\dfrac{150}{}}$ 指路面高程。$\dfrac{信\ 42.6}{煤\ 41.2}$ 表示电信在上面，外底高程为 42.5m；燃气在下面，上顶高程为 41.2m。

热力管道简称"热"；给水管道简称"给"；污水管道简称"污"；雨水管道简称"雨"；

电力管道简称"电"；通信管道简称"信"；煤气管道简称"煤"。

3. 修订道路标准横断面图

工程管线综合详细规划时，有时由于管线的增加或调整规划所做的布置，需根据综合详细平面图，对原有配置在道路横断面中的管线位置进行补充修订。道路标准横断面的数量较多，通常是分别绘制，汇订成册。

在现状道路下配置管线时，一般应尽可能保留原有的路面，但可根据管线拥挤程度、路面质量、管线施工时对交通的影响，以及近远期结合等情况做方案比较后，再确定各种管线的位置。同一道路的现状横断面和规划横断面均应在图中表示出来。表示的方法可采用不同的图例和文字注释绘在类似图 11-5、图 11-6 图中，或将二者分上下两行绘制。

4. 工程管线综合详细规划说明书

工程管线综合详细规划说明书的内容包括：所综合的各专业工程详细规划的基本布局，工程管线的布置，国家和当地城市对工程管线综合的技术规范和规定，本工程管线综合详细规划的原则和规划要点，以及必须叙述的有关事宜；对管线综合详细规划中所发现的目前还不能解决，但又不影响当前建设的问题提出处理意见，并提出下一阶段工程管线设计应注意的问题。

工程管线综合详细规划图，应根据城市的具体情况而有所增减，如管线简单的地段、图纸比例较大时，可将现状图和规划图合并在一张图上；对于管线情况复杂的地段，可增绘辅助平面图等。有时，根据管线在道路中的布置情况，采用较大的比例尺，按道路逐条绘制图纸。总之，应根据实际需要，并在保证质量的前提下尽量减少综合规划工作量。

第五节　城市工程管线综合设计方法

随着工程管线设计的深入，施工设计中的各种工程管线、井位、设施的设置，以及用户支管线的接入、管材的确定，由于某些原因，它们之间会出现新的矛盾，甚至会对已做的专业工程管线综合详细规划和管线综合详细规划做某些较大的调整和改动。未做工程管线综合详细规划的地区，由于没有前期规划而直接进行工程管线的设计和施工，出现冲突和矛盾的可能性会更大。因此，进行工程管线综合设计是非常必要的。

工程管线综合设计是各类工程管线设计与管线工程施工合理衔接的必不可少的过程，也是工程管线详细规划的深化与完善过程。工程管线综合设计与各专业工程管线设计可交叉进行。首先要汇总各专业工程工程管线设计提供的成果资料，检查工程管线之间是否有矛盾和重大问题，及时与相关专业工程设计人员进行磋商，共同确定工程管线综合设计方案，使各工程管线施工设计更为协调合理。

工程管线综合设计工作一般分以下步骤：

收集工程管线综合设计资料→汇总各专业工程设计资料→路段工程管线综合设计→交叉口工程管线综合设计→编制工程管线综合设计成果。

一、设计资料的收集

工程管线综合设计阶段的资料收集，比工程管线综合总体规划、综合详细规划阶段要更加具体和深入。

设计的基础资料有以下几类：

（1）设计范围内详细规划资料　资料应包括详细规划总平面图、道路规划图、竖向规划图、各专业工程详细规划图。

（2）设计范围内工程管线综合详细规划资料　应包括管线综合详细规划剖面图、道路标准横断面图、交叉口工程管线平面布置图、设计范围内道路的道路设计平面图、道路桩号和控制点标高图、道路横断面布置图，以及横断面在平面图中的剖切位置、道路分段纵断面图（包括道路纵坡、坡度、坡向、起止点设计标高）、路面结构图等资料。

（3）设计范围内的道路工程设计资料　应包括设计平面图、道路桩号和控制点标高图、道路横断面布置图以及断面在平面图中的剖切位置。还应有道路分段纵剖图，包括道路纵坡、坡度、坡向、起止点设计标高等。

（4）设计范围内各专业工程管线设计资料

1）给水管网设计图。内容包括设计范围内给水干管、支管、过路管的分布、水平位置、管径、管底标高；管径变化点的具体位置、管底标高；配水构筑物的设计详图及其与给水管网的衔接方式。有时还会涉及中水等领域。

2）雨水管网设计图。内容包括设计范围内各级雨水管道的分布、具体位置、管径、管底标高、坡度；变坡点位置和管底标高、管径；管径变化点的具体位置、管底标高；雨水泵站、窨井排水口的具体位置设计详图。

3）污水管网设计图。内容包括设计范围内污水干管、支管、过路管的分布、具体位置、管径、管底标高、坡度；变坡点位置和管底标高、管径；管径变化点的具体位置、管底标高；污水检查井、污水泵站的具体位置、形式和设计详图；该范围内污水处理厂的设计详图及其与污水管网的衔接方式。

4）电力管网设计图。包括设计范围内电力管网的敷设方式；电力排管的分布、具体位置、孔数、截面尺寸、管底标高；共井的具体位置和设计详图；过路管的具体位置、孔数、截面尺寸；直埋电力电缆的分布、水平位置、回数、截面形式、电缆底部和缆顶部标高；该范围内各级电源、变配电设备的具体位置和设计详图。

5）通信网络设计图。包括设计范围内通信网络管网的敷设方式；通信网络管道的分布、具体位置、孔数、截面尺寸、管底标高；共井的具体位置和设计详图；直埋通信电缆的分布、水平位置、回数、截面形式、电缆底和电缆顶标高；电话局所的具体位置、设计详图及其与管网的衔接方式。

6）燃气管网设计图。内容包括设计范围内燃气干管、支管、过路管的分布、具体位置、管径、管底标高、坡度；变坡点位置和管底标高、管径；管径变化点的具体位置、管底标高；燃气站、燃气调压站的具体位置和设计详图。如果燃气管网输送的是煤气，还应包括集水器的具体位置和详图。

7）供热管网设计图。包括设计范围内热力管道的敷设方式、分布、管径、管底标高、坡度；变坡点位置和管底标高；管径变化点的具体位置、管底标高；通行地沟位置和设计详图；抢修孔的数量、具体位置和设计详图。

二、汇集各专业工程设计资料

在工程管线综合详细规划基础上，将各专业工程管线设计图的资料汇总到工程管线综合设计平面图上。

将工程管线综合详细规划平面图放大，作为工程管线综合设计的底图。如该地区未做工程管线综合详细规划，则用最新的1:1000或1:500地形图作为基础底图。再将道路设计图的主要内容按比例绘制在底图上，包括桩号、道路纵坡、控制点设计标高等因素。最后将各专业工程管线设计图的主要内容按比例绘制到底图上。

三、路段工程管线综合设计

工程管线设计资料汇总后，出现设计深化带来的新矛盾是正常现象。首先检查路段上各类管线之间的水平、垂直的间距、净距是否满足规范要求，从而调整管线综合道路横断面。操作过程如下：

（1）检查路段管线、管井、过路管之间的矛盾　首先要分段检查管井对两侧管线的影响，因为管井的形式和位置可能会干扰两侧管线的通行。根据各类管井、共井、检查井的设计详图提供的外围尺寸和标高等数据，按比例绘制在工程管线综合设计平面图上。随后要逐一检查各种过路管与相交管线的矛盾。因过路管在工程管线综合详细规划时，尚未布置设计，故无具体位置、管径、标高，而在工程管线设计时，则有其具体位置、管径、标高等要求。因此，工程管线综合设计时，必须解决过路管与道路下工程管线垂直净距之间的矛盾。根据各类过路管及与之相交的其他管线的具体位置、管径、标高等数据，在平面图上检查各种过路管在路段上是否和上下管线保持足够的垂直间距、净距。第三分段检查重力管（雨水管、污水管）在坡度变化途中是否与其他管线产生矛盾。因为重力管的埋深，一般为 0.11 ~ 4.0m，而大多数管线的最佳埋深为 0.11 ~ 1.5m，所以两者可能产生矛盾。而且重力管有时坡度变化比较大，又缺乏灵活性，容易与其他管线发生矛盾，所以需要按照排水分区和排水方向，逐段核查重力管与其他管线的矛盾。

（2）综合调整路段工程管线水平和竖向位置　根据路段各种井位对两侧管线的影响，分段调整路段工程管线的水平位置，使各种工程管线及与各种井位的水平净距符合规范的要求。针对各种过路管与相交管线的矛盾，根据管线综合基本原则，调整路段工程管线的竖向排列、过路管平面排列位置和竖向标高，尽量使各类过路管在平面和竖向上错开。根据压力管让重力管、细管让粗管等避让原则，协调因坡度变化的重力管在坡度变化途中与其他管线产生的垂直净距等问题。最后，做出调整后的分段道路工程管线综合设计横断面图、分段道路工程管线综合设计平面图。

四、道路交叉口工程管线综合设计

各专业工程管线设计的各种管线从不同方向通过道路交叉口形成大量的管线交叉点，工程管线如果需在道路交叉口处汇接或转向，根据各专业的技术规范，还必须设置转换装置和转接小室。因此，道路交叉口会有各种工程管线的管井、共井、检查井、小室。有时交叉口四周街坊内用户汇总管也接入各种管井中，两街坊之间过路管也通过道路交叉口，从而使道路交叉口在平面和竖向上均出现更为复杂的管线交叉点，因此，交叉口管线综合是管线综合设计的重点。由于道路交叉口的空间是有限的，需要合理地安排好各种管线和井（小室）位置，确保各种管线的安全畅顺通过。

道路交叉口管线综合设计过程如下：

（1）检查道路交叉口工程管线、井位布置的合理程度

1）逐个检查交叉口各种管线、井位平面布置是否合理。需将各专业工程设计的管线和井位按设计位置，汇总到 1：500 的道路设计图或更大比例的设计图上，检查各管线之间、井位和井位之间、管线和井位之间的水平净距是否符合规范要求。由于各专业工程设计时，各种支管、街坊过路管等均要设计时表示出来，交叉口的管线要比综合详细规划时多很多，且道路交叉口的各种井位平面尺寸均比本专业管线平面尺寸大，因此需合理进行调整。

2）逐条检查道路交叉口管线竖向布置是否合理。将各专业工程设计的管线、井位的平面位置、标高等汇总到综合设计底图上后，各管线交叉口的竖向净距就比较清晰了，可逐个检查是否符合规范要求。由于各种工程管线的方向、坡向多有不同，往往未经管线综合设计的工程管线在交叉点的竖向净距，难以全部符合规范的要求。

（2）综合调整道路交叉口工程管线井位布置

1）调整道路交叉口的管线、井位平面布置。首先要减少、简化交叉口的管线交叉，尽可能将进入交叉口的支管、过路管、局部汇总管移出交叉口密集地区，或移出道路交叉口，调整在其

他路段上接入或者通过。井位的占地平面尺寸大，会阻碍管线正常通过造成或水平净距不足，因此，应先调整管线平面位置，若无法调整，则可采用移位或调整井位长宽方向等方法进行解决。

2）调整道路交叉口的管线竖向位置。根据已汇总的各专业工程设计的管线标高，在适合专业工程技术规范、管线埋深等规范的前提下，调整部分管线在交叉口段内的管线标高，使各类管线在交叉口交叉时均有合理的垂直净距，保证管线平顺地通过交叉口。

3）调整管线交叉点的垂直净距和管线标高。完成道路交叉口管线、井位的平面调整和管线竖向调整后，再按照管线综合避让原则，调整个别垂直净距不符合要求或过不去的交叉点的管线标高。

4）编制工程管线综合设计道路交叉口详图。将综合调整后的交叉口各类管线、井位的具体平面位置尺寸按比例绘制到放大的道路交叉口平面图上，并给各个管线交叉口编号，列表注明该点的两条管线的种类、管径、管顶标高、管材等。做法可参考图11-4、图11-7和表11-6。

五、综合设计成果

工程管线综合设计成果以规划图为主，辅有少量文字说明。

1. 工程管线综合设计图

（1）综合平面图　图面应能表示综合设计范围内道路平面、道路交叉口中心线的坐标、路面标高、各类工程管线、泵站、井位、过路管、支管接口等具体平面位置。图纸比例通常为1∶500，若设计范围过大，图纸比例也可采用1∶1000，但需要有1∶500的分段道路工程管线综合设计平面图补充。

（2）道路横断面图　图面应表述清楚综合设计范围内的各条道路标准横断面和控制点横断面，经综合协调确定后的各种工程管线水平和竖向排列。横断面图要表示出道路断面、各种工程管线的水平位置、管径、截面形式与尺寸、水平净距、地下工程管线的路段控制标高等。图纸通常比例为1∶50~1∶100。

（3）道路交叉口详图　交叉路口详图应配有管线竖向标高综合控制表，表中分别列出交叉口每个交叉点上下管线的种类、管径、管顶标高、管材等详尽内容，以便在施工时进行控制。每个道路交叉口独立成图，图表一体，表述清楚道路交叉口或过路管密集地段的各种工程管线、各种井位综合布置，并附有交叉口管线竖向标高综合控制表。图中表示道路中心线交叉点路面标高，各类井位的具体平面位置、尺寸，以及交叉口各种工程管线交叉点编号等。图的比例一般为1∶200~1∶500。

2. 文字说明

在有关图上备注有关说明和必要的解释文字。同时，工程管线综合设计通常还有简明的设计说明，叙述综合设计范围、设计依据与原则等。

第十二章
城市消防规划

"水火无情"，火灾自古就是人类面对的严重灾害。火灾分为自然火灾和人为火灾。自然火灾由雷电、干旱等原因引起森林、草原大面积燃烧。2019年澳大利亚的森林大火几乎延烧整个澳大利亚，蔓延至城市，造成巨大损失。人为火灾由人类活动引起，在城市中人口密集区域的火灾经常会造成巨大伤亡。

城市人为火灾的主要原因，一是城市建设缺乏总体规划的指引，或者未能严格控制规划实施，导致城市布局疏于管理，违反安全合理性，造成一些易燃、易爆的项目布置在居民区或公共建筑附近；二是城市内原工业或仓储使用功能调整，未按照安全规范调整防火间距，或者是许多新建筑或设施未遵守安全规范超越防火间距，一旦起火，就会形成较大面积的火灾，造成巨大损失；三是基础设施落后，道路不畅，水源不足，水压偏低，消防力量和技术设备严重滞后，一旦发生火灾，不能及时有效扑救，常使小火酿成重灾。

我国的很多城市历史悠久，旧城的格局纵然显示了各个不同历史阶段的发展轨迹和风采，但也不可避免地遗留了不同历史时期存在的种种矛盾和弊端。不少旧城区建设布局混乱，建筑物耐火等级低，建筑防火间距不足，道路狭窄交通阻塞，市政公用设施短缺，这往往也是火灾易于发生和发生后难以控制的客观原因。

我国先后颁布了《中华人民共和国消防条例实施细则》《中华人民共和国消防法》以及《城市消防规划规范》《建筑设计防火规范》等一系列法律、法规和行业标准、规范，这些法律、法规和标准、规范均指出把消防事业与建设纳入城市规划，要求消防基础设施建设必须与城市建设统一规划、同步发展。消防规划已成为城市总体规划的重要组成部分和一项专项规划。

城市消防规划是一定时期内城市消防建设发展的目标和计划，是城市消防建设综合部署和城市消防建设的管理依据。城市消防规划期限应与城市总体规划一致。城市消防规划应执行预防为主、防消结合的消防工作方针，遵循科学合理、经济适用、适度超前的规划原则。编制城市消防规划时，应结合当地实际对城市火灾风险、消防安全状况进行分析评估。应按适应城市经济社会发展、满足火灾防控和灭火应急救援的实际需要，合理确定城市消防安全布局，优化配置公共消防设施和消防装备，并应制定管制和实施措施。

城市消防规划应与相关规划协调。公共消防设施应实现资源共享，可充分利用城市基础设施、综合防灾设施，并应符合消防安全要求。市政消火栓、消防车通道等公共消防设施应与城市供水、道路等基础设施同步规划、同步建设。

第一节 概 述

一、物质的燃烧与火灾

火是物质燃烧过程中所进行的强烈氧化反应，而且其能量会以光和热形式释放，此外还会产生大量的生成物。人们的生产、生活每一天都在利用火。但火也会造成危害，在人们对它失去控制之后，成为一种灾害，即通常所说的"火灾"。燃烧必须满足以下三个条件：①存在能燃烧的物质；②有助燃的氧化剂；③足够高的热或温度。只要这三个条件同时满足，相互接触就能起火。

燃烧的类型按其形成条件和瞬间发生的特点一般分为闪燃、着火、自燃和爆炸四种类型。

闪燃是物质遇火产生一闪即灭的燃烧现象。在规定的试验条件下，可燃性液体或固体表面产生的蒸气与空气形成的混合物，遇火源能够闪燃的最低温度（采用闭杯法测定）称为闪点。

着火是可燃物质遇火源，或达到一定温度时，产生有火焰的持续燃烧，并在火源移去后仍继续燃烧的现象。

自燃是可燃物质因受热或自身发热积蓄热量，温度升高达到一定温度出现火焰燃烧。

爆炸是在极短时间内，释放出大量能量，产生高温，并放出大量气体，在周围介质中造成高压的化学反应或状态变化，同时破坏性极强。在此过程中，空间内的物质以极快的速度把其内部所含有的能量释放出来，转变成机械功、光和热等能量形态。所以一旦失控，发生爆炸事故，就会产生巨大的破坏作用。

火灾按照国家《火灾分类》（GB/T 4968）给出的命名和定义，划分成下列类别：

A类火灾：固体物质火灾。这种物质通常具有有机物性质，一般在燃烧时能产生灼热的余烬。如木材、干草、煤炭、棉、毛、麻、纸张、塑料（燃烧后有灰烬）等火灾。

B类火灾：液体或可熔化的固体物质火灾。如煤油、柴油、原油、甲醇、乙醇、沥青、石蜡等火灾。

C类火灾：气体火灾。如煤气、天然气、甲烷、乙烷、丙烷、氢气等火灾。

D类火灾：金属火灾。如钾、钠、镁、钛、锆、锂、铝镁合金等火灾。

E类火灾：带电火灾。物体带电燃烧的火灾。

F类火灾：烹饪器具内的烹饪物（如动植物油脂）火灾。

气体、液体和固体可燃物与空气共存，当达到一定温度时，与火源接触即自行燃烧。火源移走后，仍能继续燃烧的最低温度，称为该物质的燃点或称着火点。各种物质燃点见表12-1。

表 12-1 物质的燃点

物质	燃点/℃	物质	燃点/℃
氢	580～600	黄磷	60
甲烷	650～750	赤磷	280
乙烷	520～630	硫黄	190
乙烯	542～547	铁粉	315～320
乙炔	406～440	镁粉	520～600
一氧化碳	641～658	铝粉	540～550
硫化氢	346～379	高温焦炭	440～600
聚苯烯	420	可可粉	420
密胺	790～810	咖啡	410
橡胶	350	淀粉（谷物）	380
软木	470	米	440
木材	400～470	砂糖	350
漂白布	495	肥皂	430
环氧树脂	530～540	木炭	320～400
聚四氟乙烯	670	泥煤	225～280
尼龙	500	无烟煤	440～500
聚苯乙烯	450～500		

二、固体物质起火

固体可燃物由于其分子结构的复杂性，物理性质不同，其燃烧方式也不同，分为蒸发燃烧、分解燃烧、表面燃烧和阴燃四种。蒸发燃烧是指熔点较低的可燃固体，受热后熔融，然后像可燃液体一样蒸发成蒸气而燃烧。分解燃烧是物质分子结构复杂的固体可燃物，在受热分解出其组成成分及加热温度相应的热分解产物后，这些分解产物再氧化燃烧。天然高分子材料中的木材、纸张、棉、麻、毛、丝以及合成高分子的热固塑料、合成橡胶、纤维等燃烧均属分解燃烧。有些固体可燃物的蒸气压非常小或者难以发生热分解，不能发生蒸发燃烧或分解燃烧，当氧气包围物质表层时，呈炽热状态并发生无火焰燃烧，这属于非均相燃烧，即表面燃烧，其特点是表面发红而无火焰。木炭、焦炭以及铁、铜、钨的燃烧均属于表面燃烧。阴燃是指某些固体可燃物在空气不流通、加热温度较低或可燃物含水分较多等条件下发生的只冒烟、无火焰的燃烧现象。成捆堆放的棉、麻、纸张及大量堆放的煤、杂草、湿木材等，受热后易发生阴燃。

三、液体起火

有些液体，能在常温下挥发，但挥发的速度有快有慢。在低温下易燃、可燃液体挥发的蒸气与空气混合达到一定浓度时，遇到明火点燃即发生蓝色一闪即灭不再继续燃烧的现象，称为闪燃。出现闪燃的最低温度叫闪点。

闪燃出现的时间不长，主要原因是液体蒸发的速度供不上燃烧的需要。如果温度继续升高，液体挥发的速度加快，这时再遇明火，就有起火爆炸的危险。可见，闪点是易燃、可燃液体即将起火的前兆，这对防火有重要意义。

一般而言，闪点温度越低，火灾的危险性就越大，所以闪点是确定液体火灾危险性的重要依据。为了便于管理，应有区别地对待不同火灾危险性的液体。现将液体的闪点以93℃为界分为两类：凡闪点≤93℃的液体划为易燃性液体，凡闪点>93℃的液体划为可燃性液体。

液体在燃烧过程中，由于不断向液层内传热，会使含有水分、黏度大、沸点在100℃以上的重油、原油产生沸溢和喷溅现象，造成大面积火灾，这种现象称为突沸现象。能产生突沸现象的油品称为沸溢性油品。

四、气体起火

可燃气体在空气中达到一定浓度，遇明火便会燃烧。气体燃烧分为扩散燃烧、混合燃烧和燃烧波三种形式。可燃性气体从系统内喷射出来，一边与空气扩散、一边燃烧称为扩散燃烧。可燃气体和助燃性气体按照一定的比例混合成燃烧气被点燃称为混合燃烧。在局限化或密闭系统内，由于燃烧波的快速传播，系统内产生高温高压气体会导致爆炸。

可燃蒸气、气体或粉尘与空气组成的混合物遇火源即能发生爆炸的最低浓度（可燃蒸气、气体的浓度，按体积分数计算）称为爆炸下限。能发生爆炸的最高浓度称为爆炸上限。浓度在下限以下时，可燃气体、易燃、可燃液体蒸气、粉尘的数量很少，不足以起火燃烧。浓度在下限与上限之间，浓度比较合适，遇明火就要爆炸。超过上限，则氧气供应不足不能发生爆炸。为了防爆安全需要，应选择最容易出现的危险性浓度作为警示性控制指标。因此，爆炸性混合物的爆炸下限常作为防爆的控制指标。部分可燃气体爆炸下限见表12-2。

表 12-2　可燃气体、易燃、可燃液体蒸气爆炸下限

名称	爆炸下限（%，体积分数）	名称	爆炸下限（%，体积分数）
煤油	1.0	丁烷	1.9
汽油	1.0	乙烯	2.75
丙酮	2.55	丙烯	2.0
苯	1.5	丁烯	1.7
二硫化碳	1.25	乙炔	2.5
甲烷	5.0	硫化氢	4.3
乙烷	3.22	一氧化碳	12.5
丙烷	2.37	氢	4.1

五、金属火灾

几乎所有碱金属都会燃烧，其中的几种会造成较特殊的危害，例如镁、钛、锌、铯、铷、钠、钾及其合金。放射性金属如铈、钍、铀也会燃烧。金属燃烧主要是由其与媒介物化学反应产生热量集聚达到自身燃点自燃，以及外界电火花、火源、静电、机械运动的撞击摩擦引起燃烧。金属的性状直接影响燃烧的难易程度：粉状由于比表面积增加，成为高反应性状，非常容易燃烧甚至自燃；金属箔要比块状更易燃烧。例如，铝粉受潮可发生铝热反应，积蓄热量达到 540℃ 即可自燃。金属粉末如与空气混合达到爆炸下限，遇火即会爆炸。

金属火灾的扑救难度很大。使用水进行扑救可能引起金属化学反应造成新的燃烧爆炸。例如，镁粉在高温下遇水会产生氢气，氢气与氧气混合达到爆炸下限遇火引起气体爆炸，其化学方程式为 $Mg+2H_2O=Mg(OH)_2+H_2$。而金属粉末火灾如使用干粉灭火器，喷射气流会扰动粉末扩散，扩大火场范围，造成更大伤害。

六、电气火灾

电气火灾是带电线路、设备、器具、供配电设备发生的火灾，包括雷电和静电引起的火灾。电气火灾的原因是由于故障或非故障能量释放引燃本体或其他可燃物。线路电气火灾主要包括：漏电火灾、短路火灾、多负荷火灾和接触电阻过大火灾。电气火灾的扑灭应选用不导电的灭火器，如二氧化碳、七氟丙烷等。人员与带电体保持安全距离，防止触电。起火后可自行切断电源的设备所发生的火灾不应列入带电火灾范围。

七、烹饪器具内烹饪物起火

一般植物油脂的主要成分为高分子甘油三酸酯，闪点是 280~320℃，正常情况不易燃烧。烹饪物起火大多是动植物油脂在烹饪过程中达到高温状态遇明火而燃烧。油脂一般密度轻于水，而且油脂在烹饪中温度已经超过 100℃，如果烹饪器具内烹饪物起火时倒入水，密度大的水会沉入油脂下，水受油脂传热温度会急速上升到的沸腾状态，形成的蒸汽气泡迅速穿过油脂上升并溢出油水混合物表面，同时附着气泡上的油滴急速进入周围空气中，高温油滴遇火燃烧，形成爆燃。所以烹饪器具内烹饪物起火应采取隔绝空气的方式扑灭。

八、火灾的发展过程

火灾发生的过程大致分为三个阶段。

第一阶段：火灾初起阶段，时间约 5~20min，此时的燃烧是局部的，火势发展不稳定，室内平均温度不高，随时有中断的可能。

第二阶段：猛烈燃烧阶段。室内物体猛烈燃烧，火势已蔓延至整个房间，室内温度迅速升高到 1000℃左右，燃烧稳定，扑救灭火比较困难。

第三阶段：燃烧衰减熄灭阶段。室内可燃烧的东西已基本烧完，门窗破坏，木结构屋顶烧穿，温度逐渐下降，直至与室内外温度平衡，燃烧向着自行熄灭的方向发展。

根据火灾的发展过程及其特点，消防灭火应尽量及早发现，配备和安装适当数量的灭火设备，把火灾及时控制和消灭在第一阶段。针对第二阶段温度高、时间长的特点，建筑设计应设置必要的防火分隔物（如防火墙、防火门、耐燃顶板等），把火灾限制在起火部位，使其不会很快蔓延扩散。建筑应选择耐火时间长的材料，直到消防人员到达把火扑灭。在第三阶段，室内可燃物已全部烧尽，防火的实际意义已经不大，但是，要防止火灾向四周扩散，以免引起更大面积的灾情。

九、建筑材料的燃烧性能

建筑材料受到火烧后，有的起火燃烧，有的只觉火热、不见火焰（如沥青混凝土），有的只见炭化成灰、不见起火（如毛毡等）。砖石、钢筋混凝土等建筑材料，则不起火，不微燃，不炭化。建筑材料按燃烧性能可分为四类，见表 12-3，具体等级判定依据《建筑材料及制品燃烧性能分级》（GB 8624）。

表 12-3　建筑材料及制品的燃烧性能等级

燃烧性能等级	名　称
A	不燃材料（制品）
B_1	难燃材料（制品）
B_2	可燃材料（制品）
B_3	易燃材料（制品）

十、建筑构件的耐火极限

建筑构件按燃烧性能也分为非燃烧体、难燃烧体和燃烧体三类。非燃烧体即为非燃烧材料做成的构件；难燃烧体即为难燃烧材料做成的构件，或用燃烧材料做成而用非燃烧材料做保护层的构件；燃烧体即为燃烧材料做成的构件。建筑物耐火性能取决于建筑构件的耐火性能，或耐火极限。根据《建筑构件耐火试验方法》（GB/T 9978.1~9978.9）的试验方法，对建筑构件的承载力、完整性和隔热性进行试验判定，判定准则用时间长短表示（称为耐火极限，单位为 h）。建筑物的耐火等级，是由组成房屋的构件的燃烧性能和构件最低的耐火极限决定的。根据房屋建筑常用的几种结构形式，根据《建筑设计防火规范》（GB 50016）的规定，其耐火性能划分成四级，见表 12-4 和表 12-5。

表 12-4　民用建筑不同耐火等级建筑相应构件的燃烧性能和耐火极限　　（单位：h）

构件名称		耐火等级			
		一级	二级	三级	四级
墙	防火墙	不燃性 3.00	不燃性 3.00	不燃性 3.00	不燃性 3.00
	承重墙	不燃性 3.00	不燃性 2.50	不燃性 2.00	难燃性 0.50
	非承重墙	不燃性 1.00	不燃性 1.00	不燃性 0.50	可燃性
	楼梯间和前室的墙，电梯井的墙，住宅建筑单元之间的墙和分户墙	不燃性 2.00	不燃性 2.00	不燃性 1.50	难燃性 0.50
	疏散走道两侧的隔墙	不燃性 1.00	不燃性 1.00	不燃性 0.50	难燃性 0.25
	房间隔墙	不燃性 0.75	不燃性 0.50	难燃性 0.50	难燃性 0.25
柱		不燃性 3.00	不燃性 2.50	不燃性 2.00	难燃性 0.50
梁		不燃性 2.00	不燃性 1.50	不燃性 1.00	难燃性 0.50
楼板		不燃性 1.50	不燃性 1.00	不燃性 0.50	可燃性
屋顶承重构件		不燃性 1.50	不燃性 1.00	可燃性 0.50	可燃性
疏散楼梯		不燃性 1.50	不燃性 1.00	不燃性 0.50	可燃性
吊顶（包括吊顶搁栅）		不燃性 0.25	难燃性 0.25	难燃性 0.15	可燃性

注：1. 除《建筑设计防火规范》（GB 50016）另有规定外，以木柱承重且墙体采用不燃材料的建筑，其耐火等级应按四级确定。

　　2. 住宅建筑构件的耐火极限和燃烧性能可按现行国家标准《住宅建筑规范》（GB 50368）的规定执行。

表 12-5　工业建筑不同耐火等级建筑相应构件的燃烧性能和耐火极限　　（单位：h）

构件名称		耐火等级			
		一级	二级	三级	四级
墙	防火墙	不燃性 3.00	不燃性 3.00	不燃性 3.00	不燃性 3.00
	承重墙	不燃性 3.00	不燃性 2.50	不燃性 2.00	难燃性 0.50
	楼梯间和前室的墙电梯井的墙	不燃性 2.00	不燃性 2.00	不燃性 1.50	难燃性 0.50
	疏散走道两侧的隔墙	不燃性 1.00	不燃性 1.00	不燃性 0.50	难燃性 0.25
	非承重外墙房间隔墙	不燃性 0.75	不燃性 0.50	难燃性 0.50	难燃性 0.25
柱		不燃性 3.00	不燃性 2.50	不燃性 2.00	难燃性 0.50
梁		不燃性 2.00	不燃性 1.50	不燃性 1.00	难燃性 0.50
楼板		不燃性 1.50	不燃性 1.00	可燃性 0.75	难燃性 0.50
屋顶承重构件		不燃性 1.50	不燃性 1.00	不燃性 0.50	可燃性
疏散楼梯		不燃性 1.50	不燃性 1.00	不燃性 0.75	可燃性
吊顶（包括吊顶搁栅）		不燃性 0.25	难燃性 0.25	难燃性 0.15	可燃性

注：二级耐火等级建筑内采用不燃材料的吊顶，其耐火极限不限。

十一、民用建筑防火间距与道路消防

为了防止建筑间的火势蔓延，各幢建筑物之间须留出一定的安全距离，它既能减少辐射热的影响，避免对面建筑物被火烤，又可提供人员疏散和消防灭火的场地。

两建筑物之间的防火间距是指相邻外墙间最近的那段距离，当外墙有凸出的可燃或难燃构件时，应从其凸出部分外缘算起。建筑物与储罐、堆场的防火间距，应为建筑外墙至储罐外壁或堆场中相邻堆垛外缘的最近水平距离。民用建筑防火间距见表12-6。工业厂房和仓库可直接查阅《建筑防火设计规范》（GB 50016）。

表 12-6　民用建筑之间的防火间距　（单位：m）

建筑类型		高层民用建筑	裙房和其他民用建筑		
		一、二级	一、二级	三级	四级
高层民用建筑	一、二级	13	9	11	14
裙房和其他民用建筑	一、二级	9	6	7	9
	三级	11	7	8	10
	四级	14	9	10	12

注：1. 相邻两座单、多层建筑，当相邻外墙为不燃性墙体且无外露的可燃性屋檐，每面外墙上无防火保护的门、窗、洞口不正对开设且该门、窗、洞口的面积之和不大于外墙面积的 5% 时，其防火间距可按本表的规定减少 25%。

　　2. 两座建筑相邻较高一面外墙为防火墙，或高出相邻较低一座一、二级耐火等级建筑的屋面 15m 及以下范围内的外墙为防火墙时，其防火间距不限。

　　3. 相邻两座高度相同的一、二级耐火等级建筑中相邻任一侧外墙为防火墙，屋顶的耐火极限不低于 1.00h 时，其防火间距不限。

　　4. 相邻两座建筑中较低一座建筑的耐火等级不低于二级，相邻较低一面外墙为防火墙且屋顶无天窗，屋顶的耐火极限不低于 1.00h 时，其防火间距不应小于 3.5m；对于高层建筑，不应小于 4m。

　　5. 相邻两座建筑中较低一座建筑的耐火等级不低于二级且屋顶无天窗，相邻较高一面外墙高出较低一座建筑的屋面 15m 及以下范围内的开口部位设置甲级防火门、窗，或设置符合现行国家标准《自动喷水灭火系统设计规范》（GB 50084）规定的防火分隔水幕或《建筑防火设计规范》（GB 50016）规定的防火卷帘时，其防火间距不应小于 3.5m；对于高层建筑，不应小于 4m。

　　6. 相邻建筑通过连廊、天桥或底部的建筑物等连接时，其间距不应小于本表的规定。

　　7. 耐火等级低于四级的既有建筑，其耐火等级可按四级确定。

进行城市道路设计时，必须考虑消防车通道要求：

1）消防车通道包括城市各级道路、居住区和企事业单位内部道路、消防车取水通道、建筑物消防车通道等，应符合消防车辆安全、快捷通行的要求。城市各级道路、居住区和企事业单位内部道路宜设置成环状，减少尽端路。

2）消防车通道的设置应符合下列规定：

① 消防车通道之间的中心线间距不宜大于160m。当建筑物沿街道部分的长度大于150m或总长度大于220m时，应设置穿过建筑物的消防车道。确有困难时，应设置环形消防车道；

② 高层民用建筑，超过 3000 个座位的体育馆，超过 2000 个座位的会堂，占地面积大于3000m² 的商店建筑、展览建筑等单、多层公共建筑应设置环形消防车道，确有困难时，可沿建筑的两个长边设置消防车道；对于高层住宅建筑和山坡地或河道边临空建造的高层民用建筑，可沿建筑的一个长边设置消防车道，但该长边所在建筑立面应为消防车登高操作面。高层厂房，占地面积大于 3000m² 的甲、乙、丙类厂房和占地面积大于1500m² 的乙、丙类仓库，应设置环形消防车道，确有困难时，应沿建筑物的两个长边设置消防车道。

③ 环形消防车通道至少应有两处与其他车道连通，尽端式消防车通道应设置回车道或回车场地。

④ 消防车通道的净宽度和净空高度均不应小于4m，与建筑外墙的距离宜大于5m，消防车道与建筑之间不应设置妨碍消防车操作的树木、架空管线等障碍物。

⑤ 消防车通道的坡度不宜大于8%，转弯半径应符合消防车的通行要求。举高消防车停靠和作业场地坡度不宜大于3%。

3）供消防车取水的天然水源、消防水池及其他人工水体应设置消防车通道，消防车通道边缘距离取水点不宜大于2m，消防车距吸水水面高度不应超过6m。

因为国产消防车供水距离为180m，在火场上水枪手要有10m长的机动水带，且水带的铺设系数为0.9，则（180-10）m×0.9＝153m，所以从室外消火栓到灭火地点的距离不宜超过150m。

十二、工业建筑特点及其消防

工业建筑一般空间大，形式多样，生产过程涉及材料种类繁多，工艺中高温、高压或明火操作较多，发生火灾的可能性高。针对这种火灾和爆炸的危险性差异很大的情况，必须按照实际情况，区别对待。

规划设计工业厂房和仓库时，先要明确使用、生产或贮存物品的火灾危险性类别，然后按照所属火灾危险性类别确定建筑物的耐火等级，再依据耐火等级确定建筑物层数、面积和设置必要的防火分隔物、安全疏散设施、防爆泄压设施，以及确定建筑物在基地内的适当位置，和周围建筑的防火间距等。

1. 生产和贮存物品的火灾危险性分类

生产的火灾危险性分类，是按生产过程中使用或加工物品的火灾危险性进行的。仓库贮存物品的火灾危险性分类，是按物品在贮存过程中的火灾危险性进行的。生产和贮存都是按不同物品火灾危险性特点进行分类的。现将固体、液体、气体划分火灾危险性的标准简述如下。

生产的火灾危险性应根据生产中使用或产生的物质性质及其数量等因素划分，可分为甲、乙、丙、丁、戊类，并应符合表12-7所示的规定。

表12-7　生产的火灾危险性分类

生产的火灾危险性类别	使用或产生下列物质生产的火灾危险性特征
甲	1. 闪点小于28℃的液体 2. 爆炸下限小于10%的气体 3. 常温下能自行分解或在空气中氧化能导致迅速自燃或爆炸的物质 4. 常温下受到水或空气中水蒸气的作用，能产生可燃气体并引起燃烧或爆炸的物质 5. 遇酸、受热、撞击、摩擦、催化以及遇有机物或硫黄等易燃的无机物，极易引起燃烧或爆炸的强氧化剂 6. 受撞击、摩擦或与氧化剂、有机物接触时能引起燃烧或爆炸的物质 7. 在密闭设备内操作温度不小于物质本身自燃点的生产
乙	1. 闪点小于28℃，但小于60℃的液体 2. 爆炸下限不小于10%的气体 3. 不属于甲类的氧化剂 4. 不属于甲类的易燃固体 5. 助燃气体 6. 能与空气形成爆炸性混合物的浮游状态的粉尘、纤维、闪点不小于60℃的液体雾滴
丙	1. 闪点小于60℃的液体 2. 可燃固体

（续）

生产的火灾危险性类别	使用或产生下列物质生产的火灾危险性特征
丁	1. 对不燃烧物质进行加工，并在高温或熔化状态下经常产生强辐射热、火花或火焰的生产 2. 利用气体、液体、固体作为燃烧或将气体、液体进行燃烧作其他用的各种生产 3. 常温下使用或加工难燃烧物质的生产
戊	常温下使用或加工不燃烧物质的生产

储存物品的火灾危险性应根据储存物品的性质和储存物品中的可燃物数量等因素划分，可分为甲、乙、丙、丁、戊类，并应符合表12-8所示的规定。

表 12-8　储存物品的火灾危险性分类

储存物品的火灾危险性类别	储存物品的火灾危险性特征
甲	1. 闪点小于28℃的液体 2. 爆炸下限小于10%的气体，受到水或空气中水蒸气的作用能产生爆炸下限小于10%气体的固体物质 3. 常温下能自行分解或在空气中氧化能导致迅速自燃或爆炸的物质 4. 常温下受到水或空气中水蒸气的作用，能产生可燃气体并引起燃烧或爆炸的物质 5. 遇酸、受热、撞击、摩擦、催化以及遇有机物或硫黄等易燃的无机物，极易引起燃烧或爆炸的强氧化剂 6. 受撞击、摩擦或与氧化剂、有机物接触时能引起燃烧或爆炸的物质
乙	1. 闪点小于28℃，但小于60℃的液体 2. 爆炸下限不小于10%的气体 3. 不属于甲类的氧化剂 4. 不属于甲类的易燃固体 5. 助燃气体 6. 常温下与空气接触能缓慢氧化，积热不散引起自燃的物品
丙	1. 闪点小于60℃的液体 2. 可燃固体
丁	难燃烧物品
戊	不燃烧物品

2. 厂房、仓库的耐火等级

建筑物设计防火措施，是以生产和贮存物品的火灾危险性类别为依据的。生产和贮存类别决定厂房和仓库应有的耐火等级。工业建筑耐火等级见表12-5。

确定厂房的耐火等级是设置厂房建筑物防火措施的重要环节。厂房的耐火等级分为一、二、三、四级。高层厂房，甲、乙类厂房的耐火等级不应低于二级，建筑面积不大于300m²的独立甲、乙类单层厂房可采用三级耐火等级的建筑。单、多层丙类厂房和多层丁、戊类厂房的耐火等级不应低于三级。

使用或产生丙类液体的厂房和有火花、赤热表面、明火的丁类厂房，其耐火等级均不应低于二级；建筑面积不大于500m²的单层丙类厂房或建筑面积不大于1000m²的单层丁类厂房，可采用三级耐火等级的建筑。使用或储存特殊贵重的机器、仪表、仪器等设备或物品的建筑，其耐火等级不应低于二级。锅炉房的耐火等级不应低于二级，燃煤锅炉房且锅炉的总蒸发量不大于4t/h

时，可采用三级耐火等级的建筑。油浸变压器室、高压配电装置室的耐火等级不应低于二级，其他防火设计应符合现行国家标准《火力发电厂与变电站设计防火标准》（GB 50229）等标准的规定。

高架仓库、高层仓库、甲类仓库、多层乙类仓库和储存可燃液体的多层丙类仓库，其耐火等级不应低于二级。

单层乙类仓库，单层丙类仓库，储存可燃固体的多层丙类仓库和多层丁、戊类仓库，其耐火等级不应低于三级。

粮食筒仓的耐火等级不应低于二级；二级耐火等级的粮食筒仓可采用钢板仓。粮食平房仓的耐火等级不应低于三级；二级耐火等级的散装粮食平房仓可采用无防火保护的金属承重构件。

甲、乙类厂房和甲、乙、丙类仓库内的防火墙，其耐火极限不应低于4.00h。

第二节　城市消防安全布局和消防规划的内容

城市消防规划是对一定时期内城市消防发展目标、城市消防安全布局、公共消防设施和消防装备的综合部署、具体安排和实施措施。城市消防规划期限应与城市总体规划一致。城市消防规划应执行预防为主、防消结合的消防工作方针，遵循科学合理、经济适用、适度超前的规划原则。

编制城市消防规划，应结合当地实际对城市火灾风险、消防安全状况进行分析评估。消防安全管理主要是火灾风险管理。分析城市或区域的火灾发生情况及发展趋势，对火灾风险做出科学评估，可以帮助人们认清城市的消防安全状况，根据城市火灾风险的高低、轻重缓急，按照消防安全的客观要求采取相应的措施，确定消防保护措施类型和数量，进而解决各种消防安全问题，提高消防安全决策的科学性，减少盲目决策造成的浪费或隐患。应按适应城市经济社会发展、满足火灾防控和灭火应急救援的实际需要，合理确定城市消防安全布局，优化配置公共消防设施和消防装备，并制定管制和实施措施。

目前国内外以城市或区域为对象的火灾风险分析评估技术方法和工具还比较少。具备数据收集和信息整合技术条件及其他必要条件的城市，可采用系统化的城市或区域火灾风险评估方法，如"城市火灾危险性评估技术"方法及软件。如不具备相应技术条件及其他必要条件和经费，则可采用"城市用地分类与火灾风险分区"的定性评估方法。

"城市用地分类与火灾风险分区"定性评估方法，即按照《城市用地分类与规划建设用地标准》（GB 50137）确定的用地分类，根据城市历年火灾发生情况、各类用地不同的火灾危险性和危害性、易燃易爆危险品设施布局、公共消防设施布局和消防装备状况，对城市用地范围进行火灾风险分区，可将其定性划分为火灾高风险区（也称为重点消防地区）和火灾低风险区（也称为一般消防地区）。火灾高风险区是对城市消防安全有较大影响、需要重点管制和加强保障的地区。为使火灾风险分区和相应的规划措施更具有针对性，还可根据城市特点和各类用地不同的消防安全要求进一步分类。此方法是1995年以来全国各地在城市消防规划编制工作中进行城市火灾风险定性评估时普遍采用的一种实用方法。虽然这是一种比较粗略的定性评估方法，但能够实现一般城市的火灾风险定性评估，并能与城市消防规划有关内容有机衔接。

城市消防规划应与相关规划协调。在消防安全方面，城市消防规划对相关专项规划具有一定的约束性，这也是城市消防规划区别于一般专项规划的一个特点。公共消防设施应实现资源共享，充分利用城市基础设施、综合防灾设施，并应符合消防安全要求。市政消火栓、消防车通道等公共消防设施应与城市供水、道路等基础设施同步规划、同步建设。

城市消防规划的主要内容应包括：城市消防安全布局、消防站与消防装备、消防通信、消防供水、消防车通道。

一、城市消防安全布局

1. 对城市总体布局的要求

1）必须将生产、储存易燃易爆化学物品的工厂、仓库设在城市边缘的独立安全地区，不得设置在城市常年主导风向的上风向、主要水源的上游或其他危及公共安全的地区，并与相邻建筑、设施、交通线保持规定的防火安全距离，必要时设置防灾缓冲地带和可靠的安全设施。对布局不合理的旧城区、影响城市消防安全的工厂、仓库，必须纳入近期建设规划，有计划、有步骤地采取限期迁移或改变生产使用性质等措施，消除不安全因素。

2）合理选择液化石油气供应站的瓶库、汽车加油站和煤气、天然气调压站的位置，使之符合防火规范要求，并采取有效的消防措施，确保安全。合理选择城市输送甲、乙、丙类液体和可燃气体管道的位置，严禁在输油、输送可燃气体的干管上修建任何建筑物、构筑物或堆放物资，并保证安全距离。管道和阀门井盖应当设有标志。

3）装运易燃易爆化学物品的专用车站、码头，必须布置在城市或港区的独立安全地段。合理安排易燃易爆危险品运输线路及通行时段。

4）城市建设用地内应以一级、二级耐火等级的建筑为主，控制三级建筑，严格限制四级建筑。

5）历史城区及历史文化街区的消防安全，应建立消防安全体系，因地制宜地配置消防设施、装备和器材。不得设置生产、储存易燃易爆危险品的工厂和仓库，不得保留或新建输气、输油管线和储气、储油设施，不宜设置配气站，低压燃气调压设施宜采用小型调压装置。不得设置汽车加油站、加气站。充分考虑消防通道需求进行道路改造。

6）城市地下空间的规划建设应与城市其他建设有机地结合起来，合理设置防火分隔、疏散通道、安全出口和报警、灭火、排烟等设施。安全出口必须满足紧急疏散的需要，并应直接通到地面安全地点。城市地下空间应严格控制规模，避免大面积相互贯通连接。

7）城市防火隔离带可利用道路、广场、水域进行设置。城市防灾避难场地可结合道路、广场、运动场、绿地、公园等开场空间进行设置。

8）城市与森林、草原相邻的区域，应根据火灾风险和消防安全要求，划定并控制城市建设用地边缘与森林、草原边缘的安全距离。

2. 对城市组成要素布局的要求

（1）工业布局

1）应满足运输、水源、动力、劳动力、环境和工程地质等条件，综合考虑风向、地形、周围环境等多方面的影响因素，同时根据工业生产火灾危险程度和卫生类别、货运量及用地规模等，合理进行布局，以保障消防安全。

2）按照经济、消防安全、卫生的要求，将石油化工、化学肥料、钢铁、水泥、石灰等污染较大的工业以及易燃易爆的企业远离城市布置；将协作密切、占地多、货运量大、火灾危险性大、有一定污染的工业企业，按其不同性质组成工业区，一般布置在城市的边缘。

3）易燃易爆和可能散发可燃性气体、蒸气或粉尘的工厂，应布置在当地常年主导风向的下风侧，且人烟稀少的安全地带。

4）工业区与居民区之间要设置一定的安全防护距离地带，以起到阻止火灾蔓延的分隔作用。

5）工业区的布置应注意靠近水源并能满足消防用水量的需要；应注意交通便捷，消防车沿途必须经过的公路建筑物及桥涵应能满足其通过，且尽量避免公路与铁路交叉。

（2）仓库布局

1）应根据仓库的类型和用途、火灾危险性、城市的性质和规模，结合工业、对外交通、生活居住等的布局，综合考虑确定。

2）火灾危险性大的仓库应布置在单独的地段，与周围建筑物、构筑物要有一定的安全距离。石油库宜布置在城市郊区的独立地段，并应布置在港口码头、水电站、水利工程、船厂以及桥梁的下游。如果必须布置在上游，则安全距离要增大。

3）化学危险品库应布置在城市远郊的独立地段，但要注意与使用单位所在位置方向一致，避免运输时穿越城市。

4）燃料及易燃材料仓库（煤炭、木材堆场）应满足防火要求，布置在独立地段。气候干燥、风速较大的城市，须布置在大风季节城市主导风向的下风向或侧风向。

5）仓库应有方便的供水条件，并能满足消防用水量的需要。

（3）公共建筑布局

1）公共建筑的消防布置应考虑分期建设、近远期结合、留有发展余地的要求。

2）对于旧城区原有布置不均衡、消防条件差的公共建筑，应结合规划做适当调整，并考虑充分利用原有设施逐步改善消防条件的可能性。

（4）居住区布局

1）居住区消防规划应结合城市规划，按照消防要求，合理布置居住区和各项市政工程设施，满足居民购物、文化生活的需要，提供消防安全条件。

2）在综合居住区及工业企业居住区，可布置市政管理机构或无污染、噪声小、占地少、运输量不大的中小型生产企业，但最好安排在居住区边缘的独立地段上。居住区住宅组团之间要有适当的分隔，一般应用绿地分隔、公共建筑分隔、道路分隔和利用自然地形分隔等。

3）居住区的道路应分级布置，要能保证消防车驶进区内。组团级的道路路面宽不小于4~6m；居住区级道路，车行宽度为9m。道路与建筑距离宜大于5m。尽端式道路长不宜大于200m，在尽端处应设回车场。居住区内必须设置室外消火栓。

4）液化石油气储配站要设在城市边缘。液化石油气供应站可设在居民区内，每个站的供应范围一般不超过1万户。供应站如未处于市政消火栓的保护半径内，应增设消火栓。

二、城市消防规划的内容

1）消防站布局。

2）消防给水系统规划。

3）对易燃易爆、火灾危险性大的工厂、仓库、燃气调压站、液化石油储存站和储配站及灌瓶站、加油站点等的布局、消防安全以及其与周围建筑物、构筑物、铁路、公路之间防火安全距离提出控制要求。

4）城市消防通信装备规划。

三、城市消防站规划

1. 消防站分级与设置

城市消防站应分为陆上消防站、水上消防站和航空消防站。陆上消防站分为普通消防站、特勤消防站和战勤保障消防站。普通消防站分为一级普通消防站、二级普通消防站和小型站。消防站的设置，应符合下列规定：

1）城市建设用地范围内应设置一级普通消防站。

2）城市建成区内设置一级普通消防站确有困难的区域，经论证可设二级普通消防站。

3）城市建成区内因土地资源紧缺设置二级站确有困难的下列地区，经论证可设小型站，但小型站的辖区至少应与一个一级站、二级站或特勤站辖区相邻：

① 商业密集区、耐火等级低的建筑密集区、老城区、历史地段。

② 经消防安全风险评估确有必要设置的区域。

4）地级及以上城市、经济较发达的县级城市应设置特勤消防站和战勤保障消防站，经济发达且有特勤任务需要的城镇可设特勤消防站。

5）有任务需要的城市可设水上消防站、航空消防站等专业消防站。

6）消防站应独立设置。特殊情况下，设在综合性建筑物中的消防站应有独立的功能分区，并应与其他使用功能完全隔离，其交通组织应便于消防车应急出入。

2. 城市消防站规划布局与选址

（1）规划布局

1）根据消防灭火最少时间确定。城市消防站的规划布局原则是，消防队接到火警后要能尽快地到达火灾现场。具体地说，发生火灾时，消防队接到火警在 5min 内必须到达责任区最远点。我国"5min 时间"的消防站布局原则是由"15min 消防时间"得来的，这是多年来遵循的一般原则。一般的固体可燃物着火后，在 15min 内，火灾具有燃烧面积不大、火焰不高、辐射热不强、烟和气体流动缓慢、燃烧速度不快等特点，如房屋建筑火灾 15min 内尚属于初起阶段。如果消防队能在火灾发生的 15min 内开展灭火战斗，将有利于控制和扑灭火灾，否则，火势将猛烈燃烧，迅速蔓延，造成严重的损失。15min 消防时间分配为：发现起火 4min、报警和指挥中心处警 2.5min、接到指令出动 1min、行车到场 4min、开始出水扑救 3.5min。我国"5min 时间"的原则即由接到指令出动 1min 和行车到场 4min 构成。

2）根据消防站责任区范围确定。《城市消防规划规范》（GB 51081）规定，每个城市消防站责任区面积不宜大于 $7km^2$。设在城市建设用地边缘地区、新区且道路系统较为畅通的普通站，应以消防队接到出动指令后 5min 内可到达其辖区边缘为原则确定其辖区面积，其面积不应大于 $15km^2$；也可通过城市或区域火灾风险评估确定消防站辖区面积。

3）特勤消防站应根据其特勤任务服务的主要对象，设在靠近其辖区中心且交通便捷的位置。特勤消防站同时兼有其辖区灭火救援任务的，其辖区面积宜与普通消防站辖区面积相同。

4）消防站辖区划定应结合城市地域特点、地形条件和火灾风险等，并应兼顾现状消防站辖区，不宜跨越高速公路、城市快速路、铁路干线和较大的河流。当受地形条件限制，被高速公路、城市快速路、铁路干线和较大的河流分隔时，年平均风力在 3 级以上或相对湿度在 50% 以下的地区，应适当缩小消防站辖区面积。

5）有水上消防任务的水域应设置水上消防站。应以消防队接到出动指令后 30min 内可到达其辖区边缘为原则确定，消防队至其辖区边缘的距离不大于 30km。

6）人口规模 100 万人及以上的城市和确有航空消防任务的城市，宜独立设置航空消防站。

（2）消防站的责任区面积确定 消防站的责任区面积按下列原则确定：一级普通消防站不宜大于 $7km^2$；二级普通消防站不宜大于 $4km^2$，小型普通消防站不宜大于 $2km^2$。设在近郊区的普通站不应大于 $15km^2$。特勤消防站兼有责任区消防任务的，其责任区面积同一级普通消防站。战勤保障站不宜单独划分区面积。

① 责任区面积不宜超过 $4~5km^2$ 的区域有：石油化工、大型物资仓库、商业中心、高层建筑集中

区、重点文物集中区、政府机关、砖木和木结构、易燃建筑集中区以及人口密集、街道狭窄地区。

② 责任区面积不宜超过 $5 \sim 6 km^2$ 的区域有：丙类生产火灾危险性的居民区（如纺织、造纸、服装、印刷、卷烟、电视机收音机装配、集成电路工厂等），大专院校、科研单位集中区，高层建筑比较集中的地区。

③ 责任区面积不超过 $6 \sim 7 km^2$ 的区域有：一、二级耐火等级建筑的居民区，丁、戊类生产火灾危险性的工业区（炼铁厂、炼钢厂、有色金属冶炼厂、机床厂、机械加工厂、机车制造厂、制砖厂、建材加工厂等），以及砖木结构建筑分散地区等。

上述三种情况可采用经验公式计算消防站责任区面积，即

$$A = 2R^2 = 2\left(\frac{S}{\lambda}\right)^2 \tag{12-1}$$

式中　A——消防站责任区面积（km^2）；

　　　R——消防站保护半径（消防站至责任区最远点的直距离）（km）；

　　　S——消防站至责任区最远点的实际距离（km），即消防车 4min 行驶路程（km），消防车时速为 $30 \sim 35 km$；

　　　λ——道路曲度系数，即两点间实际交通距离与直线距离之比，$\lambda = 1.3 \sim 1.5$。

（3）消防站站址选择

1）陆上消防站选址条件：

① 消防站应设置在便于消防车辆迅速出动的主、次干路的临街地段。

② 消防站执勤车辆的主出入口与医院、学校、幼儿园、托儿所、影剧院、商场、体育场馆、展览馆等人员密集场所的主要疏散出口的距离不应小于 50m。

③ 消防站辖区内有易燃易爆危险品场所或设施的，消防站应设置在危险品场所或设施的常年主导风向的上风或侧风处，其用地边界距危险品部位不应小于 300m。

2）水上消防站选址：水上消防站应设置供消防艇靠泊的岸线，岸线长度不应小于消防艇靠泊所需长度。河流、湖泊的消防艇靠泊岸线长度不应小于 100m。

3）航空消防站选址：结合城市综合防灾体系、避难场地规划，在高层建筑密集区、城市广场、运动场、公园、绿地等处设置消防直升机的固定或临时的地面起降点。消防直升机地面起降点场地应开阔、平整，场地的短边长度不应小于 22m；场地的周边 20m 范围内不得栽种高大树木，不得设置架空线路。

（4）消防站建设用地　消防站建设用地应根据建筑占地面积、车位数和室外训练场地面积等确定。配备有消防艇的消防站应有供消防艇靠泊的岸线。

各类消防站建设用地面积应符合下列规定：

1）一级普通消防站：$3900 \sim 5600 m^2$。

2）二级普通消防站：$2300 \sim 3800^2$。

3）特勤消防站：$5600 \sim 7200 m^2$。

4）战勤保障消防站：$6200 \sim 7900 m^2$。

上述指标应根据消防站建筑面积大小合理确定，面积大者取高限，面积小者取低限。

3. 建筑标准

1）消防站的建筑标准，应根据消防站的类别和有利执勤备战、方便生活、安全使用等原则合理确定，消防站的建筑面积指标应符合下列规定：

① 一级站：$2700 \sim 4000 m^2$。

② 二级站：$1800 \sim 2700 m^2$。

③ 小型站：$650 \sim 1000 m^2$。

④ 特勤站：4000~5600m²。

⑤ 战勤保障站：4600~6800m²。

消防站各种用房的使用面积可参照表12-9、表12-10确定。

表 12-9　普通站和特勤站各种用房的使用面积指标　　　　　　（单位：m²）

房屋类别	名称	消防站类别			
		普通站			特勤站
		一级站	二级站	小型站	
业务用房	消防车库	540~720	270~450	120~180	810~1080
	通信室	30	30	30	40
	体能训练室	50~100	40~80	20~40	80~120
	训练塔	120	120	—	210
	执勤器材库	50~120	40~80	20~40	100~180
	训练器材库	20~40	20	—	30~60
	被装营具库	40~60	30~40		40~60
	清洗室、烘干室、呼吸器充气室	40~80	30~50		60~100
	器材修理间	20	10		20
	灭火救援研讨、计算机室	40~60	30~50	15~30	40~80
业务附属用房	图书阅览室	20~60	20	—	40~60
	会议室	40~90	30~60	—	70~140
	俱乐部	50~110	40~70	—	90~140
	公众消防宣传教育用房	60~120	40~80	—	70~140
	干部备勤室	50~100	40~80	12	80~160
	消防员备勤室	150~240	70~120	70	240~340
	财务室	18	18	—	18
辅助用房	餐厅、厨房	90~100	60~80	40	140~160
	家属探亲用房	60	40	—	80
	浴室	80~110	70~110	30~70	130~150
	医务室	18	18	—	23
	心理辅导室	18	18	—	23
	晾衣室（场）	30	20	20	30
	贮藏室	40	30	15~30	40~60
	盥洗室	40~55	20~30	20	40~70
	理发室	10	10	—	20
	设备用房（配电室、锅炉房、空调机房）	20	20	20	20
	油料库	20	10	—	20
	其他	20	10	10~30	30~50
合计		1784~2589	1204~1774	442~632	2634~3654

注：小型站选建用房面积指标可参照二级站同类用房指标确定。

329

表 12-10　战勤保障站各种用房的使用面积指标　　　　　（单位：m²）

房屋类别	名称	使用面积指标
业务用房	消防车库	810~1080
	通信室	40
	体能训练室	60~110
	器材储备室	300~550
	灭火药剂储备库	50~100
	机修物资储备库	50~100
	军需物资储备库	120~180
	医疗药械储备库	50~100
	车辆检修车间	300~400
	器材检修车间	200~300
	呼吸器检修充气车间	90~150
	灭火救援研讨、计算机室	40~60
	卫勤保障室	30~50
业务附属用房	图书阅览室	30~60
	会议室	50~100
	俱乐部	60~120
	干部备勤室	60~110
	消防员备勤室	180~280
	财务室	18
辅助用房	餐厅、厨房	110~130
	家属探亲用房	70
	浴室	100~120
	晾衣室（场）	30
	贮藏室	40~50
	盥洗室	40~60
	理发室	20
	设备用房（配电室、锅炉房、空调机房）	20
	其他	30~40
合计		2998~4448

2）消防站建筑物的耐火等级不应低于二级。位于抗震设防烈度为 6~9 度地区的消防站建筑，应按乙类建筑进行抗震设计，并按本地区设防烈度提高 1 度采取抗震构造措施。其中 8~9 度地区的消防站建筑应对消防车库的框架、门框、大门等影响消防车出动的重点部位，按有关设计规范要求进行验算，限制其地震位移。

3）消防站内建筑应包括车库、值勤宿舍、训练场、油库和其他建筑物、构筑物。消防车库应保障车辆停放、出动、维护保养和非常时期执勤备战的需要。

消防站的消防车配备数量应符合表 12-11 中的规定。

表 12-11　消防站车库的车位数

消防站类别	普通站			特勤站、战勤保障站
	一级站	二级站	小型站	
车位数（个）	6~8	3~5	2	9~12

注：小型站车库的车位数不含备用车位，其他消防站车库的车位数含 1 个备用车位。在条件许可的情况下，车位数宜优先取上限值。

值勤宿舍面积，消防队（站）长面积应不小于 $10m^2$/人；消防战斗员面积不小于 $6m^2$/人。训练场面积，应根据消防站的规模确定，一般应符合表 12-12 的要求。

表 12-12　室外训练场面积

消防站类别	普通消防站			特勤消防站
	一级普通消防站	二级普通消防站	小型普通消防站	
室外训练场面积/m^2	2000	1500	1500	2800

在执行表 12-12 的规定中尚应考虑以下两点：

① 有条件的城市，在一些消防站内设置宽度不小于 15m，长度宜为 150m 的可进行全套基本功训练的训练场地。如有困难，其长度可减为 100m。

② 对于旧城区新建、扩建的消防站，也应设如上标准的基本功训练场；如用地确实紧张，可适当缩小表 12-12 的标准，但最低应保证有 $1000m^2$ 的场地。

4）训练塔。消防站内应设置不少于 6 层训练塔，特勤消防站和辖区内高层建筑较多时宜增加训练塔层数。训练塔正面应设有长度不少于 35m 的跑道。训练塔宜设置室外消防梯，并应通至塔顶。消防梯宜从离地面 3m 高处设起，其宽度不宜小于 500mm。

四、城市的防火布局

1. 城市的防火布局主要考虑的问题

1）城市重点防火设施的布局。城市中安排布置如液化气站、煤气制气厂、油品仓库等一些易燃易爆危险品的生产、储存和运输设施时，应慎重布局，特别是要保证规范要求的防火间距。

2）城市防火通道布局。城市中消防车的通行范围涉及火灾扑救的及时性，城市内消防通道的布局应符合各类设计规范。

3）城市旧区改造。城市旧区建筑耐火等级低、建筑密集、道路狭窄、消防设施不足的地区，一旦发生火灾扑救难度很大，因此，城市旧区的改造和消防设施完善，是城市防火的重点。

4）合理布局消防设施。城市消防设施包括消防站、消防栓、消防水池、消防给水管道等，应在城市中合理布局。

2. 建、构筑物的防火设计

各类建、构筑物，如厂房、仓库、民用建筑，以及地下建筑、管线设施等，都应遵照有关规范进行防火设计，合理选择耐火等级和内部消防能力，减少火灾发生和蔓延的可能性。

3. 健全消防制度，普及消防知识

城市火灾很多由人为失误引起。因此，城市消防必须依靠群众。一方面，健全消防巡逻检查制度，及时发现火灾隐患；并通过群众性消防教育，提高群众消防意识，减少人为失误引起火灾的可能性；另一方面，在群众中组织义务消防队伍，普及消防知识，增强群众自救和辅助专业消防队伍扑救火灾的能力。

331

五、城市消防供水规划

1. 消防用水量

一起火灾灭火所需消防用水的设计流量应由建筑的室外消火栓系统、室内消火栓系统、自动喷水灭火系统、泡沫灭火系统、水喷雾灭火系统、固定消防炮灭火系统、固定冷却水系统等需要同时作用的各种水灭火系统的设计流量组成。

（1）一般规定　市政消防给水设计流量，应根据当地火灾统计资料、火灾扑救用水量统计资料、灭火用水量保证率、建筑的组成和市政给水管网运行合理性等因素综合分析计算确定。城镇市政消防给水设计流量，应按同一时间内的火灾起数和一起火灾灭火设计流量经计算确定。同一时间内的火灾起数和一起火灾灭火设计流量不应小于表 2-6。

工厂、仓库、堆场、储罐区或民用建筑的室外消防用水量，应按同一时间内的火灾起数和一起火灾灭火所需室外消防用水量确定。同一时间内的火灾起数应符合下列规定：

1）工厂、堆场和储罐区等，当占地面积小于等于 100hm²，且附有居住区人数小于或等于 1.5 万人时，同一时间内的火灾起数应按 1 起确定；当占地面积小于或等于 100hm²，且附有居住区人数大于 1.5 万人时，同一时间内的火灾起数应按 2 起确定，居住区应计 1 起，工厂、堆场或储罐区应计 1 起。

2）工厂、堆场和储罐区等，当占地面积大于 100hm²，同一时间内的火灾起数应按 2 起确定，工厂、堆场和储罐区应按需水量最大的两座建筑（或堆场、储罐）各计 1 起。

3）仓库和民用建筑同一时间内的火灾起数应按 1 起确定。

消防总用水量应为灭火延续时间与消防用水量的乘积。由于日常发生火灾的时间往往不易准确掌握，为统计方便起见，一般从接到报警时起到消防队归队为止的一段时间，被称为灭火延续时间。根据实践经验，灭火延续时间一般可按 2h 计算，甲、乙、丙类库房可按 3h 计算，易燃、可燃材料的露天、半露天堆场可按 6h 计算。

（2）室外消防设计流量

1）建筑物室外消防用水量，应根据建筑物的耐火等级、火灾危险性类别和建筑物的体积等因素确定。一般不应小于表 2-7 的规定。

2）易燃及可燃材料露天、半露天堆场，可燃气体储罐或储罐区的室外消防用水量，不应小于表 12-13 的要求。

表 12-13　易燃、可燃材料露天、半露天堆场，可燃气体罐区的室外消火栓设计流量

名称		总储量或总容量	室外消火栓设计流量/（L/s）
粮食	土圆囤	30t<W≤500t	15
		500t<W≤5000t	25
		5000t<W≤20000t	40
		W>20000t	45
	席穴囤	30t<W≤500t	20
		500t<W≤5000t	35
		5000t<W≤20000t	50
棉、麻、毛、化纤百货		10t<W≤500t	20
		500t<W≤1000t	35
		1000t<W≤5000t	50

（续）

名　　称		总储量或总容量	室外消火栓设计流量/（L/s）
稻草、麦秸、芦苇等易燃材料		$50t<W\leqslant500t$	20
		$500t<W\leqslant5000t$	35
		$5000t<W\leqslant10000t$	50
		$W>10000t$	60
木材等可燃材料		$50m^3<V\leqslant1000m^3$	20
		$1000m^3<V\leqslant5000m^3$	30
		$5000m^3<V\leqslant10000m^3$	45
		$V>10000m^3$	55
煤和焦炭	露天或半露天堆放	$100t<W\leqslant5000t$	15
		$W>5000t$	20
可燃气体储罐或储罐区		$500m^3<V\leqslant10000m^3$	15
		$10000m^3<V\leqslant50000m^3$	20
		$50000m^3<V\leqslant100000m^3$	25
		$100000m^3<V\leqslant200000m^3$	30
		$V>200000m^3$	35

注：1. 固定容积的可燃气体储罐的总容积按其几何容积（m^3）和设计工作压力（绝对压力，10^5Pa）的乘积计算。

　　2. 当稻草、麦秸、芦苇等易燃材料堆垛单垛重量大于5000t或总重量大于50000t、木材等可燃材料堆垛单垛容量大于5000m^3或总容量大于50000m^3时，室外消火栓设计流量应按本表规定的最大值增加一倍。

3）城市交通隧道洞口外室外消火栓设计流量不应小于表12-14。

表 12-14　城市交通隧道洞口外室外消火栓设计流量

名　　称	类别	长度 L/m	室外消火栓设计流量/（L/s）
可通行危险化学品等机动车	一、二	$L>500$	30
	三	$L\leqslant500$	20
仅限通行非危险化学品等机动车	一、二、三	$L\geqslant1000$	30
	三	$L<1000$	20

4）液化石油气加气站的消防给水设计流量，应按固定冷却水系统设计流量与室外消火栓设计流量之和确定。固定冷却水系统设计流量应按表12-15所示规定的设计参数经计算确定，室外消火栓设计流量不应小于表12-16所示的规定。当仅采用移动式冷却系统时，室外消火栓的设计流量应按表12-15中规定的设计参数计算，且不应小于15L/s。

表 12-15　液化石油气加气站地上储罐冷却系统保护范围和喷水强度

项目	储罐	保护范围	喷水强度
移动式冷却	着火罐	罐壁表面积	$0.15L/（s\cdot m^2）$
	邻近罐	罐壁表面积的1/2	$0.15L/（s\cdot m^2）$
固定式冷却	着火罐	罐壁表面积	$9.0L/（min\cdot m^2）$
	邻近罐	罐壁表面积的1/2	$9.0L/（min\cdot m^2）$

注：着火罐的直径与长度之和0.75倍范围内的邻近地上罐应进行冷却。

表 12-16　液化石油气加气站室外消火栓设计流量

名　　称	室外消火栓设计流量/(L/s)
地上储罐加气站	20
埋地储罐加气站	15
加油和液化石油气加气合建站	

5）甲、乙、丙类可燃液体储罐、液化烃储罐区的消防用水量，一般包括灭火用水量和冷却用水量两部分。装卸油品码头的消防给水设计流量，应按着火油船泡沫灭火设计流量、冷却水系统设计流量、隔离水幕系统设计流量和码头室外消火栓设计流量之和确定。空分站，可燃液体、液化烃的火车和汽车装卸栈台，变电站等室外消火栓设计流量。上述消防给水设计流量均按照《消防给水及消火栓系统技术规范》（GB 50974）计算。

（3）室内消火栓设计流量　民用、工业和市政等建筑物室内消火栓设计流量，涉及的主要因素包括建筑物的用途、功能、体积、高度、耐火等级、火灾危险性等，消火栓设计流量根据主要因素综合确定，见表 12-17。

表 12-17　建筑物室内消火栓设计流量

建筑物名称			高度 h（m）、层数、体积 V（m³）、座位数 n（个）、火灾危险性		消火栓设计流量/(L/s)	同时使用消防水枪数/支	每根竖管最小流量/(L/s)
工业建筑	厂房	$h \leqslant 24$		甲、乙、丁、戊	10	2	10
			丙	$V \leqslant 5000$	10	2	10
				$V > 5000$	20	4	15
		$24 < h \leqslant 50$		乙、丁、戊	25	5	15
				丙	30	6	15
		$h > 50$		乙、丁、戊	30	6	15
				丙	40	8	15
	仓库	$h \leqslant 24$		甲、乙、丁、戊	10	2	10
			丙	$V \leqslant 5000$	15	3	15
				$V > 5000$	25	5	15
		$h > 24$		乙、戊	30	6	15
				丙	40	8	15
民用建筑	单层及多层	科研楼、试验楼		$V \leqslant 10000$	10	2	10
				$V > 10000$	15	3	10
		车站、码头、机场的候车（船、机）楼和展览建筑（包括博物馆）等		$5000 < V \leqslant 25000$	10	2	10
				$25000 < V \leqslant 50000$	15	3	10
				$V > 50000$	20	4	15
		剧场、电影院、会堂、礼堂、体育馆等		$800 < n \leqslant 1200$	10	2	10
				$1200 < n \leqslant 5000$	15	3	10
				$5000 < n \leqslant 10000$	20	4	15
				$n > 10000$	30	6	15

（续）

建筑物名称			高度 h（m）、层数、体积 V（m³）、座位数 n（个）、火灾危险性	消火栓设计流量/（L/s）	同时使用消防水枪数/支	每根竖管最小流量/（L/s）
民用建筑	单层及多层	旅馆	5000<V≤10000	10	2	10
			10000<V≤25000	15	3	10
			V>25000	20	4	15
		商店、图书馆、档案馆等	5000<V≤10000	15	3	10
			10000<V≤25000	25	5	15
			V>25000	40	8	15
		病房楼、门诊楼等	5000<V≤25000	10	2	10
			V>25000	15	3	10
		办公楼、教学楼、公寓，宿舍等其他建筑	h>15 或 V>10000	15	3	10
		住宅	21<h≤27	5	2	5
	高层	住宅	27<h≤54	10	2	10
			h>54	20	4	10
		二类公共建筑	h≤50	20	4	10
		一类公共建筑	h≤50	30	6	15
			h>50	40	8	15
国家级文物保护单位的重点砖木或木结构的古建筑			V≤10000	20	4	10
			V>10000	25	5	15
地下建筑			V≤5000	10	2	10
			5000<V≤10000	20	4	15
			10000<V≤25000	30	6	15
			V>25000	40	8	20
人防工程	展览厅、影院、剧场、礼堂、健身体育场所等		V≤1000	5	1	5
			1000<V≤2500	10	2	10
			V>2500	15	3	10
	商场、餐厅、旅馆、医院等		V≤5000	5	1	5
			5000<V≤10000	10	2	10
			10000<V≤25000	15	3	10
			V>25000	20	4	10
	丙、丁、戊类生产车间、自行车库		V≤2500	5	1	5
			V>2500	10	2	10
	丙、丁、戊类物品库房、图书资料档案库		V≤3000	5	1	5
			V>3000	10	2	10

注：1. 丁、戊类高层厂房（仓库）室内消火栓的设计流量可按本表减少10L/s，同时使用消防水枪数量可按本表减少2支。

2. 消防软管卷盘、轻便消防水龙及多层住宅楼梯间中的干式消防竖管，其消火栓设计流量可不计入室内消防给水设计流量。

3. 当一座多层建筑有多种使用功能时，室内消火栓设计流量应分别按本表中不同功能计算，且应取最大值。

335

（4）消防用水量 消防给水一起火灾灭火用水量应按需要同时作用的室内外消防给水用水量之和计算，两座及以上建筑合用时，应取最大者，并应按式（12-2）~式（12-4）计算。

$$V = V_1 + V_2 \tag{12-2}$$

$$V_1 = 3.6 \sum_{i=1}^{i=n} q_{1i} t_{1i} \tag{12-3}$$

$$V_2 = 3.6 \sum_{i=1}^{i=m} q_{2i} t_{2i} \tag{12-4}$$

式中 V——建筑消防给水一起火灾灭火用水总量（m³）；

V_1——室外消防给水一起火灾灭火用水量（m³）；

V_2——室内消防给水一起火灾灭火用水量（m³）；

q_{1i}——室外第 i 种水灭火系统的设计流量（L/s）；

t_{1i}——室外第 i 种水灭火系统的火灾延续时间（h）；

n——建筑需要同时作用的室外水灭火系统数量；

q_{2i}——室内第 i 种水灭火系统的设计流量（L/s）；

t_{2i}——室内第 i 种水灭火系统的火灾延续时间（h）；

m——建筑需要同时作用的室内水灭火系统数量。

消防总用水量应为灭火延续时间与消防用水量的乘积。根据实践经验，不同场所消火栓系统和固定冷却水系统的火灾延续时间不应小于表 12-18 和表 12-19 所示时间。

表 12-18 不同场所的火灾延续时间

建　　筑			场所与火灾危险性	火灾延续时间/h
建筑物	工业建筑	仓库	甲、乙、丙类仓库	3.0
			丁、戊类仓库	2.0
		厂房	甲、乙、丙类厂房	3.0
			丁、戊类厂房	2.0
	民用建筑	公共建筑	高层建筑中的商业楼、展览楼、综合楼，建筑高度大于50m的财贸金融楼、图书馆、书库、重要的档案楼、科研楼和高级宾馆等	3.0
			其他公共建筑	2.0
		住宅		
	人防工程		建筑面积<3000m²	1.0
			建筑面积≥3000m²	2.0
	地下建筑、地铁车站			
构筑物	煤、天然气、石油及其产品的工艺装置		—	3.0
	甲、乙、丙类可燃液体储罐		直径大于20m的固定顶罐和直径大于20m浮盘用易熔材料制作的内浮顶罐	6.0
			其他储罐	4.0
			覆土油罐	

（续）

建筑	场所与火灾危险性		火灾延续时间/h
	液化烃储罐、沸点低于45℃甲类液体、液氨储罐		6.0
	空分站，可燃液体、液化烃的火车和汽车装卸栈台		3.0
	变电站		2.0
	装卸油品码头	甲、乙类可燃液体油品一级码头	6.0
		甲、乙类可燃液体油品二、三级码头 丙类可燃液体油品码头	4.0
		海港油品码头	6.0
		河港油品码头	4.0
		码头装卸区	2.0
构筑物	装卸液化石油气船码头		6.0
	液化石油气加气站	地上储气罐加气站	3.0
		埋地储气罐加气站	1.0
		加油和液化石油气加合建站	
	易燃、可燃材料露天、半露天堆场、可燃气体罐区	粮食土圆囤、席穴囤	6.0
		棉、麻、毛、化纤百货	
		稻草、麦秸、芦苇等	
		木材等	
		露天或半露天堆放煤和焦炭	3.0
		可燃气体储罐	

表12-19　城市交通隧道的火灾延续时间

名称	类别	长度 L/m	火灾延续时间/h
可通行危险化学品等机动车	二	$500<L\leqslant1500$	3.0
	三	$L\leqslant500$	2.0
仅限通行非危险化学品等机动车	二	$1500<L\leqslant3000$	3.0
	三	$500<L\leqslant1500$	2.0

2. 消防水源

根据我国目前经济技术条件和消防装备能力，在规划城市消防供水时，可以使用城市给水系统、消防水池以及符合要求的人工或天然水体、再生水等作为水源。采用城市给水系统作为水源时，必须保障城市供水高峰时段消防用水的水量和水压要求；另一方面，采用人工或天然水体、再生水作为水源时，要保证水质符合现行国家标准。

在有水网的城市，在规划中要采取积极措施加以保护，并由城建部门、水利部门通力合作，综合治理，付诸实施。

无河网的城市，宜结合重要公共建筑修建蓄水池、喷水池、荷花池、观鱼池等，并设置环形车行道，为消防车取水灭火创造有利条件。这类水池，平时可作为备用消防水源，遇到战争或地震等破坏城市管网而中断供水水源时，也可作为主要水源用来灭火。

城市中无市政消火栓或消防水鹤的区域、无消防车通道的区域和消防供水不足的区域或建

337

筑群，应规划建设人工消防蓄水池。每个水池的容量应根据保护对象计算确定，寒冷地区还应采取防冻措施。

3. 市政消火栓规划

作为消防规划的重要内容，市政消火栓的布置、管径和保护半径都应符合《消防给水及消火栓系统技术规范》（GB 50974）的要求。

1）市政消火栓是城乡消防水源的供水点，除提供其保护范围内灭火用的消防水源外，还要担负消防车加压接力供水对其保护范围外的火灾扑救提供水源支持，故规定市政消火栓宜采用DN150的室外消火栓。消火栓保护半径不应超过150m，间距不应大于120m。严寒地区宜增设消防水鹤，布置间距1000m，火灾时消防水鹤的出流量不宜低于30L/s，相应管径不应小于DN200。

2）考虑到消防员冬季着装较厚不便下井，在严寒、寒冷等冬季结冰地区宜采用干式地上式室外消火栓。当采用地下式室外消火栓，地下消火栓井的直径不宜小于1.5m，且当地下式室外消火栓的取水口在冰冻线以上时，应采取保温措施。地下式消火栓顶部进水口或顶部出水口应正对井口。顶部进水口或顶部出水口与消防井盖底面的距离不应大于0.4m。

3）市政消火栓布置宜在道路一侧，并靠近十字路口，当道路宽度超过60m时，应在道路两侧交叉错落设置。市政桥头和交通隧道出入口应设置消火栓。

4）市政给水系统连接消火栓时，运行工作压力不应小于0.14MPa，火灾时水力最不利市政消火栓的出流量不应小于15L/s，且供水压力从地面算起不应小于0.10MPa。

4. 管网

1）设有市政消火栓的市政给水管网宜采用环状管网，管径不应小于DN150，但当城镇人口小于2.5万人时，可为枝状管网。当城镇人口小于2.5万人时，接市政消火栓的给水管网的管径可适当减少，环状管网时不应小于DN100，枝状管网时不宜小于DN150。工业园区、商务区和居住区等区域采用两路消防供水，当其中一条引入管发生故障时，其余引入管在保证满足70%生产生活给水的最大小时设计流量条件下，应仍能满足《消防给水及消火栓系统技术规范》（GB 50974）规定的消防给水设计流量。

2）为了实现消防给水的可靠性，在向两栋或两座及以上建筑供水时，向两种及以上水灭火系统供水时，采用设有高位消防水箱的临时高压消防给水系统时，向两个及以上报警阀控制的自动水灭火系统供水时，均应采用环状给水管网。

向室外、室内环状消防给水管网供水的输水干管不应少于两条，当其中一条发生故障时，其余的输水干管应仍能满足消防给水设计流量。

3）在规划设计中，应根据流量、流速和压力计算确定管径。在一般情况下消防栓的供水管径不小于DN100，实践证明DN100的消防管勉强能够供应一辆消防车用水，因此规定最小管径为DN100。管径100~400mm的管道，最小经济流速取0.6~1.0m/s；管径大于400mm的管道，最小经济流速取1.0~1.4m/s。

关于消防用水管道的流速，既要考虑经济问题，又要考虑安全供水问题。消防管道是不经常运转的，采用小流速大管径不经济，宜采用较大流速和小管径。根据火场供水实践和管理经验，铸铁管道消防流速不宜大于2.5m/s。

4）埋地管道宜采用球墨铸铁管、钢丝网骨架塑料复合管和加强防腐的钢管等管材，室内外架空管道应采用热浸锌镀锌钢管等金属管材，并应按压力、覆土深度、土壤、管道耐腐蚀性能、荷载、穿越伸缩缝沉降缝等因素对管道的综合影响选择管材和设计管道。

埋地管道，当系统工作压力不大于1.20MPa时，宜采用球墨铸铁管或钢丝网骨架塑料复合管给水管道；当系统工作压力大于1.20MPa小于1.60MPa时，宜采用钢丝网骨架塑料复合管、加厚钢管和无缝钢管；当系统工作压力大于 1.60MPa 时，宜采用无缝钢管。钢管连接宜采用沟槽连接件（卡箍）和法兰，当采用沟槽连接件连接时，公称直径小于或等于 DN250 的沟槽式管接头系统工作压力不应大于 2.50MPa，公称直径大于或等于 DN300 的沟槽式管接头系统工作压力不应大于 1.60MPa。

六、城市消防通信规划

消防通信指挥系统是消防部门针对火灾、自然灾害、重大事故等抢险救援和处置的接警、调度、指挥的公共信息网络体系。可分为国家、省（自治区）、地区（州、盟）消防通信指挥系统和城市消防通信指挥系统等类型。消防通信指挥系统是公共安全应急机构指挥系统、公安机关指挥系统的重要组成部分。

城市消防通信指挥系统覆盖全市，联通城市消防通信指挥中心、消防站、城市移动消防指挥中心及灭火救援有关单位，能与城市公安机关指挥中心、公共安全应急机构的系统互联互通，具有受理责任辖区火灾及其他灾害事故报警、调度指挥、现场指挥、指挥信息支持等功能。

城市消防通信系统应按照《消防通信指挥系统设计规范》（GB 50313）在城市消防系统新建、改建、扩建中进行规划设计。

1. 系统组成

消防通信指挥系统的技术构成可由通信指挥业务、信息支撑、基础通信网络等三部分组成，见表 12-20。

1）通信指挥业务部分主要包括火警受理子系统、跨区域调度指挥子系统、现场指挥子系统、指挥模拟训练子系统等，分别实现接收和处理火灾及其他灾害事故报警、消防力量调度、灭火救援指挥以及训练培训等通信指挥、业务功能。

2）信息支撑部分主要包括消防图像管理子系统、消防车辆管理子系统、消防指挥决策支持子系统、指挥信息管理子系统、消防地理信息子系统、消防信息显示子系统等，为通信指挥业务提供信息支持。

3）基础通信网络部分主要包括消防有线通信子系统、消防无线通信子系统、消防卫星通信子系统等，以计算机通信网络为基础，构成集语音、数据和图像等为一体的消防综合信息传输网络。

表 12-20　城市消防通信指挥系统组成

通信指挥业务			
火警受理子系统	跨区域调度指挥子系统	现场指挥子系统	指挥模拟训练子系统
信息支撑			
消防图像管理子系统	消防车辆管理子系统	消防指挥决策支持子系统	指挥信息管理子系统
消防地理信息子系统		消防信息显示子系统	
基础通信网络			
消防有线通信子系统		消防无线通信子系统	消防卫星通信子系统
计算机通信网络			

2. 系统功能与主要性能要求

消防通信指挥系统作为扑救火灾和处置其他灾害事故的重要组成，首先要安全实用、技术先行和经济合理。

（1）系统基本功能　消防通信指挥系统是全国各级消防指挥中心实施减少火灾危害，应急抢险救援，保护人身、财产安全，维护公共安全的业务信息系统。其具有以下功能：责任辖区和跨区域灭火救援调度指挥，火场及其他灾害事故现场指挥通信，通信指挥信息管理，通信指挥业务模拟训练，集中接收和处理责任辖区火灾及以抢救人员生命为主的危险化学品泄漏、道路交通事故、地震及其次生灾害、建筑坍塌、重大安全生产事故、空难、爆炸及恐怖事件和群众遇险事件等灾害事故报警。

（2）系统通信接口　随着城市现代化进程不断深化，城市管理分工更加细化，消防通信指挥系统应具有以下通信接口：公安机关指挥中心的系统通信接口，政府相关部门的系统通信接口，灭火救援有关单位通信接口，公网移动无线数据通信接口。

（3）系统接收报警通信接口　城市消防通信指挥系统应具有下列接收报警通信接口：公网报警电话通信接口，城市消防远程监控系统等专网报警通信接口，固定报警电话装机地址和移动报警电话定位地址数据传输接口。

（4）系统主要性能　能同时对2起以上火灾及以抢救人员生命为主的危险化学品泄漏、道路交通事故、地震及其次生灾害、建筑坍塌、重大安全生产事故、空难、爆炸及恐怖事件和群众遇险事件等灾害事故进行灭火救援调度指挥；能实时接收所辖下级消防通信指挥中心或消防站发送的信息，并保持数据同步；采用北京时间计时，计时最小量度为秒，系统内保持时钟同步；城市消防通信指挥系统应能同时受理2起以上火灾及以抢救人员生命为主的危险化学品泄漏、道路交通事故、地震及其次生灾害、建筑坍塌、重大安全生产事故、空难、爆炸及恐怖事件和群众遇险事件等灾害事故报警；城市消防通信指挥系统从接警到消防站收到第一出动指令的时间不应超过45s。

第三节　城市居住区消防规划

城市居住小区总体布局应根据城市规划的要求进行合理布局，各种不同功能的建筑群之间要有明确的功能分区。根据居住小区建筑物的性质和特点，各类建筑之间应有必要的防火间距，具体应按现行《建筑设计防火规范》（GB 50016）、《住宅建筑规范》（GB 50368）、《建筑内部装修设计防火规范》（GB 50222）规定执行。

1. 平面布局

在城市居住小区内，为了居民生活方便，设置了一些为满足民用建筑使用功能的附属设施，如煤气调压站、液化石油气瓶库、变电站、锅炉房等，有的居住小区还配建了一些具有火灾危险性的生产性建筑，这些建筑与高层民用建筑的防火间距应按表12-21所示数据执行。

表12-21　厂房之间及与乙、丙、丁、戊类仓库、民用建筑等的防火间距　（单位：m）

名称			甲类厂房	乙类厂房（仓库）		丙、丁、戊类厂房（仓库）				民用建筑				
			单、多层	单、多层	高层	单、多层			高层	裙房,单、多层			高层	
			一、二级	一、二级	三级	一、二级	一、二级	三级	四级	一、二级	一、二级	三级	四级	一类	二类
甲类厂房	单、多层	一、二级	12	12	14	13	12	14	16	13					
乙类厂房	单、多层	一、二级	12	10	12	13	10	12	14	13	25			50	
		三级	14	12	14	15	12	14	16	15					
	高层	一、二级	13	13	15	15	15	15	17	13					

（续）

名称			甲类厂房	乙类厂房（仓库）			丙、乙、戊类厂房（仓库）				民用建筑				
			单、多层	单、多层		高层	单、多层			高层	裙房,单、多层			高层	
			一、二级	一、二级	三级	一、二级	一、二级	三级	四级	一、二级	一、二级	三级	四级	一类	二类
丙类厂房	单、多层	一、二级	12	10	12	13	10	12	14	13	10	12	14	20	15
		三级	14	12	14	15	12	14	16	15	12	14	16	25	20
		四级	16	14	16	17	14	16	18	17	14	16	18	25	20
	高层	一、二级	13	13	15	13	13	15	17	13	13	15	17	20	15
丁、戊类厂房	单、多层	一、二级	12	10	12	13	10	12	14	13	10	12	14	15	13
		三级	14	12	14	15	12	14	16	15	12	14	16	18	15
		四级	16	14	16	17	14	16	18	17	14	16	18	18	15
	高层	一、二级	13	13	15	13	13	15	17	13	13	15	17	15	13
室外变、配电站	变压器总油量/t	≥5,≤10	25	25	25	25	12	15	20	12	15	20	25	20	20
		>10,≤50	25	25	25	25	15	20	25	15	20	25	30	25	25
		>50	25	25	25	25	20	25	30	20	25	30	35	30	30

注：1. 乙类厂房与重要公共建筑的防火间距不宜小于50m；与明火或散发火花地点，不宜小于30m。单、多层戊类厂房之间及与戊类仓库的防火间距可按本表的规定减少2m，与民用建筑的防火间距可将戊类厂房等同民用建筑按《建筑设计防火规范》（GB 50016—2014）第5.2.2条的规定执行。为丙、丁、戊类厂房服务而单独设置的生活用房应按民用建筑确定，与所属厂房的防火间距不应小于6m；确需相邻布置时，应符合本表注2、3的规定。

2. 两座厂房相邻较高一面外墙为防火墙，或相邻两座高度相同的一、二级耐火等级建筑中相邻任一侧外墙为防火墙且屋顶的耐火极限不低于1.00h时，其防火间距不限，但甲类厂房之间不应小于4m。两座丙、丁、戊类厂房相邻两面外墙均为不燃性墙体，当无外露的可燃性屋檐，每面外墙上的门、窗、洞口面积之和各不大于外墙面积的5%，且门、窗、洞口不正对开设时，其防火间距可按本表的规定减少25%。甲、乙类厂房（仓库）不应与《建筑设计防火规范》（GB 50016—2014）第3.3.5条规定外的其他建筑贴邻。

3. 两座一、二级耐火等级的厂房，当相邻较低一面外墙为防火墙且较低一座厂房的屋顶无天窗，屋顶的耐火极限不低于1.00h，或相邻较高一面外墙的门、窗等开口部位设置甲级防火门、窗或防火分隔水幕或按《建筑设计防火规范》（GB 50016—2014）第6.5.3条的规定设置防火卷帘时，甲、乙类厂房之间的防火间距不应小于6m；丙、丁、戊类厂房之间的防火间距不应小于4m。

4. 发电厂内的主变压器，其油量可按单台确定。

5. 耐火等级低于四级的既有厂房，其耐火等级可按四级确定。

6. 当丙、丁、戊类厂房与丙、丁、戊类仓库相邻时，应符合本表注2、3的规定。

2. 建筑疏散、救援功能要求

住宅建筑的户门、安全出口、疏散走道和疏散楼梯的各自总净宽度应经计算确定，且户门和安全出口的净宽度不应小于0.90m，疏散走道、疏散楼梯和首层疏散外门的净宽度不应小于1.10m。建筑高度不大于18m的住宅中一边设置栏杆的疏散楼梯，其净宽度不应小于1.0m。

建筑高度大于100m的住宅建筑应设置避难层。

高层建筑应至少沿一个长边或周边长度的1/4且不小于一个长边长度的底边连续布置消防车

登高操作场地，该范围内的裙房进深不应大于4m。

3. 消防设施

建筑周围应设置室外消火栓系统；用于消防救援和消防直升机停靠的屋面上，应设置室外消火栓系统。

自动喷水灭火系统、水喷雾灭火系统、泡沫灭火系统和固定消防炮灭火系统等系统，以及高层建筑和超过2层或建筑面积大于$10000m^2$的地下建筑的室内消火栓给水系统，应设置消防水泵接合器。

建筑外墙设置有玻璃幕墙或采用火灾时可能脱落的墙体装饰材料或构造时，供灭火救援用的水泵接合器、室外消火栓等室外消防设施，应设置在距离建筑外墙相对安全的位置或采取安全防护措施。

供人员操作或使用的消防设施，均应设置区别于环境的明显标志。

4. 居住小区消防给水系统规划

1）高压消防给水系统。高压消防给水管道能够经常保持足够的设计压力和水量，灭火时不需使用消防车或消防水泵、手抬泵等移动式水泵加压，而直接由消火栓接出水带和水枪进行灭火给水。对于有条件的小区，可利用地势设置高位水池，或设置集中高压水泵房，采用高压消防给水管道。

2）临时高压消防给水系统。临时高压消防给水管网内平时充满水，但压力不太高，着火时开启高压水泵后，压力和水量很快达到设计要求。在小区规划建设时，室外和室内均可采用临时高压给水系统，也可采用室内高压、室外低压的消防给水系统。

3）低压给水系统。低压给水管道管网内平时水压较低（不应低于0.6MPa），灭火时所需的压力和流量由消防车或其他移动式消防泵加压来满足。

4）消防给水管网的布置。小区内的室外消防给水管网，应布置成环状。环状管网的水流四通八达，供水安全可靠。环状管网的输入管不应少于两条，当其中一条发生故障时，保证环状管网仍能供水。

5）当市政给水管道、进水管或天然水源不能满足室外消防用水量或市政给水管道为枝状或只有一条进水管时，应规划建设消防水池。

6）有条件的居住小区，应充分利用河、湖、堰、喷泉等作为消防水源。供消防车取水的天然水源和消防水池，应规划建设消防车道或平坦空地。

7）水源比较缺乏的小区，可增设水井，弥补消防用水不足。

5. 城市居住小区火灾报警规划

火灾自动报警系统是探测火灾早期特征，发出火灾报警信号，为人员疏散、防止火灾蔓延和启动火灾自动灭火设备提供控制与指示的消防系统。火灾报警系统是城镇火灾报警、受理火警、调度指挥灭火力量的基础系统。完善的火灾报警系统能够预防和减少火灾危害，把火灾损失降低到最小，保护人身和财产安全。

1）火灾自动报警系统根据需求不同采用不同的组成形式。

仅需要报警，采用区域报警系统。区域报警系统由火灾探测器、手动火灾报警按钮、火灾声光警报器及火灾报警控制器等组成，系统中可包括消防控制室图形显示装置和指示楼层的区域显示器。

不仅需要报警，同时需要联动自动消防设备，且只设置一台具有集中控制功能的火灾报警控制器和消防联动控制器的保护对象，采用集中报警系统。集中报警系统由火灾探测器、手动火灾报警按钮、火灾声光警报器、消防应急广播、消防专用电话、消防控制室图形显示装置、火灾报警控制器、消防联动控制器等组成。

设置两个及以上消防控制室的保护对象，或已设置两个及以上集中报警系统的保护对象，应采用控制中心报警系统。有两个及以上消防控制室时，应确定一个主消防控制室。主消防控制室应能显示所有火灾报警信号和联动控制状态信号，并应能控制重要的消防设备；各分消防控制室内消防设备之间可互相传输、显示状态信息，但不应互相控制。

2）消防联动控制。在火灾报警后经逻辑确认（或人工确认），联动控制器应在 3s 内按设定的控制逻辑准确发出联动控制信号给相应的消防设备，当消防设备动作后将动作信号反馈给消防控制室并显示。

消防水泵、防烟和排烟风机，是在应急情况下实施初起火灾扑救、保障人员疏散的重要消防设备。考虑到消防联动控制器在联动控制时序失效等极端情况下，可能出现不能按预定要求有效起动上述消防设备的情况，为了保证设备起动，需要设置能够直接控制方式手动控制此类设备。电梯、防火卷帘、应急照明、应急广播等设备是火灾发生时降低风险、阻断火灾和救援的保障，因此消防联动对这些设备应能够进行有效控制。

第十三章
抗震防灾工程规划

第一节 概　述

地震，又称地动，是地壳板块相互运动挤压碰撞所引起的短时间能量急剧释放的过程，这一过程造成地壳振动，产生地震波，并以震源为中心向四周传播。地震是一种自然现象，经常会造成山体崩塌、地陷、滑坡、海啸等次生灾害，常常造成严重人员伤亡和巨大经济损失。

中国地处欧亚板块东端，受到印度次大陆板块和太平洋板块挤压俯冲作用，是地震多发国之一。强烈地震如果发生在人口密集的城市地区，将会造成巨大灾难。城市抗震工程规划的目的就是降低地震发生时的损失，减少震害时的伤亡，同时提升社会在地震发生后的应急响应能力，加快城市恢复速度。

一、地震分类

地震按其成因分为两大类，即天然地震和人为地震。天然地震主要是构造地震，它是由于地层下深处岩石破裂、错动而把长期积累的能量急剧释放，引起山摇地动。构造地震约占地震总数的90%以上。其次是由于火山喷发引起的地震，称为火山地震，约占地震总数的7%。人为地震是由于人为活动引起的地震，如矿山空采区地震、工业爆破、地下核爆炸等。此外，在深井中进行高压注水以及大水库蓄水后增加了地壳的压力，有时也会诱发地震。一般人们所说的地震，多指天然地震，特别是构造地震，这种地震，对人类危害和影响最大。

地震按照人类感觉与否分为有感地震和无感地震。在一般情况下，小于3级的地震，人们感觉不到，称为微震或无感地震。3级以上的地震称为有感地震。地球上平均每年发生可以记录到的大小地震次数达500万次，有感地震15万次以上，其中能造成严重破坏的地震约20次。

在地震学中，震源是地震发生的起始位置，是断层开始破裂的地方。震源向上投影到地表即为震中，它是有一定大小的区域，又称震源区或震源体。震源是地震能量积聚和释放的地方。

按照地震震源距离地表的远近，地震被划分为浅源地震、中源地震和深源地震。通常把地震震源距离地表在70km以内的地震称为浅源地震，深度在70~300km之间的地震称为中源地震，深度大于300km以上的地震称为深源地震。我国除了东北和东海一带有少数中深源地震外，绝大多数地震的震源深度在40km以内；大陆东部的震源更浅一些，多在10~20km。

二、震级和烈度

地震震级与地震烈度是表征地震特征的基本参数，在抗震防灾规划和工程设计中常以此为重要依据。

1. 地震震级

地震的震级即地震的级别，它表示地震震源释放能量的大小。释放的能量越大，地震级越高。地震释放的能量巨大，因而摧毁力和破坏力极强。据测定，一个7级地震所释放的地震波能量相当于1000个万吨级炸弹爆炸所释放的能量，或者相当于500枚在日本广岛爆炸的原子弹能量。震级越高，所释放的能量也就越大。据计算，震级每升高1级，所释放的能量平均增大32倍。

震级级别是根据标准地震仪所记录的最大水平位移（即振幅A，以μm计）的常用对数值来计算的。1935年里克特（C. F. Richter）提出了震级的最初定义，迄今国际上仍广泛应用。里氏震级将地震震级分为10级，至今有记录的最大地震是1960年5月发生在智利的地震，震级8.9级，尚未超过9级。若地震震级用M表示，则有

$$M = \lg A \tag{13-1}$$

5级以上的地震，在震中附近能引起不同程度的破坏，统称为破坏性地震；7级以上为强烈地震；8级以上称为特大地震。

2. 地震烈度

地震烈度一般是指某一地区受到地震以后，地面及建筑物等受到地震影响的强弱程度。对于一次地震来说，表示地震大小的震级只有一个，但是由于各区域距震中远近不同、地质构造情况不同，所受到的地震影响不一样，所以地震烈度也有所不同。一般情况下，震中区烈度最大，离震中越远则烈度越小。震中区的烈度称为震中烈度，用I表示，我国和国际上普遍将地震烈度分为12个等级。

地震烈度与震级是一个问题的两个方面。它们之间的相互关系可以用公式近似表达

$$M = 0.58I + 1.5 \tag{13-2}$$

在震源深度为10~30km时，震级与烈度之间大致关系见表13-1。

表13-1　地震震级与烈度关系表

震级（级）	2	3	4	5	6	7	8	8以上
烈度（度）	1~2	3	4~5	6~7	7~8	9~10	11	12

3. 地震基本烈度

一个地区的基本烈度是指该地区今后一定时期内，在一般场地条件下可能遭遇的最大地震烈度。所谓"一定时期内"是以100年为限期。100年内可能发生的最大地震烈度是以长期地震预报为依据。这期限只适用于一般工业与民用建筑的使用期限，其中超越概率是指地震事件超过某一重现期发生的频率。

我国规定地震基本烈度分为12度，6度以上的地区为抗震设防区，低于6度的地区称为非抗震设防区。

抗震设防烈度和设计基本地震加速度取值的对应关系，应符合表13-2所示的规定。设计基本地震加速度为0.15g和0.30g地区内的建筑，除《建筑抗震设计规范》（GB 50011）另有规定外，应分别按抗震设防烈度7度和8度的要求进行抗震设计。

表13-2　抗震设防烈度与设计基本地震加速度值之间关系表

抗震设防烈度	6	7	8	9
设计基本地震加速度值	0.05g	0.10g（0.15g）	0.20g（0.30g）	0.40g

注：g为重力加速度。

4. 抗震设防烈度和设计烈度

我国建筑物抗震设计的原则是"多遇地震不坏、设防烈度地震可修和罕遇地震不倒"，即当

遭受到低于本地区抗震设防烈度的多遇地震影响时，一般建筑物不受损坏或不需要修理仍然可以继续使用；当遭受到本地区抗震设防烈度的地震影响时，建筑物可能损坏，但经过一般修理或不需要修理仍然可以继续使用；当遭受到高于本地区抗震设防烈度的罕遇地震影响时，建筑物不致倒塌或发生危及生命安全的严重破坏。多遇地震、设防烈度地震和罕遇地震，一般按地震基本烈度区划或地震动参数区划对当地的规定采用，分别为50年超越概率63%、10%和2%~3%的地震，或重现期分别为50年、475年和1600~2400年的地震。

抗震设防烈度是指按国家批准权限审定，作为一个地区抗震设防依据的地震烈度，一般情况下可采用基本烈度。设计烈度是在基本烈度的基础上，根据建筑物的重要性按区别对待的原则进行调整确定的，这是抗震设计时实际采用的烈度。对于建筑来说，可以根据其重要性确定不同的抗震设计标准。按照重要性，通常分为特殊设防、重点设防、标准设防、适度设防或甲、乙、丙、丁四个抗震设防类别。

特殊设防类：指有特殊设施，涉及国家公共安全的重大建筑工程和地震时可能发生严重次生灾害等特别重大灾害后果，需要进行特殊设防的建筑。简称甲类。

重点设防类：指地震时使用功能不能中断或需尽快恢复的生命线相关建筑，以及地震时可能导致大量人员伤亡等重大灾害后果，需要提高设防标准的建筑。简称乙类。

标准设防类：指大量的除特殊设防类、重点设防类和适度设防类以外按标准要求进行设防的建筑。简称丙类。

适度设防类：指使用人员稀少且震损不致产生次生灾害，允许在一定条件下适度降低要求的建筑。简称丁类。

各抗震设防类别建筑的抗震设防标准，应符合下列要求：

1）标准设防类，应按本地区抗震设防烈度确定其抗震措施和地震作用，达到在遭遇高于当地抗震设防烈度的预估罕遇地震影响时不致倒塌或发生危及生命安全的严重破坏的抗震设防目标。

2）重点设防类，应按高于本地区抗震设防烈度一度的要求加强其抗震措施；但抗震设防烈度为9度时应按比9度更高的要求采取抗震措施；地基基础的抗震措施，应符合有关规定。同时，应按本地区抗震设防烈度确定其地震作用。对于划为重点设防类而规模很小的工业建筑，当改用抗震性能较好的材料且符合抗震设计规范对结构体系的要求时，允许按标准设防类设防。

3）特殊设防类，应按高于本地区抗震设防烈度提高一度的要求加强其抗震措施；但抗震设防烈度为9度时应按比9度更高的要求采取抗震措施。同时，应按批准的地震安全性评价的结果且高于本地区抗震设防烈度的要求确定其地震作用。

4）适度设防类，允许比本地区抗震设防烈度的要求适当降低其抗震措施，但抗震设防烈度为6度时不应降低。一般情况下，仍应按本地区抗震设防烈度确定其地震作用。

城市市政工程中的给水工程、排水工程、电力工程、电信工程、燃气工程等都属于城市生命线工程。国家要求，当遭受本地区抗震设防烈度的地震影响时，其震害不致使人民生命安全和重要生产设备遭受危害，建筑物（包括构筑物）不需要修理或经过一般修理仍然可以继续使用，管网震害应控制在局部范围内，尽量避免造成次生灾害，并便于抢修和迅速恢复使用。市政工程中，按《室外给水排水和燃气热力工程抗震设计规范》（GB 50032）设计的给水排水和热力工程，应在遭遇设防烈度地震影响下不需修理或经一般修理即可继续使用，其管网不致引发次生灾害，因此，绝大部分给水排水、热力工程也可划为标准设防类。

地震烈度在6度以上的城市都应编制抗震防灾规划，并纳入城市总体规划，统一组织实施。位于7度以上（含7度）地区的大中型工矿企业，应编制与城市抗震防灾规划相结合的抗震防灾对策或措施。

<h1 style="text-align:center">第二节 抗震防灾规划的目标和原则</h1>

一、抗震防灾规划目标

城市抗震防灾规划应贯彻"预防为主，防、抗、避、救相结合"的方针，根据城市的抗震防灾需要，以人为本，平灾结合、因地制宜、突出重点、统筹规划。

抗震防灾规划应当达到下列基本防御目标：

1）当遭受多遇地震影响时，城市功能正常，建设工程一般不发生破坏。

2）当遭受相当于本地区地震基本烈度的地震影响时，城市生命线系统和重要设施基本正常，一般建设工程可能发生破坏但基本不影响城市整体功能，重要工矿企业能很快恢复生产或运营。

3）当遭受罕遇地震影响时，城市功能基本不瘫痪，要害系统、生命线系统和重要工程设施不遭受严重破坏，无重大人员伤亡，不发生严重的次生灾害。

对于城市建设与发展特别重要的局部地区、特定行业或系统，可采用较高的防御要求。

二、抗震规划原则

1）城市抗震防灾规划的规划期和规划区的范围应和城市总体规划一致，同步实施。

2）城市抗震防灾规划中的抗震设防标准、城市用地评价与选择、抗震防灾措施应根据城市的防御目标、抗震设防烈度和《建筑抗震设计规范》（CB 50011）等国家现行标准确定。

3）当城市规划区的防御目标为基本防御目标时，抗震设防烈度与地震基本烈度相当，设计基本地震加速度取值与现行国家标准《中国地震动参数区划图》（GB 18306）的地震动峰值加速度相当，抗震设防标准、城市用地评价与选择、抗震防灾要求和措施应符合国家其他现行标准的要求。

4）当城市规划区或局部地区、特定行业系统的防御目标高于基本防御目标时，应给出设计地震动参数、抗震措施等抗震设防要求，并按照现行国家标准《建筑抗震设计规范》（GB 50011）中的抗震设防要求的分类分级原则进行调整。相应抗震设防烈度应不低于所处地区的地震基本烈度，设计基本地震加速度值应不低于现行国家标准《中国地震动参数区划图》（GB 18306）确定的地震动峰值加速度值，其抗震设防标准、用地评价与选择、抗震防灾要求和措施应高于现行国家标准《建筑抗震设计规范》（GB 50011），并达到满足其防御目标的要求。

<h1 style="text-align:center">第三节 抗震防灾规划的内容、编制模式和步骤</h1>

一、抗震防灾规划的内容

1）总体抗震要求如下：

① 城市总体布局中的减灾策略和对策。

② 抗震设防标准和防御目标。

③ 城市抗震设施建设、基础设施配套等抗震防灾规划要求与技术指标。

2）城市用地抗震适宜性划分，城市规划建设用地选择与相应的城市建设抗震防灾要求和对策。

3）重要建筑、超限建筑，新建工程建设，基础设施规划布局、建设与改造，建筑密集或高易损性城区改造，火灾、爆炸等次生灾害源，避震疏散场所及疏散通道的建设与改造等抗震防灾要求和措施。

4）规划的实施和保障。

二、抗震防灾规划编制模式

考虑到不同城市遭受地震灾害的概率和可能引起的后果不同，抗震防灾规划的编制模式有所区别。城市抗震防灾规划按照城市规模、重要性和抗震防灾要求，分为甲、乙、丙三种编制模式。

1）位于地震烈度 7 度及以上地区的大城市编制抗震防灾规划应采用甲类模式。

2）中等城市和位于地震烈度 6 度地区的大城市应不低于乙类模式。

3）其他城市编制城市抗震防灾规划应不低于丙类模式。

进行城市抗震防灾规划和专题抗震防灾研究时，可根据城市不同区域的重要性和灾害规模效应，将城市规划区按照四种类别进行规划工作区划分：

1）甲类模式城市规划区内的建成区和近期建设用地应为一类规划工作区。

2）乙类模式城市规划区内的建成区和近期建设用地应不低于二类规划工作区。

3）丙类模式城市规划区内的建成区和近期建设用地应不低于三类规划工作区。

4）城市的中远期建设用地应不低于四类规划工作区。

不同工作区主要工作项目见表 13-3。

表 13-3　不同工作区主要工作项目表

主要工作项目			规划工作区类别			
分类	序号	项目名称	一类	二类	三类	四类
城市用地	1	用地抗震类型分区	√*	√	#	#
	2	地震破坏和不利地形影响估计	√*	√	#	#
	3	城市用地抗震适宜性评价及规划要求	√*	√	√	√
基础设施	4	基础设施系统抗震防灾要求与措施	√	√	√	√
	5	交通、供水、供电、供气建筑和设施抗震性能评价	√*	√	#	×
	6	医疗、通信、消防建筑抗震性能评价	√*	√	#	×
城区建筑	7	重要建筑抗震性能评价及防灾要求	√*	√	√	√
	8	新建工程抗震防灾要求	√	√	√	√
	9	城区建筑抗震建设与改造要求和措施	√*	√	#	×
其他专题	10	地震次生灾害防御要求与对策	√*	√	√	×
	11	避震疏散场所及疏散通道规划布局与安排	√*	√	√	×

注：表中的"√"表示应做的工作项目，"#"表示宜做的工作项目，"×"表示可不做的工作项目。

* 表示宜开展专题抗震防灾研究的工作内容。

三、城市抗震防灾规划的步骤

1）收集分析资料。广泛收集、调查与城市抗震防灾有关的各种基础资料，然后加以分析和整理，作为编制规划的依据。各有关部门和单位，有义务提供编制抗震防灾规划必需的各项基础资料，对个别确需补充的资料，应根据可能条件适当安排。

2）进行地震危险分析。对城市及附近地区可能发生地震的危险性做出分析和判断。

地震地质、土质和地形地貌等条件比较复杂的城市，要根据地震危险性分析结果，并考虑本城市历史地震的实际地震影响，做出地震影响小区划，以便于城市规划、工程建设和抗震防灾的应用。

3）对城市抗震防灾的现状和防灾能力做出评价。

4）确定抗震防灾规划的防御目标，根据地震对城市的影响及危害程度估计。

5）抗震设防区划（含土地利用规划）。根据地震地质、地形地貌、场地条件和历史地震震害，提出城市不同地区的地震影响或破坏趋势（可以用烈度或地震参数来表达），划出对抗震有利和不利的区域范围，以及不同地区适建的建筑结构类型和建筑层数。

6）进行震害预测。首先根据不同的烈度或不同的概率标准预测各类房屋建筑、工程设施和设备等工程的震害，以及滑坡、塌方、震陷、河流堵塞等地表震害和次生灾害，然后在此基础上做出人员伤亡、经济损失以及社会影响的预测。

建筑物震害预测：一般房屋进行群体预测，生命线工程和重要工程应进行单体预测。预测方法可采用目前国内常用房屋震害预测方法；也可利用工程建筑抗震鉴定标准，对房屋进行抗震鉴定，估计其震害，以此作为建筑物震害预测的参考结果。

7）编制抗震防灾规划。根据地震危险性分析和震害预测，找出城市抗御地震灾害的各个薄弱环节，然后运用各种抗震手段对减轻城市各个薄弱环节地震灾害的措施做出规划。

城市抗震防灾规划应以规划图件、表格和文字相结合的形式表达，要有指导性、科学性、普及性并便于实施。

第四节　城市抗震防灾对策

1）组建城市地震观测和应急公告系统。

地震作为自然现象，虽然其发生具有隐蔽性和突然性，但是在发生前仍然具有一定的规律可以观察。随着科技水平的发展，包括我国在内的世界上为数不多的国家已经具备了一定的预测地震的技术能力。

建立地震前现象观测和预测系统，以及相应的社会应急公告系统，能够有效疏散人口，或者给公众提前进行防护提供时间，可以极大避免人员伤亡，减少财产损失。

国家地震台网在各地均建立有地震观测站点，在抗震防灾规划中应将观测站点和应急公告系统纳入其中。

2）选择城市用地时应考虑对抗震有利的场地和基地。

避免在地质上有断层通过或断层交汇的地带，特别是有活动断层的地段进行建设。在地形方面，宜选择地势平坦、开阔的地方作为建设项目的场地。

选择城市场地时，应按表 13-4 来划分进行勘探，以获取城市用地抗震性能评价所需资料。

对一类规划工作区，每平方公里不少于 1 个钻孔；对二类规划工作区，每两平方公里不少于 1 个钻孔；对三、四类规划工作区，不同地震地质单元不少于 1 个钻孔。

城市用地抗震适宜性评价应按表 13-5 进行分区，综合考虑城市用地布局、社会经济等因素，提出城市规划建设用地选择与相应城市建设抗震防灾要求和对策。

表 13-4　用地抗震防灾类型评估地质方法

用地抗震类型	主要地质和岩土特性
Ⅰ类	松散地层厚度不大于5m的基岩分布区
Ⅱ类	二级及其以上阶地分布区；风化的丘陵区；河流冲积相地层厚度不大于50m的分布区；软弱海相、湖相地层厚度大于5m且不大于15m的分布区
Ⅲ类	一级及其以下阶地区，河流冲积相地层厚度大于50m的分布区；软弱海相、湖相地层厚度大于15m且不大于80m的分布区
Ⅳ类	软弱海相、湖相地层厚度大于80m的分布区

表 13-5　城市用地抗震适宜性评价要求

类别	适宜性地质、地形、地貌描述	城市用地选择抗震防灾要求
适宜	不存在或存在轻微影响的场地地震破坏因素，一般无须采取整治措施： （1）场地稳定 （2）无或轻微地震破坏效应 （3）用地抗震防灾类型Ⅰ类或Ⅱ类 （4）无或轻微不利地形影响	应符合国家相关标准要求
较适宜	存在一定程度的场地地震破坏因素，可采取一般整治措施满足城市建设要求： （1）场地存在不稳定因素 （2）用地抗震防灾类型Ⅲ类或Ⅳ类 （3）软弱土或液化土发育，可能发生中等及以上液化或震陷，可采取抗震措施消除 （4）条状突出的山嘴，高耸孤立的山丘，非岩质的陡坡，河岸和边坡的边缘，平面分布上成因、岩性、状态明显不均匀的土层（如故河道、疏松的断层破碎带、暗埋的塘滨沟谷和半填半挖地基）等地质环境条件复杂，存在一定程度的地质灾害危险性	工程建设应考虑不利因素影响，应按照国家相关标准采取必要的工程治理措施，对于重要建筑尚应采取适当的加强措施
有条件适宜	存在难以整治场地地震破坏因素的潜在危险性区域或其他限制使用条件的用地，由于经济条件限制等各种原因尚未查明或难以查明： （1）存在尚未明确的潜在地震破坏威胁的危险地段 （2）地震次生灾害源可能有严重威胁 （3）存在其他方面对城市用地的限制使用条件	作为工程建设用地时，应查明用地危险程度，属于危险地段时，应按照不适宜用地相应规定执行，危险性较低时，可按照较适宜用地规定执行
不适宜	存在场地地震破坏因素，但通常难以整治： （1）可能发生滑坡、崩塌、地陷、地裂、泥石流等的用地 （2）发震断裂带上可能发生地表位错的部位 （3）其他难以整治和防御的灾害高危害影响区	不应作为工程建设用地。基础设施管线工程无法避开时，应采取有效措施减轻场地破坏作用，满足工程建设要求

注：1. 根据本表划分每一类场地抗震适宜性类别，从适宜性最差开始向适宜性好依次推定，其中一项属于该类即划为该类场地。

　　2. 表中未列条件，可按其对工程建设的影响程度比照推定。

3）构、建筑物基础与地基处理地基和基础设计，宜符合下列要求：

① 同一结构单元不宜设置在性质截然不同的地基上。

② 同一结构单元不宜部分采用天然地基，部分采用人工地基。

③ 地基有软弱黏性土、液化土、新近填土以及严重不均匀土层时，宜采取措施加强基础的整体性和刚性。

4）规划布局的抗震减灾措施。

城市抗震防灾规划中，人口稠密区和公共场所必须考虑疏散问题。地震区居民点的房屋建筑密度不得太高，房屋间距以不小于 1.1~1.5 倍房高为宜。烟囱、水塔等高耸构筑物，应与住宅（包括锅炉房等）保持不小于构筑物高度 1/3~1/4 的安全距离。易于酿成火灾、爆炸和气体中毒等次生灾害的工程项目应远离居民点住宅区。

抗震防灾工程规划设计要为地震时人员疏散、抗震救灾修建临时建筑用地留有余地。

道路规划要考虑地震时避难、疏散和救援的需要，保证必要的通道宽度并有多个出入口。

充分利用城市绿地、广场作为震时临时疏散场地。

第五节　抗震设施规划和抗震规划设计的措施

一、抗震设施规划

避震和震时疏散通道及避震疏散场地为城市抗震主要设施。

避震和震时疏散分为就地疏散、中程疏散和远程疏散。就地疏散指城市居民临时疏散至居所或工作地点附近的公园、操场或其他空旷地；中程疏散指城市居民疏散至 1~2km 半径内的空旷地；远程疏散指城市居民使用各种交通工具疏散至外地的过程。

1. 疏散通道

紧急避震疏散场所内外的避震疏散通道有效宽度不宜低于 4m，固定避震疏散场所内外的避震疏散主通道有效宽度不宜低于 7m。与城市出入口、中心避震疏散场所、市政府抗震救灾指挥中心相连的救灾主干道不宜低于 15m。避震疏散主通道两侧的建筑应能保障疏散通道的安全畅通。

计算避震疏散通道的有效宽度时，道路两侧的建筑倒塌后瓦砾废墟影响可通过仿真分析确定；简化计算时，对于救灾主干道两侧建筑倒塌后的废墟的宽度可按建筑高度的 2/3 计算，其他情况可按 1/2~2/3 计算。

疏散通道要求两旁建筑具有高一级的抗震性能和防火性能，以免房屋倒塌、高空物体下落对疏散人群造成伤害。另外，沿疏散通道的管线应具有较高的抗震性能，以保证疏散道路的消防灭火、防燃和防毒。

城市的出入口数量宜符合以下要求：中小城市不少于 4 个，大城市和特大城市不少于 8 个。与城市出入口相连接的城市主干道两侧应保障建筑一旦倒塌后不阻塞交通。

对于 100 万人口以上的大城市，至少应有两条以上不经过市区的过境公路，其间距应大于 20km。

为保证震时房屋倒塌不致影响其他房屋及人员疏散，城市居住区与公共建筑之间的间距规定见表 13-6。

表 13-6　房屋抗震间距要求

较高房屋高度/m	<10	10~20	>20
较小房屋间距/m	12	6+0.8h	4+h

注：h 为房屋高度。

2. 疏散场地

疏散场地也称避难场所，一般应由公园、广场、绿地、学校、公共体育场以及空旷场地组成。紧急避震疏散场所人均有效避难面积不小于 $1m^2$，但起紧急避震疏散场所作用的超高层建筑避难层（间）的人均有效避难面积不小于 $0.2m^2$；固定避震疏散场所人均有效避难面积不小于 $2m^2$。

疏散场地布局应符合以下要求：

1）远离火灾、爆炸和热辐射源。四周有次生火灾或爆炸危险源时，应设防火隔离带或防火树林带。避震疏散场所与周围易燃建筑等一般地震次生火灾源之间应设置不小于 30m 的防火安全带；距易燃易爆工厂仓库、供气厂、储气站等重大次生火灾或爆炸危险源距离应不小于1000m。避震疏散场所内划分避难区块，区块之间应设防火安全带。避震疏散场所应设防火设施、防火器材、消防通道、安全通道。

2）地势较高，不易积水。

3）内有供水设施或易于设置临时供水设施。

4）无崩塌、地裂和滑坡危险。

5）易于铺设临时供电和通信设施。

6）避难距离不宜超过 3km。

二、抗震规划设计的措施

1）在进行城市规划布局时，注意设置绿地等空地，作为震灾发生时的临时救护场地和灾民的暂时栖身之所。

2）与抗震救灾有关的部门和单位（如通信、医疗、消防、公安、工程抢险等）应分布在建成区内受灾程度最低的地方，或者提高建筑的抗震等级，并有便利的联系通道。

3）城市规划的路网应有便利的、自由出入的道路，居民点内至少应有两个对外联系通道。

4）供水水源应有一个以上的备用水源，供水管道尽量与排水管道远离，以防在两种管道同时被震坏时饮用水被污染。

5）多震地区不宜发展燃气管道网和区域性高压蒸汽供热，少用和不用高架能源线，尤其绝对不能在高压输电线路下面搞建筑。

第六节　抗震防灾规划编制

一、抗震防灾规划基础资料

1. 城市基本情况

1）城市总体规划、分区规划以及相关的专业规划，城市环境、历史变迁及发展概况（包括城市地理位置、气候特点、工农业生产概况、建筑物概况等）。

2）城市人口、人口密度及地区分布，季节和昼夜人流分布，人口年龄构成及老幼人口的分布。

3）城市公园、绿地、空旷场地和人防工程的分布及其可利用的情况。

4）城市生活必需的储备能力及其分布（包括水源分布、粮食、熟食储备及加工能力，商业网点分布情况等）。

5）城市指挥机构及重要公共建筑的分布。

6）重要文物、古迹分布及防灾能力。

7）环境污染的分布及危害情况。

2. 有关城市及附近地区的历史地震与地质资料

1）历史地震记载及震害资料。

2）断层分布（包括活动断层和发震断层的分布、走向及规模）。

3）本地区的地震预报及震情背景。

3. 工程地质和水文地质资料

1）城市及周围地区的工程地质勘探资料和典型地质剖面图。

2）市区填土分布图，第四系土层等厚线图。

3）地下水位及分布、古河道分布、可液化土层分布。

4. 地形地貌资料

1）规划区内的地形测量图。

2）可能出现震陷、滑坡、崩塌的地区及分布。

3）地面沉降或隆起的观测资料。

5. 城市建筑物工程设施和设备的抗震能力

1）建筑物、工程设施的分布、结构形式和抗震能力（包括房屋普查资料，重要建筑物的施工图，供水、供电、通信线路图，重要桥梁施工图等）。

2）不同时期的建筑特点、设防情况和施工质量，按年代分不同结构形式统计。

3）水利工程及其防灾能力，特别是位于城市上游水库的影响范围，可能造成的危害等。

4）工业构筑物及设备的抗震能力分析，包括位于城市及附近地区易产生次生灾害的工矿企业及重要厂矿的构筑物及设备，如各种容器、塔类、设备管道系统等的抗震能力分析。

5）生命线系统的抗震能力及分析，包括通信、电力、医疗、供水、供气、粮食、交通、消防等系统的现状、人员构成、设备、应急物质储备、建筑物抗震能力等。

6）有可能发生地震次生灾害的分析，包括地震引起的火灾、水灾、爆炸、溢毒、疫病流行等，重点分析潜在次生灾害的规模，可能发生的地区、影响范围等。

6. 规划区内各企事业单位固定资产

1）各企事业单位固定资产的原值和净值。

2）固定资产的使用情况（分在用、闲置、待报废等）。

二、各类抗震防灾规划编制模式的规划内容

1. 甲类模式抗震防灾规划内容

1）规划纲要：

① 城市抗震防灾的现状和防灾能力。

② 抗震防灾规划的防御目标，及地震对城市的影响及危害程度的估计。

③ 抗震防灾规划的指导思想、目标和措施。

2）抗震设防区划（含土地利用规划）：根据地震地质、地形地貌、场地条件和历史地震震害提出城市不同地区的地震影响破坏趋势（可以用烈度或地震参数来表达），区划出对抗震有利和不利的区域范围，以及不同地区适于建筑的结构类型和建筑层数。

3）避震疏散规划：规划市、区、街坊级的避震通道、防灾据点以及避震疏散场地（如绿

353

地、广场等）。

4）城市生命线工程防灾规划：城镇交通、通信、供水、供电、供气、医疗卫生、粮食、消防等系统的提高抗震能力和防灾措施规划。

5）防止地震次生灾害规划：水灾、火灾、爆炸、溢毒、疫病流行以及放射性辐射等次生灾害的危害程度、防灾对策和措施。

6）工程抗震规划：新建设防管理和提高现有工程设施、建（构）筑物和设备抗震能力的规划。

7）震前应急准备及震后抢险救灾规划：抗震救灾组织机构、应急预案和抢险救灾对策等。

8）抗震防灾人才培训、宣传教育、防灾训练和防灾演习规划。

9）规划实施要点：近期（5年）和远期（15~20年）实施计划。

2. 乙类模式抗震防灾规划内容

1）规划纲要：包括城市抗震防灾的现状和防灾能力分析，震害预测，规划指导思想、目标和措施。

2）避震疏散和临震应急措施规划。

3）城市生命线工程防灾规划。

4）防止地震次生灾害规划。

5）工程抗震加固规划。

6）震前应急准备及震后抢险救灾规划。

7）规划实施要点。

3. 丙类模式抗震防灾规划内容

1）总说明：城市抗震防灾的现状和防灾能力分析。

2）主要地震灾害估计，根据城市建筑物、工程设施和人口分布状况，阐明遭遇城市防御目标地震影响时可能出现的主要灾害（包括可能产生的重大次生灾害）及生命线工程震害预测。

3）减轻地震灾害的主要对策和措施。

三、规划成果和要求

规划成果包括规划说明书和规划图。说明书分别按三类模式内容编写。规划成果包括以下具体部分：

1）城市及其附近地区地质构造图（比例 1/10000~1/500000）。

2）城市地貌单元划分图（根据分布高度、自然形态、岩性特征等进行划分，比例 1/5000~1/25000）。

3）地面破坏小区划图（包括地面破坏危险区、滑坡和崩塌危险区、砂土液化和软震陷区等划分，比例 1/5000~1/25000）。

4）工程地质分区图及说明（比例 1/5000~1/25000）。

5）建筑场地类别区划图及说明（按照国家建筑抗震设计规划要求编制，比例 1/5000~1/25000）。

6）震害损失：

① 建筑物震害损失分布图（比例 1/2000~1/10000）。

② 生命线工程抗震能力分析，列出生命线工程管、线网分布及生命线单位分布示意图（比例 1/1000~1/5000）。

③经济损失和人员伤亡分布图（比例 1/2000～1/10000）。

④潜在次生灾害源估计及示意图（比例 1/1000～1/5000）。

7）抗震救灾组织机构、避震疏散道路、场地示意图（比例 1/2000～1/5000）。

8）建筑场地土类别区划图及说明（1/2000～1/10000）。

9）其他有关附图。

第十四章
城市人防工程规划

第一节　概　　述

人防工程建设规划是指在一个城市内，根据国家对不同城市实行分类防护的人民防空要求，确定城市人民防空工程建设的总体规模、布局、主要建设项目、与城市建设相结合的方案以及规划的实施步骤和措施的综合部署。人防工程规划是城市总体规划的组成部分，是进行人防工程建设的重要依据。

为满足战时人民防空需要，应科学合理地配建各类人防工程。人防工程应贯彻"长期准备、重点建设、平战结合"的方针，坚持与经济建设协调发展、与城市建设相结合的原则，也应符合城市规划和城市人防工程专项规划的要求，做到规模适当、布局合理、功能配套。人防是现代国防的重要组成部分，是国民经济和社会发展的重要方面，是现代城市建设的重要内容。

城市人防工程规划是根据城市防御空袭和城市发展规划来进行的，既要满足战时防空的要求和目标，又要服务于城市平时发展的要求和目标。

人防工程布局是影响城市人防工程整体防护效率的重要因素。人防工程布局包括两方面内容：一是各类人防工程的数量；二是各类人防工程在城市区域内的分布。当前，我国城市规模和形式等都发生了巨大变化，特别是在高技术局部战争条件下，城市人防工程布局存在的问题显得尤为重要。

城市人防工程规划的规划年限应与城市总体规划保持一致，一般近期 5 年，远期 20 年，还要考虑一定时限的远景规划。

第二节　城市人防工程规划的原则与依据

人民防空建设的基本原则是：必须走有中国特色的建设之路，坚持人民防空建设与经济建设相协调，与城市建设相结合；坚持人民防空与要地防空、野战防空相结合；坚持战时防空与平时防灾减灾救灾相结合；坚持长远建设与应急建设相结合；坚持国家建设与社会、集体、个体建设相结合。做到着眼全局、统筹规划，同步建设、协调发展，突出重点、分步实施，科技强业、注重效益，依法建设，依法管理。

一、城市人防工程规划原则

人防工程布局是影响城市人防工程整体防护效率的重要因素，人防工程布局包括各类人防工程的数量、各类人防工程在城市区域内的分布两方面内容。

1. 长期准备、防御为先

积极贯彻"长期准备、重点建设、平战结合"的方针，坚持与经济建设协调发展、与城市建设相结合的原则。在我国现阶段，城市居住区及相关配套设施的建设量占城市建设总量的很大比重。居住区人防工程若要充分发挥综合防护效能，以"布局合理、功能配套、体系完整"为目标，同时还应遵循下列要求：

第一，符合城市人防工程专项规划的要求，综合考虑所在城市设防标准、经济发展、居住区所处的环境条件。城市人防工程专项规划中基本确定了居住区人防工程的建设指标和布局要点，根据城市威胁环境，确定了甲、乙类人防工程建设区域。同时居住区人防工程建设也与当地经济发展水平和居住区所处的周边环境条件有关。

第二，居住区内部人防工程鼓励相互连通，形成网络，可大大提高单项人防工程的生存概率，提高居住区人防工程的整体防护效能，同时有利于人员从地下疏散。

第三，居住区人防工程建设和功能尽可能与平时防灾相结合，与平时功能开发相适应。居住区人防工程应该纳入平时防灾空间体系中，因其受气候因素影响较小，可充分发挥其在灾时避难、临时安置等方面的功能。

2. 布局合理，平战结合

人防工程建设是城市建设的一部分，必须统筹规划。按照符合城市规划和城市人防工程专项规划的要求，做到规模适当、布局合理、功能配套。

在新建、改建大型工业、交通项目和民用建筑时，应同时规划构筑人防工程。如修地下铁路时应与疏散机动干道结合，新建楼房应考虑修一部分附建式防空地下室等。

要考虑人防工事在平时的使用，尽量做到平战结合，为生产、生活服务提供场所，特别是通过利用人防建筑自身的特点、特色，全力服务于国家经济建设。

二、城市人防工程的规划依据

人防工程规划必须适应在当今高技术局部战争条件下的城市人防的需要。

1. 城市的设防等级

城市的设防等级是编制人防工程总体规划的首要条件。设防等级是由城市所处的地理区位和城市在战争中的作用、地形特征、政治、经济、交通等条件决定的。

应根据不同设防等级城市的要求，进行城市人防工程规划。对于重点设防坚守城市，要结合城市防卫计划，确定敌人可能进攻的方向，坚守与疏散人口的比例，兵力部署，群众的疏散地域等。对于未来战争中可能成为敌人空袭目标的纵深城市，规划的重点应放在反空袭防空降和人员的掩蔽疏散上。

2. 水文、地质及地形条件

山丘地形通常可作为防御或掩蔽的自然屏障，其工程规划应以山丘为重点，向山里发展。平地则可构筑一定数量的地道作为掩蔽、疏散或战斗机动之用。

水文、地质及地形条件对于人防工事的结构形式、构筑方法、施工安全、工程造价等有较大影响，人防工程的位置尽量应选在地质条件较好的地点，并避开断裂隙层发育、风化严重、地下水位高及崩塌、滑坡、泥石流等不利地质地段。在确定人防工程位置、规模、走向、埋深、洞口位置时，还应考虑当地雨量、风向、温度、湿度等综合气象条件。

3. 城市的状况

人防工程建设是城市建设的一部分，必须统筹规划。城市现有地面建筑物的情况、地下各种管网现状、地面交通、人口密度、行政管理区划等，是编制人防工程规划的主要依据。如原有建筑的人防地下室、历史遗留下的各类防空工程、矿山废旧坑道、天然溶洞等资源，是否被利用或改造成人防工程，均是编制人防工程规划的重要环节。

4. 建设原则

现代战争的新特点对人防工程建设提出新的要求，各种尖端武器对人防工程又提出了更高的要求。同时，还应对平战结合及综合利用进行充分考虑。因此，在城市人防工程规划与建设中，还应遵循一些相关的原则，

第一，要综合利用城市地下设施，将城市各类地下空间纳入人防工程体系，研究平战功能转换的措施与方法。

第二，以就近分散掩蔽代替集中掩蔽，加强适应现代战争突发性、强打击、精度高等特点。还要加强人防工事间的连通，防御战争时次生灾害，并便于防御其他灾害和平战结合。

第三，提高人防工程的数量与质量，使之合乎防护人口和防护等级要求。突出人防工程的防护重点，适当选择一批重点防护城市和重点防护目标，提高防护等级，保障重要目标城市与设施的安全。

第三节　人防工程的分类

一、按使用性质分类

人防工程按使用功能大类分为人员隐蔽和人防物资库，细分为指挥通信工程、医疗救护工程、防控专业队工程、人员掩蔽工程和配套工程等五类。

指挥通信工程包括指挥所、通信站、广播站等，是保障人民防空指挥机关战时工作的人防工程。

医疗救护工程是指在战时对伤员进行早期治疗和紧急救治工作的人防工程，按等级分为中心医院、急救医院和救护站等。

防空专业队工程是指保障防空专业队掩蔽和执行某些勤务的人防工程，一般称防空专业队掩蔽所。一个完整的防空专业队掩蔽所一般包括专业队队员掩蔽部和专业队装备（车辆）掩蔽部两部分，但也可以将两部分分开单独修建。防空专业队是指按专业组成的担负人民防空勤务的组织，其中包括抢险抢修、医疗救护、消防、防化防疫、通信、运输、治安等专业队。防空专业队可分为四级。

人员掩蔽工程主要用于保障人员掩蔽的人防工程，主要有人员隐蔽及生活间，面积按 $1m^2/$人计算，人员掩蔽所抗力等级一般为五级。

配套工程指除指挥通信工程、医疗救护工程、防空专业队工程和人员掩蔽工程以外的战时保障性人防工程，主要包括区域电站、区域供水站、人防物资库、食品站、生产车间、人防汽车库、人防交通干（支）道、警报站以及核生化监测中心等工程。

人防仓库包括留守人员和防卫计划预定的储粮、储水以及物资空间工程。

二、按抗力和防化等级分类

人防工程按抗力分为 1、2、2B、3、4、4B、5、6、6B 九个等级，其中五级人防抗力为 0.1MPa，六级人防抗力为 0.05MPa。人防工程按防化等级分为甲、乙、丙、丁四个等级。

三、按构筑方法分类

人防工程按其构筑方法分类，可分为坑道工事、地道工事、防空地下室和掘开式工事、堆积式等类型。

坑道工事是指在山地或丘陵地区，利用山体和高地的地形，采用暗挖方法构筑的工事，这样大部分坑道主体的地面会高于最低出入口，防水、排水和自然通风较为方便。部分山地还可利用天然涵洞作为坑道工事。

地道工事是指在平原或地势小起伏的地区，通过暗挖或掘进的方法进行修建的单体工事。大部分地道主体会低于最低出入口，防水、排水和自然通风不够方便。

防空地下室是指为保障人民防空指挥、通信、掩蔽等需要，按照人防设计规范，在高大或坚固的建筑物底部修建的防空地下室，包括人员掩蔽和物资库。

掘开式工事通常单独建设，采用掘挖方法施工。掘开式工事顶部堆积一定厚度的覆土，也可在顶部构筑遮挡弹层，大部分结构处于原地表以下。

堆积式工事的大部分工事是建在地表面以上，靠上部的堆积物形成。

第四节　城市人防工程规划布局

一、城市人防工程规模的确定

城市人防工程规划需要根据人防工程的总规模来确定区域人防设施的布局。首先需要确定城市战时留城人口数，以预测城市人防工程总量。一般说来，战时留城人口约占城市总人口的30%~40%。按人均 $1~1.5m^2$ 的人防工程面积标准，可推算出城市所需的人防工程总面积。

城市居住区人防工程根据地区人口数量和分级规模，见表14-1。

表 14-1　城市居住区人口的数量及分级规模

居住人口规模	居住区	居住小区	居住组团
户数（户）	10000~16000	3000~5000	300~1000
人口（人）	30000~50000	10000~15000	1000~3000

按照有关标准，在成片居住区内应按总建筑面积的2%设置人防工程或按地面建筑总投资的6%左右进行安排。居住区防空地下室战时用途应以掩蔽居民为主，规模较大的居住区的防空地下室项目应尽量配套齐全，并按照整体规划，配置专业人防工程。专业人防工程的规模要求见表14-2。

表 14-2　专业人防工程规模要求

项目		使用面积/m²	参考指标
医疗救护工程	中心医院	3000~3500	200~300 病床
	急救医院	2000~2500	100~150 病床
	救护站	1000~1300	10~30 病床
连级专业队工程	救护	600~700	救护车 8~10 台
	消防	1000~1200	消防车 8~10 台，小车 1~2 台
	防化	1500~1600	大车 15~18 台，小车 8~10 台
	运输	1800~2000	大车 25~30 台，小车 2~3 台
	通信	800~1000	大车 6~7 台，小车 2~3 台
	治安	700~800	摩托车 20~30 台，小车 6~7 台
	抢险抢修	1300~1500	大车 5~6 台，施工机械 8~10 台

二、城市居住区人防工程布局要求

城市居住区的人防工程应与战时的危险源保持一定的安全距离。城市居住区人防工程距离生产、储存甲、乙类易燃易爆物品厂房或库房的距离不应小于50m；距离有害液体、重毒气体的储罐或仓库不应小于100m；人员掩蔽所距人员工作生活地点不宜大于200m。人防工程各个主要出入口之间水平直线距离不宜小于15m，并应与地面环境相协调。城市居住区内的人防工程宜相互连通，并宜预留与相邻居住区的连通条件。

城市居住区人防工程规划应结合服务半径、服务人口数量、功能配套、用地条件、空间环境、平时防灾等因素，合理确定人员掩蔽工程、医疗救护工程、防空专业队工程及配套工程的规模和布局。

城市居住区内宜设置部分具有临时指挥通信功能的房间，便于社区管理人员及时接收信息、发布信息、管理和引导社区居民实施掩蔽活动。这部分房间可与专业队队员掩蔽部或一等人员掩蔽所合并设置，不必单独建设。《城市居住区人民防空工程规划规范》（GB 50808—2013）要求社区防空指挥房间的面积指标不应小于5m²/千人，从而保证在居住组团内有5~15m²的空间，居住小区内有50~75m²的空间，居住区有150~250m²的空间，利用这部分空间可布置通信、信息管理、宣传、指挥管理等要素房间。

具体城市居住区人防工程配建要求应根据城市类别和城市居住区规模确定，见表14-3。

表14-3　城市居住区人防工程配建要求

城市类别	城市居住区规模	医疗救护工程		防空专业队工程				人员掩蔽工程	配套工程				
		急救医院	救护站	抢险抢修专业队	医疗救护专业队	治安专业队	消防专业队		人防物资库	食品站	区域电站	区域供水站	警报站
人防Ⅰ类城市	居住区	Δ	●	●	●	●	◎	●	●	●	●	◎	◎
	居住小区	—	●	●	◎	—	—	●	●	●	●	◎	◎
	居住组团	—	—	—	—	—	—	●	●	—	◎	—	◎
人防Ⅱ类城市	居住区	Δ	●	●	◎	—	—	●	●	●	●	◎	◎
	居住小区	—	—	—	—	—	—	●	●	—	◎	◎	◎
	居住组团	—	—	—	—	—	—	●	●	—	—	—	◎
人防Ⅲ类城市	居住区	Δ	●	●	●	—	—	●	●	●	●	◎	◎
	居住小区	—	—	—	—	—	—	●	●	●	◎	—	◎
	居住组团	—	—	—	—	—	—	●	—	—	—	—	◎
其他城市	居住区	Δ	●	●	—	—	—	●	●	—	◎	—	◎
	居住小区	—	—	—	—	—	—	●	—	—	—	—	◎
	居住组团	—	—	—	—	—	—	●	—	—	—	—	◎

注：●代表应配置；◎代表宜配置；Δ代表居住区人防医疗救护工程应以救护站为主，当医疗救护工程服务半径内人口规模超过10万人时，应至少配建1个急救医院。

城市居住区各类公共服务设施的人防工程配置宜符合表14-4所示的要求。

表 14-4　公共服务设施的人防工程配置

公共服务设施类别	医疗救护工程	防控专业队工程	人员掩蔽工程	配套工程
教育设施	—	—	◎	◎
医疗卫生	◎	◎	◎	◎
文化体育	◎	◎	◎	◎
商业服务	—	◎	◎	◎
金融邮电	—	◎	◎	◎
市政公用	—	◎	—	◎
行政管理	—	◎	◎	◎
社区服务	◎	◎	◎	◎

注：◎代表宜结合。

三、人防工程分类规划及布局

1. 居住区

居住区配建各类人防工程的平衡控制指标应符合表 14-5 所示的规定。

表 14-5　居住区配建各类人防工程的平衡控制指标（%）

城市类别	医疗救护工程	防空专业队工程	人员掩蔽工程	配套工程	总指标
人防Ⅰ类城市	3.5~4.5	5.0~7.5	72.0~79.5	12.0~16.0	100
人防Ⅱ类城市	3.0~4.0	3.5~6.5	75.5~83.0	10.5~14.0	100
人防Ⅲ类城市	2.5~4.0	3.0~5.5	77.0~85.5	9.0~13.5	100
其他城市	2.5~4.0	2.5~5.0	79.0~89.0	6.0~12.0	100

居住区人防防空专业队工程宜根据保障目标和保障范围结合社区行政服务中心或人员密集区分散布置。抢险抢修和消防专业队工程应在保障目标 50m 和 1500m 的环形区域内建设。

居住区人防配套工程应以物资库、食品站为主，宜结合平时地下仓储，商业设施集中布置。区域电站和区域供水站宜与居住区内其他人防工程合并建设。居住区配套工程面积配置宜符合表 14-6 所示的规定。

表 14-6　居住区配套工程面积配置

工程类型	物资库	食品站	总指标
比例（%）	70~80	20~30	100

2. 居住小区

居住小区配建各类人防工程的平衡控制指标应符合表 14-7 所示的规定。

表 14-7　居住小区配建各类人防工程的平衡控制指标（%）

城市类别	医疗救护工程	防空专业队工程	人员掩蔽工程	配套工程	总指标
人防Ⅰ类城市	5.0~7.0	5.5~8.5	71.0~80.5	9.0~13.5	100
人防Ⅱ类城市	4.7~6.5	5.0~7.5	74.0~81.8	8.5~12.0	100
人防Ⅲ类城市	—	5.0~7.5	81.0~87.0	8.0~11.5	100
其他城市	—	—	100	—	100

居住小区人防医疗救护工程应以救护站为主。居住小区人防防空专业队工程应以抢险抢修专业队工程为主。

3. 居住组团

居住组团配建各类人防工程的平衡控制指标应符合表 14-8 所示的规定。

表 14-8　居住组团配建各类人防工程的平衡控制指标（%）

城市类别	医疗救护工程	防空专业队工程	人员掩蔽工程	配套工程	总指标
人防 I 类城市	—	—	80.0~88.0	12.0~20.0	100
人防 II 类城市	—	—	82.0~90.0	10.0~18.0	100
人防 III 类城市	—	—	100	—	100
其他城市	—	—	100	—	100

居住组团人防配套工程应以物资库为主。区域电站和区域供水站宜与其他人防工程合并建设。

第五节　城市人防工程规划方法与步骤

一、规划基础资料的搜集

人防工程规划的基础资料包括城市总体规划、城市设防等级、城市防卫计划、人防工程战术技术要求及有关规划设计规范。上述资料应依据国家有关规定，向有关主管部门索取。

二、人防片区的划分及各类人防工事规模的确定

城市整体的人防由居住区、居住小区和居住组团分级组成，各片区的人防区域内包含街道和公共设施。规划时应本着战时便于指挥、平时利于维护管理的原则，按照相关要求对各片区分别进行详细规划，使整个城市人防体系成为一个有机的综合体。根据战术技术要求和城市防卫、人民防空计划要求，拟定战时坚守与疏散人口比例，拟定各战斗片区及基层单位，各类人防工事的项目和规模。

三、指挥所、隐蔽工程等项目具体位置的确定

在居住区之上的城市级指挥所需要在规划时进行设计。要求便于作战指挥和群众疏散以及物资调度；便于组织通信联络和机动；便于组织对空及地面的警戒任务；地形较为隐蔽，且有一定的防护条件；工程地质、水文地质条件良好；有可靠的水源；尽量避开敌人空袭目标及影响无线电通信的金属区；配套医疗、战斗、抢险、抢修、消防、治安专业队工程和武器、粮食、饮水仓库，以及供电工程。

四、确定人防工程的连接、封闭和通道

成片工程或规模较大的单体工程，必须设置防护密闭门进行分段密闭。一个单体工程最大容量最好不超过 400 人，疏散机动干道间距为 500m，以免一旦局部遭到破坏时，大片工程失去防护能力和发生较大损失。

应根据城市地形和各防护战斗片区的分布情况及疏散人员数量、走向和疏散方式等，确定

干道走向、宽度及与其他通道的连接方式。疏散机动干道是连接各大片区的重要地下通道，是战时机动兵力、通信联络、疏散人员、运输物资等的干线。用通道将各类工程和片区连接起来，构成四通八达的地道网。浅埋的疏散机动干道走向，应根据城市地面情况，使其从城市人口较密集区通过，以便一旦发出警报，群众迅速疏散转移；并尽可能沿街道或空旷地带走向，避开大型建筑物的基础和大型管道，还应尽量减少穿过铁路和河流的次数。深埋干道布置时灵活性较大，干道应减少转弯特别是急转弯，但直线段也不宜过长（一般不超过500m）。疏散机动干道应有支干道连通各片区的通道网以及单体工程。每隔50m左右设一个人员掩蔽所，在一定距离设迂回通道和卫生间，在适当地点布置出入口和通风口，并采取相应的防护措施。

五、确定工程的防护等级及质量标准

《人民防空工程战术技术要求》提出了各类工程的防护等级及质量标准，并根据城市战略地位、重要程度、位置、大小以及地形和地质条件和工程用途，因地制宜地确定。

六、其他相关内容

竖向规划设计是人防工程总体规划中一项重要的任务，必须对城市人防工程的排水系统拟定一个合理可靠的方案，以保证工程内各种积水在最短时间内排出人防工程。要合理确定总体性工程和通道网的埋设深度，进行竖向规划。重点工程的高程，一般应高于干道和联络通道，以防积水倒灌。在通道网下面，应布置自成体系的排水廊道，便于在发生紧急情况时集中排水。

要统一人防工程的防护设施（防核武器、防炸弹和防化学、细菌的设施）以及通信、通风、电力等设备标准。

撰写人防工程规划说明，编制规划图时，一般应编制几个方案，在综合比较的基础上，择优选用方案，并编制正式的规划文件。

第六节　城市人防工程规划要求与成果

编制人防工程建设规划应贯彻国家"全面规划，突出重点，平战结合，质量第一"的方针，使人防工程规划设计做到符合坚固、适用、经济、合理的要求，保障人民生命安全，促进生产建设的发展。

一、规划要求

人防工程规划设计应按照城市建设的地面总体规划，统一安排进行，既应符合战时使用的要求，又应考虑平时使用的要求。在平面布置、通风、防潮、采光、照明以及给水、排水等方面，根据平时使用的不同要求采取相应措施，贯彻平战结合的方针，按照统筹兼顾、因地制宜、重点建设、注重实效、着眼发展、长期坚持的原则，做到"平战结合""一物多用"，统一规划、统一建设、统一管理。

城市总体保护措施应包括对城市总体规模、布局、道路、建筑物密度、绿地、广场、水面等提出防护或控制要求，对城市重要的经济目标提出防护要求；对城市的供水、供电、供热、煤气、通信等基础设施提出防护要求；对生产储存危险、有害物质的工厂、仓库的选择、迁移、疏散方案及降低次生灾害程度的应急措施提出要求；对城市市区、市际交通的地铁、干道体系的选线、布局及防护、疏运方案提出要求；对人防警报器的布局和选点提出要求等。

二、规划主要内容

城市人防工程规划主要内容包括城市总体防护、人防工程建设规划、人防工程建设与城市地下空间开发利用相结合的规划、各规划的实施步骤和措施等方面的内容。

人防工程建设规划应包括：确定城市人防工程的总体规模、防护等级和配套布局；确定人防指挥部、通信、人员掩蔽、医疗救护、物资储备、防空专业队伍、疏散干道和工程以及配套工程的规模和布局，居住小区人防工程建设规模等；提出已建人防工程的改造和平时利用方案；估算规划期内投资规模等。

人防工程建设与城市地下空间开发利用相结合的规划应包括：确定人防工程建设与城市地下空间开发利用相结合的主要方面和内容；确定规划期内相结合建设项目的性质、规模和总体布局；确定近期开发建设项目，并估算投资规模。

三、规划成果

城市人防工程建设规划成果包括主体和附件两部分。主体包括规划图和文字说明。其中规划说明书应规划编制的指导思想和原则要求、毁伤分析、规划内容文字表述、可行性论证等；城市人防工程现状图应标明现有人防工程的分布、类型、面积、抗力等，图纸比例一般为1∶2000~1∶25000；城市总体防护规划图应主要标明城市规模、结构、防护区、疏散道路和出口、防空重要目标、核毁伤效应分区、主要人防工程布局、警报器布局等，图纸比例为1∶2000~1∶25000；城市人防工程建设规划图应主要标明城市人防工程规划的规模、类型及分布等，图纸比例为1∶2000~1∶25000；人防建设与城市地下空间开发相结合项目规划图应主要标明相结合项目规划的规模、类型、功能及分布等，图纸比例为1∶2000~1∶25000；城市近期人防工程建设规划图应主要标明近期规划项目的类型、功能、面积、分布等，图纸比例为1∶2000~1∶25000。

配合规划说明和规划图编制的附件一般应有人防工程面积、类型、防护等级、平战功能、位置的统计表；人防工程建设规划综合表和人防工程分类规划表；人防工程与城市地下空间开发相结合主要项目规划表以及近期建设项目一览表等。同时，附件还应包括指标选择和数据说明等内容。

城市人防工程建设总体规划和说明书的详尽程度，应达到为编制实施计划、编制人防工程建设分区规划和专业工程规划提供依据的深度要求。

第十五章
市政工程规划的编制

第一节 综 述

城市市政基础设施是城市社会经济发展、人居环境改善、公共服务提升和城市安全运转的基本保障，也是城市经济和空间实体赖以生存发展的重要支撑。城市总体规划、分区规划、城市局部地区详细规划都包含了市政基础设施规划的有关内容。因此，市政工程规划成为城市（城镇）管理的重要组成部分，是市政管理中的城市（城镇）规划、建设和运行三个阶段的龙头。应充分认识市政基础设施的系统性、整体性，坚持先规划、后建设，切实加强规划的科学性、权威性和严肃性，发挥规划的控制和引领作用，坚持问题导向与目标导向相结合，从市政基础设施系统层面进行统筹，提高管控措施的针对性、有效性，不断增强市政基础设施的承载能力和辐射作用。要不断总结市政工程详细规划的经验，完善市政工程规划编制体系，研究规划方法、工作内容、技术融合及规划管理等各个环节，有序推进市政基础设施的建设，确保规划区内各类市政设施统筹协调。

在城市规划编制过程中，为使各分散块状规划范围中的市政工程规划内容难以搭接和有机联系的问题得以整合，需要加强城市市政工程规划，将其作为专业规划加以完善和强化。因此，培养和提升规划专业工程技术人员的综合知识水平、业务能力、构筑工程思维体系，以规划引领城市的发展就变得非常的重要。

市政工程规划涉及给水、排水、通信、电力、供热、供燃气、环卫、消防、人防、防灾等多个行业，内容涵盖面十分广泛，涉及的法规和技术文件也很多，其编制方法，编制内容，编制深度，尚无相关规定。实际工作中，市政规划方案还要与多个管理部门发生联系。随着新形势、新模式、新思维、新流程、新技术、新工艺、新材料的不断发展和涌现，一些新的理念、技术措施、技术手段、方式方法都相继进入市政工程规划领域之中。因此，市政工程的规划就更显得复杂多变，同时也被赋予新的内涵。

由于市政工程是由多项子工程组成的，各项专项规划均需在城市社会经济发展总体目标下，服从和服务于城市（城镇）的总体规划。根据规划的具体任务目标，结合城市（城镇）的实际情况，依照国家政策、法规及标准、规范，按照市政规划的理论、程序、方法和要求进行的市政工程规划，实际上就是各个子工程的规划与整合。因为各个子工程的专业理论基础和规划要求各有不同，自成独立的体系，所以，在城市（城镇）规划中，通常按照专项工程规划设计进行，但各专项工程必须进行统一协调部署，才能使各子工程在大局统一的前提下，发挥各自的作用。各子工程规划完成后，还必须进行必要的管线综合，进一步处理好各个工程之间的相互关系，形成有效的规划文件。

本部分通过市政规划实例，对相关规划的方法及要求进行了总结。使城市规划专业工作者对市政工程规划内容的框架、脉络、思路有一个清晰的了解，并能够在了解和掌握的基础上，通过市政工程规划的实例解析以及设计教学活动等实践训练，编制出既符合国家颁布的有关法律、规范、标准，又能密切结合实际的市政工程规划设计方案，培养和提高分析和解决问题的能力，特别是提高创新能力。

一、市政工程规划的分类

我国的城市基础设施多指城市工程性基础设施，又称为市政公用工程设施或市政基础设施，简称市政工程。城市工程性基础设施一般包含了交通（道路）工程系统和专项类工程系统，如图 15-1 所示。

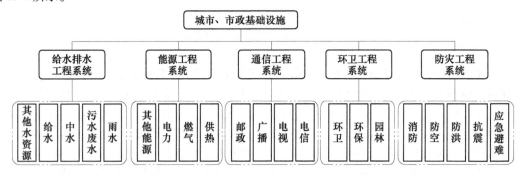

图 15-1 我国常规的城市基础设施分类简图

二、市政工程规划范围与内容

本书讲述的市政工程规划主要包括：给水工程、污水工程、雨水工程、再生水利用、电力工程、通信工程、燃气工程、热力工程以及管线综合等传统市政管线工程内容。

近年来，随着城市的发展，城市基础设施的内容在动态地发展变化，市政工程规划也在传统市政工程规划内容的基础上，其类型和内涵不断充实、延伸和拓展，发展出了竖向工程、环卫工程、消防工程、防灾减灾工程、应急避难场所等传统市政设施工程的内容。近年来又提出了智慧城市、海绵城市、水系规划、排水防涝、综合管廊、分布式能源、集中供冷供热、地下空间应用等新型市政工程的内容。图 15-2 列举了部分传统市政管道工程、传统市政设施工程和新型市政工程的构成。

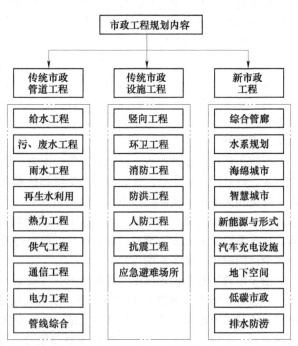

图 15-2 市政工程规划内容构成示意图

三、市政工程规划编制的主要依据

我国城市（城镇、城乡）的规划技术框架体系初步形成。城乡规划技术标准和规范见表 15-1。

表 15-1　城乡规划技术标准和规范

标准层次	标准类型	标准名称	现行标准号
基础标准	术语标准	城市规划基本术语标准	GB/T 50280—1998
	图形标准	城市规划制图标准	CJJ/T 97—2003
	分类标准	城市用地分类与规划建设用地标准	GB 50137—2011
		城市规划基础资料搜集规范	GB/T 50831—2012
通用标准	城市规划	城乡用地评定标准	CJJ 132—2009
		城乡规划工程地质勘察规范	CJJ 57—2012
		历史文化名城保护规划标准	GB/T 50357—2018
		城乡建设用地竖向规划规范	CJJ 83—2016
		城市工程管线综合规划规范	GB 50289—2016
	村镇规划	镇规划标准	GB 50188—2007
		城乡用地评定标准	CJJ 132—2009
专用标准	城市规划	城市居住区规划设计标准	GB 50180—2018
		城市公共设施规划规范	GB 50442—2008
		城市环境卫生设施规划标准	GB/T 50337—2018
		城市消防规划规范	GB 51080—2015
		城市绿地设计规范	GB 50420—2007
		风景名胜区总体规划标准	GB/T 50298—2018
		城镇老年人设施规划规范	GB 50437—2007
		城市给水工程规划规范	GB 50282—2016
		城市水系规划规范	GB 50513—2009
		城市排水工程规划规范	GB 50318—2017
		城市电力规划规范	GB/T 50293—2014
		城市通信工程规划规范	GB/T 50853—2013
		城市供热规划规范	GB/T 51074—2015
		城镇燃气规划规范	GB/T 51098—2015
		防洪标准	GB 50201—2014
		城市综合交通体系规划标准	GB/T 51328—2018
		城市停车规划规范	GB/T 51149—2016
		城市轨道交通线网规划标准	GB/T 50546—2018
		城市道路绿化规划与设计规范	CJJ 75—1997
		建设项目交通影响评价技术标准	CJJ/T 141—2010
		城市道路交叉规划规范	GB 50647—2011
		城市综合防灾规划标准	GB/T 51327—2018
		城镇内涝防治技术规范	GB 51222—2017
	村镇规划	镇规划标准	GB 50188—2007
		乡镇集贸市场规划设计标准	CJJ/T 87—2020

国内现阶段针对市政工程专项规划的应用规范和标准，见表15-2。

表 15-2　市政工程专项规划相关法规文件

序号	市政专业	规范名称	标准号
1	给水工程	城市给水工程规划规范	GB 50282—2016
2		室外给水设计标准	GB 50013—2018
3	再生水工程	城镇污水再生利用工程设计规范	GB 50335—2016
4	排水工程	城市排水工程规划规范	GB 50318—2017
5		室外排水设计标准	GB 50014—2021
6		城镇雨水调蓄工程技术规范	GB 51174—2017
7		城镇内涝防治技术规范	GB 51222—2017
8	环卫工程	城市环境卫生设施规划标准	GB/T 50337—2018
9		城市公共厕所设计标准	CJJ 14—2016
10		生活垃圾转运站技术规范	CJJ/T 47—2016
11		环境卫生设施设置标准	CJJ 27—2012
12	防灾工程	城市综合防灾规划标准	GB/T 51327—2018
13		防灾避难场所设计规范	GB 51143—2015
14		城市社区应急避难场所建设标准	建标 180—2017
15	防洪工程	城市防洪规划规范	GB 51079—2016
16		防洪标准	GB 50201—2014
17	电力工程	城市电力规划规范	GB/T 50293—2011
18		供配电系统设计规范	GB 50052—2009
19		35kV~110kV 变电站设计规范	GB 50059—2011
20		20kV 及以下变电所设计规范	GB 50053—2013
21	通信工程	城市通信工程规划规范	GB/T 50853—2013
22	燃气工程	城镇燃气规划规范	GB/T 51098—2015
23		城市燃气工程智能化技术规范	CJJ/T 268—2017
24	供热工程	城市供热规划规范	GB/T 51074—2015
25		城镇供热管网设计规范	CJJ 34—2010
26	管线综合	城市工程管线综合规划规范	GB 50289—2016
27		城市综合地下管线信息系统技术规范	CJJ/T 269—2017
28	综合管廊	城市综合管廊工程技术规范	GB 50838—2015
29	消防工程	城市消防规划规范	GB 51080—2015
30		消防给水及消火栓系统技术规范	GB 50974—2014
31		城市消防站设计规范	GB 51054—2014
32		城市消防站建设标准	建标 152—2017
33	人防工程	城市居住区人民防空工程规划规范	GB 50808—2013
34	抗震工程	城市抗震防灾规划管理规定	建设部令第 117 号
35	竖向工程	城乡建设用地竖向规划规范	CJJ 83—2016

四、综合性规划中市政配套内容的编制要求

1. 编制要求

在总体规划、分区规划、详细规划、控制性规划、修建性规划的各层次规划中，都包含市政基础设施规划的内容，且规划、建设、管理的分工会越来越细。城市规划编制办法及实施细则等文件，对城市（城镇）总体规划、体系规划、中心区规划、分区规划、近期建设规划、详细规划中的市政设施的编制，提出了要求和说明，见表15-3。

表15-3　市政规划编制要求汇总一览表

序号	规划内容		市政规划内容编制要求
1	城市（镇）总体规划		提出重大基础设施和公共服务的发展目标。包括：城市水源地及其保护区范围和其他重大市政基础设施；各种交通网络及枢纽布局；文化、体育、教育、卫生等方面主要公共服务设施的布局 提出建立综合防灾体系的原则和建设方针。包括：城市防洪标准、防洪堤走向；城市人防设施布局；城市消防及疏散，地质灾害及抗震等防护规定
2	市域、城镇体系规划		确定市域交通发展策略；确定市域交通、通信、能源、供水、排水、防洪、垃圾处理等重大基础设施，重要社会服务设施，危险品生产储存设施等的布局
3	中心区规划		确定给水、排水、雨水、再生水、电信、供热、供燃气、供电、环卫发展目标及重大设施总体布局等
4	城市近期建设规划		确定近期市政基础设施、公共服务设施和公益设施的建设规模和选址及管线路由等
5	分区规划		确定主要市政公用设施的位置、控制范围以及市政工程主干线的位置、管径，并进行管线的综合布局
6	详细规划	控制性详细规划	标明规划区内及对规划区域有重大影响的周边地区现有公共服务设施（包括行政、商业金融、科学教育、体育卫生、文化等建筑）类型、位置、等级、规模等，道路交通网络、给水电力等市政工程设施、管线分布情况等
		修建性详细规划	①各项专业工程规划及管线综合；②竖向规划；③消防规划；④建设时序：包括建设周期、年度建设计划、市政基础设施及公共配套服务设施的建设时间和安排等

2. 工作内容

市政工程详细规划是市政工程在详细规划层面上的表达，是依据城市总体规划、分区规划、控制性详规以及市政工程单项规划，对各类工程管线以及市政设施，做出详细布局安排，具有很高的自由度，可根据实际需求选择性地编制相关市政内容，并提出相关的配套政策、原则和措施，为市政设施项目的设计、改造提供依据，并为强化市政工程的系统性、综合性独立性以及可实施性提供帮助。表15-4汇总了市政工程详细规划各专业主要工作内容，供参考。

表15-4　市政工程详细规划各专业主要工作内容汇总一览表

序号	类别	主要工作内容
1	给水工程	供水现状及问题分析、用水量预测，给水系统周边系统协调规划、供水水源规划，供水管网规划、节水规划等
2	污水工程	污水现状及问题分析、污水量预测、污水分区规划、污水系统周边系统协调规划、污水处理设施规划、污水管网规划等

（续）

序号	类别	主要工作内容
3	雨水工程	雨水现状及问题分析、雨水排放量预测、雨水管道系统规划、雨洪控制与利用规划等
4	再生水工程	再生水现状及问题分析、再生水用水量预测、再生水厂规划、再生水管网规划等
5	环卫工程	环卫现状及问题分析、垃圾量预测、环卫设施规划、固体废弃物收集与处置规划、环境卫生管理等
6	应急避难场所	紧急避难场所、固定避难场所、中心避难场所、室内避难场所、应急通道等
7	电力工程	电力现状及问题分析、电力负荷预测、电力工程周边系统协调规划、电厂规划、变电站规划、高压走廊规划、电缆通道规划等
8	通信工程	通信现状及问题分析、通信业务预测、邮政设施规划、电信设施规划、广播电视规划、通信管网规划、智慧城市等
9	燃气工程	供气现状及问题分析、用气量预测、气源规划、天然气设施规划、液化石油气设施规划等
10	供热工程	供热现状及问题分析、热负荷预测、热源规划、热力管网系统规划等
11	管线综合	管线综合平面、竖向及交叉口布置原则、管线综合布置方案等
12	综合管廊	综合管廊建设区域规划、入廊管线、系统路由布局规划、断面选型、三维控制线划定、重要节点控制、附属设施和配套设施规划等
13	消防工程	消防现状及问题分析、火灾风险评估、消防安全布局规划、消防站规划、消防供水规划、消防通信规划、消防车道规划、社会抢险救援规划等
14	抗震防灾	根据城市等级和受地震威胁情况，分为甲、乙、丙三种模式，进行抗震防灾总体布局
15	人防工程	城市总体保护措施，人防工程建设规则，结合地下空间的综合开发利用，做好规划布局
16	防洪工程	确定防洪区域，选定城市防洪标准，提出切实可行的分期防洪建设方案
17	竖向工程	现状地形、排涝分析，竖向规划布局，道路竖向规划等

五、规划指导思想及原则

市政工程详细规划应以生态文明建设理论为指导思想，坚持保障和改善社会民生，着力倡导推进绿色发展、循环发展、低碳发展、土地资源与能源节约利用，并注重空间统筹和高效利用，形成供应充足、安全高效、资源节约和环境友好的市政供应系统，提升市政供应服务的能力。

市政工程详细规划的编制应遵循综合协调、安全保障、绿色低碳、高效集约、弹性预留和面向实施的原则。第一，要综合考虑规划范围的城市规划布局、建设需求、建设条件等因素，妥善处理各专业需求、近期与远期、局部与整体的关系。第二，应充分考虑城市安全和供应保障，提升城市品质。第三，应遵循和贯彻绿色低碳理念，推进生态文明建设。第四，应注意充分考虑用地资源紧缺问题，构建高效集约的市政系统，并充分考虑城市发展的不可预见性，合理配套市政设施和管网系统。第五，应以空间的控制和管理为重点，以实施各专业总体规划的意图为目的，强化空间统筹落实和规划管理的衔接，保障规划的实施。

六、详细规划技术路线与成果要求

1. 详规规划技术路线

市政工程详细规划应注重规划的"系统性、综合性及可实施性"。"系统性"主要体现在根据市政负荷量的预测，进行区域市政设施支撑分析，并提出区域市政设施改善方案。"综合性"主要对市政设施规划和市政管网规划提出市政干线通道、综合管廊布局及市政设施用地管控等综合协调方案。"可实施性"主要在市政设施布局与选址过程中，需要深入与相关部门探讨和实地勘测，保证设施的合理性和选址落实的可行性；针对市政管网的重要节点进行平面和竖向协调，保证管网的可实施性。在规划方案的基础上，结合规划区近期建设计划，制定政设施改善方案，建立规划区逐年建设项目库。

给水工程、排水工程、雨水工程、再生水工程、环卫工程、电力工程、通信工程、燃气工程、供热工程等专业详细规划具体技术路线如图 15-3 所示。

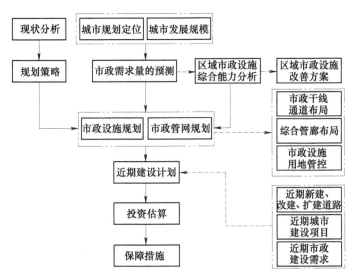

图 15-3　专业详细规划具体技术路线示意图

2. 规划成果及要求

规划成果应包含文本、规划研究报告和图册三个部分，专题研究报告可根据实际要求进行选做。为了方便使用，可考虑在图集中选取重要规划成果图，与文本一起装订成规划成果简本。文本应表达成果的主要结论，明确规划管理需要控制的内容，文字表述应简练清晰。

成果形式包括纸质文件和相应的电子（含数据）文件。电子文件应符合城市规划管理部门有关规划成果电子报批和管理的格式要求。其中文本、规划研究报告、专题研究报告正文应采用 Word 文件格式；图册中涉及系统和管线的图样应采用 DWG、DXF 或 PDF 格式。

第二节　市政工程详细规划

市政工程详细规划是在详细规划层次上的专业规划的表达，其深度应达到控制性详细规划要求的综合性市政规划，它是市政工程实施过程不可缺少的一个阶段，应结合当地的实际情况进行编制。

由于国家管理体制的改革，行业的主管部门也在不断变化，在收集资料过程中，部分资料的归属部分各地会有所不同，应根据规划的属地政府或主管部门具体分工情况进行收集。

一、给水工程及再生水工程的详细规划

城市给水工程详细规划包括：城市总用水量的计算，合理选择水源，确定水厂参数、位置以及净化方式，确定给水体制，布置城市配水管网、估算管径等。根据城市的缺水情况，部分缺水城市或区域在规划过程中，还应考虑再生水的供给情况。

（一）规划任务

城市给水工程详细规划的主要内容应包括：预测城市用水量、进行城市供水量与城市用水量之间的供需平衡分析、合理布局给水系统、明确给水工程设施和管网布置等。其中，用水量的预测方法、管网水力计算方法、管网及设施承载力评估方法是城市给水工程详细规划的重要内容。

城市再生水工程详细规划的主要内容是根据规划区水资源的供需状况、城市建设规模及社会经济发展目标，结合城市污水厂、再生水厂的规模布局情况，在满足不同用水水质标准条件下，整体综合或单独分析区域再生水回用的方向，合理预测区域不同回用方向的再生水量。要确定区域再生水设施的规模、布局，布置各级再生水管网系统；要提出促进再生水利用的应用对策，落实相关再生水设施用地并明确建设要求；并应结合规划区城市建设开发时序提出再生水工程近期建设计划或项目库。

（二）资料收集

给水工程详细规划需要收集区域水源资料、现状供水资料、现状给水设施资料、现状给水管网资料、相关专项规划以及基础资料等，见表 15-5。

表 15-5　给水工程详细规划主要资料需求一览表

序号	资料类型	资料内容	收集部门
1	区域水资源资料	城市水资源规划；水资源综合利用规划；城市近 10 年供水、水资源公报；区域水功能区划；区域主要河流、水库、湖泊、海域分布图；城市水源类别、位置、资源量，水源保护范围	规划管理部门、水务管理部门、统计部门、环境资源管理部门等
2	现状供水资料	城市现状给水系统的供水范围；规划区近 10 年现状各类用水量增长情况；城市现状供水普及率、漏损率、重复利用率及分质供水情况；城市现状供水水质情况	水务管理部门、自来水管理机构等
3	现状给水设施资料	城市现状水厂的位置、规模、处理工艺、供水压力及运行情况；城市现状加压泵站和高位水池的位置及规模	规划管理部门、自来水管理机构等
4	现状给水管网资料	规划区及周边区域给水管道物探资料；区域给水干管资料；规划区在建的给水工程项目施工图	规划管理部门、自来水管理机构等
5	相关专项规划	上一层次给水工程专项规划；规划区内及周边区域给水工程专项规划或给水工程详细规划	规划管理部门、水务管理部门

（续）

序号	资料类型	资料内容	收集部门
6	基础资料	规划区及相邻区域地形图（比例1：2000～1：500）；卫星影像图；用地规划（城市总体规划、城市分区规划、规划区及周边区域控制性详细规划、修建性详细规划等城市更新规划）；道路交通规划；道路项目施工图；近期规划区内开发项目分布和规模等	规划管理部门、国土资源管理部门、交通管理部门

再生水工程详细规划需要收集的资料包括现状区域污水厂情况、现状再生水设施和管网情况、相关专项规划及基础资料四类。再生水系统资料收集见表15-6。

表15-6　再生水工程专项主要资料收集汇总表

序号	资料类型	资料内容	收集部门
1	现状区域污水厂情况	城市现状及规划污水厂分布、规模、用地、运行情况；城市现状污水厂处理工艺流程，现状污水厂出厂水质；城市现状污水厂近几年污水处理量情况	水务管理部门、规划管理部门、城市综合管理部门、污水处理厂
2	现状再生水设施和管网情况	城市现状再生水水厂分布、规模、处理工艺、水质、供水能力、供水压力及运行情况；城市现状再生水加压泵站的数量、位置、规模；城市现状再生水管道、管径、管材及运行情况；城市现状再生水系统运行模式；再生水回用对象、成本状况；城市其他非常规水水资源利用情况	水务管理部门、规划管理部门、市政管理部门、污水处理厂
3	相关专项规划	上一层次再生水工程专项规划；规划区域内及周边区域再生水工程专项规划或再生水工程详细规划	水务管理部门、规划管理部门、市政管理部门、污水处理厂
4	基础资料	规划区域及相邻区域地形图（1：2000～1：500）；卫星影像图；用地规划（城市总体规划、城市分区规划、规划区及周边区、域控制性详细规划、修建性详细规划等）；城市更新规划；道路交通规划；道路项目施工图；近期规划区内开发项目分布和规模	水务管理部门、规划管理部门、交通部门

（三）规划主要内容要求

1. 给水工程详细规划

（1）文本内容要求　内容应包括用水量预测、给水系统规划、厂站设施规划、给水管网的规划。说明规划期末用水量预测规模、单位建设用地以及单位建筑面积平均用水指标；说明区域原水系统和给水系统规划布局情况，分析区域给水设施的支撑能力以及规划区用水量对区域给水系统布局的影响；说明现状保留及新、改（扩）建的给水设施（包括给水厂、给水加压泵站、高位水池等）的数量及规模，以及对比上层次规划的调整情况（具体厂站名称、建设状态、现状及规划规模、用地面积、建设时序安排等应在附表中表达）；说明现状保留及新、改（扩）建的给水管网规模以及新改建给水管网的规划布局路由情况。

（2）图纸内容要求　给水工程详细规划图应包括用水量预测分布图、区域给水系统现状图、给水管网现状图、给水管网平差图、区域给水系统规划图和给水管网规划图。用水量预测分布图要以街坊规划分区或控制性详细规划分区为基础，标明各分区的预测用水量。区域给水系统现状图要标明现状供水来源、现状水库及其名称、现状给水设施的位置、名称和规模；标明现状原水管道、给水干管的路由和规格；标明现状区给水系统与区外给水系统的衔接。给水管网现状图要标明现状供水来源、现状水库及其名称；标明现状给水设施的位置、用地红线、名称和规模；标明现状原水管、给水管的路由和规格；标明现状原水管、水库的蓝线和名称。给水管网平差图要标明规划区给水管网及各管线管径和长度；标明各种工况下水头损失、水量及水压等。可采用平差软件自动生成图纸标明规划供水来源。区域给水系统规划图要标明现状保留及新改建的水库和名称；标明现状保留及新、改（扩）建的给水设施（包括给水厂、原水泵站、给水加压泵站、高位水池等）的位置、名称和规模；标明规划区给水系统与区外的衔接。给水管网规划图要标明规划供水来源及现状保留及新改建的水库和名称；标明现状保留或新、改（扩）建的给水设施的位置、用地红线、名称和规模；标明规划给水管的路由和规格以及现状保留及新、改（扩）建的给水管。

（3）说明书内容要求　给水工程详细规划说明书内容包括现状及问题分析、相关规划解读、用水量预测、水源规划、给水设施规划、给水管网规划等。首先应对现状城市水源及原水系统、给水设施及管道、给水系统运行管理情况及存在问题进行分析。其次要对城市总体规划、分区规划、水资源综合规划、上层次或上版给水工程专项规划和其他相关规划进行解读。第三要结合规划区范围的大小或用水特征，采用一种或多种方法预测近远期用水量。第四要对水资源供需平衡分析，选择水源，明确水源保护范围和保护措施，根据上一层次规划确定水源种类、位置、规模及原水管线路由。第五要确定给水工程整体格局，划分供水区域，确定给水水厂、加压泵站和高位水池等设施的位置、规模及用地面积。第六要进行给水管网水力计算，确定给水主、次干管道的布局、管径及一般管道的设置概况。

2. 再生水工程详细规划

（1）文本内容要求　应包括再生水利用对象及需求预测、负荷分析、厂站设施规划、再生水管网规划、取水口规划。再生水利用对象及需求预测明确利用对象，说明规划期末再生水量的预测指标和预测规模；负荷分析要说明规划新增用再生水量对原再生水系统布局的影响；厂站设施规划应说明现状保留及新、改（扩）建的再生水厂、再生水加压泵站等设施的数量及规模，以及对比上一层次规划的调整情况（具体厂站的名称、建设状态、现状及规划规模、用地面积、建设时序安排等可文件在附表中表达）；再生水管网规划应说明现状保留及新、改（扩）建的再生水管网规模以及新改（扩）建再生水管网的规划布局路由情况；取水口规划应说明再生水取水口及生态补水点规划布局。

（2）图纸内容要求　再生水工程详细规划图应包括再生水系统现状图、再生水量预测水量分布图、再生水系统规划图、再生水管网规划图等。其中再生水系统现状图应标明现状再生水来源，标明现状再生水厂、加压泵站等设施的位置、名称和规模，标明现状再生水干管的路由和规格。再生水预测水量分布图应以按规划分区示意图划定的分区为基础，标明各分区规划预测再生水量，分别标明再生水大用户、重点供水区域的分布等。再生水系统规划图要标明现状保留及新、改（扩）建的再生水设施的位置、名称和规模，标明现状及新、改（扩）建新建的再生水干管的路由和规格。再生水管网规划图应标明现状及新、改（扩）建的再生水设施的位置、用地红线；标明现状及新、改（扩）建的再生水管路由和规格；标明现状保留和新、改（扩）建的取水口及生态补水点位置。

（3）说明书内容要求　再生水工程详细规划说明书主要内容包括现状及问题分析、相关规划解读、基础条件分析等。其中，现状及问题分析包括再生水设施、管道及应用对象，再生水系统运行管理情况及存在问题。相关规划解读包括城市总体规划、片区控制性详细规划、非常规水资源利用规划、上一层次或上一版再生水工程专项规划和其他相关规划的解读等。基础条件分析主要包括对规划片区现状自然和社会经济、现状给水排水系统、现状再生水系统和现状非常规水资源利用情况等多方面进行的系统分析和综合研判。

二、雨水、污水工程详细规划

城市雨水、污水工程详细规划包括城市总雨水量、污水量的估算；雨水、污水的承载支撑能力分析；排水体制的确定、雨水污水的管网布置；管道的水力计算及管径估算；污水处理厂的规划；雨水、污水提升泵站的规划等。

(一) 雨水工程详细规划

城市雨水系统应包括源头减排系统、雨水排放系统和防涝系统三部分。源头减排系统，主要依据年径流总量、控制率计算对应的降雨量，可用于径流总量控制、降水初期的房屋防治、雨水利用和雨水径流峰值的消减。雨水排放系统主要应对设计重现期内降雨的排除，主要设施是雨水管渠。城市防涝系统是解决城市大面积高强度、长历时降雨的排水问题，通过蓄、滞、排等方法，基本控制在可接受范围，设施主要由雨水管渠、河流湖泊、调蓄空间、行泄通道、雨水站、水闸等组成。

1. 工作任务

雨水工程详细规划主要任务包括：确定雨水、污水排水体制；划分雨水排水分区；确定雨水径流控制、雨水管网以及排涝设施等设计标准；规划雨水管网和排涝泵站、调蓄池等设施；制定超强暴雨应急预案，开展雨水综合利用规划等。

2. 资料收集

雨水工程详细规划资料主要包括现状雨水设施资料及雨水管网资料、相关专项规划与基础资料等，见表15-7。

表 15-7　雨水工程详细规划主要资料需求一览表

序号	资料类型	资料内容	收集部门
1	现状雨水设施资料	城市年鉴及排水相关部门统计年鉴 现状雨水泵站的数量、位置、规模及运行情况；雨水调蓄及综合利用设施的位置、规模及运行情况；河流水系走向、水库和湖泊的分布情况、防洪工程建设情况和主要使用功能、水质情况、保护要求等 海堤建设情况；区域降雨统计资料；内涝点分布、积水范围、积水深度、积水时间、损失情况等	规划管理部门、水务管理部门、城市综合管理部门、环保部门、气象部门等
2	现状雨水管网资料	规划区及周边区域雨水管渠物探资料；截洪沟现状分布图；老旧管线分布情况	规划管理部门、水务管理部门、城市综合管理部门
3	相关专项规划	水系规划；防洪排涝规划；其他相关雨水规划；雨水管网、泵站、防洪工程等近期建设计划	规划管理部门、交通管理部门、水务管理部门、发展改革部门
4	基础资料	规划区及相邻区域地形图（比例1∶500~1∶2000） 卫星影像图；用地规划（城市总体规划、城市分区规划、规划区及周边区域控制性详细规划、修建性详细规划等） 城市更新规划；道路交通规划；道路项目施工图	国土资源管理部门、规划管理部门、交通管理部门

3. 规划内容要求

（1）文本内容要求　包括：标准确定，确定排水体制、雨水径流控制标准、雨水管网及设施设计标准、内涝防治标准；雨水径流控制和资源化利用，要简要说明雨水径流控制和资源化利用要求及方案；雨水管网系统规划，应说明雨水主、次管（渠）的布局、管径，出口位置及一般管渠的设置情况，包括现状保留以及新、改（扩）建的雨水泵站数量和规模；排涝系统规划，应简要说明城市排涝系统规划，包括内河水系防洪治理要求，易涝区治理要求，行泄通道、调蓄设施的位置、规模及用地面积。

（2）图纸内容要求　包括雨水工程系统现状图、雨水工程管网现状图、内涝点分布及内涝风险评估图、雨水排水分区规划图、雨水工程系统规划图、雨水工程管网规划图、雨水行泄通道规划图等。

雨水工程系统现状图应标明现状排水分区、河流水系、雨水设施的名称、位置和规模。雨水工程管网现状图应标明现状雨水管渠的位置、尺寸、标高、坡向及出口位置，标明已有的河道、湖、湿地及滞洪区的蓝线。内涝点分布及内涝风险评估图应标明现状内涝点位置和现状内涝风险评估结果。雨水排水分区规划图应标明河流水系以及标明汇水分区界线及汇水面积。雨水工程系统规划图应标明规划水系和名称，现状保留和新、改（扩）建雨水设施的名称、位置和规模；还要标明雨水主干管渠的布局；标明地形情况。雨水工程管网规划图应标明雨水管渠的位置、管径、标高、坡向及出口等。雨水行泄通道规划图应标明河流水系，雨水行泄通道的位置、规模及出口，以及地形情况。

（3）说明书内容要求　雨水工程详细规划说明书应表达雨水工程规划的详细研究过程，主要包括：现状排水体制、雨水工程现状、现状内涝点分析、内涝风险区分布及存在问题介绍；相关城市总体规划、分区规划、防洪排涝规划、水系规划、上层次或上版雨水工程专项规划的解读；明确排水体制、雨水径流控制标准、防洪标准、内涝防治标准和雨水管渠及设施设的规划计标准等；划分雨水排水分区，确定分区雨水排放方式、分区雨水排放标准，说明雨水径流控制和资源化利用要求和方案；确定雨水及防洪设施的位置、规模和用地面积；确定雨水主次管渠位置、管径、出口位置及一般管渠的设置概况；确定雨水行泄通道位置、排水规模；确定调蓄设施位置、调蓄能力；确定或制定超标雨水应急预案等。

（二）污水工程详细规划

城市污水系统是城市基础设施建设的重要组成部分，在详细规划阶段，主要是根据上层规划，在规划区域内划定城市污水排放范围，预测规划区域污水排放量、进行污水设施与管网设计等。其中污水量的预测、排水体制的选择以及污水管网的水力计算是规划过程中的关键性内容。

1. 工作任务

根据规划城市或区域的自然环境和用水情况，预测污水量、划分污水收集范围；评估城市污水厂、提升泵站及污水干管等区域污水排放、处理设施的承载能力；详细布局规划区域内污水设施和管网系统，落实相关污水设施的用地并确定建设要求；结合规划区城市（镇）建设开发时序，提出污水工程近期建设计划或项目储备计划。

2. 资料收集

污水工程详细规划需要收集的资料包括区域水环境资料、现状污水处理情况资料、现状区域污水设施资料、现状污水管网资料、相关专项规划及基础资料六类。污水工程详细规划主要资料需求见表15-8。

表 15-8　污水工程详细规划所需主要资料一览表

序号	资料类型	资料内容	收集部门
1	区域水环境资料	区域水体的污染情况；规划区域及周边区域的主要污水源、工业废水源分布状况；区域水功能区划	规划管理部门、水务管理部门
2	现状污水处理情况资料	城市或规划区域现状排水体制；现状污水系统；现状污水收集处理率；规划区各用户现状总污水量，生活污水、工业废水产生量，历年污水量增长情况；规划区内城市污水、工业废水处理利用情况	水务管理部门
3	现状区域污水设施资料	规划区及周边区域现状污水厂的位置、规模、处理工艺流程以及运行情况；规划区及周边区域现状污水泵站数量、位置、规模及运行情况	水务管理部门
4	现状污水管网资料	规划区及周边区域污水干管资料；污水管网物探资料；规划区在建污水工程项目施工图	水务管理部门、城市综合管理部门
5	相关专项规划	上层污水工程专项规划；规划区及周边区域污水工程专项规划或污水工程详细规划	规划管理部门、城市综合管理部门
6	基础资料	卫星影像图；规划区及相邻区域地形图（比例 1：2000～1：500）；用地规划（城市总体规划、城市分区规划、规划区及周边区域控制性详细规划、修建性详细规划等）；城市更新规划；道路交通规划；道路项目施工图；近期规划区内开发项目分布和规模	国土资源管理部门、规划管理部门、交通管理部门

3. 规划文件内容要求

（1）文本内容要求　污水量预测，要说明规划期末污水量预测规模、污水集中处理率；排水体制规划，应说明规划区内排水体制规划；污水系统规划，需说明区域污水系统规划情况、规划区污水量对区域给水系统布局的影响；厂站规划，应说明现状保留及新、改（扩）建的污水设施（包括污水处理厂、污水站等）的数量和规模，以及对比上层次规划的调整情况（具体厂站名称、建设状态、现状及规划规模、用地面积、建设时序安排等一般应在附表中表达）；污水管网规划，应说明现状保留及新、改（扩）建的污水管网规模，简述新建、改（扩）建污水干管的规划布局路由情况。

（2）图纸内容要求　污水工程规划图应包括城市污水量预测分布图、区域污水系统现状图、污水管网现状图、排水分区规划图、区域污水系统规划图和污水管网规划图等。

通常，城市污水量预测分布图应以街坊分区或控制性详细规划分区（规划区范围较小的以街坊分区）为基础，标明各分区的现状和规划预测污水量。区域污水系统现状图应标明现状污水系统分区或污水出路，以及现状污水设施的位置、名称和规模；还需标明现状污水干管（渠）的路由、规格及排水方向；标明现状区污水系统与区外的衔接。污水管网现状图应标明现状污水设施的位置、用地红线、名称和规模；标明水管（渠）的路由、规格、长度、坡度、控制点标高和排水方向等。区域污水系统规划图应标明规划污水系统分区或污水出路；标明现状保留及新、改（扩）建的污水设施的位置、名称和规模；标明现状保留及新、改（扩）建的污水干管（渠）的路由、规格及排水方向；标明规划区污水系统与区外污水系统的衔接。污水管网规划图应标明现状保留及新、改（扩）建的污水设施的位置、用地红线、名称和规模，还要标明现状保留及新、改（扩）建的污水管（渠）的路由、规格、长度、坡度、控制点标高和排水方向。

（3）说明书内容要求　污水工程详细规划说明书内容包括：现状排水体制、污水工程现状、水体污染状况及存在问题分析；对城市总体规划、分区规划、上层次或上版污水工程专项规划和其他相关规划的解读；确定排水制度、污水处理率等规划目标；确定预测指标，预测近、远期污水量；确定污水工程整体格局，划分污水收集范围；复核污水厂、主要污水泵站的布局、规模及用地要求；确定污水厂、污水泵站的位置、规模及用地面积等的污水设施规划方案；确定污水主干管道的布局、管径及污水管道的规划原则，确定污水次干管道的布局、管径及一般管道的设置及污水管网规划方案。

三、环卫工程详细规划

环卫工程详细规划的主要内容应包括：城市或规划区域生活垃圾产生量的预测；区域现状垃圾收运与处理设施的承载能力评估；合适的垃圾转运站建设形式选择；详细布局规划区内生活垃圾转运站，落实相关环卫设施用地，并确定建设要求；科学确定垃圾分类收集与回收利用模式；结合规划区城市建设开发时序提出环卫工程近期建设计划或项目实施的储备信息。

（一）规划任务

根据规划区域的规模，科学预测城市生活垃圾产生量及收集分类方式，综合布局环卫设施及处理能力，合理提出远、近期的建设计划。

（二）资料收集

环卫工程详细规划需要收集的资料包括现状垃圾收运情况、现状垃圾分类收集及回收利用情况、现状环境卫生工程设施情况、相关专项规划及基础资料五类，见表15-9。

表 15-9　环卫工程详细规划主要资料收集汇总表

序号	资料类型	资料内容	收集部门
1	现状垃圾收运情况	城市环卫法规和管理办法；城市现状生活垃圾的产生量、组成、产生源、物化特性；城市道路保洁清扫面积、机械化清扫率、责任单位等；城市一线环卫职工人数、车辆、清洁公司、保洁清运费用等；环卫部门年度工作报告等	规划管理部门、城市综合管理部门
2	现状垃圾分类收集及回收利用情况	现状生活垃圾分类收集情况；现状生活垃圾回收利用情况	规划管理部门、城市综合管理部门
3	现状环境卫生工程设施情况	现状垃圾处理厂的位置、工艺类型、处理规模、服务范围、使用年限和运行情况等；城市现状生活垃圾转运站的位置、分布、数量、转运能力、占地面积、服务范围、责任单位、建设时间等情况	规划管理部门、城市综合管理部门
4	相关专项规划	上一层次环卫（设施）专项规划；规划区内及周边区域环境卫生工程专项规划或环卫工程详细规划；环卫设施建设可行性研究报告或项目建议书等	规划管理部门、城市综合管理部门
5	基础资料	规划区及相邻区域地形图（比例1:2000~1:500）；卫星影像图；用地规划（城市总体规划、城市分区规划、规划区域及周边区域控制性详细规划、修建性详细规划等）；城市更新规划；交通规划；道路项目施工图；近期规划区内开发项目分布和规模	国土资源管理部门、规划管理部门、交通管理部门

（三）规划主要内容要求

1. 文本内容要求

垃圾产生量预测：预测城市近远期生活垃圾产生量。垃圾收运系统规划，包括简要说明区域环卫系统规划布局情况，确定主要生活垃圾运输路线，分析区域环卫设施的支撑能力以及规划区生活垃圾产生量对区域环卫系统布局的影响。环卫工程设施规划，包括确定生活垃圾转运及处理设施的位置、规模、用地面积及卫生防护要求。具体为：现状保留及新、改（扩）建的生活垃圾转运及处理设施（包括生活垃圾焚烧厂、垃圾填埋厂、再生资源分拣场所等）的数量和规模，以及对比上一层次规划的调整情况。环卫公共设施规划，包括确定城市公共厕所、环卫车辆停车场、洗车场、环卫工人休息场所等的布局、规模、设置原则和建设标准。

2. 图纸内容要求

环卫工程详细规划图内容包括环卫设施现状布局图、垃圾产生量分布图、收运设施规划图、处理设施规划图、环卫公共设施规划图、环卫设施用地选址图集等。其中，环卫设施现状布局图应标明现状生活垃圾转运站、处理厂等各类环卫设施位置与规模；垃圾产生量分布图应标明各分区预测生活垃圾产生量；收运设施规划图应标明垃圾转运站的布局、规模和主要垃圾运输路线，要标明垃圾转运站的位置、规模及主要垃圾运输路线；处理设施规划图应标明规划垃圾处理设施的位置、处理规模及服务分区；环卫公共设施规划图应标明重要城市公共厕所、环卫车辆停车场、环卫洗车场、环卫工人休息场所等的位置、规模；环卫设施用地选址图集应标明环卫设施的功能、规模、用地面积、防护范围及建设等要求。

3. 说明书内容要求

说明书内容应包括现状及问题分析、相关规划解读、垃圾产生量预测、收运设施系统规划、处理设施系统规划、环卫公共设施系统规划等。

现状及问题分析应包括道路清扫作业系统现状情况；生活垃圾处理、处置的技术路线与作业管理情况；垃圾清扫转运车辆与设备以及垃圾处理与处置设备等环卫设备的数量、型号、分布和使用情况；环卫管理体制和运行机制，作业组织与管理；设施与设备布局与数量情况以及先进程度，资金投入情况，专业技术人员情况；生活垃圾处理与处置的技术水平的评价分析等。现状问题及分析还应包括确定垃圾收集、转运、处理模式和发展策略。相关规划解读要说明对城市总体规划、分区规划、上层次或上版环卫专项规划、行业发展规划及其他相关规划的解读等。垃圾产生量预测要根据城镇总体规划，综合考虑服务范围内人口和人均日产垃圾量的变化趋势，在现有资料基础上采用如人口模型、统计学模型、模糊数学模型等两种以上的方法进行预测，科学确定近期和远期生活垃圾产生量，对生活垃圾成分的发展变化做出判断和预测。预测近期和远期的清洁作业面积，并明确作业等级等要求。收运设施系统规划包括确定规划转运设施布局与规模，确定规划转运设施位置、规模及服务范围，确定主要垃圾主要运输路线，根据城镇总体规划，结合各片区生活垃圾收运处置需求，合理确定各类环卫工程设施的布局、位置、规模、服务范围和用地控制计划。处理设施系统规划包括确定处理设施的位置、规模、工艺、用地面积、服务范围、服务年限等。环卫公共设施规划系统规划应确定城市公共厕所、环卫车辆停车场、洗车场、环卫工人休息场所的规模、布局、设置原则和建设标准等。

四、通信工程详细规划

通信工程详细规划通常包括各种通信、邮政、有线广播电视等相关规划内容。

（一）规划任务

结合未来城市规划建设规模，分析先进通信技术革新对通信基础设施产生的影响，合理预测通信业务需求量；确定电信局所、有线电视局所等设施规模、容量，并落实其位置、用地；布局各类通信设施和通信管道系统，落实相关用地并确定建设要求；结合规划区城市建设开发时序，提出通信工程近期建设计划或项目库。

（二）资料收集

通信工程详细规划需要收集的资料包括区域电信设施资料、区域广播电视资料、区域通信管道资料、相关专项规划及基础资料五类，具体情况见表 15-10。

表 15-10 通信工程市政工程详细规划主要资料收集汇总表

序号	资料类型	资料内容	收集部门
1	区域电信设施资料	区域近 5 年移动电话、宽带业务、固定电话用户数及发展情况；城市现状通信机楼、汇聚机房的数量、位置及面积、产权、使用率等情况；当地通信机楼、汇聚机房的层级结构，各类通信机楼、汇聚机房的设置条件、设置规律及设置位置、用地面积、建筑面积等	通信运营商、通信行业主管部门
2	区域广播电视资料	区域近 5 年有线电视用户数及发展情况；现有或在建的有线电视中心（灾备中心）、分中心分前端、接入机房的位置、规模及面积等相关情况；当地有线电视基础设施的层次结构，各层次的设置规律及设置要求等	通信运营商、规划管理部门
3	区域通信管道资料	现状通信管道分布状况、容量、使用情况；现状通信管道存在的管道瓶颈、急需扩容的管道及与其他运营商共建共享情况	通信运营商、信息管道公司、通信专网部门
4	相关专项规划	上一层次或上一版通信工程专项规划；区域及城市通信行业发展规划	中国电信/中国移动/中国联通、有线电视公司、信息管理公司、无线电管理局、通信专网部门
5	基础资料	城市年鉴和统计年鉴；城市总体规划、分区规划、详细规划；城市道路工程规划；通信设施规划建设标准	统计部门、规划管理部门、交通管理部门

（三）规划主要内容要求

1. 文本内容要求

通信业务预测应预测规划期末固定通信用户数、宽带数据用户数、移动通信用户、有线电视用户数等通信业务量。区域承载能力分析应分析规划新增业务量对区域通信大型设施的影响及机楼的承载能力。局所设施规划应简要说明通信机楼现状处置、新建、改（扩）建情况，简述通信机楼的数量、布局、位置及规模；还需简要说明中型通信机房现状处置、新建、改（扩）建情况，简述中型通信机房的数量、布局等，以及简要说明有线电视中心及分中心数量、布局、位置、规模及用地或建筑面积。通信管道规划需简要说明通信管道规划原则，简述城市主、次通信管道布局、规模等情况。

2. 图纸内容要求

通信工程详细规划图包括通信业务预测分布图、现状通信设施及管道分布图、通信设施规划图、管网规划图等。其中通信业务预测分布图通常以控制性详细规划分区（规划区范围较小时以街坊分区）为依据，标明各分区的固定通信业务用户预测量。现状通信设施及管道分布图应标明现状大型通信设施的名称、位置，有线电视中心（灾备中心）的名称、位置。现状通信管道分布图要标明城市支路及以上道路通信管道的路由、规格及其与区外的衔接。通信设施规划图要标明现状、新建、改（扩）建的通信机楼，标注其名称、位置及规模，标明现状保留、新建、改（扩）建的有线电视中心（灾备中心）和分中心的名称、位置及规模。管网规划图应标明现状、新建、改（扩）建的通信管道的路由和骨干、主干、次干、一般通信管道的规格，以及其与区外的衔接。

3. 说明书内容要求

通信工程详细规划说明书中应分几个部分进行描述。现状及问题分析包括通信现状通信业发展、市场规模发展情况；规划区及周边现状，大中型通信设施分布、使用情况及问题分析；区内通信管网分布、建设、使用情况及问题分析。相关规划解读包括对城市总体规划、分区规划、各通信行业发展规划、上一层次通信工程专项规划的解读，以及规划通信设施及管网在城市更新发展中的落实情况、问题的梳理。通信业务预测应说明通信主要预测的业务类型及方法，预测规划期末固定通信用户、宽带数据用户、移动通信用户、有线电视用户通信业务量及近远期用户数。承载支撑能力分析应根据通信业务预测说明业务量发展变化情况，分析大型通信设施的承载支撑能力，引导下一步设施及管网布局规划。通信机楼规划应确定通信机楼的现状保留、新建、改（扩）建情况，说明规划通信机楼的名称、布局、面积、承担功能及服务区域，并确定其建设方式、具体位置及建设时序，宜将具体信息附表说明。中型通信机房规划应确定中型通信机房或汇聚机房的现状保留、新建、改（扩）建情况，说明规划中型通信机房的名称、布局、规模、业务功能及服务范围，并结合规划区地块更新与开发，说明建设方式与建设时序，可将具体信息附表说明。有线电视设施规划应确定有线电视中心、灾备机楼及有线电视分中心的名称、布局、规模、面积，划分服务区域。通信管道规划要确定通信管道体系，说明现状管网处置情况，各级通信骨干、主干管道、次干管道、一般管道等的整体布置；并说明主、次干管网的需求、布局、管道等规划概况。

五、电力工程详细规划

随着城市建设不断向现代化推进，电力使用的范围和种类日益扩大。电力工程详细规划工作的主体程序一般为供电负荷预测，确定供电系统规划目标，供电电源工程规划，供电网络与变电工程设施规划，分区送电、高压配电网络与变电工程设施规划，详细规划范围内送配电线路与变配电工程设施规划。

（一）规划任务

根据规划区电源资源和用电特点，合理预测电力负荷，确定城市电源，合理布局供电设施、电力通道和管网系统，落实相关独立用地设施的用地面积和建设时序，说明电力廊道的控制要求和电力线路的敷设形式，并结合规划区的建设要求提出电力工程近期建设计划或项目库。

（二）资料收集

电力工程详细规划需要收集的资料包括区域电源资料、现状负荷资料、现状电网资料、相关专项规划和其他基础资料五类，见表15-11。

表15-11　电力工程详细规划主要资料收集汇总表

序号	资料类型	资料内容	收集部门
1	区域电源资料	区域范围内电厂的位置、规模和用地面积；区域范围内电力系统地理接线图；区域范围内电力线路的敷设方式	供电部门、规划管理部门、发展改革委
2	现状负荷资料	规划区近10年电力负荷情况；规划区典型负荷片区和重点用户负荷情况	供电部门

（续）

序号	资料类型	资料内容	收集部门
3	现状电网资料	现状各级变配电所的位置、规模、负荷和用地面积；现状城市电力通道的位置、规模	供电部门
4	相关专项规划	城市电网规划；城市能源规划；电力工程专项规划	供电部门、规划管理部门、发展改革委
5	基础资料	规划区及相邻区域地形图（比例1∶2000～1∶500）；卫星影像图；用地规划；城市总体规划、城市分区规划、规划区及周边区域控制性详细规划、修建性详细规划等；城市更新规划；道路交通规划；道路项目施工图；近期规划区内开发项目分布和规模	供电部门、规划管理部门、发展改革委

（三）规划主要内容要求

1. 文本内容要求

文本内容包括电力负荷测试、厂站规划、电力通道规划、电力管网规划等。其中电力负荷预测包含说明规划期末负荷预测及负荷水平。区域电力负荷平衡应根据负荷预测规模，结合电力系统支撑性分析，确定变电设施规模。厂站规划要确定城市电源种类、布局、规模，高压变配电所布局和用地要求。电力通道规划应确定电力通道体系，明确主干高压走廊和高压电缆通道的布局、规模及控制要求。电力管网规划要说明现状保留及新、改（扩）建电力管网规模，确定中压电缆通道的路由。

2. 图纸内容要求

电力工程详细规划图内容包括现状电力系统地理接线图、电力负荷预测分布图、规划电力系统地理接线图、规划中压电缆通道分布图等。其中，现状电力系统地理接线图应重点标注现状电源位置、高压变配电设施的位置及规模；标明电网系统接线和走廊分布。电力负荷预测分布图应标明预测电力负荷分布情况。规划电力系统地理接线图应标明电厂、高压变配电设施的布局及规模；标明电力系统接线；标明高压走廊布局、控制宽度要求等；标明高压电缆通道分布。规划中压电缆通道分布图应标明市政中压电缆通道的位置及规模。

3. 说明书内容要求

电力工程详细规划说明书内容应分几个部分进行描述。现状及问题分析包括重点考察片区内现状电网存在的问题、电源主要缺口、电力负荷水平、现状电源供应情况、35kV及以上变电站的具体位置、变电站常规变压器容量、高压电力通道路由及其保护范围。负荷预测的内容应选取合适的负荷预测指标，采用至少两种负荷预测方法，对预测结果进行相互校核，推算出规划期末最大电力负荷和负荷密度，再根据负荷预测结果推算出片区内所需的各变压等级变电站容量。电力设施规划内容应根据负荷预测的最大电力负荷，结合规划区电源供应能力，把规划区划分为若干个供电区域后，进行电力电量的平衡，并分析计算出电力系统所需要的变电站容量。根据《城市电力网规划设计导则》（Q/GDW 156）和《电力系统设计技术规程》（DL/T 5429），结合城市对容载比要求，合理规划变电站数量和布局。电力通道规划应通过电网规划的变电站布局，说明现状保留、规划拆除和规划新建的架空线路，并结合城市用地布局和相关安全要求，控制高压走廊通道；有高压电缆通道敷设的，需说明电缆线路敷设要求，合理规划敷设的电力排管、电缆综合沟和电缆隧道等。

六、燃气工程详细规划

燃气工程规划的主要内容包括城市燃气的气源，供燃气供应的规模和用气量，选择合理的输配体制和调峰方式。

燃气工程详细规划工作的主体程序为：城市燃气负荷预测→确定城市燃气工程规划目标→城市燃气气源工程规划→城市燃气网络与储配工程设施规划→分区燃气管网与储配工程设施规划→详细规划范围内燃气管线与供应工程设施规划。

（一）规划任务

根据规划区实际情况，确定规划区的燃气气源种类、供气范围和供气原则；预测各类用户燃气用气量，评估燃气输配系统支撑能力；确定气源设施布局、燃气输配系统压力级制及调峰储气方式；布置各级燃气管网，确定管道管径；布置各类燃气厂站，确定厂站选址及规模；结合规划区的建设要求提出燃气工程近期建设计划。

（二）资料收集

燃气工程详细规划需要收集的资料包括气源资料、现状能源和燃气供应情况资料、现状燃气设施资料、现状燃气管网资料、相关专项规划及基础资料六类，见表 15-12。

表 15-12　燃气工程详细规划主要资料收集汇总表

序号	资料类型	资料内容	收集部门
1	气源资料	市级及以上级别的区域性气源规划；城市气源管线的走向、设计压力、管径、供气规模；城市气源厂的布局、制气工艺、供气范围和供气规模；城市气源种类、气质参数	发展改革委、规划管理部门、燃气主管部门、燃气运营企业
2	现状能源和燃气供应情况资料	城市、规划区能源构成与供应、消耗水平；各类公共服务设施、商业设施、工业企业现状分布和发展情况；居民、公共服务和商业设施、工业企业的燃料构成、供应、消耗情况；城市燃气供应概况，如城市燃气种类、供气量、用户类型、气化率等统计数据；规划区供气量情况，如年、月、日及小时供气量等统计数据；规划区燃气用户类型、发展情况、用气量数据；规划区大型燃气用户名称、位置及历年的用气量数据；城市用气量指标、各类用户用气不均匀系数等基本参数	发展改革委、规划管理部门、经济与信息化部门、燃气主管部门、燃气经营企业
3	现状燃气设施资料	城市燃气厂站布局、供气规模、供气范围及运行情况等基本情况；规划区燃气厂站供气规模、供气范围、位置、用地红线、用地面积及运行情况	规划管理部门、燃气主管部门、燃气运营企业
4	现状燃气管网资料	规划区及周边区域燃气管道物探资料；燃气管道压力级制、管径、敷设方式、管材及运营情况；规划区在建燃气管道施工图	规划管理部门、燃气主管部门、燃气运营企业
5	相关专项规划	市级及以上级别的区域性燃气规划、能源规划；规划区及周边地区燃气工程专项规划、详细规划	规划管理部门、燃气主管部门
6	基础资料	规划区及相邻区域地形图（比例 1：2000~1：500）；卫星影像图；用地规划，包括城市总体规划、城市分区规划、规划区及周边区域控制性详细规划、修建性详细规划等；城市更新规划；道路交通规划；道路项目施工图；近期规划区内开发项目分布和规模	规划管理部门、国土资源管理部门、交通管理部门

（三）规划主要内容要求

1. 文字内容要求

气源规划应包括规划燃气种类、气源情况及供气方式。用气量预测应对供气对象、气化率、气质参数、用气量指标、用气量计算进行说明。燃气输配系统规划应分析气源的支撑能力以及规划区用气量对区域燃气系统的影响，确定输配系统压力级制、燃气调峰方式、应急储备方式。燃气厂站规划应说明燃气厂站的布局、规模、用地面积和控制要求。燃气管网规划应对高压、次高压燃气管道的布局、管径、控制要求进行说明，还要介绍中压燃气管网的规划布局情况。

2. 图纸内容要求

燃气工程详细规划图包括燃气气源分布图、区域燃气供应系统分布图、燃气系统现状图、燃气用气量分布图、燃气厂站规划图、燃气输配管网规划图、燃气管网平差图。

其中，燃气气源分布图应标明气源管线的走向、设计压力、管径、供气规模，标明气源厂的布局和供气规模。区域燃气供应系统分布图应标明区域城市燃气输配系统的基本情况，包括天然气、液化石油气等厂站的布局、供应规模，高压、次高压输气管网布局、管径，中压主干管网布局、管径；标明规划范围在区域燃气输配系统中所处位置。燃气系统现状图应标明规划范围内城市燃气输配系统的详细情况，包括天然气、人工煤气、液化石油气等厂站的位置、供应规模、占地面积、用地红线，高压、次高压输气管网位置、管径、设计压力，中压管网位置、管径、设计压力等内容。燃气用气量分布图应标明各分区的天然气、液化石油气用气量。燃气厂站规划图应标明规划新增、保留、改（扩）建的各类燃气厂站位置、供应规模、占地面积、用地红线。燃气输配管网规划图应标明规划新增、保留、改（扩）建的各类燃气厂站布局；标明规划新增、保留、改（扩）建的高压、次高压输气管道位置、管径、设计压力；标明规划新增、保留、改（扩）建的中压管网位置、管径、设计压力。燃气管网平差图包括高（次高）压管网平差图和中压管网平差图，需要绘制管网系统简图，标明节点压力及流量，并标明各管段管径、管长、流量及单位长度压降等。

3. 说明书内容要求

说明书内容包括现状概况及存在问题分析、规划原则、规划解读及实施评估、气源规划、用气量预测、承载支撑能力分析、燃气输配系统规划、燃气厂站规划、燃气管网规划等。

首先简要介绍现状气源和区域燃气系统基本情况。气源情况包括气源种类、气源管线和气源厂布局和供气规模。区域燃气系统基本情况包括门站、调压站、储配站等主要燃气厂站的布局、供应规模，高压、次高压输气管网布局、管径，中压主干管网布局、管径等情况，以及燃气系统运行和经营状况，本区与区域燃气系统之间的关系。

说明书还应介绍规划范围内燃气供应情况和系统布局情况。燃气供应情况应包括区内各类燃气用户用气量、用户数及其发展特点，大型燃气用户用气量情况。燃气系统的情况包括各类燃气厂站的位置、供应规模、占地面积，各级燃气管网的路由、管径等情况，以及区内燃气系统运行和经营状况。现状存在问题应从区域能源结构、用户用气需求、燃气气化率和管道覆盖率、燃气供应系统运行情况、燃气厂站和管网布局对城市影响等方面出发，分析供气缺口或系统存在瓶颈，并提出相应的规划建议。

规划解读及实施评估应对已有涉及规划范围的总体规划、分区规划、燃气规划、能源规划等进行详细分析解读，总结规划要点，包括用气量预测情况、燃气厂站和管网的规划安排，并对已有规划的实施情况进行评估，分析实施情况及存在问题。

气源规划应根据气源资源条件及区域供气格局，按照上层次规划要求及燃气发展趋势，确定本区燃气的气源种类及供应方式，气源点的布局、规模、数量。

用气量预测应确定供气对象，根据用气特点划分可中断和不可中断用户，确定规划指标，包括各类用户用气量指标、气化率、不均匀系数等；计算各类用户燃气用气量，应包括年总用气量、计算月平均日用气量、高峰小时用气量，计算调峰量、应急储备量等。

承载支撑能力分析应根据用气量预测结果，分析上游气源和本区燃气输配系统支撑能力，评估有关厂站的供应缺口和管网瓶颈，提出相应的改善措施和规划建议。

燃气输配系统规划应确定本区燃气输配系统的压力级制和工艺流程；根据调峰和应急储备量预测量，确定调峰和应急储备方式。

燃气厂站规划应根据城市用地规划、气源点布局、用气量分布、燃气输配系统的压力级制和工艺流程，合理布局各类燃气厂站，包括规划新增、保留和改（扩）建厂站位置、规模、占地面积、规划用地情况、独立占地或附建的建设形式，对于需要调整用地规划的厂站提出相应措施。

燃气管网规划应根据城市用地规划、用气量分布、燃气输配系统的压力级制和工艺流程、燃气厂站布局，合理布局各级燃气管网，包括规划新增、保留和改（扩）建管网位置、管径、管材、设计压力。对于高压、次高压输气管道，应提出相应的廊道控制要求。

对各级燃气管网进行水力计算复核，水力计算内容包括绘制水力计算简图。对正常和事故不同工况下的燃气管网进行水力计算，优化完善管网系统的经济性和可靠性。

七、供热工程详细规划

城市集中供热系统是城市发展的一个方向，对于北方城市尤为重要，也是现代城市建设中公共事业的重要设施。

（一）规划任务

根据规划区域的实际情况，确定规划区供热负荷类型，预测各类热用户的热负荷，评估供热承载支撑能力，确定供热方式，并划分供热分区，布置各类供热热源，确定厂站的规模及选址，结合规划区的建设要求提出供热工程近期、远期建设计划。

（二）资料收集

供热工程详细规划需要收集的资料包括可利用能源资料、现状供热情况资料、现状热源和供热设施资料、现状供热管网资料、相关专项规划及基础资料六类，具体情况见表15-13。

表15-13　供热工程详细规划主要资料收集汇总表

序号	资料类型	资料内容	收集部门
1	可利用能源资料	煤炭、燃气、电力、油品等传统能源资源情况；太阳能、地热能、风能、核能、生物质能等非常规能源资源情况；气源厂站等能源供应设施布局、规模、供应范围等情况；工业余热资源情况	发展改革委、国土资源管理部门、供热管理部门、燃气管理部门、电力管理部门、能源运营企业
2	现状供热情况资料	城市集中供热普及率、供应范围等情况；其他分散供热方式种类、普及率和供应对象；规划区供暖用户数量、热负荷、供热面积；规划区工业用热情况，包括用户名称、位置、用热参数、生产耗热量、自备热源情况（如锅炉型号及台数等）；供暖气象参数，城市居住、商业、公共和工业建筑供暖热负荷指标、节能指标等基础参数	发展改革委、经济和信息化部门、气象管理部门、供热管理部门、供热企业、能源运营企业

（续）

序号	资料类型	资料内容	收集部门
3	现状热源和供热设施资料	城市锅炉房、热电厂、能源站等集中热源的位置、供热规模、供热面积、供热介质参数、燃料种类、运行情况；规划区分散燃气锅炉、热泵、地热井、太阳能、分布式能源等分散热源位置、供热规模、供应范围、运行情况；规划区中级泵站、热力站等附属设施位置、规模、运行情况	规划管理部门、供热管理部门、供热企业、能源运营企业
4	现状供热管网资料	规划区及周边区域供热管道物探资料；燃气管道输送介质、压力级制、管径、敷设方式、管材、保温材料及运营情况；规划区在建供热管道施工图	规划管理部门、供热管理部门、供热企业、能源运营企业
5	相关专项规划	市级及以上级别的区域性燃气规划、能源规划、可再生能源规划、热电联产规划；规划区及周边地区供热工程专项规划、详细规划；非常规能源供热相关可行性研究报告和工程资料	规划管理部门、发展改革委、供热管理部门
6	基础资料	规划区及相邻区域地形图（比例 1∶2000～1∶500）；卫星影像图；用地规划，包括城市总体规划、城市分区规划、规划区及周边区域控制性详细规划、修建性详细规划等；城市更新规划；道路交通规划；道路项目施工图；近期规划区内开发项目分布和规模	规划管理部门、国土资源管理部门、交通管理部门

注：补充可再生能源供热相关可行性研究报告，当地应用情况及相关案例。

（三）规划主要内容要求

1. 文本内容要求

文本应包括热负荷预测、供热方式规划、热源规划、供热管网规划等。其中，热负荷预测应包括热负荷类型、集中供热率、热负荷预测结果。供热方式规划应分析热源的支撑能力以及规划区热负荷对区域供热系统的影响，确定供热方式和供热分区。热源规划应确定热电厂、锅炉房等集中供热热源厂站规模、位置及用地；确定分散供热热源厂站规模、布局、用地或附设形式。供热管网规划应确定热网介质和参数，确定热网布局、管径、敷设方式；还要确定热力站、中继泵站等附属设施布局、规模、用地。如果需要，还应有其他说明。

2. 图纸内容要求

供热工程详细规划图包括区域集中供热系统总体布局图、供热系统现状图、供热分区示意图、热源厂站规划图、供热管网规划图、供热管网水力计算图。其中，区域集中供热系统总体布局图应标明区域集中供热系统的基本情况，包括热电厂、集中供热锅炉房等厂站的布局、供应规模，热水、蒸汽主干管网布局、管径；标明规划范围在区域集中供热系统中所处位置。供热系统现状图要标明规划范围内供热系统的详细情况，包括：热电厂、集中供热锅炉房等集中热源厂站的位置、供应规模、占地面积、用地红线；热水、蒸汽供热管网路由、管径、设计压力，以及热力站、中继泵站等附属设施规模、布局、用地；分散供热热源厂站供应规模、布局及供热范围等。供热分区示意图应划分供热分区，标明各供热分区供暖热负荷和供热面积、工业热负荷及其他热负荷。热源厂站规划图应标明规划新增、保留、改（扩）建的集中热源厂站位置、供应范围、供应规模、占地面积、用地红线；标明规划新增、保留、改（扩）建的分散热源厂站布局、供应范围、供应规模、占地面积。供热管网规划图要标明规划新增、保留、改（扩）建的集中热源厂站布局；标明规划新增、保留、改（扩）建的供热管道位置、管径；标明供热介质及其参数；标明中继泵站位置、规模、占地面积、用地红线；标明热力站布局、供应范围、供热面积和热负荷。热水供热管网应绘制水力计算简图和水压图。水力计算简图要标明热源厂站、热力站等节点，各管段计算流量、长度、管径；水压图应标明地形、建筑物高度、定（恒）压点的位置，标明静水压线、供回水管网压力曲线。蒸汽供热管网应绘制水力计算简图，水力计算简图标明热源厂站、热力站等节点，以及各管段计算流量、长度、管径。

3. 说明书内容要求

说明书内容包括现状及问题分析、规划解读及实施评估、热负荷预测、承载能力分析、供热方式规划、热源厂站规划、供热管网规划等。

（1）现状及问题分析　要简要介绍区域能源资源、用热和供热系统基本情况。能源资源情况应包括天然气、煤炭、电力等传统能源供应和利用情况，地热能、太阳能、风能、生物质能等非常规能源存量和利用情况。用热情况包括热用户类型、数量、供热方式、热负荷等。区域供热系统基本情况包括集中热源厂站的布局、供应范围、供应规模，供热主干管网的布局、管径，分散热源厂站的布局、供应规模、供应范围，本区与区域供热系统间关系。说明书应介绍规划范围内用热情况和供热系统情况。用热情况包括区内热用户类型、数量、供热方式及其发展特点，大型热用户位置、热负荷数据、燃料类型。供热系统情况包括区内热源厂站的位置、供应规模、供应范围、占地面积，供热管网的路由、管径、供热介质及其参数等情况，以及供热系统运行和经营状况。现状存在问题应从区域能源结构、能源资源情况、热用户需求、清洁供热普及率、供热系统运行情况、热源厂站和管网布局对城市影响等方面出发，分析热负荷缺口或系统存在瓶颈，并提出相应的规划建议。

（2）规划解读及实施的评估　应对已有涉及规划范围的总体规划、分区规划、供热规划、燃气规划、热电联产规划、热源规划等进行详细分析解读，总结规划要点，包括能源资源情况、热负荷需求、供热方式、热源厂站和管网的规划安排，并对已有规划的实施情况进行评估，分析实施情况存在问题。

（3）热负荷的预测和承载能力的分析　应确定热用户类型、规划热指标、供热建筑面积、工业热用户用地面积、集中供热率；并计算各类热用户热负荷。还应根据热负荷预测结果，分析本区能源资源、区域集中供热系统、本区热源厂站及管网的承载支撑能力，评估本区能源资源、热源厂站的供应缺口和管网瓶颈，提出相应的整改措施和规划建议。

（4）供热方式与供热管网的规划　供热方式是根据本区能源资源情况、热源供应能力、热用户需求等前置条件，划分供热分区，确定各分区采用的供热方式及热负荷。供热管网规划是根据城市用地规划、能源资源情况、供热分区划分、热源厂站布局，合理布局供热管网，包括规划新增、保留和改（扩）建管网位置、管径、管材、设计压力、敷设形式、供热介质及其参数；确定中继泵站、热力站等附属设施布局、规模、占地面积、规划用地情况。

（5）热源厂站规划　根据城市用地规划、能源资源情况、供热分区划分，合理布局热源厂站。包括规划新增、保留和改（扩）建集中供热热源厂站位置、供应规模、供应范围、占地面积、规划用地情况，规划新增、保留和改（扩）建分散热源厂站布局、供应规模、供应范围、占地面积、规划用地情况，对于需要调整用地规划的厂站提出相应措施。

（6）确定用户与供热管网的连接方式　对供热管网进行水力计算复核，计算管道的压力损失，优化完善管道管径。热水管网力计算还应绘制水压图，分析热网参数和经济性，确定热网连接形式。

八、城市工程管线综合与综合管廊工程的详细规划

城市工程管线综合规划是市政工程详细规划中的一项专业详细规划，其作用是协调城市详细规划中各专业工程管线的详细管线布置，确定管线的平面位置与高程。

综合管廊工程建设应遵循"规划先行、适度超前、因地制宜、统筹兼顾"的原则，为集约利用城市建设用地，提高城市工程管线建设安全与标准，统筹安排城市工程管线在综合管廊内的敷设，充分发挥综合管廊的综合效益，保证城市综合管廊工程建设做到安全适用、经济合理、技术先进、便于施工和维护。

1. 工作任务

城市工程管线综合，是在各项管线工程规划资料的基础上，按照工程管线综合原理进行统一的安排和布置，避免相互矛盾，也是对各种管线占用空间的一种优化。

对综合管廊专项总体规划确定的干、支线综合管廊路由方案进行优化和完善，重点结合市政主干通道详细布局干线、支线综合管廊及缆线管廊。对各类综合管廊位置、纳入管线、断面设计、配套设施、附属设施、三维控制线、重要节点控制、投资估算等内容进行详细研究；结合道路实施计划、土地开发、轨道建设、地下空间开发等建设情况合理制定综合管廊建设计划或项目库。

2. 资料收集

1）管线综合专项详细规划需要收集的资料见表 15-14。

表 15-14　管线综合专项详细规划主要资料收集汇总表

序号	资料类型	资料内容	收集部门
1	管网、管线资料	城市工程管线综合总体规划资料；规划区域已有管线综合的规划资料；城市工程管线排列原则及规定；规划区近期管线的建设计划；规划区内各种工程设施的布局；各工程管线的走向、位置、管径等；规划区现状市政管网物探资料；高压电力电缆下地情况资料；各市政专项详细规划资料	各管线管理单位、权属单位、规划管理部门
2	道路系统资料	现状道路系统图（比例1：500~1：2000），各道路的横断面图（比例1：100~1：200），道路控制标高等；现状道路分布情况；规划新建、改扩建道路分布情况；城市地下道路、轨道规划以及现状情况；近期道路与轨道交通建设计划情况；规划及现状道路横断面资料；道路施工图	道路部门、规划管理部门
3	土地及利用状况资料	自然地形资料，最新地形图（比例1：500~1：2000）；规划区内详细的规划平面图（比例1：500~1：2000），现有和规划各类用地、建筑物、构筑物、铁路道路、铺装用地、绿化用地等	规划管理部门、土地管理部门
3	城市规划资料	规划区密度分区规划资料；规划区域地下空间规划资料；规划区竖向规划资料；与专业管线有间距要求的设施现状及规划情况资料	规划管理部门、发展改革委
4	基础资料	各专业工程现状及规划资料；规划区及相邻区域地形图（比例1：2000~1：500）；卫星影像图；用地规划，包括城市总体规划、城市分区规划、规划区及周边区域控制性详细规划、修建性详细规划等；城市更新规划；近期规划区内开发项目分布和规模	规划管理部门、建设部门、发展改革委

2）综合管廊专项详细规划需要收集的资料，见表 15-15。

表 15-15　综合管廊专项详细规划主要资料收集汇总表

序号	资料类型	资料内容	收集部门
1	管网资料	规划区现状市政管网物探资料；规划区旧管分布情况（注：旧管是指使用年限超过 20 年的市政管线）；高压电力电缆下地情况资料；规划区管线综合规划资料；规划区近期管网建设计划；各市政专项详细规划资料	各管线管理单位、规划管理部门
2	道路交通资料	现状道路（含城市支路）分布情况；规划新建、改扩建道路（含城市支路）分布情况；城市地下道路、轨道规划以及现状情况；近期道路与轨道交通建设计划情况；规划及现状道路横断面资料；道路施工图	道路管理部门、规划管理部门
3	城市规划资料	规划区密度分区规划资料；规划区域地下空间规划资料；规划区域竖向规划资料；与综合管廊有间距要求的设施现状及规划情况资料	规划管理部门、发展改革委
4	基础资料	规划区及相邻区域地形图（比例 1∶2000~1∶500）；卫星影像图；用地规划（城市总体规划、城市分区规划、规划区及周边区域控制性详细规划、修建性详细规划等）；城市更新规划；近期规划区内开发项目分布和规模	规划管理部门、建设部门、发展改革委

3. 规划主要内容要求

（1）文本内容要求　管线综合的总体规划说明书的内容应包括对综合管线的说明，资料和资料准确性程度的说明，现综合规划的原则和依据，单项专业工程规划与设计应注意的问题等。综合管廊专项详细规划文本结构可与综合管廊的专项总体规划一致，但内容深度有所差别。

管线综合和综合管廊规划的内容要求大致相同。其中，规划目标和规模应根据规划区的规划建设情况，明确规划区的管线综合或综合管廊分期建设目标和建设规模。系统布局应根据规划区的功能分区、空间布局、开发建设等需求，结合道路建设，确定综合管线的布局与走向，以及综合管廊的干线综合管廊、支线综合管廊、缆线管廊的布局与走向。管线入廊分析应根据管廊建设区域内有关道路、给水、排水、电力、通信、广电、燃气、供热等工程规划和新（改、扩）建计划，以及轨道交通、人防建设规划等，确定管线综合布局或入廊管线的布局，分析项目同步实施的科学性及可行性，确定管线入廊的时序。管廊断面选型应根据管线综合情况或入廊管线种类及规模、建设方式、预留空间等情况，在详细规划阶段对管线综合布局或综合管廊的断面进行深入的研究，确定管线布局及管廊分舱，确定断面形式及控制尺寸。利用三维技术，划定控制线，明确管线综合断面或综合管廊的规划平面位置、竖向规划控制要求，指导综合管廊的工程设计。

重要节点控制点应明确管廊与道路、轨道交通、地下通道、人防工程及其他设施之间的间距控制要求，并制定相应的方案。配套设施应合理确定控制中心、变电站、投料口、通风口、人员出入口等配套设施规模、用地和建设标准，并与周边环境相协调。附属设施应表明消防、通风、供电、照明、监控和报警、排水、标识等相关附属设施的配置原则和要求等。

（2）图纸内容要求　管线综合及综合管廊专项详细规划图包括管线综合或综合管廊建设现状图、综合管廊建设分区图、综合管廊系统布局规划图、管廊断面方案图、三维控制线划定图、重要节点竖向方案图、配套设施用地选址图等。

管线综合或综合管廊建设现状图应标明规划区内现状管线综合或综合管廊情况（选做）。综合管廊建设分区图应标明综合管廊宜建区、优先建设区及慎重建设区。综合管廊系统布局规划图应标明干线、支线及缆线管廊规划布局图。管廊断面方案图应标明各段管道或管廊对应的标准断面、断面尺寸、纳入管线等。三维控制线划定图应标明各段综合管线或管廊的横断面、纵断面等信息。重要节点竖向方案图应标明规划综合管廊与规划区内水系、地下空间、地下管线、地铁等重要设施的交叉控制信息等。配套设施用地选址图应标明监控中心、变电站等配套设施的用地选址。

（3）说明书内容要求　管线综合或综合管廊定义、分类以及优缺点分析的解读信息。综合管廊发展概况可介绍国内外综合管廊发展现状，并做好城市详细规划、道路交通详细规划、各市政专项详细规划、城市地下空间详细规划等的相关规划解读。综合管廊必要性和可行性分析应对有条件的每条道路建设综合管廊进行技术经济评价。管线入廊分析应依据综合管廊专项总体规划，根据城市有关道路、给水、排水、电力、通信、广电、燃气、供热等工程规划和新（改、扩）建计划以及轨道交通、人防建设规划等，确定入廊管线，分析项目同步实施的可行性，确定管线入廊的时序。综合管廊建设区域分析应依据综合管廊专项总体规划，根据城市建设、规划、发展情况和市政管线分布及需求情况，确定综合管廊建设的区域，并对建设区域进行分类，提出针对性的规划建设指引。管线综合及综合管廊系统布局规划应根据城市功能分区、空间布局、土地使用、开发建设等，结合新改建道路、高压电力电缆下地、轨道建设、排水暗渠、地下空间开发等因素，确定管廊（包括缆线管廊）的系统布局和类型等；提出对各专项规划的调整建议，并确定结合排水防涝设施建设综合管廊的规划线路方案。管线综合或管廊断面选型应根据入廊管线种类及规模、建设方式、预留空间等，确定每条管廊的断面设计方案和断面尺寸。三维控制线划定应提出管廊的规划平面和竖向位置，引导管廊工程下一步工程设计。重要节点控制应提出管廊与地下道路、轨道交通、地下通道、人防工程及其他地下设施之间的间距控制方案。配套设施应提的控制中心、变电站、投料口、通风口、人员出入口等配套设施布局方案、用地和建设标准，并与周边环境相协调。附属设施应明确消防、通风、供电、照明、监控和报警、排水、标识等相关附属设施的配置方案。安全防灾应明确综合管廊抗震、防火、防洪等安全防灾的原则、标准和基本措施。

九、消防工程详细规划

城市的整体消防布局和消防设施，是城市安全的重要保障。消防给水规划，更是城市最基础的消防设施。

（一）规划任务

根据规划区城市建设规模、功能分区、各类用地分布状况、基础设施配置状况等，综合评估城市火灾风险；确定城市消防安全布局；详细规划公共消防基础设施，明确消防装备建设要求；结合规划区城市建设开发时序提出消防工程近期建设计划或项目库。

（二）资料收集

消防工程详细规划需要收集的资料包括现状火灾及救援资料、现状城市消防安全布局、现状公共消防基础设施建设情况、相关专项规划及基础资料等五类资料，见表15-16。

（三）规划主要内容要求

1. 文本内容要求

城市消防安全布局要结合城市规模、功能布局，确定城市消防安全布局。消防站布局规划应确定消防站位置、站级及辖区范围，消防装备配置要求。消防通信规划应确定消防指挥中心位置

表 15-16 消防工程专项主要资料收集汇总表

序号	资料类型	资料内容	收集部门
1	现状火灾及救援资料	近 5 年火灾次数、所在区域、死亡人数、烧伤人数、经济损失；火灾及抢险救援成因统计；各消防站或专职消防队消防警力及出警情况；火灾报警形式、受理方式；消防指挥调度形式	消防主管部门
2	现状城市消防安全布局	现状工业、仓储、居住、商业等用地分布情况；现状老旧城区、高层建筑、加油加气站等燃气工程设施分布情况；现状重点消防单位名称及分布情况	规划管理部门、燃气管理部门、消防部门
3	现状公共消防基础设施建设情况	各消防站位置、占地面积、建筑面积、辖区范围；各消防站或专职消防队消防装备情况；现状消防有线及无线通信资料；现状消防供水资料；现状主要道路交通情况	消防主管部门、通信部门、供水管理部门、交通管理部门
4	相关专项规划	上一层次消防专项规划；规划区域内及周边区域消防工程专项规划或消防工程详细规划；消防设施建设可行性研究报告或项目建议书	规划管理部门、消防主管部门、建设部门
5	基础资料	规划区及相邻区域地形图（比例 1：500～1：2000）；卫星影像图；用地规划，包括城市总体规划、城市分区规划、规划区及周边区域控制性详细规划、修建性详细规划等；城市更新规划；道路交通规划；道路施工图；近期规划内开发项目分布和规模	国土资源管理部门、规划管理部门、交通管理部门

和设备配置要求，确定移动消防指挥中心，确定消防调度系统、有线通信系统、无线通信系统等消防通信规划方案。消防供水规划应预测消防水量、落实消防供水水源；优化给水主干管网；确定消火栓设置原则。消防车通道规划按要求，划分一、二、三级消防车通道；确定危险品运输通道方案。

2. 图纸内容要求

消防工程详细规划图包括消防工程现状图、消防安全布局图、公共消防设施布局规划图等。消防工程现状图应标明现状大型易燃易爆危险品单位，标明现状消防站、消防水源位置及规模等，标明现状消防供水主干管道位置及管径，标明现状一、二级消防车通道等。消防安全布局图应标明火灾危险性相对集中区域，重大消防危险源、避难疏散场所位置、分布。公共消防设施布局规划图应标明消防站位置、站级及辖区范围；标明消防通信设施位置及规模；标明消防供水水源位置及规模，供水主干管位置及管径；标明一、二、三级消防车通道名称及位置。

3. 说明书内容要求

现状及问题分析应包括现状消防发展历史沿革及总体抗灾能力、现状城市消防安全布局、现状消防站及市政消防基础设施情况及存在问题分析。相关规划解读应包括对城市总体规划、分区规划、上层次或上版消防工程专项规划、其他市政专项规划及行业规划等相关规划的解读。火灾风险评估要对现状火灾风险评估和规划火灾风险评估，建立火灾风险评估指标体系，对区域进行定量风险评估，如无法定量分析，则可以采用"城市用地消防分类定性评估方法"，即通过城市用地的消防分类，确定城市重点消防地区、一般消防地区、防火隔离带及避难疏散场地，定性处理城市或区域的火灾风险问题。消防安全布局应根据城市性质、规模、用地布局和发展方向，考虑地域、地形、气象、水环境、交通和城市区域火灾风险等多方面的因素，按照城市公共消防安全的要 求，合理利用城市道路和广场、绿地等公共开敞空间以控制消防隔离与避难疏散的场地及通道；综合研究公共聚集场所、高层建筑密集区、建筑耐火等级低的危旧建筑密集区（棚户区）、城市交通运输体系及设施、居住社区、古建筑及文物、地下空间综合利用（含地下建筑、人防及交通设施）的消防问题，并制定相应的消防安全措施，使城市整体在空间布局上达到规定的消防安全目标。消防站布局规划应确定消防站位置、规模及辖区范围；在定性评估城市不同地区各类用地的火灾风险的基础上，合理调整城市消防安全布局，合理划分城市消防站的服务区，合理确定消防站站级、位置、用地面积和消防装备的具体配置，进而提高城市公共消防安全决策、消防安全布局和城市消防站布局的科学性和合理性。消防通信规划应确定消防指挥中心位置、设备配置要求，确定移动消防指挥中心设备配置要求，确定消防调度系统、有线通信系统、无线通信系统等消防通信系统。消防供水规划应结合城市给水系统、消防水池及符合要求的其他人工水体、天然水体、再生水等水源，布局城市消防供水系统；根据城市规模等因素预测消防用水量，并分区核定；确定消防供水水源、主干管网布局及规模；确定消火栓设置原则。消防车通道规划应结合城市各级道路、居住区和企事业单位内部道路、消防车取水通道、建筑物消防车通道等设置消防车通道；确定一、二级、二级消防车通道及危险品运输通道布局。

十、应急避难场所布局详细规划

针对城市综合防灾系统规划，我国制定了预防为主，防治结合、防救结合的方针。

（一）规划任务

根据规划区城市特征，对规划区域以及周边区域进行地震及地质灾害的情况分析，评估规划区及周边区域可利用避难场所资源情况，合理进行避难场所需求预测；落实避难场所的分类标准和配套设施、疏散通道建设要求；结合规划区城市建设开发情况，制定避难场所建设计划或项目实施计划。

（二）资料收集

应急避难场所布局详细规划需要收集城市灾害情况、现状应急避难场所资料、应急避难场所规划资料、城市规划资料及基础资料五类资料，具体见表15-17。

表 15-17　应急避难场所布局详细规划主要资料收集汇总表

序号	资料类型	资料内容	收集部门
1	城市灾害情况	城市历史地震、地质灾害、气象灾害等情况；城市年鉴和统计年鉴	应急管理部门、人防管理部门、气象管理部门
2	现状应急避难场所资料	规划区及周边区域现状应急避难场所建设及管理状况，包括其位置、面积、管理及使用情况；规划区及周边区域应急避难场所通道资料	地震局、应急管理部门、三防办
3	应急避难场所规划资料	城市综合防灾规划；上层次应急避难场所专项规划；应急办、三防办等部门发展规划；城市应急避难场所法规和管理办法	规划管理部门、国土资源管理部门、统计部门、应急管理部门
4	城市规划资料	规划区及周边区域绿地系统规划；规划区及周边区域公共设施规划	规划管理部门、城市综合管理部门
5	基础资料	规划区及相邻区域地形图（比例1∶2000~1∶500）；卫星影像图；用地规划（城市总体规划、城市分区规划、规划区域及周边区域控制性详细规划、修建性详细规划等）；城市更新规划；道路交通规划；近期规划区内开发项目分布和规模	规划管理部门、国土资源管理部门、交通管理部门

（三）规划主要内容要求

1. 文本内容要求

应急避难场所体系应说明规划区内应急避难场所的类型及等级。防灾避护单元应说明规划区内防灾避护单元的要求及建设标准。区域应急避难场所应说明区域应急避难场所的布局、规模、用地要求。中心应急避难场所应说明中心应急避护场所的布局、规模、用地要求。固定应急避难场所应说明固定应急避护场所的布局、规模、用地要求。紧急应急避难场所应说明紧急应急避护场所的布局、规模、用地要求。室内应急避难场所应说明室内应急避难场所的布局、规模、用地要求。应急通道应说明规划区应急通道的规划、布局、建设要求。配套设施应说明应急避护场所的配套设施，包括指挥所、供水、供电、环卫、应急厕所、应急棚宿区、物资储备、疏散通道、指引标示、通信宣传、消防、医疗卫生、停车场及停机坪等设施的建设要求。

2. 图纸内容要求

应急避难场所布局详细规划图包括现状应急避难场所分布图、防灾避难分区划分图、应急疏散通道规划图、应急避难场所规划布局图等。其中现状应急避难场所分布图应标明应急避难场所位置及等级。防灾避难分区划分图应标明各防灾避难分区范围。应急疏散通道规划图应标明应急疏散主要通道和疏散路线。应急避难场所规划布局图应标明应急避难场所的布局、等级及规模，标明应急避难场所的位置、规模及用地面积。

3. 说明书内容要求

应急避难场所布局详细规划说明书中的现状及问题分析，应阐述现状应急避难场所位置、规模、运营情况以及现状问题。对城市总体规划、分区规划、综合防灾规划、上一层次或上一版应急避难场所专项规划应有相关的解读。应急避难场所体系规划应确定不同层级的应急避难场所体系；确定相应层级避难场所的建设标准；划分防灾避难分区。避难场所规划应确定各类避难场所的布局、规模、选址原则、规划指引及建设要求；确定各类避难场所的位置、规模和其他建设要求。标识系统规划应确定标识系统设置原则。而应急交通和生命线系统规划应能确定海陆空立体的应急交通系统；确定港口、机场、应急疏散通道的布局；确定生命线系统的规划建设要求。

十一、竖向详细规划

竖向规划是指城市规划开发建设地区（或地段）为满足道路交通、地面排水、建筑布置和城市景观等方面的综合要求，对自然地形进行利用、改造，确定坡度、控制高程和平衡土方等而进行的规划设计。城市用地竖向规划是在一定的规划用地范围内进行，它既要使用地适宜于布置建（构）筑物，满足防洪、排涝、交通运输、管线敷设的要求，又要充分利用地形、地质等环境条件。

（一）规划任务

根据场地现状及用地规划情况，结合周边场地衔接的需要，制定利用与改造地形的合理方案；确定城乡建设用地规划地面形式、控制高程及坡度；提出有利于保护和改善城乡生态、低影响开发和环境景观的竖向规划要求；提出城乡建设用地防灾和应急保障的竖向规划要求；根据场地现状及用地规划情况，结合周边场地衔接的需要，制定利用与改造地形的合理方案。

（二）资料收集

竖向详细规划需要收集的资料包括：地形地质资料、市政管线及地下空间规划资料、相关规划资料、规划区场地平整资料及基础资料等，见表15-18。

表 15-18　竖向详细规划主要资料收集汇总表

序号	资料类型	资料内容	收集部门
1	地形地质资料	规划区及邻近地区近期的地形图（比例 1∶1000）；规划区及邻近地区近期的地质勘探资料	国土资源管理部门、土地整备部门
2	市政管线及地下空间规划资料	规划区市政管线现状及规划资料（主要是污水和雨水管线）；规划区域地下空间开发规划或地下空间开发要求	城市综合管理部门、规划管理部门
3	相关规划资料	上一版或上一层次竖向专项规划资料；防洪工程专项规划；排水工程专项规划；河流、水库、湖泊、海域等水体资料；江、河、海堤的常水位标高、河床标高、防洪（防潮）标准及防洪标高、防洪堤的标高等资料；河道通航标准	水务管理部门
4	规划区场地平整资料	规划区场地平整现状及规划情况；规划区及周边填土土源和弃土场的分布、规模及使用情况；规划区及周边区域的余泥渣土收纳场专项规划；余泥渣土运输车辆的运输路线组织情况；规划区永久性建（构）筑物、重要文化遗产、文物古迹的防洪要求及现状标高	城市综合管理部门、土地资源管理（储备）部门
5	基础资料	规划区及相邻区域地形图（比例 1∶2000~1∶500）；卫星影像图；用地规划（城市总体规划、城市分区规划、规划区及周边区域控制性详细规划、修建性详细规划等）；城市更新规划；道路交通规划；道路施工图；规划区近期开发项目分布情况	国土资源管理部门、规划管理部门、交通管理部门

（三）规划主要内容要求

1. 文本内容要求

防洪标准及标高确定，应明确规划的防洪标准和防洪标高，确定河流堤防建设情况，确定场地最低竖向控制标高。场地和道路排水方向，要简要说明规划整体场地及道路排水方向，提出主、次、支路网围合地块的地面排水组织及方向。场地及道路控制标高，应简要说明场地及道路的控制标高确定依据及标准，划分竖向分区，介绍各分区内的竖向规划方案，明确道路交叉点、变坡点控制标高及道路的坡度、坡长、坡向。土石方估算，应简要说明规划区土石方总体情况，并介绍各竖向分区的土石方估算量和土石方平衡情况，提出竖向分区内部及规划区范围内的土石方调配方案。

2. 图纸内容要求

竖向详细规划图应包括现状高程分析图、现状坡度分析图、现状竖向限制性要素汇总图、场地竖向分区图、场地及道路竖向规划图、场地排水规划图、土石方平衡分析图、土石方调配方案图、关键节点竖向示意图等。其中，现状高程分析图主要对规划内的现状高程情况进行分析。现状坡度分析图主要对规划区内的现状坡度情况进行分析。现状竖向限制性要素汇总图应标明规划区范围内竖向限制性要素，包括但不限于永久性建（构）筑物、不可移动历史文物、现状重要场地、道路、桥梁、河流堤坝等的位置、竖向控制标高等信息。场地竖向分区图要划定竖向分区，并作为土石方分区的基础。场地竖向规划图应标明主、次、支道路所围合地块的场地规划平均标高和地块角点标高。道路竖向规划图要标注主、次、支道路交叉点（变坡点）的竖向标高、道路长度及坡度、坡向。场地排水规划图应标明主、次、支道路所围合地块场地排水的方向及出路。土石方平衡分析图应标明各竖向分区在竖向方案下土石方的挖方与填方情况。土石方调配方案图应标明土石方的调配路径、挖方去向、填方来源等情况。关键节点竖向示意图要标明规划区内竖向比较复杂的关键节点及路段的断面竖向安排，包括规划区内重要节点景观视线通廊的竖向情况。

3. 说明书内容要求

要解读目标与思路、竖向规划方案、土石方统筹、分期实施计划等问题。竖向现状及存在问题应包括规划区气象、水文、地形、地貌、地质等自然环境情况及存在问题分析，梳理重大的竖向限制性因素（包括但不限于重要建构筑物、不可移动文化遗产、重要桥梁、道路标高、河流堤防等情况）的现状竖向情况及竖向控制要求。相关规划解读应包括对规划区控制性详细规划、道路交通专项规划、防洪排涝规划、市政管线及地下空间规划的解读，分析各类规划对竖向规划的影响，确定竖向规划的相关依据。目标与思路应包括提出竖向规划目标、规划原则、规划思路、规划策略等。竖向规划方案应包括竖向设计构思、竖向限性因素分析，划分竖向分区，通过与用地布局、城市景观、道路广场、防洪排涝系统的协调，确定规划地面形式、道路及场地的排水方向、道路及场地竖向控制高程、竖向重要节点控制、竖向方案的综合评估。土石方统筹要估算各分区土石方量，确定土石方整体平衡情况及土石方调配方案，确定土石方的挖方与填方区域。土石方的调配情况包括挖方去向、填方来源等情况。

第三节　市政工程规划实例解析

市政工程详细规划是因需求而产生的。在理念和技术不断更新背景下，所面临的现状条件以及需解决的问题会千差万别，为此，将已有的部分市政规划方案进行摘录或简单的技术分析，提供市政规划工作思路和理念，供参考。

一、北方某城市副中心控制性详细规划

（一）概述

该副中心位于北方某市的市域东部，规划范围为原某新城规划建设区，西至与城区之间的规划绿化隔离带，东至规划东部发展带联络线，北至现状主要大街，南至现高速公路，东西宽约12km，南北长约13km，总用地面积约155km²。加上拓展区覆盖，全规划区域约906km²。该区位优势明显，交通便捷通畅，生态环境优良，历史底蕴深厚。国务院批复的《×城市总体规划（2016—2035年）》，紧紧围绕统筹推进"五位一体"总体布局和协调推进"四个全面"战略布局，坚持以人民为中心的发展思想，按照高质量发展的要求，牢固树立创新、协调、绿色、开放、共享的发展理念，坚持世界眼光、国际标准、中国特色、高点定位，以创造历史、追求艺术的精神，以最先进的理念、最高的标准、最好的质量推进城市副中心规划建设，着力建设中心城区功能和人口疏解的重要承载地，着力打造国际一流的和谐宜居之都示范区、新型城镇化示范区和周边区域协同发展示范区。突出水城共融、蓝绿交织、文化传承的城市特色，构建"一带、一轴、多组团"的城市空间结构。建成低碳高效的绿色城市、蓝绿交织的森林城市、自然生态的海绵城市、智能融合的智慧城市、古今同辉的人文城市、公平普惠的宜居城市。

（二）有关市政规划的部分说明

1. 建立绿色低碳和节水节能的市政基础设施体系

坚持绿色生态，加强前沿技术应用和机制创新，推进设施融合发展和资源循环利用，适度超前构建智能高效、安全可靠的市政基础设施体系，提升城市运行保障水平。

2. 建设安全可靠、自然生态的海绵城市

（1）精明理水　借鉴古人"堰"的分水理念，基于自然地势，顺应水系脉络，运用现代工

程技术手段，合理优化流域防洪格局，统筹考虑全流域、上下游、左右岸，建立上蓄、中疏、下排的"××堰"系列分洪体系，保障城市副中心防洪防涝安全，稳定常水位，为营造安全有活力的亲水岸线提供条件。完善××运河、××河防洪减灾体系，合理划定河湖蓝线，完善多功能生态湿地（蓄滞区）等设施，到2035年城市副中心防洪标准达到100年一遇，防涝标准达到50~100年一遇。

（2）海绵蓄水　建设自然和谐的海绵城市，尊重自然生态本底，构建河湖水系生态缓冲带，发挥生态空间在雨洪调蓄、雨水径流净化、生物多样性保护等方面的作用，实现生态良性循环。综合采用透水铺装、下凹绿地、雨水花园、生态湿地等低影响开发措施，实现对雨水资源"渗、蓄、滞、净、用、排"的综合管理和利用，到2035年城市副中心80%城市建成区面积实现年径流总量控制率不低于80%。

海绵体水系可实现"景观观赏与蓄水排涝兼顾""水体自然净化与雨水收集再利用"的功能要求。通过市政道路绿化设置雨水滞蓄设施，增强控制和消纳功能，实现"面源污染削减与调蓄下渗"的功能要求。

3. 建设绿色、智能、安全的资源保障体系

（1）加强多源多向的水源供给保障　坚持节水优先，实行最严格水资源管理制度，促进生产和生活全方位节水，到2035年达到国际先进水平。实现工业用新水零增长，生态环境、市政杂用优先使用再生水、雨洪水，不搞大水漫灌，加强水资源高效利用，全面推进节水型社会建设，努力打造节水示范城市。落实以水定城、以水定地、以水定人、以水定产，到2035年该规划区年用水总量控制在4.35亿 m^3 以内。加强水资源的市场化配置，到2035年城市副中心及该规划区公共供水普及率达到100%。

（2）系统推进水环境质量改善　建立全流域水污染综合防治体系，建立乡镇排污口清单和动态更新机制，完善污水处理设施和污水收集管线建设，规划扩建属地及周边的资源循环利用中心，新建资源循环利用中心，总污水（再生水）处理规模约49万 m^3/d，实现区域污水处理设施全覆盖、污水全收集的全处理。加强水生态治理、修复与保护，消除黑臭水体，恢复河道生态功能，提升流域水环境质量，改变污水汇聚局面。深化水污染防治机制，持续实施乡镇间的水环境跨界断面补偿制度，落实乡镇政府属地责任。严格饮用水源保护，定期开展乡镇集中式饮用水水源地环境状况评估，完成农村饮用水水源保护范围划定。到2035年城市副中心及该规划区地表水水质达到国家考核要求，水生态系统基本恢复。

4. 强化绿色智能的能源保障

优化区域能源结构，严控能源消费总量，大力发展以电力和天然气为主，地热能、太阳能等为辅的绿色低碳能源，有效降低区域碳排放，到2035年城市副中心及相关区域可再生能源比重达到20%以上。进一步提高能源保障能力，完善电网结构和燃气输配系统。到2035年城市副中心供电可靠率达到99.999%（户均年停电时间5min），周边区域达到99.998%（户均年停电时间10min）；城市副中心居民天然气气化率达到100%，周边区域达到95%。建设智慧能源云平台，实现发电、供热、制冷、储能联合调配，提高能源智能高效利用水平。

规划方案以确保区域能源供应安全可靠为前提，以发展可再生能源为原则，可采用高标准和先进技术，重点打造可再生能源（太阳能、深层和浅层地热能等）、燃气分布式能源互为融合的具有世界示范意义的供能系统，同时借助于周边地区的能源供应系统，形成调峰，并通过智慧控制管理和精细运行调度，形成互为备用模式，达到清洁能源利用率100%，可再生能源比重40%以上的目标。

5. 建设功能复合、空间融合的新型市政基础设施

（1）推进设施融合发展 强化市政专业整合、用地功能复合、空间环境融合，引导市政设施隐形化、地下化、一体化建设，促进市政设施集约高效利用。推进新型市政资源循环利用中心建设，集成污水净化、能源供应、垃圾处理等功能，同时兼顾城市景观、综合服务、休闲游憩等需求，降低邻避效应，提升城市资源循环利用水平。

（2）科学构建综合管廊体系 依托设施服务环、轨道交通、重点功能区建设，构建综合管廊主干系统。结合老城更新、棚户区改造等项目，因地制宜补充完善综合管廊建设。到2035年城市副中心综合管廊建成长度达到100~150km，形成安全高效、功能完备的综合管廊体系。

据市政管线综合方案，道路下主要敷设有 DN800~DN2000 给水管道；DN500~DN2000 雨水管道；以及断面尺寸（宽×高）4000mm×2000mm~3000mm×2000mm 雨水管沟；DN400 污水管道；DN300 再生水管道；天然气管道（DN300）；24 孔电信；1 孔有线电视；2-□2000mm×2100mm 电力隧道等。方案确定除雨水、污水管线外，其他管线均收纳入设计综合管廊中。

综合管廊工程涉及的道路 20 余条，为干支混合型综合管廊。规划综合管廊设施包括通风、消防系统；供电、照明系统；监控、报警系统；排水系统；标示系统。规划综合管廊的每个仓室设置人员出入口、逃生口、吊装口、排风口、进风口以及管线分支。综合通行管廊断面如图 15-4、图 15-5 所示。

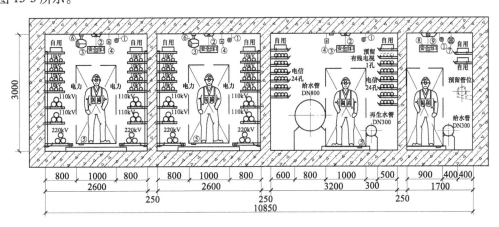

图 15-4 四仓综合通行管廊断面

6. 统筹区域市政设施共建共享

（1）统筹推进区域水资源可持续利用 坚持节水优先、空间均衡、系统治理，实行最严格的水资源管理制度，保障城市副中心与周边地区水资源高效利用，推动南水北调中线扩能、东线进京工程建设，预留某沿海城市海水淡化供水通道，形成多源互补的供水格局，提升区域水资源保障能力。

（2）协同共建区域市政设施廊道 强化水、电、气、热区域协同发展，构建多源多向、安全共享的供水保障体系，建设以京津冀高压电网为骨干的智能电网，形成多气源、多联通的供气格局，完善区域热电联产供应体系，构筑坚强可靠的区域生命线保障网络。

7. 提高固体废弃物处理处置能力

完善生活垃圾收运及处理处置体系，强化生活垃圾分类投放、分类收集及处理，健全再生资源回收体系网络，提高废弃物回收效率和水平，促进垃圾减量化、无害化和资源化，到2035年城市副中心生活垃圾分类收集覆盖率和无害化处理率达到100%，生活垃圾回收利用率达到

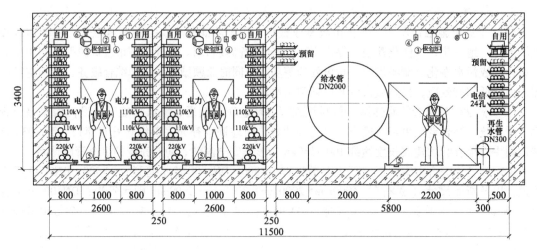

图 15-5　三仓综合通行管廊断面

45%。综合处理污泥、餐厨、粪便等有机垃圾。加强环卫系统信息化建设，促进垃圾分类科技化发展，建设智慧环卫系统，提升环境卫生精细化管理服务水平。加强危险废物和医疗废物全过程管理和无害化处置能力建设，加大工业固体废物污染防治力度。

8. 健全坚韧稳固的公共安全体系

牢固树立和贯彻落实总体国家安全观，以建设韧性城市为目标，贯彻以防为主、防灾减灾与应急救灾相结合的方针，以城市安全运行、灾害预防、减灾救灾、公共安全、综合应急等体系建设为重点，创新体制机制和技术标准，高标准规划建设防灾减灾基础设施，全面提升监测预警、预防救援、应急处置、危机管理等综合防范能力。强化重点区域安全保障，提高城市网格化管理水平，形成反应迅速、机动灵活的基层防控处置力量。合理安排消防设施布局，鼓励消防设施与急救中心临近设置，推进消防站建设，实现消防队 5min 出勤全覆盖。

9. 强化城市安全风险管理

运用智慧防灾、层级设防、区域协同策略，构筑安全韧性的城市运行保障体系。用最严谨的标准、最严格的监管、最严厉的处罚、最严肃的问责，建立科学完善的食品药品安全治理体系。加强城乡公共卫生设施建设和制度建设，严防生物灾害和疫病疫情发生。加强信息智能等技术应用，构建全时全域、多维数据融合的城市安全监控系统。高标准建设智能化社会治安防控体系，加强治安协同防控，提升突发事件应对能力。落实消防安全责任制，坚决预防和遏制重特大火灾事故。加强电信网、广播电视网、互联网等基础网络的安全监管与保障，建立城市智能信息容灾备份系统。强化水、电、气、热、交通等城市基础设施保护与运行监测，推进生命线系统预警控制自动化，全过程智能监管危险化学品的运输、储存。健全区域突发事件协同应对和联合指挥机制、应急资源合作共享机制，带动提升区域安全保障能力。

10. 构筑城市综合应急体系

完善应急指挥体系，加强灾害监测和预警、综合接警和综合保障能力，建立市场监管、应急管理、环境保护、治安防控、消防安全、道路交通等部门公共数据资源共享、整体联动机制。

（1）构建城市防灾空间格局　以道路、绿地、河流为界划分防灾分区，完善开敞空间和道路交通体系，保障应急避难与救援疏散需求。结合公园绿地、体育场馆、学校等旷地、地下空间及城市副中心外围绿色空间规划应急避难场所，到 2035 年城市副中心人均紧急避难场所用地面

积不小于 $2m^2$，人均固定避难场所和中心避难场所用地面积不小于 $3m^2$。规划四横四纵的救灾干道系统，有效宽度不低于 15m，疏散主通道有效宽度不低于 7m，疏散次通道有效宽度不低于4m。地下道路、综合管廊等重大基础设施应配建专用救援设施。

（2）实现区域防灾减灾联防联控　综合采取有效措施提升区域韧性发展水平，形成全天候、系统性、现代化的安全保障体系。利用智能信息技术，完善自然灾害监测网络和应急救助指挥系统。加强对地面沉降、活动断裂等不良地质条件的勘察，建立地质灾害监测预警系统。建立健全救灾储备管理制度，统筹建设区域级救灾物资储备库。提高区域内河流的防洪能力，防洪标准提高到 50~100 年一遇。统筹研究确定区域防洪与分洪方案，合理设置蓄滞洪区。建立流域防洪减灾预警机制，严格控制蓄滞洪区居民点建设。

（3）建设应急救灾物资储备系统　依托人防工程，推动军民融合，构建地下空间主动防灾体系。结合固定避难场所、人防设施设置救灾物资储备库。鼓励依托商业网点代储应急物资，形成完备的救灾物资、生活必需品、医药物资和能源储备物资供应系统。

（4）加强工程建设抗震设防管理与监督　城市副中心抗震基本设防烈度Ⅷ度，学校、医院、生命线系统等关键设施以及避难建筑、应急指挥中心等城市要害系统提高一度采取抗震措施和确定地震作用的影响，并采取减隔震抗震技术。其他重大工程依据地震安全性评价结果进行抗震设防。

（5）采取有效措施应对不良地质条件　开展地质灾害综合评估，采取综合措施提前防范、有效应对不良地质条件。在活动断裂带和有地裂缝迹象的地区，原则上不进行大型工程建设，必须穿越活动断裂的线性工程应采取有效工程措施。

11. 加强军事设施保护，提升人防工程建设水平

加强对军事、涉密设施和重要国家机关的安全保护。落实电磁环境、空域、建筑控高等空间管控和安全保障要求。周边建设项目立项规划前应做好对军事设施影响的先期评估。建立军地沟通协同、项目审批、联合监督等机制，深化军民融合发展。提升人防工程建设水平，坚持平时与战时相结合、地上与地下相结合、人民防空与城市应急管理相结合、人防设施与城市基础设施相结合，实现军民兼用。

二、某南方城市市政工程详细规划

某规划区域位于出海口海岸，总用地面积约 $15km^2$。此区域道路的详细规划、竖向、水系、综合枢纽等规划工作基本完成，具有良好的市政详细规划的基础条件。

主要完成的成果内容包括《市政工程详细规划》主报告和分项详细规划或专题研究报告。主报告以《市政设施及管网详细规划》的内容为基础，将其他分项成果的主要内容及结论纳入相关部分章节中，由说明书及图集两部分组成。《市政设施及管网详细规划》包括给水工程规划、再生水工程规划、污水工程规划、雨水工程规划、雨洪利用规划、防洪（防潮）工程规划、电力工程规划、通信工程规划、燃气工程规划、油气危险品设施规划、环卫工程规划等各专业内容。分项详细规划或专题研究报告具体包括《综合管廊详细规划》《雨洪利用详细规划》以及《重大市政基础设施搬迁空间实施方案专题研究》《低碳生态技术及能源综合利用专题研究》《220kV/20kV 应用专题研究》《污水处理厂升级改造及排海工程优化研究》等。

该市政工程详细规划在综合规划及相关专项规划的基础上，完成市政设施及管网详细规划、综合管廊详细规划、雨洪利用详细规划、重大市政设施搬迁空间实施规划方案专题研究、低碳生态技术及新能源综合利用专题研究等分项内容，可用于全面指导规划区域的市政工程设计及单元内市政工程的建设。

市政设施及管网详细规划是在竖向设计、单元划分的基础上，开展给水工程、再生水工程、

污水工程、雨水工程、防洪（防潮）工程、电力工程、通信工程、燃气工程、环卫工程等市政工程详细规划，并完成管线平面综合和高程协调，构建安全可靠的市政系统，包括给水系统、再生水系统、污水系统、雨水系统、电力系统、通信系统、供气系统等，可用来指导道路管线施工图设计及单元的相关规划。同时在完成各个市政专业系统化布局的基础上，结合规划区域的特征，按照市政需求、供应源和场站、管网的规划思路及技术标准细化各分项市政工程的规划，通过分析竖向规划、廊道、地下道路和轨道建设以及物业设施、综合交通枢纽、道路设施、单元内小尺度街区等影响市政管网建设的因素，制定规划片区市政工程管线综合规划，使之能够指引相关市政设施和管网的设计和实施。

综合管廊的详细规划是在对规划区域建设综合管廊的必要性和可行性进行研究的基础上，合理确定共同沟、同舱的规模、位置、走向，以及横断面和纵断面等初步方案，同时协调其与地下设施的竖向关系，以及与单元建设的衔接措施，估算投资规模，提出实施计划。结合现状高压架空线改造入地和新建 220kV 变电站高压进出线电缆的敷设要求，适当预留部分电缆线路的敷设空间建设电缆隧道，将高压架空线改造入地，采用综合管廊方案逐步实施电缆系统的改造。综合考虑大型市政干管的穿越对环境景观的影响，以及规划高压电缆通道、市政干管，走廊等多种因素，合理设置和布局管廊。

雨洪利用详细规划图与综合管廊的布局落实低冲击开发理念，结合各单元建设规模和用地性质，研究并确定各单元或街坊的低冲击开发控制指标，并确定指标值，布局政府投资建设的雨洪利用设施，制定供开发商选用的适宜的实施方式和技术措施，用于指导单元建设开发。

由于方案的实施将面临拆迁改造，规划对重大市政基础设施搬迁空间实施方案进行专题研究，在对重大市政基础设施处置判别的基础上，落实有关码头、电厂、热电厂等重大基础设施的空间的处理实施方案。

借鉴国内外先进经验和城市发展的需要，低碳生态技术及能源综合利用专题研究也成为一项重要的工作。针对规划地域可能开展的市政领域低碳生态技术及可综合利用的能源资源，开展低冲击开发、集中供冷、冰蓄冷、电厂余热利用、水源热泵、分布式能源等新技术的研究，提出了实现能源综合利用的适用性以及应用的方式、途径、范围及建设指引。

城市规划还需对专项规划进行专题的研究，例如结合现状、负荷特点及市政设施和电力通道的具体建设情况，在分析建设方案形式必要性的基础上，对供电系统规划方案进行专题研究，提出设施和大型通道的建设要求，明确变配电设施的设置要求。

对污水处理厂升级改造及排海工程进行优化研究。针对综合规划提出的规划区污水处理厂出水水质、用途等内容，对规划区污水处理厂厂内设施升级改造的可行性和用地方案进行研究，并在此基础上提出和协调有关机构明确污永处理厂尾水排放和利用方案，优化排海工程，为环境改善和水生态营造奠定基础。

该规划方案具有以下创新点：

第一，以综合管廊为基础，构建市政供应管道的地下敷设通廊，可有效节约市政管线的建设成本。

第二，规划成果以可实施性为目标，以指导项目的实施为导向。在规划布局各市政专业设施及管网的前提下，对应区域的定位和功能，协调各类市政管线与区域内其他工程建设的关系及建设时序，以及影响市政管线平面、竖向综合的主要因素。在布局和协调市政管线及设施的方面，结合正在开展建设和即将开展建设的道路交通、水系统等项目，从现状市政设施出发构建市政系统及片区管网系统，制定市政工程近期建设项目库，用于指导片区开发建设。

第三，全面实践低影响开发，实现"海绵城市"建设目标。通过雨洪利用规划，实现对降雨所产生的径流和污染的控制，使区域开发建设后尽量接近开发建设前的自然水文状态。综合考虑规划区域土地利用情况、降雨、地形地貌、水文地质等条件，结合技术设施影响因素及成本，确定使用植生滞留槽、绿化屋顶、透水铺装地面、下凹式绿地、雨水调蓄、滞留设施（如雨水湿地、雨水滞留塘、雨水储水模块）等技术手段。

第四，逐步推动智能电网建设，分阶段实施智慧城市。规划阶段先确定智慧城市管理中心，作为各分项业务的集中控制中心。在实施阶段布置云计算机系统，集中管理水资源、能源、交通、环境、信息等多个分项智慧工程。

第五，推动市政场站与环境协调发展，促进市政场站和管线建设转型。市政场站与环境协调发展，向集约节约用地转型，对原有相应市政设施进行必要的保留与扩建，节约占地。推进高压线入地，采用综合管廊敷设市政管线，将给水管、再生水管、中压电力管线、高压电力电缆、通信管线等纳入综合管廊，保障市政通道安全。

在市政基础设施建设过程中，市政详细规划作为区域市政设施和管网建设的重要参考依据，起到了重要的作用。同时结合区域的发展新的需求，启动了区域冷站建设，并持续开展综合管廊建设和管线与道路的建设，其规划方案取得了很好的实施效果。

图 15-6 所示是某区域道路断面综合图，同时也是市政管线断面图。

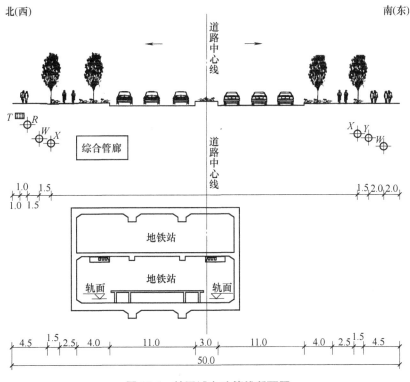

图 15-6　某区域市政管线断面图

第四节　市政工程详细规划资料的有关要求

一、常规数据

各种市政设施的面积及用地指标，可参照相关专业的规划设计规范选取，常用数据的部分内容可参照有关章节。部分指标需要参照规划区域的属地部门的相关规划文件及有关资料数据执行。

二、规划文件的基本格式及内容要求

1. 文本目录要求

文本目录通常包括以下几方面的内容：

第一部分为总则，要简要说明规划范围、规划期限、规划目标、规划原则、主要规划内容及规划依据等内容。

第二部分为基础条件的研究，要简要说明规划区城市发展定位、人口、社会经济、市政配套规模等内容。

第三部分为给水工程详细规划，应简要说明规划区城市用水量预测、原水系统规划、设施规划、给水管网规划等内容。

第四部分为再生水工程详细规划，要说明规划区城市再生水需求量预测、再生水厂站规划、再生水管网规划等内容。

第五部分为雨水工程详细规划，需简要说明规划区城市雨水排放规划标准、排水分区、排水体制、雨水径流控制和资源化利用、雨水管网规划等内容。

第六部分为污水工程详细规划，应简要说明规划区城市污水量预测、设施规划、污水管网规划等内容。

第七部分为环卫工程详细规划，要简要说明规划区城市环卫垃圾产生量预测、垃圾厂站规划等内容。

第八部分为城市各种防灾、防洪、抗震等规划以及应急避难场所详细规划，应简要说明各系统的数据预测、设施规划、防灾减灾措施等内容。还要简要说明规划区城市各类应急避难场所规划、应急通道规划、避难场所配套及附属设施等内容。

第九部分为通信工程详细规划，应简要说明规划区城市通信需求量的预测、设施的规划、通道的规划等内容。

第十部分为电力工程详细规划，需简要说明规划区城市电力负荷预测、不同电压的变电站规划、电力线路通道规划等内容。

第十一部分为燃气工程规划，要简要说明规划区城市燃气用气量预测、厂站规划、燃气管网规划等内容。

第十二部分为热力工程详细规划，要简要说明规划区城市热力需求量预测、供热厂站规划、供热管网规划等内容。

第十三部分为管线综合详细规划及综合管廊工程详细规划。管线综合详细规划应简要说明规划区城市市政干线通道、市政管网规划、重要节点规划等内容。综合管廊工程详细规划应简要说明规划区城市干、支线综合管廊布局、缆线管廊布局、入廊管线、断面选型、重要控制节点规划、三维控制线划定、配套及附属设施等内容。

第十四部分消防工程详细规划，要简要说明规划区城市防火分区、消防给水规划、消防车通道规划等内容。

第十五部分为人防规划，要简要说明人防工程的分区、功能、布局、级别以及平战结合等规划内容。

第十六部分为竖向工程详细规划，要简要说明规划区城市道路竖向、场地竖向、城市竖向开发指引、土石方统筹等内容。

文本还应包含以下部分内容：市政工程近期建设规划，要简要说明规划区城市各类市政设施建设规划、市政管网建设规划等内容；市政设施用地统筹，要简要说明规划区城市各类市政设施用地控制规划等内容；实施保障措施简要说明规划实施保障措施，包括技术、政策、组织、施工、管理等方面内容。还需根据项目实际需要设置附表，内容包括市政负荷预测量汇总表、重大市政设施汇总表、规划市政主干通道一览表、综合管廊情况一览表、近期建设项目计划等内容。

2. 图集（册）的要求

（1）通用制图要求　规划图可分为现状图、规划图、分析图三类。现状图记录规划工作起始的城市状态，包括城市用地现状图与各专项现状图。规划图反映规划意图和城市规划各阶段规划状态。规划图应有图题、图界、指北针、风向玫瑰、比例、比例尺、图例等。

城市规划图应书写图题，内容应包括：项目名称（主题）、图名（副题）。图题宜横写，不应遮盖图中现状与规划的实质内容。位置应选在图的上方正中、图的左上侧或右上侧。不应放在图内容的中间或图内容的下方。副题的字号宜小于主题的字号。指北针与风向玫瑰图可一起标绘，也可单独标绘，指北针与风向玫瑰的位置应在图幅图区内的上方左侧或右侧。

规划图均应标绘有图例。图例由图形（线条或色块）与文字（注释）组成，图例绘在图的下方或下方的一侧。

城市规划图上的文字、数字、代码，均应笔画清晰、字体规范、书写端正、编排整齐，标点符号的运用应准确；计量单位应使用国家法定计量单位；数字应使用阿拉伯数字，文字应使用中文标准简化汉字，通常字体采用宋体、仿宋体、楷体、隶书等；年份应用公元年表示。文字高度可随原图纸缩小或放大，通常高度为 3.5mm、5.0mm、7.0mm、10mm、14mm、20mm、25mm、30mm、35mm，应以容易辨认为标准。

（2）规划基础图目录及内容要求　规划基础图即规划区内基础条件图，应包括表 15-19 中的图纸目录、内容。

表 15-19　基础规划图目录、内容参考表

序号	图纸名称	主要内容要求	必做与选做
1	区域位置图	标明规划区域范围及相对区域位置	必做
2	现状土地利用图	表达现状土地利用功能及开发情况	必做
3	规划土地利用图	表达规划区域土地利用规划情况	必做
4	现状道路交通图	表达现状市政道路及轨道的建设情况	必做
5	规划道路交通图	表达规划区域市政道路及轨道布局规划情况	必做
6	城市更新规划分布图	规划区域内棚改项目、"三旧"用地、统筹更新、更新整备等规划	选做
7	近期城市建设分布图	近期城市建设计划或近期道路、轨道、重点开发区域等内容	选做
8	市政管网分图索引图	若规划区域范围较大，市政管网规划图需要以分图形式表达时，应该绘制此图	选做

（3）规划成果图目录及内容　规划编制时，应重点考虑市政工程详细规划的系统性、综合性、可实施性三个特点，并结合其特点进行图纸的编制。表 15-20 是规划成果图目录及内容汇总，所列图纸仅为各专业主要图纸，可按照具体实际情况进行调整。

表 15-20　规划成果图目录及内容汇总表

序号	规划名称	主要图纸	主要表达内容	备注
1	给水工程详细规划	预测城市用水量分布图	以控制性详细规划分区或街坊分区为基础，标明各分区地块的预测用水量	
2		现状区域给水系统图	标明现状供水来源，如现状水库水体及其名称；标明现状给水设施的位置、名称和规模；标明现状原水管道、给水干管路由和规格；标明现状域区给水系统与区外给水系统的衔接情况	
3		现状给水管网图	标明现状供水来源；标明现状给水设施的位置、用地红线、名称和规模；标明现状原水管、给水管的路由和规格；标明现状原水管、水库或水体的蓝线和名称	
4		给水管网平差结果图	标明规划区给水管网及各管线管径和长度；标明各种工况下，各管线管径、长度、水头损失、水量及水压等	
5		区域给水系统规划图	标明规划供水来源；标明现状保留及新改建的水库水体及其名称；标明现状保留及新建、改（扩）建的给水设施（给水厂、原水泵站、给水加压泵站、高位水池等）的位置、名称和规模；标明规划区给水系统与区外的衔接	
6		给水管网规划图	标明规划供水来源；标明现状保留及新改建的水库水体及其名称；标明现状保留及新建、改（扩）建的给水设施的位置、用地红线、名称和规模；标明规划给水管的路由和规格；标明现状保留及新改（扩）建的给水管	
7		给水工程近期建设图	近期需要建设的给水设施及管网	
8	污水工程详细规划	城市污水量预测分布图	以控制性详细规划分区或街坊分区为基础，标明各分区的现状和规划预测污水量	
9		区域污水系统现状网	标明现状污水系统分区或污水出路；标明现状污水设施的位置、名称和规模；标明现状污水干管（渠）的路由、规格及排水方向；标明现状污水系统与区外的衔接	
10		污水管网现状图	标明区域现状污水设施的位置、用地红线、名称和规模；标明规划区现状污水管（渠）的路由、规格、长度、坡度、控制点标高和排水方向	
11		区域污水系统规划图	标明规划污水系统分区或污水出路；标明现状保留及新、改（扩）建的污水设施的位置、名称和规模；标明现状保留及新建、改（扩）建的污水管（渠）的路由、规格及排水方向；标明规划区污水系统与区外的衔接	
12		污水管网规划图	标明现状保留及新建、改（扩）建的污水设施（包括污水处理厂、污水泵站等）的位置、用地红线、名称和规模；标明现状保留及新建、改（扩）建的污水管（渠）的路由、规格、长度、坡度、控制点标高和排水方向	
13		污水工程近期建设图	近期需要建设的污水设施及管网	

（续）

序号	规划名称	主要图纸	主要表达内容	备注
14	雨水工程详细规划	雨水工程系统现状图	标明现状排水分区、河流水系、雨水设施的名称、位置和规模	
15		雨水工程管网现状图	标明现状雨水管渠的位置、尺寸、标高、坡向及出口位置；标明已有的河道、湖、湿地及滞洪区等蓝线	
16		雨水排水分区区划图	标明汇水分区界线及汇水面积；标明雨水设施的布局；标明雨水主干管（渠）的布局	
17		雨水工程系统规划图	标明规划水系和名称；标明现状保留和新建、（改）扩建雨水设施的名称、位置和规模；标明雨水主干管（渠）的布局；标明地形、地势情况	
18		雨水工程管网规划图	标明雨水设施的位置、规模及用地面积；标明雨水管渠的位置、管径、标高、坡向及出口	
19		雨水行泄通道规划图	标明河流水系；标明雨水行泄通道的位置、规模及出口	
20		雨水工程近期建设图	标明近期建设的雨水设施位置及规模；标明近期建设的雨水管道布局、管径、标高及坡向	
21	再生水工程详细规划	再生水预测水量分布图	按规划分区划分示意图划定的分区为基础，标明各分区规划预测再生水量，分别标明再生水大用户、重点供水区域的分布等	
22		再生水系统规划图	标明现状保留及新建、改（扩）建的再生水设施的位置、名称和规模；标明现状及新建、改（扩）建的再生水干管的路由和规格	
23		再生水管网规划图	标明再生水管径、管段长度、流速、流量等	
24		再生水工程近期建设图	近期需要建设的再生水设施及管网	
25	环卫工程详细规划	环卫设施现状布局图	标明现状生活垃圾转运站、处理厂等各类环卫设施位置与规模	
26		垃圾产生量分布图	标明各分区（或地块）城市垃圾产生预测量	
27		收运设施规划图	标明垃圾转运站的布局、规模和主要垃圾运输路线	
28		处理设施规划图	标明规划垃圾处理设施的位置、处理规模及服务分区	
29		环卫公共设施规划图	标明重要城市公共厕所、环卫车辆停车场、环卫洗车场、环卫工人休息场所等的位置、规模	
30		环卫设施用地选址图	标明环境卫生处理设施的功能、规模、用地面积、防护范围及建设等要求	
31		环卫工程近期建设图	标明近期建设的各类环卫设施的布局及规模	
32	应急避难场所详细规划	现状应急避难场所分布网	标明应急避难场所位置及等级	
33		防火避难分区划分图	标明各防灾避难分区范围	
34		应急疏散通道规划图	标明应急疏散主要通道和疏散路线	
35		应急避难场所规划布局网	标明应急避难场所的布局、等级及规模，标明应急避难场所的位置、规模及用地面积	
36		应急避难场所近期建设图	近期需要建设的避难场所设施	

（续）

序号	规划名称	主要图纸	主要表达内容	备注
37	通信工程详细规划	通信业务预测分布图	标明各分区（或地块）固定通信业务用户预测量	
38		现状通信设施分布图	标明现状大型通信设施的名称、位置，有线电视中心、灾备中心的名称、位置	
39		现状通信管道分布图	标明城市主、次、支道路通信管道的路由、规格以及其与区外的衔接	
40		通信设施规划图	标明现状、新建、改（扩）建的通信机楼，标注其名称、位置及规模，标明现状保留、新建、改（扩）建的项目	
41		通信管网规划图	标明现状、新建、改（扩）建的通信管道的路由和规格及其与区外的衔接	
42		通信工程近期建设图	近期需要建设的通信设施及管网	
43	电力工程详细规划	区域现状电力系统地理接线图	标明现状电源位置、高压变配电设施的位置及规模；标明电网系统接线和走廊分布	
44		电力负荷预测分布图	标明各分区（或地块）的电力负荷预测量	
45		规划电力系统地理接线图	标明电厂、高压变配电设施的布局及规模；标明电力系统接线；高压走廊布局、控制宽度要求等；高压电缆通道分布	
46		规划中压电缆沟通道分布图	标明市政中压电缆通道的位置及规模	
47		电力工程近期建设图	近期需要建设的电力设施及管网	
48	燃气工程详细规划	燃气用气用气量分布图	标明各分区（或地块）的天然气、液化石油气用气量	
49		区域燃气气源分布图	标明区域气源管线的走向、设计压力、管径、供气规模，标明气源厂的布局和供气规模	
50		燃气工程现状图	标明规划范围内城市燃气输配设施；标明高压、次高压输气管网位置、管径、设计压力，中压管网位置、管径、设计压力	
51		燃气场站布局规划图	标明规划新增、保留、改（扩）建的各类燃气厂站位置、供应规模、占地面积、用地红线	
52		燃气输配管网规划图	标明规划新增、保留、改（扩）建的高压、次高压及中压输气管道位置、管径、设计压力	
53		燃气工程近期建设图	近期需要建设的燃气设施及管网	
54	供热工程详细规划	区域集中供热系统总体布局图	标明区域集中供热系统的基本情况，包括热电厂、集中供热锅炉房等厂站的布局、供应规模，热水、蒸汽主干管网布局、管径；标明规划范围在区域集中供热系统中所处位置	
55		供热系统现状图	标明规划范围内供热系统的详细情况，包括热电厂、集中供热锅炉房等集中热源厂站的位置、供应规模、占地面积、用地红线，热水、蒸汽供热管网路由、管径、设计压力，热力站、中继泵站等附属设施规模、布局、用地，分散供热热源厂站供应规模、布局及供热范围	

（续）

序号	规划名称	主要图纸	主要表达内容	备注
56	供热工程详细规划	供热分区示意图	划分供热分区，标明各供热分区供暖热荷和供热面积、工业热负荷及其他热负荷	
57		热源厂站规划图	标明规划新增、保留、改（扩）建的集中热源厂站位置、供应范围、供应规模、占地面积和用地红线	
58		供热管网规划图	标明规划新增、保留、改（扩）建的供热管道位置、管径，标明供热介质及其参数，标明中继泵站位置、规模、占地面积、用地红线，标明热力站布局、供应范围、供热面积和热负荷	
59		供热管网水力计算图	标明热源厂站、热力站等节点，各管段计算流量、长度、管径	
60		供热工程近期建设图	近期需要建设的供热设施及管网	
61	管线综合详细规划	市政管线综合规划图	标明各市政主次干管的类别、位置和管径（标明各市政管线的类别、位置和管径）	
62		市政主干通道布局规划图	标明规划区内市政主干通道的位置、管线种类等	
63		市政管线标准横断面布置图	标明各市政管线道路中的平面位置和相互间距	
64		市政管线关键点竖向布置图	标明各市政管线在关键点和市政道路交叉口的竖向控制标高	
65	综合管廊工程详细规划	综合管廊建设现状图	标明规划区内现状综合管廊情况（选做）	
66		综合管廊建设分区图	标明综合管廊宜建区、优先建设区及慎重建设区	
67		综合管廊系统布局规划图	标明干线、支线及缆线管廊规划布局图	
68		管廊断面方案图	标明各段管廊对应的标准断面，断面尺寸，纳入管线等	
69		三维控制线划定图	标明各段综合管廊横断面、纵断面等信息	
70		重要节点竖向方案图	标明规划综合管廊与规划区内水系、地下空间、地下管线、地铁等重要设施的交叉控制信息	
71		配套设施用地选址图	包括监控中心、变电站等配套设施的用地选址	
72		综合管廊分期建设图	标明近期、远期综合管廊建设规划图	
73	消防工程详细规划	消防安全布局图	标明火灾危险性相对集中区域，重大消防危险源、避难疏散场所位置、分布	
74		公共消防设施布局规划图	标明消防站位置、站级及辖区范围；标明消防通信设施位置及规模；标明消防供水水源位置及规模，供水主干管位置及管径；标明一、二、三级消防车道名称及位置	
75		消防工程近期建设图	近期需要建设的消防设施及管网	

（续）

序号	规划名称	主要图纸	主要表达内容	备注
76	竖向工程详细规划	场地竖向规划图	标明主、次、支道路所围合地块的场地规划平均标高和地块角标高	
77		道路竖向规划图	标注主、次、支道路交叉点（变坡点）的竖向标高、道路长度、标高及坡度、坡向	
78		场地排水分区图	标明规划区主、次、支道路排水的方向及出路	
79		土石方平衡分析图	标明各竖向分区在竖向方案下土石方的挖方与填方情况	
80	市政规划管控图	市政控制线分布图	标明市政黄线、蓝线、微波通道及市政相关防护范围市政控制线	
81		更新整备市政设施规划管控图	标明需落实市政设施的更新整备范围及编号、名称、位置等	
82		新建、改（扩）建设施用地红线管控图	以控制线详细规划的用地规划图叠加地形图为底图，标明设施用地红线、名称和控制坐标	
83		重要节点竖向管控图	标明新建、改（扩）建重力流干管与地铁、河道、电缆隧道、综合管廊等地下空间相交节点的位置和重力流管线的地面、管顶、管底标高	
84	人防工程规划	人防工程现状图	主要标明人防工程的分布、类型、面积、抗力等	
85		人防工程总体防护规划图	主要标明城市规模、结构、防护区、疏散通道和出口，防空重点目标，核毁伤效应分区，主要人防工程布局，警报器布局等	
86		人防工程建设规划图	主要标明城市人防工程规划的规模、类型、分布等	
87		人防工程建设与城市地下空间开发利用结合项目规划图	主要注明结合项目规划的规模类型、功能和分布等	
88		城市人防工程近期规划图	主要标明近期规划项目的规模、类型、功能、面积和分布等	
89	防洪工程规划	流域工程地质图	主要给出现泥石流固体物质补给区、流通区、堆积区的范围	
90		流域防治规划图	要标明防治范围、封山育林区、退耕还林区、新区种补种区、拦截库容区、排泄疏导区等的位置与范围	
91		流域防治工程规划图	根据沟床地形、地质条件，以及泥石流物质组成，确定泥石流排泄导流建筑物（桥渡、导流堤、急流槽、渡槽、缓冲坝等）的位置与防护范围	
92		片区建设规划图	主要表明近期建设的界限、各种规划用地位置与范围以及主要建设项目的位置、种类等	
93	抗震防灾工程规划	城市及其附近地区地质构造图	标明地质结构情况	
94		城市地貌单元划分图	根据分部高度、自然形态、岩性特征标注分区	
95		地面破坏小区划分图	标注地面破坏危险区、滑坡和崩塌危险区、砂土液化和软土塌陷区等划分	
96		建筑场地类别区划图及说明	按照国家抗震设计规划要求	

参考文献

［1］刘兴昌．市政工程规划［M］．北京：中国建筑工业出版社，2006．

［2］刘应明，等．市政工程详细规划方法创新与实践［M］．北京：中国建筑工业出版社，2019．

［3］邵宗义．施工安装技术［M］．北京：机械工业出版社，2011．

［4］郝天文，等．城市市政管网规划设计研究与应用［M］．北京：中国建筑工业出版社，2012．

［5］戴慎志．城市工程系统规划［M］．3版．北京：中国建筑工业出版社，2015．

［6］牛晓东，等．电力负荷预测技术及其应用［M］．2版．北京：中国电力出版社，2009．

［7］詹淑慧．燃气供应［M］．2版．北京：中国建筑工业出版社，2011．

［8］詹淑慧．城镇燃气安全管理［M］．2版．北京：中国建筑工业出版社，2018．

［9］许飞进．小城镇市政工程规划［M］．北京：中国水利水电出版社，2014．

［10］王炳坤．城市规划中的工程规划［M］．天津：天津大学出版社，2011．

［11］邵宗义．建筑设备施工安装技术［M］．2版．北京：机械工业出版社，2019．

［12］邵宗义．实用供热、供燃气管道工程技术［M］．北京：化学工业出版社，2005．